LIMING GROUP

环保　高效　节能

　　立明集团（LIMING GROUP）是国际跨国集团公司。目前在中国台湾、上海和江苏昆山，以及泰国、印度尼西亚、越南等国家和地区有多家企业，迄今已近几十年历史。在世界各地树立优质产品的口碑，在东南亚浆料及染化料市场占有重要位置，目前在全国各地有多个办事处，为大家服务！

以信为本，以德为先，以诚待客
是立明集团一贯秉持的经营理念

有情有义，有容乃大，团结融合
是所有立明人始终信奉的人生哲学

HICORP 环球集团
HICORP GROUP

环球纺机智领未来

HCP2025智能粗纱机

　　HCP2025智能粗纱机是青岛环球集团中外专家团队历时**10**年匠心打造的新一代智能粗纱机。颠覆了粗纱机传统结构，突破原结构瓶颈，使锭数最长480锭（小锭距），操作更智能。

◆ 适用多品种纺纱
◆ 废花可分品种回收，提高废花回收率 专利技术
◆ 全电子牵伸，取消所有工艺齿轮
◆ 专家数据库系统使纺纱更简单
◆ 可同时纺两个完全不同的品种，品种组合更加灵活
◆ 占地面积更小，用工更少
◆ 环球云和远程运维系统无缝对接

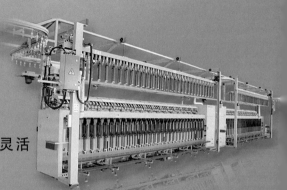

成品编织袋全自动包装系统

　　成品编织袋全自动包装系统实现了成品袋无人直接参与全自动包装，具有袋口自动检测，装填自动排紧功能，有效解决了袋口缝合可靠、筒纱装填紧凑的自动化包装难题。高效自由配重，效率更高，速度更快。

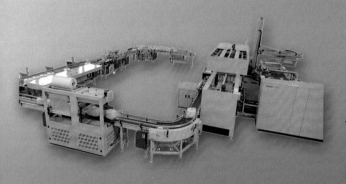

◆ 编织袋模式：成品编织袋
◆ 编织袋规格：长≤1300、宽≤800
◆ 成袋筒纱排列：3×4、3×5、2×4
◆ 成包上袋：全自动

◆ 成包开袋：全自动　◆ 整包纱送出：全自动
◆ 成包撑袋：全自动　◆ 筒纱排列收集入袋：全自动
◆ 袋口整理：全自动　◆ 断线检测功能：有
◆ 袋口缝合：全自动　◆ 筒纱入袋排紧功能：有

青岛环球集团股份有限公司
QINGDAO HICORP GROUP CO.,LTD.
咨询电话：135 0648 7551

纺织化学品业务

☞ 纺纱油剂：**SELBANA**® CO

☞ 淀粉衍生物：**QUELLAX**® P24HAP/180HAP…
☞ 羧甲基纤维素（CMC）：**HORIL**® HV55（Indonesia印度尼西亚）
☞ 瓜尔胶：**MOLVENIN**® CG70/CG645（India印度）
☞ 聚酯：**FILASINT**® 3923C（Germany德国）
☞ 纯固丙：**INEX**® 100A（Indonesia印度尼西亚）
☞ 蜡（球状）：**AVIROL**® 328PI

☞ 生物添加剂：**VOTAI**® KW208（USA美国）
☞ 高维蜡（片状）：**GARWAX**™ PSW2000/PSW218
☞ 浆纱专用软片：**GARSOFT**™ 200LP
☞ 冷浆剂、整经蜡：**VOTAI**® KW66
☞ 液体丙烯酸：**GARTEX**™ FL-B/C
☞ 抗静电剂：**GARTEX**™ K570V
☞ 后上油：**GARWAX**™ KW99

少用、不用PVA

全新高禾·全新产品

for the weaving , for the world

Pulcra Chemicals

VOTAI® 沃尔泰
——chemicals——

Gaoher

苏州高禾国际贸易有限公司
地址：苏州市东吴北路98号新苏国际广场2115-2117
电话：0086-512-68298321
传真：0086-512-68668075
www.gaoherco.com

湖北天門紡織機械股份有限公司
HUBEI TIANMEN TEXTILE MACHINERY CO.,LTD.

开创并条工序全自调匀整时代

"并条专家"竭诚为您架起成功的桥梁

公司地址：湖北天门经济开发区天仙大道11号
销售电话：0728-5250688
邮　　箱：tmfj@tmfj.com　　　　网　　址：www.tmfj.com

棉纺织行业职业技能培训教材

中国棉纺织行业协会　编著

中国纺织出版社有限公司

内 容 提 要

本书概括了棉纺织基础知识、纺纱生产和织造生产一般知识、生产管理和质量管理基本知识；根据国家职业技能标准要求，介绍了清梳联、精梳、并条、粗纱、细纱、络筒、并纱、倍捻、整经、浆纱、穿经、织造等工序的任务及设备、运转操作、操作测定与技术标准和设备维修工作标准等内容，并对各工序应掌握的知识和技能进行了归纳总结，具有较强的可操作性和实用性。

本书可作为棉纺织行业各工序值车工、维修工等相关技术人员的自学用书，也可用作棉纺织企业职业技能培训的参考教材。

图书在版编目（CIP）数据

棉纺织行业职业技能培训教材／中国棉纺织行业协会编著. -- 北京：中国纺织出版社有限公司，2022.8（2024.12.重印）
ISBN 978-7-5180-9516-2

Ⅰ．①棉… Ⅱ．①中… Ⅲ．①棉纺织—职业培训—教材 Ⅳ．①TS11

中国版本图书馆 CIP 数据核字（2022）第 069037 号

责任编辑：孔会云 范雨昕 责任校对：江思飞 责任印制：王艳丽

中国纺织出版社有限公司出版发行
地址：北京市朝阳区百子湾东里 A407 号楼 邮政编码：100124
销售电话：010—67004422 传真：010—87155801
http://www.c-textilep.com
中国纺织出版社天猫旗舰店
官方微博 http://weibo.com/2119887771
北京虎彩文化传播有限公司 各地新华书店经销
2024 年 12 月第 1 版第 2 次印刷
开本：787×1092 1/16 印张：37.75
字数：875 千字 定价：128.00 元
京朝工商广字第 8172 号

编委会

前　言

加快推进职业技能培训是我国实施新时代人才强国战略和制造强国战略的重要举措。党中央、国务院高度重视职业技能培训工作，并作出系列重要指示、决策和部署，强调要加快创新型、应用型、技能型人才培养，壮大高技能人才队伍，大规模开展职业技能培训，健全终身职业技能培训制度，提升劳动者就业创业能力，解决就业结构性矛盾，推进经济转型升级，为全面建设社会主义现代化国家提供有力的技能人才支撑。

在国家相关政策指导下，我国棉纺织行业要实现智能制造，需要牢固确立人才引领发展的战略方针，强化人才队伍建设，全面聚焦技能人才培养，促进行业高质量发展。

棉纺织行业的生产流程一般包括纺纱和织造两部分，主要有梳棉、并条、粗纱、细纱、络筒以及整经、浆纱、穿经、织布等工序。棉纺织行业具有工艺流程较长，涉及职业（工种）多，劳动力较密集的特点。据统计，截至2021年，棉纺织行业规模以上企业职工为200余万人，约占纺织行业就业总人数的十分之一。当前，棉纺织行业招工难、用工贵等问题日益凸显，尤其是技能人才的数量和结构无法与行业发展需求相匹配。

为有序推动行业更好地开展职业技能培训工作，加快培养大批高素质劳动者和技能人才，由中国棉纺织行业协会组织主导，联合山东如意棉纺集团、江苏悦达纺织集团有限公司、石家庄常山北明科技股份有限公司、魏桥纺织股份有限公司、新疆中泰纺织集团有限公司、德州恒丰集团、山东鲁联新材料有限公司、黑牡丹纺织有限公司等一批国内重点企业，共同编写《棉纺织行业职业技能培训教材》一书。本书根据国家职业技能标准的要求编写，介绍了棉纺织基础知识、纺纱和织造各工序的任务及设备、运转操作等内容，并对各工序值车工和维修工应掌握的知识和技能进行了归纳总结。

本书编写过程中，在行业内广泛征求意见，得到了天虹纺织集团有限公司、河南新野纺织集团股份有限公司、无锡一棉纺织集团有限公司、三阳纺织有限公司、福建新华源纺织集团有限公司、淄博银仕来纺织有限公司、咸阳纺织集团有限公司、际华三五零九纺织有限公司、江苏大生集团有限公司、安徽华茂集团有限公司、武汉裕大华纺织服装集团有限公司、利泰醒狮（太仓）控股有限公司、德州华源生态科技有限公司、吴江京奕特种纤维有限公司、浙江万舟控股集团有限公司、浙江金梭纺织有限公司、江苏联发纺织股份有限公司、佛山市顺德区前进实业有限公司等企业的宝贵建议和支持，在此一并表示感谢。

本书在中国棉纺织行业协会的组织下，由各参与执笔的专家编写，经过编委会专家组多次讨论修改，最后由中国棉纺织行业协会统稿。希望本书能为棉纺织行业职业技能培训工作提供指导和参考，提升行业职工技能水平，助力行业技能人才队伍建设。

由于涉及工序、职业（工种）较多，内容不够详尽，加之编写水平有限，书中难免存在不妥和错误之处，欢迎广大读者批评指正。

中国棉纺织行业协会

2022 年 3 月

目　录

第一章　棉纺织概论 ……………………………………………………………………… 1

第一节　棉纺织基础知识 ……………………………………………………………… 1
一、纺织纤维基本知识 ……………………………………………………………… 1
二、纱线基本知识 …………………………………………………………………… 5
三、织物基本知识 …………………………………………………………………… 9

第二节　纺纱生产的一般知识 ……………………………………………………… 13
一、纺纱生产的工艺流程 ………………………………………………………… 13
二、纺纱生产各工序的任务和作用 ……………………………………………… 13

第三节　织造生产的一般知识 ……………………………………………………… 15
一、织造生产的工艺流程 ………………………………………………………… 15
二、织造生产各工序的任务和工艺要求 ………………………………………… 16

第四节　生产管理制度 ……………………………………………………………… 18
一、操作管理制度 ………………………………………………………………… 18
二、质量管理制度 ………………………………………………………………… 19
三、工艺管理制度 ………………………………………………………………… 20
四、安全管理制度 ………………………………………………………………… 21
五、现场管理制度 ………………………………………………………………… 21
六、"6S" 管理方法 ……………………………………………………………… 22

第五节　全面质量管理基本知识 …………………………………………………… 23
一、全面质量管理的基本概念 …………………………………………………… 23
二、全面质量管理的基本观点 …………………………………………………… 24
三、全面质量管理的基本方法 …………………………………………………… 24
四、全面质量管理常用的统计方法 ……………………………………………… 24

第二章　清梳联值车工和维修工操作指导 ………………………………………… 27

第一节　清梳联工序的任务和设备 ………………………………………………… 27
一、清梳联工序的主要任务 ……………………………………………………… 27
二、清梳联工序的一般知识 ……………………………………………………… 27
三、清梳设备的主要机构和作用 ………………………………………………… 28
四、清梳联工序的主要工艺项目 ………………………………………………… 29

　　五、清梳联合机的机型及技术特征 ··· 29

　第二节　清梳联工序的运转操作 ··· 36

　　一、岗位职责 ·· 36

　　二、交接班工作 ··· 36

　　三、清洁工作 ··· 37

　　四、基本操作 ··· 39

　　五、巡回工作 ··· 40

　　六、质量把关 ··· 41

　　七、操作注意事项 ··· 42

　第三节　清梳联值车工的操作测定与技术标准 ··· 42

　　一、清梳联开清棉值车工操作测定与技术标准 ······································· 43

　　二、清梳联梳棉值车工操作技术考核 ·· 43

　　三、单项、全项操作评级标准 ·· 46

　第四节　清梳联设备维修工作标准 ··· 46

　　一、维修保养工作任务 ··· 46

　　二、岗位职责 ·· 46

　　三、技术知识和技能要求 ·· 47

　第五节　质量责任 ·· 50

　　一、设备主要经济技术指标 ·· 50

　　二、质量事故 ·· 51

　　三、质量把关 ·· 51

　第六节　清梳联工序消防安全注意事项 ·· 51

　　一、清梳联工序消防常识 ·· 51

　　二、清梳联工序防火注意事项及火灾扑救方法 ·· 52

第三章　精梳机值车工和维修工操作指导 ······································· 54

　第一节　精梳工序的任务和设备 ··· 54

　　一、精梳工序的主要任务 ·· 54

　　二、精梳工序的一般知识 ·· 54

　　三、精梳设备的主要机构和作用 ·· 54

　　四、精梳工序的主要工艺项目 ·· 55

　　五、精梳设备技术特征 ··· 57

　第二节　精梳工序的运转操作 ·· 61

　　一、岗位职责 ··· 61

　　二、交接班工作 ·· 61

　　三、清洁工作 ··· 62

　　四、巡回工作 ··· 63

　　五、质量把关 ··· 64

六、操作注意事项 ……………………………………………………… 64

第三节 精梳机值车工的操作测定与技术标准 …………………………… 68

一、操作测定 ……………………………………………………… 68

二、操作技术考核标准 ……………………………………………… 72

第四节 精梳机维修工作标准 ………………………………………………… 73

一、维修保养工作任务 ……………………………………………… 73

二、岗位职责 ……………………………………………………… 74

三、技术知识和技能要求 …………………………………………… 74

四、质量责任 ……………………………………………………… 77

第四章 并条工和并条机维修工操作指导 ………………………………… 79

第一节 并条工序的任务和设备 …………………………………………… 79

一、并条工序的主要任务 …………………………………………… 79

二、并条工序的一般知识 …………………………………………… 79

三、并条设备的主要机构和作用 …………………………………… 81

四、并条工序的主要工艺项目 ……………………………………… 84

五、并条机的技术特征 ……………………………………………… 85

第二节 并条工序的运转操作 ……………………………………………… 87

一、岗位职责 ……………………………………………………… 87

二、交接班工作 …………………………………………………… 88

三、清洁工作 ……………………………………………………… 89

四、基本操作 ……………………………………………………… 90

五、巡回工作 ……………………………………………………… 93

六、质量把关 ……………………………………………………… 95

七、操作注意事项 ………………………………………………… 97

第三节 并条工的操作测定与技术标准 …………………………………… 97

一、全项操作测定 ………………………………………………… 98

二、基本操作测定 ………………………………………………… 101

三、基本操作评级标准 …………………………………………… 102

第四节 并条机维修工作标准 ……………………………………………… 104

一、维修保养工作任务 …………………………………………… 104

二、岗位职责 ……………………………………………………… 106

三、技术知识和技能要求 ………………………………………… 107

四、质量责任 ……………………………………………………… 108

第五章 粗纱工和粗纱机维修工操作指导 ………………………………… 116

第一节 粗纱工序的任务和设备 …………………………………………… 116

一、粗纱工序的主要任务 ………………………………………… 116

二、粗纱工序的一般知识 ·· 116

三、粗纱设备的主要机构和作用 ····································· 118

四、粗纱工序的主要工艺项目 ·· 119

五、粗纱机的机型及技术特征 ·· 120

第二节　粗纱工序的运转操作 ·· 124

一、岗位职责 ·· 124

二、交接班工作 ··· 125

三、巡回工作 ·· 125

四、清洁工作 ·· 127

五、单项操作 ·· 128

六、质量把关 ·· 133

七、操作注意事项 ·· 135

第三节　粗纱工的操作测定与技术标准 ································ 136

一、工作法的测定 ·· 136

二、单项操作测定 ·· 139

三、单项考核扣分范围 ·· 140

四、单项、全项操作评级标准及工作量计算方法 ·············· 141

第四节　粗纱机维修工作标准 ·· 143

一、维修保养工作任务 ·· 143

二、岗位职责 ·· 143

三、技术知识和技能要求 ··· 144

四、质量责任 ·· 145

第六章　细纱工和细纱机维修工操作指导 ······························· 154

第一节　细纱工序的任务和设备 ··· 154

一、细纱工序的主要任务 ··· 154

二、细纱工序的一般知识 ··· 154

三、细纱设备的主要机构和作用 ······································ 158

四、细纱工序的主要工艺项目 ··· 160

第二节　细纱工序的运转操作 ·· 160

一、岗位职责 ·· 160

二、交接班工作 ··· 161

三、清洁工作 ·· 161

四、基本操作 ·· 163

五、巡回工作 ·· 167

六、质量把关 ·· 171

七、新型纺纱设备及操作法 ·· 175

第三节　细纱工的操作测定与技术标准 ································ 179

一、单项操作测定 ·· 179

二、巡回操作测定 ·· 181

三、测定工作计算方法 ······································ 185

四、国产细纱机的机型及主要技术特征 ························ 187

第四节 细纱机维修工作标准 ·································· 189

一、维修保养工作任务 ······································ 189

二、岗位职责 ·· 190

第五节 技术等级考核标准 ···································· 193

一、维修工应知 ·· 193

二、维修工应会 ·· 193

三、初级细纱维修工应知应会 ································ 194

四、中级细纱维修工应知应会 ································ 194

五、高级细纱维修工应知应会 ································ 195

六、细纱维修工技术等级考核标准 ···························· 196

第六节 细纱工序的质量责任与标准 ···························· 196

一、细纱维修内部质量要求 ·································· 196

二、考核平车质量的指标 ···································· 201

三、细纱工序胶辊胶圈使用管理 ······························ 201

四、质量把关与追踪 ·· 202

五、交接验收技术条件 ······································ 204

六、细纱揩车质量检查 ······································ 206

七、细纱机完好技术条件与扣分标准 ·························· 207

第七章 络筒工和络筒机维修工操作指导 ························ 209

第一节 络筒工序的任务和设备 ······························ 209

一、络筒工序的主要任务 ···································· 209

二、络筒工序的一般知识 ···································· 209

三、络筒设备的主要机构和作用 ······························ 211

四、络筒工序的主要工艺项目 ································ 213

第二节 络筒工序的运转操作 ·································· 214

一、岗位职责 ·· 214

二、交接班工作 ·· 214

三、清洁工作 ·· 215

四、单项操作 ·· 216

五、巡回工作 ·· 218

六、防疵、捉疵、质量把关 ·································· 219

七、操作注意事项 ·· 221

第三节 络筒工的操作测定与技术标准 ························ 222

一、普通络筒测定与技术标准 ······························· 222

二、自动络筒测定与技术标准 ······························· 225

三、操作扣分标准及说明 ································· 225

四、络筒机的机型及技术特征 ······························· 226

第四节　络筒机维修工作标准 ······························· 230

一、维修保养工作任务 ··································· 230

二、岗位职责 ······································· 230

三、技术知识和技能要求 ································· 231

四、质量标准 ······································· 233

五、维修工作法 ······································· 242

第八章　并捻工序值车工和维修工操作指导 ······················· 248

第一节　并捻工序的任务和设备 ······························· 248

一、并捻工序的主要任务 ································· 248

二、并捻工序的一般知识 ································· 248

三、并捻设备的主要机构和作用 ······························· 250

四、并捻工序的主要工艺项目 ······························· 251

五、并纱机的机型及技术特征 ······························· 252

第二节　并捻工序的运转操作 ······························· 255

一、岗位职责 ······································· 255

二、交接班工作 ······································· 255

三、清洁工作 ······································· 256

四、基本操作 ······································· 257

五、巡回工作 ······································· 258

六、质量把关 ······································· 261

七、操作注意事项 ································· 264

第三节　并捻工序的操作测定与技术标准 ························· 265

一、并纱测定与技术标准 ································· 265

二、倍捻测定与技术标准 ································· 267

三、操作技术分级标准及测定表 ······························· 269

第四节　并捻设备维修工作标准 ······························· 270

一、维修保养工作任务 ··································· 270

二、岗位职责 ······································· 270

三、技术等级考核标准 ··································· 271

四、质量标准 ······································· 273

第五节　并纱机维修工作法 ································· 280

一、并纱机大修理工作法 ································· 280

二、并纱机小修理工作法 ································· 281

三、并纱机保养工作法 …………………………………………… 282

第六节　倍捻机维修工作法 …………………………………………… 283

一、工作内容 ……………………………………………………… 283

二、准备工作 ……………………………………………………… 283

三、揩车顺序 ……………………………………………………… 283

四、倍捻机部分维修工作法 ……………………………………… 284

五、巡检制度 ……………………………………………………… 285

第九章　粗细络联值车工和维修工操作指导 ………………………… 288

第一节　粗细络联工序的任务和设备 ……………………………… 288

一、粗细络联工序的主要任务 …………………………………… 288

二、相关智能设备的操作流程及要求 …………………………… 288

第二节　粗细络联值车工的具体工作内容及要求 ………………… 293

一、交班工作 ……………………………………………………… 293

二、接班工作 ……………………………………………………… 293

三、清洁工作 ……………………………………………………… 293

四、单项操作 ……………………………………………………… 295

五、巡回工作 ……………………………………………………… 304

六、质量把关 ……………………………………………………… 306

七、操作注意事项 ………………………………………………… 309

第三节　粗细络联值车工的操作测定与技术标准 ………………… 310

一、粗纱值车工技术标准及技术测定 …………………………… 310

二、细络联值车工技术标准及技术测定 ………………………… 315

第四节　粗细络联设备维修工作标准 ……………………………… 321

一、维修保养工作任务 …………………………………………… 321

二、岗位职责 ……………………………………………………… 334

三、技术知识和技能要求 ………………………………………… 338

四、质量标准 ……………………………………………………… 345

第十章　转杯纺纱工和转杯纺纱机维修工操作指导 ………………… 357

第一节　转杯纺工序的任务和设备 ………………………………… 357

一、转杯纺工序的主要任务 ……………………………………… 357

二、转杯纺工序的一般知识 ……………………………………… 357

三、转杯纺设备的主要机构和作用 ……………………………… 359

四、转杯纺工序的主要工艺项目 ………………………………… 361

五、转杯纺纱机的技术特征 ……………………………………… 364

第二节　转杯纺工序的运转操作 …………………………………… 365

一、岗位职责 ……………………………………………………… 365

　　二、交接班工作 …………………………………………………… 366

　　三、清洁工作 …………………………………………………… 367

　　四、操作方法 …………………………………………………… 369

　　五、巡回操作 …………………………………………………… 376

　第三节　转杯纺纱工的操作测定与技术标准 …………………… 380

　　一、半自动转杯纺单项操作测定及技术标准 …………………… 380

　　二、半自动转杯纺全项巡回操作测定及技术标准 ……………… 382

　　三、全自动转杯纺全项操作测定及质量标准 …………………… 383

　第四节　转杯纺纱设备维修工作标准 …………………………… 384

　　一、岗位职责 …………………………………………………… 384

　　二、转杯纺技术知识 …………………………………………… 384

　　三、转杯纺揩车保养操作法 …………………………………… 389

　　四、技能要求 …………………………………………………… 399

　　五、质量要求 …………………………………………………… 401

第十一章　涡流纺纱工和涡流纺纱机维修工操作指导 ………… 403

　第一节　涡流纺工序的任务和设备 ……………………………… 403

　　一、涡流纺工序的主要任务 …………………………………… 403

　　二、涡流纺设备的主要机构和作用 …………………………… 403

　第二节　涡流纺工序的运转操作 ………………………………… 405

　　一、岗位职责 …………………………………………………… 405

　　二、交接班工作 ………………………………………………… 405

　　三、清洁工作 …………………………………………………… 405

　　四、单项操作 …………………………………………………… 406

　　五、巡回工作 …………………………………………………… 409

　　六、防疵捉疵 …………………………………………………… 410

　　七、质量把关 …………………………………………………… 410

　　八、主要疵点产生的原因及预防方法 ………………………… 411

　　九、温湿度控制 ………………………………………………… 411

　　十、安全操作规程 ……………………………………………… 411

　第三节　涡流纺工序的操作测定与技术标准 …………………… 412

　　一、单项操作测定与技术标准 ………………………………… 412

　　二、全项操作测定与技术标准 ………………………………… 413

　第四节　涡流纺纱机维修工作标准 ……………………………… 415

　　一、涡流纺 A 类维修顺序和检查标准 ………………………… 415

　　二、涡流纺 C 类维修顺序和检查标准 ………………………… 417

　　三、涡流纺定期维护项目 ……………………………………… 418

　　四、涡流纺捻接器定期维护项目 ……………………………… 419

五、涡流纺 AD 架定期维护项目 ·············· 420

六、专件器材更换周期 ······················· 420

七、润滑油的选用 ··························· 420

八、涡流纺维修工岗位职责 ·················· 421

九、维修操作 ······························· 421

第十二章 整经工和整经机维修工操作指导 ·········· 426

第一节 整经工序的任务和设备 ················ 426

一、整经工序的主要任务 ···················· 426

二、整经工序的生产指标 ···················· 426

三、整经设备的主要结构和作用 ·············· 430

四、整经工序的主要工艺项目 ················ 430

第二节 整经工序的运转操作 ·················· 432

一、岗位职责 ······························· 432

二、交接班工作 ····························· 432

三、清洁工作 ······························· 433

四、基本操作 ······························· 433

五、安全生产 ······························· 438

第三节 整经工的操作测定与技术标准 ·········· 438

一、整经工操作测定与技术标准 ·············· 438

二、帮车工操作测定与技术标准 ·············· 440

第四节 整经机维修工作标准 ·················· 441

一、维修保养工作任务 ······················ 441

二、岗位职责 ······························· 441

三、技术知识和技能要求 ···················· 442

四、质量责任 ······························· 449

第十三章 浆纱工和浆纱机维修工操作指导 ·········· 453

第一节 浆纱工序的任务和设备 ················ 453

一、浆纱工序的主要任务 ···················· 453

二、纺织浆料的基础知识 ···················· 453

三、浆纱工序的工艺设定 ···················· 454

四、浆纱设备的主要机构和作用 ·············· 457

第二节 浆纱工序的运转操作 ·················· 464

一、浆纱调浆工作业指导书 ·················· 464

二、浆纱前车操作工作业指导书 ·············· 466

三、浆纱后车操作工作业指导书 ·············· 467

四、浆纱生产组长作业指导书 ················ 472

五、质量责任分析 ·· 475

第三节 浆纱工的操作测定与技术标准 ·· 476

一、浆纱值车工、帮车工操作技术测定表（小组） ·············· 476

二、浆纱值车工、帮车工操作技术测定表（个人） ·············· 478

第四节 浆纱机维修工作标准 ·· 479

一、维修保养工作任务 ··· 479

二、岗位职责 ··· 482

三、技术知识和技能要求 ·· 483

四、维护技术条件与质量责任分析 ·· 486

第十四章 穿经工和穿经机维修工操作指导 ··· 490

第一节 穿经工序的任务和设备 ··· 490

一、穿经工序的主要任务 ·· 490

二、穿经工序的一般知识 ·· 490

三、穿经机的构成 ··· 493

四、穿经工序的主要工艺项目 ·· 495

第二节 穿经工的工作内容 ·· 496

一、穿经工作业流程 ·· 496

二、交接班工作 ··· 496

三、手工穿经的操作规程 ·· 496

四、穿筘分绞机工的操作规程 ·· 498

五、穿经疵点的产生原因及预防方法 ·· 505

第三节 穿经工序操作测评标准 ··· 506

一、穿经工操作测评标准 ·· 506

二、打筘工操作测评标准 ·· 506

三、分绞机工操作测评标准 ··· 507

四、穿筘工操作测评标准 ·· 507

第四节 穿经设备的结构与保养 ··· 507

一、穿经设备的结构和作用 ··· 507

二、穿经设备的保养 ·· 512

第十五章 喷气织机织布工和维修工操作指导 ····································· 516

第一节 喷气织机织造工序的任务和设备 ·· 516

一、喷气织机织造工序的主要任务 ·· 516

二、喷气织机织造工序的一般知识 ·· 516

三、喷气织机的主要机构和作用 ·· 519

四、喷气织机织造工序的主要工艺项目 ·· 521

五、喷气织机的基础知识 ·· 522

第二节　喷气织机织造工序的运转操作…………………………………… 523

一、岗位职责…………………………………………………………… 523

二、交接班工作………………………………………………………… 523

三、清洁工作…………………………………………………………… 524

四、基本操作…………………………………………………………… 524

五、巡回工作…………………………………………………………… 527

六、质量把关…………………………………………………………… 531

七、操作注意事项……………………………………………………… 533

八、主要疵点产生的原因及预防方法………………………………… 534

第三节　喷气织机织布工的操作测定与技术标准……………………… 534

一、巡回操作测定……………………………………………………… 535

二、单项操作测定……………………………………………………… 537

三、考核定级标准……………………………………………………… 539

四、喷气织机的机型及技术特征……………………………………… 539

第四节　喷气织机维修工作标准………………………………………… 544

一、维修保养工作任务………………………………………………… 544

二、岗位职责…………………………………………………………… 549

三、技术知识和技能要求……………………………………………… 550

四、质量责任…………………………………………………………… 552

五、喷气织机维修质量检查考核标准………………………………… 553

第十六章　剑杆织机织布工和维修工操作指导…………………………… 556

第一节　剑杆织机织造工序的任务和设备……………………………… 556

一、剑杆织机织造工序的主要任务…………………………………… 556

二、剑杆织机织造工序的一般知识…………………………………… 556

三、剑杆织机的主要机构和作用……………………………………… 557

四、剑杆织机织造工序的主要工艺项目……………………………… 560

五、剑杆织机的机型及技术特征……………………………………… 562

第二节　剑杆织机织造工序的运转操作………………………………… 562

一、岗位责任…………………………………………………………… 562

二、交接班工作………………………………………………………… 563

三、清洁工作…………………………………………………………… 564

四、单项操作…………………………………………………………… 564

五、巡回工作…………………………………………………………… 568

六、质量把关…………………………………………………………… 572

七、操作注意事项……………………………………………………… 573

八、主要疵点产生的原因及预防方法………………………………… 574

第三节　剑杆织机织造工序的操作测定与技术标准…………………… 575

一、全项操作测定 ……………………………………………………………… 575

二、操作测定的质量基本要求及考核标准 ……………………………………… 577

第四节　剑杆织机维修工作标准 ………………………………………………… 582

一、维修保养工作任务 ………………………………………………………… 582

二、岗位职责 …………………………………………………………………… 582

三、技能要求 …………………………………………………………………… 583

四、质量责任 …………………………………………………………………… 583

第五节　剑杆织机织布工岗位责任制度 ………………………………………… 583

一、接班工作 …………………………………………………………………… 583

二、交班工作 …………………………………………………………………… 583

三、班中工作 …………………………………………………………………… 584

第一章　棉纺织概论

第一节　棉纺织基础知识

一、纺织纤维基本知识

纺织纤维是指长度和细度符合纺织要求，可用来制成纺织品的纤维。

（一）纺织纤维的分类

纺织纤维的范围极广，品种很多，按其来源可分为天然纤维和化学纤维两大类。

1. 天然纤维

凡是从自然界的植物、动物和矿物中获得的纺织纤维称为天然纤维，有植物纤维、动物纤维和矿物纤维三大类，每个大类有若干小类，每个小类又含有若干种纤维。

$$
天然纤维
\begin{cases}
植物纤维
\begin{cases}
种子纤维：棉、木棉等 \\
茎纤维：苎麻、亚麻、大麻、黄麻等 \\
叶纤维：剑麻、焦麻等
\end{cases} \\
动物纤维
\begin{cases}
毛发纤维：羊毛、兔毛、驼毛、羊绒等 \\
分泌物纤维：桑蚕丝、柞蚕丝等
\end{cases} \\
矿物纤维　石棉纤维、晶须纤维等
\end{cases}
$$

2. 化学纤维

凡用天然的或合成的高聚物为原料，经过化学和物理方法加工制成的纤维称为化学纤维。化学纤维按原料、加工方法和组成成分的不同可分为再生纤维、合成纤维和无机纤维三大类，每个大类有若干小类，每个小类又含有若干种纤维。

$$
化学纤维
\begin{cases}
再生纤维
\begin{cases}
再生纤维素纤维：黏胶纤维、铜氨纤维、醋酸纤维、甲壳素纤维、 \\
\qquad 玉米纤维、再生竹纤维、莫代尔、天丝等 \\
再生蛋白质纤维：酪素纤维、大豆纤维、牛奶纤维等 \\
再生淀粉纤维：聚乳酸纤维等 \\
再生合成纤维：循环再利用的合成纤维
\end{cases} \\
合成纤维
\begin{cases}
聚酯纤维：涤纶 \\
聚酰胺纤维：锦纶 \\
聚丙烯纤维：丙纶 \\
聚丙烯腈纤维：腈纶 \\
聚乙烯醇甲醛纤维：维纶
\end{cases} \\
无机纤维　玻璃纤维、金属纤维、陶瓷纤维、碳纤维等
\end{cases}
$$

3. 新型纤维

近年来，随着科学技术的发展，出现了一些与传统纺织纤维性能总体相似，但某些性能更为特别的纤维，统称为新型纤维，如彩色棉、汉麻、竹纤维、大豆蛋白纤维、天丝、丽赛、莫代尔等。

4. 差别化纤维

通常是指在原来合成纤维的基础上进行物理或化学改性处理，使性能上获得一定程度改变的纤维。差别化纤维主要有变形丝、异形纤维、复合纤维、超细纤维、高收缩纤维、易染色纤维、吸水吸湿纤维、混纤丝、聚酯超仿棉纤维等。

5. 功能性纤维

除原有性能外，还具有某种特定的物理或化学性质的纤维，如抗静电和导电纤维、远红外纤维、防紫外线纤维、抗菌防臭纤维、变色纤维、相变纤维、阻燃纤维、弹性纤维等。除此之外，还有高性能纤维，如芳纶、碳纤维等。

（二）纺织纤维的特性

常见纺织纤维的特性见表1-1。

表1-1　常见纺织纤维的特性

品种		性能	
		优点	缺点
天然纤维	棉	天然卷曲，纤维细而短，吸湿保温	弹性差，光泽暗淡，不耐酸
	毛	手感丰满，弹性好，吸湿性好，保暖，光泽柔和	不耐碱
	丝	吸湿性好，弹性好，富有光泽	不耐碱，耐旋光性差
	麻	强度较大，吸湿性好，凉爽	手感粗硬，缺乏弹性
化学纤维	再生纤维 黏胶纤维	染色容易，鲜艳，吸湿性强	耐磨性差，湿伸长大
	合成纤维 涤纶	抗皱抗缩，保型性好，织物易洗易干，免烫	染色性差，吸湿性差，织物易起毛球
	锦纶	耐磨性高，弹性好，耐腐蚀	吸湿性小，保型性差
	维纶	吸湿性好，强度高，耐磨，保暖，耐虫蛀，耐霉烂，耐日晒	弹性差，织物易起皱，染色性能差，耐热性能差

（三）纺织纤维的性能及代号

柔韧而有弹性，具有足够的强度，相互间有抱合力，化学性能稳定是纺织纤维具有的共同特性。

棉纺织企业的纤维原料主要是棉纤维（棉花）和棉型化学纤维。棉纤维有细绒棉和长绒棉两个主要品种。细绒棉的纤维细度为4500~7000公支，手扯长度为25~31mm，适纺中、粗支纱，长绒棉的纤维细度为7000~9000公支，手扯长度33~45mm，适纺高支纱。棉型化学纤维是指长度和细度与棉纤维接近的化纤纤维。

1. 棉花的质量要求

评价棉花质量好坏的综合指标包括长度、马克隆值（细度、成熟度）、回潮率、含杂率、断裂比强度、长度整齐度指数、危害性杂物等。

（1）颜色级。依据棉花黄色深度将棉花划分为白棉、淡点污棉、淡黄染棉、黄染棉4种类型。依据棉花明暗程度将白棉分为5个级别，淡点污棉分3个级别，淡黄染棉分3个级别，黄染棉分2个级别，共13个级别。其中，白棉3级为颜色标准级。棉花颜色级别代号和颜色分级图见表1-2和图1-1。

表1-2　棉花颜色级别代号

级别	类型			
	白棉	淡点污棉	淡黄染棉	黄染棉
1级	11	12	13	14
2级	21	22	23	24
3级	31	32	33	
4级	41			
5级	51			

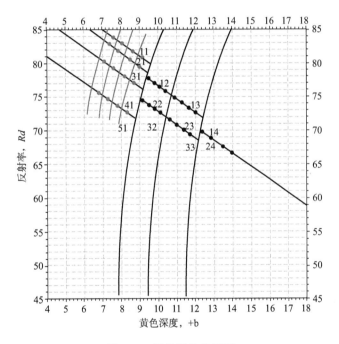

图1-1　棉花颜色分级图

（2）长度。棉花纤维长度以1mm为级距，分级如下：

25mm，包括25.9mm及以下；

26mm，包括26.0~26.9mm；

27mm，包括27.0~27.9mm；

28mm，包括28.0~28.9mm；

29mm，包括29.0~29.9mm；

30mm，包括30.0~30.9mm；

31mm，包括 31.0~31.9mm；

32mm，包括 32mm 及以上。

其中，规定 28mm 为长度标准级。

（3）马克隆值。马克隆值是反映棉花纤维细度与成熟度的综合指标，是棉花重要的内在质量指标之一，与棉花的使用价值密切相关。马克隆值共分三级，即 A、B、C 级。B 级为马克隆值的标准级，分为 B1、B2 两档；C 级分为 C1、C2 两档。A 级的范围为 3.7~4.2，棉花的使用价值最高；B 级的范围分两档，B1 的范围为 3.5~3.6，B2 的范围为 4.3~4.9，B 级棉花的使用价值次之；C 级的范围分两档，C1 的范围为 3.4 以下、C2 的范围为 5.0 及以上，C 级棉花的使用价值较差。

（4）回潮率。棉花的公定回潮率为 8.5%，棉花回潮率最高限度为 10.0%。

$$回潮率 = \frac{烘前重量 - 烘后干燥重量}{烘后干燥重量} \times 100\%$$

（5）含杂率。棉花标准含杂率，皮辊棉为 3.0%，锯齿棉为 2.5%。

$$含杂率 = \frac{机检杂质重量 + 手检杂质重量}{棉样重量} \times 100\%$$

（6）危害性杂物。危害性杂物是指硬杂物和软杂物。硬杂物如金属、砖石，其混入会使机器设备损坏，造成停产，甚至火灾。软杂物如化学纤维、尼龙丝、塑料绳等异性纤维或色纤维。

（7）断裂比强度。断裂比强度分档及代号见表 1-3。

表 1-3　断裂比强度分档及代号

分档	代号	断裂比强度（cN/tex）
很强	S1	≥31.0
强	S2	29.0~30.9
中等	S3	26.0~28.9
差	S4	24.0~25.9
很差	S5	<24.0

注　断裂比强度为 3.2mm 隔距，HVI 校准棉花标准（HVICC）校准水平。

（8）长度整齐度指数。长度整齐度指数分档及代号见表 1-4。

表 1-4　长度整齐度指数分档及代号

分档	代号	断裂比强度（cN/tex）
很高	U1	≥86.0
高	U2	83.0~85.9
中等	U3	80.0~82.9
低	U4	77.0~79.9
很低	U5	<77.0

（9）棉花质量标识方法。棉花质量标识按棉花主体颜色级、长度级、主体马克隆值级顺序标示。

颜色级代号：按照颜色级代号标示。

长度级代号：25~32mm，用25，…，32标示。

马克隆值级代号：A、B、C级分别用A、B、C标示。

例如：白棉三级，长度28mm，主体马克隆值级B级，质量标识为3128B；淡点污棉二级，长度27mm，主体马克隆值级B级，质量标识为2227B。

2. 化学短纤维的质量要求

检验化学短纤维性能的指标有力学性能和外观疵点两方面。

力学性能一般包括长度、细度、断裂强度、断裂伸长、细度偏差、长度偏差、超长纤维率、倍长纤维率、定伸长回弹率、卷曲数、回潮率等。

外观疵点一般包括料块、并丝、硬丝、粗纤维等，黏胶纤维还要增加油污纤维和黄纤维两项。

（1）品级。化学短纤维一般分为一、二、三等，低于三等者为等外品。涤纶短纤维增加优等一档。

（2）长度。化学短纤维根据长度和粗细程度分为棉型、中长型和毛型三种（表1-5）。

表1-5　常用化学短纤维分类

纤维类型	细度（旦）	长度（mm）
棉型纤维	0.8~1.5	35~38
中长型纤维	2.0~3.0	51~64
毛型纤维	3.0以上	76以上

（3）细度。化学短纤维的细度常用纤度"旦"（旦尼尔）表示。纤维的纤度（旦）越小，表示纤维越细。

（4）回潮率。化学纤维公定回潮率，维纶5%、涤纶0.4%、腈纶2%、黏胶纤维13%、锦纶（66）6.25%。

3. 纺织纤维的代号（表1-6）

表1-6　常用纺织纤维的代号

品名	天然棉	涤纶	羊毛	腈纶	大豆纤维
代号	C	T	W	A	SB
品名	真丝	天丝	黏胶纤维	莫代尔	竹纤维
代号	S	TE	R	M	B
品名	亚麻	苎麻	氨纶	锦纶	维纶
代号	L	RA	PU	N	V

二、纱线基本知识

纱线是由纺织纤维加工成的细长而柔软的产品，用于机织、针织、制线、制绳等，是制造各种纺织品的材料，具有一定的力学性能和外观特征。

（一）纱线的分类

纱线的分类见表1-7。

表1-7　纱线的分类

分类依据	纱线产品
按纺纱纤维不同	纯棉纱、纯化纤纱、混纺纱
按纺纱方法不同	环锭纺纱（紧密纺纱、赛络纺纱）、转杯纺纱、喷气涡流纺纱等
按纺纱工艺流程不同	普梳纱、精梳纱等
按加捻方向不同	Z捻纱和S捻纱，通常单纱为Z捻，股线为S捻
按用途不同	机织用纱、针织用纱等
按纱线结构不同	竹节纱、赛络纱、缎彩纱、包缠纱、包覆纱等
按粗细程度不同	粗特纱、中特纱、细特纱、特细特纱、超细特纱 粗特纱：32tex及以上 中特纱：21~31tex 细特纱：11~20tex 特细特纱：5.9~10tex 超细特纱：5.8tex及以下

（二）纱线的性能指标、分等及代号

1. 纱线的性能指标

纱线的性能指标主要包括细度、条干均匀度、重量偏差、重量不匀率、断裂强度、断裂伸长率、强力不匀、捻度、棉结、杂质、毛羽、混纺纱的混纺比等。

2. 棉纱线的分等规定

（1）同一原料、同一工艺连续生产的同一规格的产品作为一个或若干检验批。

（2）产品质量等级分为优等品、一等品、二等品，低于二等品为等外品。

（3）棉纱、线质量等级根据产品规格，以考核项目中最低一项进行评等。

（4）棉纱线评等由单纱断裂强力变异系数、线密度变异系数、单纱断裂强度、条干均匀度变异系数、千米棉结、十万米纱疵、线密度偏差率等指标评定。

3. 纱线的代号

按纱线的加工方法或加工工艺及用途的不同，纱线有不同的代号，见表1-8、表1-9。

表1-8　纱线代号（按加工方法或加工工艺不同）

品名	涤棉纱	精梳	转杯纺	喷气涡流纺	摩擦纺	紧密纺
代号	T/C	J	OE	JV	FS	CS

表1-9　纱线代号（按用途不同）

品名	经纱（线）	纬纱（线）	针织用途	起绒用纱
代号	T	W	K	Q

（三）棉纤维、纱线粗细程度的表示方法

纱线粗细程度的常用表示方法有两种，分别为定长制和定重制。

1. 定长制

在规定长度中，以单位长度物品重量的大小作为这类物品粗细程度的标志，称为定长制。

（1）线密度。线密度是指在公制公定回潮率时，每 1000 m 长度的纺织材料的重量克数（g），用 Tt 表示，单位为特克斯（tex），简称"特"。

特数越大，纱线越粗；特数越小，则纱线越细。用公式表示如下：

$$Tt = \frac{G}{L} \times 1000$$

式中：G——纺织材料（包括半制品）在公定回潮率时的重量，g；

L——纺织材料（包括半制品）的长度，m。

（2）纤度（旦尼尔）。纤度（旦尼尔）是指在公定回潮率时，每 9000m 长度的纺织材料的重量克数（g），用 N_d 表示，单位为旦（D）。旦尼尔通常用来表示化纤长丝的细度。公式表示如下：

$$N_d = \frac{G}{L} \times 9000$$

式中：G——纺织材料（包括半制品）在公定回潮率时的重量，g；

L——纺织材料（包括半制品）的长度，m。

2. 定重制

在规定的重量内，以纺织材料长度的多少作为这类物品粗细程度的标志，称为定重制。

（1）英制支数。英制支数是指在英制公定回潮率时，每磅重量的纺织材料长度的 840 码的倍数（即 1 磅中有几个 840 码，就是几支），用 N_e 表示，单位为英支。

支数越大，纱线越细；支数越小，则纱线越粗。用公式表示如下：

$$N_e = \frac{L}{G \times 840}$$

式中：G——纺织材料（包括半制品）试样的重量，磅；

L——纺织材料（包括半制品）试样的长度，码。

（2）公制支数。公制支数是指在公制公定回潮率时，每克重量的纺织材料长度的米数，用 N_m 表示，单位为公支。用公式表示如下：

$$N_m = \frac{L}{G}$$

式中：G——纺织材料（包括半制品）在公定回潮率时的重量，g；

L——纺织材料（包括半制品）的长度，m。

3. 纱线特数与英制支数的换算方法

$$Tt = \frac{590.5}{N_e}$$

根据 FZ/T 01036—2014《纺织品以特克斯（tex）制的约整值代替传统纱支的综合换算

表》，特数与英制支数换算常数为590.5。

4. 常用纱线英制支数与特数换算对照表（取整数）（表1-10）

表1-10　常用纱线英制支数与特数换算对照表

英制支数（S）	特数（tex）	英制支数（S）	特数（tex）	英制支数（S）	特数（tex）
7	84	28	21	50	12
10	59	30	20	60	10
12	49	32	18	70	8
16	37	36	16	80	7
18	33	40	15	100	6
20	30	42	14	120	5
21	28	45	13	200	3

5. 股线的细度

（1）股线的特数。股线特数的表示方法，若组成股线的单纱特数相同，股线的特数用单纱特数乘以合股数来表示，如14tex×2。若组成股线的单纱特数不同，股线的特数用各股线单纱的特数相加来表示，如16tex+18tex。

（2）股线的支数。股线英制支数的表示方法，若组成股线的单纱英制支数相同，股线的英制支数用单纱支数除以合股数来表示，如14S/2。若组成股线的单纱英制支数不同，股线的英制支数则按以下公式计算：

$$N_e = \cfrac{1}{\cfrac{1}{N_{e1}} + \cfrac{1}{N_{e2}} + \cdots + \cfrac{1}{N_{en}}}$$

式中：N_{e1}，N_{e2}，…，N_{en} 为各单纱的英制支数。

股线公制支数的表示和计算同英制支数的表示和计算。

6. 纱线品种代号标法举例（表1-11）

表1-11　纱线品种代号标法举例

品种	举例（特数）		举例（英制支数）	
	单纱	股线	单纱	股线
经纱（线）	28tex T	14tex×2 T	21S T	42S/2 T
纬纱（线）	28tex W	14tex×2 W	21S W	42S/2 W
绞纱（线）	R28tex	R14tex×2	R21S	R42S/2
纯棉精梳纱	JC14.5tex		JC40S	
精梳针织纱（线）	J29tex K	J29tex×2 K	J20S K	J20S/2 K
起绒纱	96tex Q		6S Q	
精梳涤棉混纺经（纬）纱（线）	T/JC14tex T	T/JC14tex×3 W	T/JC42S T	T/JC42S/3 W
棉维混纺纬纱（线）	C/V28tex W	C/V18.5tex×2 W	C/V32S W	C/V32S/2 W

注　1. 标注纱线品种代号时，原料种类或加工工艺的代号标在纱线特数的前面，产品的用途代号标在纱线特数的后面。
　　2. 混纺纱线在标明原料代号时，按混合比例大小顺序排列，比例大的在前，如果混合比例相等，则按天然纤维、合成纤维、纤维素纤维的顺序排列；混纺所用的原料之间用"/"表示。

（四）不同用途纱线的质量要求

1. 机织用纱

经纱要紧密结实，弹性好，强力高，毛羽少，棉结少；纬纱要丰满，条干均匀，手感舒适，外观疵点少，捻度比经纱小。

2. 针织用纱

纱线条干要好，强力均匀，粗细节疵点少，捻度比同号同类机织用纱线的捻度小，纱线柔软、丰满。

3. 起绒用纱

纱线捻度不但要小，而且要均匀。

三、织物基本知识

织物是由纺织材料和纱线制成的、柔软而具有一定物理性质和厚度的纺织品。

（一）织物的分类

1. 按加工方法分类

（1）机织物。由相互垂直排列，即横向和纵向两个系统的纱线，在织机上根据一定的规律交织而成的织物。

（2）针织物。由纱线编织成圈而形成的织物，分为经编针织物和纬编针织物。

（3）非织造布。将松散的纤维经黏合或缝合而形成的织物，目前主要采用黏合、穿刺等方法。这种加工方法可缩短织造工艺过程，降低成本，提高劳动生产率，具有广阔的发展前景。

2. 按构成织物的纱线原料分类

（1）纯纺织物。构成织物的纱线原料采用同一种纤维，如棉织物、毛织物、丝织物、涤纶织物、黏胶织物等。

（2）混纺织物。构成织物的纱线是采用两种或两种以上不同种类的纤维经混纺制成的，如涤/棉、黏/棉、涤/黏、涤/腈、棉/毛/黏等各种不同混纺类型。

（3）混并织物。构成织物的纱线是由不同原料的单纱经并和而成的股线，有低弹涤纶长丝和中长混并，也有涤纶短纤和低弹涤纶长丝混并而成的股线等。

（4）交织织物。构成织物的经纬纱系统分别采用不同纤维原料的纱线，如蚕丝和人造丝交织的古香缎、尼龙和黏胶纤维交织的尼富纺等。

3. 按组成织物的纤维长度和细度分类

（1）棉型织物。以棉型纤维为原料纺制的纱线织成的织物，纤维长度在 30mm 左右。

（2）毛型织物。用毛型纱线织成的织物，纤维长度在 75mm 左右。

（3）中长织物。以中长型化纤为原料纺制的纱线织成的织物，纤维长度在棉型和毛型纤维之间。

（4）长丝织物。用长丝织成的织物，如丝织物和化纤长丝织物等。

4. 按纱线的结构与外形分类

（1）纱织物。经纬纱均由单纱构成的织物，称为纱织物。

（2）线织物。经纬纱均由股线构成的织物，称为线织物（全线织物）。大多数精纺毛织物为线织物。

（3）半线织物。经纱用股线，纬纱用单纱构成的织物，叫半线织物。

5. 按染整加工工艺分类

（1）本色织物。采用未经练漂、染色的纱线织成的织物，且不经后整理，保持所有材料的原有色泽的织物，也称本色坯布、本白布、白布或白坯布。

（2）漂白织物。坯布经过漂白加工的织物。

（3）染色织物。整匹织物经过染色加工的织物。

（4）色织织物。由有色纱线织成的织物。

（5）印花织物。经过印花加工，表面印有花纹、图案的织物。

（6）色纺织物。由色纺纱线织成的织物。

6. 按织物组织分类

（1）原组织织物。又称基本组织织物，机织物原组织包括平纹组织、斜纹组织、缎纹组织，又称三原组织。

（2）小花纹织物。原组织加以变化或配合而成，可分为变化组织织物、联合组织织物和小提花织物等。

（3）复杂组织织物。由若干系统的经纱和若干系统的纬纱构成，这类织物具有特殊的外观效应和性能。

（4）大提花组织织物。又称大花纹织物，是综合运用上述三类组织形成大花纹图案的织物。

（二）织物的组织结构与风格特征

1. 织物组织

织物组织是指织物的经纱和纬纱相互交织或彼此沉浮的规律。经纬纱相交处，即为织物的组织点（浮点）。经纱浮在纬纱上，称经组织点（或经浮点）。纬纱浮在经纱上，称纬组织点（或纬浮点）。当经组织点和纬组织点浮沉规律达到循环时，称为一个组织循环（或完全组织），用 R 表示。构成一个组织循环所需的经纱根数称为组织循环经纱数，用 R_j 表示。构成一个组织循环所需的纬纱根数称为组织循环纬纱数，用 R_w 表示。

同一系统相邻两根纱线上相应经（纬）组织点间相距的组织点数，称为组织点飞数，用 S 表示。相邻二根经纱上相应经（纬）组织点间相距的组织点数，称为经向飞数，用 S_j 表示。飞数以向上数为正，记+；向下数为负，记−；相邻两根纬纱上相应经（纬）组织点间相距的组织点数，称为纬向飞数，用 S_w 表示。对经纱来说，飞数以向右数为正，记+；向左数为负，记−。

在一个组织循环中，当经组织点数等于纬组织点数时，称为同面组织；当经组织点数多于纬组织点数时，称为经面组织；当纬组织点数多于经组织点数时，称为纬面组织。

组织循环有大小之别，其大小取决于组织循环纱线数的多少。

织物组织的经纬纱浮沉规律一般用组织图来表示。在简单组织中，每个格子代表一个组织点（浮点），当组织点为经组织点时，应在格子内填满颜色或标以其他符号，常用的符号有■ ⊠等，当组织点为纬组织点时即为空白格子。在绘制组织循环图时，一般都以第一根经纱和第一根纬纱的相交处作为组织循环的起始点。

机织物的基本组织包括平纹组织、斜纹组织、缎纹组织。

（1）平纹组织。平纹组织是织物组织中最简单的一种组织，是指由经纱、纬纱一隔一交织而成，组织循环数为2。$R_j = R_w = 2$，$S_j = S_w = \pm 1$，为同面组织。平纹组织可用分式表示，其中分子表示经组织点，分母表示纬组织点，如$\frac{1}{1}$。习惯称平纹组织为一上一下，如图1-2所示。

图1-2　平纹组织图

平纹组织织物特点是经纬纱线交织次数最多，布面平坦，身骨挺括，质地紧密、正反面外观相同，但手感较硬，弹性较差。

平纹组织常见织物有细布、平布、粗布、府绸、帆布等，其中，根据使用纱线特数的大小，平布可分为粗平布、中平布、细平布。

（2）斜纹组织。斜纹组织在组织图上有经组织点或纬组织点构成的斜线，在织物表面有经（或纬）浮长线构成的斜向织纹。斜纹组织的参数为：$R_j = R_w \geq 3$，$S_j = S_w = \pm 1$。如二上一下右斜纹，表示为$\frac{2}{1}\nearrow$，如图1-3所示。

斜纹组织织物特点是在斜纹组织中，其R值较平纹组织大，在纱的线密度和织物密度相同的情况下，斜纹织物的坚牢度不如平纹织物，手感相对较柔软。斜纹织物的密度可比平纹织物大。斜纹织物有正反面之分，正面斜向自右向左的称左斜纹，自左向右的称为右斜纹。织物表面的斜纹线倾斜角度随着经纬密度的比值而变化，当经纬纱线密度相等时，提高经纱密度，则斜纹线倾斜角度变大。

斜纹组织常见织物有牛仔布、斜纹布、卡其、哔叽、华达呢等。

（3）缎纹组织。缎纹组织是原组织中最复杂的一种组织。其特点是相邻两根经纱上的单独组织点相距较远，而且所有的单独组织点分布有规律。缎纹组织的单独组织点在织物上容易被其两侧的经（或纬）浮长线所遮盖，使织物表面都呈现经（或纬）的浮长线，得到光滑明亮的外观。缎纹组织的参数：$R \geq 5$（6除外），$1 < S < R-1$，并且在整个组织循环中始终保持不变，R与S必须互为质数，如图1-4所示。

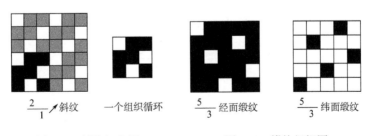

$\frac{2}{1}\nearrow$斜纹　　　一个组织循环　　　$\frac{5}{3}$经面缎纹　　　$\frac{5}{3}$纬面缎纹

图1-3　斜纹组织图　　　　　图1-4　缎纹组织图

缎纹组织织物特点是有正反面之分，交织点比平纹织物和斜纹织物少，平滑匀整，富有光泽，质地柔软，有弹性，但耐磨性较差，容易起毛，勾丝。

缎纹组织常见织物有棉织物中的横贡缎，缎纹组织常与其他组织配合制成各种织物，如缎条府绸、缎条手帕、缎条床单等；精纺毛织物中的直贡呢、横贡呢、驼丝锦、贡丝锦等；丝织物中的素缎、织锦缎等。

2. 各类织物的风格特性

（1）平布。平布的用途较为广泛，它的风格特征是经纬密度比较接近，经纬向紧度为1:1，外观丰满悦目、光洁匀整。实物外观条干均匀，粗细节少，棉杂少而小，经纬纱张力排列均匀，条影少、短、淡、透光一致，布边平直，无松紧边。

（2）府绸。府绸是平纹织物，由于经密高，纬密低，使布面经纱浮点呈现匀整而规则的菱形颗粒状，外观上具有"府绸效应"。它的布纹清晰，手感柔软滑爽，布面光洁且光滑如绸。因此，府绸的独特风格表现在府绸效应和绸感两个方面。对府绸织物的实物质量要求为布面经纱凸起呈菱形；颗粒饱满清晰，排列匀整；经纬纱条干没有明显粗细节，质地细密；棉杂少而小，布面不起毛，富有光泽；经纬纱结构匀整，布面无条影，手感要滑爽，布边平齐，无松紧边。

（3）斜纹类织物。斜纹类织物的基本特征是在织物表面有明显的斜线条（纹路），线条清晰，即斜纹线路要求"匀""深""直"。"匀"指斜纹线要等距，"深"指斜纹线要凹凸分明，"直"指斜纹线条的纱线浮长要相等且无歪斜弯曲现象。对斜纹织物的实物质量要求为布面条干均匀，粗细节少，棉杂少而小，纱身布面光洁不起毛；经纬纱张力恰当，布面匀整，布边平直，印染加工无卷边。

（4）贡缎类织物。贡缎类织物是用缎纹组织制成的高档棉织物，贡缎有直贡缎（采用经面缎纹组织）和横贡缎（采用纬面缎纹组织）两种，由于缎纹组织中经纬纱交织点少，所以既富有光泽又质地柔软、布面精致光滑且富有弹性。经过加工整理后，这些特点会更加明显。因此，贡缎类织物具有"光""软""滑""弹"的特点。对贡缎类织物的实物质量要求为条干均匀、粗节少，棉杂少而小，纱身光洁，布面匀整，手感柔软，弹性好，布边平齐，印染加工无卷边。

（三）织物的表示方法

1. 织物的经（纬）向密度

织物的经（纬）向密度是指沿织物宽（长）度方向单位长度内的经（纬）纱根数。织物的经（纬）向密度有公制和英制两种表示方法。其中，公制密度的表示方法为根/10cm，英制密度的表示方法为根/英寸。其换算方法为：

$$公制密度 = \frac{英制密度}{2.54} \times 10$$

2. 织物规格

织物规格的表示顺序为纺纱工艺、纺纱方式、原料、经纬纱号数、经纬向密度、幅宽、织物组织。其中，纺纱工艺、纺纱方式、原料的表示方法同前面的纱线表示方法。

织物规格的表示方法一般有两种，即公制和英制表示法（表1-12）。

表1-12　织物规格公制与英制表示法对照表

项目	公制表示法	英制表示法
精梳棉纱	JC	JC
纱线细度	特数（tex）：JC14.5tex	支数（S）：JC40S

项目	公制表示法	英制表示法
织物密度	经向（纬向）每 10cm 内的根数（根/10cm）：523 根/10cm	经向（纬向）每英寸内的根数（根/英寸）：123 根/英寸
幅宽	厘米（cm）：147cm	英寸：58 英寸
举例	经纱特数/纬纱特数 经向密度/纬向密度 幅宽 织物组织 JC14.5/JC14.5 523/283 147 1/1 平纹	经纱支数×纬纱支数 经向密度×纬向密度 幅宽 织物组织 JC40×JC40 133×72 58 1/1 平纹

第二节 纺纱生产的一般知识

纺纱工序的生产流程主要包括开清棉、梳棉、并条、粗纱、细纱、络筒等。

一、纺纱生产的工艺流程

1. 普梳棉纱的工艺流程

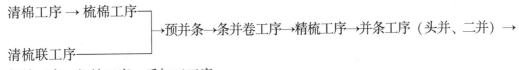

清棉工序 → 梳棉工序 ┐
　　　　　　　　　　　├→并条工序（一并或二并）→粗纱工序→细纱工序→后加工工序
清梳联工序 ───────┘

2. 精梳棉纱的工艺流程

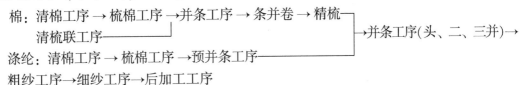

清棉工序 → 梳棉工序 ┐
　　　　　　　　　　　├→预并条→条并卷工序→精梳工序→并条工序（头并、二并）→
清梳联工序 ───────┘

粗纱工序→细纱工序→后加工工序

3. 混纺纱（涤棉混纺）的工艺流程

棉：清棉工序 → 梳棉工序 →并条工序 → 条并卷 → 精梳 ┐
　　清梳联工序 ─────────┘　　　　　　　　　　　├→并条工序(头、二、三并)→
涤纶：清棉工序 → 梳棉工序 →预并条工序 ──────┘

粗纱工序→细纱工序→后加工工序

4. 转杯纺纱的工艺流程

清棉工序 → 梳棉工序 ┐
　　　　　　　　　　　├→并条工序（头并、二并）→转杯纺工序
清梳联工序 ───────┘

或

清梳联工序→单程并条→转杯纺工序

二、纺纱生产各工序的任务和作用

1. 清棉

（1）开棉。将紧压的原棉，松解成较小的棉块或棉束，以利混合、除杂作用的顺利进行。

（2）清棉。清除原棉中大部分杂质、疵点及不宜纺纱的短纤维。

（3）混棉。将不同成分的原棉，进行充分而均匀地混合，以利棉纱质量的稳定。

（4）制成合乎要求、厚薄均匀的棉层。

2. 梳棉

（1）分梳。将棉块分解成单纤维状态，改善纤维伸直、平行状态。

（2）除杂。清除棉卷中的细小杂质及短绒。

（3）混合。使纤维进一步充分均匀混合。

（4）成条。制成符合要求的棉条。

3. 条卷

（1）并合和牵伸。一般用20根预并条进行并合、牵伸，提高小卷中纤维的伸直平行度。

（2）成卷。制成规定长度和重量的小卷，要求边缘平整，退解时层次清晰。

4. 精梳

（1）除杂。清除纤维中的棉结、杂质和纤维疵点。

（2）梳理。进一步分离纤维，排除一定长度以下的短纤维，提高纤维的长度整齐度和伸直度。

（3）牵伸。将棉条拉细到一定粗细，并提高纤维平行伸直度。

（4）成条。制成符合要求的棉条。

5. 并条

（1）并合。一般用6~8根棉条进行并合，改善棉条长片段不匀。

（2）牵伸。把棉条拉长抽细到规定重量，并进一步提高纤维的伸直平行程度。

（3）混合。利用并合与牵伸，使纤维进一步均匀混合。不同唛头、不同工艺处理的棉条，以及棉与化纤混纺等，均可采用棉条混棉方式，在并条机上进行混合。

6. 粗纱

（1）牵伸。将熟条均匀地拉长抽细，并使纤维进一步伸直平行。

（2）加捻。将牵伸后的须条加以适当的捻回，使纱条具有一定的强力，以利粗纱卷绕和细纱机上退绕。

（3）卷绕和成形。将粗纱卷绕成一定的形状，以便于搬运、储存和适合于细纱作进一步加工。

7. 细纱

（1）牵伸。将粗纱拉细到所需细度，使纤维伸直平行。

（2）加捻。将须条加以捻回，成为具有一定捻度、一定强力的细纱。

（3）卷绕。将加捻后的细纱，卷绕在筒管上。

（4）制成一定大小和形状的管纱，便于搬运及后工序加工。

8. 转杯纺纱

转杯纺纱属于自由端纺纱范畴的一种比较成熟的新型纺纱方法。转杯纺纱机的成纱过程中包括半制品（条子）喂给、开松和分离成单纤维，通过单纤维的转移输送而凝聚并合成须条，经过加捻成纱，最后卷绕成大卷装筒子。

9. 后加工

后加工的主要任务是改善产品的外观质量，改变产品的内在性能，稳定产品的结构状态，制成适当的卷装形式。

第三节　织造生产的一般知识

一、织造生产的工艺流程

由于织物的原料、品种和用途不同，织造生产工艺流程也不尽相同，但各类织物主要工序的生产工艺流程都有共同之处。

1. 纯棉织物生产工艺流程

经纱：络筒 → 整经 → 浆纱 → 穿、结经 ┐
　　　　　　　　　　　　　　　　　　├→织布→整理→打包入库
纬纱：络筒 ───────────────────────┘

2. 化纤混纺织物生产工艺流程

经纱：络筒 → 整经 → 浆纱 → 穿、结经 ┐
　　　　　　　　　　　　　　　　　　├→织布→整理→打包入库
纬纱：筒纱 → 定型 ──────────────────┘

3. 色织织物生产工艺流程

经纱：松式络筒 → 染纱 → 整经 → 浆纱 → 穿、结经 ┐
　　　　　　　　　　　　　　　　　　　　　　　├→织布→整理→打包入库
纬纱：松式络筒 → 染纱 ──────────────────────┘

或

经纱：络筒 → 松式经轴 → 染纱 → 浆纱 → 穿、结经 ┐
　　　　　　　　　　　　　　　　　　　　　　├→织布→整理→打包入库
纬纱：松式络筒 → 染纱 → 倒筒 ────────────────┘

4. 长丝织物生产工艺流程

经纱：长丝 → 分批整经 → 浆丝 → 并轴 → 穿、结经 ┐
　　　　　　　　　　　　　　　　　　　　　　├→织布→整理→打包入库
纬纱：长丝 ──────────────────────────────┘

或

经纱：长丝 → 络丝 → 捻丝 → 定捻 → 倒筒 → 分条整经 → 穿、结经 ┐→织布→整理
　　　　　　　　　　　　　　　　　　　　　　　　　　　　　　├　　　↓
纬纱：长丝 → 络丝 → 捻丝 → 定捻 → 倒筒 ──────────────────┘　打包入库

或

经纱：涤纶空气变形丝、网络丝 → 分条整经 → 穿、结经 ┐
　　　　　　　　　　　　　　　　　　　　　　　　├→织布→整理→打包入库
纬纱：涤纶复丝、空气变形丝、网络丝 ──────────────┘

15

5. 大卷装生产工艺流程

在制织产品的过程中，增加织物的下机卷装容量，一般长度在数连匹（数百米）以上称为大卷装。

织物大卷装改变了由原来的布卷到整理后验布、定等、整修、打包等内容，采取布卷到整理后直接包装入库的方式，所以对原纱的质量、半成品质量和织造过程中的质量控制以及织布工的操作技能水平，提出了更高的要求。实行织物大卷装可以促进和提高下机质量，能够达到减少用工、提高成品价格和更为适合外贸出口要求的良好效果。

大卷装工艺流程：

二、织造生产各工序的任务和工艺要求

织物是由纱线按一定规律织成的产品，其中，机织物是由相互垂直的两组纱线，按照一定的要求在织机上交织而成的。经纬纱必须经过一系列的织前准备，使其在纱线质量及卷装形式等方面满足后道工序需要，然后在织机上进行织造制成织物，再经过整理工序检验合格后方可入库。

（一）络筒工序

1. 络筒任务

（1）将原纱卷绕成密度适宜、成形良好、容量大且有利于下一道工序生产的有边或无边筒子纱。

（2）检查纱线条干均匀度，清除纱线上的杂质与疵点。

2. 络筒工艺要求

（1）筒子卷装应坚固、稳定，成形良好。筒子卷装的形状和结构应保证在下一道工序中纱线能以一定速度轻快退绕。

（2）络筒过程中纱线卷绕张力要适当，波动要小，既要满足筒子的良好成形，又要保持纱线原有的物理机械性能。

（3）适当清除纱线的粗、细结及杂质等疵点，以改善纱线外观和品质；结头要小而牢。

3. 自动络筒工艺流程

管纱→气圈破裂器→预清纱器→张力装置→捻接器→电子清纱器→（张力传感器→上蜡装置）→槽筒→筒子

（二）整经工序

1. 整经任务

将卷绕在筒子上的经纱，按工艺设计要求的长度、根数、排列及幅宽等平行地卷绕在经轴或织轴上，以供后道工序使用。

2. 整经工艺要求

（1）在整经过程中，保持全片经纱张力的均匀、恒定，以形成全幅软硬一致的圆柱形经轴，从而减少后续工序中的经纱断头和织疵，以提高织物的质量。

（2）尽量减少对纱线的摩擦损伤，使纱线的弹性和强度等力学性能不被恶化。

（3）经纱排列均匀，成形良好，经轴表面平整，卷绕密度均匀一致。

（4）整经长度、整经根数及纱线配列（配置和排列）符合工艺设计要求。

（5）接头小而牢，符合规定标准。

3. 整经工艺流程

分批整经：筒子→筒子架（张力器、导纱部件）→伸缩筘→导纱辊→经轴

分条整经：筒子→筒子架→后筘→分绞筘→定幅筘→滚筒→倒轴→织轴

（三）浆纱工序

1. 浆纱任务

（1）提高经纱的可织性，保证织造过程顺利进行。

（2）增加纱线的断裂强度。

（3）改善纱线耐磨性。

（4）保持纱线断裂伸长率。

（5）伏贴毛羽。

2. 浆纱工艺要求

（1）浆液应具有良好的黏附性和浸透性，并有适当的黏度。

（2）浆膜应柔韧、光滑、富有弹性。

（3）浆液的物理、化学性能稳定。

（4）黏着剂、助剂来源充足，成本低。

（5）易退浆，不污染环境。

3. 浆纱工艺流程

经轴→退绕→浸浆→压浆→烘燥→（后上蜡）→分绞→卷绕→浆轴

（四）穿、结经工序

1. 穿、结经任务

（1）穿经主要任务。把织轴上的经纱，按织物组织上机图的要求依次穿过经停片、综丝和钢筘。

（2）结经主要任务。将了机织轴上的经纱与新织轴上的经纱逐根打结连接，然后拉动了机织轴上的经纱，把新织轴上的经纱依次穿过经停片、综丝和钢筘，完成结经。

2. 穿、结经工艺要求

（1）穿经。按工艺要求穿综丝、穿停经片、穿钢筘。检查穿经质量，做到无错穿、漏穿。

（2）结经。保证结经质量，正确处理遗留结头，正确处理结经过程中出现的断头、脱结等质量问题。

3. 穿、结经工艺流程

穿经：浆轴→穿综丝→穿停经片→穿钢筘→织轴

结经：绷经→结经→结经整理

（五）织造工序

1. 织造工序任务

将经过准备工序加工处理的经纱与纬纱根据织物规格要求，按照一定的工艺设计在织机

上织成织物。

2. 织造基本运动

开口：按照经纬纱交织规律，把经纱分成上下两片，形成梭口的开口运动。

引纬：把纬纱引入梭口的引纬运动。

打纬：把引入梭口的纬纱推向织口的打纬运动。

卷取：把织物引离织物形成区的卷取运动。

送经：把经纱从织轴上放出输入工作区的送经运动。

3. 织造工艺流程

织轴→后梁→停经片→综丝(综框)→钢筘→织口→胸梁→卷布辊→布卷

（六）坯布整理

1. 坯布整理任务

坯布整理是指对从织机上落下的坯布，采用一定的机械设备，结合人工方法，进行检验、评等、修织、折布、打包等操作，制成符合运输和下道工序要求的坯布卷装。

2. 坯布整理工艺要求

（1）按国家标准和用户要求，检验布匹外观疵点，正确评定织物品等，保证产品质量。

（2）对布面疵点进行修、织、洗，以消除产品疵点。

（3）通过整理工序，发现连续性疵点等问题，采取跟踪检查、分析原因等措施，防止产品质量下降。

（4）检验评分和定等时就力求准确，避免出现漏检、错评、错定。

3. 坯布整理工艺流程

布卷→验布→刷布→(烘布)→折布→分等→整修开剪、理零→打包→布包

第四节 生产管理制度

一、操作管理制度

操作管理是进行生产的重要管理手段，是生产技术工作中涉及面广泛而复杂的一项基础性工作。目的是为了不断提高全员的操作技术水平，提高产品质量、降低消耗、减轻劳动强度、提高劳动生产效率。

1. 操作计划

企业、车间每年应制定年度操作计划、定期检查落实情况。

2. 操作测定

（1）值车工操作。按照操作法的标准进行单项或全项测定，每月轮班测定一次单项，每季测定一次全项，通过测定进行操作评级，评定的级别逐月记录在个人成绩卡上，按季公布操作成绩，并把各工种操作成绩按规定时间逐级上报。

（2）维修工操作。按照平揩车工作法的标准进行初、中、高级的应知应会测定，每季进行一次应会测定，通过测定进行操作评级，评定的级别逐月记录在个人成绩卡上，按季公布操作成绩，并把各工种操作成绩按规定时间逐级上报。

3. 操作帮教

（1）值车工操作。车间每季要确定帮教对象和帮教负责人，制定帮教和操作升级计划，季末检查计划完成情况，操作帮教要充分发挥指导工和操作标兵、技术能手的作用，可运用上技术课，工余、业余练兵等方式帮教。

（2）维修工操作。车间每季要确定帮教对象和帮教负责人，制定帮教计划，季末检查计划完成情况，操作培训帮教要充分发挥骨干和工人技师的作用，可运用上技术课，办学习班等方式进行。

4. 操作练兵

（1）值车工操作。轮班指导工组织练兵活动，每月不少于四次，练兵形式应多样化，可以组织观摩、交流、个别表演、集体练兵、小型竞赛等，操作练兵要以岗位练兵为主，根据质量要求和薄弱环节，强化训练，从严从难要求。

（2）维修工操作。工段技术员组织技术培训练兵（钳工基础练兵、平揩车操作培训），每月不少于两次，培训形式应多样化，操作培训练兵要以岗位练兵为主，根据质量要求和薄弱环节，强化训练，从严从难要求。

5. 操作交流

企业或车间操作运动会每年至少一次，企业应定期召开运转操作工作经验交流会，推广先进经验，开展学习交流活动。

6. 操作抽查

车间按季抽查轮班优一级手合格率，企业按季抽查车间的优一级手合格率，并要纳入考核（抽查比例可根据本企业情况自定）。

7. 操作培训

（1）新工人进车间必须按操作法标准进行应知、应会培训，指定专人负责制定培训计划，落实老师，明确要求和达到的标准，合理安排进度，分阶段进行验收考核。

（2）培训结束必须经过应知应会考试，凡应知成绩满80分，应会成绩达到本工种三级及以上者方能顶岗操作。

（3）新工人上车前要制定师徒包教包学合同，完成合同优秀的师徒应予表扬和奖励。

8. 操作种子队

车间要成立种子队，并有专人负责，每月至少活动一次，并定期组织培训、辅导、测定等，种子人要不断地充实、培养新生力量。

9. 操作档案

企业应建立操作档案，测定成绩记录、帮教记录操作计划、报表等应填写清楚，记录完整，保存齐全。

二、质量管理制度

为了适应市场需要，满足用户要求，对产品质量负责，企业必须建立质量保证体系，制定质量管理制度，保证产品质量的稳定和提高。质量管理体系包括对质量指标的分解、对质量责任的划分，通过质量统计分析，考核落实质量责任。质量管理制度包括质量标准的制定、质量指标的分级管理、质量把关与追踪、质量分析和质量考核等方面。

1. 质量标准的制定

以国家、行业有关的纱、布质量标准为原则，以满足后工序的使用要求为依据，并结合企业质量目标要求以及客户质量要求，由技术部门负责组织制定本工序半制品的质量标准，并根据技术发展和设备升级，及时修订企业产品质量标准。

2. 质量指标的分级管理

质量指标分企业、车间、班组三级管理。通过建立质量管理体系，明确各级质量指标的负责人，运用工序状态管理，组织落实各级质量指标，最终落实到责任人值车工。

3. 质量把关与追踪

（1）质量把关。值车工应做到对本工序所用的半制品的质量及所用设备完好把关，并对本工序的产品质量负责，保证为下工序提供合格的半制品。

（2）质量追踪。对在本工序及后工序发现的严重质量问题，按生产顺序逐个环节追查。

4. 质量分析

（1）定期召开各级质量分析会，结合生产情况开展专题质量分析活动。

（2）负责质量的人员必须每天到整理车间进行疵布的统计分析，并做好记录，及时反馈至责任工序及责任人，并作好关键环节的质量警示工作

（3）对突发性疵点或异常质量波动时，应随时进行质量分析，及时向有关部门报告，采取有效措施制止事故的延续或扩大。

5. 质量事故的管理与考核

（1）当本工序发生质量事故时，应及时向车间及有关部门报告，采取有效措施制止事故的扩大，对质量事故一定要追查分析，找出原因，彻底解决问题。

（2）对质量事故已经造成的疵品，应与合格品分开堆放，妥善处理。

（3）根据事故的大小，应对事故责任人分别进行教育、考核。

（4）对质量事故发生的工序召开事故分析会，还可利用班前、班后和黑板报的形式，对职工进行质量宣传等，以便引起高度重视，杜绝同类质量事故的发生。

三、工艺管理制度

工艺是企业生产的重要依据，严格科学的工艺管理制度是企业优质高产低耗的前提。因此，企业必须加强工艺管理、工艺设计，加强工艺检查、严格工艺纪律，开展工艺研究，使生产按照科学合理的工艺进行。

1. 组织领导

总工程师或生产副厂长（副总）是企业工艺管理的主管领导，工艺设计的制定应在总工程师或生产副厂长（副总）领导下，技术部门具体负责。车间是执行部门，由分管领导负责本车间有关人员做好工艺管理工作。

2. 工艺管理的任务

（1）根据产品质量要求，确定加工工艺流程和各项工艺参数。

（2）根据生产情况，积极开展工艺研究和试验，不断优化工艺，提高工艺技术水平。

（3）主管部门及车间定期进行工艺上车检查。

（4）严格工艺纪律，执行先工艺后生产的原则，没有工艺主管部门责任人签字的工艺

单，不能开车生产。

3. 工艺设计

（1）工艺设计应力求先进合理，从满足产品要求和节约成本出发，充分考虑设备条件与值车工操作技能水平等因素，合理使用原料。工艺设计包括原料的选定、成品的规格和质量要求、工艺流程、工艺条件、技术参数等内容。

（2）新产品投产，必须制定完整的工艺设计和技术条件，同时还应贯彻先工艺后投产、先小量后扩大的原则。

4. 工艺变更及审批

（1）凡属直接影响本工序产、质量等重大工艺项目变更时，必须由总工程师或生产副厂长（副总）批准后执行。

（2）在生产过程中，如对工艺设计有不同意见，或在正常生产中发现工艺有不合理的地方，任何人都有权、有责任提出修改意见，但在有关部门未统一修改以前，仍按原工艺执行，但出现质量问题时，应及时向生产调度部门申请暂时停车。

（3）工艺变更手续。技术部门工艺员填写工艺变更单、申请单一式三份，按规定顺序审批后，一份技术部门、一份由试验室留存、一份通知有关工序执行，技术部门应及时对调整后的工艺效果进行测试，做好工艺变更的复查记录。

四、安全管理制度

在生产过程中，应做到安全生产，严格执行安全操作规程，工作要思想集中，严防人为机械、火警、安全事故发生。

（1）新工人进厂必须进行三级安全教育，即企业、车间、班组级安全教育，经考试合格后，方可上岗。

（2）工作时必须按规定穿戴好防护用品。

（3）工作时思想应集中，坚守岗位，严禁在车间说笑、打闹、吵架和追跑。

（4）不准操作和触摸自己不熟悉的机器设备，工具仪器等。

（5）听到机器有异响或闻到异味时，应立即关车（同时切断电源），通知有关人员检查。

（6）不准在电器设备上乱放任何物品，非电器工作人员严禁随意触摸电器设备。

（7）车间内任何车辆在行驶过程中都应减速慢行，注意照顾前后，不得抢行，出入车间时应注意过往行人、车辆、保证安全。

（8）一切消防器材放在固定地点，不准随意挪用，正常使用后应立即上报有关部门，补加安全措施，以保证始终处于良好状态。

（9）严禁把火种带入厂区及车间，在厂区和车间禁止吸烟。

（10）任何人员停车检修时都应使用停车标记，开车前应确认无人工作后方可开车。

五、现场管理制度

现场管理（文明生产）是提高产品质量的重要基础，也是企业现代化管理水平高低的重要标志。对促进安全生产、消除管理失误、杜绝各种浪费、防止事故发生、提高劳动生产率、树立企业形象等起到重要作用。现场管理制度就是要采取有效的对策和措施，最大限度地消除影响产品质量、安全和生产效率的不良因素。

1. 文明生产内容

（1）现场文明。即环境文明，职工有一个清洁明亮舒适的工作环境，做到清洁、明亮、朴素、大方、无乱贴、乱画、油污、积水和残菜饭洒地上。

（2）现场安全。各种车辆、容器具定置存放，井然有序，工人有一个安全的工作场地，工作时心情舒畅，有安全感。

（3）现场秩序。工作场地纪律严明，无坐、卧、躺、睡、打闹等现象，无看书、看报、闲谈、脱岗等情况。

（4）文明教育。经常对职工进行文明礼貌教育，尊师爱徒，团结互助，有良好的道德风尚。

2. 文明生产要做到标准化管理和定置管理

（1）车间现场的管理标准。三净、两齐、三亮、十不。

三净 { 机台净：无油腻；产品净：无油污；地面净：无油垢

两齐：车辆、容器按定置图排列整齐，横成线，竖成行。

三亮：车间天窗、灯罩、管道无积花，经常保持清洁明亮。

十不：白花、回丝、回条、粗纱头、管纱、空管、棉纱头、机配件、商标、工号纸不落地、地面、车弄干净整齐。

（2）定置管理。定置管理工作的目的：一是提高产品质量；二要提高生产效率；三是减少事故发生。定置物要规范化、标准化、科学化。车间要有定置图，生产现场包括高空、地面、机台、车辆、生产环境、生产秩序均要符合定置图要求。生产现场定置区域标志要明确、定置管理要做到八定，即定标准、定区域、定标志、定方法、定人员、定次数、定项目、定时间。

3. 文明维修

（1）工作室内机配件、物料等要分类存放整齐，地面应清扫保持干净。
（2）做好负责区的清整洁工作。
（3）大小平车的机件要堆放整齐，盖好布，并注意不要妨碍交通。
（4）维修保养工作完成下班前，地面必须清扫干净，工具车放置指定地点。
（5）用过的揩布、废机件、废物料及车床的铁屑等按规定地点存放，定期送废料库，不得倒在垃圾箱内。
（6）暂时不用的机配件、物料按规定地点存放，不可随意乱放。

六、"6S"管理方法

1. "6S"的概念

（1）整理（SEIRI）。将工作场所的任何物品区分为有必要的和没有必要的，除了有必要的留下来，其他的都消除掉。

（2）整顿（SEITON）。把留下来的必要用的物品依照"三定"（即定点、定容、定量）、"三要素"（即物品放置的场所、方法、标识）的原则将物品摆放整齐，加以标识。

（3）清扫（SEISO）。清扫工作场所内的脏污，并防止脏污的发生，保持工作场所干净、亮丽。

（4）清洁（SEIKETSU）。经常进行整理、整顿和清扫，维持其3S成果，始终保持整洁的状态。

（5）素养（SHITSUKE）。每位成员养成良好的习惯，并遵守规则做事，培养积极主动的精神（也称习惯性）。

（6）安全（SECURITY）。重视全员安全教育，每时每刻都有安全第一观念，防患于未然。

2. "6S" 的六要素

所谓"6S"活动是指对生产现场各生产要素（主要是物的要素）所处状态坚持不断地进行整理、整顿、清洁、清扫和提高素养的活动。上述这六个词语的罗马拼音均以"S"开头，因此简称"6S"。"6S"是现场管理的基础，其中最关键的是人的素养。通过"6S"活动，可以使企业生产环境清洁，纪律严明，设备完好，物流有序，信息准确，生产均衡，达到优质、低耗、高效之目的。

整理是"6S"活动的起点。其主要做法是对生产现场现实摆放和停滞的物品进行分类，区分要与不要。

整顿是"6S"活动的基本点。它是对整理后有用物品的整顿，也就是我们所说的"定置管理"。

清扫是"6S"活动的立足点。主要做法是每个人把自己管辖的现场清扫干净，并对设备及工位器具进行维护保养，查处异常，消除跑、冒、滴、漏。其关键点是自己的范围自己打扫，不能靠增加清洁工来完成。目的在于保护清洁、明快、舒畅的工作环境。

清洁是"6S"活动的落脚点。它是对整理、整顿、清扫的坚持与深入，同时包括对现场工业卫生的根治。其要点是坚持和保持，做到环境清洁，职工仪表整洁，文明操作，礼貌待人，现场的人、物、环境达到最佳结合。

素养是"6S"活动的核心。没有良好的素养，再好的现场管理也难以保持，所以，提高人的素养关系到"6S"活动的成效。因此，在"6S"的全过程要贯彻自我管理的原则。要让职工都知道，创造良好的工作环境，不能单靠添置设备来改善，也不能指望别人来代办，而是靠自己动手为自己创建一个整齐、清洁、方便、安全的工作环境。在尊重自己创造成果的同时，养成勤快能干，认真负责的好作风；在维护自己劳动成果的同时，养成循规蹈矩，遵章守纪的好习惯，这样就容易保持和坚持下去。

安全是"6S"的保障。建立起安全生产的环境，所有的工作应建立在安全的前提下。

第五节　全面质量管理基本知识

一、全面质量管理的基本概念

全面质量管理是企业全体职工及有关部门同心协力，把专业技术、经营管理、数据统计和思想教育结合起来，建立起产品的研究设计、生产制造、售后服务等活动全过程的质量保证体系，从而用最经济的手段生产出用户满意的产品。它的特点是：从过去的事后检验、把关为主，转变为预防改进为主；从管结果变为管因素；依靠科学管理的理论、程序和方法，使生产的全过程都处于受控状态。

二、全面质量管理的基本观点

1. 质量第一

任何产品都必须达到所要求的质量水平，否则就没有或未完全实现其使用价值，从而给消费者和社会带来损失。从这种意义上讲，质量必须是第一位的。

2. 系统管理

产品质量的形成和发展包含了许多相互联系、相互制约的环节，不论是保证和提高质量，还是解决产品质量问题，都应把企业看成是个开放系统，应当运用系统科学的原理和方法，对暴露出来的产品质量问题，实行全面诊断、辨证施治。

3. 一切为用户服务

实行全面质量管理，一定要把用户的需要放在第一位。在纺织厂应做到：上一班为下一班服务，前道工序为后道工序服务，辅助维修为运转服务，辅助部门为生产一线服务，科室为车间服务，全厂为用户服务。

4. 一切以预防为主

好的产品是生产出来的，不是检查出来的，质量管理的重点不是事后的消极把关（检验），而是事前的积极预防（控制）。

5. 一切凭数据说话

评价产品质量的好坏及工作质量的优劣，不能凭表面印象和主观臆断，要凭数据说话。

6. 突出人的积极因素

全面质量管理阶段格外强调调动人的积极因素的重要性。现代化纺织企业生产多为大规模系统，环节众多，联系密切复杂，必须调动人的积极因素，加强质量意识，发挥人的主观能动性，以确保产品和服务的质量。

三、全面质量管理的基本方法

全面质量管理的基本方法就是一切按 PDCA 循环办事。P（PLAN）：计划，确定方针和目标，确定活动计划；D（DO）：执行，按制定的计划和措施去实施；C（CHECK）：检查，总结执行计划的结果，注意效果，找出问题；A（ACTION）：行动，对总结检查的结果进行处理，成功的经验加以肯定并适当推广，标准化。失败的教训加以总结以免重现，未解决的问题放到下一个 PDCA 循环。

四、全面质量管理常用的统计方法

统计方法是进行质量控制的有效工具，是在开展全面质量管理活动中，用于收集和分析质量数据，分析和确定质量问题，控制和改进质量水平的常用方法。这些方法不仅科学，而且实用，作为班组长应该首先学习和掌握它们，并带领工人应用到生产实际中。目前，常用的统计方法有排列图、因果分析图、折线图、柱状图、饼分图、对策表、控制图等。

1. 排列图

排列图是为寻找主要问题或影响质量的主要原因所使用的图。它是由两个纵坐标、一个横坐标、几个按高低顺序依次排列的长方形和一个累计百分比折线所组成的图，基本原理是排出"关键的少数、次要的多数"关系。它的基本图形如图 1-5 所示。

2. 因果分析图

因果分析图又称鱼刺图，是表示质量特性与原因关系的图。主要是根据反映出来的各类质量问题，找出影响它的大原因、中原因、小原因、更小原因，然后采取有效措施，解决主要问题。原因的分类主要有人、机、料、法、环五个方面。它的基本图形如图 1-6 所示。

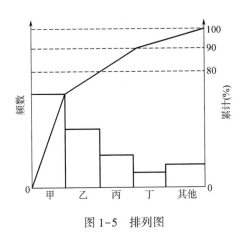

图 1-5　排列图

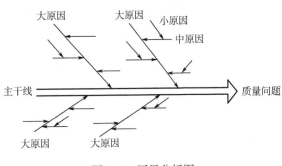

图 1-6　因果分析图

3. 折线图

折线图是用来表示质量特性数据的波动情况的图。特点是作图简单，看起来直观。它的基本图形如图 1-7 所示。

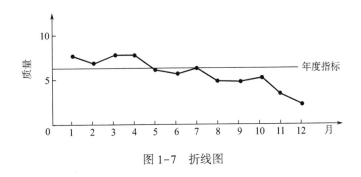

图 1-7　折线图

4. 柱状图

柱状图是用来表示不同时期或同一时期不同情况的对比图。它的基本图形如图 1-8 所示。

5. 饼分图

饼分图是用来表示一个系统中各部分所占比率数的图。它的基本图形如图 1-9 所示。

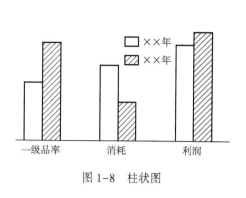

图 1-8　柱状图

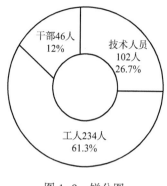

图 1-9　饼分图

6. 对策表

对策表又称措施计划表。它既是实施的计划，又是检查的依据。一般的对策表应包括以下几个方面的内容：项目、现状、目标、措施、责任人（部门）、完成期限与检查人（部门）等，见表 1-13。

表 1-13　对策表

序号	项目	现状	目标	措施	责任人	完成期限	检查人（部门）
1							
2							
3							
4							

7. 控制图

控制图又称管理图，控制图是用于分析和判断工序是否处于控制状态所使用的带有控制界限的图。通过控制图形的显示，可判断分析在生产过程中随时间变化，由于偶然原因还是系统性原因造成的质量波动，提醒管理与操作人员做出正确的对策。它的基本原理是用了 3Q 方法确定控制图控制界限线，从而判断工序或产品质量是否稳定，这实际是一种统计推断方法。它的基本图形如图 1-10 所示。

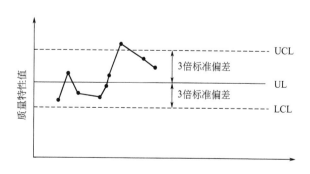

图 1-10　控制图

图 1-10 中三条线：上面一条虚线为上控制界限线，用符号 UCL 表示；中间一条实线为中心线，用符号 CL 表示；下面一条虚线为下控制界限线，用符号 LCL 表示。一般控制图有两种作用，一是用于分析，二是用于控制。

第二章 清梳联值车工和维修工操作指导

第一节 清梳联工序的任务和设备

一、清梳联工序的主要任务

清梳联工序是纺纱的第一道工序，它是把传统的开清棉工序和梳棉工序通过管道系统和压力传感系统连接起来，合二为一，完成原棉或化纤的开松、除杂（化纤除索丝和硬块）、混合、梳理，制成满足后道工序需要的生条。

二、清梳联工序的一般知识

1. 生产指标

（1）产量。清梳联的产量指标是以梳棉机的一轮班生产的棉条产量累计，用单位长度和生条定量来折算为公斤。台日产量 [kg/（台·日）] =出条速度（m/min）×生条定量（g/5m）/5×60×24×生产效率（%）/1000。随着科技的进步和梳理专件质量的提升，清梳联梳棉机车速目前最高可开到260m/min 以上，一般都可开到130～180m/min，进口设备可开到200m/min 以上，生条定量一般在18.5～30g/5m 之间。

（2）质量。清梳联的最终质量指标也是以生条的质量指标来衡量。主要包括生条的条干不匀率、生条重量不匀率、生条1g 内棉结杂质数量、生条短绒率4 项指标。当然衡量清梳联的工艺和设备效能还有单机台或流程的除杂效率、棉结增长率、棉结去除率、短绒增长率、短绒去除率等指标。相对于原棉，清梳联流程的除杂效率一般在96%以上，降低清花棉结增长率80%以下，短绒增长率1%以内，生条棉结清除率85%以上，短绒增长率1%以内。

（3）消耗。清梳联的消耗指标主要是单机台或流程的落棉率或制成率来衡量。具体根据原棉质量和产品质量来定位。

2. 清梳联生产质量控制中的问题

（1）正确处理棉结、杂质与短绒的关系。强打击和强开松利于杂质的去除，但会造成棉结和短绒增长。清梳联管道长，棉团在管道内反复翻滚，也易造成棉结增加，故正确处理和优化开清棉和梳棉机工艺，提高除杂效率，降低棉结和短绒的增加，提高梳棉机棉结清除率尤为重要。清梳联做到开松三度（密实度、取向度、分解度），梳理三度（伸直度、平行度、分离度），关注清除三率（棉结、杂质、短绒）。

（2）正确处理产量、质量与落棉的关系。正常思维，梳棉机产量越高，分梳质量越差，流程落棉越高，质量越好。但目前高效工艺和优势工艺下，各企业均重视量本利，要求质量要好，产量要高，故对产质量的协调和工艺优化、器材的选配尤为重要。

三、清梳设备的主要机构和作用

以国产经纬青岛宏大清梳联为例。

1. 往复式自动抓棉机

本机有行走小车、转塔、抓棉打手、压棉罗拉、卷绕部件和地轨以及电气控制柜等组成。抓棉是开清棉联合机或清梳联的第一道工序，间歇下降的抓棉打手随转塔和小车作往复运动，对棉包件顺序抓取。被抓取的棉束，一般30g左右，经输棉风机和输棉管道，送至前方机台。

2. 重物分离器

重物分离器主要用于开清联合机抓包机之后，单轴流之前，利用离心力去除气流送棉中比纤维束重的杂质，同时减少可纺纤维的损失。本机无运动部件，其除杂功能主要依靠由两组尘棒（每组各10根尘棒）和托板组成的U型管道来分离杂质，两组尘棒可在机外调节，当棉流撞击尘棒时，重杂从尘棒间落入吸尘管道中。本机适用于纤维长度小于80mm的场合。

3. 单轴流开棉机

本机由进棉部件、框架部件、滚筒（打手）部件、尘格部件、落棉小车等组成。作用是通过打手和尘棒的托持，完成对棉束的开松除杂，部分短绒的清除，同时保证了进棉压力的稳定，防止堵车。单轴流开棉机打手滚筒下有前、后、左、右四组尘棒，通过四只手动调节装置，可以分别调节尘棒安装角，从而改变落杂隔距、间距及顶面距。由此可知，随安装角由小到大时，落棉率增加，除杂效率提高。

4. 多仓混棉机

本机由输棉风机、配棉头、储棉仓、平帘、斜帘、均棉罗拉、剥棉罗拉、出棉口及传动装置等组成。作用是通过6仓或8仓，采用叠层混合、气流混合、集棉混合的混棉方式，科学、结构新颖，能获得极均匀和一致的混棉效果，能显著的减少细纱断头率。

5. 精开棉机

本机由储棉箱、给棉结构、打手、尘格转置等组成，并与凝棉器连接。作用是对初步开松的原棉作进一步的开松和除杂。

6. 异纤机

本机由光源、反光镜、传感器、喷嘴、废棉收集袋等组成。作用是对本色纤维中存在的有色三丝或者地膜进行清除。根据质量要求，一般也可串联2台国产异纤机，进口乌斯特异纤机配置一套均可。

7. 除微尘机

本机由风机、箱体、调节板、风道、滤网板及电气控制等组成。作用是用于清花流程中排出短绒和微尘，以减少纱疵，提高成纱质量。

8. 梳棉机

本机由机架、给棉板、给棉罗拉、刺辊、除尘刀、分梳板、锡林、盖板、清洁辊、道夫、剥棉罗拉、轧碎辊、集棉器、大压辊、圈条器以及吸风系统部件等组成。作用是将经过开清棉制成的具有一定均匀度的散状纤维层进行开松、混合、分梳和除杂，制成符合工艺设计要求的梳棉生条，规则地圈放在条筒内，供并条使用。

四、清梳联工序的主要工艺项目

现代清梳联流程的标配：

自动抓棉机→金火探→重物分离器→单轴流开棉机→多仓混棉机→精开棉机→异纤机→除微尘机→火探→喂棉箱→梳棉机

清梳联不是开清棉与梳棉机的简单连接，制订工艺时，必须以一个系统的概念去考虑。正确处理好开松、除杂、分梳、棉结增长、短绒增长之间的关系，控制好重点部位的压力参数和主要打手的速度，做到精细抓棉、柔和开松、混合均匀、适度梳理、高效除杂、早落少碎、少伤纤维。

1. 往复式抓棉机

主要工艺项目：打手速度、小车行走速度、抓包机每次下降动程、刀片伸出肋条长度。

2. 重物分离器

主要工艺项目：排杂口风压（Pa）、吸落棉口风压（Pa）、尘棒隔距。

3. 单轴流开棉机

主要工艺项目：打手速度、尘棒角度（一、二、三、四）、吸落棉风口风压（Pa）、进棉风口风压（Pa）、排杂风口风压。

4. 多仓混棉机

主要工艺项目：排尘口风压（Pa）、斜帘转速、平帘速度、均棉罗拉转速、均棉罗拉与斜帘隔距、剥棉罗拉与斜帘隔距、滤尘压力。

5. 精开棉机

主要工艺项目：打手与给棉罗拉隔距、打手与尘棒隔距、打手与剥棉刀隔距、给棉隔距、出棉口压力（Pa）、落棉管道负压（Pa）、打手转速、落棉刻度。

6. 梳棉机

（1）各部速度及生条定量。道夫、锡林、盖板、刺辊、清洁辊。

（2）各部隔距。给棉罗拉—给棉板出口、给棉板—刺辊、刺辊—分梳板、刺辊—第一除尘刀、刺辊与锡林、锡林与大漏底、锡林与后固定盖板、锡林—后下棉网清洁器（下/上）、锡林—活动盖板、锡林—前上罩板（上口/下口）、锡林—前棉网清洁器（上/下）、锡林与前固定盖板（上/下）、锡林—前下罩板、锡林—道夫、道夫—剥棉罗拉、剥棉罗拉—压辊、剥棉罗拉—清洁辊、上下大压辊。

（3）各部牵伸。圈条小压辊—大压辊、大压辊—剥棉罗拉、剥棉罗拉—道夫、给棉罗拉—棉箱输出罗拉。

五、清梳联合机的机型及技术特征

1. 清梳联合机的技术特性

（1）工艺先进。连续、均匀喂给，薄喂、轻打合理，分梳、梳理适度，气流参数保证，结杂、短绒兼顾。全流程打击点少，梳理适度，在纤维保护方面具有独特优势。

（2）适纺性广。工艺灵活，通过工艺速度和隔距的调整，以及梳理器材的优化选型，使清梳联可以应用于棉、化纤、毛、麻及其他特征纤维的加工梳理。

（3）连续喂棉技术，效率更高。运用独创的连续喂棉控制技术，对抓棉机、多仓、主除杂机的控制系统进行技术改造，使整个流程自抓棉机开始实现连续喂给，工艺运转率达到100%，使棉流均匀输送，便于开松、除杂和梳理，为梳棉机提供状态非常均匀的筵棉，保障生条不匀率。

（4）全流程压力检测。从清花单机到梳棉机再到滤尘系统，全部采用压力传感器监控，保证系统正常连续运转，避免了不必要的故障停车和设备损伤。

（5）全流程变频控制。全流程所有输棉风机和主要运转部件，均采用变频智能控制，工艺调整灵活方便；同时，其能耗相比同类产品可以节约10%~30%，无形中大大降低了纱厂的运行成本；噪声也得到很好地控制。

（6）核心部件精确度高，确保清梳联系统稳定运行。所有PLC、触摸屏、变频器及主要电气开关、传感器、伺服电动机、针布、轴承、同步带等均为进口著名品牌，如德国西门子、施耐德、日本三菱、瑞士格拉夫、瑞典SKF等。

（7）安全可靠。全流程配有多项金属检测和装置，确保设备安全运行。如抓棉机打手、专业金属探测器、桥式磁铁、主除杂机、多仓混棉机，都设有金属检测功能，并及时排除；另外，在抓棉机后、梳棉机前的输棉管道上，配有两台专业火星探测器，防止火灾的发生。

2. JWF1009型往复抓棉机技术特征

（1）精细抓取的保证。JWF1009系列往复抓棉机配有两个间歇下降的双锯片式抓棉打手，每个抓棉打手上配有多个倾斜角度不同的刀片，使抓棉打手回转时形成轴向均匀分布的抓取线，抓臂经过的位置没有棉沟，完成了精细抓棉。抓棉机刀片厚度6mm，且经特殊处理，有足够的硬度，耐磨损；抓棉臂间歇下降量可在0.1~20mm/次范围内进行无级调节，下降精度0.1mm；抓棉小车工作时的行走速度为4~20m/min变频调速。确保运转效率和抓取的精细度。

（2）配置灵活，满足多品种的适纺需求。JWF1009系列抓棉机具有分组抓取和自动旋转的控制功能，抓臂宽带分为170cm和2300cm两种，可同时供应1~3条开清棉生产线，产量可以达到1500kg/h；抓棉机导轨的基本长度为20400mm，根据品种和产量需要，可按2000mm为单位，加长或缩短，最长可达50m。

（3）操作简单，稳定可靠。

（4）主要规格见表2-1。

表2-1 JWF1009型往复抓棉机主要规格

序号	参数	主要规格
1	产量（kg/h）	1500
2	吸棉槽长度（m）	16~45
3	机幅宽度（m）	5.162~6.362
4	机器高度（m）	2.942
5	棉包最大高度（m）	1.6
6	有效抓取宽度（m）	1.7，2.3
7	抓棉器间隙下降动程（mm）	0.1~20
8	抓棉机运行速度（m/min）	2~16

续表

序号	参数	主要规格
9	抓棉罗拉数量（根）	2
10	抓手刀片数量（个）	32（16个/根），44（22个/根）
11	抓手工作直径（mm）	280
12	抓棉罗拉转速（r/min）	918，1184，1257（变换带轮调速）
13	抓手尖顶与肋条底平面距离（mm）	−3~+3

3. FT225A型金属探除装置主要特点

本机是开清系统中用于探除混于纤维中的金属物体的主要设备，用于保护清梳联系统抓棉机之后续设备的正常运转。此设备安装在JWF1009抓棉机与输棉风机之间。

4. FA125B型重物分离器主要特点

其除杂原理是利用气流离心力的作用来去除棉絮中的杂质，所以本机的最大特色就是不需任何动力。

5. JWF1107型单轴流打手开棉机技术特征

（1）本机是清花工艺流程中具有创新性的关键设备，适用于各种等级原棉的处理。

（2）它集开松、除杂、除尘、避免纤维损伤于一身，是一台高效的预清棉设备，对纤维的强化处理是在自由状态下均匀、密集地多次弹打，做到了在开松过程中除杂，在除杂过程中逐步开松，对纤维处理柔和、细致。

（3）机内的除尘装置可将灰尘、杂质以及纤维碎片迅速排除。经开松除杂后的棉流被气流吸送至后道工序。

（4）主要规格见表2-2。

表2-2 JWF1107型单轴流打手开棉机主要规格

序号	参数	主要规格
1	适用原料	各种等级的原棉
2	产量（kg/h）	1200
3	工作宽度（mm）	1600
4	装机功率（kW）	11.37
5	外形尺寸（长×宽×高）（mm）	2300×1150×1950
6	机器净重（kg）	约1400
7	角钉打手直径（mm）	ϕ750
8	转速（r/min）	480~800（变频调速） 420，470，510，560，580，680（变换工艺轮）
9	尘棒形式	前后左右各一组三角尘棒
10	总根数（根）	64（每组16根）
11	隔距（mm）	6.262~10.292
12	皮翼罗拉直径（mm）	370
13	转速（r/min）	15.9

6. JWF1031-160型多仓混棉机技术特征

（1）多仓混棉机分为6仓和8仓两大类，幅宽有1200cm和1600cm两种，可根据实际情况灵活选置。

（2）该机最大的特点是强化的"三重混合"：首先，原料可根据各仓压力的不同，有风机自动地同时铺放到各个棉仓中，形成"气流混合"；第二，各仓纤维层经90度转弯输送，利用其路程差形成"时差混合"；第三，过量的纤维在经过斜帘时，被拨棉罗拉抛入混棉室，达到"细致混合"。强化的三重混合作用，可满足棉、化纤及其他原料的均匀混合。

（3）输送带、输棉帘均采用交流变频控制传送，运行速度无级可调，达到"按比例跟踪"连续喂棉的目的。所有棉仓底部经变频调速的平帘输出原料，不必经过给棉罗拉的机械式强制输出，减少了纤维的损伤和棉结的产生，提高了设备运转的稳定性。

（4）采用知名品牌PLC控制系统，与前后机台联锁，同步工作，只有后续机台要棉信号、滤尘启动信号同时有效时，多仓才能进入"就绪"状态，安全可靠；人机界面可以直接设定和修改各种工艺参数、手动调试、随机监控运行状况、故障报警和故障诊断等。

（5）主要规格见表2-3。

表2-3　JWF1031-160型多仓混棉机主要规格

序号	参数		主要规格
1	适用原料		76mm以下的纯棉和化纤
2	产量（kg/h）		1000
3	工作宽度（mm）		1600
4	装机功率（kW）		15.35（包括两个输棉风机）
5	外形尺寸（长×宽×高）（mm）		7305×2018×4124
6	均棉罗拉转速（r/min）		470
7	剥棉罗拉转速（r/min）		590
8	隔距（mm）	均棉罗拉—角钉帘	5~45
		剥棉罗拉—角钉帘	5~35
9	喂棉管道	最大风量（m³/h）	6042（变频调节）
		风压（Pa）	1632（最大静压）
10	出棉管道	最大风量（m³/h）	4790（最大变频调节）
		风压（Pa）	1205（最大静压）
11	排风管道	最大风量（m³/h）	4320
		风压（Pa）	-50~-100（静压）
12	排杂管道	风量（m³/h）	800~1000
		风压（Pa）	-600~-800（静压）

7. JWF1115-160型精梳开棉机技术特征

（1）储棉箱内装有可调挡板，可根据下道工序的供棉需求调节棉层厚度。

（2）储棉箱侧面装有光电开关，可控制前道工序的给棉量以保证上棉箱内的原料到位的高度。

（3）尘棒采用三角尘棒形式，安装角和隔距均可在机外调节，安装和拆卸方便。

（4）给棉罗拉、梳针打手筒体采用铝合金结构，重量轻，外观美观。

（5）电器箱体置于储棉箱内，避免了走线凌乱，有利于机器的维护和保养。

（6）电气设计上预留了打手变频位置，为用户提供了选择的余地。

（7）连续给棉采用 PID 及模拟运算两种可选的运算方式。

（8）向后级供棉具有预充满功能。

（9）主要规格见表 2-4。

表 2-4 JWF1115-160 型精梳开棉机主要规格

序号	参数	主要规格
1	产量（kg/h）	1000
2	梳针打手转速（r/min）	633，570，506
3	给棉罗拉直径（mm）	$\phi76$
4	梳针打手直径（mm）	$\phi600$
备注	给棉罗拉转速为 6~70r/min，可根据产量高低更换减速电动机链轮来实现调速。当选 $Z=17$ 的电动机链轮时，速度调节范围为 6~30r/min；当选 $Z=23$ 的电动机链轮时，速度调节范围为 8~40r/min；选 $Z=39$ 的电动机链轮时，速度调节范围为 14~70r/min	

8. JWF1053 型微除尘机技术特征

（1）除微尘机适用于各种等级的原棉，用于清花流程中排出短绒和微尘，以减少纱疵，提高成纱质量。经充分开松的纤维，通过本机后可排除所含部分细小杂质、微尘和短绒，特别适合 OE 纺纱清梳工序。

（2）主要规格见表 2-5。

表 2-5 JWF1053 型微除尘机主要规格

序号	参数	主要规格
1	最高产量（kg/h）	1000
2	工作宽度（mm）	1600
3	机内风机风量（m³/h）	2000~4000
4	输出、输入及排尘的管径（mm）	$\phi300$
5	外形尺寸（长×宽×高）（mm）	2182×1864×2650
6	装机功率（kW）	7.5

9. JWF1213 型高产梳棉机技术特征

（1）梳理区面积增大。梳理区弧长增大到 2.8m，梳理面积比传统梳棉机增加 17%，分梳精细，可确保高产优质；对纺织厂减少万锭配台、减少用工、节能降耗以及提高劳动生产率具有显著效果。

（2）精确喂棉控制。喂棉箱的下棉箱采用压力检测方式，精确控制筵棉的均匀度；采用新型的内循环风形式，棉箱内部落棉不受外部气流的影响，压力更加稳定；输出罗拉积极输出筵棉，棉层牵伸稳定，从而提高生条均匀度。

（3）新型自调匀整控制。采用数字信息处理控制方式，数据运算快速准确，匀整精度高。通过下棉箱压力、喂入筵棉厚度及棉条厚度三点检测的三位一体新型自调匀整控制系统，使棉层形成时就得到匀整精确控制，有效改善生条重不匀。

（4）新型滤尘结构。流线型滤尘管道设计，减少风量损耗，提高风压，吸风更稳定。

（5）新型前环匀整控制。新型前环参与匀整器控制，使棉条控制稳定、均匀。

（6）棉结在线监测控制。使棉结在棉网时就得到控制，能够根据棉结的改变监控机器的运作。

（7）模块化设计。双联固定盖板、棉网清洁器和铝合金罩板模块化设计，单刺辊和三刺辊模块化设计，满足纺纱要求。

（8）关键件的技术保证。阶梯式整体钢板焊接机架，灵活简洁的机械结构，特殊的加工工艺，确保隔距精密准确；特殊结构的锡林道夫筒体，确保分梳精细，高产优质。

（9）整机数字化技术。采用了数字化与模拟量结合方式，变频控制技术，通过 CAN-BUS 总线实现人机界面和整机控制与自调匀整器的数据传输，可以直接通过以太网口实现工厂信息化管理。

（10）主要规格见表 2-6。

表 2-6　JWF1213 型高产梳棉机主要规格

序号	参数	主要规格	备注
1	机别	右手	面对出条方向主传动在右手侧
2	工作宽度（mm）	1280	
3	可加工纤维长度（mm）	22~76	
4	喂入形式	棉箱喂入	
5	棉层定量（g/m）	400~1300	
6	刺辊工作直径（mm）	φ250	
	转速（r/min）	937~1172	皮带轮直径 φ205
		858~1072	皮带轮直径 φ224
		794~993	皮带轮直径 φ242
7	锡林工作直径（mm）	φ1288	皮带轮直径 φ492
	转速（r/min）	347，390，433，477	
8	盖板工作面宽度（mm）	22	单独变频电动机调速
	工作根数/总根数	30/84	
	速度（mm/min）	61~356	
9	道夫工作直径（mm）	φ706	变频调速（电动机频率为 30~70Hz）
	工作转速（r/min）	32~84	
	生头转速（r/min）	4.3~7.2	
10	盖板刷辊转速（r/min）	6.5~16.3	变频调速（电动机频率为 20~50Hz）

续表

序号	参数		主要规格	备注
11	机前剥棉形式		三罗拉剥棉及双皮圈 导棉成条装置	
12	全机总牵伸倍数		60~300	
13	适用棉条筒规格（mm）		φ600×1100, φ1000×1100, φ600×1200, φ1000×1200	
14	抄针方式		机上罗拉抄针	
15	适用抄磨辊直径（mm）		φ140~180	
16	棉条输出形式		阶梯罗拉	
17	换筒方式		自动换筒	
18	预分梳件		刺辊分梳板2根	
			前固定盖板8根	
			后固定盖板10根	
19	安全 清洁辊	工作直径（mm）	φ110	
		转速（r/min）	2342	
20	连续吸风量（m³/h）		4200	
21	出口静压（Pa）		−800	
22	压缩空气（kg/cm²）		压力6~7	
23	压缩空气消耗（m³/h）		0.5	
24	拖动装机总功率（kW）		13.99	变频电动机
	主电动机（kW）		9	
	道夫电动机（kW）		3	
	给棉罗拉电动机（kW）		0.55	
	清洁辊电动机（kW）		0.55	
	回转盖板电动机（kW）		0.25	
	盖板清洁辊电动机（kW）		0.55	
	盖板刷辊电动机（kW）		0.09	
25	自停装置		棉层过厚、刺辊欠速、断 条、盖板失速、锡林失速、 管道欠压、盖板清洁辊欠速、 道夫失速	
26	安全罩		全封闭	
27	出条速度（m/min）		最高260	
28	产量（kg/h）		最高160	
29	棉条定量（g/m）		3.5~10	

第二节　清梳联工序的运转操作

一、岗位职责

（1）保持设备正常运转，是完成生产任务的重要环节。值车工应掌握机器性能，做到"三好"（用好、管好、修好），"四会"（会使用、会检查、会保养、会排除故障），熟练地对机器运转情况进行检查，及时预防因机器故障而产生的疵点和事故。

（2）了解设备结构性能，正确使用设备。掌握生产规律，随时注意机台运行状态，对清花、梳棉与除尘系统结构性能和清梳联生产规律，各自动控制器的正确使用方法能熟练掌握。

（3）认真执行工作法，正确掌握单项操作要领，勤学苦练操作技能，熟悉安全操作规程与排除运转或操作不当引发的故障，不断提高操作水平，保证操作质量。

（4）负责看管操作额定的清梳联设备与滤尘系统设备，处理设备运行中出现的故障、停车等影响正常生产的问题。

（5）坚守生产岗位，积极认真全面完成看台定额、个人生产计划和质量指标；按照清洁工作进度表要求，彻底做好机台、器材及现场清洁工作。

（6）随时加强机台巡回，中途不能坐岗、站岗、闲聊。

（7）负责各类下脚的分类及验收。

（8）严格执行安全操作规程，注意机台运转状态，防止人身和设备事故发生。

（9）电器开关和屏幕的工艺参数值车工不能私自调整。

（10）做好假日前停车与上班开冷车工作，做到文明生产，上班为下班创造良好生产条件。

（11）如果发生火警，及时关掉主机电源和除尘设备，并打报警电话，迅速告诉班长组织扑救。

二、交接班工作

发扬协作精神，树立上一班为下一班服务的思想，做到交班以交清为主，接班以检查为主。交接班工作是生产员工的第一项工作，要做好此工作，接班者须提前上岗，对口开车交接，做到相互协作又分清责任。

1. 交班工作

交班要做到"一彻底、四交清"。

（1）一彻底。彻底做好所属机台内外和工作地面的清洁工作，收清各类回花下脚。

（2）四交清。

①交清生产变动情况，如品种翻改、工艺变更、前后道供应等。

②交清设备情况，如机械运转、设备维修、自调匀整装置、电气是否正常。

③交清公用工具、容器、车辆、消防器材，要求完整无缺、定置放置。

④交清各类回花及下脚，要求回用品分类定置存放，标识清晰无误。

2. 接班工作

接班应做到"一提前、二问清、三检查"。

（1）一提前。接班者应提前15分钟进入岗位，按照巡回路线做好接班检查工作。

（2）二问清。

①问清上班生产情况，如原料、品种翻改、工艺变更、前后道供应、温湿度等。

②问清上班设备情况，如设备运行及维修状况、输棉滤尘系统运行状况。

（3）三检查。

①检查设备运行情况，如安全装置是否正常，检查机械运转、电气自停情况。

②检查机台标识是否相符，棉包排列是否符合要求；各类回花及下脚是否分类定置存放、标识清晰无误。

③检查公用工具、容器、车辆、消防器材，要求完整无缺、定置放置。

交接班检查明细见表2-7。

表2-7 交接班检查明细表

内容		重点	要求	交接人
清洁情况	机台	机台和回转部件	按清洁进度表	值车工
	现场	回花筒内回条	分清品种：扯断、收清、保持地面无白花	
		预备筒	每台机上1个，清扫干净条筒表面黏附的飞花	
		回花筒、生条筒、垃圾筒	摆放在定位线内	
		条筒使用	按车号使用，标识清楚，以便下工序定台供应	
		清洁工具	定位、齐全、整洁	
生产情况		定长、速度	按工艺要求，不得私自更改	
		单机台品种	标识正确清晰	
		给棉情况	无破洞和厚薄棉层	
设备情况		平揩车	揩车质量好，速度快，停台时间短	
		坏机	查明原因，交清故障部位，及时修复	

三、清洁工作

清洁工作是直接影响纺纱质量的主要因素，必须有计划，均衡地将清洁工作安排在一轮班每个巡回中进行，防止前松后紧。开清棉、梳棉值车工清洁进度分别见表2-8、表2-9。

1. 清洁方法

坚持"从前到后，从左到右，从上到下，从内到外，轻下重扫，不拍打"的方法顺序进行。

2. 清洁原则

（1）轻扫、彻底扫，随时保持地面无白花，无灰尘堆积。

（2）按照巡回路线走巡回，勤巡回。

（3）对容易缠绕的回转部位重点清洁、随时清洁。

（4）清洁工作要做到"五定"，即定内容、定时间、定方法、定工具、定周期。

表 2-8　开清棉值车工清洁进度表

序号	工作内容	清洁时间	清扫工具	清洁要求	责任人
1	清洁 JWF1009 型抓棉机转塔、打手罩壳和两边台面	早班9：10 晚班21：10	长线刷	从上至下，轻扫彻底无飞花	值车工
2	清洁 FT217 型纤维分离器及 FA125B 型重物分离器机台罩壳及周围地面				
3	清洁 JWF1107 型单轴流开棉机和 JWF1029-160 型多仓混棉机机台罩壳、观察窗及周围地面				
4	清洁 8 异型纤维分离装置和 JWF1115 型精开棉机、JWF1053 型除微尘机罩壳及以上台面				
5	操作控制柜台面清洁	随时	布	干净	
6	JWF1029-160 型多仓混棉机给棉罗拉	早班10：00 关车做	铁钩	彻底清洁干净缠花	
7	检查外露传感器有无飞花	随时	手	无飞花	
8	地面（每班夜班拖地及黄色通道）	随时	推把、拖把	干净	
9	机台罩壳（地吸风口）	随时	长线刷	无飞花、积花	
10	输棉管道两侧和输送带轨道	随时	手	无掉花	
11	棉盘	随时	手	无杂物	
备注	监督上盘工的开、排包工作，并清理好整个现场，特别是铁丝、钢丝、包布等杂物一定要仔细检查，防止损坏设备及造成安全隐患				

表 2-9　梳棉值车工清洁进度表

序号	工作内容	清洁时间	清洁工具	清洁要求
1	机台罩壳、龙头台面、吸风口滤网、脚凳	随时	线刷、小捻杆	保持整洁、干净、无积花
2	棉条光电传感器、喇叭口、圈条器	结合断条、设备扫车时	菊花棒、布	无飞花、无杂质、无挂花
3	自动落筒部位、护筒轮、机台底角、筒位	随时	棕刷	保持干净
4	出条罗拉及保护装置、张力轮、地吸风口		小菊花棒	保持干净
5	备用条筒筒盖、条筒轮	换筒前	手、短线刷	干净、无缠花
6	机台四周地面及地吸风口	随时	扫把、拖把	保持干净
7	机台顶部、后棉箱部位外壳	交班前	长棕线刷	从上到下扫干净
8	机后、机上备用空筒	交班前	线刷	干净摆整齐
9	通道部分（压辊、导条钩、导条轮）	随时	手、捻杆	保持畅通无阻
备注	上筒分清筒圈颜色，注明标识，落筒检查棉条外观质量，并负责把条筒送到指定地点，按定置定位线排列整齐。所有机头罩壳外部清洁都用线刷清扫，机台下面都用棕刷清扫			

3. 梳棉值车工清洁方法及内容

以 FA201B 机型为例，其他机型均可参照执行。

（1）清洁工作均要按巡回路线方向进行。扫机台左侧时，先用右手拿刷子扫机台上边各部位，然后再换左手拿刷子扫下边各部位；扫机台右侧时，先用左手拿刷子扫机台上边各部位，然后换右手拿刷子扫下边各部位。掌握从上到下，由里到外做清洁。

（2）防护罩内部清洁要在停车后进行。

①机前大扫。从道夫右侧上部开始，顺序为：锡林抄针托脚，铜梳托脚，大毛刷托脚，盖板齿轮油箱，盖板皮带轮安全罩，道夫左侧门，大压辊盖及大喇叭口部位，前平台内侧托板，上下轧辊，上下刮刀，小喇叭口，小压辊，龙头外罩，圈条立柱，前平台外侧，下挡板，自调匀整显示器，开关箱，道夫右侧轮系安全罩，手轮，快慢齿轮箱，右托脚，道夫右侧防护罩。

②机后大扫。自左边为起点，顺序为：刺辊放气罩，刺辊轴承盖，盖板磨针托脚，支撑托脚，指示灯，大毛刷托脚后部，小圆清洁毛刷，圆墙板，锡林左侧门内皮带轮，大漏底封门，左侧防护罩，主电动机，主电动机安全罩，左侧车肚安全门，喂棉箱，喂棉箱内部，右侧刺辊放气罩，刺辊轴承盖，盖板托脚，盖板磨针托脚，支撑托脚，间歇吸管道，摇板阀，吸风箱，锡林轴后部，锡林步司，尘箱顶部。

③机前小扫。从右侧道夫牙轮平面板为起点，顺序为：锡林抄针，托脚开关箱，操作台道夫安全罩，大压辊盖，大喇叭口前平口前平台里侧，上下扎辊两端，道夫盖外风口，上下刮刀圈条器等。扫机前左侧时，由左侧道夫安全罩上端到左侧锡林抄针托脚，再到左侧防护罩上部。

④机后小扫。从右侧刺辊放气罩起，顺序为：牵伸牙轮安全罩，刺辊轴瓦平拉上平面，棉箱底部，左侧从刺辊放气罩刺辊轴瓦，给棉罗拉电动机安全罩等，检查喂棉箱左侧传动箱内，后部压力开关箱及机下排尘箱，内右侧传动箱内，喂棉箱的前排尘箱及观察窗内是否挂花。

⑤清洁棉网下托盘。毛刷要从棉网下伸入，操作时切勿碰到棉网、棉条上，清洁铜梳时要用弯针耙子顺齿下剥，不能用刷子扫。

（3）梳棉外部小清洁。

①机前。道夫抄磨托脚安全罩→龙头（喇叭口，导条块）→大压辊盖→大喇叭口→上刮刀→道夫盖罩→棉网下托盘→自调匀整显示器→左侧防护罩

②机后。由刺辊放气罩→自调匀整位移传感器→牵伸牙轮安全罩→喂棉箱

（4）梳棉外部大清洁。

①机前。道夫抄磨托脚安全罩→大毛刷安全罩→龙头（喇叭口，导条块）→大压辊盖→大喇叭口→上刮刀→道夫盖罩→棉网下托盘→自调匀整显示器→电源开关箱→左侧防护罩→道夫安全罩门

②机后。自左边为起点，刺辊放气罩→自调匀整位移传感器→上部安全罩→左侧安全罩→给棉箱→连续喂棉观察窗→给棉控制箱→压力传感控制箱→右侧安全罩→连续吸管道→摇板阀安全罩→吸风箱

四、基本操作

1. 开关车操作要求

开关车方法不当，会造成噎车或空花，影响质量和发生设备事故；开车一般由前至后，关车一般由后至前，按顺序进行；开车要做到"一联系、二检查"。

（1）一联系。清花值车工、梳棉值车工开关车前要相互联系，密切配合。

（2）二检查。检查各机指示灯是否异常，是否处于正常开机状态；每按下一个开关时，要听是否有异响，开关按压后应有 5~10s 间隔。检查棉仓棉箱供棉及供棉线路是否符合要求。

2. 开车操作要求

开车前要认真做好检查工作，开车时要看清每个开关的功能，首先要开启滤尘设备，在滤尘设备运行后，检查运行是否正常；清棉值车工在开启开清设备之前，要主动和梳棉值车工联系，只有当梳棉机全部正常运行后，才能开动开清棉设备。

开车顺序如下：

滤尘设备→吸落棉设备→清花设备→梳棉设备（开清花设备时，提前 15min 通知梳棉启动锡林）

（1）开滤尘设备。开一级滤尘→二级滤尘→主风机→接力风机Ⅰ→接力风机Ⅱ，上一机台完全启动后，再启动下一机台。

（2）开吸落棉设备。打开打包机电源开关，启动供油开关。

（3）开清花设备。分为自动启动和手动启动两种，一般以自动启动为主。依次启动异性纤维分离机三罗拉清棉机→多仓混棉机→多功能分离机→自动抓棉机，然后按下供棉开关。

（4）开梳棉设备。待供棉达到开车要求后，启动梳棉机道夫，完成全部开车工作。

3. 关车操作要求

关车与开车顺序相反，先通知梳棉关车，再关清花设备→滤尘设备→吸落棉设备。

五、巡回工作

做好巡回工作是值车工岗位工作的重要职责，对值车工看好机台、及时发现设备故障、排除设备隐患以及减少疵品、降低消耗起着重要的作用，加强巡回工作也是提高产品质量的重要途径。

1. 巡回工作原则

（1）主动性原则。要充分发挥值车工的主观能动性，在巡回工作中要主次分明，突出重点，做到有条不紊、不乱。

（2）灵活性原则。按照先急后缓、先近后远、先易后难、先捉后做的原则，做到"四先四后"，分清轻重缓急。

（3）计划性原则。对所看机台运行状态以及所纺品种的要求、单产等要了解清楚，做到心中有数，有的放矢。要严格按照规定的巡回时间和巡回路线，合理均衡地把各项任务分配到巡回工作中，做到既不重复工作，又不出现工作漏项。

2. 巡回工作要求

值车工在巡回工作中，要按照"眼看、耳听、鼻闻、手感"的八字方针。

（1）眼看。要细心观察设备的运行情况，要对设备上面的各类显示装置、压力计等的实际情况做到心中有数，要仔细观察落棉是否正常、输棉管道是否通畅，仔细观察输棉通道有无挂花现象。

（2）耳听。要充分发挥人的听力功能，仔细听设备的联动装置包括机械、电气等系统有无异响。

（3）鼻闻。要充分发挥人的嗅觉功能，鼻闻生产现场有无因燃烧、摩擦等原因引起的糊味。

（4）手感。要用手触、摸各高速轴承有无过热现象，要注意安全，安全防护罩内有传送带、链条等的传动部位不能触摸。

3. 清梳值车工巡回工作

（1）巡回路线。值车工可以采用凹字形巡回路线或顺向式巡回路线，巡回的起止点必须交汇于一点。

（2）巡回要求。在巡回工作中从抓包机电控箱为起点，查看显示数字信号是否正常，在抓棉机打手后方查看棉台抓棉情况及原料中的异杂物，查变频器显示数字有无异常，查轨道上有无花絮，查光电灵敏度，控制指示灯及压力表变化情况，查各部棉箱的传动部位及通道有无挂花。

在巡回工作中要检查棉箱压力、各储棉箱及吸尘系统是否正常，各部吸管是否堵花，棉箱给棉是否正常，梳棉通道有无挂花现象，检查喂入棉层是否均匀，机前三角区、上下刮刀是否干净，清洁工作要分"轻、重、缓、急"，要有计划地把清洁工作安排到各个巡回中去完成。

（3）值车工巡回工作。要做到"两让""三结合"。"两让"就是要求清洁工作让断头，断头让落筒；"三结合"就是要求值车工拉空筒和送满筒结合做，机台和地面的清洁结合做，防疵、捉疵工作结合做。

梳棉工序看台标准 12~16 台，巡回路线采用凹字形（图 2-1）。

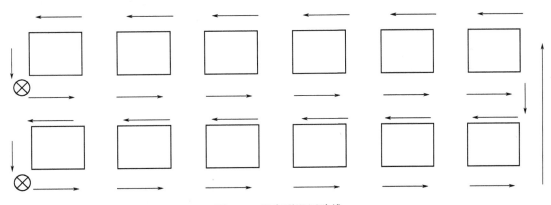

图 2-1 凹字形巡回路线

六、质量把关

为了提高质量，减少浪费，必须牢固掌握基本操作，并结合巡回和清洁工作，认真做好防疵、捉疵。

（1）把好质量关。经常巡回检查，油污花、编织袋、金属、杂物不能混入原棉中，配棉改变时要分清品种，以防混淆。平车、揩车、开冷车时或遇到打扫高空等情况时，要加强检查和防范。

（2）把好机械关。经常检查设备运转情况，输棉要畅通，轨道、打手、风机不能绕花。

同时也要掌握机械性能，发现机械有发热、异响自停装置失灵、落白花等情况应及时反映，加以维修。

（3）防疵、捉疵。

①防疵。防错支、错筒；防开车时打慢速造成粗细条；防断头、升头时疵点没拿净；防清洁时飞花、脏花落入棉网、棉条，同时防破棉网；防道夫三角区挂花；防油手、脏手升头。观察机械状态，防止机械疵点。

②捉疵。捉原棉表面杂物、油花；捉粗细条、疙瘩条、竹节条、色条、油污条、杂质条等。

七、操作注意事项

（1）未经培训和未掌握清花机机械性能的人员不得操作清花机。

（2）上班前应穿好工作服、戴好工作帽，不准穿拖鞋、高跟鞋、打赤脚，女工需将头发盘入帽中。

（3）工作时间应集中精力，按照巡回要求认真巡回，不准在车间内打闹、嬉戏，不许随便脱离工作岗位，以防止发生机械或人身事故。

（4）认真做好交接班检查工作，随时掌握机台运转情况，如发现异响、异味、安全装置及自停装置异常情况应立即停车，同时通知有关人员，在异常状况完全排除后才允许开车。

（5）机台地面应保持清洁，不准向地面泼水，以免滑倒（如特殊情况公司要求泼水，员工需注意行走安全）。

（6）严格按照开关车顺序及要求进行操作，发生噎车堵花和其他故障，应立即停机，确认打手停稳后方能进行处理；高空处理时，梯子要放稳，脚要踩稳，以免发生事故。

（7）不得任意拆除及损坏紧急刹车按钮、安全防护锁、安全行程开关等安全装置。

（8）严禁向正在抓取的棉盘扔棉块，以防噎车和发生设备事故。

（9）操作电脑显示屏时应轻触轻按，待电脑有反应时，操作第二个程序，两次操作应间隔5秒，严禁操作权限以外的程序，电脑出现故障应及时通知有关人员维修。

（10）严禁在自动抓棉机旁行走及在抓臂下站立，抓臂未停稳时不准处理缠花及故障，不准擅自调整抓棉打手深度。

（11）严禁在车未停稳时处理凝棉器挂花。

（12）在处理三罗拉缠花时严禁将手和脚放在各罗拉、皮带等传动部位上。

（13）出现火警，应立即关闭机台电源（尤其吸落棉系统和滤尘系统），用滑石粉或二氧化碳灭火器扑灭火焰。

（14）严禁操作非本工种的机械设备。

第三节　清梳联值车工的操作测定与技术标准

清梳联值车工操作测定的内容包括巡回操作测定、单项操作测定两项，合起来称为全项操作测定。

一、清梳联开清棉值车工操作测定与技术标准

1. 巡回操作测定

测定时间：全项巡回时间 30min。

2. 测定内容及扣分标准

（1）抓包机测定时间为 10min，运转率为 95%，低于 95% 扣 2 分。

（2）巡回中应该认真查看以下部位：显示器、压力表是否运行良好，光电管、电控换向阀是否灵敏，落杂区通道有无挂花现象，如果巡回不符合要求，每查出一项扣 0.2 分。

（3）走错巡回路线。指巡回中不走规定路线，自由巡回，每次扣 5 分。

（4）清扫机台不净。指清扫机台时漏项，超过 900cm^2，每处扣 0.2 分，清洁高度为棉箱的上边缘，其他部位以 2m 为准。

（5）清洁地面不彻底。指看管机台负责的清扫范围没有扫到，面积以 900cm^2，每处扣 0.1 分。

（6）白花落地不捡。指值车工在巡回或者扫地时，不先把白花捡起，白花大小在 25cm^2 以上，每块扣 0.2 分。

（7）堵车。指测定中因操作不良造成的堵车，每次扣 1 分，因机械、电气原因造成堵车除外。

（8）空车。指测定中因值车工原因造成棉箱跑空脱节，每次扣 2 分，以造成后部机台供花不足为准。

（9）不执行安全操作规程。用手触摸护罩内有皮带、链条等的传动部位，每项扣 1 分。

（10）清洁起止点不符。扫地从抓包机巡回的起点开始，扫车以棉箱为起点，否则按清洁起点不符，每次扣 0.5 分。

（11）测定超过规定时间。测定时间为 20min，超过测定时间扣 1 分，运转率测定时间除外。

（12）扫车时建议从混开棉机开始，逐台清扫，抓包机只做巡回检查不必清扫。

（13）杂物没有拣出。指值车工在巡回过程中以及查看运转率时，对规定的异性纤维、油花、色花、金属杂物漏过，没有拣出，裁判发现就算，异性纤维长度 0.5cm，油花、色花 1cm^2，每块扣 0.2 分，金属杂物无论大小每块扣 0.5 分，以拣出的实物为考核依据。

（14）人为疵点。指因扫车或者扫地方法不对，使毛刷或者地面上的油花落入棉层，1cm^2 就算，每块扣 0.5 分。

（15）前后不联系。当设备发生故障、空棉箱等，不及时与梳棉值车工联系，每次扣 2 分。

（16）落地金属杂物没有拣出。值车工在巡回、扫车时地面有金属杂物没有及时拣起，每块扣 0.2 分。

二、清梳联梳棉值车工操作技术考核

1. 巡回操作测定

测定时间：全项巡回时间 40min。

大清洁五台，小清洁五台，清洁地面和其他项目按照巡回路线进行。扫地可以按照小巡回 15min 考核，最后一个巡回必须是扫地。清洁滤尘网、后绒辊、拉空筒、送满筒数不少于看台面，在巡回中交替进行。

2. 巡回操作测定考核内容及标准

（1）走错巡回。每次扣 0.5 分。

（2）不掐粗细条。每次扣 1 分。粗细程度为标准重量加减 1/3，长度在 20cm 以上为准，20cm 及以下按照人为疵点每次扣 0.5 分，以实物为准。

（3）倒包头。每个扣 0.5 分。

（4）清洁方法不正确。每处扣 0.1 分。

（5）清洁不彻底。每处每台扣 0.1 分，通道部分以长度 5cm、宽度 1cm 计量。

（6）漏做清洁。每处或每台扣 0.2 分。通道部分按照台处考核，其他部位长度 10~20cm，宽度 2cm 按照漏扫部位的 1/2 考核。长度 20cm，宽度 2cm 以上按处累计考核扣分。

（7）白花或棉条落地。每处扣 0.5 分，白花落地以 9cm 为准，在工作中人为造成白花、棉条落地，不拣疵点每处扣 0.2 分。

（8）人为疵点。每个扣 0.5 分。油手接头按照人为疵点考核，以实物为准。

（9）人为断头。每个扣 0.5 分。在清洁过程中机械、电气原因造成断头，不计为人为断头，但是必须掐疵点条。

（10）漏疵点。每个扣 0.2 分。长度 1cm 油花以及一切杂物必须有实物考核。

（11）不掐杂物条。每处扣 1 分（包括油污条、色条），杂物条长度在 5cm 以内按照人为疵点考核，每次考核 0.5 分，但必须有实物。

（12）不按时落筒。每筒扣 0.1 分，以落筒信号为标准，每筒不得超过 1min，落筒时没有准备预备筒，则按照不及时落筒处理。

（13）落筒工作量没有完成。每个扣 0.2 分。拉空筒、落满筒、送满筒必须和看台面相同。

（14）接头（引头）超过 10 个。每超 1 个加 0.1 分。因设备、温湿度等原因造成值车工处理断头多，超过 10 个，每超出 1 个加 0.1 分，人为断头不计。

（15）值车工不及时处理停台。每次扣 0.5 分。停机断头开始计时，3min 以内不考核，3 分钟以后每超过 1min 扣 0.1 分。

（16）巡回超时间。要求在规定时间内完成全部工作量，如果完不成，每超过 1min 扣 0.2 分，不够 1min 不计。

（17）清洁漏项。每台次扣 1 分，大小清洁中，漏下半台车或者一台车地面 1 个小车档不扫，按照清洁不彻底考核，全部不扫，按照漏项考核，漏项每项扣 2 分。清扫地面不干净、油污花长 10cm 按照清洁不彻底考核，每处扣 0.1 分。

（18）通道挂花。每处扣 0.5 分。龙头、集束器、三角区、四寸压辊、罗拉挂花长度 1cm、棉层挂花长度 5cm 及以上考核，刺辊放气罩、透视窗内、棉层托盘两侧挂花，长度达 15cm 及以上考核。

（19）错筒。每筒扣 5 分，以值车工换筒后离开本机台为准。

（20）违规。每次扣1分。接头后不准值车工动手，如果动手则按照违规处理，凡出现其他人员进车挡帮忙，一次扣值车工1分。

（21）违犯操作。每次扣1分。不执行安全操作规程，例如：断头后值车工棉条不接头；大把搓头；开车运转时揭开道夫以及四罗拉罩壳扫车；满筒时撞筒；捻三角区、处理道夫挂花时不停道夫；龙头小压辊塞花不关车处理；扫车明显扑打。

（22）缺点。每个扣0.1分。落筒时条尾露在筒子外10~30cm；接头不按照操作法进行或者大把撕头；碰破棉条、棉网出现异常不处理；接头不走正常通道，接头后不开快车。

3. 单项操作测定（表2-10）

表2-10　采用两种单项操作

工序	工种	测定项目及标准	
		单项	标准
梳棉	值车工	机前棉网接头，速度60s	1. 手触棉网开始计时，扯尽粗细条、引条入喇叭口、接齐5根实头为止 2. 棉条头不能扔地面，否则一次0.5分 3. 接头质量不合格，每个扣1分（长度3cm及以上，粗于细于原条的1/2），脱头不合格，倒包头每个扣0.5分 4. 接头偏粗、偏细，每个扣0.5分（长度在3cm以下、1cm以上粗于细于原条的1/2） 5. 倒包头，每个扣1分 6. 在质量无扣分的基础上，接头速度比标准每慢1s扣0.05分，速度比标准每快1s加0.05分（指5个头的时间之和）
		高速棉网接头，速度45s	1. 手触棉网开始计时，引条入喇叭口、连续引条入喇叭口5根实头为止 2. 棉条头不能扔地面否则一次0.5分 3. 白花落地每处0.2分
标准		时间：在质量全部合格的基础上，每慢1s扣0.1分；每快1s加0.02分，不足1s不加分	

机前静态接头按30s考核（接头时间只限于棉品种，化纤品种依次各加2s）。静态接头指棉条固定接头，每次测定5个头，以手触棉条接头开始计时，手离开棉条为止。

（1）棉条接头。执行四包卷接头法：

①拿取条头条尾，龙头吐出的为条头，条筒内的为条尾，用右手拿取条头，把有纹路的一面向上搭在左手的手掌上，左手拇指压住条头条尾于食，中指二，三关节处。

②撕条头条尾。右手食，中指在距左手拇指10cm处夹住两条，紧夹慢拉，把棉条拉成纤维平直，稀薄，均匀的条头条尾。

③搭头。左手拇指稍稍抬起，右手拇、食、中指拿取条尾一边，左手食指把托附好的条尾向上移。使条头尾部处于小指边沿，右手拇、食、中指将条尾搭在条头上4cm左右，左手拇指压住条头条尾左边沿，右手拇、食、中指捏住右边沿，轻轻向外摊，然后用左手拇指将摊好的条尾向上抿两下，压在食、中指之间。

④包卷。右手拇指在上面，食，中指在下面，捏好摊好的条头条尾右端约1/3处向左包

卷，第一包卷 1/3，第二包卷 2/3，第三包卷全部包完，第四包卷加捻完成。

⑤包接头搓条方法。取接头棉条 40~50cm，一端固定一端搓捻，每根棉条搓捻 4 下，一二下棉条呈曲线状，第三下棉条伸直，第四下完成，接头质量评定以手搓捻后与原条目视对比。

（2）落筒。落筒要掌握标准高度，落筒时间可按条筒尺寸大小各厂自定。落筒时，左手拉机上满筒右手接住棉条，左手再将空筒放入龙头下底盘，放稳妥为止。为了便于并条值车工找头，筒子条尾要托挂在筒口外，要求长度 10~30cm，落筒前要用手抹喇叭口四寸压辊盖，落筒后要检查责任标记，杂物等。

（3）棉网生头。当轧辊间吐出棉网后即可生头，生头时将棉网聚集搓捻成尖端，串进大喇叭口，待棉网正常后，在压辊外用右手拿起棉条，迅速用左手掐断，并捻成尖状，引入龙头喇叭口，如从压辊到小喇叭口处棉条太长，可将棉条掐断，拿起条头随条尾引进小喇叭口，然后将条筒内粗细条掐出后，即可进行棉条接头。

三、单项、全项操作评级标准（表2-11）

表 2-11　单项、全项操作评级标准

级别		优级（分）	一级（分）	二级（分）	三级（分）
清花全项		99	97	96	95
梳棉	单项	99	98	97	96
	全项	98	96	95	93

说明：全项分数是指巡回工作测定和单项测定合计得分，全项得分 = 100 + 各项加分 - 各项扣分。

第四节　清梳联设备维修工作标准

一、维修保养工作任务

做好定期修理和正常维护工作，精心维护，科学检修，适时改造更新，使设备处于完好状态，达到提高生产技术水平和产品质量、增加产量、节能降耗，保证生产和延长设备使用寿命，增加经济效益的目的。

二、岗位职责

（1）按照平车、揩车计划对清梳联设备进行维护，使设备经常处于完好状态。

（2）严格执行企业制定技术标准，保证完成各项工作要求和技术标准。

（3）认真执行本工序维修、保养工作法，熟练掌握本工序的专用工具及辅助设备的使用与维修。

（4）坚守工作岗位，做好本职工作，遵守劳动纪律，执行安全操作规程及各项规章制度。

三、技术知识和技能要求

1. 揩车保养的内容要点

（1）检查机台运转是否正常，停电停车后方可对机台进行操作，并在醒目处挂维修保养标识牌，避免发生安全事故。

（2）清洁机内外花毛及尘杂、油污，掏净各处绕花落棉。

（3）清洁各传动部件、针条针板、梳针、轴承等，去除油孔内的油污并适当加油。

（4）检查各传动齿轮、皮带轮、销、键，轴与轴承间隙及传动链轮，查看尘棒、漏底、帘子及各部螺丝松紧。

（5）检查各轴头、罗拉、转子、转盘、皮辊是否绕花，回转是否灵活。

（6）检查尘棒、漏底、帘子、角钉、梳针、针条、盖板有无缺损、松动现象。

（7）检查各工艺数据，工艺隔距是否有变动，各输棉风机、管道、网眼板有无堵塞挂花。

（8）检查各部电动机有无挂花、绕花，气缸、气管、棉箱、油箱有无泄漏现象。

（9）检查各部安全防护自停是否灵敏，电气控制、气动压力原件作用是否可靠，检查校正各自调匀整是否正常。

2. 巡检的内容要点

（1）各机台每班至少巡检1~2次，查看上班开车情况，检查设备状态，清洁情况，安全自停、自控装置是否良好。

（2）开车后要用耳听、目视、手感等方法，检查各机台运转是否正常，机台是否有异响、发热现象，各传动链条、传动带张力是否适当。

（3）对机台关建部位、关建部件要进行重点巡检，梳理区域、除杂区域、自调匀整及电子监控区域每日都要细致检查，发现异常随时修复。

（4）摸清当班设备运转情况，做好记录，以便分清主次进行整修，排除一切设备隐患，防止机台带病运转。

3. 重点检修的内容要点

对在运转中易移位、磨损的机件进行校正处理，更换部分达到了使用周期的器材，给部分轴承添加油脂，修复在巡检和揩车中发现的隐患。

（1）检修各变速箱、罗拉、轴承，并加油脂。

（2）检查各部专件有无松动、缺失、偏斜、位移等。

（3）复查各部隔距，检查主要工艺部件是否符合工艺要求。

（4）检查各传动部件是否良好，紧固件是否松动移位。

（5）检查各安全装置、气动装置、电气装置及线路、电子监测原件是否作用良好。

4. 润滑保养的内容要点

润滑保养是设备维修工作的基础，要确保油脂的产品质量，进厂的油脂应进行检验，质量符合设备要求方可使用。清梳联重点加油部位周期见表2-12。

表 2-12　清梳联重点加油部位周期

序号	机台名称	加油部位	加油周期（天）
1	往复抓棉机	打手、小车行走、升降等轴承	3~4
		链轮、链条、钢丝绳	1
2	单轴流开棉机	打手轴承	3
		电动机轴承	12
3	多仓混棉机	链轮、皮带轮、张紧轮、风机轴承	6
		水平帘、斜帘、均棉、剥棉轴承	6
		滚子链条及滚子链轮	10~15
		风机、帘子、均棉、剥棉等电动机轴承	12
4	精开棉机	打手轴承	12
		减速器	3
		链轮、皮带轮、张紧轮轴承	6
		打手、给棉、风机电动机轴承	12~18
5	除微尘机	输棉、喂棉排尘风机电动轴承	6~12
6	喂棉箱	打手等转动轴承	3~6
		给棉齿轮减速电动机轴承	12
7	梳棉机	传动盖板齿轮箱	12
		给棉减速箱	3
		锡林、道夫轴承	6
		剥棉罗拉、大压辊、两根清洁辊轴承	1.5
		其余轴承	3
		滚珠链轮和链条	14

（1）在加油润滑操作时，要严格执行加油周期及加油类型，避免遗漏油眼，油路不畅或堵塞要及时清理，保证油路通畅。

（2）加油时要把油眼剔净，各类传动部件（如打手、罗拉、锡林、道夫、电动机、风机等）的滚动轴承必须清洗铁屑及尘杂后方能加润滑油。

（3）加油量要适中，如变速箱要细看油位线，滚动轴承应根据速度高低灵活掌握，既要加足又不要过多溢出，链条、链轮、齿轮等要少加勤加。

（4）润滑油脂及加油工具应保持干净，不能有尘杂等混入，不能适用未经处理的回用油。

（5）加油过程中发现机器异响、发热等现象应立即停车修复。

（6）加油操作时，要严格按本工序安全操作规程规范操作，需开车加油的部位更应小心谨慎，注意安全，避免安全事故发生。

5. 电气维修的内容要点

（1）由于新型清梳联自动化程度高，系统连锁、变频器、传感器及 PLC、人机界面等新技术的大量应用，绝大多数故障会以电气故障的形式出现，这就要求电气技术人员对机械和工艺设定调整有一定的了解掌握，提高自身业务水平，以便更好地保证设备正常运行，电气技术人员按状态维修、周期保养的要求，对电气元器件、各电气控制柜、接线端子、传感器、变频器、自调匀整、金火探、各部电动机等进行定期维修保养，或结合维修揩车检修一并进行。

（2）运转电工每天巡检1~2次，在修理电气故障的同时清洁电气装置，影响正常生产的重大电气故障应及时上报，组织精干人员快速抢修。在检修保养时发现易损件状态不良，如光电传感器、安全保护行程开关、接线端子、工艺自停装置等出现松动、错位、作用不良应及时维修，机件损坏应尽快更换，以免造成更大的电气故障。

（3）常白班检修人员每周应定期检查、清洁电气控制柜及内部元件，要重点检查变频器是否发热、降温风扇转动是否正常，各接线端子、交流接触器、断路器等元件的接线是否牢靠等，及时清理附在电气件的飞花尘杂，尽量用吸尘器吸附飞花，减少吹、拍打现象，以免影响电气元件的正常功能和通风散热的效果，避免打火隐患，保证电气各专件安全可靠。

6. 清梳联维修保养人员的技能要求

清梳自动化程度高，微电脑控制、自调匀整系统的在线监测应用、显示屏在线调整数据技术的广泛应用等，要求岗位维护人员要不断学习，提高技能水平，适应新型清梳设备的维护需要，对设备及电器存在的故障难点能够及时查找原因，快速修复。因此要加强对设备维修人员的专业技能培训，根据企业的实际情况建立一套适用于清梳联保养维护及使用的管理制度。

（1）全面熟练掌握清梳联安全操作规程，严格按操作规程进行操作，对清梳联设备的风险部位更要小心防范，待机械停电、停稳后方可进行维护操作、保养，熟练掌握清梳联重点隐患部位及防范措施（表2-13）。

表2-13　清梳联重点隐患部位及防范措施

序号	风险部位	造成的后果及危害	防范措施
1	往复抓棉机臂	打手缠花处理时，严禁站在抓臂下，以免抓臂刹车失灵落下伤人	车停稳后，抓臂停在棉包上方50cm，用工具转动打手清理缠花
2	单轴流开棉机尘棒	尘棒缠花时，严禁用手处理，以免车未停稳伤手	处理尘棒缠花时，确认车停稳后，按操作规程进行处理
3	精开棉机梳针	梳针缠花时，车未停稳严禁用手处理，以免伤手	处理梳针缠花时，确认车停稳后，按操作规程进行处理
4	梳棉机齿轮、链条、皮带挂花	牙轮、皮带、链条积花，车未停稳严禁用手处理，以免伤手	处理积花时，压轮、链条应与身体保持一定距离，防止衣服挤入对身体造成伤害
5	小漏底底部积花	小漏底底部积花，车未停稳严禁用手处理，以免伤手	必须停车处理，确认车停稳后，按照操作规程用竹纤捻出
6	锡林、道夫盖板及车肚挂花	道夫下前车肚挂花，车未停稳严禁用手处理，以免伤手	车停稳后做清洁时，拿气路管的手不要抬起过高，以免道夫伤手
7	喇叭口处上下打压辊	处理压辊缠花，车未停稳严禁用手处理，以免伤手	处理缠花时，确认车停稳后，按照操作规范处理
8	三角区、交叉罗拉两端、清洁辊上下刮刀、集束器	三角区、交叉罗拉两端、清洁辊上下刮刀、集束器挂花、缠花时，严禁用手处理，以免伤手	处理堵花，缠花时，确认锡林停稳后，按照操作规程用竹纤捻出

（2）全面掌握清梳各机台开关车顺序及操作要领，熟练掌握滤尘系统的作用原理、保养维护内容，了解风量和风压等参数的相互关系及控制方法。熟知清梳联各个机台的结构特点、工作原理及其功能，了解机台的操作程序、各部动作、机台间的连锁动作及其控制原理。

（3）全面掌握清梳联维修保养方法，并在实践中总结、创新，不断提高对设备的维修保养能力，保证机台完好运转。

（4）每天利用交接班及停车时间进行巡回检查，每班巡回 2~3 次，发现异常情况及时处理，将隐患消除在初发期。

（5）严格执行维修保养制度，定期对设备进行保养维护，在对设备进行揩车、检修及润滑加油时，严格按设备操作规程操作，加强责任心，提高工作质量，确保机台状态良好、运转正常。

（6）熟练掌握清梳各机台监控数据及工艺参数的设置方法，根据品种变化、产品质量要求，熟知各机台间的工艺关联性和工艺调整原则，并对影响产品质量的故障点能够全面分析、快速处理，在操作维修过程中及时记录各种监控数据和工艺参数，以便对不良数据进行修正，积累质量分析和质量控制方面的经验。

第五节　质量责任

一、设备主要经济技术指标

（1）设备完好率。

$$设备完好率 = \frac{完好台数}{检查台数} \times 100\%$$

（2）大小修理一等一级率。

$$大小修理一等一级率 = \frac{一等一级台数}{同期修理台数} \times 100\%$$

全部达到"接交技术条件"的允许限度者为一等，有一项达不到者为二等，全部达到"接交技术条件"工艺要求者为一级，有一项不能达到者为二级。

（3）修理合格率。

$$修理合格率 = \frac{合格台数}{同期修理台数} \times 100\%$$

全部达到"接交技术条件"的允许限度者为合格，有一项不能达到者为不合格。

（4）大小修理计划完成率。

$$大小修理计划完成率 = \frac{实际完成台数}{计划台数} \times 100\%$$

（5）设备修理准期率。

$$设备修理准期率 = \frac{准期完成台数}{计划台数} \times 100\%$$

(6) 设备故障率。

$$设备故障率 = \frac{故障停台班数（或台时数）}{计划运转台班数（或台时数）} \times 100\%$$

二、质量事故

(1) 企业应制定质量事故管理制度，按损失大小落实责任。

(2) 分析事故产生的原因，制定措施，及时采取纠正措施。

(3) 利用各项形式进行教育，提高设备人员质量责任意识。

三、质量把关

(1) 认真执行操作法及安全操作规程。

(2) 保证大小修理、保养等设备维修质量。

(3) 预防因机械原因造成质量事故。

第六节　清梳联工序消防安全注意事项

一、清梳联工序消防常识

1. 清梳联工序消防的重要意义

清梳联生产线现场存有大量易燃可燃原料，同时各机组之间又有互相连接的输棉管道、输棉风机、除尘设备，加上棉花在输棉管道内的流动速度可达 15~20m/s，甚至速度更快，一旦遇到火源，会迅速起火并沿管道传播，甚至顺着除尘管道蔓延进入除尘机组内部，烧毁除尘设备，扩大着火范围，造成经济损失和人身安全事故。

2. 清梳联工序易发生火灾的主要原因

(1) 明火起火。常见的有明火作业防范不当、火源着火等，如烟头、电焊等。

(2) 电气短路着火。清梳联电气设备多、线路长，容易发生短路引火，特别是电线和设备久用、老化更易发生。

(3) 机器轧刹、机件摩擦起火。机器轧刹、缠绕、轴承缺油不断摩擦均会导致发热起火。

(4) 机件打击碰撞引起火灾着火。如打手撞击金属物和石块引起火星自燃，金火探工作不正常或失灵。

(5) 电气接触不良形成火星着火。

(6) 静电起火。纤维、尘埃在空气中聚集引起的高压静电会产生火患，常发生在尘埃集中的车间、尘室和使用高阻抗原料，如麻类、合成纤维、车间湿度过低的场所。

(7) 人为纵火。

3. 火灾的防治

(1) 落实消防组织措施。大中型厂可组织业务或准专职消防队，经过教育培训后上岗，并做到 24 小时值班，配置车辆和必要的消防龙头、水枪、灭火器等防火器材。

（2）建立快速火灾报警和处理机制。车间应设置专用报警器和报警电话，配置主用通信器材，做到及时发现火患，快速消灭火灾，车间班组应设置兼职安全员，及时报警。对班长和值车工等做到入厂安全培训，学会正确处理灭火步骤和程序。

（3）车间及重要部位应配置灭火器材。生产车间、棉检室、储棉室、回花间等应配置合适的灭火器材，如灭火器、储水桶、黄沙桶等。

（4）严格控制车间明火使用。车间严禁吸烟，不得带入明火、使用明火，如电焊必须经有关部门批准并有专人监督看管。

（5）开清棉生产线配置防火安全装置。开清棉生产线是棉纺厂最易产生火警的设备，应设置安装桥式吸铁器、重物（异物）分离器、火星探测器（如红外线传感器等）等防火装置。

二、清梳联工序防火注意事项及火灾扑救方法

清梳联是纺纱厂消防工作的重点工序，车间各班组要成立义务消防队，掌握机器特点，了解工艺流程，熟悉管道的走向和设备的对应关系，会使用消防器材。义务消防队要形成联动机制，出现火警时现场要有人指挥，临危不乱，时刻做到防消相结合。

1. 注意事项及扑救方法

（1）常日班安排专人每周检测一次金探火探，做好记录，保证金探火探灵敏有效，并对主机辅机设备进行周期性维护。

（2）消防器材定置摆放，保持有效，现场员工知道取用。

（3）棉盘上棉花离地5cm左右时停止抓棉，将盘中棉花清出，分拣盘底花中的杂物，待新盘摆好后，将分拣好的棉花嵌入棉包间的缝隙中。

（4）上盘时将包皮布和打包带清理干净，开车前清理包台周围杂物。

（5）开车巡回中发现棉花中的杂物要及时清除，发现异响和焦味要及时停车，检查跟踪，排除隐患。

（6）电器柜、机台内外保持清洁，旁边不能存放堆放可燃物。

（7）容器、车辆、工具等不能堵机台车门，保证各机台门随时开启方便，消防通道无阻挡。

（8）清花单机台着火，应迅速关停该流程上的所有清梳联机台和对应的除尘机组，分两组人员进行扑救，一组处理清花机台，另一组处理除尘室问题。

（9）清梳联机台火警清除后，应保持4小时的观察时间，观察没问题后先开空车观察，确定各方面没有隐患才能过棉，正式生产。

2. 清花单机台着火的处理方法

（1）在电器柜上断开电源。

（2）将消防水车和灭火器拿到着火机台，打开机台防护门，让着火部位暴露出来。

（3）着火部位很小时，将着火棉花取出，放进消防水车内扑灭。

（4）着火棉花较多，火势发展很快时，用干粉灭火器或消防水枪扑救，将机台内所有棉花尽快取出，放到消防水车内，并迅速移出车间。即灭火、取出机台内棉花、将此棉花快速移出车间、在车间门外就近找一空地堆放，安排人值守，配灭火器材。

（5）机台内没有着火的棉花取出后单独装在车辆内，并移出车间。

（6）安排人员检查前后机台、输棉管道、除尘管道，发现有火立即处理。

（7）如果着火机台附近有棉包，在灭火的同时将附近的棉包移开，防止被引燃。

（8）车间有烟雾时要开启排烟系统，保证人员安全。

（9）扑救清花的同时要关停除尘风机，将除尘管道的插板关闭，检查一级过滤室和二级过滤室，移出除尘室的可燃物。

（10）一级过滤室或二级过滤室有火，用灭火器扑救。

3. 梳棉单机台着火的处理

（1）关停该机组的梳棉机台，在电器柜断开电源。

（2）关停除尘风机，将除尘管道插板关闭。

（3）打开着火机台防护门，用干粉灭火器扑灭着火点。

（4）将机台内着火的棉花取出，放到消防水车内，并移出车间。

（5）机台内没有着火的棉花取出后单独装在车辆内，并移出车间。

（6）检查一级过滤室和二级过滤室，移出除尘室的可燃物。

（7）一级过滤室或二级过滤室有火，用灭火器扑救。

（8）检查输棉管道和除尘管道，清除管道内着火的棉花或棉尘。

第三章　精梳机值车工和维修工操作指导

第一节　精梳工序的任务和设备

一、精梳工序的主要任务

排除生条中的短绒，提高纤维的平均长度和整齐度，改善成纱条干，减少纱线毛羽，提高成纱强力。清除生条中残留的棉结和杂质，以减少细纱断头和成纱疵点，改善成纱外观质量。使纤维进一步伸直、平行和分离，以提高成纱的条干、强力和光泽。制成条干均匀的精梳棉条，便于下道工序加工。

二、精梳工序的一般知识

1. 产量

精梳机的产量指标是以精梳机的一轮班生产的棉条产量累计，用单位长度和精梳条定量来折算为千克（kg）。

台日产量［kg/（台·日）］=出条速度（m/min）×精梳条定量（g/5m）/5×60×24×生产效率（%）/1000。

2. 质量

精梳条质量控制主要包括棉结杂质控制及条干不匀控制等内容。

（1）精梳条的棉结杂质控制。精梳后棉结杂质的去除率与精梳机的工艺参数设计、机械状态、精梳准备工艺等因素有关。当精梳条的棉结杂质过高时，可采取以下措施：改进小卷准备工艺，提高小卷质量；放大落棉隔距；采用后退给棉；采用大齿密的整体锡林；合理确定毛刷对锡林的清扫时间；调整毛刷插入锡林的深度。

（2）精梳条条干不匀控制。精梳条条干 CV 值过大的原因主要有以下几种：棉网成形不良，如棉网中纤维前弯钩、鱼鳞斑、破洞等；精梳机牵伸机构装置不良，如牵伸形式不合理（如两对简单罗拉牵伸）、牵伸罗拉和胶辊弯曲、牵伸齿轮磨灭等；牵伸工艺不合理，如牵伸罗拉隔距过大、胶辊加压不足等；小卷、棉网及台面棉条张力过大，意外牵伸大。

（3）消耗。精梳工序的消耗指标用精梳落棉率或制成率来衡量，具体根据原棉质量和产品质量来定位。

三、精梳设备的主要机构和作用

精梳工序所用机械由精梳准备机械和精梳机组成。

1. 精梳准备机械

精梳准备为精梳机提供伸直平行度好、定量准确、卷绕紧密、边缘整齐、纵横向均匀、不粘卷、卷装大的纤维小卷，它与精梳机的产量、质量、落棉、效率等关系密切。目前采用的精梳准备机械有预并条机、条卷机、并卷机和条并卷联合机等，组成三类精梳准备工艺。

第一类：（梳棉机）→预并条机→条卷机→（精梳机）

第二类：（梳棉机）→条卷机→并卷机→（精梳机）

第三类：（梳棉机）→预并条机→条并卷机→（精梳机）

（1）条卷机。目前国内使用的条卷机型号较多，但其工艺过程基本相同。棉条从机后导条台两侧导条架下的20~24个棉条筒中引出，经导条辊和压辊引导，绕过导条钉转向90°后在V形导条板上平行排列，由导条罗拉引入牵伸装置，经牵伸后的棉层由紧压辊压紧后，由棉卷罗拉卷绕在筒管上制成小卷。筒管由棉卷罗拉的表面摩擦传动，两侧由夹盘夹紧，并对精梳小卷加压以增大卷绕密度。满卷后，由落卷机构将小卷落下，换上空筒后继续生产。一般情况下，一台条卷机可配4~6台精梳机。

（2）并卷机。小卷放在并卷机和棉卷机后面的棉卷罗拉上，小卷退解后，分别经导卷罗拉进入牵伸装置，牵伸后的棉网通过光滑的曲面导板转向90°，经输出罗拉在输棉平台上并和后进行紧压罗拉，再由成卷罗拉卷绕成精梳小卷。

（3）条并卷联合机。条并卷联合机的条子喂入由三部分组成。每一部分有16~20根棉条从条筒中引出，并经导条罗拉进入导条台，棉层经牵伸装置牵伸后成为棉网，棉网通过光滑的曲面导板转向90°，在输棉平台上将2~3层棉网并合后，经输出罗拉进放紧压罗拉，再由成卷罗拉卷绕成精梳小卷。

2. 精梳机

精梳机的主要部件有锡林、顶梳、胶辊、钳板等，其作用及与产质量的关系见表3-1。

表3-1 精梳机主要部件的作用及与产质量的关系

名称	作用	与产质量关系
锡林	锡林是精梳机的主要梳理部件，由多排针条组成，排列规律为前稀后密，组装在弧形的基座上。锡林的作用是对纤维的前端进行梳理，在梳理过程中排除大量的短绒、棉结、杂质	锡林梳针状态的好坏与落棉和半制品质量有密切关系
顶梳	顶梳是精梳机的第二梳理部件，由单排针条组成，常用规格有26针/cm、28针/cm、30针/cm。顶梳的作用是对分离纤维的后端进行梳理，在梳理的过程中排除少量的短绒、棉结、杂质	顶梳梳针状态的好坏与落棉和半制品质量有密切关系，直接影响成纱质量
胶辊或皮辊	皮辊是牵伸部件之一，其作用是与罗拉和加压装置形成钳口，将棉条拉长抽细	胶辊的质量与状态直接影响成纱条干和重量不匀率
钳板	钳板有上钳板和下钳板，其作用是通过周期性往复摆动钳持棉纤维，供锡林梳理	它与落棉和半制品质量有密切关系

四、精梳工序的主要工艺项目

1. 钳次

钳次表示精梳机的速度，用钳次/min表示。在喂入棉卷重量和喂给长度不变的情况下，钳次越高，则产量越高。

（1）A201型、A201A型。设计速度一般为116钳次/min。

（2）A201B型、A201C型。设计速度一般为165钳次/min。

（3）FA 系列：设计速度一般为 280 钳次／min。

2. 锡林针排数

A201 各型的锡林均为 17 排梳针，针的弧面占圆周的 1/4。FA 系列锡林是由多排针条组成，组装在弧形基座上。针的直径由粗到细，针的密度由稀到密，针的伸出（工作）长度由长到短。

3. 喇叭口规格

精梳机上有三种喇叭口，台面喇叭口、大压辊喇叭口和圈条喇叭口。喇叭口孔径的选用主要根据棉条的定量而定，一般台面喇叭口孔径为 5~6mm，大压辊喇叭口和圈条喇叭口孔径为 3~4mm。

4. 掌握机械性能控制棉条质量

（1）一般造成坏车停台及损坏锡林、顶梳的原因。脱卷、换卷过厚；棉卷中有硬杂物；吸棉箱清洁不及时；分离皮辊绒板按放不正确；加压位置不正；因自停失灵巡回不及时，造成皮辊、罗拉缠花过多；落棉花清洁不及时，造成后风斗堵塞，开车清洁机前、机后。

（2）精梳工序疵品的类型及产生原因（表 3-2）。

表 3-2　精梳工序疵品的类型及产生原因

疵品类型	产生原因
粗细条	1. 喂入棉卷缺条或多条 2. 棉卷搭头不良 3. 台面补条，搭头不良 4. 粘层卷等棉卷不良 5. 撑牙不良 6. 胶皮辊加压不良
条干不匀条	1. 分离罗拉顺转定时不当而使棉网接合不良 2. 棉网严重破边破网 3. 分离罗拉、胶（皮）辊偏心太大 4. 牵伸罗拉、胶（皮）辊偏心太大 5. 牵伸隔距、加压装置不当 6. 牵伸转动齿轮磨灭损坏或啮合不良 7. 钳次作用不良
三花条 （飞花、油花、绒板花）	1. 棉卷本身有飞花、油花、绒板花 2. 高空飞花落入棉网 3. 绒板状态不良或胶（皮）辊表面不光洁，绒板花太多附入棉条 4. 清洁工作周期太长，没有按规定做，清洁工具不良，做清洁时不慎
油污条	1. 圈条牙漏油 2. 加油不当，平揩车造成油污 3. 油手接头或油手碰到棉条 4. 条筒有油污 5. 棉条落地沾油污 6. 棉卷有油污

疵品类型	产生原因
毛条、粘连条	1. 圈条盘底部不光滑，斜管、喇叭口毛糙 2. 满筒自停失灵，棉条过满与圈条盘严重摩擦 3. 条筒毛糙 4. 落筒操作不当
乱条	1. 圈条偏心距不当 2. 条筒底盘不水平，圈条传动机械故障 3. 条筒弹簧不良，托盘倾斜 4. 条筒未摆正，接头未放好 5. 圈条盘与条筒速比不当 6. 条筒变形
束丝条	1. 罗拉缠花 2. 绒套拉爬不良，搓成小棉束带入棉网 3. 湿度高，胶辊棉蜡较多、粘花
台面棉条涌头	1. 后牵伸罗拉变换齿轮选择过大 2. 后牵伸胶（皮）辊回转不灵活或加压失常 3. 台面压辊喇叭口孔径过大 4. 台面分离罗拉、导条板有毛刺、油污，不光洁 5. 车间温湿度过高
棉条含杂过多	1. 锡林梳针状态不良或梳理隔距太大 2. 落棉率过小或落棉眼差太大 3. 棉卷结构不良，含杂太高 4. 顶梳梳针状态不良或安装尺寸不当 5. 风斗堵塞 6. 机后毛刷位置不当

（3）预防方法。提高技术水平，严格执行清洁"五定"正常巡回，加强防捉疵点和机械把关工作。

（4）对后工序的影响。影响并条粗纱质量，增加断头，影响棉纱线标准率、布面实物质量等。

五、精梳设备技术特征

1. 条卷机主要技术特征（表3-3）

表3-3　条卷机主要技术特征

机型	A191B	FA331	FA335B	FA334	E5/2
配套机种	预并条机			条卷机	
并合根数	20	20~24	24	20~24	24
喂入条筒直径（mm）	400	500			600
喂入形式	平台	高架+平台			高架
小卷宽度（mm）	230	230, 270	270, 300	230, 250	250
小卷定量（g/m）	40~50	40~55	45~60	40~70	
最大满卷直径（mm）	450	400	450		600

续表

机型	A191B	FA331	FA335B	FA334	E5/2
筒管规格（直径×宽度）（mm）	112×225	145×225 145×270	120×270 125×300	145×229.4 145×249.4	200×249.4
最高输出线速度（m/min）	40	70	72	70	120
牵伸形式	三上三下	二上二下	二上三下曲线	四上六下曲线	四上四下
总牵伸倍数	1.05~1.58	1.16~1.52	1.14~1.50	1.00~2.00	1.20~2.24
牵伸罗拉直径（前—后）（mm）	38×38×38	38×38	38×28×35	35×27×27× 35×27×27	32×32×32×32
胶辊直径（mm）	38	42	42	44	39
胶辊加压（daN）	40，30，30	60，60	80，120	49~100	60~80
最大罗拉中心距（mm）	前后120	50	67~80	前65，后68	前中后各40~60
紧压辊直径（mm）	140	125	140	128	154.8×148.2× 151.8×145.2
紧压辊排列形式	一上一下	二上二下			四辊曲线布置
紧压辊加压（daN）	68	198	摇架弹簧加压	23.5~39.2	气加压
成卷罗拉（直径×宽度）（mm）	456×224	410×224 410×269	460×269 460×299	410×228.4410× 248.4	700×248.4
成卷夹盘直径（mm）	460	470	500	498	648
成卷加压方式		杠杆		气动	
落卷换管方式		手动		自动	
供气压力（MPa）		—		≥0.6	
耗气量（m³/h）	—	2	1		3
主电动机功率（kW）	1.8	3	4（带变频器）	3.5/0.8	13
吸尘电动机功率（kW）	—	—	—	—	2.2
外形尺寸（长×宽×高）（mm）	4130×1990×1730	5000×4000×1800	4674×3306×2403 5024×3350×2403	4753×5984×2640	6500×5800
机器重量（kg）	1600	2000	3000	2170	5035
制造厂		上海纺机	常德纺机	经纬纺机	瑞士 RIETER

2. 并卷机主要技术特征（表3-4）

表3-4 并卷机主要技术特征

机型	FA344	E5/4
喂入棉卷宽度（mm）	250	
叠合层数	6	
成卷宽度（mm）	300	
成卷直径（mm）	450	550
喂入棉卷定量（g/m）	50~75	50~70
输出棉卷定量（g/m）	50~75	60~70

机型	FA344	E5/4
牵伸形式	三上四下曲线	四上四下
罗拉直径（mm）	32×25×25×32	32×32×32×32
胶辊直径（mm）	41	39
总牵伸倍数	5.4~7.1	3.96~6.88
紧压辊直径（mm）	128	154.8×148.2×151.8×145.2
紧压辊排列形式	二下二下	四辊曲线布置
紧压辊加压（daN）	23.5~39.2	气加压
成卷罗拉直径（mm）	410	700
成卷线速度（m/min）	50~68	120
成卷加压方式	气动固定	气动渐增
筒管规格（直径×宽度）（mm）	145×299.2，145×269.4	200×300
供气压力（MPa）	≥0.6	≥0.7
耗气量（m³/h）	1.2	3
安装功率（kW）	3.5	15.2
外形尺寸（长×宽×高）（mm）	5390×3619×2050	6600×1945
机器重量（kg）	2900	5035
制造厂	经纬纺机	瑞士 RIETER

3. 条并卷机主要技术特征（表3-5）

表3-5　条并卷机主要技术特征

机型	FA344	E5/4
喂入棉卷宽度（mm）	250	
叠合层数	6	
成卷宽度（mm）	300	
成卷直径（mm）	450	550
喂入棉卷定量（g/m）	50~75	50~70
输出棉卷定量（g/m）	50~75	60~70
牵伸形式	三上四下曲线	四上四下
罗拉直径（mm）	32×25×25×32	32×32×32×32
胶辊直径（mm）	41	39
总牵伸倍数	5.4~7.1	3.96~6.88
紧压辊直径（mm）	128	154.8×148.2×151.8×145.2
紧压辊排列形式	二下二下	四辊曲线布置
紧压辊加压（daN）	23.5~39.2	气加压
成卷罗拉直径（mm）	410	700
成卷线速度（m/min）	50~68	120
成卷加压方式	气动固定	气动渐增

续表

机型	FA344	E5/4
筒管规格（直径×宽度）（mm）	145×299.2，145×269.4	200×300
供气压力（MPa）	≥0.6	≥0.7
耗气量（m³/h）	1.2	3
安装功率（kW）	3.5	15.2
外形尺寸（长×宽×高）（mm）	5390×3619×2050	6600×1945
机器重量（kg）	2900	5035
制造厂	经纬纺机	瑞士 RIETER

4. 精梳机主要技术特征（国产高速型精梳机）（表3-6）

表3-6　精梳机主要技术特征

机型	PX2J	CJ40
眼数	8	
眼距（mm）	470	
最高速度（钳次/min）	350	400
喂入小卷宽度（mm）	300	
喂入小卷定量（g/m）	50~70	
适纺纤维长度（mm）	25~50	
落棉率（%）	5~25	
承卷罗拉直径（mm）	69	
给棉罗拉直径（mm）	30	
后退给棉长度（mm）	4.71，4.96，5.23，5.89	
有效输出长度（mm）	32.26	26.59
锡林直经（mm）	127	
顶梳棉方式	自动吹气清洁	
分离罗拉直径（mm）	25	
分离胶辊直径（mm）	24	
分离罗拉传动机构特征	共轭凸轮加双摇杆加差动轮系	
台面喇叭直径（mm）	4，5	
牵伸形式	四上五下带整理区	三上五下曲线牵伸
牵伸罗拉直径（mm）	35×32×27×27×35	32×27×27×32×32
牵伸胶辊直径（mm）	45×45×60×45	45×45×45
并合数	8	
主牵伸倍数	8.37~15.81	7.97~14.84
后区牵伸倍数	1.15~1.37	1.15~1.51
圈条形式	单筒大卷条	
条筒尺寸（直径×高度）（mm）	600×1200	500×1200，600×1200
精梳条定量（g/5m）	15~30	
吸落棉形式	集体	

续表

机型	PX2J	CJ40
供气压力（MPa）	>0.6	
耗气量（m³/h）	1.3，带自动清洁顶梳	
安装功率（kW）	4.5	7
外形尺寸（长×宽×高）（mm）	6630×1800×1680	6630×1630×1680
机器重量（kg）	6300	
制造厂	上海纺机总厂	

注 同类型精梳机还有马佐里（乐台）纺机厂的 CM500 型精梳机。

第二节　精梳工序的运转操作

一、岗位职责

精梳机值车工的任务是按看台定额使用好设备，做好接头、换卷、机台清洁及机台周围的清洁工作，把好质量和机械关，保证生产顺利进行，按质按量完成各项工作计划。

（1）负责看管机台、完成产量计划和质量要求。

（2）定期接受技术测定。

（3）严格执行操作法，安全操作规程和各项管理制度。

（4）加强巡回，发现问题及时处理，并做好看管机台的清洁工作。

二、交接班工作

1. 交班工作

以交清为主。

（1）提前做好交班的准备工作。

（2）彻底做好一切规定的清洁工作，锡林、顶梳彻底清洁。

（3）必须交清本班生产情况，如机械运转是否正常，有无发生机件缺损、品种变动、工艺调整、生活是否好做等。

（4）必须做好棉卷分段，按标准放好备用卷。

（5）必须把容器、工具排列整齐。

（6）必须把回花、落棉收清。

（7）必须交清公用工具。

（8）必须配合接班者检查锡林，及时清除接班者提出的工作问题。

2. 接班工作

以检查预防为主。

（1）提前 20min 上车接班。

（2）了解上班的生产情况。

（3）关车查锡林、顶梳、加压、胶辊（皮辊）及落棉通道。

（4）开车查棉网、棉条、成形、棉卷分段、粘卷；机器运转情况，有无缺损，有无异常；自停装置是否灵敏，显示屏是否正常。

（5）检查规定的清洁项目、容器、工具是否清洁整齐，回花下脚是否收清。

三、清洁工作

1. 清洁工作的要领

（1）防。做清洁要认真仔细，防止因清洁工作不良造成疵点、断头和毛条。

（2）严。严格执行操作法，应停车做的清洁必须停车进行。

（3）轻。做清洁时动作要轻、不扑打，以免造成人为疵点和人为断头。

（4）净。做清洁要彻底干净，清洁工具保持整洁，定位放置。

（5）准。按清洁进度表准时进行。

2. "五定" 原则

（1）定内容。根据质量要求定清洁项目。

（2）定次数。根据原料情况、品种要求、设备速度定清洁次数。

（3）定方法。掌握从上到下，由里到外，从左到右或从右到左的清洁顺序，轻拈轻扫、不扑打、手眼一致。

（4）定工具。按项目要求、机件状况定清洁工具。

（5）定时间。根据清洁内容和次数定清洁时间。

3. 清洁方法和顺序

（1）A 系列。

①捻棉卷罗拉。手拿捻花扦，按前进方向捻净罗拉两端轴头的花毛和缠花，随时清除捻花扦上的脏花，以免掉在棉网上造成疵点。

②小扫机面。右手拿线刷或抹布，带上钢丝刷，清洁顺序：扫净齿轮箱后侧→扫小龙头→公尺表→齿轮箱→牵伸皮辊罩壳→摘上绒圈花→斜板托盘平行以上→空棉卷盘→梳理牵伸盖罩→加压钩→机面板→导条钉→车头四侧。

③大扫梳理牵伸部分。关车掀起盖罩，用小毛刷扫净内部及梳理部分，用草根刷清洁绒板（必须离开机面板），然后取下顶梳，用捻花扦拈净罗位两端的缠花，用竹扦或铜刷彻底清扫锡林挂花，拣净棉网、车面板油花的杂物，用小捻扦或小毛刷清洁牵伸皮辊轴承罗拉两端，用草根刷清洁菱形下绒板、大压辊上下绒板，用菊花刷或抹布清洁龙头内外，开车掐条（第一压辊往后量出 1m 左右棉条）。

④小扫梳理牵伸部分。锡林只挑外露挂花，其他清扫与大扫相同。

⑤扫机前（关车进行）。右手拿圆形刺毛刷或大毛刷，左手拿钢丝刷（从上到下，由里向外），清洁顺序：分离皮辊摆轴→加压杆→风斗→机架前半部。大扫机前可不扫锡林轴，但锡林以下部位及下转盘周围必须扫净。

注意：扫竖柱和墙板时不能超过桶沿，扫龙头墙板后侧时不能超过斜板拖盘；扫机前不挖吸棉箱。

⑥扫机后（关车进行）。按从上到下，由里到外的顺序，右手拿大毛刷，左手拿钢丝刷，清洁顺序：车头三侧→棉卷罗拉架→棉卷盘底部→给棉罗拉加压弹簧→钳板摇架→摇臂

托脚→十字加压两侧上下→风斗→滚筒→吸风风斗→大小摆轴→机架后半部→砣。

（2）FA系列。

①扫车面。右手拿小线刷，左手拿钢丝刷，按前进的方向，清洁顺序：龙头后侧→备筒箱上部及集棉箱三侧→梳理盖罩支架及棉卷罗拉→翻卷板→车头上部→机前扫梳理盖罩→机台面→导棉器→牵伸盖罩→龙头→显示屏周围部分→指示灯。

②大扫梳理牵伸部分。关车掀起梳理盖罩，用小线刷扫净梳理盖罩内侧，取下绒辊清洁（必须离开台面），然后按从上到下，从左到右（或从右到左）的顺序扫梳理加压及分离皮辊、罗拉两端，扫皮老虎，然后取下顶梳清除挂花，扫钳板，用捻扦捻净皮辊、罗拉两端的缠花（分离皮辊、罗拉、输棉皮辊罗拉），然后放好顶梳、加压和绒辊，再清洁输棉皮辊绒板，拣净棉网和车面板上的油花杂物，用小线刷清洁牵伸皮辊、罗拉，并捻净缠花，扫集棉喇叭口、输送带、龙头内部、底盘、开车掐条（第一压辊往后量出1m左右棉条）。

③扫机前（关车进行）。右手拿大毛刷，左手拿钢丝刷，从上到下，由里向外扫，清洁顺序：吸风斗→吸风管→传动轴→车身支架两侧。

④扫机后（关车进行）。按从上到下，由里到外的顺序用大毛刷扫，清洁顺序：备筒内侧墙板→备筒、集棉箱外侧墙板→后拉门外侧→下钳板座→棉卷罗拉底部→摆轴→吸棉风道→左右墙板→轨道→车头两侧。

四、巡回工作

1. 巡回路线

（1）采用凹字形双线巡回，如图3-1所示。

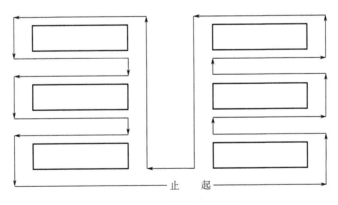

图3-1 凹字形双线巡回

（2）起止点。以同一台车的头为起止点，从机前或机后开始，始终如一，不得中途改变方向。处理停台、接头、换卷落筒、扫地、剥落棉可走机动路线。

2. 巡回时间

（1）六台车巡回时间为18min，四台车巡回时间为12min。

（2）FA系列四台车巡回时间为16min，五台车巡回时间为20min。

（3）大扫梳理牵伸巡回时间增加5min。

3. 巡回的掌握及工作计划

（1）巡回工作中应掌握好生产变化，做到加强主动性、灵活性和计划性。

①主动性。发挥人的主观能动性，抓住主要矛盾，掌握机械性能，做机器的主人。

②计划性。根据各项工作所需要的单位时间掌握巡回，将各项工作合理均衡地安排到各个巡回中完成，达到预防为主，劳动量均衡，忙而不乱。

③灵活性。巡回中遇到特殊情况要灵活掌握，采用"三先三后"的原则，即先急后缓、先近后远、先易后难。

（2）巡回机前。以检查顶梳、锡林、牵伸、梳棉通道挂花及棉网状态为主，结合处理粘卷、清洁喇叭口、上下皮圈、分离皮辊、加压、给棉罗拉等部位。

（3）巡回机后。以检查粘卷、防疵、捉疵为重点，结合处理清洁吸棉箱、清洁吸风斗、尘笼、棉卷罗拉两端及车底各部。

（4）棉卷分段方法。A系列每台6个卷，按棉卷的大、中、小分三段，每次换2个卷。FA系列每台8个卷，按棉卷的大、中分两段，每次换4个卷。分段既可使换卷均匀，又可使棉卷的大、中、小克重差异通过合理分段来减少重量不匀。

五、质量把关

1. 把好纱疵关

做到"三看""三不"。

①巡回时看棉卷疵点、看棉网质量、看落棉状态。

②清洁时油手不接头，疵点不落入棉网，工具不油花杂物。

2. 把好质量事故关

做到"三看""三捉"。

①看满卷标记，捉棉卷用错。

②看条筒标记，捉条筒用错。

③看棉卷横向色泽，捉棉条用错。

3. 把好机械关

结合巡回检查，情况变化重点查，如平揩车、调皮辊、开冷车、品种翻改等。

（1）A系列。掀起车盖，拿下绒板查顶梳，把顶梳放回原位。查锡林三次，转两次手轮，然后查给棉罗拉加压，分离皮辊加压，放上绒板，盖上罩盖后，查自停装置，再检查牵伸皮辊加压，然后开车查棉网。巡回到机后摘后压辊绒板花（用手或草根刷即可）。

（2）FA系列。掀起车盖，拿下绒辊→卸压→掀起分离胶辊→查顶梳，把顶梳放回原处→查分离皮辊→加压→点动开关两次、查锡林三次（眼看、手摸均可）→放上绒辊→盖上罩盖后开车查自停装置→查牵伸胶辊加压→吹管生头→输送带→喇叭口→开车查棉网。

六、操作注意事项

1. A系列换卷

（1）撕卷头。用手握住大卷头，从距大卷15cm处将棉层撕断（换卷前撕好）。

（2）下小卷。双手同时勾住筒管两端，拇指捏住小卷棉层，将小卷搬下。

（3）撕卷尾。右手的拇指、食指、中指、无名指握住小卷右端，用左手和小臂压住小卷尾部上端，右手将棉层撕断，将筒管竖放在车面板上。

（4）上大卷。按下隔卷压棒，再将大卷推或拉上棉卷罗拉。

（5）刮棉须。右手拇指、食指、中指拿钢丝刷，使钢丝刷针尖平稳插入棉层少许，然后向后将棉层刮成须状。

（6）搭头。双手拇指、食指、中指卡住须状棉层两边，将棉层轻微向里收拢，两手抬起，将刮好的棉须搭在刮好的大卷头上。

2. FA 系列换卷

（1）撕卷头（换卷前撕好）。用右手握住大卷卷头，左手压住棉层，从距离棉卷托盘20cm左右处将棉层撕断。

（2）下空管。手按返管开关，将空管翻落到盛管箱内。

（3）撕卷尾。双手将下卷棉层向里收拢，右手顺势握住，沿垂直方向将小卷棉层向上撕断（15cm左右），回花放入回花筒内。

（4）上大卷。按翻卷开关，将大卷滚到盛卷罗拉处。

（5）搭头。小卷棉层在里，大卷棉层在外，将大卷棉层搭在小卷棉层上，双手手背顺着纤维平行方向搭好，棉层要搭实。

3. CJ40 系列换卷

（1）撕卷头（换卷前撕好）。右手握住大卷卷头，左手压住棉层，从距离棉卷托盘约15cm左右处，将棉层打薄、向下撕断，回花放入回花筒内。

（2）撕卷尾。双手同时钩住筒管两端，拇指捏住小卷棉层，双手同时向上将小卷棉层撕断（15cm左右），将筒管竖放在地面上。

（3）上大卷。左（右）手抬起棉卷架手柄，将棉卷架上的棉卷滚入棉卷罗拉中。

（4）搭头。小卷卷尾在里，大卷卷头在外，将大卷头搭在小卷尾上，双手手背顺着纤维平行方向，将棉层向下理直、搭好（棉层在搭实）。

4. 棉网接头

双手将棉网收拢，用手搓，捻棉网尾端，再用拇、食、中三指捏住棉网引入喇叭口。

5. 台面搭头要求

（1）扯头。松散平直，搭头掌握定点，长度符合标准。

（2）拉条尾。一手的拇、食、中三指捏住台面上棉条，另一手的拇、食、中三指在相距约9cm处捏住条头轻轻拉断，使纤维保持松散平直。

（3）补条搭头。将补条放在一定位置上，扯好条头，把条头搭上，搭头长度掌握在4cm左右，采用上搭头，搭妥后以手指背顺向轻按，并护送搭头至牵伸皮辊处。

注意：①补条用的棉条，必须用未经过并合的单根精梳棉条，应掌握先做先用，存量不宜过多。

②如台面处有两根断头，补条应保持一定距离，防止两根补条接在一起。

③第六眼、八眼（FA系列、CJ40系列）不宜补条，必须拉断精梳条重新包卷。

6. 落筒与换筒

（1）应保持棉条不乱、不毛。

（2）落筒与断头拉筒，双手拇指伸入筒内，四指在外（或四指在筒内，拇指在外），捏住筒边，把筒落下。

（3）处理断头接头后，双手把条筒一侧推上底盘，用脚抵住条筒，用手捏住棉条接头处，放在棉条上，轻轻放下，然后用脚缓缓推移条筒，进入底盘内，注意防止棉条露在圈条筒外。

（4）换筒前检查空筒是否清洁，再把空筒送入底盘内。

7. 牵伸生头（FA 系列）

（1）按卸压按钮、卸压，掀起牵伸胶辊，将棉层穿过集束器拉至吹风喇叭口，放好牵伸胶辊、加压，然后一手按吹风按钮，另一手按点动按钮，开出生头棉条。

（2）棉条通过传送带运行至龙头喇叭口，松开压辊，把棉条引入龙头喇叭口。

（3）开车，将不合格棉条掐出，然后进行棉条接头包卷。

8. 棉条接头基本要点

（1）总体要求。

①要求。质量好、速度快、动作标准。

②方法。采用竹扦接头上抽法。

③特点。撕条头、条尾时，纤维要平直、稀薄，均匀松散，搭头长度适当，竹扦粗细合适，包头里松外紧，不粗、不细、不脱头。

④步骤。分撕条尾→分撕条头→搭头→包卷→抽扦。

（2）分条尾。取竹扦夹于右手虎口预备接头，右手拿起条尾，左手顺势托住，找出正面，右手小指、无名指托住棉条的尾端，将棉条平摊在左手四个手指上，保持纤维平直。右手小指、无名指弯向手心，将条尾握住，手背向上。左手拇指指尖插入棉条缝内中指第二关节处，右手拇、食指捏住另一边（图3-2）。手背外转90度，剥开棉条，中指在剥开的棉条底下弯向手掌，中指尖端顶在拇指根部，拇食指捏住棉条外边位于中指第二关节处，拇指平伸，与中指形成一直线钳口。剥开的棉条平摊在左手四个手指上，左手拇指按在中指、食指之间的棉条上，形成另一钳口，两对钳口必须平行，并与棉条垂直，距离8cm左右（图3-3）。

图 3-2   图 3-3

（3）撕条尾。撕头前左手无名指、小指稍向后移，离开棉条，两手握持棉条处不要夹得太紧，并使棉条在一水平面上，右手沿水平方向徐徐移动撕断棉条，使撕出的条尾松散、稀薄、均匀、纤维平直、须绒长。

（4）撕条头。右手拇、食、中三指拿起满筒的条头，中指、食指呈垂直方向。拿时要拿扁面，左手中指在外，食指、无名指、小指在内夹住棉条，右手拇指、食指捏住棉条一边（左边），中指顺拇指方向，拨棉条移动至拇指根处，剥开棉条，手背向上，拇指与中指夹住棉条头，形成另一直线钳口（图3-4），两对钳口距离8cm左右为宜，使棉条在同一平面上，夹住处（位置）与棉条垂直，然后右用按垂直方向徐徐向上移动，撕断棉条（图3-5），留在左手的棉条条头成平直、均匀、松散的形状，撕下的条头放在围裙口袋内。

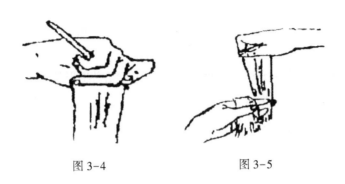

图3-4 图3-5

(5) 搭头。左手无名指、小指弯起，右手中指紧靠在左手中指下面，两手中指平行，棉条夹于右手中指、无名指之间，拇指按在左手中指处棉条上，徐徐向下抽拉棉条（图3-6）。在抽条时，将右手食指放在原来左手中指处，用右手拇、食指拿住条头脱开左手。左手食指向上移，使条尾基本与小指平齐，右手将条头靠在左手指尖一边平搭在条尾上，搭头时右手拇指、食指拿住条尾右边，条尾右边比条头宽约0.3cm，左边宽约0.6cm，便于包卷。搭头长度5cm左右，一般不超过中指。搭头时纤维要平直，用左手拇指抹一两下，抹平纤维使条头与条尾黏附（图3-7）。左手食指移回，四指并拢。

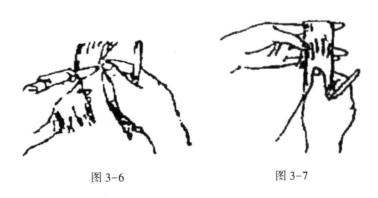

图3-6 图3-7

(6) 包卷。右手拿竹扦上端，将竹扦下端平压在左手靠近小指尖边的棉条头上，竹扦与棉条平行，下端与小指平齐或略长。左手拇指放在中指、无名指之间搭头处右侧，按住棉条包住竹扦，向左转动棉条宽度的三分之一（图3-8）转动时竹扦必须紧靠四指，然后左手拇指离开棉条，右手拇、食、中三指继续转动竹扦到卷完为止。捻竹扦时左手小指、无名指、中指随竹扦转动自然弯向手掌，食指向后上方翘起（图3-9）。

(7) 抽扦。包卷完毕，左用小指轻轻按住棉条，无名指起辅助作用，右手将竹扦向上抽出，抽出方向平行于棉条。

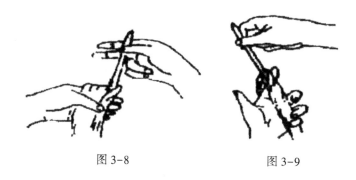

图 3-8   图 3-9

注意：①剥条时右手拿头方法。大把或夹于中指、无名指上均可。

②剥条时左手拇指位于中指或无名指均可。

③撕头时，左手无名指、小指后移或不移均可。

第三节　精梳机值车工的操作测定与技术标准

一、操作测定

1. 全项测定

（1）测定时间。60min（单项考核不包括在内）。

（2）看台定额。4~5 台。

（3）测定内容。按巡回工作的计划与要求、清洁工作的内容与要求、质量把关的内容与要求、单项操作的内容与要求进行。

（4）基本工作量。

①换卷。五台车不低于 10 个，四台车不低于 8 个（FA 系列）。

②检查机械一台。

③A 系列清洁工作。扫机前、机后各一台，大扫梳理牵伸一台，扫机面，捻棉卷罗拉，清洁后压辊绒板各五台，扫地一次，每个巡回清洁牵伸喇叭口、龙头喇叭口一次。

④FA 系列清洁工作。扫机前、后各一台，大扫梳理牵伸一台，扫捻机台面、棉卷罗拉四台，扫地一次，每个巡回清洁牵伸集束器喇叭口一次。

⑤检查机械、摘后压辊绒板花。必须在第一个巡回做，扫地只能在扫机前、机后之后进行，在一个巡回中不允许做两项清洁工作，但扫机前和机后可以结合。

（5）工作量折算。

①简单头。正常的接头为一个工作量，处理堵喇叭口、堵圈条盘的为 3 个工作量，只处理不接头的为 2 个工作量。

②复杂头。处理缠皮辊、缠罗拉、缠压辊的接头为复杂接头，计 5 个工作量，只处理不接头的计 4 个工作量。

③换卷。每卷计 2 个工作量。

④落满筒、放备筒。计 1 个工作量。

⑤送满筒。送出的满筒距离为5m以上，每筒计1个工作量；5m以内每筒计0.5个工作量。

⑥补条。每根计2个工作量。

⑦清洁项目及其工作量折算。A系列见表3-7，FA系列、CJ系列见表3-8。

表3-7　A系列清洁项目及其工作量折算

项目	单位	工作量
拈棉卷罗拉	台	1
清洁后压辊绒板花	台	1
扫机面	台	4
大扫梳理牵伸	台	15
小扫梳理牵伸	台	6
扫机后	台	10
扫机前	台	10
剥落棉（厚度10cm及以上）	台	2
抹喇叭口	眼	0.1
扫地	台	1
掌握机械性能	台	5

表3-8　FA系列、CJ系列清洁项目及其工作量折算

项目	单位	工作量
扫机面	台	10
大扫梳理牵伸	台	20
扫机前	台	10
扫机后	台	10
抹牵伸喇叭口	台	0.5
扫地	台	1
掌握机械性能	台	10

⑧工作量计算。总工作量=操作折合工作量+清洁折合工作量

2. 单项操作技术测定

（1）A系列棉条接头。

①接头长度起止点。搓头长度不超过15cm，以手触棉条开始计时，到接好头、放好条筒手离开止表。

②棉条接头考核数量。每次测4个，单个计时，累计相加，测定2遍，取好的一次成绩考核。

③测定次数的计算。以第一根引头后纺出的棉条即算一次，引头没纺出棉条不算，第二根及以后（如堵喇叭口、圈条盘）可用筒内棉条继续接头。

④时间标准。201型速度为65s。

（2）FA系列棉条接头。

①接头时间起止点。从手触棉条开始计时，到接完第4个头手离开止表。

②竹扦包卷接头。取两筒棉条左边为条头，右边为条尾，每按完一个掐一个，连接 4 根，掐条长度为接头的两端不低于 30cm。

③每个接头动作必须完整，回花放口袋内。

④测定次数的计算。测定两遍，取好的一次成绩考核。

⑤时间标准。速度为 40s。

（3）质量评定方法。

①在接头的两端系红线或打红粉，纺成粗纱进行质量评定。两端红粉或红线之间不得低于 10cm。

②评定纱条质量时，一律背光、平放直看，不得转动纱条。

③样条均由值车工每根接头的后部纱条制成。

④每根接头可由值车工自己的样条任何一根比较评定。

⑤评头黑板长度不得低于 70cm。

（4）换卷搭头。

①A201 型、A251 型换卷搭头：关车换卷。

a. 接头时间起止点。以手触棉卷开始计时，到推上大卷，搭头刮好头，手离开止表。测定一遍，换卷 5 个，单个计时，选取 4 个成绩好的累计相加进行考核。

b. 时间标准：40s。

②FA 系列换卷搭头。关车换卷。

a. 自动起止点。以手触返管开关开始计时，撕卷尾、上大卷、撕卷头、搭头，手离开止表。测定两遍，换卷 4 个，取好的一遍成绩考核。

b. 手动起止点。以手触小卷开始计时，上大卷、搭头，手离开止表。测定一遍，换卷 5 个，单个计时，选取 4 个成绩好的累计相加进行考核。

c. 时间标准。自动 50s，手动 60s。

③CJ40 系列换卷搭头。关车换卷。

a. 起止点。以手触小卷开始计时，大上卷、搭头，手离开止表。测定一遍，换卷 5 个，单个计时，选取 4 个成绩好的累计相加进行考核。

b. 时间标准。60s。

（5）质量评定方法。在换卷搭头的尾端打上粉记，纺出棉条，粉记以内为换卷搭头。取出长 1m 的棉条考核质量。搭头两端各取大、小卷长 1m 的棉条为标准原条，以原条的平均重量与搭条重量相比较。

（6）单项操作扣分标准及说明。

①质量评定标准。

a. 棉条接头质量。一个不合格扣 1 分，速度比标准每慢 1s 减 0.05 分，在质量合格的基础上速度比标准每快 1s 加 0.05 分。

b. 疙瘩条、麻花节。5cm 及以上每根扣 1 分，5cm 以下每根扣 0.5 分。

c. 粗头、细头。粗于或细于样条的 1/2，10cm 及以上每根扣 1 分，5~10cm 每根扣 0.5 分，5cm 以内每根扣 0.25 分。

d. 偏粗、偏细。10cm 以上每根扣 0.5 分，5~10cm 每根扣 0.25 分。

e. 换卷重量。比样条重量±0.6g，不加减分，每超0.01g扣0.1分，超0.1g扣1分。速度比标准每慢1s减0.05分，在质量累计扣分不超过0.5分时，速度每快1s加0.05分。

②单项测定中的缺点扣分。

a. 接完头，白花落地不拾或拾不干净，每次扣0.1分。

b. 换卷搭头时，挖破条或卷，宽度1cm不处理，每次扣0.1分。

c. 换卷搭头停止秒表手离开后，再触动棉卷，每次扣0.1分。

d. 拿着回花搭头，回花放在盖罩或机台面上，每次扣0.1分。

e. 单项动作不对。棉条接头包卷，换卷搭头，一项动作不对按缺点扣分，每次扣0.1分。一项动作不对，是指自始至终都不对，有时对、有时不对则不扣分。

f. 缺点扣分，不影响速度加分。

3. 全项操作考核标准（表3-9）

表3-9　全项操作考核标准

项目	内容	考核标准
巡回工作	错巡回	走错1台车的距离，每次扣0.5分
	巡回超时间	每超30s扣0.1分（处理难度大的断头，3min内由值车工处理，超过3min没有处理完，可离开由他人处理）
	不按标准换卷	筒脚厚超过1cm，每个扣0.2分
	不按定长落筒	每筒扣0.1分（标准长度±10m），因机械故障造成者不算
	接头、落筒留尾	棉条搭在条筒外面，自然下垂长度10cm及以上，每次扣0.1分
	跑空卷	以筒管一端露出2cm宽为准，每个扣1分（FA系列除外）
	粘卷	一根棉条的宽度缠绕一周不处理，每个扣1分，缠绕一周，宽度不够，或宽度够缠绕不够一周，每个扣0.2分
	不机动处理停台	停台超过3min扣1分，每延长30s加扣0.1分
	倒包头	倒接头，台面倒搭头，每个扣0.5分
	工具不定位、不清洁	在一次巡回中，用完后不放回原处或用后不清洁，每次扣0.1分
	人为疵点	长宽1cm，每个扣0.5分，掉在落棉上的疵点每个扣0.2分处理断头后，加压没放好也按人为疵点扣分
	白花落地	白花长5cm、宽1cm，每处扣0.2分（落棉花长宽各5cm扣0.2分）
	不执行工作法	指不用规定的清洁工具、清洁顺序，方法不对、回花不放入回花筒、挑锡林后掐条不净、棉卷分段不合理、后压辊绒板没放正、清洁绒辊或工具时不离台面、大小毛刷或钢丝刷放在导条台上、工具放在棉条上、换卷时拿回花搭头、回花放在盖或机面板上、关车不按电钮、开车落筒均按项扣分（机械检查时漏查一个眼的顶梳、锡林、加压、自停按处扣分，5眼以上按项扣分），每项扣0.5分，每处扣0.1分
	违反操作	应关车操作不关车、车未停稳拿顶梳、开车掀盖查锡林和顶梳挂花、顶梳放不到位、不用竹扦接头、换卷应用钢丝刷而不用、清洁扑打、用小刀割皮辊花等，每次扣2分
	回花分不清	白花里有油花、绒板花，长宽1cm，扫地花里有白花，长5cm，每块扣0.2分
	错筒	未按固定供应使用筒号，每筒扣0.1分，特殊情况除外
	错支	错用其他支数的棉卷或条筒，每次扣5分
	挖破条或卷	挖破条或卷，宽1cm，每次扣0.5分

项目	内容	考核标准
清洁工作	清洁不彻底	凡清洁方法明确规定的部位，每台车每个部件扣 0.02 分，每台车每个部位按处，每处扣 0.1 分；扫地时，长宽 5cm 以上的脏花，没扫净的均按处考核，每处扣 0.1 分（一台车上所有同样的部件为一个部位），5 处以下按项，每项扣 0.5 分
	牵伸部分	杂物、短绒、长宽 1cm，各部件缠花一周，宽 1cm，每处扣 0.1 分
	捻罗拉	一个罗拉一端漏捻按处扣分（0.1 分/处）；5 处以上按项扣分（0.5 分/处）
	扫机前	以每个眼为一处，龙头墙板内侧，筒沿以下立柱，下转盘周围，车头内侧各按处扣分，0.1 分/处
	抹喇叭口	一个不抹，按处扣分，0.1 分/处；5 处以下按项加分，0.5 分/处
	漏做清洁	每台扣 1 分，不足一台按清洁不彻底每项扣 0.5 分
	大扫梳理牵伸	1. 挑锡林每项扣 0.5 分，少转 1 次手轮扣 0.2 分，少转 2 次扣 0.4 分，3 次都没转按项扣分 2. 漏做牵伸罗拉皮辊、牵伸罗拉菱形绒板、紧压罗拉上下绒板、龙头内部的清洁，均各按处考核，每次扣 0.1 分
质量守关	漏疵点	长度各 1cm 的疵点，每个扣 0.2 分；棉卷摩擦结长 4cm、宽 1cm，每处扣 0.2 分
	通道挂花	挂花成棉束状，长 3cm、宽 0.5cm，每处扣 0.2 分
	锡林、顶梳挂花	锡林挂花长宽 2cm，顶梳针横向挂花，保持原状宽 1cm，每处扣 0.5 分
	台面补条不良	台面补条造成粗条或条干不匀不处理，台面搭头不护送，搭头位置不正确，每次扣 0.5 分
	人为断头	由于操作打断、拉断、堵喇叭口等造成的断头，每个扣 0.5 分；因换卷造成的缠罗拉、缠皮辊，不计人为断头，但也不计算接头个数
	皮辊、罗拉缠花	以棉条宽度为准，缠花 1 周扣分，缠花 1 周但宽度不够，则按清洁不彻底扣分，每项扣 0.5 分
	漏粗细条	由于操作不良造成的粗条、细条，不处理，长够 20cm，每次扣 1 分

4. 工作量标准

（1）基本工作量为 100 个。每少 1 个工作量扣 0.1 分，每多 1 个工作量加 0.02 分，基本工作量完成后，允许提前下车。完不成基本工作量按漏项扣分，每项扣 1 分。

（2）完成基本工作量后，除大扫梳理牵伸，扫机前、机后，不能在同一机台重复做外，其他清洁工作可在同一机台重复做，但必须间隔一个巡回。规定的清洁没完成，所做的其他清洁一律不计工作量。

（3）凡测定总时间已到所做的清洁工作，以台为单位计工作量，不足 1/2 台不计工作量，达到 1/2 及以上的按一半计算，完整算 1 台。

（4）计算要求。各项计分保留 2 位小数，秒数保留 1 位小数，不四舍五入。

二、操作技术考核标准

1. 全项操作定级标准（表 3-10）

全项得分=100 分+各项加分-各项扣分

注意：完不成产量计划，在总分定级基础上顺降一级。

表 3-10　全项操作定级标准

优级	一级	二级	三级
98 分	96 分	95 分	93 分

2. 单项操作定级标准（表3-11）

单项得分＝100分+各单项加分-各单项扣分

表 3-11　单项操作定级标准

优级	一级	二级	三级
99 分	98 分	97 分	96 分

第四节　精梳机维修工作标准

一、维修保养工作任务

做好定期修理和正常维护工作，精心维护，科学检修，适时改造更新，使设备处于完好状态，达到提高生产技术水平和产品质量、增加产量、节能降耗，保证生产和延长设备使用寿命，增加经济效益的目的。

1. 工作内容

清洁各部位机件，按润滑周期重点做好传动部位加油。检查锡林、顶梳损伤情况，各部地脚、罗丝有无松动，做好棉条通道、喇叭口、圈条盘是否光洁及部分设备完好项目。

2. 保养流程

（1）负责对队员工作质量的检查，办理交接手续交付运转开车。

（2）停车挂安全警示牌，负责机台面，检查机械零部件有无缺损，状态是否正常；检查机台自停、自动装置、隔距、油位、气压是否正常；清理棉条、棉卷，拆下导棉板、皮辊、顶梳、集合器、绒棍，清洁钳板、分离罗拉、导棉压辊各部脏花、油污、棉蜡；向钳板、锡林轴各部油嘴加油；检查车前各部件有无缺损，隔距是否正确；协助队长做开车前交接工作。

（3）牵伸区，检查机台吸风、打开牵伸加压装置和后罩壳、拆下皮辊、传送带；清理车尾各部飞花附着；清揩罗拉、喇叭口、导棉板、传送带的油污、棉蜡；对牵伸罗拉加油。

（4）打开后罩门，清理车后各处飞花；清理喂棉罗拉、毛刷、毛刷轴、锡林轴的脏花、油污；对毛刷轴、分离罗拉等油嘴加油；清理车头的飞花、油污；检查毛刷、电动机等部件是否正常；检查车后、车头的工作。

（5）清理导棉板、绒辊、顶梳、给棉罗拉、集合器等脏花、棉蜡。

3. 精梳机的维修

（1）工作内容。检查安全自停、限位开关功能、校机台水平；检查齿形带、平皮带、三角带、链条状态并拆洗；检查机器各部位是否有震动、发热现象；检查顶梳、钳板、钳唇、牵伸罗拉隔距；检查齿轮箱油质、油量；检查压缩空气管路、漏气及阀门气缸功能；检查轴承状态；检查各弹簧组件、偏心件状态；检查锡林、顶梳针状态；检查各罗拉清洁装置；检查毛刷状态及位置；检查自动换筒功能；棉条通道挂花及吸棉负压的调整；检查圈条成形、棉网状态；测试棉条重量、条干、落棉。

（2）维修流程。停车前首先动态检查机台有无异响、震动，检查机车头尾水平是否一致，并对整机进行水平校正；查看运转故障记录，列出机台存在问题，根据车况制定出维修内容；维修结束后，对维修项目进行复查，并对维修前损伤的机件，维修中发现损伤及需要更换的重要机件进行登记，负责办理交接验收手续交付运转；检查顶梳针齿有无损伤；对各处隔距进行校正、各部油嘴加油、坏件更换。

二、岗位职责

（1）按照平车、楷车计划对精梳机进行维护，使设备经常处于完好状态。

（2）严格执行企业制定技术标准，保证完成各项工作要求和技术标准。

（3）认真执行本工序维护、保养工作法，熟练掌握本工序的专用工具及辅助设备的使用与维修。

（4）坚守工作岗位，做好本职工作，遵守劳动纪律，执行安全操作规程及各项规章制度。

三、技术知识和技能要求

（1）熟悉设备维护工作的意义和设备维修管理制度的主要内容及本岗位质量检查标准和技术条件。

（2）定台供应，统一标识。为保证匀整效果，前后工序实行定台供应，同一台车的分离皮辊直径统一。

（3）精梳条棉结的控制。根据测试的精梳条中棉结数据，检查锡林、顶梳、毛刷等是否出现嵌花或损伤现象，检查顶梳的插入深度是否过浅，进出隔距是否过大；各个棉条通道是否有棉蜡挂花、主风道挂花或负压过低等问题。

（4）精梳落棉率的控制。要合理降低精梳落棉率，控制好梳棉、精梳两个工序短绒率的增长，从工艺上机及梳理器材入手，避免梳棉、精梳梳理过度造成梳棉、精梳条短绒率的增加，同时要控制好前纺开清棉及精梳工序棉结、短绒率的清除效率。

（5）精梳条机械波的控制。精梳机械波的存在会影响精梳条的条干并影响成纱质量，它由周期性机械回转不良造成，设备维修人员可根据经验或计算找出原因并解决。

（6）精梳条条干 CV 值的控制。条干 CV 值是纺纱原料、设备加工制造水平、设备运转维护状态、温湿度等方面的综合反映。

（7）小卷定量的控制。小卷定量是影响精梳机产量和质量的重要因素之一。定量高时产量高，但影响梳理质量，要结合不同机型精梳机的梳理能力和质量要求选择设定。

（8）梳理隔距的控制。检测和调整精梳机锡林的梳理隔距时，要同时做好两方面的检查和调整：保证各眼梳理隔距一致性好，保证单眼的锡林左、中、右隔距一致。

（9）设备主要经济技术指标。

$$设备完好率=\frac{完好台数}{检查台数}\times100\%$$

$$大小修理一等一级率=\frac{一等一级台数}{同期修理台数}\times100\%$$

全部达到"接交技术条件"的允许限度者为一等，有一项达不到者为二等，全部达到"接交技术条件"工艺要求者为一级，有一项不能达到者为二级。

$$修理合格率=\frac{合格台数}{同期修理台数}\times100\%$$

全部达到"接交技术条件"的允许限度者为合格，有一项不能达到者为不合格。

$$大小修理计划完成率=\frac{实际完成台数}{计划台数}\times100\%$$

$$设备修理准期率=\frac{准期完成台数}{计划台数}\times100\%$$

$$设备故障率=\frac{故障停台班数（或台时数）}{计划运转台班数（或台时数）}\times100\%$$

（10）精梳机大小修理接交技术条件（表3-12）及完好技术条件（表3-13）。

表3-12　精梳机大小修理接交技术条件

项次	检查项目		允许限度（mm）		检查方法及说明
			大修	小修	
1	钳板在最前位置定时不符合规定		不允许		用百分表测摆臂在钳板死点时，应符合规定的分度±1/5分度
2	主要键销松动		不允许		手感，平、锥键无松动为良
3	锡林梳针损伤		2根/排，6根/只		目视手感大修理调新，小修理修整
	顶梳梳针损伤		1根	2根非连	不允许有弯钢针、缺针，允许有限度的并针、短针、断针
4	毛刷同台直径差异		1		用专用工具
5	分离罗拉偏心、弯曲		0.05		用百分表测量
6	下钳唇至后分离罗拉隔距		0.02，-0		钳板在最前位置，用隔距片测量
7	各部加压不良		不允许		目视、手感、尺量，压力一致，无漏气现象
8	牵伸罗拉隔距		0.08，-0		用隔距片测量，隔距片自垂落下，加测微片测量，自垂落不下为紧
9	轴承振动圈条盘发热		温升15℃		手感，必要时用测温计测量
	轴承震动		0.08		目视手感，必要时用百分表测量
	圈条盘震动		0.03		
10	齿轮	异响	不允许		耳听，与正常机台对比
		磨灭	1/3齿顶厚		目视，尺量
11	工艺自停作用不良		不允许		目视、手感，喇叭头车面压辊牵伸皮辊、满筒、空卷自停不失效为良

续表

项次	检查项目	允许限度（mm）		检查方法及说明
		大修	小修	
12	安全装置作用不良	不允许		目视、手感，各部防护罩破损松动，摩擦为不良；各部防护罩缺少，开启自停失灵为严重不良
13	电气装置安全不良	不允许		目视、手感，36V以下导线裸露，36V以上导线绝缘层外露（套管脱露）接地不良，电气部件位置不固定为不良。36V导线裸露为严重不良

表 3-13　精梳机完好技术条件

检查项目		标准	单位	扣分
清洁装置作用不良		不允许	处	1
油眼堵塞、缺油、漏油		不允许	只	2
自停装置失效		不允许	处	2
螺丝、垫圈、销子缺损或松动		不允许	只	1
棉条通道不光洁		不允许	处	1
各部螺丝作用不良		不允许	处	0.2
齿轮咬合不良、异响、不平齐		不允许	只	2
顶梳—分离罗拉隔距不符合工艺要求		不允许	处	2
锡林—钳板隔距不符合工艺要求		不允许	处	2
分离罗拉—下钳唇隔距不符合要求		不允许	处	2
锡林顶梳、梳针损伤及挂花		不允许	处	2
各部清洁片作用不良		不允许	处	1
机件磨损、齿轮磨灭，缺齿		不允许	件	2
轴承发热、振动、异响		不允许	处	4
飞花通道堵塞挂花		不允许	处	2
棉网状态不良		不允许	处	4
顶梳—分离皮辊隔距不良		不允许	处	4
油污条		不允许	处	4
圈条成形不良		不允许	处	2
皮带张力不一致		不允许	根	1
各部加压不良		不允许	处	3
压力鞍架、皮辊卡子磨损失效		不允许	处	2
锡林严重充塞、损伤		不允许	只	11
安全装置	作用不良	不允许	处	2
	严重不良		台	11
电器装置	安全不良	不允许	处	2
	严重安全不良		台	11

四、质量责任

1. 质量责任制

主要内容是小卷不装错，条筒不用错，补条不用错。

2. 回花再用棉下脚管理制

主要内容是严格分支分类

3. 假日停开车规定

（1）将机器停在钳板最前位置，使用钳口放松，锡林梳针向下，不致碰伤胶（皮）辊，分离胶（皮）辊要释压。

（2）为使开车生产正常，可用精梳落棉覆盖胶（皮）辊，保暖防温。

（3）关配电箱三相回转开关，以节约用电和防止烧毁变压器等电气元件。

4. 精梳机开关车注意事项

开车前先开吸落棉，关车时先关车，后关吸落棉。有单独毛刷传动的，开车前先开毛刷，关车时先关锡林。

5. 品种翻改注意事项

（1）翻改方法：清除原来的棉卷，把所纺品种的棉卷从车头开始按 1/3、2/3、3/3 的大小排列上卷。FA 系列按大卷、中卷排列上卷，开车拉去搭卷前的部分。

（2）收清回花箱的回花。

（3）检查小卷是否装错，条筒是否用错，号数牌是否调好。

（4）试验室做好条干及重量试验后，无问题方可开车。

6. 质量事故及质量把关

（1）企业应制定质量事故管理制度，按损失大小落实责任。

（2）分析事故产生的原因，制定措施，及时采取纠正措施。

（3）利用各种形式进行教育，提高设备人员质量责任意识。

（4）认真执行操作法及安全操作规程。

（5）保证大小修理、保养等设备维修质量。

（6）预防因机械原因造成质量事故。

7. 安全操作规程

（1）A 系列安全操作规程。

①上车前必须穿戴好工作服和工作帽。

②开车前必须前后招呼，看是否有人在工作，不冒失开车。

③调锡林时，一定要关电门。

④规定关车做的清洁工作，应严格执行不得开车做。

⑤应主动掌握换卷，防止脱卷轧伤锡林。

⑥电气自停装置失灵，机器异响或焦味应及时关车立即报告，待修好后才能开车。

⑦停车时，手指不得接触开关，以防止突然开车。

⑧落棉辊卷取落棉不宜过大，避免落棉辊芯压断。

⑨机台运转时，不允许打开风斗盖摸毛刷，防止轧伤手指。

⑩不能互换的机件（如顶梳等）应定眼对号入座。

（2）FA 系列安全操作规程（A8.1.1/A8.1.6 适宜）。

①工作时，应按规定穿戴好防护用品。

②不准操作和触摸自己不熟悉的机器设备、仪器等。

③开车时，必须一人开车，其他人不得乱动。

④开车时，先对胶辊进行加压，并打慢车观察，运行正常后再转高速。

⑤检查梳理盖罩、后车门等处的安全自停。打开罩盖或车门时机器必须能快速停车，自停失灵及时找相关人员修复。

⑥禁止违章操作，开车时不允许碰撞精梳机的梳理、牵伸、压辊部分。

⑦处理分离罗拉时，禁止一手拉缠绕棉花、一手开车。

⑧关车时，把钳板停在最前位置，且棉网松弛、若长时间关车，应打开分离、牵伸罗拉的摇架，以免皮辊受压变形。

8. 消防知识

如发现电线损坏，包皮脱落破损，接头裸露，开关插座破损不全等缺陷，应立即通知电气部门检修，如发现一台车起火，先把吸棉风扇关掉，把相邻两台车关掉，把起火一台车的小卷盘起停止喂入，用消防器材灭火，有集体吸落棉设备的，发现火警应立即关掉吸棉风机。

第四章 并条工和并条机维修工操作指导

第一节 并条工序的任务和设备

一、并条工序的主要任务

（1）并合。利用纤维之间的并合作用，降低生条的中长片段不匀率。

（2）牵伸。利用罗拉牵伸改善纤维的伸直平行度及分离度。

（3）混合。利用并合和牵伸，使生条中各种不同性状的纤维充分混合。

（4）成条。制成条干均匀的棉条（熟条），并将其有规律地圈放在棉条筒内，供后工序使用。

二、并条工序的一般知识

并条工的主要任务是将所看管机台设备合理使用好，严格执行工作法，把好质量关，按照品种的工艺要求，生产出符合质量要求的棉条，同时应掌握设备的机械性能和值车工的应知内容。

1. 生产指标

生产指标是指在生产经营活动中要求完成的预期目标，因此必须做到个人保小组、小组保轮班、轮班保车间、车间保全厂，层层负责，确保生产指标完成。

（1）主要产量指标。台班产量指每台并条机在一个轮班所纺的公斤数。

日常生产中，根据每个小组或个人看管机台的生产能力及粗纱的需求量，以每班生产公斤数，按月考核小组或个人。

（2）主要质量指标。

①熟条重量不匀率。指以 5m 为单位的熟条重量差异。它反映熟条长片段的不匀程度，对细纱重量不匀率影响较大。重量不匀率越小越好。纯棉重量不匀率应控制在 1% 以内（带自调匀整的并条机应该控制在 0.6% 以内），化纤略高。

$$棉条重量不匀率 = \frac{2 \times （平均重量-平均以下平均重量）\times 平均以下次数}{总重量} \times 100\%$$

②条干不匀率。表示熟条条干粗细均匀程度，是检验熟条短片段不匀的重要指标，当条干不匀率超过控制范围时，将对纱布质量和工序断头影响较大。

③下机匹（米）扯分。将织机上落下未经修织的织物，在验布机上进行检验，按国家棉布质量标准进行评分，以平均每匹（米）布疵点分的多少（单位分/匹或分/米）作为指标考核。

$$下机匹（米）扯分 = \frac{下机疵点分总和}{总重量下机抽查总匹（米）数}$$

④疵布率。指在生产过程中由于各种因素造成的一处或连续性降等疵点。

$$疵布率=\frac{降等疵布匹数}{生产总匹数}\times100\%$$

凡因原纱疵点造成坯布降等的疵布率叫纱疵率。

凡因织部各工序造成坯布降等的疵布率叫织疵率。

⑤棉条包卷接头合格率。指棉条接头质量合格的百分率，一般要求合格率在90%以上。

$$棉条包卷接头合格率=\frac{合格接头数}{接头总数}\times100\%$$

⑥成条质量。

a. 满筒高低符合标准、条子不粘连、无棉束。

b. 无粗细严重不匀和重量不符合标准的条子。

c. 无毛条、油污条、脱头、硬头条。

d. 无因牵伸部件不良造成规律性条干不匀的条子和竹节条。

e. 无人为疵点，即飞花、绒板花等附入的条子。

2. 并条工序的温湿度

（1）车间温湿度。目前车间常用的温湿度表为干湿球温度计，可同时表示出干球和湿球温度，前者由一支干球温度计（水银球保持干燥）测定；后者由一支湿球温度计（水银球包着脱脂纱布，浸没在一个有水的容器里）测定。

①温度。温度是表示空气冷热程度的指标，通常用摄氏温度（℃）表示。

②湿度。湿度是表示空气中的含湿量，通常用一千克干空气中含有的水气量表示。

③相对湿度。车间实际相对湿度可以从干湿温度计中测出。例如，从干湿球温度计读得的干球温度为16℃，湿球温度为13℃，查温湿度换算表中相差3℃一栏（干球温度）16℃处，得相对湿度的读数为65，即车间当时温度为16℃时，相对湿度为65%。

（2）温湿度对生产的影响。并条工序对相对湿度要求较高。合适的相对湿度，有利于提高罗拉对纤维的控制能力，改善纤维的平行伸直度，纤维的导电性能好，条干均匀度好。

相对湿度过高，易绕皮辊缠罗拉、产生涌条、牵伸不良、条干恶化。

相对湿度过低，棉条发毛、飞花增多、静电作用使棉网破边现象增加。

纺纱过程中，必须控制好各工序半成品及成品的温湿度，使前后各工序相互平衡并尽量保持温湿度的稳定，减少波动才有利于生产。

（3）温湿度标准。不同季节的温湿度标准见表4-1。

表4-1 不同季节的温湿度标准

季节	温度（℃）	相对湿度（%）
夏季	29~31	60~65
冬季	22~24	55~65

三、并条设备的主要机构和作用

1. 并条机喂入部分及作用

并条机的喂入机构（图4-1）一般由分条器、导条辊、导条架、导条板和给棉罗拉组成。

分条器引导棉条有秩序地进入导条辊，防止棉条自棉条筒中引出后纠缠重叠。导条辊的作用是把棉条从棉条筒内引出，减少意外牵伸。在导条辊到后罗拉之间有微小的张力牵伸，可使棉条未进入牵伸机构前保持伸直状态。导条架的作用使高位移动的棉条换向，并按一定的排列次序经导条板由给棉罗拉将棉条喂入牵伸机构。

图4-1　FA315型并条机的喂入机构

2. 并条机牵伸机构及作用

并条机的牵伸一般由罗拉牵伸装置完成，牵伸机构（图4-2）主要由罗拉、胶辊、加压机构组成。目前，并条机的牵伸形式均为曲线牵伸。曲线牵伸有三上四下、四上五下、三上五下、五下四上、四上三下、五上三下和压力棒牵伸形式。

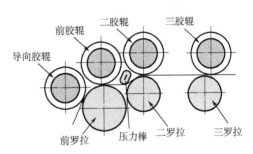

图4-2　JWF1316型并条机牵伸机构

一般并条机多采用三上三下压力棒加导向上罗拉牵伸形式，它由罗拉、胶辊、压力棒、加压装置、集束器、喇叭头等组成。棉条先经过后区预牵伸，然后进入前区进行牵伸，前区为主牵伸区。压力棒为一根不回转的扇形金属棒，扇面向下放置在罗拉滑座内，在主牵伸区内形成附加摩擦力界，以加强对慢速纤维的控制。前罗拉上方的第一胶辊将棉网转向送入集束器，集合成束状后送入喇叭头和压辊。

（1）罗拉。罗拉是牵伸机构的重要部件。通常，罗拉指钢度下罗拉与上罗拉（一般是胶辊），二者组成牵伸的握持钳口。为了增强对纤维的握持作用，减少胶辊在罗拉上的滑溜，罗拉表面开有沟槽。罗拉是由若干节螺纹结合而成，由导孔、导柱控制同轴度。螺纹的旋向与罗拉的回转方向相反，使罗拉在回转过程中有自紧作用。下罗拉由齿轮积极传动，罗拉与罗拉座的接触部分采用滚针轴承，设有油眼，以便定期加油。

（2）胶辊。胶辊是上罗拉的一种，它一般由胶辊铁壳，弹性包覆物及胶辊轴芯和滚针轴承组成，在胶辊轴芯外的铁壳上紧套着弹性包覆物（一般采用丁腈橡胶），胶辊轴芯的两端各自插入装有滚针轴承的轴承套内，轴承套装入罗拉轴承座的孔内，承受加压力的作用。胶辊要有一定的弹性和硬度，此外胶辊还应耐磨损、耐老化、圆整度好，表面要"光、滑、燥、爽"，还应具有一定的吸湿、放湿及抗静电性能，以防止牵伸时产生绕胶辊现象。为此，需定期对胶辊表面进行磨砺和化学处理。

（3）压力棒。压力棒是一根不回转的扇形金属棒，装在主牵伸区内，它的弧形表面与须条接触，并迫使须条的通道成为曲线。压力棒起到附加摩擦力界的作用，这种牵伸装置在高速并条机上被广泛采用。

压力棒曲线牵伸有上压式和下托式两种形式，上压式控制作用强，故一般多采用上压式。个别并条机上还使用间歇回转上压式圆形压力棒以及固定下托式弧形或扁形压力棒等多种形式，它们在工艺上各具特点。

（4）加压机构。胶辊和罗拉组成的钳口必须对纤维有足够的握持能力，才能克服纤维间的摩擦阻力，从而使纤维间发生相对位移而形成牵伸。这种握持力是依靠对胶辊的加压而获得的。

并条机上采用的加压方式有重锤加压、弹簧摇架加压和气动摇架加压三种，现在多用弹簧摇架加压和气动摇架加压两种方式。

①弹簧摇架加压。通过对胶辊加压，从而产生胶辊与罗拉之间对纤维的握持力，以克服纤维间的阻力，使纤维相对移动，所以胶辊加压是牵伸的重要条件。

②气动摇架加压。气动加压是利用压缩空气的压力，通过稳压弹性气囊和一套传递机构对胶辊施加压力的一种新型加压形式。其优点是加压准确而稳定，不易疲劳，压力调节和加压、卸压的操作可由供气系统直接控制，颇为简单方便。气动摇架加压需专用的供气系统，开关车时自动充压和释压。气路系统配有欠压和过压保护装置，以保证工艺要求的加压量。

3. 并条机的成形与辅助机构及作用

（1）成形机构。成形机构是将集束器吐出的束状须条进一步凝聚成条，并有次序地盘入棉条筒中，便于下一工序继续加工。成形机构包括集束器、喇叭头、紧压罗拉、圈条装置、棉条筒以及筒底盘等机件。

①集束器作用。将扩散的棉网迅速收拢并压成棉带状，使条子紧密，减少斜管堵塞。

②喇叭头作用。将前罗拉吐出的松散带状须条收拢压缩，改变成为抱合较紧密、表面光滑的棉条，便于条筒盛装，供下工序引出时分条清晰。喇叭头分普通式与压缩式两种。

③紧压罗拉的作用。将喇叭头吐出的棉条进一步压缩，使棉条表面纤维不致因粘连而破坏其平行伸直，以保证棉条质量。

④圈条装置的作用。通过圈条盘回转，将棉条规律而整齐地叠入棉条筒以获得一定卷装空间中的最大容量。并条机的成形与梳棉机的成形相同，按圈条直径相对于条筒直径的不同分为大圈条，小圈条两种形式，两种形式各有其特点。由于并条机出条速度高，圈条速度也高，纺化纤时，因静电现象显著，易堵塞斜管而断头。因此根据棉条的运动轨迹为近似螺旋

线的空间曲线，将斜管制成圆柱螺旋形曲线，形或空间曲线形斜管。

（2）辅助机构。

①清洁装置。在高速并条机上，牵伸区内的纤维运动速度快，纤维间的黏着力小，一些短纤维容易散失形成飞花，集聚的飞花很容易飞入纤维网或经须条中形成绒板花等纱疵，影响产品质量。清洁装置的作用是在运转过程中清除牵伸部分的尘屑、飞花，使牵伸正常进行，避免和减少飞花短绒堆积后进入棉网。清洁装置是并条机上具有重要作用的辅助装置，特别是当并条机高速化后，清洁飞花、尘屑，防止其扩散，对保证产品质量具有很重要的意义。

自动清洁装置一般有以下两种形式。

a. 摩擦式集体吸风自动清洁系统。在这种清洁装置里，丁腈胶圈装在金属棒上，组成揩拭器，它紧贴于胶辊上方和罗拉下方，做周期性摆动，是揩拭器在胶辊、罗拉表面间歇性地摩擦，清除飞花、尘屑，与此同时，集体吸风罩内的气流将飞花、尘屑吸走。下罗拉仍采用丁腈橡胶揩拭器进行清洁，由下吸风管吸走短绒、杂质。

b. 回转绒布套和真空吸风清洁系统。这种清洁装置是用一圈绒布套紧并贴于胶辊上表面做间歇回转，揩拭胶辊上的飞花、短绒、尘埃。在绒布套上面，有一套往复运动的清洁梳片，刮取集聚在绒布上的短绒、杂质，并由吸风管吸入滤尘箱。

②自停装置。并条机均有电气式或机电式自停装置。当机后条筒中棉条用完或发生断头时，当发生绕胶辊或罗拉时，当喇叭头棉条堵塞或断头时，当机前棉条满筒时，设备均能自动停车。

有的并条机的导条架上装有四组光电自停装置，并在最前排导条罗拉后部装有机械自停装置。绕胶辊及断头采用微动开关自停，堵喇叭口采用机械自停。

③自动换筒装置。有的并条机还附有满筒定长装置和自动换筒装置，由单独的电动机传动，该装置经一对三角皮带轮传至减速器后传动链条推杆机构，换筒装置配有定向停车装置，断条可靠，在推出满筒的同时喂入空筒，并设有缺筒自停、送筒到位自停装置。

④圈条器增容装置。在纺纱过程中，增大条桶容量是高速自动化生产而必备的条件。国外广泛采用有增容装置的圈条器，使条筒单位体积的条子容量得以增加，条子密度的均匀度得到改善。条筒增容有多种方式：一种是采用紧压式增容装置，通过增加条筒内条子的圈放层数，达到增容的目的；另一种方法是通过改变条筒底盘的运动形式达到增容的目的，如同时改变条筒的形状，会使效果更好。如瑞士立达公司的并条机采用长方形条筒，同时把传统圈条器的条筒旋转运动改为条筒往复直线运动和间歇摆动。第二类增容机构的形式有条筒自转+横动型及条筒自转+公转型。在参数相同的情况下，后一种形式圈条器比前一种形式增容量约大20%。

4. 并条机的自调匀整及作用

并条工序的主要作用是通过随机并合来改善前道工序棉条的粗细不匀，但随机并合的效果还不够理想。因此，为了进一步改善并条机输入条子的均匀度，国内外先进的并条机均带有自调匀整系统，以积极地实现在线检测和在线控制。

由于并条机的速度很高，如采用闭环式自调匀整系统，易产生很长的匀整死区，大大降低匀整效果。因此，并条机上一般都采用开环式的短片段自调匀整系统。

短片段自调匀整装置采用了传感器技术、交流伺服系统等当前最先进的技术，是高度机电一体化的产品。该装置由检测机构、控制部件、功率驱动部件、伺服电动机、差速箱、速度传感器、人机界面和FP传感器等组成。

自调匀整系统一般由凸凹罗拉连续检测喂入条厚度，其厚度的变化使凸罗拉产生位移，位移传感器将位移转换成电信号，然后输入计算机，经计算机运算后，控制伺服电动机的转速，通过差速箱调节牵伸倍数，达到匀整目的。

有的匀整装置在并条机输出端装有检测喇叭头（FP），在线检测匀整结果，经计算机统计比较，在人机界面上以数字和图表方式显示条子的质量数据。在线检测的喇叭头还能不断校对出条线密度和出条实际条干，如果超出实际警报界限时，并条机能自动停车并发出报警信号。人机界面还能随时显示多项工艺、质量、产量等统计数据。

四、并条工序的主要工艺项目

1. 制订工艺参数的原则

加工纯棉时，并条机一般采用"重加压、紧隔距、曲线牵伸"的工艺原则；加工化纤及混纺时，一般采用"多并合、重加压、强控制、光通道、适当增强牵伸力"的工艺原则。

2. 主要工艺项目及选择依据

（1）主要工艺项目。棉条定量、工艺道数及棉条排列、牵伸配置、压力棒工艺配置、罗拉握持距、罗拉加压。圈条部分喇叭头的工艺配置。

（2）选择依据。

①棉条定量。每5m长度棉条的干燥重量克数（g/5m）。

棉条定量的配置应根据纱的线密度、纺纱品种、加工原料、配置设备数量和对产品质量要求等因素综合考虑。

②工艺道数及喂入棉条排列。选择合理的工艺道数和并合数对于改善纤维伸直平行和提高混合均匀效果十分重要，在化纤混纺时更为突出。

a. 纯棉纺。常规并条不少于两道，并合数为48或64。纯棉纺采用巡回配筒的混筒方法，梳棉与头道并条采取定台供应。

b. 混纺。棉与化纤的混纺，一般采用化纤预并工艺，T/C精梳细特纱采用三道混并条。不同混纺比的棉条排列，采用棉条与化纤间隔排列，或将化纤包覆在中心的排列方法。

（3）牵伸配置。

总牵伸是指喂入部分的导条罗拉与输出部分的压辊之间的牵伸。

①总牵伸倍数。应接近于并合数，一般为并合数的0.9~1.2倍。

②各道并条之间牵伸分配原则。头道牵伸大，二道小，重在改善并条的条干；头道牵伸小，二道大，重在改善纤维的伸直度。

③主牵伸倍数与纤维的伸直度、加压有关，主牵伸能力大时，后牵伸倍数可适当减小。

④张力牵伸与纤维的种类、品种、出条速度、集束器、喇叭头口径和类型有关，一般为0.99~1.03倍。

（4）压力棒工艺。压力棒在主牵伸区内起加强控制低速纤维的作用。

①调节环。根据所纺纤维长度、品种、品质和定量不同，变换不同直径的调节环。使压

力棒在牵伸区内处于不同的高低位置而获得对棉网的不同控制力。调节环越大，压力棒空间位置越高，控制力越弱。

②压力棒。压力棒插口分前、后两档位置，纤维长度 22～40mm 时，压力棒放在后插口，可将前插口拆下；纤维长度在 40mm 以上时，可放在前插口。

（5）罗拉握持距。罗拉握持距的大小与纤维长度、性状及整齐度有关，与棉条定量、罗拉加压及牵伸倍数有关。

（6）罗拉（胶辊）加压。罗拉（胶辊）加压的配置根据牵伸形式、前罗拉速度、棉条定量、原料性能等综合考虑，一般在罗拉速度快、棉条定量重及加工棉型化纤时罗拉加压应适当增加。

（7）圈条部分工艺。圈条部分工艺包括条筒直径、偏心距、速比等，圈条速比应保证成形清晰、层次分明、棉条在筒内分布均匀。

①条筒直径过大，偏心距大，选用速比大，反之则小。

②圈条直径大，应选用较小速比，反之则大。

（8）喇叭头。喇叭头孔径要根据棉条定量和喇叭头的类型而定，棉条定量越重，喇叭头的口径越大。

3. 品种翻改试纺

（1）翻改前的条子和筒脚要彻底清净。

（2）翻改后品种的集合器、喇叭口和筒桶应符合规定。

（3）工艺牌在翻改后应及时更换。

（4）机台工艺翻改后，开车应先试重量条干，合格后方可正式开车。

（5）新翻改品种开车应先试包几个头的条子，检查自己的操作水平与所翻改的品种是否适应。

（6）机台按工艺翻改后，值车工应严格按照操作规定及翻改的要求值车。

五、并条机的技术特征

1. 国内并条机主要技术特征（表4-2）

表4-2　国内并条机主要技术特征

型号	FA306A	JWF1302	JWF1312
制造公司	沈阳宏大纺织机械有限责任公司	沈阳宏大纺织机械有限责任公司	沈阳宏大纺织机械有限责任公司
适纺品种	22～76mm 棉及棉型纤维	22～76mm 棉型纤维	22～76mm 棉及棉型纤维
输出速度（m/min）（设计机械速度）	200～600	200～800	200～600
总牵伸倍数	4.107～13.59（含选用）	5～11（含选用）	4～10（含选用）
加压形式	弹簧加压（气动可选）	气动加压	弹簧加压（气动可选）
喂入形式	高架导条，积极顺向	高架导条，积极顺向	高架导条，积极顺向
圈条形式	大圈条形式	大圈条形式	大圈条形式

续表

型号	FA306A	JWF1302	JWF1312
自调匀整	非匀整	USG 短片段匀整	USG 短片段匀整
牵伸形式	四上三下压力棒曲线牵伸	四上三下压力棒曲线牵伸	四上三下压力棒曲线牵伸
眼数	双眼	单眼	双眼
自动换筒	链条推杆式	旋转摆臂式	链条推杆式
喂入筒直径（mm）	φ400，φ500，φ600，φ800，φ900，φ1000	φ400，φ500，φ600，φ800，φ900，φ1000	φ400，φ500，φ600，φ800，φ900，φ1000
输出筒直径（mm）	φ300，φ350，φ400，φ500，φ230	φ400，φ500	φ350，φ400，φ500
传动方式	主传动为齿轮传动，其他采用平皮带、齿形带、三角带传动	主传动为齿形带传动，其他采用平皮带、三角带、齿轮传动	主传动为齿形带传动，其他采用平皮带、三角带、齿轮传动
自停形式	光电自停、微动开关自停	光电自停、微动开关自停	光电自停、微动开关自停
装机总功率（kW）	4.5	7.55	13
主要技术特点	该机为国产中档并条机，实际出条速度针对普梳品种为400m/min，精梳为350m/min，各处张力分布合理，适纺品种广泛	该机为国产单眼匀整并条机，是目前国内唯一批量化投产的单眼匀整机型，实际出条速度针对精梳品种为450m/min，各处张力分布合理，实现与粗纱机一对一供给，适纺品种广泛	该机为国产双眼匀整并条机，在FA326A型基础上突破性改进设计而成，实际出条速度针对精梳品种为400m/min，各处张力分布合理，实现与粗纱机一眼对一粗纱供给，适纺品种广泛

2. 国外并条机主要技术特征（表4-3）

表4-3　国外并条机主要技术特征

型号	RSB-D401	SB-D20
制造公司	Rieter	Rieter
适纺品种	长度80mm以内的棉、化纤及混纺	长度80mm以内的棉、化纤及混纺
输出速度（m/min）	250~1100	250~1000
总牵伸倍数	4.54~11.56	5.2~11.8
加压形式	气动、弹簧加压	弹簧加压
喂入形式	高架	高架
圈条形式	单筒单圈条	双筒双圈条
自调匀整	长中短片段自调匀整装置	无
牵伸形式	四上三下附压力棒	三上三下附压力棒
眼数	1	2
自动换筒	有	选配
喂入筒直径（mm）	500~1000	500~1000
输出筒直径（mm）	210~1000	210~1000
传动方式	新型沟槽带传动	带传动

型号	RSB-D401	SB-D20
自停形式	光电加机械	光电加机械
装机总功率（kW）	13.05	13.14
主要技术特点	1. 最高出条速度达 1100m/min（RSB-D401C 型为 550m/min） 2. 在相同的或更好的质量水平下，产量高出 10%~15%（与 D35 相比） 3. 自调匀整检测精度更高，动态性能更好，吸风系统创新设计，质量更好 4. 自调匀整器自动调整功能 AUTOset 5. 波谱异常诊断功能 AUTOhelp 6. 圈条盘清洁减少到最低 CLEANcoil 7. 非机械控制的满筒切断棉条技术 8. 最高可节约 10%能耗	1. 产量更高，双眼输出，最大输出速度达 1000m/min 2. 可使用大条筒，提高效率 3. 基于 RSB 系列并条机技术的可靠的牵伸系统 4. 机器维护工作量小

3. 并条机剖面图（图 4-3）

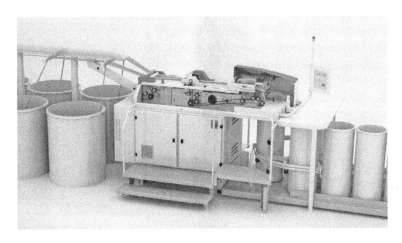

图 4-3　TD-03 型并条机剖面图

第二节　并条工序的运转操作

一、岗位职责

1. 岗位责任制

并条工应对所看管机台的产量、质量负责，要生产出条干均匀度好、重量不匀率小、纱疵少、后道反应好的棉条。

（1）牢固树立"质量第一""一切让用户满意"的观点，本工序生产的不合格品决不流到下工序，保证让下工序满意。

（2）认真执行各项质量指标考核制度，落实各项质量考核指标，充分行使质量否决权，做到赏罚分明，奖惩兑现。

（3）发生质量问题或质量事故，例如，发生错支或突发性纱疵，必须及时向有关人员反映，迅速查明原因，做到"三不放过"，即发生质量事故不查明原因不放过，造成事故的有关人员不受教育不放过，没有制定出善后防范措施不放过。

（4）并条值车工除严格执行交接班制度、清整洁制度、固定供应制度，做到先做先用外，还要守好"六关"，即守好生条关、包卷关、开冷车关、调皮辊关、平揩车关、工艺变动翻改关，防止发生质量事故和质量波动。

（5）定期对下工序访问，听取下工序的意见，了解成纱质量和坯布质量的纱疵情况，及时改进工作，不断提高产品质量。

2. 安全操作规程

（1）人身安全。

①挡车工进入工作场地，应按规定带好帽子、围腰等劳动防护用品。

②开车前必须先检查是否有人在机器旁工作，如有人应先打招呼后开车。

③不允许穿高跟鞋、拖鞋进入生产场地。

④机后搭头，注意手指不得靠近罗拉，以免挤伤手。

⑤处理罗拉绕花时，用力要适当，防止划破手。

⑥抓起罩盖时，要注意固定好，防止倒下砸伤人。

⑦规定关车做的清洁，不得开车做。

⑧上卸皮辊、加压时，应做到放稳、拿稳，防止砸伤人。

⑨发现棉条筒破裂生刺，立即剔除，防止扎伤手和损坏条子。

（2）机械防护。

①上车前，应先检查安全防护罩、安全装置是否齐全有效。

②机器在运转中听到异响、闻到异味或发现不正常，应立即关车，同有关人员联系处理。

③电气自停失灵，电动机、电气线路发生故障，应通知有关部门处理，不得自行处理。

④罗拉、皮辊等处理绕花时，应关车处理，如绕花严重时，关车后应切断电源，处理罗拉缠花时，刀口不得碰罗拉，处理皮辊绕花时，禁止使用钩刀等锋利的器具处理，割伤皮辊和罗拉。

二、交接班工作

做好交接班工作是保证生产上下衔接、一轮班工作顺利进行的重要环节，也是加强预防检查，提高产品质量的一项重要措施，交接班要实行对口交接，即要发扬风格，加强团结，又要认真严格，分清责任。交接班者要本着交方便、接困难的精神进行，交班以交好为主，接班以检查为主。

1. 交班工作

交班要做到一提前、二彻底、六交清、六必须。

（1）一提前。提前做好交班的准备工作，做到开车交班。

（2）二彻底。

①彻底做好机台的清整洁工作，胶辊、罗拉要彻底清扫。

②彻底做好地面的清洁工作。

（3）六交清。

①生产供应情况，即前后供应情况要交清。

②生活是否好做要交清楚，即纱疵、断头多少等情况要交清。

③温湿度情况要交清。

④品种、工艺变更，开台情况要交清。

⑤设备运转情况要交清，皮辊、平揩车、坏车等机械状况要交清，机上缺件要补齐。

⑥遗留问题要交清。

（4）六必须。

①必须交清本班生产情况，如机器运转是否正常，有无发生机件短缺，品种变化，生活是否好做等。

②必须做好棉条分段，按规定高度上好条。

③必须把车前车后空筒、满筒排列整齐。

④必须把回花、下脚料收清。

⑤必须交清公用工具。

⑥必须消除接班者提出的工作缺点。

2. 接班工作

接班者要做到一提前、二了解、四检查。

（1）一提前。接班者应提前上岗，具体时间各企业自定。

（2）二了解。

①了解上班生产情况和前后供应情况。

②了解生活情况和品种翻改、工艺变动、温湿度变化等情况。

（3）四检查。按巡回路线全面检查。

一检查：车前棉网、圈条成形、上绒布、皮辊、压力棒加压、牵伸部件、吸风、自停装置等是否正常。

二检查：车后棉条分段、筒号标记、储备量等。

三检查：机器运转情况、机件有无缺损，有无异响。

四检查：规定的清洁项目、容器用具、回花等是否清洁整齐。

三、清洁工作

清洁工作是减少断头，预防纱疵，提高棉条质量的重要环节，清洁工作必须均匀有次序地做好，认真掌握"六字要领"，做到两防、四做、五定，要根据对质量的影响程度，制订清洁进度表。

1. 六字清洁操作

（1）轻。动作要轻巧。

（2）勤。清洁工作要勤做。

（3）快。做清洁工作要快。

（4）稳。工具要拿稳，人要站稳。

（5）匀。清洁工作安排要均匀。

（6）净。各种清洁一定要做净，尤其是半制品通道部分。

2. 清洁工作要做到两防、四做

（1）两防。防人为疵点、防人为断头。

（2）四做。

①勤做少做。每一次清洁工作量要少，做得要勤。

②分段做。一项清洁工作可安排在几个巡回中做完，如机台在大揩等。

③随时做。利用点滴时间，随时做好清洁工作，如随手做净集束器、喇叭口处积花等。

④交叉结合做。在同一时间内双手同时交叉进行几项工作，如检查机械时，做皮辊清洁，检查绒布是否运转正常，加压是否正常。

3. 五定

（1）定项目。根据质量和机台清洁要求定清洁项目。

（2）定次数。根据品种要求、原料情况、机械状况定清洁次数。

（3）定方法。根据不同的部位和要求，掌握从上到下、从里到外、从左到右的原则定清洁方法。

（4）定时间。根据清洁项目、次数，合理地制定清洁时间。

（5）定工具。根据清洁项目和不同部位的质量要求，定合理的清洁工具。

4. 一轮班的清洁要求（表4-4）

表4-4　一轮班的清洁要求

清洁项目	次数	清洁方法	使用工具	工具清洁
盖罩	半小时一次	开车揩	大毛刷	钢丝刷
上吸风摇臂加压	每半小时一次	开车捻	捻花棒	用手拿
摇臂加压皮辊罗拉	每小时一次	关车捻	捻花棒	用手拿
导条架	每小时一次	关车做	小毛刷	钢丝刷
导条叉	缠花随时	开车拿	手	
扫外罩	每小时一次	开车揩	大毛刷	钢丝刷
大揩车	班中、交班各一次	关车	大毛刷	钢丝刷
圈条盘及底盘	每班各一次	关车做	大毛刷	钢丝刷
扫地	每班四次	开车扫	扫帚	

注　以上清洁次数为最低要求，各企业参照执行。具体清洁时间各企业自定，各企业清洁工具应尽量做到统一。

四、基本操作

并条工序的基本操作主要有机后棉条接头、机前接头、上条、放筒落筒等。

1. 机后棉条接头

采用竹杆包卷上抽法，能达到里松外紧、接头光洁不脱头、质量好而稳定、操作简便。操作要求如下：

拿好条子找准缝　　分条平直不过宽

撕去条尾拉条头　　纤维松散又平直

搭头长度要适当　　竹扦粗细要适中
包卷不粗也不细　　里松外紧无脱头

具体操作方法如下。

（1）找条缝（图4-4）。一手拿起棉条，条缝向上，平摊在左手四个手指上，用左右手拇指、食指同时各自分开，不宜过宽，纤维伸直，两个拇指相距100mm左右（棉品种），化纤条两个拇指相距120mm。

（2）拉条尾（图4-5）。左手拇指均匀压在食指和中指之间的棉条上，再用右手的食指和中指以剪刀状平行夹紧条尾，两个夹持点之间100mm（或120mm）左右，平直地拉下条尾，使留在左手的条尾松散、平直。

（3）拉条头（图4-6）。右手捏住条头，以食指、中指平行夹住棉条正面，左手中指、无名指也平行夹住棉条，两夹持点相距100mm（或120mm）左右，右手垂直向上拉头，要求紧夹慢拉，使留在左手上的棉条成平直、松匀的条头。

图4-4　找条缝

图4-5　拉条尾

图4-6　拉条头

（4）搭头（图4-7）。左手拇指稍抬起，同时食指向上挑起，使条尾基本与小指平齐，右手拇指、中指将已捏住的条头平顺地搭在条尾上，条尾略宽于条头，搭头长度50mm左右。

（5）包卷（图4-8）。右手拿竹扦，平直地放在棉带搭头右侧，注意竹扦下端略露出小指为宜，左手拇指压住竹扦向左捻转二分之一圈，用力稍轻，同时右手捻转一圈，用力加重，卷没条尾为止，注意捻转时左手指须跟随徐徐向上。

（6）拔扦（图4-9）。在竹扦捻转的同时，左手四个手指稍向内弯，小指轻轻夹住搭头处，无名指起辅助作用，右手把竹扦顺条缝方向轻轻拔出。

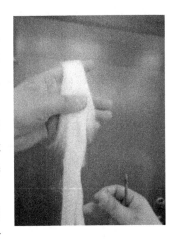

图4-7　搭头

（7）检查（图4-10）。要求包卷后纤维直、条缝直，在包好后需在棉条接头下部捏一捏以增加抱合力。

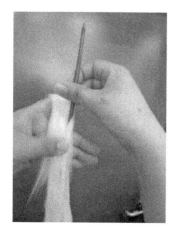

图 4-8　包卷

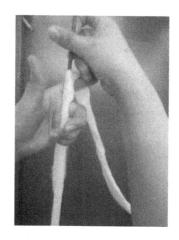

图 4-9　拨扦

图 4-10　检查

2. 机前接头（机前棉网接头）

要求包卷接头不粗不细，不正常的条子拉尽，保持圈条成形良好，不打乱条子正常状态。

（1）牵伸棉网。一手打慢车，另一手把牵引棉网过压力棒、集束器至罗拉钳口处吐出须条后关车。

（2）拉断须条。一只手拇、食、中三指捏住须条，另一只手拇、食、中三指在距喇叭口 20cm 处，将须条加捻，捻尖。

（3）穿集束器。一手将捻尖的须条穿入集束器，再穿入喇叭口，另一手打慢车，使须条穿进喇叭口和紧压辊正常后开车。

（4）接头。拉出条筒，拉去不正常条子，运用竹扦包卷法，将条子接好，轻放筒内，摆正条筒后，正式开车。

3. 上条（换筒上条）

（1）上条时机。上条时机应掌握条筒内剩余条子的高度 20~30cm，这样操作方便，不会造成因上条过高而使条子倒地或上条不及时而跑空筒，增加断头，停台。

（2）上条标准。上条要求做到五不：不打结、断头；不翻倒在地；不脱头；不空筒停台；不碰破、碰毛、拖地，造成纱疵。

（3）上条方法。操作要点如下。

摆：包的头要摆好不露尾。

理：理好成形防拉断。

靠：条子互相要靠拢不倒翻。

远：上条满筒与车身距离稍远，以防打结，断头或产生意外牵伸。

具体操作步骤：

①学会双手上条，拉浅筒时，注意先将条筒转动，拇指在外，四指在内，用左手（或右手）拉出，右手（或左手）推进满筒，并引出满筒条头约 50cm，同时左手（或右手）拿出浅筒条子 3~5 圈，放在满筒上。

②左手（或右手）轻按条子圈心处，右手（或左手）顺筒壁缝隙处挖出筒脚，翻向左手（或右手）上。

③右手（或左手）找出条尾约50cm，左手（或右手）筒脚轻轻放在满筒上，使条尾放在条头的左边，用竹扦包卷法进行条头条尾包卷。

④包完后，把接头按圈条成形放入上下层条子内，同时满筒要对准分棉叉，并稍向前倾斜，这样可以避免挂毛条子或条子倒地。

4. 放筒、落筒

FA306型是自动换筒装置，并条工要提前把空筒放入位置即可，如没有空筒不能进行自动换筒和送筒到位自停。

五、巡回工作

巡回工作是有计划地组织一轮班工作的重要方法，巡回的过程是发现矛盾、处理矛盾的过程，只有全面掌握巡回工作的要领，准确理解巡回工作的作用，才能充分发挥人的积极性，主动掌握生产规律，将换条、落筒、清洁工作等分轻、重、缓、急有计划地安排到各个巡回中完成。

1. 巡回路线（均为单线巡回）

四节巡回路线如图4-11所示，三节巡回路线如图4-12~图4-14所示。

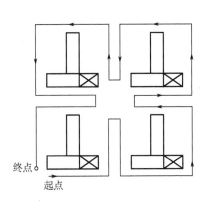

图4-11　四节巡回路线

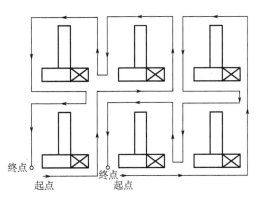

图4-12　三节巡回路线一

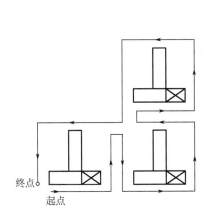

图4-13　三节巡回路线二

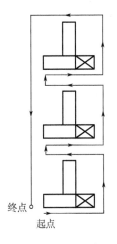

图4-14　三节巡回路线三

1:1 "8" 字形巡回路线如图 4-15~图 4-17 所示，各企业做法不统一。

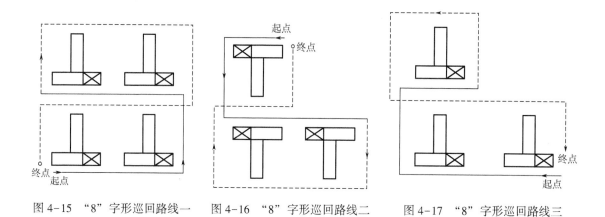

图 4-15 "8" 字形巡回路线一　　图 4-16 "8" 字形巡回路线二　　图 4-17 "8" 字形巡回路线三

两台用四节 "8" 字形的巡回路线（1:1），一台半用三节 "8" 字形的巡回路线（1:1）。

说明：

（1）采用凹字形巡回路线，起点从左到右或从右到左均可，但要始终如一，不得中途改变方向。

（2）此路线易看，易掌握，时间均衡。

2. 巡回时间

每次巡回时间只定上限，新机四节掌握在 16min 以内，三节在 12min 以内。

3. 巡回检查

（1）每次巡回在正常情况下要保持时间的均衡和路线的正确，不走回头路，不走重复路线，如三节车有两节连在一起的，为了方便工作，允许走合理的重复路线。

（2）遇有特殊情况时，可不受巡回路线的限制，要灵活机动，以"三先三后"即"先易后难、先近后远、先急后缓"的原则及时处理，在处理完毕后要返回原路线，继续巡回。

（3）巡回时，以检查质量为中心，以预防断头为重点，做到眼看、手摸、耳听、鼻闻，把各项工作结合到巡回工作中去做。

（4）掌握换条和落筒时间，做到换条、落筒时间短。

（5）巡回中要检查棉条分段情况，如有过高、过低应随时掐补。

（6）目光运用，做到手到、眼到，巡回一节车要看一下另一节车，走出车挡要回头看，走进车挡要全面抬头看，操作时要抬头看，发现情况及时处理。

4. 巡回关键

按照巡回路线，正确应用"三性"是掌握好巡回的关键。

（1）主动性。

①抓住上条等主要操作，消灭人为断头，根据筒脚多少，主动调筒（翻筒）、换筒、检查分段情况，掐高补低，减少停台、断头。

②掌握生产规律和机器性能，运用眼看、手摸、耳听、鼻闻的检查方法，及时发现机器的毛病，避免工作被动，做到人主动掌握机器。

③正确运用目光，做到眼到、手到。

（2）计划性。

①根据轻重缓急和各项工作（上条、落筒、做清洁等）所需要的时间，合理安排各项工作，使每次巡回的工作量保持平衡。

②根据生产实际情况，把各项工作有机结合起来做，做到三结合：巡回与上条、换筒相结合；巡回与做好清洁工作相结合；巡回与防疵捉疵相结合。

③每次巡回既要求时间间隔相等，又要求结合工作不超过巡回时间，如遇某项工作未做完，应把该项工作暂停，待全面巡回检查结束后再接着做。

（3）灵活性。根据生产稳定程度和工作量多少，把工作的计划性与灵活性巧妙地结合起来，在生产稳定、断头少时，可多做清洁工作，在生活不稳定、断头多时，应集中力量接头。

六、质量把关

质量把关是提高产品质量的重要方面，在一切操作中要贯彻"质量第一"的思想，积极预防人为疵点，在巡回中合理应用目光，本着"让后工序满意"的态度，利用空隙时间进行防疵捉疵，做到以防为主，防捉结合，保证产品质量。

1. 基本原则

以防为主，防捉结合。

2. 防疵

质量守关做到"三守、六防"。

（1）三守。

①守好防止质量波动关。交接班、平揩车、开冷车、调换皮辊或齿轮，工艺变更时，容易发生质量波动，值车工应严格按照有关规定或要求守好关，防止质量波动。

②守好防止质量差错关。品种翻改，不同品种的相邻机台容易发生质量差错，值车工应仔细核对，防止差错。

③守好防止突发性纱疵关。并条属于易产生突发性纱疵的工序，因此并条值车工在巡回操作时，应对牵伸部件进行重点检查。

a. 查皮辊状态。皮辊是否弯曲、缺油、发烫、偏心、中凹、表面不平整、回转不正常。

b. 查罗拉状态。罗拉是否弯曲抖动、损伤、回转不正常等。

c. 查集束器状态。集束器是否破损、跳动、须条跑出。

d. 查加压装置状态。加压装置是否正常，有无碰皮辊或歪斜、不平等情况，弹簧摇臂加压是否正常，加压钩销子是否缺损，加压罗拉是否松动，压力棒是否正常。

e. 查罗拉座及齿轮状态。罗拉座是否走动、断裂，齿轮啮合是否不正常，销子有无脱落、松动等。

（2）六防。

①换筒上条时，要防错筒错号数。

②机前巡回时，要防止机后多根少根喂入。

③落筒、上条、送条时，防止把条子碰断、碰破、碰毛和产生意外牵伸。

④包卷时，防止出硬头、脱头、油污条和飞花附入棉条及机后搭头不良等。

⑤搭头时，防止纤维弯曲、涌头、绕皮辊、绕罗拉等。

⑥做清洁时，防止飞花附入，条子落地、油污花附入产生人为疵点条。

3. 捉疵

（1）基本指导思想。四不放过、两捉清。

①四不放过。一不放过上工序的疵点；二不放过上一班的疵点；三不放过本工序的人为疵点和机械疵点；四不放过不明原因的疵点。

②两捉清。接班捉清上一班的疵点；班中捉清上工序和本工序的疵点。

（2）捉疵方法。巡回操作捉疵做到：五看五捉、两比两捉、一断三捉、一摸两捉。

①五看五捉。

看棉网状态，捉疙瘩条、竹节条、杂质条；

看圈条成形状态，捉粗细条；

看通道光洁与否，捉条子挂花；

看机后喂入条子，捉粗细条、油污条、色花条、错号条；

看筒脚底部条子，捉三花色条、粗细条。

②两比两捉。比圈条棉层厚薄，捉粗细条、错号条；比条子颜色，捉杂质条、色差条、错号条。

③一摸两捉。摸条子，捉粗细条、捉错号条。

④一断三捉。处理断头时，若绕皮辊，捉油污条；堵喇叭口，捉三花三丝条、粗细条；自停装置停车，捉粗细条。

4. 质量把关与追踪

并条工应做到：

（1）认真执行操作法，做到不违规操作。

（2）接班时严格检查混棉成分，杜绝错支发生。

（3）巡回时正确应用"三性"。

（4）凡遇平揩车、品种翻改等开车时，必须全面检查，杜绝因机械原因造成质量事故。

（5）如发现错支、错成分、色差严重的突发性问题时，除本工序进行清理外，还必须到上下工序查找、堵截。

5. 回花下脚管理

（1）各车间要认真做好"三分四定"工作。

①三分。

分清号数：回花、回丝等下脚要按粗、中、细号数分清。

分清类别：回花、回丝等下脚要按类分清。

分清品种：纯棉、化纤不同品种要按品种分清。

②四定。

定人员：各车间要固定收送回花下脚人员。

定时间：各车间收送回花、再用棉要按规定时间送下脚间验收处理。

定容器车辆：各车间收送回花等下脚的车辆、容器要固定。

定位置：各车间收送下脚间的回花、再用棉、下脚要按规定位置存放。

（2）下脚间人员对各车间收送的回花、再用棉、回丝等下脚要认真过磅，并分支、分类、分品种登记、存放、处理、成包、回用或出售。

七、操作注意事项

1. 操作要点

在操作过程中，并条工不仅应有较高的质量意识、技术水平，还应严格执行操作规程，工作时保持思想集中，防止机械、质量等事故发生。

（1）牵伸罗拉、紧压罗拉、导条罗拉绕花应关车处理。当绕花严重时，关车后应切断电源，处理绕纤维时，刀具不得碰罗拉，绝对不允许用刀割皮辊。

（2）按规定关车做的清洁工作项目应关车做。

（3）开车时，必须注意车前车后是否有人在工作，不得冒失开车。

（4）上车前，应先检查机台各部安全防护罩是否完整有效，开车时严禁取下或移动安全罩。

（5）机器在运转中发现有特殊异响、异味或不正常状态时，应立即报告有关人员处理。

（6）电动机、电器自停部分、电气线路等发生故障，应通知有关部门处理，不得自行修理。

（7）发现棉条筒破裂，筒边卷裂生刺，立即剔除，防止碰伤手指或损坏棉条。

（8）遇突然停电或停车，应立即切断电源。

（9）机后搭头时，注意手指不得靠近罗拉。

（10）放筒、输送棉条时，应仔细操作，避免伤手、足和碰坏机器。

2. 节假日关、开车

为了避免因节、假日或其他原因造成较长时间机台停开而引起质量波动，故并条工在节假日关开车时应做好以下工作。

（1）关车规定事项。

①首先切断电源。

②皮辊释压。

③做好地面及机台清整洁工作，并用盖布将机台盖好。

④将容器具按规定要求排列或存放好。

（2）开车规定事项。

①收去盖布，做好机台、地面清整洁工作。

②皮辊加压。

③捉清生条及半熟条上的飞花，杂物等疵点，守好质量关。

④检查筒号及生条，以防错支。

⑤点动开关，检查棉网质量，拉去一定长度的条子后方可正式开车。

第三节 并条工的操作测定与技术标准

操作测定的目的是总结、分析、交流操作技术经验、推广先进技术，以相互学习、取长补短、共同提高操作水平，操作测定有巡回工作法测定（全项操作测定）、单项操作测定。

一、全项操作测定

1. 测定时间

统一为 60min。

2. 看台面

新机中号纱不少于 3 节，新机细号纱不少于 4 节。

注意：涤棉、化纤三道、四道混并的高支纱，看台面必须 4 节。涤棉、化纤三道混并或四道混并时，其看台数必须包括混并的全过程。

3. 巡回时间

新机 4 节车每次巡回时间为 16min，3 节车为 12min。

4. 测定目的及内容

巡回操作测定的目的是通过对值车工在各个巡回中对各项工作（巡回工作、清洁工作、防捉疵点、掌握机械性能、处理断头、上条等）的安排和处理，考察值车工对三性（计划性、主动性、灵活性）掌握的程度，根据全面工作情况，按工作法测定分析表进行评分。

5. 基本工作量

（1）新机上条不能少于 4 段（4 筒为一段），如 4 段不够 16 筒，可上 5 段，但必须上整段条子。

（2）清洁工作。每个巡回进行一次上吸风摇臂加压、集束喇叭、下吸风周围清洁工作。扫外罩一次（4 节或 3 节），包括掏风箱花；清洁导条架滚筒一次（4 节或 3 节）；大揩车一节，扫地一遍。具体见表 4-5。

表 4-5　运转清洁工作

机型	工作量项目	折合工作量	定额	工作量小计
新机	掌握机械性能	3/节	4 节	12 个
	扫外罩（包括掏风箱花）	4/节	4 节	16 个
	清洁导条架	5/节	4 节	20 个
	机台大揩	12/节	1 节	12 个
	扫地	1/节	4 节	4 个
	上条	1/节	15 筒	30 个
	上吸风摇臂加压集束喇叭、下吸风周围	0.5/节	4 节×3＝12 节	6 个
	基本工作量合计			100 个
	后包头	1/个		
	匀条	1/筒		
	处理接头	1/个		
	机后搭头	0.5/个		
	处理简单头	2/个		
	处理复杂头	4/个		
	倒筒	2/段		
	落筒	1/段		
	划分责任标记	0.1/筒		

6. 巡回操作扣分标准及统一领会

（1）基本工作量为100个，每少完成一个基本工作量扣0.1分，基本工作量完成后，每多做一个工作量加0.02分。

（2）基本工作量完成后，允许提前下车。

（3）在做完基本项目后，除大揩车不能在同一机台重复做外，其他清洁工作可在同一机台重复做，但必须间隔一个巡回，规定的基本工作量没有完成，所做的其他清洁工作一律不计工作量。

（4）大揩车只能在第3个巡回及以后进行，扫地只能在大揩车之后进行，新机掌握机械性能必须在第一个巡回内完成。

（5）巡回测定中，每个值车工还要抽5个棉条包头。

（6）简单头。正常的机前接头，只处理不接头计1个工作量。

（7）复杂头。处理绕罗拉、绕皮辊、堵圈条盘等的机前接头，只处理不接头计3个工作量。

（8）机后搭头时，如条尾过短，不能进行完整的机后搭头动作，只记0.5个工作量。

（9）写责任筒标记，每筒记0.1个工作量。

（10）凡测定时间已到，所做的清洁工作，够此项工作每节车的1/2以上，即按该项工作量的一半计工作量，不够1/2的不计工作量。

（11）碰破、拉毛条。碰破1/3，拉毛成片宽度够1cm即扣分（0.1分/筒）。

（12）上条过高（0.2分/筒）。上条高度不能超过30cm，值车工离开上条处再量高度，掐补条子必须按正常分段，否则按不执行工作法（项）扣0.5分。

（13）巡回走错（0.5分/次）。错一节车或一段条子的距离即扣分。

（14）大揩车时，可把工具提前放在所扫的机台上，但不能超过一节车或一段条子的距离，否则按巡回走错扣分（机台大揩、落筒、接头可机动处理）。

（15）巡回超过时间（0.1分/min）。处理难度大的断头，3min内由测定者处理，超过3min处理不完可离开，由别人处理，在一个巡回中同一个部位或同一个眼的故障，连续两次以上可由他人处理。

（16）工作量没完成，每项扣2分，凡测定时间已到，规定的工作量没完成，按项扣分。

（17）漏做清洁（0.5分/节）。漏做够一节车（新机是一节车的两面）即算，不够一节按一节清洁的彻底扣分。

（18）棉条跑空（1分/筒）。条尾离开条筒即扣分，上条后没有及时接头造成棉条纺完停台，也作棉条跑空扣分，如棉条将要跑空，开车抢包头造成的脱头和断头均按脱头或人为断头扣分。

（19）不及时处理停台（1分/次）。停台超过3min每次扣1分（不包括3min），每延长1min扣0.1分。

（20）清洁不彻底（0.5分/项、0.1分/处）。扫地时长度3cm的油花没扫净，牵伸部分杂物短绒，长宽1cm者均扣0.1分/处，各部件绕花够一周、宽度够1cm者扣0.1分/处，一个部位全部漏扫按0.5分/项扣分，一个部位有扫、有不扫，够部位的1/2则按0.1分/处扣分（超过 3 处按项扣分）。

（21）绕牵伸罗拉、皮辊（2 分/个）。以棉条宽度为准，缠绕一周扣 2 分，够一周而宽度不够，按清洁不彻底一项扣 0.5 分。

（22）绕滚筒、给棉罗拉、压辊（1 分/个）。以棉条宽度为准，缠绕一周扣 1 分，够一周而宽度不够，按清洁不彻底一处扣 0.1 分。

（23）人为疵点（1 分/个）。

①因清洁工作不慎，操作不良造成的疵点（长宽 1cm），因油手接头后加捻造成的疵点（宽 1.5cm，长是棉条的一周）没发现或不处理扣分，处理好不扣分。

②由于缠罗拉、皮辊，粗细条拿不净造成的棉条不匀而处理不净，机后少股条、机前处理不净者扣分。

（24）倒包头（1 分/个）。指倒接头、机后倒搭头者。

（25）通道挂花（0.5 分/个）。棉条通过的部位挂花不处理，按其中部位、厚度以放在黑板上不露板为准，宽度够 1cm 即扣分。

（26）漏粗细条（0.5 分/段）。筒沿以上，表面明显的粗条、细条（包括色条、油条、杂质条）超过正常棉条的倍粗、倍细即扣分。

（27）人为断头（0.5 分/个）。指值车工上条、倒筒、做清洁时人为造成，当时断掉的头即扣分（离开操作机台的断头不扣分）。换条未离开时，出现重叠条不处理，造成堵喇叭口，按人为断头扣分，人为断头不计工作量。因提高质量有意识打断头不算人为断头，计工作量。

（28）脱头（0.5 分/个）。指值车工自己操作造成的脱头。

（29）漏疵点。长度 1cm 的疵点（杂物、绒板花、油花）。

（30）白花落地（0.2 分/块）。白花落地不拾，长 5cm、宽 1cm 即扣分；回花里有油花长宽 1cm，扫地花里有白花长 5cm、宽 1cm，回花里有皮辊花（筒形的），内壁油污，即扣分。

（31）棉条拖地（0.2 分/次）：指落筒、上条、做清洁时人为造成棉条拖地（回花除外），拉满筒、倒筒、上条时不慎使棉条倒翻着地者均扣分。

（32）回花分不清（0.2 分/次）。

（33）错筒、错号（0.1 分/筒）。按固定供应筒号进行考核，特殊情况应提前说明原因。

（34）条筒排列不整齐（0.1 分/筒）。值车工离开机台后条筒排列明显不整齐，以棉条筒直径的 1/4 为准，上条前的满筒，换下的空筒排列不整齐，作为缺点指出。

（35）工具不定位、不清洁（0.1 分/次）。工具用完后不放回原处，工具用后不清洁或清洁不干净，扣分。

说明：①扫外罩。每漏一个滚筒支架按处扣分，5 处以上按项扣分。

②清洁牵伸部分。每个巡回进行一次上吸风，摇臂加压集束喇叭，下吸风清洁工作，漏拈一个眼按项扣 0.5 分，一个眼漏做上部或下部的清洁，按处扣分。

③清洁高架、滚筒。高架滚筒一侧全部漏做，按项扣 0.5 分，滚筒每个通道部分为一处，电门开关为一处，每处扣 0.1 分。

④机台大揩。墙板一侧不清扫按 1 处扣 0.1 分，两侧不扫按 2 处扣 0.2 分；下吸风不清

洁，按清洁不彻底扣 0.1 分/处，一个眼不清扫按 0.1 分/处扣分；后吸风不清洁按项扣 0.5 分。

（36）单项动作不对（0.1 分/项）。机后搭头，棉条接头动作不符合要求均按项扣分。

（37）不执行工作法（0.5 分/项）。不正确使用工具、清洁顺序、方法不对、机后大揩后不揩疵点条，新机掌握机械性能不取下前两根皮辊或取下不检查皮辊凹心、不撸皮辊、不释放加压、不查压力棒位置、棉条不按正常分段、工具放在棉条上、回花不放入回花筒、盒或回花错品种放置、关车不按电门等，均按不执行工作法扣分。

说明：不撸皮辊、不释加压，一眼不查按处扣分，5 处以上按项扣分；掌握机械性能，开车后，如有细节必须揩条，如不揩，每台按处扣分，全部看台不揩按项扣分。

（38）违反操作（2 分/项）。应关车做的清洁工作不关车做，不用竹扦接头、追接头、用钩刀钩皮辊（化纤除外）、清洁拍打。

说明：允许化纤品种用钩刀割皮辊花，但以不割伤皮辊为原则，如有刀伤，按不执行工作法扣分。

（39）错支（5 分/次）。错用其他纱号的生条、半熟条或棉条筒，每次扣 5 分。

二、基本操作测定

1. 测定项目
机前棉条包卷。

2. 测定包卷个数
10 个。

3. 包卷时间
纯棉、化纤均为 70s。

4. 测定方法
（1）测两次，每次用竹扦连续包卷十根头，取成绩好的一次计算。

（2）包卷时间起止点：从手接触棉条开始计，到包完最后一根头抽出竹扦离开棉条为止。

（3）包卷时，条头条尾不放在围腰口袋里，每个扣 0.5 分。

（4）包卷开始，不找条缝，每个扣 0.5 分。

（5）包卷开始，不按规定动作，每次扣 0.1 分。

（6）包卷速度比标准速度每慢一秒，扣 0.1 分，在质量全部合格的基础上，速度比标准速度每快一秒，加 0.02 分。

（7）包头在粗纱机纺粗纱时，要求粉记打在包卷部位的两头，间距 9cm 左右，头与头之间距离以 30cm 为宜，最低不少于 17cm，纺成粗纱，高架机台须通过一道高架，低架机台通过导条辊，将包接的纱条平放在评定质量的测定板（长 70cm，宽 35cm）上，取本粗纱的标准样纱前后各一根，进行对比评定。

（8）测定中，值车工不准无故自己停止测定，如果有特殊情况时，经测定员允许后可重测，如值车工自行停止操作，不计成绩。

（9）包卷完按码表后，值车工又动手校正包头处，作犯规论，每次扣 0.5 分。

（10）少粗、少细、过粗、过细的标准：达到或超过原纱的倍粗为过粗，达不到倍粗为少粗，达到或超过原纱的倍细为过细，达不到倍细为少细。

（11）测定中，因教练员失误造成不足 10 个头或超过 10 个头时，其不足个数的时间，按已测定个数的平均时间，其质量按不足个数另补质量，时间不计。

三、基本操作评级标准

1. 基本操作测定（表 4-6）

得分 = 100 分 + 各项加分 – 各项扣分

表 4-6　基本操作评级标准

级别	优级	一级	二级	三级	级外
分数	99	98	96	94	94 以下

2. 全项操作评级标准（包括巡回操作和基本操作，见表 4-7）

全项得分 = 100 分 + 各项加分 – 各项扣分

表 4-7　全项操作评级标准

级别	优级	一级	二级	三级	级外
分数	98	96	92	90	90 以下

说明：优级手单项包卷接头质量无扣分，企业可根据情况自定。

3. 棉条包卷测定（表 4-8）

表 4-8　棉条包卷测定

班　　　年　　月

姓名	时间 ±	少粗少细 5cm 以下	少粗少细 5~10cm	过细	过粗	粗细不匀	棉老鼠	动作不对	回花乱放	脱头断头	不找条缝	犯规	速度	质量扣分	总得分	级别
	+0.02 -0.1	0.5	1	1	2	1	3	0.1	0.5	0.5	0.2	0.5				
备注	1. 接 10 个头，纯棉化纤均为 70s； 2. 质量合格，接头比标准时间快 1s 加 0.02 分															

4. 并条值车工工作法测定（表 4-9）

表 4-9 并条值车工工作法测定

班		姓名		看台		节		品种		车号			年 月 日

项目	1	2	3	4	5	6	工作量小计	评分标准	扣分标准	次数	扣分
								倒筒拉毛条	0.1/筒		
巡回时间								上条过高	0.2/筒		
掌握机械性能	3/节							巡回走错	0.5/min		
扫外罩	4/节							巡回超时间	0.1/min		
清洁导条架	5/节							工作量没完成	1/项		
机台大揩	12/节							不按定长落筒	1/次		
扫地	1/节							漏做清洁	0.5/节		
上条	2/筒							条子跑空	1/筒		
上吸风摇臂加压集束喇叭、下吸风周围	0.5/节							不及时处理停台	1/次		
后包头	1/个							清洁不彻底	0.1/处		
匀条	1/筒							绕牵伸罗拉、皮辊	1/个		
处理接头	1/个							飞花附入	1/个		
机后搭头	0.5/个							倒包头	1/个		
处理简单头	2/个							通道挂花	0.5/个		
处理复杂头	4/个							漏粗细条	0.5/个		
倒筒	2/段							搭头不良	0.5/个		
落筒	1/落							人为断头、脱头	0.5/个		
划责任标记	0.1/筒							碰破条	0.2/个		
工作量合计								白花落地	0.2/处		
工作法得分			工作量±分					条子拖地	0.2/筒		
单项得分			全项总分					回花分不清	0.2/次		
评级								落筒接头留尾错筒	0.1/筒		
优缺点								条筒排列不整齐	0.1/筒		
								工具不定位	0.1/次		
								单项动作不对	0.1/次		
								不执行工作法	0.5/项		
								违反操作	2/项		
								错支	3/筒		
								少粗少细 5cm 以下	0.5/个		
								少粗少细 5~10cm	1/个		
								过粗	2/个		
评语								过细	1/个		
								棉老鼠	5/个		
								包卷脱头、断头	0.5/个		

第四节　并条机维修工作标准

一、维修保养工作任务

做好定期修理和正常维护工作，做到正确使用、精心维护、科学检修、适时改造更新，使设备经常处于完好状态，达到提高生产技术水平和产品质量、增加产量、节能降耗，保证安全生产和延长设备使用寿命，增加经济效益的目的。

1. 并条机专件修理维护项目及周期（表4-10）

表4-10　并条机专件修理维护项目及周期

机别	项目	大修	小修	部分维修	揩车
主机	并条机	根据状态确定	1年	6个月	8~12天
并条	压力棒	—	—	3个月	—
	检测喇叭口	—	1年	3个月	—
	摇架	—	1年	—	—
	凹凸罗拉	—	6个月	3个月	—

并条机状态修理规定如下。

（1）设备状态修理必须保证三方面要求。

①平装质量。其重要反映在配置的准确性和装配的可靠性方面（装配精度），主要表现在实际的装配规格与设备要求的一致程度。装配的可靠性主要表现在零件的连接配合经受长期生产运转后的规定程度，达到保障设备技术性能。

②工艺上机。工艺上机达到百分之百是保证产品的质量关键。

③半成品质量。半成品质量指标必须达到品种质量指标要求，平装质量、工艺上机的最终目的是保证半成品质量的长期稳定。

（2）若有执行状态维修的主机、辅助机构、专件在进行状态修理工作时，按设备周期修理接交技术条件进行接交工作。

（3）并条机状态检测方式、项目及技术要求。

①并条机状态检测分为日常状态检测与周期状态检测两类（表4-11）。

表4-11　并条机状态检测

检测方式	检测内容
日常状态检测	包机者每天巡查设备，巡查内容，执行并条机设备责任包机管理办法中的责任划分标准
	生产过程中，实验部门，值车工反馈的设备状态及半成品质量
周期状态检测	机架水平，机台中心线，车头、车尾墙板垂直度，匀整平台水平等项目

②并条机状态检测具体项目及技术要求（表4-12）。

表 4-12　并条机状态检测具体项目及技术要求　　　　　　　单位：cm

检测项目		技术要求	检测工具
机台中心线		0.5	线坠
车面水平误差	左右	0.05	水平仪
	前后	0.05	水平仪
	跨斜	0.05	水平仪
车头、车尾墙板垂直度		0.10	水平仪
匀整平台水平		0.02	水平仪
凹凸罗拉		0.05	百分表
摇架弹簧		±0.5kg	弹簧加压电子测力仪

③并条机日常状态检测项目及控制标准（表 4-13）。

表 4-13　并条机日常状态检测项目及控制标准

检测项目			控制标准
半成品质量	熟条机械波		不允许
	熟条质量不匀率		0.9
	熟条条干 CV		<3.6
设备状态	主要零部件	震动异响	不允许
		缺损松动	不允许
	油箱	漏油	不允许
		发热	不允许
	圈条成形不良		不允许
	工艺自停	失灵	不允许
		不灵敏	不允许
	加压不良		不允许
	清洁装置作用不良		不允许
	安全装置作用不良		不允许
工艺上机			100%

2. 维护工作分类

（1）揩车。揩车工作的目的是定期揩清机器在运转中黏附的尘土、籽屑、飞花、棉蜡、油污；适当添加润滑油脂，使机器运转润滑，减少机件磨损，减轻机器负荷，节约用电。揩车时，对机件损坏，螺丝松动等不正常现象进行检查和修理，并调整工艺，使其符合要求，使机器运转正常，以达到产品质量稳定。延长机器使用寿命的目的。

揩车前应向班中加油修机工、值车工了解要揩机台的运转情况，做到心中有数。

揩车工作原则：自上而下，先里后外。拆卸检查，加油，装配等要有次序地进行，拆下机件放置要适当，稳妥，以便操作和保护人身及机件安全。

（2）重点检修。机器经过一定时间的运转后，有的机件因运转不正常会走动，变形或损坏。螺丝键销会松动，如不及时修复，就会造成事故或产品质量波动，所以，对运转中的机器,按规定的重点检修项目在机台上进行停车检查和整修。

(3) 巡回检修。对不在运转中的大面积机台,按规定的巡回检修内容进行逐台检查修复。巡回检修工作的主要内容和要求如下:

①各主要轴承无明显震动、发热、漏油和异响。

②齿轮啮合良好,无缺齿磨损及异响。

③加压装置作用良好,加压正确。

④皮辊无跳动,分档使用正确。

⑤自停装置作用良好,电气自停各触点距离符合规定。

⑥清洁装置作用良好,风道畅通,滤棉网无破损。

⑦传动带松紧适当,传动带无缺齿、破损。

⑧各油路、油眼无堵塞,高压汽管及各接头无磨损、漏油、漏气。

⑨匀整检测机构运行正常,各类数据符合工艺要求。

⑩各部安全装置齐全,作用正确灵敏。

(4) 部分维修。对机器上规定的专项机件和器材,拆卸下来进行检修,校正和加润滑油脂等,部分维修在小修理周期内,每三个月进行一次。部分维修的重点是牵伸部分和匀整检测部分,兼顾其他部分。

(5) 设备润滑。对运转投产机台的设备润滑,按规定周期、用油规格及要求进行加油,使转动机件经常保持润滑。

二、岗位职责

1. 岗位责任制

(1) 认真执行《各类人员通用工作标准》。

(2) 每日准时上岗,首先按个人包机区域走访值车工,及时处理设备存在的问题。

(3) 按照平揩车进度计划,高、严、精地做好自己分工范围内的平揩车工作,并对每个人的工作质量负责。

(4) 在平揩车过程中,严格按工艺要求,平装技术条件进行工作,以确保各项指标的完成。

(5) 为保证平揩车质量,严格按"自查""互查""专查"的要求进行检查。

(6) 执行安全操作规程,正确使用防护用品,确保安全生产。

(7) 保证个人产量、质量指标的完成。产量:计划准确率为100%;质量:一等一级车率为100%,完成率为100%。

(8) 积极开展岗位练兵活动,大练基本功,努力提高个人技术。

2. 安全操作规程

(1) 进车间必须带好工作帽,不准赤脚,不准穿拖鞋。

(2) 工作前必须关车,切断电源挂停车牌后开始工作。

(3) 应坚守工作岗位,认真执行岗位责任制,工作时间不准闲谈和开玩笑,在车间内严禁打闹、追跑、打盹、睡觉。

(4) 不准操作和触动自己不熟悉的机器设备和工具仪器,未经领导同意不准私自调换工种和代替别人操作。

（5）不准私自取用汽油或其他危险品。

（6）班前、班中不准喝酒，不准披散衣服，要按企业规定穿戴劳保防护用品。

（7）机器平修完毕后，必须清理现场，清点工具，详细检查其各部位和安全防护设施，未发现异常情况才能试车。

（8）试车时要互相配合，打好招呼，确认无危险情况时才能开车。

三、技术知识和技能要求

1. 初级工应知应会

（1）应知部分。

①熟知本工序的任务及并条机的主要机构和作用。

②熟知并条机的生产流程。

③掌握并条机变换齿轮的名称及作用。

④掌握并条成形原理与质量的关系。

⑤掌握并条上机工艺与产品质量的关系。

⑥了解胶辊与产品质量的要求。

⑦掌握安全操作规程及消防知识。

⑧了解简单机械故障产生的原因。

（2）应会部分。

①会解决一些简单的机械故障。

②能使用专用工具拆装常用轴承。

③能对各类传动带的张力进行调整。

④能看懂简单的零件图与画零件草图。

⑤能掌握简单电气原件的性能要求。

2. 中级工应知应会

（1）应知部分。

①熟知初级工的应知部分。

②熟知并条传动系统及工艺计算。

③了解并条机的牵伸与加压原理。

④掌握常见的几种加压不良情况。

⑤了解罗拉隔距与纤维长度与质量关系。

⑥了解清洁装置的结构及作用与质量的关系。

⑦了解常用金属材料的一般机械性能及其用途。

⑧了解、熟悉造成条干不匀的原因及解决措施。

⑨熟知安全操作规程和消防知识。

（2）应会部分。

①掌握初级工应会部分。

②能对并条机的工艺进行计算。

③根据不同机型进行工艺配置。

④能解决因加压不良而出现的质量波动。

⑤能分析并条机易损件的损坏原因和检修方法。

⑥能掌握并条机的平装方法。

⑦会测绘零件图。

3. 高级工应知应会

（1）应知部分。

①熟知初、中级工的应知部分。

②了解并条机常见疵品的分析。

③熟悉提高熟条品质的方法。

④熟悉自调匀整作用原理。

⑤熟悉吸尘系统的基本原理。

⑥熟知并条机架的平装方法。

⑦熟知并条机画线方法及对地基的要求。

⑧了解并条机的新技术特点。

⑨了解设备故障产生的原因及预防。

（2）应会部分。

①掌握初、中级工的应会部分。

②会进行常见疵品的分析和解决办法。

③能根据熟条不匀率的要求进行调整。

④能解决因机械原因造成的条干不匀。

⑤能进行并条机基础的画线和机架的平装。

⑥能对设备故障的预防提出整改措施。

⑦能分析自调匀整装置的组成原理。

四、质量责任

为了保证维修质量，各项设备维修工作必须按规定标准由专职人员进行质量检查，对查出的缺点，要分析原因，及时修复，并做好记录。

设备维修工作的质量责任考核分以下四个方面。

1. 维修、维护设备状况的考核

（1）考核设备完好率。符合"完好技术条件"允许限度及完好机台考核办法规定者，为完好设备。计算公式如下：

$$设备完好率=\frac{实际检查完好机台数}{实际检查台数}\times100\%$$

（2）大小修理考核一等一级车率，计划完成率和准期率。

$$一等一级车率=\frac{一等一级车台数}{周期修理台数}\times100\%$$

$$计划完成率=\frac{完成实际台数}{作业计划数}\times100\%$$

$$准期率 = \frac{准期完成台数}{周期计划数} \times 100\%$$

（3）揩车。按揩车接交技术条件执行。

2. 包机责任

以设备完好技术条件为标准，以保障半成品质量（表4-14）为主要包机内容，保证工艺上机。

表4-14　半成品质量

工序	项目	考核标准
并条	熟条重不匀	按企业内控标准考核
	熟条条干 *CV* 值	
	并条机机械波	
	圈条成形	

3. 质量把关与追踪

（1）质量把关内容。

①做好全面质量管理工作，把好质量关。

②实行固定供应，条筒按眼定台对号供应，条筒上应有明显的责任标记，便于发生纱疵时追踪检查。

③绕胶辊和罗拉时，应将条筒内不正常的棉条拉去，并检查胶辊和压力棒，若有弯曲、变形应调换。

④牵伸部分机械坏车，修复或调换部件，工艺变更后必须试验重量和条干，合格后方可开车。

⑤寸行开关不宜过多地连续使用，以防罗拉启动产生顿挫造成条干不匀。

⑥严格执行操作法，做好清洁巡回工作。

⑦定时查看操作面板和质量控制显示屏。

⑧平车队长经常试验条干均匀度，对供应纬纱的机台更需缩短测试周期。

（2）提高棉条质量的主要途径（表4-15）。

表4-15　提高棉条质量的主要途径

项目	内容
原料	纤维整齐度好，棉结杂质少；喂入生条条干均匀，纤维分离度好
设备	1. 机台运行平稳，无异常 2. 罗拉、胶辊偏心弯曲不超许可范围，轴承完好灵活，不缺油，压力棒平整光洁 3. 胶辊直径符合规定，表面平整光洁，加压着实，压力一致 4. 牵伸齿轮精度达到规定等级，啮合适当，键销配合良好，油浴润滑良好；各部传动带无损，张力正常 5. 自停装置反应灵敏，低速启动符合要求 6. 清洁装置和吸尘效果良好，吸尘箱自清洁装置工作良好，棉条通道光洁，无飞花短绒积聚 7. 喇叭口口径符合规定，无损伤毛刺 8. 导条叉、导条块位置正确，表面光洁，棉条排列整齐，无叠条现象 9. 自动换筒、自条匀整装置处于良好工作状态

项目	内容
工艺	牵伸分配合理，加压、隔距、速度和压力棒位置配置适当；选择适当的工艺道数和棉条的排列方法，保证混合均匀，调换齿轮正确
操作管理	按规定巡回检查，实行固定供应，接头包卷质量符合规定，后部翻筒不过高，无缺根多根现象，加强满筒定长管理，无条筒满现象
环境	温湿度正常，光照合理，车间含尘量达到标准

4. 交接验收技术条件

认真做好交接验收是提高维修质量的关键，也是维修工作贯彻经济责任，保证半成品质量的稳定的基础。

大小修理后的设备必须逐台进行交接验收，专职技术人员和车间主任要加强接交验收的领导工作，及时处理有关问题。每月参加一定台数的接交。没有质量记录的，不得接交。接交验收分初步接交和最终接交。

并条机平车初终接交制度如下：

（1）拆车前先到轮班修机处，在修机工交接本上写明平车机号，日期以及交车日期。

（2）在拆车前要询问值车工本机台的运转情况。

（3）装车时，要严格按照平车交接本上的完好技术条件进行校装。完成一项应检查一项，然后在交接本上填写真实数据。

（4）机台校装完毕后，要进行自查、互查、队长查。

（5）三查过后开始送电试车一段时间，检查是否有异响，停车后再检查齿轮啮合情况，链条（或齿形带）是否张力适当，主要螺丝是否松动等。

（6）观察棉网是否正常，成形是否良好，运转是否有异常。

（7）试样条合格后，由工段长、检查员、修机工检查工艺上机是否合格，并在交接单上签字。

（8）在设备运转九个班后，对该机台进行终交，由工段长、检查员、修机工再对该机台进行工艺上机检查，待无异常情况后签字终交。

注意：在设备进行终交前，要对其进行跟踪检查，有异常情况及时修复（表4-16~表4-20）。

表4-16 并条机挡车技术条件

项次	检查项目	允许限度	扣分标准		检查扣分		
			单位	扣分	号	号	号
1	各部自停装置失灵	不允许	处	2			
2	清洁装置作用不良	不允许	处	1			
3	皮辊错乱	不允许	根	1			
4	棉条通道不光洁	不允许	处	1			

项次	检查项目		允许限度	扣分标准		检查扣分					
				单位	扣分	号		号		号	
5	皮辊	不允许加压不着实	不允许	只	2						
		不允许释压不松弛	不允许	只	0.5						
6	螺丝垫圈、肖子缺少松动		不允许	只	1						
7	油眼堵塞缺油		不允许	眼	2						
8	机件缺损		不允许	件	1						
9	齿轮咬合不良		不允许	只	2						
10	集合器、喇叭口破损缺少，规格不一		不允许	只	1						
11	清洁工作不良		不允许	处	1						
12	安全装置作用不良		不允许	处	3						
13	开车后有油条子及油花		不允许	处	3						
14	开车后罗拉缠花		不允许	处	2						
15	其他		不允许	处							
16	机后平凹凸罗拉清洁		不允许	处	2						
17	FP 喇叭口清洁		不允许	处	3						
18	车头油箱及差速箱是否缺油		不允许	处	3						
19	自动落筒装置作用不良		不允许	处	2						
20	自调匀整控制箱的清洁		不允许	处	2						

表 4-17　并条机大小修理技术条件

项次	项目检查		允许限度		考核标准	
			大修理	小修理	单位	扣分
1	工艺自停	机后断条自停不灵敏	不允许		1 处	5 分
		牵伸自停不灵敏	不允许		1 处	5 分
		集束器圈条盘拥花自停失灵	不允许		1 处	5 分
		满筒定长自停失灵	不允许		1 处	5 分
2	前罗拉径向跳动		0.04		1 处	4 分
3	前罗拉游动间隙		0.20		1 处	4 分
4	各罗拉轴向水平		0.05		1 处	4 分
5	罗拉与传动轴同心度		0.05		1 处	4 分
6	后压辊径向跳动		0.05		1 处	4 分
7	后压辊与传动轴同心度		0.05		1 处	2 分
8	加压重量	加压重量不符合工艺要求	±10N		1 处	5 分
		加压柱中心与皮辊中心不一致	2		1 处	5 分
		摇臂加压柱柱芯不灵活	不允许		1 处	5 分
9	各部轴承发热		≤50℃		1 处	2 分

项次	项目检查		允许限度		考核标准	
			大修理	小修理	单位	扣分
10	各部轴承震动异常		不允许		1处	5分
11	齿轮状态	齿轮咬合不良，震动异响	不允许		1处	5分
		齿轮平齐程度	1		1处	2分
		齿轮磨灭程度	1/4齿顶厚		1处	2分
		单齿缺损	1/4宽		1处	2分
12	喇叭口、集束器毛刺、损坏，规格不一致		不允许		1处	5分
13	清洁装置作用不良		不允许		1处	5分
14	安全装置作用不良		不允许		1处	5分
15	自动落筒装置不良		不允许		1处	5分
16	机后平台凹凸罗拉清洁不良		不允许		1处	5分

表4-18 并条机完好技术条件

项次	检查项目		允许限度		检查方法及说明	扣分标准	
						单位	扣分
1	棉网、棉条显著不匀		不允许		目视，棉网有破边、棉条有粗细节	眼	5
					严重规律性条干不匀、超过企业规定上限（必要时用仪器测量）为不良	台	11
2	圈条成形不良		不允许		目视，层次分清、棉条不发毛、圈条直径上下一致为良	眼	6
3	棉条、通道显著挂花		不允许		目视，成束状不良、挂花成束状、丝状的直径或宽度超过5mm为不良	处	2
4	工艺自停	机后自停失灵	不允许		目视，尺量，断条尾端距后罗拉后侧不小于50mm	台	3
		牵伸自停失灵	不允许		目视，须条绕皮辊、罗拉即停车		
		机前自停失灵	不允许		目视，须条绕紧压罗拉、堵塞条盘、喇叭口即停车		
		满筒自停失灵	不允许		目视，按企业规定长度满筒后即停车		
		断头光电自停（FA系列）	失灵	不允许	目视，断条后不停车为失灵	处	3
			不灵敏	不允许	断条停车后，棉条尾端距给棉罗拉后侧<500mm为不失灵	处	1
		缺条检测自停（FA系列）	失灵	不允许	目视，缺条后不停车为失灵	眼	3
			不灵敏	不允许	缺条停车后，棉条尾端距给棉罗拉后侧500mm为不失灵	处	1
		涌条自停作用不良（FA系列）	不允许		目视	眼	3

项次	检查项目		允许限度	检查方法及说明	扣分标准	
					单位	扣分
5	前罗拉偏心弯曲（包括集束罗拉）		0.10	目视，手感，必要时停车用百分表测量棉条通道处	处	3
6	皮辊跳动		0.10	目视，手感，必要时百分表测量	只	3
	皮辊轴承发热		温升15℃	手感，必要时用测温计测		
	皮辊凹心		≤0.07	皮辊放在平板上，用测微片插入任意一处为不良	只	3
	皮辊缺损缺油		不允许	棉条通道有损失为不良，皮辊轴承芯无油膜为缺油	只	3
	设备运转震动、异响		不允许	耳听，手感，与正常机台对比	台	3
7	皮辊加压	加压不着实	不允许	目视，手感，扎钩不碰罗拉、皮辊两端套筒与罗拉轴承两侧不扎死为良	只	3
		释压不松弛		目视，手感，必要时停车用百分表测量棉条通道处		1
		加压压力不正确		目视，测量，压力符合规定		3
8	各油箱渗油、缺油（FA系列）		不允许	目视，揩净油迹运转15分钟后不出现油迹为良，低于油标线为缺油	处	2
9	牵伸齿轮	咬合不良、震动、异响	不允许	目视，手感，耳听，咬合70%~90%，震动，异响与正常机台对比	只	3
		平齐程度	2	目视，尺量，以一边为准，若相搭两齿轮宽度不一致时，窄不出宽		
		缺单齿	1/3齿顶厚	目视，尺量		
		齿顶厚、高磨损	1/2齿顶厚	目视，尺量		
10	各部轴承及圈条盘	震动、异响	不允许	手感，耳听，与正常机台对比	只	2
		发热	温升20℃	手感，必要时用测温计测		
11	凹凸罗拉传动不平稳（FA系列）		不允许	手感，目测	处	2
12	自动换筒失灵		不允许	目测	处	2
13	传动带缺损，松紧不适当		不允许	目视，手感，传动带不扭花，平皮带破裂不超过1/3宽，脱胶宽度不超过1/3以上，长度不超过100mm，橡胶带脱胶超过周长1/3为不良，齿形带齿高磨损超过2/3，钢丝外露为不良	根	2
14	集束器、喇叭口缺损，规格不一致，作用不良		不允许	目视，手感，口径分档符合工艺规定。集束器按工艺标准同台开口差异超过5mm，喇叭口、皮辊、罗拉、集束器跳动为不良	只	1

项次	检查项目		允许限度	检查方法及说明	扣分标准	
					单位	扣分
15	清洁装置作用不良		不允许	目视，手感，吸风装置漏风，堵塞，绒板，绒辊，绒套揩拭板破裂超过15mm，累计直径超过15mm，破长超过15mm为不良，回转绒套不回转，与皮辊（罗拉）不密接为不良	只	2
16	主要螺丝、垫圈、机件、键销缺少、损坏、松动		不允许	目视，手感，机台基础部分、电动机、牵伸及车台头传动部分	只	2
	一般螺丝、零件缺损、松动			目视，手感（落实满3只以上时每只扣0.2分）	只	0.2
17	安全装置	作用不良	不允许	目视，手感，机器防护罩和各种安全连锁装置松动及其作用不良者	处	3
		严重不良		发现防护罩和各种安全连锁装置缺少为严重不良	处	11
	电气装置	安全不良		目视，手感。接地不良，接地线折断，松脱；绝缘不良，36V以下引出接线柱以前的导线裸露，36V以上护套管脱落、损坏；位置不固定，有个电器部件显著松动	处	5
		严重不良		目视，36V以上导线绝缘层损坏，导线裸露为严重不良	台	11
18	自调匀整控制箱清洁不良（FA系列）		不允许	目视	处	2

注　扣分在0~8分为完好机台。

表4-19　并条机工艺上机检查表

车号　　　　　　品种　　　　　　　　　　　　　　　　　　　　　　　　　　　　年　月　日

项目			设计工艺	技术标准	扣分标准	检查扣分	
						自查	复查
牵伸齿轮	轻重牙	一道		平齐无缺齿	3/处		
		二道					
		三道					
	冠牙	一道		平齐无缺齿	3/处		
		二道					
		三道					
	后区牵伸	一道		平齐无缺齿	3/处		
		二道					
		三道					
	前张力	一道		平齐无缺齿	3/处		
		二道					
		三道					

续表

项目		设计工艺	技术标准	扣分标准	检查扣分	
					自查	复查
罗拉隔距	一道 一——二罗拉		+0.08 -0	2/处		
	二道 二——三罗拉		+0.08 -0	2/处		
	三道 三——四罗拉		+0.08 -0	2/处		
前罗拉速度			符合工艺要求	2/处		
喇叭口直径			直径≥0.2mm	2/处		
调节环直径			一致	3/处		
平车队长签字			检查人签字			

表 4-20　并条机部分修理技术条件

项次	检查项目		允许限度	扣分标准		检查标准		备注
				单位	扣分	头道	末道	
1	罗拉隔距不符规定		+0.15 -0	处	2			
2	集合器缺损作用不良		不允许	只	1			
3	喇叭口毛刺、损坏、错乱及位置不正		不允许	只	2			
4	工艺自停	机后自停不良	不允许	处	2			
		牵伸、机前自停不灵	不允许	处	2			
		喇叭口自停不灵	不允许	处	2			
		满筒自停不灵	不允许	处	2			
5	牵伸齿轮	咬合不良，震动、异响	不允许	处	3			
		平齐度	2	处	3			
		齿顶厚磨损	1/3 齿顶厚	处	3			
6	皮辊加压	加压不着实	不允许	处	2			
		释压不松弛	不允许	处	0.5			
		加压压力不符规定	不允许	处	2			
7	棉条通道不光洁		不允许	只	1			
8	轴承发热震动异响		不允许	处	4			
9	清洁装置作用不良		不允许	处	1			
10	罗拉悬空		不允许	处	2			
11	主要螺丝垫圈销子缺少松动		不允许	只	1			
12	圈条盘发热		不允许	只	3			
13	各部齿轮运转不良		不允许	处	2			
14	安全装置作用不良		不允许	处	5			

第五章　粗纱工和粗纱机维修工操作指导

第一节　粗纱工序的任务和设备

一、粗纱工序的主要任务

（1）牵伸。将棉条抽长拉细，使纤维进一步伸直平行，纺成一定质量的粗纱。

（2）加捻。将牵伸后的纱条，加上适当的捻度，使粗纱条具有一定的强力，以适应粗纱的卷绕和细纱的退绕张力，并有利于细纱的牵伸和成纱质量。

（3）卷绕与成形。将加捻后的粗纱卷绕成一定形状和大小的卷装形式，以便贮存、搬运及在细纱机上进一步加工使用。

二、粗纱工序的一般知识

1. 粗纱机生产工艺流程

熟条从棉条筒内引出，经导条罗拉，进入后喇叭口，喂入牵伸部分进行牵伸，纤维伸直平行后由前罗拉输出，经锭翼加捻后卷绕在筒管上。

2. 牵伸形式

目前采用三、四罗拉双短皮圈牵伸，加压形式为摇架弹簧加压和气动加压。

牵伸倍数：5~12 倍（一般 6.7~10.5 倍）。

3. 生产指标

生产指标是生产经营活动中要求完成的预期目标，主要分为产量和质量两大部分。

（1）产量指标。

①理论单位产量 ［kg/（锭·时）］。

$$理论单位产量 = \frac{前罗拉线速度（m/min）×60×粗纱特数（g/10m）}{1000×10}$$

②实际单位产量 ［kg/（锭·时）］。

$$实际单位产量 = 理论单位产量 × 生产效率（\%）$$

③生产效率。粗纱工序的生产效率一般在 85%~92%。

$$生产效率 = \frac{实际单位产量}{理论单位产量} × 100\%$$

④设备运转率。

$$设备运转率 = \frac{利用总锭时数 - 休止总锭时数}{利用总锭时数} × 100\%$$

利用总锭时数是指可以投入生产的设备总锭时数。

休止总锭时数是指设备的维护保养、维修、技术改造、计划关车和其他故障停车等原因造成的停台总锭时数。

粗纱运转率一般在90%~96.5%。

（2）质量指标。

①重量不匀率。重量不匀率是以10m称重克数计算，反映粗纱长片段粗细的均匀程度。它对成纱品质、原料耗用有一定的影响。粗纱重量不匀率越小越好，纯棉品种一般掌握在1.2%以下，化纤略高，其计算公式如下：

$$重量不匀率=\frac{2×（平均重量-平均以下平均重量）×平均以下项数}{粗纱总重量}×100\%$$

粗纱重量不匀率一般不大于1.0%。

②条干不匀率。粗纱条干不匀率是指每米粗纱最粗与最细的差异，反映粗纱短片段的不匀程度，对成纱品质、细纱断头及布面纱疵有影响。用均方差系数 CV（%）来表示。

CV 值：一般普梳纯棉纱小于6.0%，精梳纯棉纱小于4.5%。

③伸长率。粗纱伸长率对成纱品质的影响较大。伸长率太大，断头多，影响粗纱号数的正确性；伸长率太小，粗纱卷绕困难，造成烂粗纱。

粗纱伸长率测定是以罗拉转数折合输出粗纱长度为基础的，其计算公式如下：

$$伸长率=\frac{实测粗纱长度-前罗拉计算长度}{前罗拉计算长度}×100\%$$

粗纱伸长率一般在1.0%~3.0%。

④接头合格率。是指粗纱机前、机后接头，按每月测定和抽查的合格接头数占抽查总数的百分率。

要求机前接头合格率100%，机后棉条接头合格率95%及以上。

⑤疵布率。疵布率是指由于纱疵、织疵的影响造成棉布降等的匹数占总检验匹数的百分率。

$$疵布率=\frac{总疵布匹数}{总检验匹数}×100\%$$

a. 百管疵点。是指100只管纱中属于粗纱疵点的管纱数量。个人、小组以每月累计考核。

b. 坏纱。本工序坏纱有：双头粗纱、飘头纱、绒板竹节、油污飞花、烂纱、冒头冒脚等，个人、小组以每月累计考核。

⑥下机匹扯分。抽查未经修织的下机布的总扣分统扯到每匹布的扣分数。

$$下机匹扯分=\frac{下机总扣分}{抽查匹数}×100\%$$

粗纱工序影响匹扯分主要有：条干、竹节、粗经错纬等。

（3）消耗。

①回花。包括回条、粗纱头两种。每班称重，按月累计数考核小组、个人。

②用料。指机物料不应超过计划，按月考核班组。

③用电。消灭空锭，节约照明用电，按月考核小组。

（4）安全。遵守安全操作规程，确保安全生产，不出事故，按月考核小组、个人。

4. 粗纱工序温湿度

（1）车间温湿度。目前车间常用的温湿度表为干湿球温度计，可同时表示出干球和湿球温度。

①温度。温度是表示空气冷热程度的指标，通常用摄氏温度（℃）表示。

②湿度。湿度表示空气中的含湿量，通常用1kg干空气中含有的水气量来表示。

③相对湿度。相对湿度是指空气绝对湿度和饱和湿度的比值，用百分数表示。车间实际相对湿度可以用干湿球温度计测出，从干湿球温度计中读出干、湿球温度，在温湿度换算表中查出相差温度，按干球温度及干、湿球温度差值查得相对湿度。

（2）温湿度对并粗工序的影响。

①温度低于18℃时，棉纤维表面蜡质硬化，可塑性差，纤维脆弱，强力下降。温度过高时，棉蜡软化影响正常牵伸，产生条干不匀。

②相对湿度过高时，容易绕皮辊、罗拉、皮圈，牵伸不正常粗纱质量下降；锭翼发涩，粗纱卷绕困难，张力不匀；相对湿度过低时，粗纱强力降低，坏纱、烂纱增多，同时纱条松散、条干不匀、断头、飞花、落棉也会增多。

（3）不同季节的温湿度标准见表5-1。

表5-1 不同季节的温湿度标准

季节	温度（℃）	相对湿度（%）	
冬季	23~27	纯棉	60~65
		化纤	55~60
夏季	28~32	纯棉	60~65
		化纤	55~60

三、粗纱设备的主要机构和作用

粗纱机的机构可分为喂入、牵伸、加捻、卷绕成形、电气控制五个部分。此外，为了保证产品的产量和质量，粗纱机还有一些辅助机构，如清洁装置、自停装置、张力检测装置、操作控制面板、安全装置等。

1. 喂入机构

喂入机构的作用是将熟条从条筒内引出，有规则地输送到牵伸机构，并要求在熟条喂入牵伸机构前防止或尽量减少意外牵伸，便于值车工操作。

喂入机构主要部件：立柱、分条器、导条辊、导条喇叭、红外光电自停装置等。

2. 牵伸机构

牵伸机构的作用是将喂入的棉条拉长拉细，制成满足粗纱定量要求的较细棉条。

目前广泛使用的粗纱机牵伸形式有：三罗拉双短皮圈、三罗拉长短皮圈和四罗拉双短皮圈即D形牵伸。

双皮圈牵伸机构主要由电动机、罗拉、皮辊、上下罗拉轴承、上下皮圈、上下皮圈销、集合器、隔距块、加压装置组成。

3. 加捻机构

前罗拉输出的须条结构松散，强力极低，不能承受粗纱卷绕和退绕过程中的张力，因此必须进行加捻，使之具有一定的强力，以防产生意外伸长，加捻使粗纱紧密，以利于细纱机上牵伸过程中控制纤维运动。

目前加捻机构形式有两种：一种为普通的下锭杆式锭翼，另一种为上锭杆悬挂式锭翼。

悬挂加捻机构由锭子、锭翼、假捻器、锭子电动机等组成。

4. 卷绕成形机构

将前罗拉输出的棉条经加捻成粗纱后，卷绕成一定的形状，以便搬运、储存和供细纱机使用。

卷绕成形机构分传统铁炮式和无铁炮变频电动机直接驱动式。

传统铁炮式卷绕成形机构主要由差动装置、铁炮、升降、成形等装置组成。新型无铁炮式变频电动机机构主要由变速装置、差动装置、升降装置组成，其中变速装置主要由高精度旋转编码器和微电脑及变频共同组成一套自动控制系统，实现粗纱成形的变速要求，差动装置由来自主轴的恒速与卷绕电动机的变速输入差动装置合成后，通过同步万向联轴节传向筒管。升降装置由下龙筋、升降轴、链盘、平衡重锤等组成。

5. 电气控制机构

新型电脑粗纱机采用单片微机控制系统作为电器控制的核心，对粗纱机纺纱全过程进行自动控制，完全适应纺纱工艺要求，提高纺纱质量和纺纱产量，大幅简化了机械结构，提高了粗纱机运转的可靠性。

本系统控制核心为一块单片机控制板，上面集成了输入点和输出点，输入设备包括：限位开关、按钮、接近开关、光电探头等输出信号。操作系统主要由操作面板来控制，操作面板包括常用功能按钮和触摸显示屏。触摸屏包括实时显示、口令管理、工艺设定、张力控制、状态查询、报警记录、屏幕显示、班号设定等菜单。

6. 其他辅助机构

除以上主要机构外，为了保证产品的产量和质量，粗纱机还具有以下一些辅助机构。

（1）清洁机构。通过上、下清洁器、吹吸风装置及机后吸尘装置的共同作用，巡回清扫上龙筋罩壳和车面上堆积的飞花，清除下清洁绒板花等，有效减少纱疵的产生。

清洁机构主要由上下积极间隙式回转绒带清洁器、巡回吹吸风装置、机后吸尘装置组成。

（2）自停装置。其形式为红外线光电自停，主要包括：机前粗纱断纱自停、机后棉条断条自停、锭翼安全防护自停等。

（3）CCD张力检测传感器。通过传感器检测棉条张力变化，将信号传给计算机，对纺纱张力进行实时监测，以保证张力稳定。

四、粗纱工序的主要工艺项目

1. 制订工艺参数的原则

合理选择粗纱定量、捻系数、牵伸分配及隔距等参数，提高棉条的均匀度，为细纱提供成形良好、高质量的粗纱。

2. 主要工艺项目

（1）机上主要工艺项目。包括罗拉握持距、机械牵伸倍数、实际牵伸倍数、锭速、前罗拉速度、卷绕密度。

①罗拉握持距。罗拉握持距是指两罗拉握持点之间的距离。纤维长度及整齐度是决定罗拉握持距的主要因素，握持距过大会使条干恶化，成纱强力下降，过小则牵伸效率减弱，形成粗节和纱疵。

②牵伸。将须条抽长拉伸的过程称为牵伸，牵伸的程度用牵伸倍数来表示，粗纱机的总牵伸倍数应根据纺纱号数、粗纱机的牵伸效能，结合细纱机的牵伸能力，在保证提高产品质量的前提下合理配置。

③机械牵伸倍数。指前后罗拉表面速度之比。

④实际牵伸倍数。指牵伸前后须条的实际定量或特数之比。

⑤锭速。锭速是指粗纱加捻过程中锭子实际转动速度，决定粗纱捻度大小。

⑥前罗拉速度。前罗拉速度是指前罗拉每分钟的转数，决定粗纱产量，影响粗纱捻度。

⑦卷绕密度。卷绕密度表示粗纱卷绕程度的工艺参数，分轴向和径向卷绕密度。

（2）产品工艺项目。包括棉条定量、捻度、捻系数。

①定量。定量是指 10m 棉条的重量克数。粗纱定量应根据细纱机的牵伸能力、纺纱品种、产品质量要求及粗纱机的设备性能和供应情况各项因素综合确定。

②捻度。纱条单位长度上的捻回数称为捻度。若前罗拉出速度为 v（m/min），锭翼的速度为 n（r/min），则纱条的捻度的计算公式如下：

$$T（捻/m）=\frac{n}{v}$$

③捻系数。捻系数是表示捻度大小的工艺参数，捻系数与捻度成正比。捻系数的计算公式如下：

$$捻系数=\sqrt{线密度×捻度}$$

3. 工艺特点

（1）纯棉精梳高支品种。高支品种一般定量较轻，因此在工艺上大都以捻系数偏大掌握为好；前区采取紧隔距、重加压；后区采取大隔距、小牵伸为主；速度可以偏低掌握。

（2）涤棉品种。涤棉品种由于牵伸力相对较大，因此，捻系数要偏小掌握，隔距相对要大，压力也要相对加大掌握。

（3）高效工艺。目前由于细纱压力棒技术的应用，使高效工艺得以实现，因此，在细纱应用高效工艺时，粗纱定量较重，这样可以有效提高粗纱产量，降低单耗成本。

五、粗纱机的机型及技术特征

FA 系列粗纱机主要有四罗拉双短皮圈牵伸和三罗拉双短皮圈牵伸两种牵伸形式，传动有四电动机或三电动机驱动。由于牵伸形式和传动的不同，各机型技术特征有所不同。

1. 国产粗纱机的主要型号及技术特征（表5-2）

2. 国内外新型粗纱机的主要型号及技术特征（表5-3）

表 5-2 国产粗纱机技术特征

技术特征	天津纺机			宏源纺机			太行纺机		安徽二纺机		上海二纺机	经纬合力	青岛环球
	FA491	FA481	TJFA458A	HY492	HY491	ASFA415A	FA425	FA421F	AHFA418	AHFA417	EJ521	PA431	FA422
适纺纤维长度（mm）	22~51/51~65			22~51			22~54（4/4）	22~65（3/3）	22~51/51~65		22~50	22~51	22~51
捻度（T/m）	18~80			24~72.5	18~80		26.1~73.9	18.6~81	20~90		18~80	22~62	18.6~81
锭翼最高速度（r/min）	1600	1400	1200	1600	1600	1200	1600	1200	1400	1400	1200	1400	1200
锭距（mm）	216			220（194）			220		194	220	220	220	220
前后排高低	等高			等高			前低后高		同左		等高	前低后高	等高
牵伸类型	D型或3/3双短皮圈			同左			D型		3/3长短皮圈		D型3/3双短皮	D型	D型
牵伸倍数	4.2~12.0			5.4~11.8			4.2~12.77		6~15		4.5~12	5.0~12	4.2~12
加压方式	弹簧、气动			同左			同左		弹簧		同左	同左	同左
胶辊直径（mm）	D型 31×31×25×31 3/3 31×25×31			28×28×28×28			同左		32×28×32		28×28×25×28	同左	同左
罗拉直径（mm）	D型 28×28×25×28 3/3 28×25×28			4×28.5（槽）			4×28.5		28×25×28		4×28.5	同左	同左
胶辊上清洁	回转绒带上吸			同左			同左		回转绒带耙剃		同左	回转绒带上吸	回转绒带
罗拉下清洁	回转绒带、巡回吹吸			同左			同左		刮片剥离		回转绒带巡回吹	同左	回转绒带
卷装直径×长度（mm）	φ152×400			φ152（135）×406			φ152×406		φ135×400	φ150×400	φ152×406	φ150×400	φ152×406（306）
张力微调	微机	微机	圆盘式	微机	微机	差动靠模板	微机	CCD	变频自调		六段杆	差动靠模板	偏心齿轮
防细节	微机	微机	变频自调	微机	微机	变频自调	微机	变频自调	变频自调		同左	同左	同左

续表

技术特征	天津纺机			宏源纺机			大行纺机		安徽二纺机		上海二纺机	经纬合力	青岛环球
	FA491	FA481	TJFA458A	HY492	HY491	ASFA415A	FA425	FA421F	AHFA418	AHFA417	EJ521	PA431	FA422
卷绕、成形传动	微机	微机	机械	微机	微机	机械	微机	机械			同左	同左	同左
龙筋平衡		重锤			同左		弹簧、重锤	同左	同左	重锤	同左	同左	同左
机器长度（mm）	14781	14331	14771	15185	同左	15130	14605	14520	13911	15311	14520	15075	14520
功率（kW）主电动机	11.0（变频）	11.0（变频）	8.6（变频）	7.5（变频）	11.0（变频）	11.0（变频）	10.0（变频）				11.0（变频）	11.0（变频）	
吸风电动机	4.0	4.0	4.0	3.0	3.0	3.0	3.0				3.0	3.0	
吹风电动机	1.5	1.5	1.5	1.5	1.5	1.5	0.75				0.75	0.75	
卷绕电动机	3.0（变频）	3.0（变频）		4.0（变频）	4.0（变频）	锥轮提升 0.25；皮带复位 0.25	5.50（变频）				0.80	—	
伺服电动机	罗拉 4.0、0.25；（卷绕 11.0，超降 0.25，复位 0.25，升降 1.10）		罗拉 4.0、0.25；超降 0.25，复位 0.25，升降	罗拉 3.0（变频）；3.0（变频）	3.0（变频）	超降 0.40；冷却风机 0.18	0.25				0.30	0.25；0.06	
合计（kW）	32.6	19.75	14.60	22.0	22.50	16.58	19.50				14.85	14.06	

注 1. D型牵伸指 4 上 4 下（4/4）双短皮圈有前整理区的牵伸。

2. CCD一对前罗拉至锭顶端纺纱张力，实行在线检测的装置。

3. 卷绕成形传动的机械方式为有上、下锥轮（铁炮）、机械成形装置等机械构件，微机为微机自控，无上述各种机械传动（包括纺纱张力微调，控制机构，防细节、防粗节、防塌肩等机构）。

4. 粗纱机锭数为 120 锭。

表5-3　国内外新型粗纱机主要型号及技术特征

技术特征	JWF1418型	FA467型/468型	FL100型	668型/670型
	天津宏大纺织机械有限公司	河北太行机械工业有限公司	丰田公司（日本）	青泽公司（德国）
锭距（mm）	216	194/220	220	260
锭数	96, 108, 120	108, 112, 120, 182	96, 108, 120	48~114
适纺纤维长度（mm）	22~38, <65（化学纤维）	22~51	22~76	>63
锭翼机械速度（r/min）	1800	1600	1500	1500/1800
锭翼纺纱速度（r/min）	1500	1400	1400	1400/1600
捻度（捻/m）	18.5~80	18.6	—	10~100
牵伸形式	三上三下、四上四下双短胶圈	三上三下、四上四下双短胶圈	三上三下、四上四下双短胶圈	三上三下、四上四下双短胶圈
前后排高度	后高前低	后高前低	等高	后高前低
牵伸倍数	4.2~12.0	4.2~12	4.68~12.77	3.0~15.8
加压方式	弹簧加压、气动加压	弹簧加压、气动加压	弹簧或气动加压	弹簧或气动加压
胶辊直径（mm）	28, 25, 28	28, 25, 28	—	—
牵伸罗拉直径（mm）	28.5×3（4）	28.5×3（4）	—	—
清洁方式	上绒圈下前吹后吹	上绒圈下前吹后吹	回转式绒带	回转式绒带
卷装直径×高度（mm）	152×406	152×406, 135×400	152×406	152×406, 175×406
锥轮/三自动	无	无	无	无/有
三定/自动生头	有	有三定，手工生头	有三定，手工生头	有三定，手工生头
张力控制方式	数学模型	数学模型	软件	机械
防细节方式				
离心力控制方式				
启动、刹车方式	变频速度控制	变频速度控制	变频速度控制	变频速度控制
电控方式	工控机、PLC	工控机、PLC	工控机	PLC
压缩空气气压（kPa）	600	600	—	—
耗气量	微量	微量	—	—
在线检测	CCD检测	CCD检测	—	—
在线质量显示	有	有	有	有
实时编程参数调整	可以	可以	可以	可以
主电动机功率（kW）	11（变频）	7.5		
卷绕电动机功率（kW）	6.4（伺服）	7.5		
升降电动机功率（kW）	1.4（伺服）	1.5		
前罗拉电动机功率（kW）	3.9（伺服）	3		
吸棉风机电动机功率（kW）	4.0	3/1.5（巡回吸）	3	3.0
全机总功率（kW）	32.47	24.0	15	15.65

技术特征	JWF1418 型	FA467 型/468 型	FL100 型	668 型/670 型
	天津宏大纺织机械有限公司	河北太行机械工业有限公司	丰田公司（日本）	青泽公司（德国）
占地面积（长×宽）（m）	17.5×4.5	14.65×3.6	14.5×9.65	15.31/13.57×3.75
落纱方式	自动集体落纱及粗细联	手工	手工	手工

第二节　粗纱工序的运转操作

一、岗位职责

1. 岗位责任制

粗纱工应对所看管机台的产量、质量负责，要生产出条干均匀度好、重量不匀率小、纱疵少、后道反映好的粗纱。

（1）牢固树立"质量第一""一切让用户满意"的观点，粗纱工序生产的不合格品绝不流到下工序，保证让下道工序满意。

（2）认真执行各项质量指标考核制度，落实各项质量考核指标，充分行使质量否决权，做到赏罚分明，奖惩兑现。

（3）发生质量问题或质量事故，如发生错支或突发性纱疵，必须及时向有关人员反映，迅速查明原因，做到"三不放过"，即发生质量事故不查明原因不放过，造成事故的有关人员不受教育不放过，没有制订出善后防范措施不放过。

（4）粗纱工除严格执行交接班制度、清整洁制度、固定供应制度，做到先做先用外，还要守好"六关"，即守好熟条关、包卷关、开冷车关、调皮辊关、平揩车关、工艺变动翻改关，防止发生质量事故和质量波动。

（5）定期访问下道工序，积极听取下道工序的意见，了解成纱质量和坯布质量的纱疵情况，及时改进工作，不断提高产品质量。

（6）增强节约意识，提高操作技术，加强巡回，减少纱疵，降低消耗。

2. 安全操作规程

（1）走上工作岗位，必须戴好围腰和工作帽。

（2）开车前必须注意检查机器旁是否有人接头、修车、加油、调换齿轮等，采取先点动再开车，不冒失开车。

（3）处理锭翼挂花，罗拉、胶辊缠花时要停车剥取，以防伤手。

（4）弄档内地面不可有筒管、油污、杂物等，以防滑跌造成事故。

（5）不准拿取上、下龙筋盖板，不准在齿轮等裸露传动部分做清洁，不准开车取锭壳、锭帽花，不准开车拔取纱，运转时不得手压皮辊。

（6）清洁胶辊时，盖板轻掀轻放，以防盖板掉下压伤手指。

（7）FA 系列粗纱机待车停稳后方可摆管，落完纱待所有人手离开锭翼处才可开车，以免锭翼打手。

（8）检查安全装置是否缺损，听到异响或嗅到焦味应立即停车，报告组长或工长及时检查修理。

（9）根据指示灯要求正确处理故障，非电工不允许动电气设备。

二、交接班工作

做好交接班工作是保证正常生产的重要环节，必须做到对口交接，交班者以交清为主，为接班者创造良好条件；接班者以检查为主，认真把好质量关。交接班人员要发扬风格，互助协作，认真严格，分清责任，共同做好交接班工作。

1. 交班工作

交班工作应做到一彻底，五必须。

（1）一彻底。彻底做好规定机台的清洁和环境清洁（包括停台的清洁）。

（2）五必须。

①必须主动交清本班生产情况，即号数翻改、工艺变更、平揩车、坏车、空锭、调换皮辊、活是否好做、产量供应、储备量等。

②必须交清公用工具，机器上的缺损件要向接班者说明原因。

③必须分好段，按规定高度换好条。当班回条、乱条基本不留。

④必须在下班前打好交班印或夹好工号。

⑤必须严格分清回花下脚，处理完所拔小纱。

2. 接班工作

接班检查工作是把好质量关的重要一环，是搞好一轮班工作的基础，因此接班人员必须提前 15min 进入工作岗位。接班工作要做到一了解，四检查。

（1）一了解。主动了解上一班的生产情况，即号数翻改，产量供应是否正常，生活是否好做，平揩车及机械情况等。

（2）四检查。

①检查机前牵伸部分。包括皮圈、皮辊、罗拉、集合器、加压装置、绒套、清洁等。

②检查卷绕成形部分。包括内外排锭翼、筒管、锭翼上下绕数、纱面成形、粗纱条干、责任标记及机械有无异响、锭子摇头等。

③检查机后喂入部分。包括棉条分段，满筒数量，走纱喇叭口位置是否正确、有无缺损；是否有错筒、错支和掉管、掉纱、白花落地及机后滚筒是否转动不良等。

④检查规定的清洁工作是否做好，环境是否整洁，回花下脚是否分清，小纱是否处理完，公用工具是否齐全等。

三、巡回工作

1. 机台看管

巡回工作是按照一定的巡回路线和巡回规律，有计划地看管机台，巡回中应发挥人的主观能动性，主动掌握生产规律，根据断头、换条、防捉纱疵，合理将清洁工作有计划地分出轻、重、缓、急，安排在一轮班每个巡回中去完成。巡回的过程就是发现和处理问题的过程。

（1）巡回路线。根据各厂机型、车速、品种、质量要求等情况，定为两种巡回路线。

①8字形1：1车尾交叉巡回路线（图5-1）。

②凹字形1：1巡回路线（图5-2）。

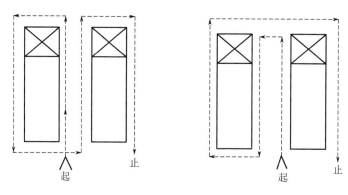

图5-1　8字形1：1车尾交叉巡回路线　　图5-2　凹字形1：1巡回路线

（2）巡回方法。

①两种巡回路线都是以单线巡回，双面照顾为主，辅以机动巡回，但起止点均在车尾，便于取用和放置工具、回花。

②巡回以不走空路线为原则，以8字形路线为主，走完一个完整的8字形路线后，可根据工作需要走机动巡回，机动巡回没走完整，继续走8字形巡回的，必须在起止点交叉。

③扫上龙筋随时清锭翼，摆筒管、推（扫）地可不受路线限制。

④在正常巡回中，如遇纱的大小发生变化时，中途可改变一次巡回起点，但以后巡回要按改变后的顺序去做。

⑤机动巡回指机前内巡回和机后外巡回。

（3）巡回中应掌握的要点。

①巡回中充分运用"三性"。

主动性：积极主动抓住主要矛盾，会处理巡回中的特殊矛盾，做到人掌握机器。

灵活性：在正常巡回中要灵活，不做重复工作，如遇断头或发现疵点，可不受巡回路线限制，以最短的距离，最快的速度进行处理，处理停台掌握"五先五后"，即先易后难，先近后远，先急后缓，先小纱后大纱，先捉疵点后开车。

计划性：根据各项工作需要的时间，合理安排巡回，巡回中做到"三结合"，即结合倒筒换条拉送空满筒，结合清洁工作，结合防捉纱疵；两台车巡回遇在一起，应一先一后按顺序去做，以免遗漏。

②巡回中目光运用要做到"三看"。

进车档全面看：远看纱条近看纱层。

出车档回头看：看是否有断头。

机后工作抬头看：看棉条是否有疵点，机前是否有断头。

2. 分段工作

分段工作有利于均衡工作量，避免两段同时换筒，造成工作忙乱，减少毛条和倒条，便于巡回"三结合"。

（1）分段形式。

①小筒（直径 300mm 以下）以三排两块六段为宜

②大筒（直径 350~500mm）以四排六段为宜。

③根据所纺号数、筒子容量、机台锭数合理分段。也可根据所纺品种及质量要求采取多段式满筒换条，以保证半成品质量要求。

（2）分段方法要求。

①分段方法根据各企业情况自定，换条高度以 20~30cm（或 20 层以内）为宜。

②条子分段如有高低，应随时掐高补低。

③换条倒筒。无论大小筒以不拉毛棉条为标准。

3. 计划工作

根据多、快、好、省的原则，合理安排各项工作，加强计划性，掌握主次环节，分清轻、重、缓、急，有计划均匀地掌握巡回时间，做好各项工作。

（1）掌握断头变化规律，主动安排各项工作。

①小纱多做机前工作。落纱后容易卡筒管、筒管跳动、纱条打绞，倒下牙齿时张力松弛，容易飘头，因而多在机前巡回，做扫上龙筋、掏绒板、捻皮辊等工作。

②中纱张力小，断头少，可做机后和需要时间较长的工作，即捻车面、倒筒换条、捻链条等工作。

③大纱多做落纱准备工作。大纱张力大，容易飘头，断头后又不易接头，因而多在机前巡回，做捻隔纱板、检查胶辊、摆管等工作。

（2）掌握落纱规律，均衡安排各项工作的时间。要掌握落纱周期及按一落纱时间确定巡回，要在巡回中均衡地安排所规定的工作量，不要前松后紧或前紧后松，造成工作忙乱被动。

（3）掌握倒筒换条的规律，合理分配于巡回中。倒筒换条是粗纱挡车工占用较多时间的单项操作。在巡回中要准确掌握倒筒换条时间，掌握熟条成形旋向的规律，确定上条方向，防止跑空筒和脱头现象。

四、清洁工作

做好清洁工作是降低断头，减少纱疵，提高质量的关键，应讲究实效，合理安排，清洁工作必须掌握"五字"原则，做到"五定"，执行"三停"。

1. 掌握"五字"原则

（1）净。清洁工作要彻底做干净。

（2）轻。清洁动作要轻，不拍打。

（3）防。防清洁工作造成人为纱疵和人为断头。

（4）匀。按清洁进度做均匀。

（5）清。棉条通道应保持清洁，畅通无阻。

2. 做到"五定"

（1）定项目。根据质量要求，定清洁项目。

（2）定次数。根据清洁项目、车速、品种确定清洁周期和清洁进度。

（3）定方法。掌握从上到下、从里到外、从左到右（或从右到左）的原则，采用捻、擦、捋、拿、扫、拉等方法，并随时分清回花下脚。

（4）定工具。根据质量要求选用适合的清洁工具，工具轻巧、简单、实用，并严格分清使用，不可乱用。保持清洁工具干净，防止造成纱疵。

（5）定时间。根据清洁项目和次数，合理安排清洁时间。

3. 执行"三停"

（1）扫上龙筋要停车。防止龙筋上的飞花附入纱条。

（2）掏前后绒板要停车。防止绒板花顺纱条纺过。

（3）捋抹锭壳要停车。防止锭壳碰手和造成人为纱疵。

4. 清洁操作及要求

（1）捻后车面。用捻花棍捻净链杆、罗拉底座两端及车面的花毛，防止人为疵点。

（2）捻隔纱板。捻净隔纱板里外和托脚上的花毛，以免飞花带入。

（3）掏绒板。结合中纱、落纱停车时掏，掏时轻拿轻放，双手并用，彻底清洁干净。

（4）捻皮辊。用小线刷或竹扦做净盖板内的绒套架、弹簧架及托脚、胶辊、罗拉两端等。

（5）扫上龙筋。用大线刷（毛刷）扫净上龙筋及龙筋外侧，防止产生人为疵点。

（6）扫下龙筋。用大线刷（毛刷）扫净下龙筋，并用手捋净锭杆上的花毛。

（7）抹筒口。用手（工具）绕筒口轻抹一圈。

（8）清锭翼。手眼并用，两手配合做净锭翼及压掌根部的花毛。

（9）导条架、羊角。用长线刷，清扫羊角器以及导条滚筒支座、立柱、横梁等。

五、单项操作

单项操作是机台看管的基础，是粗纱工的基本功。机后棉条接头和粗纱机前接头质量的好坏，直接关系到产品质量和工作效率。为此，我们必须在保证质量的同时提高单项操作，使机后棉条接头和粗纱机前接头做到不粗不细，不松不紧，不毛，不弯曲，符合质量好、速度快等要求。

1. 机后棉条接头

（1）基本要点。撕条头条尾时纤维要平直稀薄，均匀松散，搭头长度适当，竹扦卷头里松外紧。

机后棉条接头采用竹扦包卷上（下）抽法，能达到里松外紧，接头光洁不脱头，质量好，稳定，操作简便。操作要求：

> 拿好条子找准缝，分条平直不过宽；
>
> 撕去条尾拉条头，纤维松散又平直；
>
> 搭头长度要适当，竹扦粗细要适中；
>
> 包卷不粗也不细；里松外紧无脱头。

（2）具体操作方法。

①找条缝。一手拿起棉条，条缝向上，平摊在左手四个手指上，用左右手拇、食指同时各自分开，不宜过宽，纤维伸直，两个拇指相距100mm左右（棉品种），化纤条两个夹持点间距为120mm左右（图5-3）。

②拉条尾。左手拇指均匀压在食指和中指之间的棉条上，再用右手的食指和中指以剪刀状平行夹紧条尾，两个夹持点间距为100（或120）mm左右，平直地拉下条尾（图5-4），使留在左手的条尾松散、平直。

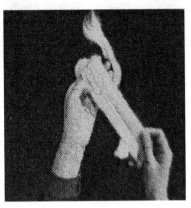

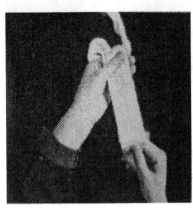

图5-3　　　　　　　　　　　　　　　图5-4

③拉条头。右手捏住条头，以食指、中指平行夹住棉条正面，左手中指、无名指也平行夹住棉条，两夹持点相距100（或120）mm左右，右手垂直向上拉头，要求紧夹慢拉，使留在左手上的棉条呈平直、松匀的条头（图5-5），然后右手拇、中指在距头端约50mm处捏住条头，从左手中指、无名指之间向下徐徐抽出棉条，将条头理顺（图5-6）。

图5-5　　　　　　　　　　　　　　　图5-6

④搭头。左手拇指稍抬起，同时食指向上挑起，使条尾基本与小指平齐，右手拇、中指将已捏住的条头平顺地搭在条尾上，条尾略宽于条头，搭头长度为50mm左右（图5-7）。

⑤包卷。右手拿竹扦，平直地放在棉带搭头右侧，注意竹扦下端以略露出小指为宜，左

手拇指压住竹扦向左捻转二分之一圈，用力稍轻，同时右手捻转一圈，用力加重，卷完条尾为止，注意捻转时左手指须跟随徐徐向上（图5-8）。

 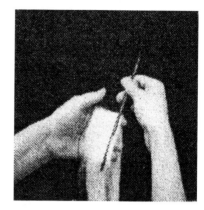

图5-7   图5-8

⑥拔扦。在竹扦捻转的同时，左手四个手指稍向内弯，小指轻轻夹住搭头处，无名指起辅助作用，右手把竹扦顺条缝方向轻轻拔出（图5-9）。

要求包卷后纤维直，条缝直，在包好后视品种要求在棉条接头下部捏一捏以增加抱合力（图5-10）。

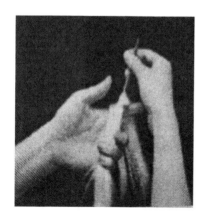 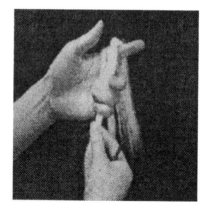

图5-9   图5-10

（3）测定方法及要求。

①棉条接头。准备好满筒，分别放好条头和条尾，摆正条缝，条子本身应光滑，均匀，不发毛，不允许提前分撕。

②接头的间距不少于30cm，每个接头动作必须到位。

③地面掉白花，除挡车工身上以外，动作完成后不拾者视为掉白花。

④测定时，手触棉条开始计时，到接完最后一个头放下为止，中间出现任何情况不回表。

2. 机前接头

机前接头采用回捻接头和竹扦接头两种方法。停车位置为牙齿向上导向纱面1/4处。

（1）A系列粗纱机。拉须条要长度适当，纤维平直，拉笔尖要平直不弯曲，不碰罗拉，搭头长度标准，接头轻巧、均匀、光滑。

①机前回捻接头。机前回捻接头是利用很短一段纱条，增加捻度，然后利用这一小段纱条捻度的自然回转而接合。

a. 拉线及穿锭壳空臂。锭壳空臂向外时（里排），右手拇、食指捏住纱，纱头放在锭壳空臂底部开口处，同时左手食、中指、无名指托住纱管下端向右回转，沿空臂引出纱条，长度以里排两个锭子、外排三个锭子距离为宜，左手食、中指夹住纱条，从上而下拉入锭壳空臂，顺手绕压掌2~3圈，右手把捏住的纱头递给左手，右手拇、食、中三指捏住纱头，加上适当捻度，穿过锭帽，右手拇、食、中指抽上纱头。

锭壳空臂向里时（外排），左手拇、食指捏住纱头，右手托住纱管下端向左回转，引出纱条，长度以里排两个锭子、外排三个锭子距离为宜，右手食、中指夹住纱条，从上而下拉入锭壳空臂，顺手绕压掌2~3圈，左手把捏着的纱条递给右手，左手拇、食、中三指捏住纱条，加适当捻度，穿过锭帽，顺手向上抽出纱条。

空心臂相对时，里排（或外排），左（右）手拇、食指捏住纱头（加捻），纱头放在锭壳空臂底部开口处。同时右（左）手食、中二指托住纱管下端向右回转，沿空臂向上引出纱条，里排两个锭子，外排三个锭子，顺手绕压掌2~3圈，左（右）手拇指、食指、中指捏住纱头，加适当捻度，穿过锭帽，顺手向上抽出纱条。

b. 拉纱头（拉笔尖平直不弯曲）。右手拇、食二指，由锭帽孔平拉出纱条，将纱条引向前罗拉处，左手握住纱条下端，用小指将纱条轻轻按在手掌内，两手握持点约13cm，加4~5个捻，左手拇、食指稍弯曲，捏住纱条，两手捏持点约5cm（图5-11），右手拇、食指退去上面一段粗纱的捻度，再用右手中、无名指夹住纱条，轻轻平直拉断，使留在左手拇、食两指间的纱头呈笔尖形，长3~4cm（图5-12）。

 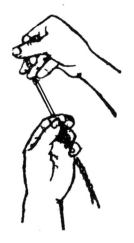

图 5-11　　　　　　　　　　　　　　图 5-12

c. 拉须条（平直松散）。右（左）手食、中指呈剪刀形夹住前罗拉吐出的须条，距罗拉握持点 3~5cm，徐徐平直拉断（图 5-13）。

d. 接头（不松、不紧、不毛）。左（右）手拇、食指捏住呈笔尖的纱头，沿罗拉吐出的须条左下方搭头，左（右）手拇、食指轻轻松开，靠左（右）手内纱条的捻度自然回转而相接，这时小指才能松开，然后用左（右）手拇、食、中三指轻轻把接头处修光（图 5-14）。

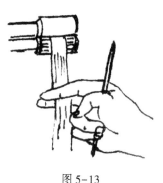

图 5-13

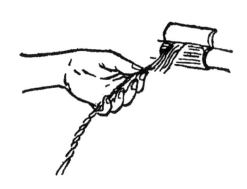

图 5-14

②机前竹扦接头。

a. 引纱条及穿锭翼空臂。与回捻接头相同。

b. 拉纱头（纤维平直、松散、均匀）。右手拇、食指捏住纱头，左手在离右手拇、食指捏持点相距 5~8cm 处，捏住纱条下端，右手拇、食指适当退捻轻轻拉断纱条，留在左手上的纱条要松散、平直、均匀。

c. 拉须条。与回捻接头相同（图 5-13）。

③机前接头的测定方法及要求。

a. 在中小纱上测定，测定时使龙筋上升（或下降），到纱层表面适当位置关车，倒正锭壳。允许值车工稍有准备，检查后复位，但不能给纱头提前加捻。

b. 机前接头处必须纺到纱层表面。

c. 手触纱条计时。

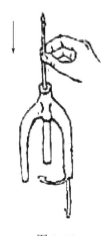

图 5-15

d. 存在接头处有明显手印、纤维未修好、人为造成纤维排列不顺、破条（长度或破条的宽度）等均按毛头扣分。

（2）FA 系列粗纱机。FA 系列机前接头方法：采用竹扦、回捻接头法，要求纤锥平行不乱，表面光滑。

①左（右）手将软管由上向下插入锭翼空心臂内至压掌处，一手夹纱管上端转动，另一手拇、食指捏住纱条退绕，退纱长度适当（图 5-15、图 5-16）。

②左（右）手将纱条挂在软管的沟槽处往上提，引出纱条，左（右）手按规定道数绕在压掌上（图 5-17、图 5-18）。

③左（右）手拇、食指捏住纱条头处，右（左）手拇、食指距左手拇、食指约 5cm 捏住，左手拇、食指退捻，撕断纱条，撕头时

拇指稍向上倾斜，以保证撕条均匀。

图 5-16

图 5-17

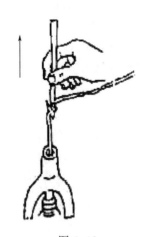
图 5-18

④左（右）手食、中指距罗拉钳口约 5cm，将罗拉吐出须条撕断，撕时依罗拉弧度稍向下，即将撕开时再向上稍抬使其平行。

⑤左手食、中指放在须条下面托起须条，使须条呈直线状态，保持纤维平直。

⑥右手将纱条搭在须条的右上边，左手拇指按在食、中指中间的纱条上。

⑦右手用竹扦包卷接头，包时竹扦应与须条平行，包好，将竹扦沿纱条平行方向抽出。左手拇指将接头处顺理一下，收起车面纱条。

⑧接头。左手拇、食指将拉好的纱头平顺地搭放在须条上，相搭 6.67~8.33cm（2~2.5 寸），然后用食、中指托着罗拉吐出的须条，右手将竹扦（扦尖向上）放在搭头处的右侧，左手拇指压住竹扦，轻轻向左转动，同时右手拇、食、中指也向左捻动竹扦，以卷完为止，左手拇、食、中三指修接头处，右手拔扦，使接头光滑（图 5-19）。

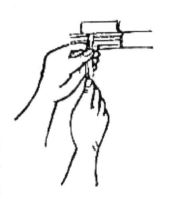
图 5-19

六、质量把关

为提高质量，减少布面疵点，必须结合巡回、基本操作和清洁工作，认真防疵捉疵，把好质量关。

1. 防疵：做好"十防"消灭人为疵点

（1）防棉条打结、断条、双根棉条喂入。换条接头后按圈条方向盘放在满筒上。

（2）防倒条子，拉毛条子，破条子，不挖高条按规定高度换条。

（3）防纱头飞花带入纱条中，纱头不要拖得太长，口袋内的回花纱头不拖在外面，以免带入纱条中。

（4）防散飘头，断条造成断头后，应及时处理（接头也可）。

（5）防止油污纱，油手、脏手不接头。

（6）防止管油污疵点、空中落下的疵点。

（7）防条干不匀，缠胶辊、罗拉断头后，先检查邻纱有无条干不匀，然后接头，处理断头少或多绕扣数的纱，第二个巡回必须挽回，以免造成松纱硬纱。

（8）防人为疵点。注意做好清洁工作，不造成人为疵点。

（9）防双股纱。断头后掌握查、比、摸的方法，消灭双股纱。

①查。断头后先拾白花，然后顺锭翼回转方向查邻纱，查锭翼空臂内飘头纱，查双股纱，空锭接头不能倒生头。

②比。断头后根据压掌位置，估计断头长短与隔纱板内、龙筋上、地面上白花相比较，如白花少邻纱上必有飘头。

③摸。断头后表面看不出，可用手轻摸纱面，凭手感，如有凸起、发硬即有飘头纱。

（10）机前接头后，先提挡板后再开车，防止机面及托脚两面飞花随纱条带入，造成疵点。

2. 巡回中的质量把关

（1）捉疵。结合巡回操作捉疵点。

①巡回车前，右手清洁车顶，眼看另一台车纱面，远看纱条条干，近看纱条层次，有无疵点附着。

②巡回车后时应全面照顾，远看棉条打结、脱头、倒条子等。近看筒号标记，随时看通道挂花、粘花和疵品条子。如上工序疵点：杂质条、油污条、粗细条、飞花附入、竹节条等。

③换条子接头时，注意捉绒板花条子、粗细条子、筒底疵点等。

（2）查疵。断头在接头前，先拾白花，检查邻纱，防止飘头纱，同时查看纱条是否均匀。

（3）看疵。

①进弄档两边看，出弄档回头看；近看纱层是否清晰，远看纱条是否均匀。同时掌握龙筋升降的规律，在龙筋换向时应注意断头，防止飘纱飞散被纱层盖没。

②巡回中全面看，换条倒筒随时看。在机后巡回中要全面照顾脱头、涌头、条子倒翻、通道挂花、走纱喇叭口堵塞等，同时兼看邻车断头，巡回中全面看粗细条、竹节纱、油污条等。

（4）防错筒、错支。严防在纱支交界处错筒、错支。

3. 严把机械疵点关

粗纱工除需熟练掌握操作技术外，还必须掌握机械性能，做机器的主人，预防疵点，保证质量和安全生产。因此在交接班检查、巡回工作、清洁工作中运用好"眼看、耳听、手摸、鼻闻"八字工作法检查机械故障。

（1）眼看。是发现和判定机器故障的主要方法。看机器故障判定半成品质量，看半成品质量判定机器故障。如看纱条条干不匀，查罗拉、皮辊是否跳动、凹芯、缺油，集合器损坏，皮圈磨损等。

（2）耳听。用耳朵听机器异响判断机器故障，如锭子缺油、牙轮咬合不良的响声。

（3）手摸。用手感机器振动情况，查机器故障，如轴瓦缺油发热，罗拉跳动，皮辊凹芯、缺油等。

（4）鼻闻。闻气味查机器故障。如电动机、三角带磨损，缠罗拉时间过长引起的焦烟味等。

（5）清洁皮辊时，若罗拉吐出的纱条不匀，一般是皮圈打顿、皮辊缺油、下皮圈跑偏、上销起浮、加压不良、喇叭口堵塞、集合器跑偏。

（6）捻隔纱板时，若罗拉吐出纱条宽散，一般是集合器缺损，或跑出，张力太小。

（7）抹锭壳时，若粗纱表面层次不清，一般是压掌弧度不正，绕数不对，锭壳、锭帽粘花。

（8）扫上龙筋时，若粗纱冒头、冒脚，一般是成形不良、筒管不落槽、筒管跳动、锭壳销塞花；扫下龙筋时，手感锭杆发热或跳动。

（9）捻后车面及链条时，若条子荡动，一般是后皮辊打顿、走纱喇叭口塞花、导条滚筒跳动。

4. 严把六关，防突发性纱疵

（1）平揩车关。平揩车后开车第一落纱，要注意质量变化（如条干不匀、轻重纱、油污纱、断头、冒头冒脚纱、紧纱硬纱等），发现问题及时汇报。

（2）调换皮辊关。调换皮辊后开车第一落纱，要注意质量变化（如条干不匀纱、竹节纱、油污纱），发现问题及时停车汇报。

（3）工艺变动翻改关。按工艺要求，掌握好翻改后使用的粗纱管颜色与熟条筒圈标识是否一致，防止错支现象。

（4）开冷车关。做好开车前准备工作，注意牵伸部件和加压情况，逐台开机后，注意粗纱成形，在断头多的情况下，尤其注意防止人为纱疵的产生。

（5）熟条关。加强粗纱机后的巡回，注意检查熟条质量，发现毛条、劈条、疵点条及时处理。

（6）包卷关。粗纱机后换条，注意棉条接头防止倒接头，接头处纺至机前粗纱上及时处理。防止人为原因造成质量波动。

七、操作注意事项

在操作过程中，粗纱工不但要有较高的质量意识，还应具备一定的操作技术水平，严格执行安全操作规程。工作时思想集中，防止人为、机械质量等事故发生。

（1）正确使用电器设备、容器和工具，特别是电器设备发生故障时，应及时通知组长委托电工修理，不私自动用。

（2）机器在运转中严禁打开车头防护门，更不准私自触摸齿轮和其他传动部位。

（3）做清洁时，防止毛刷或线刷挤进链条或升降齿杆，造成机件损坏。抹清锭杆时要注意升降龙筋，防止上龙筋盘子牙碰伤手。

（4）处理缠罗拉或锭翼挂花时，应关车处理或摘取。

（5）停开车时，注意开车时机旁是否有人，确认无危险方可开车。

（6）做清洁时要注意集中思想，手眼一致，动作轻巧，不拍打，防止人为清洁纱疵产生。

（7）按规定高度上条子、换筒，防止破条、毛条、粘连条产生。

（8）机前关车时，注意龙筋倒向，防止产生脱肩纱、冒纱。

（9）油手、脏手不接头、生头。

（10）机器着火时，应立即停车关掉电源，并迅速移开近火处的粗纱和条筒，用滑石粉（灭火器）将火扑灭。机台空隙处飞花无论有无着火，都要处理干净，以防火势蔓延。

第三节 粗纱工的操作测定与技术标准

一、工作法的测定

1. 测定时间

统一为 60min。

2. 看台面

统一为二台车。

3. 巡回时间

每个巡回规定为 15min。

4. 基本工作量

基本工作量定为 180 个。60min 基本工作量为 10 项。

（1）扫、捻胶辊各 6 页。

（2）捻隔纱板 1 台。

（3）摆筒管 1 台。

（4）扫下龙筋 2 台。

（5）清洁高架 1 台。

（6）清洁后车面 1 台。

（7）落纱（扫上龙筋 1 台，捋锭翼 1 台，挖绒板 6 页）。

（8）扫地（前后一遍）。

（9）换 6 筒棉条，包括接头。

（10）大巡回检查。按照规定检查，不能干其他工作（处理断头除外）。

5. 巡回操作折合工作量（9 项）

（1）机前筒单头。正常的机前接头，每个筒单头为 3 个工作量（重复接头只记一次）。

（2）机前复杂头。机后引头、动加压、缠胶辊、缠罗拉，每个复杂头为 5 个工作量，缠胶辊、罗拉邻纱算筒单头。（别人帮忙接头不算工作量）。

（3）倒筒。倒两排条筒每段为 6 个工作量，倒三排条筒每段为 9 个工作量，小筒 22.9cm（9 寸）减 2 个工作量，12 筒为一段。

（4）换条接头。每换 1 筒条子为 1 个工作量。

（5）棉条接头。每接 1 个为 1 个工作量（包括上工序脱头）。

（6）匀条。棉条高低不平，每匀一筒条子为 1 个工作量。

（7）送空、满筒。送空筒为 0.2 个工作量，小满筒为 0.5 个工作量，大满筒为 1 个工作量。满筒放到应换条位置。

（8）摆管。每台车为 5 个工作量。

（9）落纱挽头。每落一个纱为 0.2 个工作量，挽每对头为 0.1 个工作量。

6. 清洁工作折合工作量

（1）捻隔纱板。每台车为 15 个工作量。

（2）扫胶辊。A453B 每对为 0.5 个工作量，A456 活绒板每对为 0.6 个工作量；A456 死绒板每对为 0.4 个工作量。

（3）捻胶辊。A453 每对为 1 个工作量；A456 活绒板每对为 0.6 个工作量；A456 死绒板每对为 0.4 个工作量。

（4）扫上龙筋。每台为 5 个工作量。

（5）扫地。每一车档为 1 个工作量。

（6）扫下龙筋。每台为 10 个工作量。

（7）清洁高架。每台为 15 个工作量。

（8）扫捻车平板。每台为 10 个工作量。

（9）捋锭翼。每台为 15 个工作量（中纱捋锭翼 8 个，可做可不做）。

（10）挖绒板。单排每块 1 个工作量，双排每块 2 个工作量。

（11）抹盖板。每台 0.5 个工作量。

（12）查牵伸加压。死绒板盖查 2 台，每台 5 个工作量，活绒板盖 1 台，每台 10 个工作量。

（13）大巡回检查。每个车档为 1 个工作量。

（14）抹筒口。每段为 2 个工作量（可做可不做）。

（15）后羊角。每台车为 4 个工作量（逐个清洁，可做可不做）。

（16）扫压条辊。每台为 2 个工作量（可做可不做）。

（17）扫车底。A453 每空为 5 个工作量，A454、A456 每空为 2 个工作量，全封闭不扫车底（可做可不做）。

7. FA 系列粗纱机清洁工作折合工作量（表 5-4）

表 5-4　FA 系列粗纱机清洁工作折合工作量

清洁项目	单位	工作量折合说明
捻上龙筋	台	每台车为 20 个工作量
扫皮辊	对	每个加压为 1 个工作量
捻皮辊	对	每个加压为 1 个工作量
扫车头车尾	台	每台为 8 个工作量，带电控箱为 10 个工作量
扫下龙筋	台	每台为 10 个工作量
扫地	车档	每个车档为 2 个工作量
清洁高架	台	每台为 20 个工作量
捻后车面	台	每台为 30 个工作量

清洁项目	单位	工作量折合说明
捻下清洁器	块	每块为 2 个工作量（可做可不做）
抹盖板	台	每台为 2 个工作量（可做可不做
查牵伸加压	台	每台为 10 个工作量（可查一台）
扫车底	节	每节为 5 个工作量（可做可不做）
扫上龙筋底部	台	每台为 20 个工作量
摘盖板花	台	每台为 10 个工作量（可做可不做）
落纱插管挽头	个	每落一筒纱为 0.1 个工作量，插一个管为 0.1 个工作量，挽一个头为 0.05 个工作量
捋锭翼	台	每台为 20 个工作量（可做可不做）

8. 扣分说明

（1）人为断头。工作中凡是人为造成的断头扣 0.2 分/个。

（2）通道、锭翼挂花。凡棉条通过的部位（堵喇叭口）成片成撮为准，扣 0.2 分/个。

（3）挖破条子。超过棉条的 1/6 宽而不处理扣 0.5 分/处。

（4）空筒。棉条尾离开棉条筒（整个筒底有杂条覆盖不算）扣 0.5 分/筒。

（5）加压不良。挂钩位置不当，工字架隔距跑偏，扣 0.5 分/个。

（6）错巡回。机后外排车档能进行巡回的不巡回，进车档开始工作后里外排 10 对锭子及以上再出车档拿、送工具（落纱、送空筒、拉满筒为机动）扣 0.2 分/次。

（7）飘头。断头后飞到邻纱上长 3cm，粗于原纱条的 1/2 以上，扣 0.5 分/个。1/2 以内算漏疵点。

（8）脱头。粗纱工自己上车接过的头脱开，扣 0.5 分/个。

（9）清洁不彻底。10 处以上为一项，扣 0.1 分/处，扣 1 分/项。

（10）接倒头。值车工上车接过的棉条头扣 0.5 分/个。

（11）毛条子。由于倒条或换条而拉毛条，扣 0.2 分/筒。（纤维拉乱成片成撮，以棉条宽度为准）

（12）集合器跑外。粗纱工走过没发现，扣 0.5 分/个。

（13）不掐补条子。换条不整齐，条子高低不平，在测定完后未补平，扣 0.1 分/筒。

（14）不执行工作法（凡工作法中所规定的要求不执行者，一律按不执行工作法扣分）。如落纱后不开车离开机前，纱未纺至 1/2 以上摆管，扫完上下龙筋第二个巡回不扫地，在测定中断头 5 根以上，允许别人帮忙，但是粗纱工未开车做其他工作，不按定长落纱±3cm，倒生头，检查牵伸，扫、捻胶辊，落纱之前不清洁车顶等，扣 0.5 分/项。

（15）违反操作。不执行安全操作规程，按皮辊、追接头不掐、空锭筒管上留有纱巴不捋净，棉纱甩头处理不当，机前、机后接头不用竹扦或大把搓，缠皮辊、缠罗拉邻纱不处理，扣 1 分/次。

（16）人为疵点。粗纱工上车做清洁或其他工作造成的疵点（机前、机后长 1cm 以上），缠胶辊、罗拉的纱条不匀而处理不净，缠胶辊、罗拉邻纱不处理到同一位置，机后引头，棉网未跑正常，碰细的纱条不处理，扣 0.5 分/个。

（17）错筒、错管、错号。值车工走过没发现，扣0.1分/筒。

（18）错支。错支管、错支筒，扣2分/筒。

（19）超过巡回时间。每个巡回时间定为15分钟；总时间已到，值车工已进车档开始清洁，允许做完；停台超3分钟；扣0.1分/30s。

（20）回花分支不清。白花、油花、绒板花混乱，扣0.2分/次。

（21）漏疵点。值车工走过后，棉条（包括满筒纱条）的疵点没发现，长1cm，纱条在空臂外，绕锭帽、压掌道数不符合规定，隔纱板放翻，脱圈、处理断头左、右10个纱以内算疵点，扣0.2分/个。

（22）双股。机前纺花，纱条进入相邻锭不处理（不分长短），扣2分/个。

（23）缺点。清洁高架、后车面的花毛不准扔地下，否则按缺点扣分，扣0.2分/个。

（24）单项动作。不正确，扣0.1分/项。

（25）白花木管落地。锭翼花扔地上，白花落地；机前原纱条长5cm以上，机后棉条长3cm，扣0.2分/项。

（26）人为空锭。差一层纱落时断头后拔下的纱，掐疵和机械原因造成的空锭不算人为空锭，除此之外造成的空锭均算人为空锭，扣0.2分/个。

（27）工具不定位、不清洁。扣0.2分/次。

（28）缠胶辊、罗拉。缠前胶辊、前罗拉以纱条为准，缠后胶辊、后罗拉以棉条为准并缠一周，扣1分/个。

（29）漏项。值车工在测定完后，没做完基本工作量，扣1分/项。

（30）冒头、冒脚。脱出木管如果不掐出算漏疵（脱肩纱不算），扣0.2分/个。

说明：

①在测定中，机前断头允许别人关车，机后断头不允许别人关车。

②机前关车，关在牙上造成的断头最多扣1分。

③工作量以台、段为单位的，不足1/2不算工作量，超过1/2，但不足台、段按1/2算，完整的按台、段算。

④测定员离值车工相隔里外排10对锭子。

⑤落纱时，别人帮忙引头，值车工自己动加压接头算复杂头；值车工引头，动加压别人接头算简单头；值车工挽头造成的脱卷必须处理，但不准用手或竹扦往上托，要在木管的下部套住（落纱工可帮忙），不处理扣0.2分/个。

二、单项操作测定

单项操作测定可限两遍，取好的一遍成绩考核，时间、质量不可交叉取。机后接头考核质量时过一道高架，打红粉或系红线，两端之间不得低于10cm。

1. A系列

（1）机前接头5个，机后棉条接头5个、落纱挽头20个。

（2）单项计算数：机前接头，手托纱条即算一遍；机后接头，手触棉条即算一遍；落纱挽头，手触锭翼即算一遍。

（3）每项两遍计时不成功者，此项考核为零，机前扣5分，机后扣10分，落纱挽头扣

4 分。

2. FA 系列

（1）机前接头 4 个，机后棉条接头 5 个。

（2）第一个头软管插好，手触纱条开始计时，接完最后一个头收起车顶板上的纱条即算一遍。

（3）两遍计时不成功者，此项考核为零。机前接头扣 4 分，机后接头扣 10 分。

三、单项考核扣分范围

（1）单项操作出现的缺点均按工作法要求扣分。

（2）机前纱条在空臂外，锭帽、压掌拖纱条（长 3cm），纱条掉地、接头管掉地、拉细节、压掌道数不标准、人为断头均按操作法测定扣分。

（3）机后接头采用一筒棉条包接，不用打断头，5 个头连续包接，接头后可以捻，也可以不捻。如不按要求，作为动作不正确扣分。

（4）落纱挽头。人为断头，压掌道数不够，开车打卷，长尾巴（5cm 包括虚纤维），脱圈（开车倒上牙检查），质量允许有两个缺点，但是按照标准扣分。

注意：各单项在质量全部合格的基础上，比标准每快 1s 加 0.2 分，每慢 1s 减 0.2 分，落纱挽头质量一个不合格减 0.2 分，两个以上挽头不合格者速度不加分。

（5）机前接头质量评分标准见表 5-5。

表 5-5　机前接头质量评分标准

项目		时间（s）	评定标准
机前接头	A 系列	60	手托纱条即算一遍，手触纱条计时，接完最后一个头或收起车顶纱条为止
			偏粗偏细为不合格，减 0.5 分，超过标准倍粗倍细，减 1 分
	FA 系列（开口）	85（80）	手触纱条计时，接完最后一个头或收净车面纱条为止
			偏粗偏细为不合格，减 0.5 分，超过标准倍粗倍细，减 1 分

注　各单项在质量全部合格的基础上，比标准每快 1s 加 0.2 分，每慢 1s 扣 0.1 分。

（6）机后接头速度标准。

①起止。手触棉条即算一遍，手触棉条开始计时，到接完最后一个头放下为止。

②连续接 5 个头，速度为 50s，中长、纯化纤各加 3s。

（7）机后棉条接头质量评定方法。每个头两侧打红色，在本支粗纱过牵伸后评定。

①评定纱条质量时均需背光，平放，只看不得转动纱条。

②标准样条 10 个，接头纱的前后各 5 个。

③质量评定标准。

a. 疙瘩头（老鼠头）。3cm 以下，每根扣 0.5 分，3cm 及以上每根扣 1 分，5cm 及以上每根扣 2 分，5cm 以下每根扣 1 分，中长 7cm 及以上每根扣 2 分，7cm 以下每根扣 1 分。

b. 粗细头。粗于或细于样条的 1/2 倍，10cm 及以上每根扣 2 分，5~10cm 以内每根扣 1分，中长 13cm 及以上每根扣 2 分，7~13cm 以内每根扣 1 分。

c. 偏粗、偏细。长 5~10cm，每根扣 0.5 分，长 10cm 及以上每根扣 1 分，中长 7~13cm 以内每根扣 0.5 分，13cm 及以上每根扣 1 分。

d. 脱头。按断头标准扣分，每根扣 2 分。

（8）机前接头质量评定方法。

①机前接头引线不超过同台一个锭距。

②机前接头。在细纱机上过头出现脱头、断头、白节按细纱样照标准扣 2 分。

③机前接头压掌绕扣必须绕在压掌眼内，不合格扣 0.2 分。

④机前接头后，在每个头两侧（4~6cm）打色到同支细纱过牵伸，看条干分别与细纱样照对比。（每测定一个记一次成绩）

⑤在细纱过粗纱时，如遇接头之间过长，可卡下去，但剩余的粗纱不得少于接头处两圈。

⑥在细纱牵伸过程中，不得动细纱牵伸部件和叶子板，以免影响接头质量。

（9）落纱挽头速度标准。

①起止。手触锭翼即算一遍，手触锭翼开始计时，挽完最后一个头手离筒管止。

②速度。360mm 以内为 70s，大锭翼为 75s，放高架为 80s。

（10）犯规扣 0.5 分（机前、机后、落纱已结束，指导工关表后，值车工又动手）。

（11）压纸条不作为单项考核项目（各企业内部可掌握考核）。

四、单项、全项操作评级标准及工作量计算方法

1. 单项操作评级标准（表5-6）

表 5-6　单项操作评级标准

优级	一级	二级	三级
99	98	97	96

注　单项得分=100分+各项加分-各项扣分。

2. 全项操作评级标准（表5-7）

表 5-7　全项操作评级标准

优级	一级	二级	三级
98	95	93	90

注　全项得分=100分+各项加分各项扣分。

企业可以根据实际情况自定。

3. 工作量计算方法

（1）工作量计算。

总工作量=巡回工作折合工作量+清洁工作折合工作量

（2）标准工作量。统一为 180 个工作量，比标准少 1 个工作量扣 0.1 分，多 1 个工作量加 0.01 分。

（3）计算要求。各项计算保留两位小数，秒数保留一位小数。

（4）没完成基本工作量，干其他工作不计工作量。

粗纱工序疵品名称、产生原因、预防方法及对后工序的影响见表5-8。

表5-8　粗纱工序疵品名称、产生原因、预防方法及对后工序的影响

疵品名称	产生原因	预防方法	对后工序的影响
定量不合标准	1. 喂入熟条定量不合标准 2. 机后棉条撕破或双根喂入 3. 牵伸部件运转不正常	加强巡回检查，把关、掐疵理好棉条	影响细纱重量不匀率
条干不匀	1. 加压不良 2. 胶辊缺油或回转不良 3. 缠皮辊、缠罗拉 4. 工字架松动及歪斜 5. 粗纱集合器破损等 6. 压掌不正、弧度不正、压掌不灵活 7. 罗拉弯曲偏心、局部沟槽损坏 8. 皮辊变形、弯曲偏心、局部损坏 9. 牵伸部分齿轮偏心键销松动	加强检查牵伸部分及棉条条干，把关、掐疵，发现问题及时处理	棉影响细纱条干，造成布面降等疵布
竹节纱	1. 棉条内夹有黄绒花 2. 清洁周期太长，清洁工具不良 3. 通道不光洁，粗纱集合器破损 4. 喂入的是疵条 5. 车间相对湿度太大，粗纱回潮太高 6. 上清洁装置作用不良	执行清洁进度，工具合格，使用正确，检查通道等	造成络筒、织布断头增多，影响布面质量
粗经粗纬	1. 飘双头、散飘头 2. 接头包卷不良 3. 锭壳花附入 4. 违反操作按皮辊 5. 加压失效 6. 包筒脚脱圈 7. 破毛条，双根喂入 8. 通道挂花附入	提高操作水平，加强巡回，勤做清洁，加强牵伸部件检查，把关、掐疵	影响布面降等
松纱烂纱	1. 成形卷绕密度不足 2. 粗纱捻度过小 3. 温湿度控制不当 4. 断头后未及时接头	合理制订工艺，及时接头，温湿度控制适当	增加细纱断头
油污粗纱	1. 胶辊、罗拉颈、锭子加油太多 2. 油手生头、接头或碰胶辊表面 3. 粗纱、熟条夹入油污飞花，棉条粗纱落地沾油	加油适量，加油后多检查，脏手不动条子，粗纱、棉条不落地	造成油污细纱，影响最终产品质量
脱肩纱	1. 筒管牙、锭脚牙跳动 2. 换向装置失灵 3. 一落纱中多次放牙 4. 关车在龙筋换向处	防止筒管牙、锭脚牙跳动，关车时注意不关在换向处	造成细纱断头
冒头冒脚	1. 上龙筋动程太长或偏高偏低 2. 筒管底部凹槽太窄 3. 龙筋换向抖动	调整上龙筋动程，筒管不好要及时别除	造成细纱断头

疵品名称	产生原因	预防方法	对后工序的影响
紧纱硬纱	1. 铁炮起始位置不当 2. 张力牙用得不当 3. 压掌多绕一圈 4. 前皮辊严重缺油 5. 加压不正常	及时检查牵伸部件	造成细纱断

第四节　粗纱机维修工作标准

一、维修保养工作任务

做好定期修理和正常维护工作，做到正确使用、精心维护、科学检修、适时改造更新，使设备经常处于完好状态，达到提高生产技术水平和产品质量、增加产量、节能降耗，保证安全生产和延长设备使用寿命，提高经济效益的目的。

1. 粗纱机的大小修理

按大小修理周期计划，定期对粗纱机进行维护，并达到粗纱大小修理接交技术条件标准。

2. 重点检修

检查和纠正与产品质量关系密切的部件及影响设备正常运转的项目，保证设备处于完好状态。

3. 揩车

以清洁加油为主，揩擦全机和检修一些小的机件缺点及部分设备完好项目。

4. 日常保养

以耳听、目视、手感、鼻闻等手段来检查设备在运转中的状态，或结合粗纱值车工的反映和质量反馈情况，对设备进行检修，以达到设备完好接交技术的条件。

5. 加油

为了使设备在正常润滑条件下运转，须进行定期加油工作，以消除机件的不正常磨损。

二、岗位职责

1. 岗位责任制

（1）按平、揩车计划对粗纱机进行维护，使设备经常处于完好状态。

（2）严格执行企业制订的技术质量标准，保证完成各项工作要求和技术指标。

（3）认真执行本工序的维修工作法，熟练掌握本工序的专用工具及辅助设备的使用与维修。

（4）坚守工作岗位，做好本职工作，遵守劳动纪律，执行安全操作规程及各项规章制度。

2. 安全操作规程

（1）进车间严禁穿拖鞋、高跟鞋，严禁赤脚。

（2）认真执行岗位责任制，电气、电动装置不准乱动乱用。

（3）使用按钮时，禁止手放在按钮控制板上，防止无意开车。

（4）开车时思想集中，观察机台上有无其他人操作。

（5）巡回中必须注意来往车辆，车辆、工具、机件定置摆放，保证通道通畅。

（6）在平车、揩车工作中或运转中有异常情况时以及在执行调整和修理工作时，应切断机台电源，同时要在电源开关上挂工厂规定的安全标示牌。凡两人以上共同操作时要互相配合，尤其转车时互相招呼。

（7）机器未停止前，严禁拆卸机件。

（8）发现机器异响、异味，立即停车，等待查明原因后方可开机。

（9）不得随便拆卸电气元件、线路。

三、技术知识和技能要求

1. 初级工应知应会

（1）熟悉设备维修工作的意义和设备维修管理制度的主要内容及本岗位质量检查标准和技术条件。

（2）粗纱机的机型。国产主要粗纱机机型有 FA421、FA425、FA458、FA481、HY491、HY492、FA467、FA468 等。

（3）粗纱机的主要组成部分及作用。

①喂入部分。喂入部分包括导条滚筒、纱架等，是将棉条从条筒内引出，整齐均匀地送给牵伸机构。

②牵伸部分。牵伸部分包括罗拉、皮辊、皮圈、加压机构、上下销、喇叭口、隔距块、集棉器、罗拉座、牵伸牙轮等。棉条进入牵伸部分后，经过牵伸作用，把喂入棉条抽长拉细，达到工艺质量要求。

③车头传动部分。车头传动部分包括牵伸传动电动机、升降电动机、卷绕电动机、锭翼电动机、主轴、传动牙轮等。全机主要动力部分是三至四个电动机传动主轴及龙筋等部件运动，是全机传动的心脏。

④加捻部分。加捻部分包括锭翼、高效假捻器、传动轴及牙轮等。粗纱条自前罗拉送出后，必须由锭翼进行加捻使纤维互相抱合，增加纱条强力卷绕成形，供下道工序使用。

⑤升降部分。升降部分包括下龙筋、升降轴、链盘、平衡重锤等。为了使粗纱顺着筒管高低方向有次序地排列就必须使筒管在卷绕的同时不断升降运动。

⑥卷绕部分。卷绕部分包括锭翼、筒管传动轴、筒管牙轮、下龙筋等。纱条进入锭翼的顶孔和空心臂，到下部压掌上绕 2~3 圈，筒管的转速大于锭翼的转速，由压掌将纱条卷绕在筒管上。

⑦成形部分。成形部分包括变速装置、差动装置等。为了使粗纱便于运输和下道工序使用，粗纱在卷绕时，随着卷绕直径的逐渐加大，两端必须做成斜面形式的管纱。

⑧辅助机构。包括清洁装置、自停装置。

（4）了解锭翼摆头原因及对产品质量的影响。

（5）了解粗纱机主要机件速度，所配电动机功率。

（6）了解机械传动的主要形式和特点。

（7）掌握粗纱机润滑部位及周期。

（8）熟悉常用工具、量具的名称、规格及其使用、保养方法。

（9）熟悉长度、重量的公英制计量单位及其换算。

（10）掌握砂轮、电钻、台钻的使用方法。

（11）熟悉粗纱机常用螺丝规格及其使用部位。

（12）了解电气使用的一般知识。

（13）掌握安全操作规程及消防知识。

2. 中级工应知应会

（1）掌握粗纱初级工应知应会部分。

（2）掌握锭翼压掌松紧，支臂开档压掌弧度不合格与粗纱质量的关系。

（3）掌握清洁装置的结构、作用与质量的关系。

（4）掌握粗纱成形不良的校正方法。

（5）掌握胶辊、胶圈的规格和质量要求。

（6）了解罗拉隔距与纤维长度，半制品定量的关系。

（7）掌握粗纱张力的调节方法。

（8）了解温湿度对粗纱生产的影响和本工序调整范围。

（9）熟知电气控制在本工序中的应用。

（10）掌握一般机械故障产生的原因及其检修方法。

（11）熟悉常用金属材料的一般性能及其应用。

（12）熟知正、斜齿轮的齿数、外径、模数的计算。

（13）掌握形位公差、公差配合的基本知识。

（14）了解电焊、气焊、锡焊的应用范围。

3. 高级工应知应会

（1）掌握粗纱中级工应知、应会部分。

（2）熟知牵伸原理和各种加压装置的基本知识。

（3）掌握罗拉或罗拉断裂原因及解决办法。

（4）熟知平车后用电增减的原因。

（5）掌握按排列图排装机台的画线要求。

（6）掌握机台安装地坪的基础要求。

（7）掌握精校机架的方法。

（8）掌握平修机台应达到的技术条件要求。

四、质量责任

1. 设备主要经济技术指标

（1）设备完好率 $= \dfrac{完好台数}{检查台数} \times 100\%$

（2）大小修理一等一级车率 $= \dfrac{\text{一等一级台数}}{\text{同期修理台数}} \times 100\%$

全部达到"接交技术条件"的允许限度者为一等，有一项达不到者为二等。全部达到"接交技术条件"工艺要求者为一级，有一项不能达到者为二级。

（3）修理合格率 $= \dfrac{\text{合格台数}}{\text{同期修理台数}} \times 100\%$

全部达到"接交技术条件"的允许限度者为合格，有一项不能达到者为不合格。

（4）大小修理计划完成率 $= \dfrac{\text{实际完成台数}}{\text{计划台数}} \times 100\%$

（5）设备修理准期率 $= \dfrac{\text{准期完成台数}}{\text{计划台数}} \times 100\%$

（6）设备故障率 $= \dfrac{\text{故障停台台班数（或台时数）}}{\text{计划运转台班数（或台时数）}} \times 100\%$

2. 质量事故

（1）企业应制订质量事故管理制度，按损失大小落实责任。

（2）分析事故产生的原因，制订措施，及时采取纠正措施。

（3）利用各种形式进行质量教育，提高每名维修工质量责任意识。

（4）对出现的质量问题与责任者，将质量责任真正落到实处。

3. 质量把关

粗纱维修应做到：

（1）认真执行操作法及安全操作规程。

（2）保证大小修理、保养等设备维修质量。

（3）预防因机械原因造成的质量事故。

（4）杜绝油污纱、错支等质量问题的发生。

（5）粗纱工序主要疵品及产生原因（表5-9）。

表5-9　粗纱工序主要疵品及产生原因

疵品名称	产生原因
粗纱重量不合标准	牵伸齿轮调错 喂入熟条定量不符合规定
粗纱条干有严重 节粗节细	弹簧加压失效 皮辊严重中凹或损伤严重，芯子缺油 严重绕罗拉，绕皮辊，使罗拉弯曲，隔距走动 齿轮啮合不良、缺齿、键销松动 弹性钳口过紧或弹簧断裂失效 喂入棉条条干严重不匀；打褶或附有飞花 锭翼严重摇头 牵伸配置不当或粗纱伸长率太大 集棉器破损、跳动 相对湿度过低，粗纱回潮小

疵品名称	产生原因
松纱烂纱	粗纱捻系数太小 成形卷绕密度不足 粗纱张力太小，压掌弧度不正 喂入棉条过细 相对湿度太低
脱肩	成形角度配置不当 筒管跳动 换向装置失灵 粗纱张力控制不当，成形换向齿轮啮合不良
冒头冒脚	锭杆、锭翼压掌高低不一 龙筋动程太长或偏高、偏低 筒管跳动或筒管齿轮底部磨损太大 成形变换齿轮配置不当，使张力里紧外松 升降轴上个别传动齿轮固紧螺丝松脱
飞花附入	棉条内夹有飞花、绒板花 清洁装置不良 值车工清洁工作不及时或方法、工具不良 高空飞花落入棉条或粗纱 棉条通道不光洁，特别是锭翼臂部积花

4. 接交验收技术条件

（1）粗纱机大小修理接交技术条件（表5-10）。

表5-10　粗纱机大小修理接交技术条件

序号	检查项目		允许限度		检查方法及说明
			大修理	小修理	
1	罗拉轴承与罗拉座配合间隙		不允许		用左手转动罗拉，每次转过90°，右手轻敲罗拉无抖动感
2	罗拉偏心、弯曲		0.05mm		目视或停车用百分表测量棉条通道处
3	摇架加压，压力不一致，皮辊偏心弯曲		不允许		目视、手感测量摇架压力符合工艺要求
4	筒管传动轴偏心		0.10mm		停机用百分表测量轴颈
5	升降滑板与车脚滑槽边测间隙		0.3mm		下龙筋在中央时，将滑板紧靠一侧，用测微片测量
6	下龙筋升降顿挫抖动		不允许		目测，手感
7	牵伸齿轮轴与轴承座间隙		不允许		用指敲无抖动
8	齿轮状态	啮合不良，振动，异响	不允许		目视、手感、耳听，咬合量70%~90%震动，异响与正常机台对比
		平齐程度	2mm		目视、尺量，以一边为准，若相搭两齿轮宽度不一致时，窄不出宽
		缺单齿	1/3		目视、尺量
		齿轮齿顶厚，高磨损	1/3齿顶厚		目视、尺量

续表

序号	检查项目		允许限度		检查方法及说明
			大修理	小修理	
9	牵伸部分齿轮键与键槽间隙	键与轮键槽	不允许		用测微片检测
		键与轴键槽	不允许		用测微片检测
10	车头部分振动		不允许		目视、手感与正常机台对比
11	车头、机脚垫铁缺少、不与地着实		不允许		用扳手轻轻敲击不松动
12	清洁装置作用不良		不允许		目视、手感,绒棍、绒套不破裂,回转绒套不回转,与皮辊(罗拉)不密接为不良
13	集棉器、喇叭口、隔距块缺损及同台规格不一致		不允许		目视
14	自停装置	断头自停,断条自停失灵	不允许		目视、手感
		定长、定向、定位自停失灵	不允许		目视、手感,符合企业规定
15	安全装置作用不良		不允许		目视、手感,机器防护罩和各种安全连锁装置缺损和松动及失去安全作用者为不良
	电气装置安全不良				目视、手感,接地不良,接地线折断松脱,绝缘不良;36V以下引出线到接线柱以前的导线裸露。位置不固定:有关电器部件显著松动
16	粗纱成形不良		不允许		目视,粗纱成形上下角度不一致,纱条层次均匀
17	粗纱伸长率		符合企业规定		试验室检测
18	条干不匀		符合企业规定		试验室检测
19	耗电		符合企业规定		电气进行检测

(2)粗纱完好技术条件(表5-11)。

表5-11 粗纱完好技术条件

序号	检查项目	允许限度	检查方法及说明	扣分标准	
				单位	扣分
1	条干显著不匀	不允许	目视、棉条无连续性粗细节	只	2
2	粗纱成形不良	不允许	目视	只	1
3	皮圈跑偏	不允许	不超过下肖缺口,滚花纹5mm	只	0.5
4	锭翼,假捻器显著摆动	不允许	下龙筋在中央时,目视、手感。必要时用百分表在专用工具上检查,锭帽最高点夹角45°,则摆动不超过0.15mm	只	0.5

续表

序号	检查项目		允许限度	检查方法及说明	扣分标准	
					单位	扣分
5	锭壳挂花		不允许	目视成束，有白点，空心臂塞花，锭帽、压掌绕花均为不良	只	0.5
6	前罗拉跳动		0.05mm	目视、手感。必要时用百分表测量棉条通道处，两只罗拉座间作一处计	处	3
7	下龙筋升降显著抖动、顿挫		不允许	目视、手感，量锭子与锭管间隙不超过大小修理规定允许限度为标准，超过者为不良	台	2
8	粗纱伸长率		符合企业规定	试验室测试	台	11
9	工艺自停	断头、断条自停失灵	不允许	目视、手感	台	3
		定长、定向定位自停失灵	不允许	目视、手感，符合企业规定		
10	皮辊跳动		0.08mm	目视、手感，必要时用百分表测量	只	2
	皮辊轴承发热		温升15℃	手感，必要时用温度计测量	只	2
11	牵伸齿轮	咬合不良、振动、异响	不允许	目视、手感、耳听。咬合量70%~90%振动异响与正常机台对比	只	3
		平齐程度	2mm	视尺量，以一边为准，相搭齿轮宽度不一致，窄不出宽		
		缺单齿	1/3齿宽	目视、尺量		
		齿顶厚高磨	1/2齿顶厚	目视、尺量		
12	机械空锭		不允许	目视	只	2
13	锭翼松动		不允许	目视，手感	只	1
14	集合器、隔距块、喇叭口缺损及规格不一致		不允许	目视，毛刺、卷边、跳动损坏均作不良，喇叭口差异超过工艺要求1mm为不良	只	0.5
15	清洁装置作用不良		不允许	目视，手感、尺量，绒套、绒辊破裂不超过10mm，回转绒套不转，与皮辊（罗拉）不密接均作不良	只	0.5
16	主要螺丝、垫圈、机件、键销缺损松动		不允许	目视、手感，主要螺丝、垫圈指电动机座，主轴、机台基础、升降轴、牵伸及车头传动部分	件	0.2
	一般螺丝、零件缺少损坏、松动		不允许	目视、手感，（螺丝满3只以上，每只扣0.2分）	处	0.5
17	安全装置	作用不良	不允许	目视、手感、机器、防护罩和各种安全连锁装置松动及作用不良者	处	3
		严重不良	不允许	目视、机器、防护罩和各种安全连锁装置缺少为严重不良	处	11

序号	检查项目		允许限度	检查方法及说明	扣分标准	
					单位	扣分
18	电器装置	安全不良	不允许	目视、手感、接地不良；接地线折断、松脱；绝缘不良；36V以下引出线到接线柱以前的导线裸露，36V以上护套管脱落、损坏；位置不固定；有关电器部件松动	处	5
		严重不良	不允许	目视，36V以上导线绝缘层破坏，导线裸露为严重不良		11

（3）关于粗纱机大小修理及设备完好技术条件的说明。

①大小修理的周期各企业应视设备技术状况、生产情况和设备管理水平等各方面的不同情况制订。

②大小修理后设备的接交验收应包括以下步骤。

a. 初步接交，修理后的设备经过试车，由维修队长交给检修工或保养组长，检修工和保养组长按"大小修理接交技术条件"进行检查。

b. 运转查看，小修理经三个班，大修理经过九个班的运转查看期。试验室、电气部门应按进度要求对大小修理的设备进行工艺测定，在终交前提出数据。

c. 最终接交，在初步接交后七天内，由维修工长、维修组长（技术员）或轮班长检查设备缺点修复及工艺测定结果，办理最终接交。

③设备完好机台考核，一般扣分0~10分为完好机台。

④完好技术条件中几个问题的具体解释。

a. "温升"是指被测部件的温度与被测机台附近的室温之差。

b. "机件缺少"是指凡机器出厂时原设计有的机件，原则上都不允许缺少，但因下列情况之一者，可不作为缺少。

由于技术改造而取消或以其他机件代替者；经实践证明不适用，经设备管理部门审批同意拆除者。

c. "机件损坏"是指机件应完整无损，若机件有一般损坏不影响安全生产、正常运转，安装工艺不予考核。但应作问题提出，力求及时修复。

d. "窄不出宽"是指宽齿轮啮合两只窄齿轮，平齐程度以一边为准。宽齿轮啮合一只窄齿轮，做到窄齿轮侧面不超出宽齿轮。

5. FA468维修指导

（1）一般说明。

①维修的目的在于使本机的工作能力得到充分发挥，生产的粗纱质量品质优良，机器寿命得以延长，因此，清扫和维修作业必须正确进行。

②粗纱机的维修、保养应参考本文及工厂的具体情况执行。

③清扫（由值车工操作）及维修的周期应根据使用纤维原料、粗纱定量，车间设备等多种条件而异，本章所述为一般的周期及方法，定期维修可分普通维修的周期为8~12天及3个月，特别维修为半年及3年。

（2）维修工作的注意事项。

①在平车、揩车工作中或运转中有异常情况时以及在执行调整和修理工作时，应切断机台电源，同时要在电源开关上挂工厂规定的安全标示牌。

②在进行零部件的拆卸修理时应避免不必要的零部件的拆卸。

③在拆散零部件时，卸下紧固件应装在原位置上，以防丢失。拆散零部件，应按顺序摆放在预先准备的木板或厚纸上，避免磕碰和丢失。

④凡棉条的通道均应保持清洁，并涂敷滑石粉。

⑤密封轴承不要用油清洗，只需揩拭干净，其余轴承如用油清洗，清洗后应按规定加好润滑脂。

⑥如发现零部件损坏时，要立即检修或以预备零部件调换。

（3）清扫工作（表5-12）。

表5-12 清扫工作

清洁部位	次数	说明
上清洁装置	适当	积极传动间歇回转绒套，如积聚短纤维应予以清除
上龙筋及车面	每班一至二次	运转中不要把大块废棉、废纱放在龙筋盖板及车面板上以免堵塞风口，对已堵塞风口要及时通开
罗拉	每班一次	
锭翼	落纱时清洁一次	纺棉时每落纱清洁一次，混纺时每落纱清洁两次（中纱及落纱）
下龙筋	每落纱一次	
锭翼锭杆	每班一次	纺棉时不需要清洁，混纺时每班一次
地面、机台前及车肚内	适当	
罩板	适当	
风机滤网	每班一至二次	

（4）普通维修。

①揩车及重点检修周期为8~12天，重点检修可结合揩车进行。

②周期为三个月的部分维修，维修部位及方法见表5-13。

表5-13 维修部位及维修方法

操作项目	维修部位及方法
清扫	清除升降杠杆上的飞花
	清除链条上的飞花
	清除升降滑槽、升降齿条及齿轮上的飞花
	清洁导条架
	清除车头内的飞花
	清洁器肚内绒带，木辊上的集棉

操作项目	维修部位及方法
重点检修	皮辊加压、皮圈、锭翼、上下龙筋的工作状况
	齿轮传动，齿形带传动的啮合及工作状况
	车门安全开关，光电自停装置，各限位开关的动作可靠性

③小修理（小平车）周期为六个月。小平车时要将机器经常运动的个别部分拆卸，清理修整，平校，更换不能正常工作的零件，主要工作如下。

a. 检查机架是否平稳，检查筒管龙筋的水平。

b. 对导条罗拉进行清擦，检查机件的完好状况。

c. 对牵伸机构的全部零件进行揩净并按标准要求进行检查；上、下龙筋齿轮，传动轴均进行平装，并拆开联轴器清洗干净，涂以锂基润滑脂（SY1408-59）然后装配牢固。

d. 检查传动部分齿轮的啮合状况，调整齿形带及皮带的张力。

e. 按润滑要求对润滑部位注油或换油。

f. 检查风机运行情况。

④大修理（大平车）三年一次，除车头、车面板、车架、上下龙筋不必拆卸但应进行校平外，其余部分按顺序拆卸，进行彻底清洁，修理并更换一些磨损或损坏的零件，并按安装顺序重新安装校平。

⑤维护部位及维护方法（表5-14）。

表5-14 维护部位及维护方法

操作项目	维护区域	维护部位及方法
清扫	罗拉部分	拆卸下罗拉，去除附着在罗拉上的纤维
		清除上下清洁器部分的飞花及传动木棍上的集棉
		清除清洁器装置传动轴及吸棉箱等附着的飞花
	锭翼龙筋	卸下龙筋板，清除飞花
		揩清龙筋内部
		揩清锭翼粗纱通道（特别是出口）在纺化纤时由于油剂黏附于粗纱通道，要用酒精揩拭
	筒管龙筋	卸下龙筋盖板，清除盖板以及齿轮等附着的飞花
	车头箱	打开车头大门，清除飞花及污物
	吸棉部分	打开车头一端的吸风筒盖，清除风筒里的集棉
	升降部分	清除升降齿轮及齿条上的集棉，打开车尾端门，清除车尾升降齿轮齿条上的集棉，并检查车尾齿条装配位置的正确性
检查调整	牵伸部分	检查导条杆及集棉器的破损情况
		检查上下皮圈的破损情况
		检查上下清洁器并对动作不良者进行调修
		检查摇架的加压情况
		检查罗拉的敲空情况校正罗拉隔距

续表

操作项目	维护区域	维护部位及方法
检查调整	锭翼龙筋	紧固传动轴的连接套
	筒管龙筋	检查齿轮传动的啮合情况
	车头箱	检查齿轮的啮合情况
		检查齿形带的张力
	其他	检查各门安全开关
		检查光电自停装置
		检查各限位开关的动作及各开关按钮
		检查电磁离合器的啮合情况
		检查各部分同步带有无松弛现象

第六章　细纱工和细纱机维修工操作指导

第一节　细纱工序的任务和设备

一、细纱工序的主要任务

细纱工序是纺纱生产的最后一道工序，它是将粗纱纺成具有一定特数，并且符合一定质量标准要求的细纱，供捻线、机织或针织使用。细纱工序的主要任务是：

1. 牵伸

将喂入的粗纱均匀地抽长拉细到成纱所要求的特数。

2. 加捻

将牵伸后的须条加上适当的捻度，使成纱具有一定的强力、弹性、光泽和手感等力学性能。

3. 卷绕成形

将纺成的成纱按一定成形要求卷绕在筒管上，以便于运输、贮存和后工序加工。

细纱是纺部非常重要的工序，棉纺厂生产规模的大小常用细纱机总锭数表示，细纱产量是决定纺纱厂各工序机器配备数量的依据；生产质量水平、原料、机物料、用电量等的消耗，劳动生产率、设备完好率等又反映出纺纱厂生产技术和管理水平的好坏。

二、细纱工序的一般知识

细纱值车工的主要任务是将所看管的机台设备使用良好，严格执行工作法，把好质量关，按照品种的规格要求，按质按量地纺出符合质量要求的细纱。其主要工作是换粗纱、机上接头、清洁工作，认真巡回、预防断头和防疵、捉疵，使纱线连续不断地生产。因此，提高细纱质量，减少疵点，减少断头，少出回花、节约用料是细纱值车工的基本任务。

1. 主要产量指标

（1）单产。是指一千只锭子实际运转一小时生产的棉纱重量，用公斤/千锭时表示。

（2）台班产量。是指每台车一轮班生产多少公斤棉纱。

（3）班产。是指所有机台一轮班实际生产多少公斤棉纱。

（4）折合单产。棉纱折合单位产量以29号（20支）棉纱为标准品、折合单位产量的计算公式如下：

某号（支）折合单位产量＝某号（支）实际单位产量×某号（支）棉纱折合率×影响系数

注意：①棉纱单位产量折合率以号数（支数）、锭速、捻度、效率为基本因素，结合一般实际生产水平计算而得。

②影响系数。主要根据原料性能和工艺条件的差别而定，主要影响因素有：直接纬纱、精梳棉纱、各种混纺纱、不同等级棉的纺纱、钢领直径和升降的程度化等。

③空锭率。前罗拉不吐须条的锭子称为空锭，表示空锭多少的参数称为空锭率，计算公式如下：

$$空锭率 = \frac{空锭数}{所查总锭数} \times 100\%$$

2. 主要质量指标

（1）断头率。细纱断头率是以千锭时断头根数来表示的。

$$细纱断头率 = \frac{实测断头根数}{测定锭数 \times 测定时间（min）} \times 60 \times 1000 \ [根/（千锭·时）]$$

（2）坏纱。

①成形坏纱。高低羊脚纱、冒头冒脚纱、葫芦纱、脱圈纱、压钢板纱。

②质量坏纱。条干纱、竹节纱、错经错纬纱、羽毛纱、紧（弱）捻纱、黄白纱、油污纱等。

③下机匹扯分。是指从布机落下来的布，未经修织每匹布内所扣的各种疵点总的分数称为匹分，平均每匹布的扣分称为匹扯分。

$$下机匹扯分 = \frac{疵点总分数}{检查匹数} （分/匹）$$

④疵布率。由于纱织疵点的影响而造成棉布降等匹数的百分率称为疵布率，一般以四项疵点（粗经、粗纬、竹节、条干）考核纺部。

$$疵布率 = \frac{疵点总匹数}{入库匹数} \times 100\%$$

3. 操作测定

根据企业规定的操作测定项目，每月进行技术测定不少于一次，并评定级别，考核个人、小组。

4. 劳动定额

看台定额原则上要达到劳动规范标准，因各厂的特殊品种、特殊情况，具体可由各厂自定。

5. 节约成本

（1）节约用棉。减少回花，包括皮辊花，接头回丝和粗纱头，少出坏纱。

（2）节约用料。清洁工具、钢丝圈等要节约，不能随意损坏扔掉。

（3）节约用电。加强巡回，减少空锭，节约照明用电。

6. 细纱工序的温湿度

（1）车间温湿度。

①温度。同粗纱工序。

②湿度。同粗纱工序。

③相对湿度。相对湿度是空气的含湿量和同温度下空气的饱和含湿量的百分比。用下式表示：

$$相对湿度 = \frac{空气含湿量}{温度下空气的饱和湿度} \times 100\%$$

一般使用干湿球温度计测量温湿度。通常把干球温度计读出的温度称为干球温度，从湿球温度计读出的温度称为湿球温度。

车间实际相对湿度可使用干湿球温度计测出。例如，从干湿球温度计上读出干球温度26℃，湿球温度22℃，干湿温度差为26℃-22℃=4℃，查温湿度换算表，相差4℃一栏，26℃处，得相对湿度的读数为64，即车间当时温度为26℃，相对湿度为64%。

（2）细纱车间温湿度标准（表6-1）。

表6-1　细纱车间温湿度标准

品种	冬季		夏季	
	温度（℃）	相对湿度（%）	温度（℃）	相对湿度（%）
纯棉	24~27	55~60	30~32	55~65
涤棉混纺	23~25	50~55	30~32	50~55

（3）温湿度与人体的关系。在日常生活和生产劳动中，人的体温维持在36.5~37℃，如果我们周围的环境非常冷或非常热，就会使体温调节受到影响，因此，如果我们车间温度不适宜，会使人容易感到疲劳，降低工作效率，使健康受到影响。

人体对外界环境的感觉舒适与否，不仅取决于温度，还与所在环境的湿度（特别是相对湿度）和空气流动速度有关，如细纱车间夏季生产纯棉时的温度30~32℃，相对湿度55%~65%就很舒服。

（4）温湿度与生产的关系。温湿度与车间生活好做与否，与产品质量关系密切，因此在细纱纺纱过程中应严格按温湿度标准控制温湿度，如果相对湿度过大易吸附纤维表面而产生绕胶辊、绕罗拉等现象。

温度能使棉纤维表面的棉蜡软化，对纺纱有利。高于30℃，则棉蜡软化发黏，纤维强力降低，断头多；低于18℃，则棉蜡硬化，纤维刚性增加，试纺强力增加，但会出"硬头"。

湿度高，回潮率高，纺纱强力高，但偏高就易产生缠胶辊，绕罗拉，飞花易黏附在胶辊和罗拉上，断头增加，易造成飞钢丝圈等，湿度低、回潮率低，纺纱强力低，在纺纱过程中易产生静电，使成纱毛羽多，纤维抱合力差、强力低、成形不良、条干恶化。

7. 细纱机一般机械故障的产生原因及解决方法（表6-2）

表6-2　细纱机一般机械故障的产生原因及解决方法

故障	产生原因	解决方法
前罗拉晃动	1. 前罗拉不靠山 2. 罗拉轴承磨损造成罗拉弯曲 3. 粗纱绕罗拉使轴承损坏、掉滚针、保持器坏，造成罗拉弯曲 4. 揩车抬罗拉时，动作不一致，造成弯曲等	1. 平时发现罗拉弯曲先拉空锭，然后通知保养，及时校正 2. 发现罗拉颈缺油发热，及时加油 3. 值车工加强巡回，防止过长时间缠罗拉，造成轴承损坏。修理需调换轴承时，两边各要卸压24锭

故障	产生原因	解决方法
胶辊跳动及胶辊、小铁辊缺油发热，回转不灵活	1. 胶辊变形，偏心超过 0.05mm 2. 胶辊轴承、铁辊、飞花、杂物卡住，造成回转不灵活 3. 胶辊轴承、铁辊、滚珠、保持器磨灭松动 4. 胶辊缺油	1. 胶辊要定期校偏心 2. 胶辊、小铁辊要定期检查，发现偏心、回转不灵活，要拣出来，修理后方可使用 3. 新胶辊第一、第二次上车要缩短周期，调下来揩清，最好先用在质量要求较低品种的机台上
导纱动程不符合规定		通知检修工及时校正，符合规定，并要求边空不小于 2.5mm
其他牵伸部件失常	1. 胶圈回转顿挫、跑偏、表面损伤 2. 集合器缺少、损伤、同台规格不一致 3. 上销隔距块缺少、损伤、同台规格不一致 4. 胶圈架显著跳动 5. 吸棉笛管毛刺挂花、堵塞、碰罗拉、高低进出位置显著不正等	凡值车工不能修理的，可通知修理工处理
机械空锭及连续断头的锭子	1. 零件缺损。如断锭带、导纱钩断脱、牵伸部件缺损等 2. 小中纱时连续断头，是隔纱板显著歪斜、导纱板显著偏高偏低、锭子绕回丝使筒管浮起、钢丝圈轻重混用等 3. 大纱时连续断头，是锭子摇头、筒管弯曲变形摇头、锭子缺油跳动、歪锭子、歪气圈、钢领起浮、导纱钩起槽、钢丝圈磨损烧毁等 4. 管纱直径过大与钢领相碰或间隙过小 5. 清洁器失效、钢丝圈挂花	1. 缺损零件及时调换。 2. 发现机械不正常，通知检修工及时解决。 3. 个别管纱直径大，卷绕松烂是锭带张力失效或钢领衰退、钢丝圈偏轻之故。 4. 如整台管纱直径大，要调换撑头牙
落纱时锭子拔起	锭钩尖磨损或螺丝松动失效	大小修理、敲锭子时，要检查纠正锭钩螺丝松动与失效。检修工结合重点检修机台，平时要多听落纱工反映，及时解决
管纱成形不良	整台车成形不良，这是钢领板升降顿挫，原因有： 1. 成形凸轮表面严重磨损 2. 钢领板升降调向时打顿（成形凸轮螺钉松动、成形竖轴蜗杆蜗轮啮合过松或螺钉松动） 3. 平衡重锤与钢领板轻重不平衡 4. 摆轴头子与轴承磨灭，换向时左右游动 5. 千斤连杆联接器芯子与壳子间隙磨灭 6. 平衡重锤碰地面或摆轴成形杠杆架下有东西相碰 7. 成形链条过长或过短 8. 成形齿轮卡死，自动落钢领板，链条牙飞花卡死	1. 揩车时对钢领板升降柱与套筒认真揩净，修机工对链条牙要检查维修 2. 值车工特别要随时揩清钢领板升降两边的积花，防止轧塞 3. 吸棉箱铜丝网破损，漏白花或漏风，如遇上述故障应及时通知保养工修理
	局部钢领板升降顿挫的原因有： 1. 钢领板升降柱弯曲、表面有毛刺、飞花阻塞 2. 钢领板与托头间过紧，钢领板在最低位置时容易轧煞打顿	

三、细纱设备的主要机构和作用

1. 主要机构和作用

细纱机的主要机构包括喂入机构、牵伸机构、加捻和卷绕机构及自动控制机构。

（1）喂入机构。细纱机喂入机构主要包括粗纱架、粗纱支持器（吊锭）、导纱杆和横动装置等。其作用是将粗纱顺利地从粗纱管上逐步退绕并喂入牵伸机构。在喂入过程中要求喂入部分各机件相关位置正确。粗纱架是用以支承粗纱的架子，并能放置一定数量的预备粗纱和空管。粗纱支持器（吊锭）应保证粗纱在退绕时回转灵活，以防止粗纱产生意外伸长。导纱杆主要用来引导粗纱喂入导纱喇叭口，使粗纱退绕时减少张力，避免粗纱产生意外伸长和断头。横动装置的作用是延长胶辊胶圈的使用寿命，提高成纱质量。

（2）牵伸机构。

①细纱机牵伸机构的作用。将喂入的粗纱抽长拉细到所规定的细度，同时使纤维伸直平行，其牵伸机构主要包括牵伸罗拉、罗拉抽承、胶辊、上下胶圈、胶圈销、集合器、加压机构及吸棉装置等。其牵伸装置主要由三对罗拉所组成，每对罗拉组成一个牵伸区，三对罗拉组成一个前牵伸区和一个后牵伸区，由于各对罗拉线速度不同，将喂入的粗纱逐渐拉长拉细到所规定的细度，同时使纤维伸直平行。

②细纱机一般采用弹簧摇架加压或气动摇架加压。弹簧摇架加压具有结构紧凑、轻巧、惯性小、机面负荷轻、吸振作用好、能产生较大的压力等优点，并可按工艺的需要在一定的范围内调节，有利于牵伸装置的系列化和通用化。气动摇架加压是采用净化后的空气为压力源，对牵伸装置进行加压。其优点是压力稳定充分，能适应重加压工艺，且压力调节方便，吸振性强，能适应机器高速且结构简单，维修管理方便。

③断头吸棉装置有单独吸棉和集体吸棉两种形式，现一般采用单独吸棉形式。

单独吸棉形式：利用自身所装的离心风机，在风道内形成真空，当细纱断头后，把前罗拉不断输出的须条吸入设在前罗拉下面的吸棉笛管内，然后由总风管聚集到储棉箱内。由值车工定期从储棉箱内将聚集的积棉取出。

（3）加捻与卷绕机构。加捻与卷绕机构的作用，是将从前罗拉吐出的须条获得一定的捻度，并经过导纱钩、钢丝圈绕到紧套在锭子上的筒管上。

加捻与卷绕机构由导纱钩、隔纱板、叶子板、钢丝圈清洁器、钢领、钢丝圈、锭子、筒管等组成。

①导纱钩的作用是引导纱条至锭子轴线位置以便加捻卷绕，前侧伸出一段，主要为防止断头的细纱飞扬打断邻纱，保证成纱质量。

②隔纱板的作用是将相邻的气圈隔开，以减少细纱断头。

③导纱板主要用于安装导纱钩，可调节进出，使导纱眼对准锭子中心，保持气圈正，减少细纱断头。

④清纱器的作用是借钢丝圈高速回转的气流与其产生的阻力，将黏附在钢丝圈上的飞花清除。

⑤钢领的作用是支撑钢丝圈，现行的细纱机使用平面或锥面钢领。

⑥钢丝圈的作用是引导纱条在钢领上作圆周运动，并将纱条加上适当的捻度，钢丝圈应

符合耐磨，耐热且散热快，重心低，回转稳定，纱条通道宽畅等要求。

⑦锭子是细纱机加捻卷绕的主要部件，它由锭杆、锭盘、锭胆和锭脚等组成，随着锭速的提高，锭胆由平面轴承的旧式锭子逐渐发展成锭胆为滚柱轴承，分离式弹性支撑的高速锭子。滚盘是由原老式设备的滚筒改为滚盘传动，能适应高速，维修方便，节约用电。

（4）卷绕成形机构。卷绕过程中，要求卷绕尽可能多的细纱，张力适当且稳定，不增加断头，成形结实，便于搬运，层次分清，易于退绕。细纱卷装一般采用短动程式卷绕，卷成圆柱、圆锥式管纱。

（5）巡回清洁装置。细纱机一般采用吹吸清洁机，对细纱机进行自动往复吹吸清洁，使机台处于清洁的工作状态。吹吸机主要由通风机、机架、传动机构、外吸废棉及电动机等部分组成。

2. 细纱机各部件与产品质量的关系（表6-3）

表6-3　细纱机各部件与产品质量的关系

部分	名称	作用	与产品质量关系
喂入部分	导纱喇叭口	引导纱条喂入牵伸机构	毛糙，位置不正，影响条干，产生竹节
牵伸部分	罗拉	组成牵伸机构将纱条抽长拉细	偏心、弯曲影响条干
	胶辊		表面毛糙，偏心，缺油，大小头等影响条干不均匀等
	胶圈		破裂、长短、粘花、影响条干、产生竹节
	胶圈架		位置不正，附入杂物影响条干，产生竹节，缺油影响条干。抖动、歪斜影响条干
	集合器	集拢纤维束降低断头	破损，跳动，杂物飞花阻塞纱条跳出，影响条干，产生竹节
	上、下销	固定胶圈位置	不落槽，脱出缺损，影响条干
	摇架	搁置胶辊、加压	歪斜，松动，影响条干不匀
	吸棉笛管	吸入断头后的回花	堵死，造成飘头，易产生粗经粗纬
卷绕部分	导纱钩	引导纱条至锭子顶端	起槽，歪斜影响条干，断头，易产生毛羽纱
	钢领	钢丝圈回转轨道	起浮、磨灭影响断头，易产生毛羽纱
	钢丝圈	加捻卷绕	与钢领不配套易烧焦，用错时影响断头，造成棉球
	清洁器	清洁钢丝圈积花	失效造成钢丝圈挂花，影响断头
	钢领板	安装钢领并上、下升降控制管纱成形	轧塞，不平，抖动，影响断头，管纱成形
	锭子	安装筒管，加捻卷绕	歪斜，摇头，影响断头、成纱质量不良
	锭带	传动锭子	长短、扭曲、脱落影响捻度，易出弱、紧捻纱
	筒管	卷绕	摇头、高低、跳动，影响细纱断头及成形

四、细纱工序的主要工艺项目

细纱工序的主要工艺项目包括细纱牵伸工艺项目和细纱加捻卷绕工艺项目。

1. 细纱牵伸工艺项目

一般情况下总牵伸倍数的选用范围见表6-4。

表6-4　细纱总牵伸倍数选用参考范围

线密度（tex）	长短胶圈总牵伸倍数	双短胶圈总牵伸倍数
9以下	30~60	30~50
9~19	22~45	22~40
20~30	15~35	15~30
31以上	12~25	10~20

2. 加捻卷绕工艺项目

细纱加捻卷绕工艺是围绕提高成纱强力、降低细纱断头、适应高速生产为目标的。

（1）细纱加捻工艺项目。细纱加捻的量度一般为捻度、捻系数及捻向。

①捻度。纱条单位长度上的捻回数称为捻度，用 T 表示。捻度有三种不同制度的表示方法：英制捻度 T_e，表示1英寸内的捻回数；公制捻度 T_m，表示1m内的捻回数；线密度制捻度 T_t，表示10cm内的捻回数。

②捻系数。用来比较相同或不相同特数纱线加捻程度的工艺参数。

$$捻系数（特数制）= \sqrt{线密度 \times 捻度}（捻/10cm）$$

捻系数的选择应根据产品对细纱品质的要求而定。一般经纱要求强力高、弹性好、捻系数大些；纬纱要求手感柔软、光泽好、张力小、系数可小些。

③捻向。纱线捻度的方向有S捻和Z捻两种。单纱中的纤维或股线中的单纱在加捻后由下而上，自右向左的称为S捻，又称顺手捻；而由下而上，自左向右的称为Z捻，又称反手捻。

细纱的捻向要视成品的需要而定，一般情况下，棉纱都采用Z捻。

（2）卷绕工艺。卷绕张力的产生是由加捻卷绕过程中，纱条与卷绕机件的摩擦阻力、纱条运动的离心力、空气阻力等因素形成的。影响卷绕张力的因素较为复杂，但生产上一般通过控制气圈形态来调节卷绕张力，生产上控制气圈形态是通过更换钢丝圈重量来调节。

第二节　细纱工序的运转操作

一、岗位职责

（1）应熟悉细纱机的性能和基本知识，熟知操作方法，安全操作规程，工作积极，认真负责，敬业爱岗。

（2）按照值车工的工作范围，按时保质保量地完成各项生产任务。

（3）认真执行操作法和清洁工作进度表，严格执行把关捉疵制度和其他有关影响质量的措施制度。

（4）严格执行交接班制度，做好交接班工作。

（5）认真执行安全生产规则，正确使用防护用品，保证安全生产。

（6）积极参加岗位练兵，苦练基本功，努力提高操作技术水平。

（7）爱护使用设备，发现异常现象及时通知修机工处理。

（8）认真完成领导分配的其他各项工作任务。

二、交接班工作

交接班工作是保证生产正常运行的重要环节，交接班工作要做到对口交接，交班人要主动交清，接班人应认真检查，双方既要团结协作，又要严格分清责任。

1. 交班做到"三清"

（1）交清生产情况。如品种翻改、工艺变更、接清断头、换齐粗纱、整理好粗纱分段。

（2）交清设备情况。包括机械运转、设备维修、电气是否正常。

（3）交清质量情况。树立质量第一的思想，交清公用工具，收清回花。

2. 接班做到"四查"

（1）查生产。提前15分钟上班，了解上班生产状况，查品种翻改、工艺变更、储备量等。

（2）查设备。查自调匀整、安全装置是否正常，查机械运转、电气自停等情况。

（3）查质量。查粗纱错支、粗纱定台、粗纱宝塔分段及断头情况等，查筒管是否插错及空锭情况等。

（4）查清洁及公用工具是否齐全。

三、清洁工作

做好清洁工作，是提高产品质量，减少断头的重要环节，必须严格执行清洁进度，有计划地把清洁工作合理地安排在一轮班每个巡回中均匀地做。

清洁工作应采取"六做""五定""五不落地""四要求"的方法。

1. 六做

（1）勤做、轻做、少做。清洁工作，要勤做轻做，防止飞花附入纱，量要少。

（2）彻底做。清洁工作要做彻底，符合质量要求。

（3）分段做。把一项清洁工作分配在几个巡回内做，如胶辊胶圈、罗拉颈，车面等。

（4）随时结合做。利用点滴时间随时做。在巡回中随时清洁罗拉颈及笛管两头飞花，车面板、导纱板飞花，并注意上绒辊的灵活回转。

（5）双手做。要双手使用工具进行清洁，如打擦板、扫笛管、捻车面、揩摇架、捻胶辊等。

（6）交叉结合做。在同一时间内，两手同时交叉进行几项工作，如扫吸棉管的同时可打擦板。

2. 五定

（1）定内容。根据各厂具体情况，定出值车工清洁项目。

（2）定次数。根据不同号数、不同机型、不同要求、不同环境条件，制订清洁进度。

（3）定工具。选定工具既要不影响质量，又要使用灵活方便。

（4）定方法。以不同形式的工具，采用捻、揩、刷、拿、拉、扫等六种方法。

（5）定工具清洁。根据工具形式、清洁内容、清洁程度，决定工具清洁次数，不要吹、扇、拍打，以防止工具上的飞花附入纱条。

3. 五不落地

做清洁时，要做到"五不落地"，即白花、回丝、粗纱头、成团飞花、管纱不落地。

4. 四要求

（1）要求做清洁工作时，不能造成人为疵点和断头。

（2）要求清洁工具经常保持清洁，定位放置。

（3）要求注意节约，做到五不落地、四分清。

（4）要求备用吊锭上粗纱、空管整齐，周围环境干净。

5. 清洁方法与使用工具

（1）采用揩的方法。

①粗纱架导纱杆。用绒拍单手轻揩。

②摇架。用两只绒拍，双手揩清；或一只绒拍，一只小菊花纤，一手揩，一手捻。

③钢板。用海绵或绒拍，利用大拇指侧面在钢板上面，其余四指握成拳式形状在钢领板侧面人朝前走，手在后面将钢板揩净。

④导纱板。擦板要轻打，勤拿清擦板下面的飞花，防止飞花附入纱条（自动擦板要勤拿擦板下面的飞花）。

（2）采用捻的方法。

①车面。清洁车面使用40cm长花衣棒。操作时右手拿花衣棒从笛管中间伸进，左手在前，右手在后，从左到右，由外到里，花衣要卷得紧，然后用左手挡住纱条，右手抽出花衣棒。

②胶辊胶圈。用电动胶辊机或竹扦由上到下，由里到外，捻净胶辊，勤拿针头飞花，防止针头花衣夹入牵伸部件。

③罗拉、罗拉颈沟槽。用电动胶辊机或竹扦捻取，勤拿针头飞花，防止飞花附入纱条。

（3）采用刷的方法。

①笛管。用猪棕一字刷运用手腕力由下而上刷清笛管，要求毛刷上不碰绒辊，下不碰车面导纱板。或用猪鬃扇刷，要求上不碰绒辊，下不碰导纱板。

②罗拉颈和罗拉座。清洁罗拉颈和罗拉座使用猪鬃小刷子。右手拿小刷子，人体稍向左侧倾斜，左手紧凑，勤拿小刷子上的飞花，防止附入纱条（或用30cm花衣棒）。

（4）采用拿的方法。罗拉沟槽飞花，擦板下飞花，车肚花，摇架轴挂花等及时拿清（擦净油手）。

（5）采用拉的方法。拉车肚必须在落纱停车后进行（有挡板的自定），拉时绳子要绷紧，压住车面板，先慢后快，不允许甩，防止飞花飘出附入纱条，并随手剥净绳子上的花衣，然后拿净车面花团。

（6）采用扫的方法。根据地面清洁情况可灵活掌握扫地次数。但落纱前必须扫净地面。

四、基本操作

单项操作是值车工进行操作的重要内容和技术性较强的操作项目。接头、换粗纱是细纱值车工的两项基本操作，也是执行全项操作法的基础。接头、换粗纱的好坏直接关系到产品质量和工作效率。为此必须在保证质量的同时提高基本操作效率，做到质量好，速度快。

1. 接头

接头操作的特点：

一好、一稳：捻头挺、距离近、部位准、平挑轻、插管稳。

二短：引纱短、提纱短。

三结合：插管、绕导线钩、捻头交叉结合。

四快：拔插管快、寻头快、套钢丝圈快、绕导纱钩快。

接头采用抵管接头法或平接轻挑法。动作要求：简单连贯，准确迅速；质量要求：无螺丝头，无白点、无细节；要领是：捻头是基础，轻挑是关键，部位是保证。

（1）抵管接头法。要求接头前的准备动作做到：五快：拔管快，找头快，套钢丝圈快，插管快，绕导纱钩快；二短：引纱短，提纱短；二好：定位好，质量好（捻头挺、距离近、部位准、平挑轻）。

①拔管。拔管要快而轻，先垂直拔，离锭塔即管尖偏左倾斜，拔出时避免顶翻导纱板。

a. 小、中纱拔管时，用左手拇、食、中三指为主，其他二指为辅，握住纱管中上部拔出（图6-1、图6-2）。

b. 大纱拔管时，用右手拇、食、中三指在纱管底部向上托起，同时，左手拇、食、中三指握住纱管拔出（图6-3）。

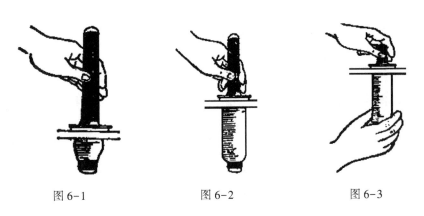

图6-1　　　　　　　　图6-2　　　　　　　　图6-3

c. 塑料管可用五指拔管，减少纱管擦磨烫手和捏不稳的现象。

图 6-4

图 6-5

d. 如纱管过紧不易拔出，用右手拇、食两指捏住锭盘上端，左手捏住纱管，然后左手向右，右手向左同时转动，拔出纱管。

e. 拔管注意点：拔管不顶翻导纱板，拔管后，纱管尽量靠近导纱板，并准备找头。

②找头。

a. 看准纱头的位置，并同时用右手拇指和弯曲的食指第一节在纱管斜面捏住纱头带捻引出（图 6-4）。

b. 如有纱尾，应先拉断纱尾再找头。

c. 如果找不到纱头，左手拇、食、中三指可稍稍左右转动纱管找头（图 6-5）。

③引纱。

a. 小纱管底没有成纱前，由管底部引出；大、中纱由纱管上部引出（图 6-6、图 6-7）。

b. 引出纱条夹在无名指第一关节处，同时用中指、小指紧靠无名指夹住纱条。

c. 引纱的同时，看准钢丝圈的位置，引纱长度不超过 3 个锭距，以 2 锭至 2 锭半距离为宜。在不影响提纱和插管的情况下，越短越好（图 6-8）。

图 6-6   图 6-7   图 6-8

④套钢丝圈。左手拿纱管略带倾斜，管底朝向锭杆。纱管尽量靠近钢板，两手间纱条绷紧，并与钢板平行，右手食指将钢丝圈带到钢领中间偏右（时针 25 分处）位置，以食指尖扣住钢丝圈内侧，使其开口向外，拇指指尖顶住纱条，向食指的右前方套入钢丝圈，其余三指应靠拢手心，左手迅速抬起准备插管（图 6-9）。

⑤插管提纱。

a. 套好钢丝圈后，左手拇、食、中三指握住纱管中上部，以三指用力为辅，手腕力为主，把纱管由倾斜到垂直插下，在即将到锭底时，靠食指用力插下，手背从插管动作开始时向左逐渐翻转向上（图 6-10）。

b. 在纱管倾斜插上锭尖时，右手手心向下，四指并拢，拇指呈掐头姿势，用中指第一指面提纱并在提纱时，食指背顺势稍抬导纱板，便于插管（在导纱板较小的情况下，可采用插管时不抬导纱板的方法），左手和右手抬起时的动作稍有前后，可便于缩短引纱长度（图 6-11）。

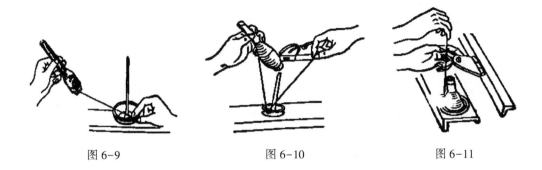

图 6-9 　　　　　　　图 6-10 　　　　　　　图 6-11

c. 提纱长度不超过上绒辊。

⑥绕导纱钩，捻头。

a. 左手插管后，用食中指抬起叶子板约 45°。右手提纱时手背向上，手心向下，靠手指的微动和手腕的配合使纱条迅速绕进导纱钩（图 6-12）。

b. 在右手提纱套入导纱钩的过程中，靠手腕的转动把细纱条挑在食指的第一关节的 1/2 处；拇指稍弓起，在食指第一关节 1/2 处并伸出食指侧面 2mm 捏住纱条，食指呈弧形，无名指到食指第一关节绕的纱条要绷紧，中指同时缩进与食指平齐并伸直，用中指第一关节指面、无名指、小指三指并齐向下用力捻头，使捻的头挺直（图 6-13）。

c. 食指挑纱及捻头动作均应在提纱的过程中完成，即边提边捻，捻头长度 16mm 左右。捻头时眼睛要看准罗拉吐出的纤维位置，便于迅速对准接头位置。

⑦接头。捻好头，右手食指捏住纱条（姿势不变），在罗拉中上部对准须条稍偏右，食指指甲与罗拉平行，距离 1mm（横向），中指第一关节抵住笛管中部，手腕向左倾反转并低于罗拉，使手心向左偏下，食指遮住笛管眼而不碰笛管眼，指甲尖稍碰罗拉，拇指指甲尖微碰皮辊，最后食指轻挑，同时拇指自然松开（特别注意松开时，拇指保持原状）不要立即缩掉，利用锭子的转动，在食指面上进行自然加捻抱合，使接头处光滑（化纤接头食指挑头应稍高，防止笛管纤维带出）（图 6-14）。

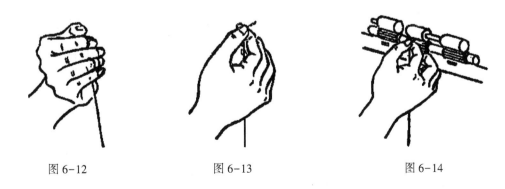

图 6-12 　　　　　　图 6-13 　　　　　　图 6-14

（2）平接轻挑法。

接头操作特点：一好（质量好），一准（接头准），一稳（插管稳）；二短（引纱短，提纱短）；三结合（插管，绕导纱钩，捻头交叉结合）；四快（拔管快，找头快，挂钢丝圈

165

快，绕导纱钩快）。

①拔管、找头、引纱、挂钢丝圈、插管操作动作要领及要求同"抵管接头法"的操作内容。

②提纱、绕导纱钩、掐头。

a. 插管后，用右手中指第一关节提纱（高度不超过上绒辊），手指呈弧形，手背向右，用手腕的转动，中指将纱条绕入导纱钩，动作小，速度快，在绕导纱钩的同时进行掐头（图6-15）。

b. 掐头位置在右手食指第一关节中部，食指与无名指平齐，把纱条绷紧，然后中指靠近食指指背，用中指肚掐头，要求动作快，纱头挺直。

c. 掐头的长度以15mm为宜，如遇掐头不挺时，拇指稍稍一动，挺直后进行接头。

③接头。

a. 右手食指的位置在接头时一般在罗拉中部，掐的纱头对准须条右侧约一根纱的距离。但不能推碰或摩擦须条，以免破坏纤维的排列状态，造成白点（图6-16）。

b. 接头时，右手食指要迅速向左上方微微轻挑，拇指自然松开利用锭子的转动，进行自然加捻抱合（图6-17）。

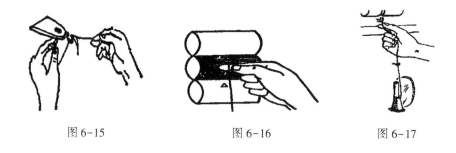

图6-15　　　　　　　　　图6-16　　　　　　　　　图6-17

c. 接头定位。

定高低位置。以右手拇指指甲作为高低定位依据。接头时，拇指指甲上方轻贴在胶辊表面，保证纱条接触时在前罗拉的中心位置。

定前后位置。用右手食指第一关节外侧突出处靠近罗拉表面，凭手指的感觉保持极小的间隙，保证纱头的根部与须条之间有一定的距离，不致因近碰击须条，造成大疙瘩，也不致过远而接空头。

定左右位置。接头时，手指的左右位置可以用食指外侧第二关节依靠胶辊扎钩或工字架机器部件来定位，保证接头稳、准。

（3）绕胶辊接头法。由于对纱线质量要求的不断提高，目前对特殊要求的细纱、紧密纺纱的接头，企业根据品种需要，采用绕胶辊接头，使该接头由自动络筒机清除再捻接。

①拔管、找头、引纱、套钢丝圈、插管提纱、绕导纱钩的操作均与"抵管接头法"相同。

②不再进行掐头。看准前牵伸区须条的位置，然后右手提纱向左或向右绕前皮辊将纱条

压在须条上方，随即将无名指上绕的回丝一道放入进行接头，接头点长度达到6~15cm，接头点留有纱尾，为自络工序准确卡出细纱接头提供双保险。

③掐头长度为2cm左右，使掐的头既挺直，长度又标准，食指也不易掐破，掐头的同时眼睛要看清前档小胶辊和大胶辊之间的须条位置，然后右手提纱向左或向右绕前档小胶辊或大胶辊接头（绕胶辊接头长度6~10cm）（图6-18）。

2. 换粗纱

（1）换粗纱动作。

①右手握住筒管底部，左手以拇、中、无名指为主，食、小指为辅，握住筒脚表面。可采用手心向下或向上两种方法（图6-19、图6-20）。

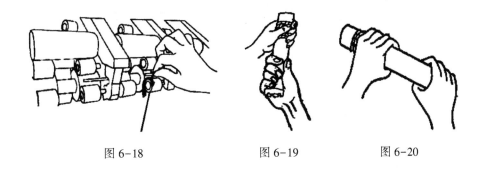

图6-18　　　　　　　　图6-19　　　　　　　图6-20

②左手向左、右手向右，转动筒管，然后用同样的动作将筒脚向上捋出。

（2）换粗纱采用穿粗纱法、细纱接头的方法。不抬摇架，盘粗纱，取下粗纱小纱或空管，换大粗纱，将粗纱通过导纱杆穿入喇叭口，再接头的方法。优点：变粗纱包卷为危害相对较小的细纱接头，避免不合格包卷造成的长粗、长细隐患。基本步骤：打断细纱头→上盘小纱→换大纱→顺纱→捻纱头→认头→接头。

具体操作要求：

①上盘小纱。准备大纱1支，做净上下斜面及表面飞花放在摇架上。左手在下，用食、中指剪刀式打断细纱头；同时双手的拇、食指从喇叭口根部捏住粗纱条。双纱手手心向上，五指分开，托住粗纱管脚按顺时针方向将粗纱纱尾盘好，防止粗纱头下垂缠皮辊或扑拉头。

②换粗纱。右手握住粗纱管底部，迅速上托，取下粗纱，放到备用吊锭上，左手取下备用粗纱，眼看准吊锭支架位置，将粗纱装上，然后找出粗纱头，在右手找粗纱头的同时，左手稍动粗纱，以助右手找头引纱，最后按规定动作顺纱。

③捻纱头。左手手心向上，用中指、无名指夹住纱条，拇指按住纱条于食指第一关节。右手手心向下，拇、食、中指距左手3~4cm处捏住纱条向右上方退捻拉断，左手拇、食指按顺时针方向由上而下将纱头捻成笔尖形。注意捻出的笔尖要挺、直。

④认头。右手继续手心向下捏纱条的动作，轻轻向下将捻好的纱头认入喇叭口。

⑤接头。等前罗拉纺出正常须条，开始接头。

五、巡回工作

按照一定的巡回路线和巡回规律进行工作，要做到巡回工作主动，要掌握生产变化规律，正确处理好接头、换粗纱、清洁、防捉疵点等各项工作，合理地掌握巡回时间，有计划地安排各项工作。

1. 巡回路线

通常，巡回路线有两种，分别为分段逐台与跳台结合巡回和跳台看管巡回，如图 6-21、图 6-22 所示。

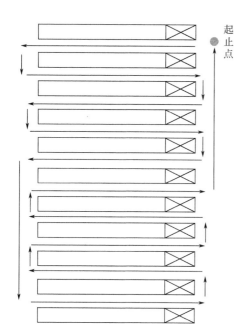 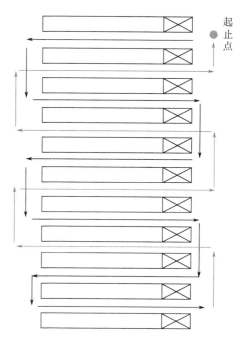

图 6-21　分段逐台与跳台结合的巡回路线示意图　　图 6-22　跳台看管的巡回路线示意图

采用单线巡回，双面照顾的巡回路线，按照一定的路线有规律地看管机台，在巡回中同时照顾车档两面的断头、粗纱、防捉疵和合理安排各项清洁工作。

根据不同的看台数，采用不同的巡回路线，看管三条弄档以下，采用挨弄看管双面照顾的巡回路线，看管三条弄档以上采用跳弄看管的巡回路线。

2. 巡回时间

根据各种号数最后一层粗纱筒脚使用时间，结合看锭、断头多少、换粗纱数量等不同情况，掌握不同的巡回时间，巡回时间只定上限。

（1）测定时间。单个巡回时间 15min、总巡回 30min，两个时间均超双重考核。

（2）测定台数（表 6-5）。

表 6-5　测定台数

支数	30 英支以下及直接纬品种	30~40 英支	40 英支以上
看台	7 台	10 台	15 台

注　1. 巡回起止：一种是起止点相同，起点也是终点，另一种是起止点分别在同一机台的车头与车尾。

　　2. 标准机台为 420 锭/台。

3. 巡回方法

巡回时有规律地灵活运用目光，做到五看，全面照顾两面断头，注意条干、粗纱等。

（1）五看。

①进车弄全面看。要从近到远，从远到近，先看断头，后看粗纱使用情况，计划本巡回工作时间，如遇紧急情况（飘头、跳筒管、羊脚杆堵死等）及时处理。

②车弄中间分段看。先看断头，后看粗纱，先右后左，不漏头，不漏疵。

③换粗纱、接头、做清洁工作周围看。打擦板时以擦板为指针，目光由近到远，再由远到近先看断头、粗纱情况，后看粗纱疵点，同时利用换粗纱、盘粗纱时及做清洁工作的间隙看周围断头和粗纱疵点。

④出车弄回头看。出车弄转弯要小，目光顺着转向回头看时从近到远看清断头和粗纱情况。做到心中有数，计划下一个巡回工作（如发现紧急情况要及时处理）。

⑤跨车弄捎带看。在跨车弄时，目光从远到近捎带看清各车弄的断头、粗纱情况，计划下一步工作。车头车尾40锭内有断头和应换的粗纱可以处理，对车弄内出现飘头、跳筒管、羊脚杆堵死等紧急情况可及时进入弄档处理。

（2）四不漏。打擦板时左右不漏头；换粗纱时左右不漏头；做清洁工作时身后不漏头；进出弄档时，车头车尾不漏头。

遇邻车正在落纱和小纱断头过多时，可以进行一次反向巡回，在巡回中一般不后退，如遇有飘头、跳管或缠罗拉、缠胶辊等影响质量的情况可以退回处理。在离身后40个锭子以内有断头也可退回处理，但不宜多用。

4. 巡回计划

加强巡回工作计划性，首先要有预见性、灵活性和计划性才有切实保证，每一落纱和每一个巡回是一个工作单位，要掌握断头规律，分清轻重缓急，将各项工作合理均衡地安排到每一落纱和每一个巡回中去做，减少巡回时间差异，均匀劳动强度，使工作由被动变为主动。

（1）掌握断头规律，主动安排各项工作。

①小纱断头多，跳筒管多，可少做、不做清洁工作，集中处理断头。

②中纱断头少，多做一些清洁工作，如胶辊胶圈、车面及检查质量等工作。

③大纱时，应做好落纱前的准备工作，如扫地，运好筒管盒、扫净吸棉笛管等，还要把要换的粗纱适当提前换上，防止小纱时出现忙乱现象。

（2）分清轻重缓急，处理各种断头和换纱。

①掌握"三先三后"的接头换粗纱方法。

a. 先易后难。先接容易接的头，后处理难接的头，缩短放胶辊花时间，节约白花。

b. 先紧急后一般。先接影响质量和断头的头，后接一般的断头，在断头特别多时先接吸棉笛管两端的断头，其他断头有意识不接，待下次巡回再接（断头不是特别多时，不宜有意识漏头），以掌握均匀的巡回时间，当同时出现空粗纱和断头时，应先接头，后换粗纱；遇到快要空的粗纱和断头时，粗纱在五圈之内，应先换粗纱后接头（粗纱在五圈以上的先接头后换粗纱）。

c. 接头要先右后左，换粗纱要先左后右。相邻几只锭子同时断头，应先接右边的断头，后接左边的断头。粗纱整体上下车机台，顺纱时应先右后左，便于细纱接头。

②几种处理难接头和巧接头的方法。

a. 提起纱条过紧时，先绕好导纱钩，再插管接头，或调换磨损的钢丝圈。钢领发涩时可用蜡或工业甘油抹一下。

b. 空锭时间稍长，而又接不上的断头，可调换一只邻纱接上。

c. 满纱时，个别头难接，可在钢领板下降时接头或采用不拔管接头。

d. 发现钢丝圈飞掉，先拔管引纱，再套钢丝圈连纱一起挂上，这样可减少动作，节约时间。

e. 遇有连续几个锭子断头时，可先拔出两头纱管，再逐锭接上，这样可防止断头蔓延。

f. 在左手拔管的同时，右手在筒管的底部清理锭子上的回丝，以防回丝飞出，打断邻纱。

（3）加强预见性，掌握好计划性。预见性是计划性的前提，掌握巡回时间，首先要有三个依据。

一是，正确估计自己操作技术水平及基本操作速度的快慢。

二是，充分掌握生产情况和各种工作的规律。

三是，熟悉各部件性能。

有了以上三个依据，就能预见一轮班，一落纱，一个巡回的工作。如：

①大纱时做好小纱的准备工作。

②根据自己基本操作速度的快慢，预见每个巡回的工作量，接头换粗纱多，少做清洁工作，反之，则多做清洁工作。

③根据其他弄档的情况，预见本弄档工作量。其他弄档断头多，本弄档少做或不做清洁工作。其他弄档断头少，本弄档可多做清洁及检查工作。

（4）根据不同的断头情况掌握巡回灵活性，采用不同的处理方法。

①生活好做时，要抓紧时间多做影响质量和影响断头的清洁工作，加强检查，捉疵、预防生产突然变化。

②生活难做时，采用接接放放，拉拉穿穿（对粗纱），抬抬放放（对摇架），努力多接少放，笛管两端基本不放的方法，灵活处理断头，防止恶性循环。

③特殊情况，个别机台如局部断头过多，要集中精力处理断头（小纱、纬纱可以跑双巡回）。

④机械故障影响断头时，如羊脚杆堵塞，撑头牙失灵，应及时通知有关人员抢修，防止损失扩大。

（5）粗纱整体上下车方法。一是细纱工职责进一步细化，由操作水平较高的细纱工负责接头和看车巡回，值车过程中不再换粗纱，而技术相对较差的细纱工或男工经培训后负责运粗纱、拆挂车；二是明确拆挂车队的具体职责，即对整台粗纱集中更换，拆挂车时间控制在10min内，同时对下车剩余的粗纱集中处理；三是细纱车间根据计划产量，对每班的改车数量平均分配，便于粗纱的生产供应。

（6）粗纱宝塔分段。粗纱宝塔分段操作法，适用于小订单或有特殊要求的品种。粗纱宝塔式分段是按照一定的顺序将粗纱组成由大而小的宝塔形式，使换粗纱工作均衡地分配在每个巡回中去完成，便于更好地组织计划全面工作。

①粗纱宝塔分段的形式。有同台同向式、同台异向式、单头式、间隙式等，一般以一面车为一个单位。

②粗纱宝塔分段控制范围，一般掌握在 12~16 锭内。在车头或车尾处留 1~2 个吸棉笛管处理粗纱筒脚。

③根据粗纱使用情况和每一个巡回规定的时间，合理掌握在巡回中换粗纱只数，保证分段整齐。

④如遇宝塔分段不正常情况，可运用掐补筒脚的方法，随时调整，防止空粗纱。

（7）掐补粗纱的方法。

①宝塔分段超出换纱范围时，应根据后面粗纱筒脚的大小进行掐补，后面筒脚大，前面补筒脚，后面筒脚小，前面掐筒脚。

②在前后换纱范围内粗纱出现同时走空时，可采用掐掐补补的方法进行整理。

③宝塔粗纱分段换得慢时，应进行掐筒脚。宝塔粗纱分段换得快时，应进行补筒脚，如补的数量较多时，可先装一些大粗纱，再补一些筒脚，逐步进行整理。

六、质量把关

质量把关工作是提高产品质量的重要万面，在一切操作中要贯彻"质量第一"的思想，积极预防人为纱疵，在巡回中要合理运用目光，利用空隙时间进行防疵、捉疵。做好以防为主，查捉结合，保证产品质量。

1. 把关工作

（1）预防人为疵点，做到"五防"。

①防换粗纱疵点。提高换纱质量，要将粗纱表面包括斜面的飞花拿清，包卷后注意纱尾不盘上粗纱，不空粗纱（特别是上排）。

②防接头疵点。提高接头质量，接头前要做到"三查"：查粗纱、集合器、条干。接头时遇到白点，要拉掉重接。飞花回丝不附入纱条，绕罗拉，绕胶辊的同档头要打断拉净。油污手不接头（如上锭带盘、揩罗拉颈、捻罗拉座、剥胶辊、揩钢板、扫地等要揩净手）。

③防粗经粗纬纱。拉空锭，将粗纱尾盘好，防止双根粗纱喂入。

④防紧捻脱纬纱。严禁一手操作，一手提纱。

⑤防清洁工作疵点。要手到、眼到。坚决执行清洁操作法，严禁飞花附入纱条，造成纱疵。

（2）捉粗纱疵点，做到"二主二次"和"二清二捉"。

①接头时，换粗纱时做到"二主二次"。

a. 接头时以接头质量为主，捉疵点为辅，利用空隙时间捉粗纱疵点。

b. 换粗纱时，以换纱质量为主，捉粗纱疵点为辅，利用掉筒脚和盘粗纱的时间，左右查捉粗纱疵点。

②清洁工作做到"二清二捉"。

a. 清理清洁工具时捉粗纱疵点。

b. 清洁粗纱架洋元时捉粗纱疵点。

③处理粗纱疵点的办法。

a. 凡附在纱条表面的疵点，不要掐断，只要轻轻摘下疵点，但必须防止撕乱纤维。

b. 卷绕在纱条中的疵点，必须掐断重新包卷。

c. 粗、细条和疵点多的粗纱，掐下重新换上一个粗纱。

（3）严把四关，预防突发性纱疵。

①平揩车关。平揩车后或调换胶辊后，开车第一落纱内，要注意质量变化，如条干不匀、轻重纱、油污纱、管纱成形、断头等，发现异常情况，立即报告。

②工艺翻改关。按工艺要求，掌握好翻改后使用的筒管颜色、钢丝圈、粗纱等情况，防止错支。

③饭后开车关。开车前，要拣清因扫天窗、灯罩而附在机台和纱条上的飞花，防止造成竹节纱或断头。

④开冷车关。做好开车前的准备工作，注意牵伸部件和加压情况，逐台开出后，注意掉胶圈和管纱成形，在断头多的情况下尤其要防止人为疵点的产生。

2. 掌握机械性能，防捉机械疵点

为了提高产品质量，降低断头，减少纱疵，值车工不仅要熟练掌握操作技术，同时还必须要熟悉机械性能，做机器的主人。防捉机械疵点的具体方法是掌握"一个重点"，运用"三个结合"，采用"四种方法"，以达到提高质量，降低断头的目的。

（1）防捉机械疵点，掌握一个重点：应在加强巡回计划性的基础上，针对影响条干质量、影响连续断头重点捉。

（2）防捉机械疵点，运用三个结合、四种方法：结合巡回工作，结合基本操作，结合清洁工作；在巡回中运用眼看、手感、耳听、鼻闻的方法。

①结合巡回工作防捉机械疵点。

a. 上看粗纱疵点，看到粗纱打顿和涌纱现象，查粗纱吊锭。

b. 下看断头，看到罗拉吐出纱条有明显节粗节细时，查牵伸部分或粗纱不良，看到纱条呈一线状时，查导纱钩起槽。看到气圈歪斜或忽大忽小时，查锭子、导纱钩位置不正，钢领起浮；钢丝圈用错，隔纱板松动，筒管毛糙，粗纱用错等。

c. 巡回中听到"吱吱"声，查锭子，胶辊缺油；听到"嗡嗡"声，查滚筒，滚盘损坏，听到"咯咯"声，查车头牙啮合过紧或损坏等。

d. 巡回中闻到焦味，查皮带盘皮带松弛，锭带绕滚筒。

②结合基本操作防捉机械疵点。

a. 拔纱时，手感管纱粗硬，查后胶辊不到位，加压失效，胶辊缺油，粗纱绕后罗拉，粗纱不穿喇叭口，粗纱双根喂入，钢丝圈太重，锭带滑上锭塔等。手感管纱松烂，查锭子缺油，有钢丝圈太轻，粗纱不良，锭带松弛或滑出锭盘，锭子上或筒管内回丝多等。

b. 找头时，眼看管纱斜面有羽毛现象，查钢领毛糙起浮，钢丝圈用错或磨损，歪锭子，钢板搁起，纱条跳出集合器，清洁器失效，隔纱板毛糙等。

c. 引纱时，眼看引出纱条有条干不匀、竹节现象，查牵伸部件喇叭口堵死、歪斜，纱条碰胶圈架、集合器破损、积花、内夹杂飞花，纱条跳出集合器，下胶圈积花，胶圈裂损、变形、内夹杂质飞花团，胶圈变形、抖动，没有胶圈，罗拉抖动及粗纱不良等。下胶圈跑偏、缺少、损坏、变形，尼龙塞块装反、缺少、用错，张力盘变形、堵塞、不落槽，胶辊脱壳等。

d. 提纱时，手感吊紧，查锭子歪斜、摇头，钢领起浮、毛糙，钢丝圈磨灭，导纱钩、导纱板不正，清洁器碰钢丝圈，隔纱板毛糙等。

e. 接头时，针对各种不同断头现象追踪检查。发现钢丝圈带花，查清洁器失效等；发现飘头，查笛管眼发毛和通道阻塞；发现凸纱，查羊脚杆堵塞，钢领板打顿等；发现跳筒管，查锭子或筒管不良，锭子上有回丝等；整台成形不良的纱，查撑头牙翻身。

③结合清洁工作防捉机械疵点。

a. 清洁摇架，粗纱不穿喇叭口或堵塞。

b. 清洁笛管，注意笛管眼发毛和通道阻塞，位置不正等。

c. 清洁胶辊、胶圈，胶圈销子有无缺少或脱出，胶圈架严重抖动，集合器缺损翻身，跑偏或堵塞等。

d. 处理方法：为了及时处理机械疵点，除了那些不用工具、不沾油污、费时不长、而值车工能处理的外，原则上机械疵点有值车工打出信号牌，对损坏的机械部件做好记号，由修机工进行处理。如遇紧急情况应立即通知有关人员抢修。

3. 细纱工序疵点产生的原因和预防

（1）前工序粗纱疵点类型。

①三花：线板花、油花、飞花。

②异形纤维：头发丝、化纤丝、有色纤维等。

③几种纱疵：粗细条、油污纱、竹节纱、多头纱、条干不均纱、冒头冒脚纱、松纱、烂纱等。

（2）细纱工序疵点类型、产生原因及预防方法（表6-6）。

表6-6 细纱工序疵点类型、产生原因及预防方法

疵品名称	产生原因	预防方法	对后工序的影响
长片段粗、细节	上排粗纱走空时，粗纱尾巴落在下排粗纱上和车顶板上粗纱尾巴下垂带入造成双根喂入 换粗纱时，粗纱未盘好或粗纱头带入邻纱，换粗纱搭头太长 细纱断头飘入邻纱 后罗拉绕粗纱或后胶辊加压失效 导纱动程太大，粗纱跑偏	加强巡回，防止空粗纱，发现纱尾巴及时拉去 严格执行换粗纱操作法，规定的搭头长度标准 及时接好断头，拉断飘头纱 加强巡回检查、及时纠正 及时通知有关人员校正	造成布面粗经错纬，使坏布降等
条干不匀	罗拉胶辊偏心弯曲，胶辊缺油，跳动 牵伸齿轮啮合不良，或运转时偏心大 绕胶辊严重，造成同档胶辊的邻纱加压不良 粗纱不在集合器内，集合器翻身、破损，夹杂物等 胶圈破损、缺少、老化 车间相对湿度较低，发生静电作用，产生粘纤维	加强机械检查及时汇报修理 同上 绕胶辊后应拉清邻纱上的不良细纱 加强巡回检查及时调换、纠正 同上 及时联系调整相对湿度	增加后工序断头（造成布面疵点） 造成布面条干不匀，使坏布降等

疵品名称	产生原因	预防方法	对后工序的影响
竹节纱	胶辊严重缺油 胶圈严重打顿或破损，胶圈内嵌有飞花 细纱断头、吸棉笛管堵塞，须条飘入邻纱 上、下胶圈绕满粗纱头仍纺纱 导纱动程不良，粗纱跑偏 集合器积花，破损	加强检查，及时调换 加强检查，及时处理 加强巡回，拉清飘头纱 加强巡回检查，及时处理 发现不良及时通知校正 加强检查，及时处理和调换	增加后工序断头。造成布面竹节，使坏布降等
冒头冒脚纱	钢领板位置太高或太低 筒管高低不平（锭子上有回丝），筒管未插到底（筒管眼子与锭子不配套） 不执行落纱时间	执行摇车操作 清洁锭子回丝，插好筒管，发现不配套随时拣剔 严格实行落纱时间	增加断头，造成后加工生活难做
毛羽纱	钢领不良 钢丝圈不良 导纱钩、钢领圈等通道部分不光滑 歪锭子 钢领、钢丝圈不配套 隔纱板破损	发现不良及时调换 调换钢丝圈 通道部分应经常保持光滑	布面毛羽增加，影响质量
碰钢领纱	钢丝圈太轻 锭子缺油 锭带松弛 超重量纱 跳筒管 羊脚杆堵塞 卷绕部件不良	合理选用钢丝圈 加强机械检查，通知加油 通知修理 捉清超重量纱 拣去坏筒管，执行落纱压筒管 及时关车通知修理	增加回丝，造成油污纱
油污纱	粗纱本身沾着油污 管纱落地沾着油污 油手接头或落纱拔管 平、揩车后，牵伸部件沾染油污 装纱容器有油污	加强防疵捉疵 防止管纱落地 油手勿接头、拔管 加强平、揩车后的检查 油污的容器不装纱	造成油污坏布，使坏布降等
脱圈纱	开关车操作不良 成形桃盘磨灭，钢领板升降不正常 钢丝圈太轻 跳筒管 钢领板升降动程及速比不正常	注意开关车操作 加强机械检修 及时调换钢丝圈 拣剔坏筒管，执行落纱时压筒管 合理工艺设计	后工序加工回丝增多
脱纬纱	开关车位置不良 成形桃盘磨灭，钢领板升降不正常 接头、落纱拔不出的紧纱管，用手反复拔 落纱机拔纱盘，弹簧太紧，把管纱夹成凹槽 钢丝圈太轻 落下管纱，纱包受重压 跳纱管	提高操作技术 加强机械检修 不可反复拔纱 检修落纱机 调换钢丝圈 不可坐纱包 拣出坏纱管，执行落纱压筒管	造成布面双纬、脱纬，使坏布降等

4. 质量把关与追踪

（1）把关措施。值车工在工作中应做到：

①严格执行操作法所规定的内容要求、方法和质量标准，做到不违规操作。

②接班时严格检查，实行对口交接。

③认真做好责任标记、画好色记、纱包里放好固定供应车号纸，便于前后道工序发现问题，跟踪检查原因，采取措施。

④不空粗纱，严防飘头双纱、纱条不在导纱眼，集合器缺损，绕胶辊罗拉后同档的飞花纤维要拉清，责任坏纱要落实到个人。

⑤不装错粗纱，不插错纱管，不套错钢丝圈，严格执行操作法。

⑥发现质量问题及时反映上报，找出原因，采取措施，以防重大质量事故继续蔓延。

（2）质量追踪。

①定期参与对络筒、准备布机、整理等车间的访问，听取意见，了解影响筒子及布面质量的纱疵情况，及时组织改进。

②质量事故急报联系制。发现由于机械或操作造成的质量事故，应立即汇报，找出原因，采取措施，防止产生纱疵造成大面积波动，同时及时报告后工序，如发现前道工序有质量问题，应及时联系，找出原因。

（3）品种翻改试纺制度。

①记录好公尺表上的公尺数字。

②取净吸棉箱内白花，收清回花箱内回花、粗纱头及回丝。

③调换机台上的备用盒（瓶）内的钢丝圈，并标明型号。

④翻改完毕，正、背两面试纺若干只纱，送实验室检验纱的号数及捻度等，经检验确定合格后，方可开车。

⑤正式开车前，必须再次检查粗纱及细纱筒管是否有错，经检查无错后才可正式开车。

⑥开车生头纱必须是相同原料和相同号数的纱。新品种试纺必须先纺出生头纱，再正式生头开车。

⑦开车后校正管纱形成。

⑧翻改好后，必须按照操作要求及注意事项进行操作。

（4）节假日停开车制。

①逢节日关车。如果时间长（一般超过24小时），胶辊应释压保护胶辊。

②细纱全部落好关车。

③开车前应先拿净纱条及粗纱上的飞花，并认真检查机械，防止质量波动。

④节日关车、车间门窗全部关好，保持车间温湿度。

七、新型纺纱设备及操作法

1. 紧密纺纱

（1）紧密纺纱技术概述

①紧密纺纱的原理。紧密纺纱的原理是在传统环锭细纱机的主牵伸区后增加了一个集聚区，使牵伸和集聚分开，并利用气流或机械的原理对纤维产生集聚效应，使那些处在须条边

缘的纤维端能有效地向须条中心聚集，最大限度地改善纱线毛羽和强力。

②紧密纺纱的主要特性。紧密纺纱色泽光亮，外观光洁，集聚过程的效果就是使成纱的毛羽大幅减少，单纱强力和断裂伸长显著改善，成纱的常发性疵点也有明显减少，特别是改善了3mm以上有害毛羽。因集聚效应，纤维损失减少，提高了纤维的利用率；对后工序上浆率的减少、织机效率的提高、布面光洁度效果等方面都有很大改善。

③紧密纺纱装置。

图6-23为瑞士立达公司生产紧密纺纱装置。集聚区位于前胶辊和夹持胶辊之间的金属带孔吸风鼓区域，使须条通过吸风鼓中的局部负压和由此产生的气流对须条进行集聚。

图6-24为绪森倚丽及部分国内紧密纺纱装置。集聚区位于前罗拉前方，该区域由异型吸管、网格圈和输出上罗拉组成。网格圈紧密地包覆在异型吸管外面，当须条离开前罗拉钳口即被真空吸到网格圈上，负压作用对须条产生集聚效果。

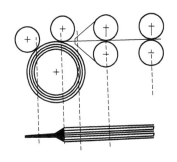
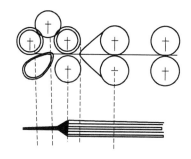

图6-23　瑞士立达公司紧密纺纱装置　　图6-24　绪森倚丽及部分国内紧密纺纱装置

（2）紧密纺纱机值车工操作法。紧密纺纱设备由于增加的集聚区，接头方法一般采用绕胶辊接头法。

①与传统操作法不同的操作要求。

a. 在断头处，用腿膝盖顶住刹锭器或抬起纱锭器，使锭子停止运转。

b. 拔出纱管，找纱头，插纱管。

c. 打开刹锭器，捏纱头的手绕导纱钩，再掐纱头。

d. 采用绕皮辊接头，接头长度6~10cm。

e. 无刹锭器机台的操作与一般细纱机操作基本相同。

f. 由于纱线的不同要求，各企业换粗纱的方式均有不同，一般采用分段或集体换粗纱的方法较多，因此对粗纱定长的要求较高，否则粗纱的回花较多，消耗增加。目前分段或集体换粗纱的方法主要有以下两种。

A操作法：换粗纱采用搭接头法，取下粗纱小纱或空管，换大粗纱，将粗纱通过导纱杆，在喇叭口处搭接粗纱。这种方法相对其他方法来说，操作简单，可以节约用工，提高生产效率，另外采用这种方法细纱结头大，可以被后道自动络筒机剪切，漏检率比较低，但接头的损耗相对较高。一般后道采用自动络筒设备的中高支纱品种采用此种方法。

B操作法：换粗纱采用穿粗纱法，抬起摇架，盘粗纱，取下粗纱小纱或空管，换大粗纱，做牵伸区内清洁，将粗纱通过导纱杆，穿过喇叭口、牵伸区，拉在下皮圈位置处，摇架加压，绕胶辊接头。此种方法操作过程长，接头时间相对较长，但在换粗纱的同时可以做牵伸部位的清洁工作，一般适用于牵伸部位带有网格圈的设备，有利于牵伸部位的清洁。也有的企业采用不抬摇架直接将粗纱通过导纱杆穿入喇叭口，再接头的方法，可节省操作时间。

g. 落纱停车时必须清理负压风箱，禁止开车清理。对于特殊要求的纱线品种，采用绕胶辊接头或接疙瘩纱等，应根据机型、原料、品种等要求，企业自行确定其相关的操作法。

②测定方式。

A 操作法：手触粗纱管开始计时，取 6 个粗纱管，换上 6 个粗纱，在喇叭口处搭粗纱，手离开粗纱条停止。

B1 操作法（抬摇架测定方式）：手触摇架开始计时，抬起摇架 6 个，盘粗纱头 12 个，取下粗纱管，换上大粗纱，做牵伸区清洁，将粗纱通过导纱杆穿入喇叭口，摇架加压，细纱绕胶辊接头，手离开纱线为止。

B2 操作法（不抬摇架测定方式）：手触粗纱或细纱条开始计时，共换 5 只粗纱（前排 3 个、里排 2 个），第一只必须换大粗纱，其他四个由掐下粗纱顺序轮换。5 个粗纱换完，接上头手离开纱线为止。

③测定时间（表 6-7）。

表 6-7　单项测试时间

操作类型	英支	细纱接头时间（s/10 个）	换粗纱时间
		纯棉	纯棉
A 操作法	41～50	44	60s/6 个
	51～60	46	60s/6 个
	60 以上	48	60s/6 个
B1 操作法	40 以下	40	180s/12 个
	41～50	42	180s/12 个
	51～60	44	180s/12 个
	61～80	46	180s/12 个
B2 操作法	40 以下	40	87s/5 个
	41～50	42	87s/5 个
	51～60	44	87s/5 个
	61～80	46	87s/5 个

注　以上为无刹锭器的细纱机接头时间，其他机型接头时间由企业自行规定。

④质量标准。

A 操作法：粗纱搭头标准，3～5cm（包括虚尖），搭头的细纱长度在 2.5m 以内，粗于原纱一倍，按样照评定，出现细节按样照评定。

B 操作法：细纱绕胶辊接头质量考核标准粗于原纱一倍，按样照评定，长度在 6～10cm；出现细节按样照评定。

⑤巡回时间。按照工作法工作内容的要求，企业根据所纺品种不同确定看台数（420 锭/台

为例），巡回时间定为 15~25min（表 6-8）。

表 6-8　巡回时间

看台数	5	5.5	6	6.5	7	7.5	8	8.5	9
时间（min）	14	15.5	16.5	18	19	20.5	21.5	23	24

注　细纱机为 420 锭/台。由于各企业使用的设备锭数不同，细纱工工作内容不同，所看品种不同，看台数量的不同，企业可根据具体情况规定巡回时间。

⑥操作注意事项。

a. 接断头时首先看集聚区有无积花，然后再接头，细纱管要插到底。

b. 未接头的锭子不要将锭子刹住，否则会影响另外三个锭子的锭速和捻度。

c. 集聚区有积花要将摇架抬起，手工处理，不能用竹扞处理。

d. 网格圈脱丝、破损，无下皮圈，不能纺纱，处理缠皮辊时，要卸压处理。

e. 紧密纺纱机台有多个小风机（随机型而确定），一个小风机控制一定数量的纺纱锭子，如小风机无风时，必须将小风机控制的纱锭摇架抬起，然后将所控制的细纱取下来，做好标识，另做处理。

f. 其他有关操作应根据设备说明要求，严格执行操作规程，各企业应根据生产的纱线品种要求，各自确定相关的操作法。

2. 带有自动落纱装置的细纱机

（1）带有自动落纱装置的细纱机。细纱机配有自动落纱装置后，可以减少落纱工的用工人数，降低值车工的劳动强度，减少落纱停车时间，由于抓管器垂直拔纱管，减少对锭子的损伤；采用自动落纱装置后，纱管之间没有相互接触摩擦及人为对管纱表层纱的损伤，可最大限度地减少对纱线的损伤及减少毛羽。当纺纱长度达到设定要求满管时，设备自停，落纱臂抬起，抓管器夹住满纱管，将满纱管放到落纱输送带上，之后抓管器夹住空管，将空管插到锭子上，完成落纱，开始重新纺纱。

对于自动落纱装置要有较好的稳定性及准确性，要保证夹纱管及插空管的准确。

（2）带有自动落纱装置的值车工操作法。

①与常规操作法不同的操作要求。

a. 值车工提前检查自动落纱装置上的细纱管，缺少的要及时补给。

b. 操作工在自动落纱期间走巡回查看落纱情况，将未拔下来的满纱进行人工处理。

c. 自动落纱结束后，设备启动，操作工对自动生头失败的锭子进行人工生头。

②操作注意事项。自动落纱装置如发生故障，操作工及时按照操作要求排除故障。不能排除的，应及时通知当班组长或维修工前来处理。

3. 细纱长机

细纱长机标准机型为 1008 锭。目前最长已经达到 1824 锭，其特点：超长细纱机设计有同步传动机构，保证牵伸系统的稳定性，减少细纱断头，保证纱线质量；每台机器上锭子数量的增加意味着同样规模机器台数减少，细纱长机一般配有自动落纱装置，可减少劳动用工，提高生产效率。

第三节　细纱工的操作测定与技术标准

操作测定是为了分析、总结、交流操作经验，在测定过程中，既要严格要求，认真帮教，又要互相学习，共同提高，通过测定分析，肯定成绩，总结经验，找出差距，指出方向，促进操作练兵交流活动的开展，不断提高生产与操作技术水平。同时，还应考查"应知"内容，推动值车工努力学习有关的生产知识，更好地完成生产任务。

一、单项操作测定

1. 接头

（1）接头后的质量要求：按样照评定，每个白点或细节扣1分。评定时，接头黑板一律背光、平放、直看，不得转动纱条。

（2）纯棉、涤棉、中长按样照执行（但要去掉一根最粗的，并从严掌握）。

（3）接10根实头的时间要求（表6-9）。

表6-9　接头时间要求

特数	英支	纯棉（s）	混纺（s）	纯化纤（s）	
				纤维长度<51mm	纤维长度≥51mm
50~32	12~18	41	44	47	49
31~20	19~29	40	42	45	47
19.5~15	30~39	40	41	43	45
14.5~10	40~59	41	42	45	47
9.5~7	60~80	43	44	47	49

注　1. 上表适用于178mm和190mm纱管，190mm以上的纱管每增加13mm，时间增加1s。

　　2. S捻、顺手纱左手接头增加5s；直接纬纱减少1s；锥面钢领增加2s。

　　3. 其他品种、不同要求接头时间由各地区自定。

　　4. 接头速度比标准每慢0.1s，扣0.01分，在质量全部合格的基础上，速度比标准每快0.1s，加0.01分。

（4）接头操作测定方法。

①接头每人测1~2次，每次连续接10根实头。吸棉笛管两端的头不能跳过，但第一根头可以从任意一根头开始，测两次者，取好的一次成绩考核。

②接头位置可由值车工在同品种、同机型、同工艺机台选择，不允许搁上大绒辊，但可以清除锭子上的回丝和摘掉管纱纱尾。

③接头时间起止点。手接触细纱管开始计时，接一根，打断一根，接齐10根实头，手离纱线为止。

④第一根头接空头允许重测，但必须仍从第一根开始，不准换纱管，第一根头接上后，

再有空头，不得重测。

⑤接头时发现白点，允许在同锭上拉掉白点或打断重接，打断而不重接者算白点，接不上作空头计算。第一根头接上有白点，也可打断重接，秒表不停，如接了空头，则不可重测。从吸棉管带出的头连着算白点，有间隔，离开接头位置不考核。

⑥由于操作不良，造成邻纱人为断头，教练员可立即拨出邻纱，若邻纱的接头部位已飞掉并找不到接头痕迹，可另补质量。

⑦头接上后，随即断掉，不算实头，时间不扣，回丝带断的头，若纱头未脱手，可重接，接上算实头，接不上算空头。

⑧测定中，因教练员失误，造成不足10根头，或超过10根头，则应先求出接一根头的平均时间，进行加减后，得出10根头的接头时间，缺的头补质量，多于10根的头，由值车工自己将纱管拿出。

第10根头接上后，秒表已停，头随即断掉，时间照算（应先求出接一根头的平均时间，然后把实测接头时间再加上求出的一根头的时间），质量另补。

⑨另补质量的头，接上就算，一次为准。

⑩打头方法。教练员在值车工接完第5根头后，做导纱钩以下部位动作时，开始打前面两根，空头将纱拔出放摇架上，接完第8根再打前面3根，停表后再打一次，最后一次拔出纱管。

2. 换粗纱

（1）换包粗纱的质量要求。粗纱包卷后，将纺出的细纱拉在黑板上检验，一个质量不合格扣1.5分，上部或下部断头每个扣1分。

①粗节。以双根粗纱喂入作标样，粗于原纱一倍，长度5cm两处或10cm一处。

②细节。细于原纱1/2倍，长度5cm两处或10cm一处。

③竹节。按接头样照评定。

④量取办法。粗度（细度）以开始粗（细）的地方量起，到恢复正常粗（细）为止，最粗（细）的地方粗（细）于原粗纱一倍即算。

（2）换包粗纱的操作质量要求。

①测定中非包卷处断头或细纱断头，时间照算，质量另补。若因操作不良，在非包卷处造成邻纱上下断头，每个扣0.2分，造成人为纱疵每个也扣0.2分（必须有实物）。

因操作不良，造成非包卷处的断头指：

a. 换粗纱时，碰断粗纱不分5个以内或5个以外的断头都考核，但打断对面车的断头不考核。

b. 换粗纱时，纱头掉下将细纱打断算人为断头，未打断附入细纱内的均算人为纱疵（必须有实物）。

c. 放在口袋里的粗纱头，碰断细纱，算人为断头，以当时断头个数为准。

②测定包卷后，手离开纱条，不能向下拉动，拉动一个扣0.5分。操作过程中，包卷后纱条过长，拥进后罗拉和胶辊，秒表没停可进行处理，如果不处理，无法查质量，算人为断头，另补质量。秒表已停不允许做任何动作，否则扣0.5分。

③第五个粗纱包卷后，粗纱头未拣尽，每根扣0.1分。

（3）换包粗纱时间要求（表6-10）。

表6-10　换包粗纱时间要求

机型	纯棉（s）	混纺（s）	纯化纤（s）	
			纤维长度<51mm	纤维长度≥51mm
平排吊锭	55	58	60	65
上下排吊锭	50	53	55	60
纱条包卷	25	28	30	35
445mm 粗纱管换包纱	67	70	72	77

注　1. 表中数据适用于 290mm 的粗纱筒管。356mm 大卷装粗纱换包时间再加 3s；356mm 以上的粗纱筒管每增加
13mm，换包时间增加 1s。
　　2. 特殊机型由各地区自订。
　　3. 换包粗纱速度比标准慢 0.1s，扣 0.01 分；在质量全部合格的基础上，速度比标准每快 1s，加 0.02 分，不足 1s
者不加分。
　　4. 凡是无车顶板的机型，粗纱可放摇架上或预备吊锭上。
　　5. 吊锭机台，以连续换外（上）排 3 个、里（下）排 2 个为准，外（上）排第一个必须换大粗纱。有三排粗纱，
可 122 外排换一个。

（4）换包粗纱的测定方法。

①换粗纱每人测一至两次，测两次者，取好的一次成绩考核。

②换粗纱时，第一只必须换大粗纱（纱头须呈自然状态），其他四只由指下的粗纱顺序轮换。吊锭，采用连续包卷的方法，不能间隔。换粗纱以前，不准倒纱层。

③换粗纱的位置可由值车工在同品种、同机型、同工艺机台上选择。

④换粗纱前，可在车顶板上准备一只同样大小的备用小粗纱，备用小粗纱要合理使用（掉地或斜放可使用），如用原粗纱在同链上重穿使用，不计成绩。测定时不允许任何人帮忙。

⑤换粗纱起止点：手碰粗纱开始计时，粗纱换完，手离粗纱条为止。

⑥测定中，遇任何情况不允许重测，有意外情况或因机械原因造成的断头不算人为断头，可跳锭往下换足五个粗纱为止，缺外（上）补外（上），缺内（下）补内（下），若值车工自己停止操作，不计成绩。

⑦在秒表停止前，值车工发现包卷不良（包括脱头），允许将包卷不良处拉掉重包，时间照算。

二、巡回操作测定

根据所测定品种、看台数、巡回路线定巡回操作，测定时间为 1 小时，落纱后不少于 15min，所测定机台必须有落纱机台。

1. 看管机台数

各地区自定。

2. 巡回工作

（1）巡回路线。参照图6-21、图6-22执行。

（2）巡回时间。参照 168 页（五、2.）执行。

（3）巡回测定扣分。在同一巡回中 1 个锭子上出现两种扣分情况，以扣分多的一项考核，不双重扣分。

①巡回时间。每超过标准时间 10s 扣 0.1 分，不足 10s 不扣分，依此类推，遇落纱拉车面每台加 30s，落纱后走小巡回，每台加 1.5min。

②回头路。超过 40 锭又回头（以工作点距断头最近的一只脚算起）每次扣 0.2 分。遇飘头、跳筒管（要打导纱板）、羊脚杆堵死等不扣分。

a. 正常的换粗纱，备用吊锭上没有备用粗纱，到超过 40 锭以外取纱，算回头路。

b. 跨车弄时，发现距车头或车尾 40 锭以外，有快要空的粗纱或断头，吸棉眼堵塞进去处理，也算回头路（遇紧急情况不算回头路）。

c. 因捉粗纱疵点，需掐下粗纱，车顶板上没有备用粗纱，而到 40 锭以外取纱，不算回头路，但不能跨车弄取纱。

③路线走错，以进弄档第一锭为准（及时纠正），每次扣 0.5 分。

④目光运用。是指进出跨车弄不执行"五看"（即进车弄全面看，车弄中间分段看，换粗纱、接头、做清洁工作周围看，出车弄回头看，跨车弄捎带看）。对车弄中出现飘头，羊脚杆堵塞，跳管造成坏纱等紧急情况不处理（跳管的坏纱要拿实物），算不执行"五看"，每次扣 0.5 分。

⑤三先三后。其范围是指值车工的工作点（一个吸棉笛管的位置）左右各一个吸棉管，按巡回方向前后左右一个吸棉管（不分 6 锭或 8 锭）内不符合先易后难，先紧急后一般，有并列断头应先右后左等三先三后操作原则的，每次扣 0.2 分。主要考核以下几点：

a. 快要空的粗纱与接头。粗纱在五圈以上的，应先接头后换粗纱，在五圈以内的，值车工可机动处理，但粗纱跑空管要扣分。

b. 飘头与接头。应先处理飘头后接头。

c. 简单头与复杂的头。应先接简单头，后接复杂头。

d. 飘头与快要空的粗纱。应先处理飘头，后换粗纱，粗纱跑空，按空粗纱扣 0.5 分。

e. 接头与已空粗纱。应先接头，后换粗纱。

f. 遇到难处理的复杂头，允许分两个巡回处理（包括本巡回），不处理完复杂头就做清洁工作，算清洁项目，不计工作量。

g. 处理坏纱留的空锭，本巡回做清洁计工作量，但第二个巡回要上，未接漏头扣 0.2 分。

3. 接头

（1）复杂头。是指不正常接头，如穿粗纱、绕胶辊、绕罗拉、粗纱条绕后绒辊、绕后罗拉、挂钢丝圈、倒油污纱、坏纱、条干不均纱，用工具处理筒管回丝（要有实物），锭子拔掉，挂锭带、处理集合器、销子、喇叭口；空筒管生头、换胶辊胶圈或其他牵伸部件等。

（2）空头。有接头动作未接上的头为空头。计算空头以锭为单位，因柱子或坏纱管（要有实物）影响接空头，不计空头。头接上后，随即断掉，不算空头，允许重接，但不计工作量。空头率 1%，扣 0.05 分，如纱头在导纱钩以上，可掐头重接一次，再接不上，算空头。

（3）接头白点。在测定中，允许值车工对白点打断重接（重接不计接头数，空头也不计），教练员在值车工开始作第二项操作或已离开位置时，抽查接头质量，按样照评定，每个白点扣 0.5 分，每人抽查 5 根。

（4）人为断头。凡是值车工操作不良造成的断头，算人为断头（包括值车工清洁不彻底而造成的断头，以测定时看见为准），因提高质量有意识打断的头不算（不计实头和空头）。人为断头按实头计数，空头、白点同样考核。

接头后随即断掉，并带断邻纱者，不算人为断头，按自然断头计算。

手上回丝带断邻纱的头，若纱头未脱手（不需拔管重接），可揣头重接一次，接不上算人为断头，每根扣 0.2 分。

（5）漏头。值车工走过 40 锭未接的头算漏头，测定时教练员作标记（拔出纱管放摇架上），每根漏头扣 0.2 分。

（6）牵伸部件不正常。接头前，挡车工应查看集合器及牵伸部件，教练员可随即抽查，若发现有的部件不正常，每个扣 0.2 分。

4. 换粗纱

（1）换、揣粗纱。实际所换、揣的粗纱个数，企业根据实际生产情况自定（揣粗纱疵点个数不算），每少 1 个扣 0.1 分。

（2）揣粗纱。包括空粗纱和捉粗纱疵点所换的粗纱个数，合理的揣粗纱可计工作量，不合理的揣粗纱不计工作量。合理揣粗纱是指：

①分段范围内不补小纱，可以揣小纱。

②分段范围外的换纱可以从分段范围内揣下的小纱或相当大小的备用小纱补换，小纱不能积压。

③分段以内超过本地区规定时间的粗纱未换完，可以揣一定数量的小纱换上大纱。

除此之外，就算不合理揣粗纱。

（3）空粗纱。凡是粗纱来不及正常包卷者（五个动作）均算空粗纱，每个扣 0.5 分。第一个巡回空粗纱算，脱断头不算。

（4）粗细节。指因换粗纱不良造成细纱条干粗细节，标准按基本操作评定，以当时发现算。值车工如打断重接（必须等包卷质量纺下来），空头、实头不计，有白点，教练员可以抽查，每个粗细节扣 0.5 分。

（5）脱断头。指因换粗纱不良造成粗纱条上部脱开或下部断头，以测定时发现为准，每个扣 0.2 分。

（6）粗纱宝塔分段超过范围。一台车一个（或两个）宝塔分段，每段 12 或 16 锭。超过分段范围的，每个扣 0.1 分。

（7）粗纱表面飞花、换粗纱时，不清扫或清扫后有成块、成条飞花，每个扣 0.2 分（发现后把粗纱揣下，测完后再纺，按接头样照进行评定）。

（8）不盘粗纱。换粗纱时，揣掉的纱尾一般不超过 10 圈（特殊机型品种各厂自定），若粗纱头揣得过长又不盘在大粗纱上，每个扣 0.01 分（遇到揣掉的纱尾乱不扣分）。

5. 清洁工作与工作量折算

（1）清洁工作的安排，要根据纱号、品种、原料、机型等条件制订清洁进度，测定时按规定做清洁工作，规定的清洁内容数量不做完，做其他清洁工作，算本项清洁项目，不计工作量。

（2）因清洁工作不彻底而造成的断头，计人为断头，造成的纱疵，计人为纱疵（要拿实物，以接头样照评定），每个扣0.2分。

（3）值车工做清洁工作后，教练员应进行抽查，抽查后发现问题，例如集合器跑偏、短缺、塞花、堵飞花、喇叭口破损、车面有飞花球等，每个扣一个工作量。胶辊以绕够一圈扣分，每处扣一个工作量，查出问题不处理一直扣到底。

（4）按规定的清洁项目，在测定中同一处只需做一次，重复做不计工作量，但打擦板不受此限，应按面按次计算工作量。

（5）在清洁工作中，要做到五不落地，即白花、回丝、粗纱头、成团飞花、纱管（粗、细纱空管及管纱）不落地，落地不拣，每次（个、团）扣0.1分。

（6）各项清洁工作量，以折简单头个数进行计算，标准与要求见表6-11。

表6-11　清洁工作与工作量折算

清洁工作项目	工作要求	工作量数量单位	折合工作量（个）
扫地		弄	2
吸棉笛管		面	3
打擦板	三角铁	面	1
胶辊胶圈	简单	8锭	1
	复杂		2
查集合器	简单	面	4
	复杂		8
卷车面	简单	面	4
	复杂		8
喇叭口	简单	面	3
	复杂		6
拉车肚	简单	台	4
	复杂		6
摇架	简单	面	3
	复杂		6
罗拉颈	简单	面	5
	复杂		10
导纱杆		面	2
擦钢板		面	1

（7）基本清洁工作由各地区自定。

①打擦板。自动的不计工作量，所看管机台，每面必须打一遍。

②胶辊、胶圈。胶辊、胶圈全捻算复杂，只绕胶辊或只绕胶圈按简单计算。

③集合器。简单—不拿上绒辊检查，复杂—拿上绒辊检查。

④卷车面。车面是指导纱板与车肚之间的地方。简单—只做罗拉座或车面板，复杂—罗

拉座、车面板都做。

⑤喇叭口。简单—视线平直能查的机台（包括用镜子或从反面可查的），复杂—视线平直不能查的机台。

⑥车肚。简单—只拉绳，并清除绳上的花球，但不拾车面花团；复杂—既拉绳清洁绳上飞花，又拾车面花团。测定时，落纱机台拉车肚必须拉够一圈（与别人分看机台不拉不扣工作量）。无车面绳机台，须查200锭喇叭口。

⑦摇架。简单—只做摇架；复杂—既做摇架，又做后绒辊弹簧清洁（用工具）。

⑧罗拉座、罗拉颈。简单—只做罗拉座两边或罗拉颈，复杂—罗拉座两边与罗拉颈部都做（用工具）。

⑨导纱杆。清洁导纱杆应包括洋元（用工具）。

⑩擦钢领板。用工具清洁。

⑪吸棉笛管。清洁吸棉笛管，毛刷必须扫到笛管，所看管机合每面做一遍。

⑫扫地。所看管机台弄档，须扫一遍。

（8）各项清洁工作项目应按标准要求做，以面（弄）为单位计工作量的，数量累计不足1/2面不计工作量，超过1/2面的算半面，完整的算一面。

6. 防疵捉疵

（1）漏疵。分散性疵点满三点或一处长3cm的粗纱疵点，如巡回走过40锭漏捉，而下个巡回又来不及捉的疵点（指断粗纱条做标记，均作漏疵扣分，每个扣0.2分。若捉到上述同等条件的粗纱疵点，可在评语中记录优缺点。

（2）吸棉管眼堵花（堵满算）值车工未发现，教练员做标记，每个扣0.1分，未处理一直扣到底。

（3）人为纱疵。值车工操作不良造成的纱疵（包括羽毛纱），如一手提纱一手操作（一下能剥取的胶辊、罗拉花不算），连续绕头三次以上（打断头拉掉不算），油手不擦等，每个扣0.2分（油污纱、羽毛纱应拿出实物）。

（4）连续断头不找原因。连续三次以上断头（不包括空粗纱）不检查原因，第二个巡回不打信号牌，每锭扣0.1分。

（5）不及时处理坏纱，因高管或断头时间过长已影响纱型（经纱碰钢领）及断纱、油污、毛脚等坏纱不及时处理，每个扣0.2分（必须有实物）。

（6）绕胶辊、绕罗拉后不打断邻纱。同档绕胶辊、绕罗拉时（需用双手剥掉或用工具处理的），应将邻纱打断，倒尽条干不匀的纱（必须拉动三次以上），接头先右后左，若不打断邻纱或打断不倒就接头，每个扣0.5分。

（7）开车拉车肚，每次扣0.5分。

三、测定工作计算方法

1. 工作量计算

工作量计算按下式进行：

$$总工作量＝简单头数＋复杂头折简单头数＋换、掐粗纱折简单头数＋$$
$$掐空粗纱折简单头数＋清洁工作折简单头数$$

（1）简单头。为计算工作量的基本单位，每根算一个工作量。

（2）复杂头按锭计算，每个折两个工作量。

（3）换粗纱，每个折三个工作量。

（4）掐粗纱、穿空粗纱，每个折两个工作量。

（5）规定的清洁项目，数量没完成，所做的清洁工作仍按折合工作量计算，做多少、算多少。

（6）凡规定的清洁项目，数量没做完，又做其他的清洁或重复的清洁工作，一律不计工作量。

2. 工作量标准

基本工作量定为 250 个，每加减一个工作量，加减 0.01 分，工作量最多加 50 个。

3. 空头率

$$空头率=\frac{空头数}{总实接头数}\times100\%$$

$$总实接头数=简单头数+复杂头数$$

4. 计算要求

空头率保留两位小数（不进位），各项计分保留两位小数（进位），秒数保留两位小数（不进位）。

5. 测定成绩计算

全项操作得分按下式计算：

$$全项操作得分=100\pm基本操作计分\pm巡回操作计分基本操作得分$$

$$=100+各项加分-各项扣分$$

全项操作评分标准见表 6-12。

表 6-12　全项操作评分标准

优级	一级	二级	三级	级外
98 分及以上	94~97.99	90~93.99	85~89.99	85 分以下

表 6-12 的分数是基本操作测定和巡回操作测定总得分。

测定时看台量参照表 6-13 执行，或企业自定。

表 6-13　测定看台量参照表

细纱规格（英支）	10~15	16~18	19~29	30~39	40~59
纯棉	1.5 台	2 台	2.5 台	3 台	3.5 台
纯化纤、混纺	1.5 台	2 台	2.5 台	3.5 台	4 台

产量、质量、白花率应达到工厂计划指标，完不成者按测定成绩顺降一级。基本操作评分标准见表 6-14。

表 6-14 基本操作评分标准

优级	一级	二级	三级	级外
99 及以上	96~98.99	93~95.99	90~92.99	90 分以下

四、国产细纱机的机型及主要技术特征（表 6-15、表 6-16）

表 6-15 JWF 1520 型细纱机主要技术特征

项目	技术参数及技术特征	
制造厂商	经纬纺织机械股份有限公司榆次分公司	
产品名称	环锭细纱机	
锭距（mm）	70（JWF1520C 型为 75mm）	
锭数	600 锭起，每 24 锭递增至 1008 锭	
升降全程（mm）	200，180（铝套管锭子） 205，180（光锭杆锭子）	
钢领直径 Φ（mm）	35，38，40，42，45	
纺纱线密度（tex）	4.86~97.2（6~120 英支）	
适纺捻度（捻/m）	230~1740	
锭速（r/min）	12000~25000	
牵伸倍数（倍）	总牵伸	10~50
	后区牵伸	1.06~1.53
捻向	Z 捻或 S 捻	
牵伸类型	三列罗拉长短皮圈摇架加压	
锭子	铝套管结构或光锭杆结构，并带有刹锭装置	
粗纱架	吊锭、单层四列、带游车	φ128mm×320mm
	吊锭、单层五列	φ152mm×406mm
	吊锭、单层六列	φ15mm×406mm
主要技术特点	1. 应用 CNPB 技术对机架进行优化设计，机器抗震性更优、运行更加平稳 2. 锭子传动：滚盘采用 ABS 雅套式锁紧机构，重量轻，使主机降低功耗，降低噪声，传动平稳，精度高，高速性能好 3. 车头车尾同步传动，保证了长机传动精度。 4. 车头采用封闭式合理循环淋浴润滑、斜齿钢齿轮传动，确保润滑更充分，传动更平稳；也可采用开式车头传动滴油润滑，并配有接油盘；优化设计变截面风管。确保高速运转时车头、车尾负压差小，提高吸棉效果 5. 牵伸系统前下罗拉使用无机械波罗拉。采用套有碳素纤维的中上罗拉，使设备纺纱质量更好 6. 同步牵伸传动系统防止罗拉的扭振、扭曲，降低长机断头率 7. 配新型手刹式锭子车刹车器，便于值车工操作，大幅提高接头效率 8. 钢领板升降可以选用进口伺服控制系统，卷绕模型可通过人机对话调整，操作简单方便 9. 集体落纱系统先进、可靠，气架里外摆及升降动作由伺服电动机控制，升降动作准确、可靠，抓管拔、插管准确、稳定。从满管到落纱，再到下一次开车，动作可靠、柔和、一气呵成。配置后大幅降低纺纱成本，并可实现细纱机与自动络筒机的联合	

项目	技术参数及技术特征
主要技术特点	10. 纱管的输送由两侧气缸往复运动完成，输送纱管准确可靠 11. 凸盘系统设计有补偿功能，确保凸盘输送到位，铲纱机构及输送带机构完成纱管输送 12. 理管机构有防卡管、自动分辨纱管大小头的功能 13. 应用精密的光、电、磁检测系统，能进行纺纱过程人工干预和故障报警，有手动分步控制功能，调试非常方便 14. 可选用三路或二路升降分配系统，配有气圈环，有利于调节气圈的动态，降低断头 15. 粗纱架由钢板折弯成形，整齐美观 16. 可配不同形式的吹吸风清洁装置、纺氨纶包芯纱装置、竹节纱装置，粗纱上循环系统

表6-16 EJM138JLD型和DTM129型细纱机主要技术特征

制造厂商		上海二纺机	马佐里（东台）
机型		EJM138JLD	DTM129
适纺纤维长度（mm）		38~51（常规供38）	棉、化纤或混纺51以下
锭距（mm）		70	70
每台定数（锭）		720~1008	384~516
牵伸机构		三罗拉，上短下长皮圈	三罗拉，长短胶圈
罗拉直径（mm）		$\phi27×\phi27×\phi27$	$\phi25$
牵伸倍数（倍）		10~60（常规供10~50）	15~60
捻度（捻/m）		323~1800	
每节罗拉锭数（锭）		6	6
罗拉座角度/（°）		45	45
罗拉加压方式		弹簧摇架加压	
罗拉中心距（mm）	前—后（最大值）	150	142
	前—中（最小值）	43	44
钢领直径（mm）		36，38，40，42，45	38，42，45
升降动程（mm）		170，180，190，200	
锭子型号		ZD4201R-20、YD4100R-19等	
锭速（r/min）		12500~22000（空锭机械速度至25000）	14000~20000
满纱最小气圈高度（mm）		295（离龙筋面高度180升降）	80
锭带张力盘		单张力轮，双张力轮	单张力盘
捻向		Z或S	Z、Z或S
前罗拉中心离车面高度（mm）		95	
车面距龙筋表面距离（mm）		357（180升降）	
期纱卷装尺寸（直径×长度）（mm）		$\phi152×406$ 或 $\phi135×320$	吊锭135×320，152×406
粗纱架形式		单层四、六列吊锭支撑，有预备粗纱或游动小车	单层六列吊锭

制造厂商	上海二纺机	马佐里（东台）
自动机构	由 PLC 按设定程序自动控制纺纱过程	
新技术	自动集体落纱	
车头宽度（mm）	800	750
装机功率（kW）	57（1008 锭）	
外形尺寸	5255+（N/2−1）×70, 1750, 2950	
机器重量（t）	15	
主要技术特点	1. 气圈环的升降与钢领板运动分开 2. 管纱成形机械凸轮 3. 新型车头传动机构，维护方便，润滑系统合理，可靠 4. 通过人机对话设定变速曲线，主电动机十段变频调速 5. 由 PLC 按设定程序自动控制纺纱过程 6. 配备自动落纱系统 7. 落纱时间 ≤ 3min，插、拔管率100%，留头率>97% 8. 满空管输送一周期仅需 45min，可满足纺制低支数纱的需求 9. 纱管握持器持握在纱管的顶部，不会损伤纱线和纱层移动 10. 可与自动络筒机实行细络联	

第四节　细纱机维修工作标准

一、维修保养工作任务

设备维修工作的任务是做好定期修理和正常维护工作，做到正确使用，精心维护，科学检修，适时改造和更新，使设备经常处于完好状态，达到提高生产技术水平和产品质量，增加产量，节能降耗，保证安全生产和延长设备使用寿命，增加经济效益的目的。

细纱维修工作是细纱设备维修工作的基础，它的特点偏重于细纱主机部件的维修，工作全面而彻底，周期较长。细纱维修应本着"为运转一线提供满意服务"的原则，认真完成好以下工作任务。

1. 对细纱主机设备进行维修

（1）大修理（大平车）。除机架、纱架外，将细纱机全部部件拆卸、彻底清洁，修正车脚，更换磨损超过允许限度的机件，然后正确平装，全面调整，达到整旧如新，以恢复设备的原有性能。

（2）小修理（小平车）。将细纱机的部分部件拆卸，予以平修，更换下次平车前可能损坏的部件，然后进行重新校装，以恢复细纱机牵伸、传动、卷绕等主要机构的主要部件的原有性能。

（3）部分维修（敲锭子）。对细纱机的关键部分进行定期拆卸检修正部件的磨损和走动，并对全机进行清洁加油，消灭发生故障的隐患。

2. 完成车间交付的其他工作任务

完成车间交付的其他工作任务，如品种翻改、技术改造等。

二、岗位职责

1. 维修质检员岗位职责

（1）负责细纱大、小修理及部分维修的质量检查工作。

（2）对每台细纱机平修的主要部件、安装要求进行检查，对多零件部分进行抽检或逐只检查，对以上检查结果进行记录。

（3）参加大、小修的初交工作，并对机台的维修质量负责。

（4）负责对调换配件的鉴定，不合要求的配件不许上车，不合要求的机件需调换或修理时，必须经质检员同意。

（5）对设备维修工具、用油等进行保管、发放。

（6）对平车队各号手的工作进行指导。

2. 平车队长岗位职责

（1）按作业计划进行大、小修理和部分维修，严格工艺上车，负责工具仪表的使用保管。

（2）对本队平、修质量全面负责，维修后的机台完好，主要技术经济指标达到企业标准。

①拆车时，做好保养评价记录。

②对后勤提供的摇架、胶圈销、笛管、集合器、上胶圈、下胶圈、胶辊等部件要检查质量，并督促队员检查质量，验收上车。

③按平修机台质量检查表的项目复查，做好记录，并督促纠正。

④做好交车前的复查，没有质量检查表原始记录的机台一律不准交车。

（3）认真执行验收制度，交接时对查出的缺点做好记录，负责督促修复，终交时对未修复的主要缺点或工艺测定结果不合格的，要负责返工修复。

（4）带领全队认真执行各项规章制度和维修工作法，不断总结和推广先进经验，搞好技术学习。

（5）密切结合生产，维修要高标准、严要求。认真平装、校正修复。

①按机架和牵伸部分要求，精确平整。

②检查罗拉轴承及车脚与地面接触。

③罗拉隔距偏心及弯曲等。

④摇架加压。

⑤导纱动程。

⑥笛管与前罗拉高低进出偏差。

⑦胶圈回转顿挫、跑偏。

⑧牵伸部分工艺上车正确。

对以上项目按质量规定，应认真细致做好检查，提高维修水平。

3. 维修各号手岗位职责

（1）认真执行各项规章制度和维修工作法，按劳动组织分工，保质保量完成日进度。

（2）拆车时做好准备工作和保养评价（画好粉记，队长统一记录），对后提供的各自分管的配件进行质量验收。见表6-17。

表6-17 维修各号手分管的配件

号手	分管的配件
二号工	摇架、胶圈销、笛管、集合器、上胶圈、下胶圈
三号工	主轴、车头、牵伸部分齿轮、成形部分及锭子
四号工	主轴轴承座、车尾传动轴、滚盘、牵伸部分齿轮、吸棉箱、吸棉总风管及锭子
五号、六号工	钢领、锭子、钢领板、导纱板升降立柱、锭带

（3）开展互帮、互学、互查活动，在自查互查的基础上，由质量检查员复查，工段长抽查，对查出缺点做好记录，主动及时修复。

（4）对初交时查出的缺点各自认真修复。对初交后的机台逐锭逐件认真做好运转检查工作，确保各自维修后的部件设备完好。

（5）密切结合生产，维修机台要高标准、严要求。按表6-18做好项目。

表6-18 维修各号手维修机台工作内容

号手	工作内容
二号工	按机架和牵伸部分要求精确平整 检查罗拉轴承及车脚与地面接触 罗拉隔距偏心及弯曲等 摇架加压 导纱动程 笛管与前罗拉高低进出偏差 胶圈回转顿挫、跑偏 牵伸部分工艺上车正确
三号工	按车头及主轴部分要求，精确平整 检查牵伸部分齿轮与轴孔间隙 齿轮缺齿、磨损、异响、啮合不良、不平齐 轴承发热、异响、抖动 导纱板定位级升 导纱板呆滞松动或导纱钩起槽、松动 锭子摇头（大麻手） 钢领板始纺位置及钢领板在任何位置时锭子中心与钢领中心偏差。（校锭子水平，两死两活） 安全装置

号手	工作内容
四号工	车中主轴轴承座 装车尾主轴及车中主轴 吸棉装置破损漏风 锭子摇头（大麻手） 导纱板呆滞松动或导纱钩起槽、松动 钢领板在任何位置时锭子中心与钢领中心偏差。（校锭子水平，两死两活）
五号、六号工	钢领板、导纱板升降，紧轧顿挫，钢领板立柱及导纱板升降柱弯曲、垂直水平，导纱板升降柱与导轮间隙 钢领板、导纱板、导纱杆三条线 导纱板呆滞松动或导纱钩起槽、松动 锭子摇头（大麻手） 钢领板在任何位置时锭子中心与钢领中心偏差 锭钩失效，锭带盘的清洁、加油及平校 锭带盘架刻度不对、位置不正 锭带打扭、跑偏、伸长 吊锭的检查（托锭机型为粗纱托检修） 清洁器隔距不正 隔纱板位置正确、无松动损坏

（6）对各自保管的仪表、工具应爱护使用，学好平修技术和理论，学好钳工基础，执行安全操作规程，做到安全生产。

4. 本工序的安全操作注意点

（1）安装铸铁小件不能任意敲击，铸铁大件不能用铁榔头敲击，以免损坏。

（2）车面上放置水平尺、榔头、扳手等，要放稳，防止落下发生事故。

（3）平装机架，调节车脚螺栓时要注意长直尺的位置，防止碰头。

（4）将罗拉上抬上罗拉座进行平校时，每面应有四处以上用牢固的软绳系牢罗拉与罗拉座，防止罗拉坠地。

（5）开车应由专人负责，其他人不得随便动手开车，专人开车时应打信号通知机台上工作的人，防止事故发生。

（6）机台发生故障或有特殊异响，立即停车检查，但必须等机台停止转动，切断电源后才能修理。

（7）钢领板等条形机件，拆下应平放在稳妥处，防止上面坠下重物。

（8）三角油壶，应放在稳妥的隐蔽处，防止工作时蹲下伤及人身。

（9）将粗纱推装上吊锭时应顺手下拉一下，防止吊锭未起作用致粗纱掉下伤人。

（10）试车前应将摇把取下，防止钢领板复位时，摇把飞出伤人。

（11）试车时各安全防护装置都应装好。

5. 细纱工序灭火的一般方法

（1）发现火警，及时报告消防队，镇定做好灭火工作。

（2）发现机台起火，应立即切断电源，并把相邻两台车关掉，并迅速将粗纱盘起停止喂入。

（3）及时疏散周围易燃物品。

（4）避免用水灭火，应用滑石粉或灭火器灭火，灭火时机上飞花，不管着火与否均应用花衣棒浸湿后清除。电器部分起火，严禁用水灭火。

（5）火扑灭后，应在机台上再复查一次余火及烧焦物，经过揩车整理后，再行开车。

第五节　技术等级考核标准

一、维修工应知

1. 纱线牵伸倍数的计算

纱线牵伸倍数按下式计算：

$$E = \frac{喂入粗纱特数}{纺出细纱特数} = \frac{粗纱干重×（1+公定回潮）×100}{细纱特数}$$

$$细纱号数 = \frac{583.1}{32} = 18.2\text{tex}$$

2. 细纱机常用油（表6-19）

表6-19　细纱机常用油

润滑部位	用油名称	品种
齿轮	N100 抗磨液压油	100 号
锭子	主轴油	10 号
罗拉轴承	ZL-2 锂基脂或美孚	2 号或 EP3
皮辊轴承	极压锂基脂	3 号
电动机轴承	极压复合锂基脂	2
主轴轴承	极压锂基脂或美孚	3 号或 EP3

二、维修工应会（表6-20）

表6-20　维修工应会

维修工	应会内容
五号、六号维修工	平校锭子水平，活锭子，校气圈；平校钢领板（水平、左右、进出）；（高低、灵活）；平校钢领板，导纱板升降柱水平；平校锭带盘轴、锭带盘；平装车中吸棉风管；检校吊锭、纱架等
四号维修工	平装车中、车尾主轴，平装滚盘、电动机盘，检校车尾风箱，平校锭子水平、活锭子，校气圈，校锭带盘等
三号维修工	平装车头主轴、车头龙门架，各齿轮、轴承的检查、平装，成形机构的平装、定位，平装罗拉头，自动装置的调试（校锭子水平、活锭子、校气圈、校锭带盘）等

维修工	应会内容
一号、二号维修工	平装机架,平装牵伸机构(罗拉座、罗拉、摇架、导纱动程等),三号、四号、五号、六号维修工的应会部分
所有维修工	均应会钳工基础,如画线、锯、锉、錾、钻、攻

三、初级细纱维修工应知应会

1. 知识要求

(1)贯彻执行企业设备管理的方针、原则、基本任务,熟悉本岗位设备使用、维护、修理工作的有关内容和要求。

(2)熟悉细纱机的型号、规格、主要组成部分的作用,主要机件的名称、安装部位、速度及其所配电动机的功率和转速。

(3)熟悉细纱机的所用轴承、螺栓、用机物的名称、型号、规格、使用部位及变换齿轮的名称、作用和调换方法。

(4)熟悉细纱机的机械传动形式,特点和所用传动带(包括齿形带及链条)的规格及其张力调节不当对生产的影响。

(5)了解纺织原料的一般知识和纱线特(支)数的定义、生产工艺流程及本工序主要产品规格和质量标准。

(6)熟练掌握细纱机加捻、成形部分的安装标准及简单故障的产生原因和解决方法

(7)掌握纺纱器材的型号、规格及安装要求,各部件的工作原理及对成纱质量的影响。

(8)具有机械制图的基本知识。

(9)具有钳工操作的基本知识。如锉削、锯割、凿削、钻孔与攻丝、套丝的方法要求,台钻、手电钻、砂轮等的使用、维护方法。

(10)熟悉安全操作程,掌握防火、防爆、安全用电、消防知识。

2. 技能要求

(1)按细纱机修理工作法,独立完成本岗位的修理工作。

(2)根据要求调整胶辊压力及动程。

(3)平装卷捻、锭子、导纱板部分;调整卷捻各部件的隔距、位置。

(4)安装锭带并调整其张力。

(5)检修简单机械故障。

(6)正确使用常用工具、量具、仪表及修磨凿子、钻头。

(7)看较复杂的零件图,画简单的易损零件图。

(8)具有初级的钳工技术水平。

四、中级细纱维修工应知应会

1. 知识要求

在掌握初级工应知的基础上还应掌握以下内容:

（1）本工序设备维护、修理工作的有关制度和质量检查标准、接交技术条件、保养技术条件及完好技术条件。

（2）细纱机的传动系统及其计算。

（3）细纱机车头部分的安装标准及调整牵伸、捻度、张力的基本原理。

（4）开关车程序及自动部分的机电原理和调整方法。

（5）复杂机械故障的产生原因和影响产品质量的机械原因及检修方法。

（6）温湿度对生产的影响和本工序的调整范围。

（7）风量调整对生产及产品质量的影响。

（8）本工序新设备、新技术、新工艺、新材料的基本知识。

（9）电焊、气焊、锡焊、粘接等的应用范围。

（10）表面粗糙度、形位公差、公差与配合的基本知识。

2. 技能要求

在掌握初级工应会技能的基础上还应掌握以下内容：

（1）细纱机的修理工作法，熟练完成本岗位的修理工作。

（2）平装车头部分、调试成形部分。

（3）平装横动装置、调试往复动程，正确调换变换齿轮。

（4）能配合平校机面水平。

（5）能检修复杂的机械故障，按本专业装配图装配部件。

（6）改进本工序的零部件，并绘制图样。

（7）具有校直、修刮平面、开凿键槽、配键的钳工水平。

五、高级细纱维修工应知应会

1. 知识要求

在掌握中级工应知知识的基础上还应掌握以下内容：

（1）本工序设备维护、修理周期计划、机配件、物料计划和消耗定的编制依据、方法及完成措施。

（2）应用精密水平、激光水平仪平装机架的理论知识及计算方法。

（3）细纱机专件、专用器材的型号、规格、特征、适用范围、验收质量标准和报废技术条件。

（4）分析细纱机的断头、条干不匀、粗节、细节及各种坏纱的造成原因及其改正措施。

（5）按厂房条件，设计绘制机台排列图。按排列图排装机合的画线方法，机台排列部位的地基要求，车脚螺栓的选择及安装方法。

（6）解决机台修理工作中疑难问题及技术措施。

（7）机件磨损、润滑原理及分类使用知识，轴承规格、分类、选用和维护方法。

（8）设备、工艺与产品质量的关系以及工艺设计的一般知识和主要工艺参数的计算。

（9）设备管理现代化的基本知识。

（10）本工序新设备的结构、特点、原理及新技术、新工艺、新材料的应用。

（11）电气、电子、微机监测、监控装置及其在本工序设备上应用的作用和原理。

（12）设备事故产生的原因及预防措施。

2. 技能要求

在掌握中级工应会技能的基础上还应掌握以下内容：

（1）精通本工序设修理技术及修理工作法、保养工作法，并能进行技术指导和技术培训。

（2）平装机架、罗拉、牵伸加压部分及全机的检查调试。

（3）能按不同品种纱特（支）选用合理的牵伸、配置钢领、钢丝圈。

（4）各种辅机的平装和调试。

（5）按排列图进行机台划线。按装配总图安装设备并进行调试，达到设计、使用和产品质量要求。

（6）有解决设备维修质量、产品质量、机物料、能源消耗等存在的疑难问题的技术经验。

（7）有鉴别机物料规格、质量的技术经验和提出主要机配件修制的加工技术要求。

①运用故障诊断技术和听、看、嗅、触等多种检测手段收集、分析处理设备状态变化的信息，及时发现故障，提出措施，并在维修工作中正确运用现代管理方法。

②按产品质量要求分析设备、工艺、操作等因素引起的产品质量问题，并提出调试、改进和检修方法。

（8）制木工序较复杂零件图。

六、细纱维修工技术等级考核标准（表 6-21）

表 6-21　细纱维修工技术等级考核标准

号手	应知	应会
一号、二号维修工		
三号维修工	占 25%	占 75%
四号维修工		

第六节　细纱工序的质量责任与标准

一、细纱维修内部质量要求

以 548 锭以内细纱机为例，细纱维修内部质量要求见表 6-22。

表 6-22　细纱维修内部质量要求

类别	项次	检验项目	质量指标（mm）		考核标准	
			大修理	小修理	单位	扣分
机架	1	头墙板对水平面的垂直度	0.15/1000		处	2
	2	机架纵向直线度（龙筋拉线）	0.2		处	1
	3	机梁双根纵向（斜跨）水平度	0.04/1000			0.5
		横向（横跨）水平度	0.04/1000			0.5
		机梁全台纵向水平度	0.15			1
	4	短机梁的水平度（纵、横向）	0.1/1000			1
		头墙板与二墙板的距离偏差	+0.02 +0.1			0.5
	5	龙筋对机梁顶面高度偏差	+0.1 −0			0.5
	6	机梁单根横向水平度	100：0.05			0.5
	7	龙筋顶面单根横向水平度	70：0.06			0.5
	8	机梁接缝（至少1/3处符合）	0.08		每超一处	0.2
	9	龙筋接缝（至少1/3处符合）	0.1			0.2
	10	机梁接头处	外侧面平齐		处	0.2
	11	龙筋接头处（互借）	顶面平齐			0.2
	12	二墙板对右侧龙筋内侧垂直度	0.4			1
	13	车尾底板纵、横向水平度	0.3/1000			0.5
	14	车头、尾垫铁两指能拔出	不允许			0.5
	15	龙筋内侧横向宽度偏差	+0.2 0			0.2
	16	机梁横向宽度偏差	+0.1 0			0.2
	17	龙筋内侧与机梁的对称度	0.1			0.2
	18	螺栓未紧足、销子能拔出	不允许			0.1
	19	车脚垫木松动及与地面接触不实	不允许			0.5
牵伸	1	车头，车尾罗拉座级横向定位（以车头为准，头尾一致）	±0.5		处	0.5
	2	相邻罗拉座高低	0.6/1000			0.5
	3	前罗拉进出差异	+0.1 0			0.5
	4	前罗拉与罗拉座的垂直	0.15/100			0.5
	5	前罗拉弯曲、偏心	0.03	0.03		0.5
	6	前罗拉颈弯、空、不靠山	不允许	不允许		0.5
	7	前中、后罗拉隔距	+0.08 0	+0.08 0		0.5
	8	中、后罗拉弯曲、偏心	0.05	0.05		0.5

类别	项次	检验项目		质量指标（mm）		考核标准	
				大修理	小修理	单位	扣分
牵伸	9	中后罗拉颈弯、空、不靠山		不允许	不允许		0.5
	10	罗拉头弯曲	前	0.03	0.03		0.5
			中、后	0.05	0.05		0.5
	11	罗拉沟槽外伤（动程内）		不允许	不允许		0.5
	12	罗拉轴承对罗拉滑座居中度		0.6	0.6		0.5
	13	罗拉轴承松动/油眼堵塞		不允许	不允许		0.2
	14	罗拉滑座外伤		不允许	不允许		0.5
	15	摇架支杆对前罗拉隔距偏差		+0.1 0	+0.1 0		0.5
	16	摇架左右位置误差		1	1		0.2
	17	摇架档压力误差		±1kg	±1kg		0.2
	18	前中后上罗拉不平行于下罗拉		±0.15	±0.15		0.5
	19	摇架手柄失灵		不允许	不允许		0.5
	20	摇架压力失灵		不允许	不允许		0.5
	21	摇架支杆松动不良		不允许	不允许		0.5
	22	上销弹簧失效		不允许	不允许		0.5
	23	隔距块规格不一致		不允许	不允许		0.5
	24	上胶圈跑偏		不允许	不允许		0.5
	25	下胶圈跑偏		2	2		0.5
	26	下胶圈张力失效		不允许	不允许		0.5
	27	胶圈架显著跳动、胶圈回转顿挫		不允许	不允许		0.5
	28	导纱喇叭口中心对罗拉中心差异		±1	±1		0.2
	29	导纱动程1、与企业规定标准差		±1.5	±1.5		2
		2、动程在胶 辊两端不小于		2.5	2.5		0.5
	30	吸棉笛管对前罗拉高低进出差异		±0.80	±0.80		0.5
传动	1	主轴对右龙筋顶面及内侧的距离偏差（高低、进出）		+0.08 0			0.5
	2	主轴弯曲	头尾	0.05			1
			中部	0.08			1
	3	两主轴同心度		0.05			0.5
	4	两主轴端面间隙		0.5~1			0.5
	5	车头、尾主轴转动不灵活		不允许			0.5
	6	车头、尾传动轴水平度		0.04/1000			1
	7	主轴径向跳动		0.15	0.25		0.5
	8	滚盘对锭孔左右距离差异		±1			0.5
	9	滚盘松动、破损、失效		不允许	不允许		0.5

续表

类别	项次	检验项目		质量指标（mm）		考核标准	
				大修理	小修理	单位	扣分
传动	10	主轴带轮与电动机带轮侧面差		1	1		0.5
	11	主轴与制动器间距差异		0.10	0.10		1
	12	车头、各齿轮侧面平齐差		0.50	0.50		0.5
	13	各齿轮沿轴向间隙		0.20	0.30		0.5
	14	各齿轮啮合不良、异响		不允许	不允许	处	0.5
	15	各齿轮啮合间隙		1/10 齿高	1/10 齿高		0.5
	16	车头各轴承安装	接触面	85%			0.5
			间隙	0.08			0.5
	17	成形凸轮与转子配合侧面平齐差		1	1		0.5
	18	成形凸轮突端磨灭		2	2		0.5
	19	凸轮与轴配合松动		不允许			0.5
	20	凸轮轴水平		0.08/150			0.5
	21	凸轮轴及转子不灵活		不允许			0.5
	22	蜗轮、蜗杆打转、清洗不净		不允许			0.5
	23	琵琶芯子水平		0.1/150			0.5
	24	棘轮轴部分安装不灵活		不允许			0.5
	25	棘轮轴中心距头墙板距离差		±0.50			0.5
	26	卷绕链轮轴水平		0.05/150			0.5
	27	卷绕链轮轴进出相差		±0.08			0.5
	28	前中后罗拉头轴承安装不灵活		不允许			0.5
	29	自动升降链轮、链条松紧、不灵活		不允许			0.5
	30	自动撑爪动程差异		5	5		0.5
	31	升降电动机座水平度		0.2/300			0.5
	32	分配轴高低进出位置		±0.50			0.5
	33	主轴联轴器螺栓未紧足、平键与键槽有松动		不允许			0.5
	34	各部轴承发热		温升20℃	温升20℃	处	0.5
		振动		0.15	0.15		0.5
		异响		不允许	不允许		0.5
	35	各类传动带缺损		不允许	不允许		1
	36	成形链条不灵活（以及单节匣1.6mm）		不允许	不允许		1
	37	钢领板始纺、级升、落纱位置不良		不允许	不允许		1
	38	自动部分动作不准确、不灵活		不允许	不允许		0.5
	39	各行程开关安装定位不正确		不允许	不允许		0.5

类别	项次	检验项目		质量指标（mm）		考核标准	
				大修理	小修理	单位	扣分
卷捻	1	龙筋锭孔与钢领中心差		0.5	0.5	块	0.5
	2	滑轮进出相差		±1			0.5
	3	滑轮沿轴芯方向横动		0.2~0.5			0.5
	4	牵引槽铁翻、换		不允许		根	1
	5	锭带盘轴高低进出差		±0.2		处	1
	6	钢领板升降立柱对水平面的垂直度		150：0.08		只	0.5
	7	钢领板升降立柱弯曲		0.05		根	0.5
		左右		0.08		处	0.5
		进出		0.05		处	0.5
	8	主柱滑轮不灵活、尼龙套损伤		不允许	不允许	只	0.5
	9	钢领板横向水平度		80：0.2		处	0.5
	10	钢领板高低		±0.5	±0.5	处	0.2
	11	钢领板打顿		不允许	不允许		0.5
	12	相邻钢领板接头表面平齐		0.10	0.10		0.5
	13	钢领起浮松动		不允许	不允许	只	0.5
	14	锭子偏心（任何位置）		0.4	0.4	只	0.2
	15	锭子水平		150：0.15	150：0.15	只	0.2
	16	锭子摇头		不允许	不允许		0.2
	17	锭脚漏油、发烫、未紧		不允许	不允许		0.2
	18	锭子高低		±2	±2	只	0.2
	19	锭子钩失效、摩擦		不允许	不允许	只	0.2
	20	导纱板升降杆上、下不灵活		不允许	不允许		0.5
	21	导纱板升降杆左右、进出相差		±0.2			0.5
	22	导纱板升降杆垂直度		150：0.1			0.5
	23	导纱板三角铁高低差		±0.50	±0.50	处	0.5
	24	导纱板外端高低差（单个仰俯）		+0.08 0	+0.08 0	个	0.1
	25	导纱板呆滞		不允许	不允许	个	0.1
	26	导纱板、导纱钩松动		不允许	不允许	个	0.1
	27	导纱板升降杆弯曲		0.05		根	0.5
	28	导纱钩工作点对锭子中心偏移		0.8	0.8	只	0.5
	29	隔纱板	前后相差	±2	±2	个	0.1
			左右相差	±1.5	±1.5		0.1
	30	钢丝圈清洁器隔距差		+0.15 0	+0.15 0	个	0.1
	31	锭带盘重锤刻度相差		±一小格	±一小格	个	0.2

类别	项次	检验项目		质量指标（mm）		考核标准	
				大修理	小修理	单位	扣分
卷捻	32	锭带跑偏、打扭、长短不一		不允许	不允许		0.5
	33	锭带盘张力失效		不允许	不允许	个	0.5
	34	锭带张力架高低、进出差异		0.2	0.2		0.2
	35	落纱轨道误差		±1		处	0.1
纱架	1	粗纱架立柱位置（拉线相切）		±1			0.5
	2	粗纱吊锭架高低		一致	一致		0.5
	3	吊锭松动、回转不灵活		不允许	不允许		0.2
	4	吊锭位置		排列无误	排列无误		0.2
	5	导纱杆高低进出		目视一致	目视一致		0.2
其他	1	各种螺栓松动、缺损	8mm 及以上	不允许	不允许		0.5
			8mm 以下	不允许	不允许		0.2
	2	吸棉风箱漏风及安装不良		不允许	不允许	台	2
	3	吸棉管漏风		不允许	不允许	处	0.5
	4	机台各种挂花		不允许	不允许		0.2
	5	机台、地面油污		不允许	不允许		05
	6	其他需补查的项目			一致	处	0.5

注　重点检修部分维修项目参照上述相关考核。

二、考核平车质量的指标

（1）断头率。

$$断头率［根/（千锭·时）］=\frac{1000×60×实测断头根数}{测定锭数×测定时间（min）}$$

分品种按各厂设定指标执行，考核维修队。

（2）条干。条干 $CV\%$ 小于设定指标。

（3）粗节、细节、棉结小于设定指标（以 2001 公报）。

（4）大小修理一等一级车率。

$$大小修理一等一级车率=\frac{一等一级车台数}{同期修理台数}×100\%$$

按"接交技术条件"的允许限度及工艺要求，全部达标者为一等一级，两者各有一项者为二等二级。

（5）耗电指标（kW·h）≤平前指标≤设定指标。

（6）运转满意度指轮班在使用后满意。

三、细纱工序胶辊胶圈使用管理

1. 周期

胶辊、胶圈应根据所纺品种确定更换周期。

2. 使用制度

（1）细纱前胶辊直径大于后胶辊直径，差异不能过大。

（2）每种类型胶辊直径大小以漆头颜色不同，应加以区分。

（3）所有胶辊须经校验后方可上车。

（4）同台、同列胶辊规格型号一致，直径、标识统一。

四、质量把关与追踪

（一）一般机械故障

1. 粗纱吊锭

粗纱吊锭夹花、磨灭，使粗纱在退绕时回转阻力增加，不灵活，增加意外牵伸，甚至拉断粗纱，使成纱条不匀，甚至断头；吊锭过于灵活，会致使粗纱退绕过度，影响重量不匀和正常产生。

2. 导纱钩磨灭、偏心、锭子头、偏心

导纱钩磨灭，有沟槽，纺纱时呈一直线、无振幅，使捻度传递受阻，增大断头率。锭子摇头使气圈张力不稳定，锭子偏心，使气圈不正，钢丝圈不能均匀回转产生断头并增加毛羽；导纱钩位置不正（偏心）产生歪气圈，使气圈张力不匀，产生断头并增加毛羽。

3. 导纱板与纱管顶端距离

导纱板与纱管顶端的距离要调整适当：过低，气圈碰筒管头，容易断头，并容易产生毛羽；过高，纺纱张力大，气圈大，对断头不利。故此距离的确定以小气圈不碰管头为原则。大时放大气圈长度以不影响打擦板为限，方法是适当增长导纱板升降动程，可以降低满纱断头。

4. 钢丝圈清洁器隔距

钢丝圈清洁器能清除钢丝圈附花，减少钢丝圈上不必要增加的重量，而使钢丝圈回转稳定降低断头，钢丝圈外侧与清洁器间的间距 0.25~0.4mm。隔距过大，起不到清除作用，增加断头；隔距过小，造成飞花，影响断头。由于钢丝圈圈形大小的改变，钢丝圈清洁器隔距也要相应改变。

5. 钢领板和导纱板升降立柱调整不当

（1）钢领板和导纱板升降立柱不垂直，在升降运动时，与锭子和纱管的相对位置变化，造成歪锭子、歪气圈，增加断头。

（2）钢领板松动在升降运动中与锭子和纱管的相对位置变化，会造成歪锭子，增加断头。

（3）钢领板不平。纵向不平使钢丝圈在钢领上回转不平衡，增加断头。

（4）横向不平。（即钢领板高低）除了上述影响外还容易产生冒头冒脚纱。

（5）钢领板紧轧。轻者会造成钢领板升降打顿，增加断头，增加管纱脱圈；严重者会造成升降柱左右两侧的管纱成形不良，为坏纱。

6. 锭带张力

锭带张力过大，电耗增加；锭带张力过小，锭子速度不均匀，成纱捻度差异大，产生弱捻纱，直接影响成纱强力。在不影响成纱质量的情况下，锭带张力偏小掌握。

7. 锭带接头与锭带传动方向的关系

锭带外层接头与锭子回转方向相同，避免对锭子的冲击力，以免影响锭速不匀。

8. 滚盘振动、异响

滚盘振动影响机台振动，使纱架抖动影响粗纱正常回转，对产品质量有一定影响，振动严重的影响条干，增加动力消耗。

(二) 胶辊、胶圈的质量要求

(1) 胶辊偏心在 0.03mm 以内。同只两端直径差异 0.02mm 以内。表面光洁、无伤痕、同档差异在 0.03mm 以内。回转稳，不晃动，弹性正常。

(2) 胶圈内径长度公差 ±0.5mm，宽度公差 0～0.5mm。厚度公差同台 0.05mm，同只厚度差异 0.03mm。表面无伤痕毛刺，边缘无线尾，导纱动程内无龟裂老化，回转均匀无顿挫。

(三) 造成断头的机械原因

1. 喂入、牵伸部分不良

吊锭；胶圈不良、破损、跑偏、轧煞；胶辊不良，表面损坏，缺油、同档直径大小不一致；集棉器破损、跳动、轧煞、粗纱窜出集棉器；加压不着实，出硬头；罗拉槽有毛刺、缺口，罗拉晃动。

2. 卷绕加捻部分不良

(1) 导纱钩、导纱板松动，导纱钩起槽，导纱钩角度不对。

(2) 锭子不正、摇头、缺油。

(3) 钢领起浮、里跑道毛，有波纹，深度太浅，钢丝圈脚碰里壁，有油污，圆整度、平整度差。

(4) 钢领板水平不对，前后左右及对角松动大。

(5) 钢丝圈磨损、混用或清洁器隔距过大或过小。隔纱板底边高于钢领顶面，产生邻锭断头后带断头，气圈撞击处毛糙有毛口，隔纱板开挡偏差，使气圈在隔纱板上回转撞击有轻重。隔纱板进出不对，隔不住相邻气圈致使相互撞击断头。带接头不良，锭子回转不正常，造成断头或松纱。

3. 纱管不良

(1) 锭杆配套不良，锭子回转时，纱管溜滑，造成松纱、断头。纱管摇头跳管产生断头。

(2) 纱管表面毛刺，管芯不光洁造成断头。

(四) 造成细纱条干不匀的原因

(1) 罗拉、胶辊偏心弯曲，胶辊缺油、表面损伤。

(2) 牵伸齿轮啮合不良或运转时偏心大。

(3) 绕胶辊严重，造成同挡胶辊的邻纱加压不良。

(4) 粗纱不在集合器内，集合器翻身、跑偏、破损、夹杂物或车号纸塞煞。

(5) 上、下销变形、配合不当，下销不着实。

(6) 胶圈破损、缺少，下胶圈张力过大，胶圈运行不灵活。

(7) 车间相对湿度较低，发生静电作用，产生粘纤维。

（五）齿轮啮合不当

1. 齿轮啮合标准

一般铣牙、尼龙牙、胶木牙二八搭；滚齿、插齿一九搭。

2. 齿轮啮合不当的影响

（1）齿轮容易磨灭，缩短使用寿命。

（2）噪声大。啮合过紧易引起机台震动和损坏其他机件；啮合过松，冲击大，机器启动时打顿。

（3）使机器运转不正常，影响产品质量如引起条干和支数不匀率恶化，断头增多。

（4）增加电耗。

（六）品种翻改

（1）翻改后的纱支须进行试纺，做出重量测试，合格后由生产处技术部门出具开车通知单，方可正式开车。

（2）签字后的工艺单及开车通知单交车间保存，以便查验。

（3）运转班取清吸棉箱内白花，收清回花箱的回花及粗纱头，调换备用瓶内的钢丝圈，并标明型号。

（4）正式开车前，必须再次检查粗纱及细纱、筒管等是否用错，确认无误后方可正式开车。

五、交接验收技术条件（表6-23）

表6-23　FA系列环锭细纱机大小修理接交技术条件

项次	检验项目		允许限度（mm）		检查方法及说明
			大修理	小修理	
1	车脚垫木松动及与地面接触不实		不允许		车脚用小扳手轻敲击，检查悬空及垫木松动为不良
2	罗拉轴承磨损		0.4	0.4	手感、目视、表量
3	前罗拉偏心弯曲		0.03		运转中目视、手感检查，发现跳动，停车用百分表检查
4	前中后罗拉前后窜动		不允许		目视
	中后罗拉与前罗拉隔距偏差		+0.80		用定规检查，"-0"限度以定规可以左右横动为良
			−0		
5	吸棉笛管与罗拉间高低、进出偏差（对标准差）		±0.80		用隔距片及进出工具检查笛管两端25mm范围内
6	导纱动程	与企业标准差	±1.50		目视、尺量，在胶辊上酒白粉检查动程大小及胶辊上边空
		在胶辊上边空	不小于2.5		
7	加压失效或失灵		不允许		表量±1kg以外为不良
8	胶圈回转顿挫、跑偏、胶圈架显著抖动。隔距块缺少、损伤、同台规格不一致		不允许		目视：胶圈顿挫、抖动以影响条干不良。下胶圈跑偏：量胶圈宽度与罗拉沟槽（滚花）长度中心偏差不超过2mm，上胶圈跑偏以看不见小墙板为不良

续表

项次	检验项目		允许限度（mm）		检查方法及说明
			大修理	小修理	
9	牵伸齿轮轴与轴孔间隙		0.20	0.20	钢丝插入 5mm 为不良
10	机台振动		0.15		目视、手感或将百分表放在机外稳定处，表头接触部件最大振动点，看表上指针规律出现的最大摆动范围
	各种轴承	振动	0.15		
		发热	温升 20℃		手感或用测温计测量
		异响	不允许		耳听，与正常机台对比
11	齿轮异响、啮合不良		不允许		耳听、目视
	齿轮缺单齿		1/3 齿宽		目视、尺量
	齿轮齿顶厚磨损		1/2 齿顶厚		目视、尺量
12	滚盘主轴振动		0.25	0.35	运转中发现振动，停车用百分表点接触检查主轴任意点
	滚盘振动、破损		不允许		目视无破损，运转中发现振动，停车用百分表点接触检查，径向跳动不超过 1mm；轴向表头在离边缘 15mm 处摆动不超 1.5mm
13	吸棉装置破损、漏风及风箱显著振动		不允许		目视、手感。主风道、吸棉箱破损、漏风以吸入本台粗纱长 100mm，丝网破损以漏白花、笛管、橡皮头破损、漏风以吸附花衣为不良。显著振动与正常机台对比（气流造成的不计）
14	钢领板在任何位置时，锭子中心与钢领中心偏差		0.40		在锭子回转时，用比钢领内径小 0.80mm 的锭子中心定规检查，钢领板在任意位置时钢领与定规相碰为不良
15	锭子摇头		不允许		手感不麻木，或插上 2/3 容量管纱目视轮廓清晰为良；必要时用三只 2/3 容量管纱检查，有两只轮廓清晰为良；有条件的可用仪器测，振幅超过 0.12mm 为不良
16	锭钩失效或有摩擦		不允许		用 200×15×3mm 竹片撬锭盘底部或停车手拔检查，目视失效、耳听摩擦为不良
17	导纱板呆滞松动、导纱钩起槽、松动		不允许		用手指将导纱板抬起 45° 能自由落下为良；用 0.25mm 测微片（手捏测微片中间处）拨动检查导纱板、导纱钩是否松动，松动以锭子中心与导纱钩偏差不超过 0.80mm 为良；导纱钩起槽以影响断头为不良
18	钢领板、导纱板升降时紧轧顿挫		不允许		目视、手感
	导纱板升降柱与轴承间隙		上 0.40 下 0.50	上 0.50 下 0.60	钢丝插入全长为不良
19	钢领板前后松动		0.15		检查立柱与尼龙转子间隙，有一点插入为不良
20	钢领板始纺、级升、落纱位置不良		不允许		目视、尺量

项次	检验项目	允许限度（mm）		检查方法及说明
		大修理	小修理	
21	出油口不滴油	不允许		目视
22	吊锭回转顿挫及吊锭松动	不允许		目视、手感
23	安全装置作用不良	不允许		目视、手感
24	电气装置安全不良	不允许		目视、手感 1. 接地不良指无接地线或电阻不大于4Ω，接地系统与接零系统混用 2. 绝缘不良指36V以上电线绝缘层外露，36V及以下导线裸露 3. 电箱开关位置不固定，电动机罩壳、风叶螺栓、开关按钮缺损、松动，导线固定夹头失效
25	自动装置不良	不允许		目视、手感，开空车测试
26	断头	不高于各厂设定品种指标		
27	条干 CV%	CV%值水平，粗细节，棉节较平前改善		
28	成形不良（机械原因造成）	不允许		目视
29	耗电	符合企业规定		

注　锭子摇头、吸棉笛管位置、锭钩失效，初步交接时发现的缺点经修复后即作为该项评等依据。

六、细纱揩车质量检查（表6-24）

表6-24　细纱揩车质量检查表

年　　月　　日

项次	检查项目	允许限度	扣分标准	车号
1	齿轮啮合不良，各部螺栓松动	不允许	1/处	
2	油眼堵塞、缺油、齿轮缺油	不允许	1/处	
3	车头部件不良	不允许	1/处	
4	吸风管道不清洁	不允许	0.5/处	
5	钢领板不平齐	0.5/处	0.5/处	
6	罗拉轴承缺油	不允许	0.5/处	
7	下销不落实	不允许	1/处	
8	胶圈缺损、跑偏、喇叭口堵塞	不允许	0.5/处	
9	钳口缺损、规格不一致	不允许	1/处	
10	摇架、胶圈架不清洁	不允许	0.5/处	
11	罗拉颈、座及车面不清洁	不允许	0.5/处	

续表

项次	检查项目	允许限度	扣分标准	车号
12	张力支架、下销不清洁	不允许	0.5/处	
13	胶圈架上吊、胶辊磨胶圈架	不允许	1/处	
14	前、后绒辊缺损、不清洁、失效	不允许	0.5/处	
15	钢领板不灵活、不清洁	不允许	0.5/处	
16	清洁器、滑轮、扁铁不清洁	不允许	0.5/处	
17	飞轮、滚盘、大轴、轴承座、锭钩不清洁	不允许	0.5/处	
18	吸棉管堵头缺少、脱落、破损	不允许	0.5/处	
19	锭带扭曲、脱落，锭子缠回丝	不允许	0.5/处	
20	开车断头，油污纱，纱尾长	不允许	0.5/处	
21	其他方面不良	不允许		
扣分合计				
评等				

七、细纱机完好技术条件与扣分标准（表6-25）

表6-25 细纱机完好技术条件与扣分标准

序号	检查项目		允许限度	扣分标准		车号
				单位	扣分	
1	前罗拉晃动		0.12mm	节	2	
2	罗拉座发热		升温20℃	只	1	
3	胶圈架显著跳动		不允许	只	0.5	
4	上销隔距块缺少、损坏、同台规格不一致		不允许	只	0.5	
5	胶圈跑偏、损伤		不允许	只	0.5	
6	集合器、喇叭口缺少、损伤、同台规格不一致		不允许	只	0.5	
7	胶辊跳动、损伤、缺油		不允许	只	0.5	
8	上绒辊缺少、失效		不允许	根	0.4	
9	加压失灵		不允许	只	0.5	
10	导纱动程	与企业规定标准相差	±1.5mm	单面	2	
		动程在胶辊边相差	≥2.5mm	只	0.5	
		粗纱碰胶圈架	不允许	只	0.5	
11	牵伸系统	部件抖动	0.2mm	只	3	
		齿轮磨灭	不呈刀口	只	3	
		齿轮缺单齿	1/3齿宽	只	3	
12	车头部件	发热	升温20℃	只	3	
		振动	0.2mm	只	3	
		异响	不允许	只	3	

序号	检查项目		允许限度	扣分标准		车号
				单位	扣分	
13	滚盘主轴轴承	发热	升温20℃	只	3	
		振动	0.2mm	只	3	
		异响	不允许	只	3	
		滚盘振动	1.2mm	节	3	
		滚盘主轴振动	0.4mm	节	3	
14	吸棉风箱	漏风	不允许	台	3	
		丝网破损	不允许	只	3	
		显著振动	不允许	台	3	
15	锭子摇头、偏心		不允许	只	0.5	
16	锭钩失效、与锭盘摩擦		不允许	只	0.4	
17	成形不良		不允许	台	10	
18	机械空锭		不允许	只	2	
19	无胶圈纺纱		不允许	只	4	
20	三自动失效		不允许	台	2	
21	锭带盘进出位置		±25mm	根	0.4	
	锭带盘张力失效		不允许	只	0.5	
22	主要	螺栓缺少、松动、垫圈缺少	不允许	只	2	
		机件缺少、松动	不允许	只	4	
23	一般	螺栓缺少、松动	不允许	只	0.2	
		机件缺少、松动	不允许	只	0.5	
24	安全装置作用不良		不允许	台	4	
25	电器装置安全不良	无接地或接地失效	不允许	台	4	
		36V以上导线裸露	不允许	台	4	
		电气开盒、电动机罩、风叶罩、开关按钮缺损、松动，导线固定夹头失效	不允许	台	4	
		目视，36V以上导线裸露	不允许	台	10	

第七章　络筒工和络筒机维修工操作指导

第一节　络筒工序的任务和设备

一、络筒工序的主要任务

络筒工序的主要任务是将有限长度的管纱（线）逐个连接卷绕成后工序需要长度的筒子，同时按纱线的性能给予一定的张力，消除纱疵和杂质，络成张力均匀，符合规定标准的优质筒子。

1. 增加卷装容量

络筒就是把细纱管上的纱头和纱尾连接起来，重新卷绕制成容量较大的筒子。

2. 清纱

细纱上存在疵点、粗节、弱捻，它们在织造时会引起断头，影响织物外观。络筒机设有专门的清纱装置，除去单纱上的绒毛、尘屑、粗细节等疵点。络筒过程中应尽量减少损伤纱线原有的力学性能，如线密度、捻度、强力、弹性和伸长等。

3. 制成适当的卷装

制成筒子的卷绕结构应满足高速退绕的要求，筒子表面纱线分布应均匀，在适当的卷绕张力下，具有一定的密度，并尽可能增加筒子容量，表面和端面要平整，没有脱圈、滑边、重叠等现象。

二、络筒工序的一般知识

络筒值车工的主要任务是熟练掌握络筒机的机械性能和棉纺织生产的一般理论知识，按规定看台定额合理使用好设备，在工作中严格执行工作法，把好质量关，按照品种的规格要求，保质保量地完成生产任务。

1. 生产指标

生产指标是指生产经营活动中要求完成的预期目标。主要分产量和质量两大部分。

（1）主要产量指标。络筒工序的产量一般以筒子公斤数来统计。

①个人产量是指络筒工在一轮班工作时间内所看管机台生产筒子的重量。

②台班产量是指每台车一轮班工作时间内所生产的筒子重量。

③班产是指所有机台一轮班工作时间内所生产的筒子重量。

④小组产量是指小组成员个人产量的总和。按月计划考核小组、个人。

（2）主要质量指标。

①好筒率是指所抽查筒子中好筒只数（没有外观疵点的筒子）与抽查总只数之比的百分率。

$$好筒率 = \frac{好筒只数}{抽查总只数} \times 100\%$$

好筒率指标一般为 98%，按月考核个人、小组、轮班、车间。筒子外观疵点有攀头（拦线、网纱）筒子、葫芦形筒子、菊花芯筒子、松软筒子、油污筒子等。

②筒子内在疵点。主要通过倒筒检查筒子内在疵点，如接头不良、筒子内夹入回丝、双纱等。

③整经百根万米断头是指整经轴每百根卷绕一万米长度时发生的断头数。络筒筒子成形和内在质量对后道整经机断头影响很大。

④纱线损失又称纱线对比，是指管纱经过络筒机加工制作成筒子纱，筒子纱线与管纱纱线的质量对比度，包括 $CV\%$、棉节、细节、单强等。（各厂考核指标自订）

2. 络筒工序的温湿度

（1）车间温湿度。

①温度。同粗纱工序。

②湿度。同粗纱工序。

③相对湿度。同粗纱工序。

（2）温湿度与生产的关系。温湿度与车间生产和产品质量关系密切，因此在络筒过程中应严格按标准控制温湿度，合适的温湿度可增加纱线的强力，有利于清除纱线表面的杂质及竹节等疵点。

相对湿度过高，纱线张力大，筒子卷绕过程中易产生断头，机器表面易生锈和黏附飞花，清洁工作困难；相对湿度过低，会造成纱线强力降低，易断头，筒子成形松，纱线毛羽多。

在停车过久或节假日开冷车时，要预先调节好车间温湿度，保证开车正常。

（3）络筒车间温湿度标准（表7-1）。

表7-1　络筒车间温湿度标准

夏季		冬季	
温度（℃）	相对湿度（%）	温度（℃）	相对湿度（%）
26~31	60~70	24~28	60~70

3. 生产技术基本知识

（1）专用器材。络筒工序主要专用器材有宝塔筒管。宝塔筒管的规格一般大头直径 62~70mm，小头直径 25~35mm，长度 170~182mm，斜度为 5°57′、4°20′、3°30′、9°15′。筒管材料有塑料、纸和不锈钢等。为了防止脱圈，在筒管表面制成凸凹槽或起绒。根据生产品种的需要，筒管有若干种颜色，同一种颜色或同一种色头，在同一时期内，只能用在一个品种上。络筒工序要重视筒管的管理，不能用刀割和重压，纸管应放置于干燥地方，以防受潮。筒管需定期进行维修及清洁。

（2）专用清纱器。电子清纱器装置按其检测方式可分为光电式和电容式两种。光电式电子清纱器的原理是测量纱线的直径；电容式电子清纱器的原理是测量纱线的重量。电子清纱器由控制箱、放大器、检测头三个部分组成。

电子清纱器度应有专职人员负责调整工艺和定期测试校正。根据工艺要求调整控制箱的工艺参数。络筒值车工应按要求使用和爱护电子清纱器，不能随便切断电源和调整工艺，导纱槽内不允许嵌物，随时清除导纱槽内回丝和花毛，纱线必须嵌在电子清纱器导纱槽内运行。当清洁器发生故障时，应通知专业人员及时修理。

电子清纱器是提高成纱质量的一个重要部分。它比其他各种机械式清纱器有更高的清除效率（可提高40%～50%），且不会损伤纤维，能根据纱线质量的工艺要求，清除纱疵。

（3）纱线接头。目前络筒机大都采用空气捻接器进行"无结"接头，空气捻接器结构简单，接头质量好，因此应用广泛。

①空气捻接器的原理及特点。它是将两根纱（线）头放入一只特殊设计的捻接腔里，在高压空气吹动下退捻、搭接，随后以反方向高压空气吹动使纱线捻接。空气捻接器捻接过程一般先退捻后再加捻，捻接质量高，外形美观，接头粗度为原纱直径的1.2倍以下，接头强力为原纱强力的80%～85%，并基本保持了原纱的弹性。

②空气捻接器捻接过程。

a. 纱线引入。纱线的一端自筒子上引入，另一端由管纱上引入，交叉放入捻接器内。

b. 夹住纱线。利用夹持器将两纱端夹持定位。

c. 剪切定长。将两纱端剪切成规定长度的纱尾。

d. 退捻、开松。对纱尾的退捻和开松是由加捻器两端的退捻管（器）来完成的。

e. 加捻。由具有一定压力并经过过滤的压缩空气进入加捻腔，将两纱端喷射缠绕或回旋加捻成捻接纱。

f. 动作复位。完成捻接动作后，气阀关闭，动作复位。

③喷雾式空气捻接器的特点。纱线是在水和气流同时作用下进行加捻，使纱线充分包缠，捻接强力大幅提高。它适用于有一定吸水性纤维的低支纱、气流纺纱和股线等。

三、络筒设备的主要机构和作用

1. 普通络筒设备的主要机构及作用

（1）络筒机生产流程。纱线从管纱上退绕下来，经导纱杆引入导纱钩，经张力装置，穿过清纱器的缝隙（或电子清纱器），再从导纱杆后下方引出，经断头张力杆及槽筒的沟槽引导，卷绕到筒子上。

（2）络筒机主要机构及作用。

①清纱张力装置。清纱张力装置主要有张力架、清纱器、导纱杆、张力盘、张力片等机件组成。其作用是清除纱线杂质和对纱线施加一定的张力。

a. 清纱器。通常使用的有电子清纱器、板式清纱器等。清纱器的工艺参数（隔距）一般根据所纺细纱号数及质量要求决定。

b. 张力盘（片）。络筒机上张力盘张力的大小，随纱线粗细和原纱强力的大小而不同。张力盘（片）产生摩擦作用而使纱线获得较均匀的张力，卷绕成符合松紧要求的筒子纱。

张力大小必须适宜，张力过大，使纱线伸长，会增加后道工序断头；张力过小，使筒子松软，成形不良，后道工序退绕时产生脱圈，造成断头，增加回丝，张力装置还能清除一部分杂质。

②卷绕成形装置。卷绕成形装置主要由槽筒、握臂架、锭杆、锭管等机件组成，其作用是制成一定形状的均匀坚实的筒子。

为了防止筒子卷绕到一定直径时，前后几层纱圈有可能重叠在一个位置上，使筒子表面形成凸起的带状，在络筒机上装有防叠装置，如间歇开关式（即电气防叠）和槽筒防叠。

槽筒防叠原理主要是：断纹、沟槽边缘左右扭曲、沟槽中心线左右扭曲。

槽筒的防叠措施对于一般性轻微的重叠能起到一定的防叠作用，但是当筒子卷绕直径与槽筒直径相等或者成整倍数时，较严重的重叠现象仍不能避免，故在络筒机上应再使用间歇开关式防叠机构。电源时而接通，时而断开，主电动机也忽开忽停（每分钟约 30 次），从而使槽筒的转速忽快忽慢，既改变了筒子绕纱的回转数，又改变了导纱速度，加大了前后纱层的位移，起到防叠的目的。该机构对槽筒的表面及沟槽光滑度要求非常高，否则影响筒子成形及增加纱线毛羽。

③断头自停装置。断头自停装置主要由每锭一只自停箱及偏心轮等机件组成。其主要作用是当纱线断头或管纱用完时，能使筒子纱自动抬起，脱离槽筒停止转动，避免筒子表面纱线由于受长时间高速摩擦而损伤，并且防止断头后纱线嵌入纱的里层，造成寻头困难，同时使断头处纱线不会因摩擦而退捻松弛。

（3）络筒的辅助设备主要机构及作用。

①捻接器。主要由捻接腔、进气管、剪刀、手柄等组成。使两根纱头在气流的作用下，互相缠和并捻在一起，形成无结接头。

②筒子吹风清洁机。主要由电动机、变速齿轮箱、龙带、导轮及风机等机件组成。主要作用：风机在导轮上做往复运动，使络筒机的槽筒、平面及张力架等部位的积花得到及时清除，减少值车工的清扫工作，提高络筒的产量和质量。

2. 自动络筒设备的主要机构及作用

（1）自动纱筒机的生产流程。在自动络筒机上，纱线从插在管纱插座上的管纱中退绕下来，经过气圈破裂器后再经预清纱器，使纱线上的杂质和较大的纱疵得到清除。然后纱线经过张力装置和电子清纱器，对纱线的疵点（粗节、细节、异纤、双纱等）进行检测、清除。根据需要，可设有上蜡装置对纱线进行上蜡。最后，当槽筒转动时，一方面使紧压在它上面的筒子做回转运动，将纱线卷入；另一方面槽筒上的沟槽带动纱线做往复导纱运动，使纱线均匀地络卷在筒子表面。清纱器检出纱疵后立即剪断纱线，筒子从槽筒上抬起，并被刹车装置刹住，刹车时间可依不同纱线特性设定，装在纱线两边的吸嘴分别吸取断头两侧的纱线，并将它们引入捻接器，形成无结接头，然后自动开车。

（2）自动络筒机主要机构及作用。自动络筒主要由喂入机构、张力控制与清纱机构、卷绕机构组成。下面简述各机构的组成及其作用。

①喂入机构。主要由圆形纱库、防脱圈装置、气圈破裂器等机件组成。其作用是保证可靠的管纱供给，并优化纱线的退绕。

气圈破裂器也称气圈控制器，安装位置靠近纱管顶部。其作用是控制管纱退绕时形成的气圈，保证从满纱至管底整个退绕过程中纱线张力的均衡。

②张力控制与清纱机构。主要由上下纱头传感器、张力装置、捻接器、电子清纱器、张力传感器、上蜡装置、大小吸嘴等机件组成。其作用是对纱线张力、质量全程控制，可获得最佳的纱线与卷装质量。

a. 大小吸嘴。其作用是在断纱、电清切纱及管纱退绕结束时，大吸嘴从筒子上抓取并吸住上纱纱头，小吸嘴抓取并吸住管纱纱头，将纱线导入纱线张力器和捻接器。

b. 张力装置。其作用是可以保证纱线上的张力恒定不变，确保筒子成形良好。

c. 捻接器。每个络纱锭都装有自动捻接器，在断头、清纱切割或换管后，捻接器自动将两个纱头解捻并充分开松后捻接在一起，具有良好的外观质量和强度。

d. 电子清纱器。其作用是检测所有疵点并自动清除，全程控制以保证纱线的质量。

e. 张力传感器。通过计算机设定，随时检测络纱过程中动态张力的变化值。其作用是保持恒定的卷绕密度，使纱线张力稳定在一定水平。

③卷绕机构。卷绕卷装的同时，卷绕单元还控制着整个络纱锭的运行及操作信息的采集。卷绕部分主要包括筒子架、直接驱动的槽筒以及带有信号灯的控制和操作部件。

a. 槽筒。槽筒通过对筒子表面进行摩擦传动来实现对纱线的卷取，并利用其上的沟槽曲线完成导纱运动。

b. 防叠装置。间歇性地通过提高槽筒速度使槽筒和筒子之间产生微小的滑移，因而使槽筒导纱槽和实际卷绕纱层之间产生一个偏移。纱线卷绕在筒子的不同位置，故而避免产生重叠卷绕。

c. 筒子架压力补偿装置。对由于卷装纱线重量的增加而导致的筒子架压力增大进行补偿，从而使筒子架压力保持基本恒定。

（3）筒子的卷绕形式。

①按筒子形状分类。有圆柱形、圆锥形和其他锥形三种形式。圆柱形筒子旋转，低速退绕；圆锥形筒子固定，高速退绕；三圆锥形卷装大，稳定，适用于光滑长丝，筒子中部呈锥体。

②按卷绕角大小分类。卷绕角 α 是纱线卷绕到筒子表面某点时，纱线的切线方向与筒子表面该点圆周速度方向所夹的角，又称螺旋线升角。按卷绕角大小又可分为平行卷绕（$\alpha = 3° \sim 5°$）和交叉卷绕（$\alpha = 3° \sim 20°$）两种形式。

四、络筒工序的主要工艺项目

络筒工序的主要工艺项目有络筒速度、络筒张力、清纱设定值、筒子卷绕密度、卷绕长度等。

1. 络筒速度

自动络筒机的络筒速度一般为 $700 \sim 1400 \text{m/min}$，普通络筒机络筒速度一般为 600m/min 左右。

2. 络筒张力

络筒张力一般根据卷绕密度、络纱速度进行调节，同时应保持筒子成形良好，通常为单纱强力的 $8\% \sim 12\%$。

3. 清纱设定值

络筒机采用电子清纱装置时，可根据后道工序和织物外观质量的要求，将各类纱疵的形态按截面变化率和纱疵所占据的长度进行分类，并在上机时对相应的数据进行设定，清纱设定是有害纱疵与无害纱疵及临界纱疵（在清纱特性线上）的划分。所选用电子清纱器的清纱特性线应尽可能与要清除的纱疵划分设定相靠拢，以期取得良好的清纱效果。

4. 筒子卷绕密度

筒子的卷绕密度应按筒子的后道用途、种类加以确定。染色所用筒子的卷绕密度约为 $0.35\mathrm{g/cm^3}$，其他用途的筒子的卷绕密度为 $0.42\mathrm{g/cm^3}$。适宜的卷绕密度有助于筒子成形良好，且不损伤纱线的弹性。

5. 卷绕长度

一般采用电子定长装置，对定长值的设定极为简便，且定长精度较高。随络筒的进行，当卷绕长度达到设定值时，停止络筒。普通络筒机上一般没有专设定长装置，只能以控制卷绕直径的办法进行间接定长，其精度较差。

6. 纱线捻

依据产品要求设定捻度、速度、卷绕长度等。

第二节　络筒工序的运转操作

一、岗位职责

（1）坚守生产岗位，积极全面完成个人的生产计划和质量指标。

（2）严格遵守各项生产制度，树立质量第一的思想，做好防疵捉疵工作，严格把好质量关。

（3）严格按交接班规定做好交接班工作，确保运转连续化的生产能够正常、稳定持续进行。

（4）熟练掌握自己所操作的设备性能，随时注意机械状态，处处防止疵点的产生。

（5）认真执行操作法，正确掌握单项操作要领，勤学苦练操作技能，不断提高操作水平。

（6）按清洁工作的要求和进度，彻底做好机台和工作场地的清洁工作。

（7）严格执行安全操作规程，注意设备运转状态，防止人身和设备事故。

（8）做到文明生产，为下一班创造良好的生产条件。

二、交接班工作

做好交接班工作是保证一轮班工作正常进行的重要环节，也是加强预防检查，提高产品质量的一项重要措施。交接班工作既要发扬团结协作的精神，树立上一班为下一班服务的思想，又要认真严格分清责任。交班者做到以交清为主，为接班者创造良好条件；接班者做到以检查预防为主，认真把好质量关。

1. 交班工作

（1）交清当班的生产情况，如品种翻改、工艺变动、温湿度变化、机台运转情况、管纱（筒纱）质量、共同使用的工具及班中存在的关键问题。

（2）保持纱线通道各部位清洁，做到无回丝、无积花。

（3）管纱（筒纱）容器内无纱巴（筒脚）、回丝，筒纱生产正常、无坏筒，筒纱尺寸差异（自动络筒无要求除外）在范围内，并做好筒纱分段，接齐断头。

（4）处理好接班者所检查的问题。

（5）按规定时间彻底做好机台清洁工作及四周环境卫生。

2. 接班工作

接班者应提前到岗（具体时间企业自定），做好接班准备、检查、清洁工作，为一个班的生产打好基础。具体做到一准备、二了解、三检查、四清洁。

（1）一准备。准备一个班所需用的筒管。

（2）二了解。了解上一班的生产情况，做到心中有数。

（3）三检查。检查上一班的设备运转情况，设备机件有无缺损，有无异响。检查筒纱质量，如错支、错管、蛛网、成形不良及交班责任标记。检查上一班的清洁工作完成情况，吸风箱内的废回丝是否掏净；纱线通道及机台上下等部位是否有回丝、积花；筒纱板、管纱（筒纱）容器等处是否有坏筒、乱管、筒脚、回丝等。

（4）四清洁。彻底做好机台和作业车的清洁工作。

三、清洁工作

做好清洁工作是提高产品质量、减少断头和纱疵的一个不可缺少的环节，必须严格执行清洁制度，有计划地把清洁工作合理安排在一轮班每个巡回中均匀地做。大力做好清洁工作，降低断头，提高质量，减少纱疵。

清洁工作应采取"五做""五定""四要求"的方法。

1. 五做

（1）勤、轻做。清洁工作，要勤做、轻做，防止花毛飞扬附入筒纱。

（2）重点做。按清洁工作重点区域重点做的方法，将重点部位彻底清洁干净。

（3）随时结合做。在巡回中随时清洁纱线通道和其他表面部位的积花、回丝。

（4）分段做。把一项清洁分配在几个巡回中做或交班者、接班者分段做。

（5）双手交叉结合做。要双手交叉使用工具进行清洁，如一手拿绒刷，一手拿抹布，边扫边擦，既节约时间，又能清洁干净。

2. 五定

（1）定清洁项目。各单位根据机型及质量品种要求，定出值车工清洁项目。

（2）定清洁时间。根据品种、机械状态、原料情况，定清洁时间和清洁进度。

（3）定清洁工具。根据清洁项目和不同部位的质量要求，定清洁工具。

（4）定清洁方法。掌握从上到下，从里到外，从后到前，从右到左或从左到右的原则，采用吹气、捻杆、包布等相结合的方法，做到轻、稳、净。

（5）定清洁责任者。根据清洁分管工作，定清洁责任者。

3. 四要求

（1）要求清洁工作彻底、到位、不拍打，防止造成人为疵点和断头。

（2）要求清洁工具经常保持清洁，定位放置。

（3）要求注意节约，做到纱、管、回丝不落地。

（4）要求机台各部位的清洁无回丝缠绕、无积花、无灰尘。

4. 清洁的方法及内容

（1）普通络筒。停车后，先用大毛刷扫风机及道轨，再用小毛刷将车顶板扫净，落下筒纱放在车顶板上，把插纱锭上的纱管拔下，用小毛刷从右到左或从左到右扫车顶板底面，返回时将槽筒毛刷掀起，用手摘净花毛回丝，扫后回复原位到起点车头或车尾处，右手拿起大毛刷，先扫净车头或车尾上下，再扫握臂及其底部，同时左手拿小毛刷清扫轴承盖，返回时右手扫油箱、龙筋，左手扫张力盘、清纱器，采用分段进行约五锭为一段，两手交叉进行，再由起点从右到左或从左到右，右手拿大毛刷扫筒纱锭脚，巡回时采用大毛刷清扫运输带、坦克链、道轨、车腿和作业小车。

（2）自动络筒。采用吹气、捻杆、包布等相结合的方法。

①大扫车。交班前停车全面清洁，先将车头、车尾毛刷和槽筒毛刷清理干净。掏净鼓风机废回丝，然后分两部分吹车。

吹车后，从车尾开始分段进行，吹上游动风机及道轨，吹筒纱架，车后筒纱板上下，车心、落纱小机；回来时吹电子盘气道管，吹到车头。返回时从车头第一锭开始吹锭脚两侧直到车尾。

吹车前，从车尾开始分段进行，吹上游动风机及道轨，吹筒纱架、槽筒周围、电子张力部分，回来吹纱库上下、周围，到车头，再吹净车头顶部及车头底。返回时吹锭脚两侧，下纱挡板，作业小车，空管传送带及踏板，一直吹到车尾，摘净机台上下，里外挂花。

②小扫车。指班中机台清洁。各分厂根据品种质量，机械状态，原料情况确定项目、次数。

四、单项操作

单项操作是一项基本操作，也是执行全项操作法的基础，单项操作的好与差、快与慢，直接关系产品质量和工作效率。为此必须要集中思想、目光合理、双手并用、动作连贯、幅度小，操作到位，速度快。

1. 普通络筒

单项操作主要有换管接头、落筒生头。

（1）换管接头。

三看：拿管纱看，找筒纱头看，放线打结看。

三不看：引纱线、拔管、插管纱不看。

好：结头标准，生头质量好。

快：拿纱、插纱、引头、打结、拔筒、拿管插管快。

稳：打结、放头，按手柄稳。

准：插纱、寻头、放线、插筒管、嵌工号准。

轻：找筒纱头、打结轻。

空气捻接器换管接头采用右手插纱、左手引纱线法。具体操作步骤如下：

①左（右）手先拔管，右（左）手拿管纱，大头斜向前，左（右）手捋出管纱头摘掉纱尾，同时目视筒纱头位置。

②右（左）手插纱的同时，左（右）手将捋出的管纱头经张力装置引出，并立即用拇、食指找出筒纱头，将两纱并合一起。

③左手将纱线拉至捻接器上方，拉时不得太长、太重，防止筒纱倒转，右手即用食、中指夹住管纱纱线，左手食、中指拉住筒纱线，同时，左、右手将筒纱线、管纱线呈对角放入导纱槽槽底，两根纱线在捻接腔内呈交叉状态，使纱线自然伸直，不得拉得太紧，左手拉至捻接腔盖下部，右手大拇指根部按捻接器手柄打结，腔盖开启后，右手随手将纱线提出腔盖放线，左手按开关手柄开车。

④放线时要使纱线伸直，放线位置应在筒纱中间，提线时用食指或中指在接头前后即可，以防结头不良，提线高不过头，长不过肩。

（2）落筒生头的具体操作。落筒纱大小按各厂标准工艺，测定时按工作法标准。落筒前清扫车顶板，预备筒管。落筒后检查筒纱外观质量。

①落筒操作。左手握住筒纱小头，扳起筒纱，右手托住大头，双手拔出筒纱，查看疵点，将筒纱放在车顶板上，准备生头。

②生头操作。

a. 先插管后生头法。左（右）手拿管纱，用拇食中三指捏住，插上筒管，在筒管中间处顺槽筒回转方向绕2~3圈，右手握住筒管，左手挣断纱尾，随即左手按下手柄开车。

b. 先生头后插管法。右手拔管插管纱，左手引出纱线，右手拿筒管，用小头沿左手纱线顺时针方向转2~3圈，右手拇指压住纱线，同时插上筒管，左手挣断纱尾随即按手柄开车。

c. 留纱尾生头法。插上筒管，并将锭子推回原位，左手拿管纱的纱头，用拇、食指捏住，右手拇、食指捏住纱线另一端，两手距离比筒纱管大头直径稍长。两手同时将纱嵌入筒管大头两边的沟槽内，此时左手拇指在上沟槽处压住纱头，其他四指将筒管顺槽筒回转方向1~3圈，并卡断纱尾，纱尾要露在外面，长度不超过2cm，随即按下手柄，右手放线。

d. 弹簧锭留纱尾生头法。

左手生头法：左手捋出纱头，绕过张力架，绕在弹簧锭子上一圈以内，而后右手插管，并将锭子推回原位，沿槽筒回转方向转2~3圈，左手随即按下手柄。

右手生头法：左手捋出纱头，绕过张力架，右手接过纱线绕在弹簧锭子上一圈以内，随即左手插管，并将锭子推回原位，沿槽筒回转方向转2~3圈，按下手柄。

2. 自动络筒

单项操作主要有纱库插纱、落筒生头。要求做到"一小六准"。"一小"即提纱动作要小，不要太高。"六准"即拿纱、找头、插纱、喂入要准，落纱生头管内放纱线、生纱尾要准。

（1）纱库插纱的具体操作。纱库插纱右手或左手拿2~4只纱穗的上端，右手或左手揪掉纱尾，引出 40cm 左右的纱线，放入纱库吸盘，在按下吸盘的同时，右手或左手把纱穗插入纱库。

（2）落筒生头的具体操作。左手拿筒管，右手将纱线卡断拿起，纱头不得超过 30cm 放入筒管内，左手拇指压住纱线，右手握住筒纱架手柄向右侧拉开，左手将筒管插入筒纱架内，生纱尾向前转 2~3 圈以上，按启动钮。

五、巡回工作

1. 基本特点

（1）工作主动有规律。工作中始终按着一定的巡回路线，依次做好各项工作，掌握生产规律和机器性能，做到工作主动有规律。

（2）工作有计划、分清轻重缓急。加强工作预见性、计划性、灵活性，掌握落筒时间和断头规律，将各项工作安排到每一个巡回中去。工作中要区别情况灵活机动，分清轻重缓急，保证巡回时间均匀。

（3）工作交叉结合进行。合理组织好一轮班的工作，把各项工作交叉结合进行，动作连贯迅速，做到省时、省力效果好。

（4）加强清洁工作，做好防疵、捉疵、质量把关。在巡回中合理运用目光，做清洁工作时，防人为疵点；插纱时，捉上工序疵点；络筒时，查机械疵点，加强质量把关，防止突发性纱疵产生。

2. 巡回操作

（1）普通络筒。

①巡回路线。采用单程往复式巡回路线。

②巡回方法。以筒纱大头或小头作为起点，从左到右或从右到左，去时以接头为主，返回时以清洁和检查为主，看锭多少则根据车速、纱号合理安排。

③巡回中接头、落纱、清洁工作等要有计划地进行操作，掌握好每排纱的巡回时间，处理小纱、断头等工作要主动灵活，善于耳听眼看，合理运用目光，每接完一节，应向左右眺望一次，及时处理断头。

④巡回操作中，应按"五锭一看"的要求，分清轻、重、缓、急，合理处理断头，保持机台清洁，纱、管、回丝等不落地。

a. 五锭一看的操作要求。以五锭为一节，一节内出现断头，值车工要及时处理，每接完一节要左右查看一次，并处理断头。如五锭接完，开始再接下节第一锭子时，还不处理断头，则为不执行五锭一看操作。

b. 断头处理原则。

先前而后：先接巡回方向前面的断头，后接后面的断头。如果前面的断头超过一根，应先接近，后接远，后面的断头超过一根，应先接远后接近。在返回起点过程中将断头顺着锭子全部接齐。

先易后难：先接容易的断头，后接疑难的断头，如一时找不到筒纱头，可重新换空管生头，以节省时间，减少空锭。

先紧急后一般：先接易造成飘头、影响质量的头，后接一般的断头。

（2）自动络筒。

①巡回路线。采用车前往返Ⅰ、Ⅱ、Ⅲ，车后单线Ⅳ的巡回路线（图7-1）。

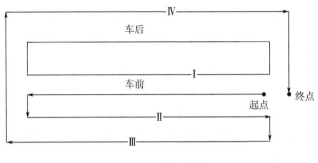

图7-1　巡回路线

Ⅰ：推纱车插纱穗，一节锭后，目光左右巡视一次，先前而后，先近后远，处理断头和满筒。

Ⅱ：沿原路线返回，按顺序处理断头和满筒，不再插纱穗。

Ⅲ：做纱线通道部位的清洁（用竹竿捻净），处理断头、满筒及车前的落地纱穗、管子、回丝。

Ⅳ：车后巡回时，检查筒纱的外观质量和落地纱穗、管子、回丝。

②巡回中插纱、处理断头、满筒、清洁工作等要有计划地进行操作，掌握好每个单线的巡回时间。工作要主动灵活，善于耳听眼看，合理运用目光，及时处理断头、满筒，并清理纱库及周围、纱线通道、摇架部位的回丝和积花。

③巡回操作中，应按一节（10锭）一看的要求，分清轻、重、缓、急，合理处理断头、满筒。

a. 一节（10锭）一看操作要求。一节（10锭）为一段，一段内出现断头或满筒，值车工要及时处理，每做好一段要左右查看一次，并处理断头或满筒。如一段的工作完成，开始再做下段第一锭的工作时，还不处理断头或满筒，则为不执行一节（10锭）一看操作。

b. 断头处理原则。先前而后：先处理巡回方向前面的断头、满筒，再处理后面的。

先紧急后一般：先处理易造成飘头、影响质量、缠绕槽筒的疑难断头，然后处理一般的断头。

先急后缓：先处理断头或满筒，再插管纱，以减少停锭时间，提高生产效率。

六、防疵、捉疵、质量把关

防疵、捉疵、质量把关是提高产品质量的重要方面，在一切操作中要贯彻"质量第一"的思想，积极预防人为疵点，在巡回中要合理运用目光，利用空隙时间进行捉疵。做好以防为主，查捉结合，保证产品质量。

1. 质量把关

具体要做到"五防""三捉"。

（1）五防。

①防机台多品种，错支，错管。

②巡回时注意每锭的运转情况，防止掉池纱穗附入造成双纱。

③防纱穗纱尾过长插入纱库，增加断头和造成油污。

④防纱库一孔多纱，纱头不喂入吸盘，附入筒纱。

⑤防纱库内和纱穗带回丝附入筒纱，纱线通道堵挂现象随时处理，防止回丝、飞花附入。

（2）三捉。

①巡回插纱时捉错支、错管、油污、强弱捻、粗经、羽毛纱、异性纤维。

②在生产中随时捉筒纱成形不良，腰带纱，凹凸纱，蛛网，磨纱，色差，色线，松心，松皮，拦线和杂物附入及筒纱头带回丝。

③一锭多次断头，既要查机械原因，又要查纱线条干。

2. 纱疵的种类及预防

前工序疵品类型：错支，错管，冒头冒脚，毛羽纱，碰钢领纱，油污纱，脱圈纱，条干不匀，包缠纱，竹节纱，强弱捻，粗经，三花（绒板花、油花、飞花），三丝（异性纤维、毛发、色线），缩纱，带回丝等。

3. 络筒工序疵品种类、产生原因及预防方法

（1）普通络筒机疵品种类、产生原因及预防方法（表7-2）。

表7-2 普通络筒机疵品种类、产生原因及预防方法

疵点名称	产生原因	预防方法	对后工序的影响
脱结	捻接器故障，打结时放纱线不正或紧	经常检查捻接器，注意操作方法	增加断头
前后攀头	纱线放头时不慎，槽筒边缘有伤痕，筒管与槽筒接触不正，筒管不符合规格	坏筒管拣出，经常检查设备，注意操作方法	增加断头
缩纱（卷线）	打结后纱线没有拉直	执行操作法	断头或造成疵布
错支、错管	没有捡出上道工序的疵品，错用筒管	及时查出异样管纱，严防用错筒管	造成错支疵布
双纱	邻纱断头后飘入，车顶板上管纱线带入	车顶上不可放管纱、回丝，断头后拉清飘头	造成双纬疵布
筒纱表面磨损	筒子做得太大与槽筒摩擦或在运中造成磨损	按规定大小落纱，防止运输过程中损坏筒子	增加断头和回丝
菊花芯	筒管与锭子不配套，锭子与锭壳间隙不符合规定，筒管没插好	加强检修，值车工拣出坏筒管	造成断头，增加回丝。
筒子松软	张力盘间有花衣，张力盘太轻或位置不适当	经常保持张力盘清洁，适当调整张力盘重量	影响退绕，增加断头
葫芦形筒子	清纱器隔距有花衣阻塞，张力盘位置不正，槽筒在交叉处有毛刺，导纱杆套管磨出沟槽	经常保持清纱器隔距清洁，调整张力架位置，去除槽筒表面毛刺，导纱杆套管转动	增加断头

续表

疵点名称	产生原因	预防方法	对后工序的影响
腰带重叠	锭子转动不灵活，槽筒沟槽有损伤，张力架位置不正，防叠装置失灵	按时加油，清除锭子上的回丝，检修槽筒及防叠装置，调整张力架	增加断头
飞花、回丝夹入	打结时将结头回丝带入筒子纱内，清洁不当或做得不彻底	结头时防止回丝带入，做清洁时防止飞花附入	增加断头
油污筒子	管纱或筒子上沾有油污，管纱筒子落地，容器不清洁	拿纱、落筒、打结时发现油污纱应拣出，落筒前清洁筒纱板，容器保持清洁，防止筒子及管纱落地	造成油污疵布

（2）自动络筒疵品种类、产生原因及预防方法（表7-3）。

表7-3 自动络筒疵品种类、产生原因及预防方法

疵点名称	产生原因	预防方法	对后工序的影响
蛛网纱	筒管变形造成筒纱跳动，筒纱摇架夹头运转不良，摇架松动，槽筒有损伤等	筒管跳动随即更换，发现筒纱转动不稳及时停锭修理	增加断头
腰带重叠	筒纱摇架回转不良，防叠装置失灵，槽筒缠线	停锭修理，处理缠线	增加断头
错支错管	错用管纱、筒管，没有捡出上道工序的疵品	严防错用筒管，及时查出异样管纱	造成错支疵布
双纱	掉地管纱纱头附入，纱库一孔多纱	及时巡回，认真执行工作法	造成双纬疵布
磨乱纱	大吸嘴碰及筒纱，接头动作多次重复	注意查看大吸嘴位置，一锭多次断头，查机械设备和纱线的条干	增加断头和回丝
松纱	筒纱在缠绕时，纱线未进入张力通道	注意纱线是否通过张力通道	造成断头，增加回丝
无尾多尾纱	落纱生头时，不执行操作法，或筒管退绕不清，带入回丝	认真执行操作法	影响头尾相接和退绕
松芯纱	筒管圆整度不规则，筒管与槽筒接触面不良，张力、接触压力不合适	反馈筒管质量，停锭修理	影响退绕，增加断头
脱圈	筒纱摇架压力太低，纱线没有导入张力装置	适当调整摇架压力，维修或更换张力装置	增加断头和回丝

七、操作注意事项

（1）落筒时，必须等筒纱离开槽筒并停妥后，才能将筒纱落下。

（2）槽筒轴缠线时，必须等槽筒停转后，在凹槽处将纱线剪断。

（3）开车前首先检查机上有无维修人员，避免人身伤亡事故。

（4）发现机器有异响、异味或发生火灾应立即关闭电源主开关，及时反馈于有关人员。

（5）自络设备在运转时禁止触摸的部位：鼓风机皮带、单锭后面的齿轮轴带、纱线接头时单锭的纱栅、纱穗管传送皮带吸盘，打管板、滚筒及滚筒皮带、运动时大小吸嘴。

第三节　络筒工的操作测定与技术标准

操作测定是为了分析、总结、交流操作经验，在测定过程中，既要严格要求，认真帮教，又要互相学习，共同提高。通过测定分析，肯定成绩、总结经验、找出差距、指出方向，促进操作练兵交流活动的开展，不断提高生产与操作技术水平。

一、普通络筒测定与技术标准

1. 工作法测定标准

（1）测定时间见表7-4。

表7-4　测定时间

纱线号数（tex）	19以上	15~19	15以下
看锭数（锭）	50	50	50
测定时间（min）	10	12	14

（2）测定内容。按本操作指导制定的巡回工作内容进行。

（3）测定要求。

①起止时间以手插第一个管纱或小毛刷接触张力架开始计时，接完最后一锭座车回到原起点为止。测定第一排纱时，空15锭，接完第一排管纱小车回到原起点止。如管纱没退绕完，可暂停计时，第二排纱19tex以上空5锭，19tex以下空10锭继续计时，依此类推，无特殊情况不准中途停止测定，否则按级外处理。

②筒纱半径在3cm以上均可进行测定，不准任何人整理管纱，如果发现整理，则由测定员另换管纱。

③值车工在全项测定中，测定员任意抽查10个接头质量。

④全项测定必须小扫车一次，按5锭一段的顺序扫25锭，不能间断。

2. 单项操作测定标准

单项测定两次，取一次好的成绩考核。

（1）换管接头。每个品种连续接头15个锭为一次（测定可允许摆好纱，找纱头绕管底1~3圈）。

注意：手拿管纱接触锭脚为一次。

起止时间：从插管纱开始计时，至最后一锭按下手柄离开止。测完后逐个检查接头质量，在接头质量全部合格的基础上，比标准时间每快慢一秒加减0.05分。

换管接头标准时间见表 7-5。

表 7-5 换管接头标准时间

纱线号数（tex）	19 以上及股线	15~19（不包括 15）	15 及以下
板式气捻接（s）	60	62	64
电子气捻接（s）	64	66	68

（2）落筒生头。

①连续落筒生头 20 锭，手触管纱为一次。

②以手触第一个动作起计时，到落完最后一个筒纱生头按下手柄离开止。

③落筒生头和换管接头第一锭都不插管。

④落筒纱小头半径为 6cm，落筒后放在车顶板上，大头、小头朝外均可，不检查目光运用，落筒后，测定员逐个检查筒纱质量及生头质量，在生头质量全部合格的基础上，比标准时间每快慢一秒加减 0.05 分。

⑤落筒生头标准时间：无尾生头法为 120s，有尾（包括弹簧锭子）生头法为 160s。

3. 操作扣分标准及说明

（1）巡回工作。

①巡回起止时间：以手插第一个管纱开始，到接完最后一锭座车回到起点为止。

②全面巡回时必须用原管纱，不能做准备工作。要求单项、全项统一品种。

③处理自然断头，包括返回时断头，每接一个加 10s。

注意：管纱没退绕完，回表后，不计断头。

④小扫车以 5 锭为一段，每漏扫一锭扣 0.1 分，用带油的毛刷扫扣 0.5 分，如果管纱没退绕清，带线扫车，操作不对按每锭扣 0.1 分。

⑤巡回时间每超 10s，扣 0.1 分（不够 10s 不扣分）。

⑥接断头顺序不对：每次扣 0.1 分，漏接断头每个扣 0.1 分。

⑦目光运用：按 5 锭左右目视一次，不能用余光看，漏看一次扣 0.1 分。

⑧纱巴不接：每个扣 0.1 分。

注意：以不漏木管为准，坏纱例外。

⑨回丝落地长 10cm，木管、管纱落地止表前不拾，每个扣 0.1 分，落地物滚出车档，可以不拾。

⑩管纱纱尾超长 5cm，每个扣 0.1 分，纱线在张力外每个扣 0.1 分。

⑪生头不合格，每个扣 0.2 分。

⑫错支、错管每个扣 1 分。

⑬下列操作动作不对每次扣 0.1 分。

a. 拇、食指缠回丝。即拿第二个管纱时，拇、食指缠线为准，按锭计算个数。

b. 送线长过肩，高过头。

c. 找筒纱头后和送头时，用手动筒纱和拨动筒纱，车头、车尾、座车影响锭子到位和机械坏锭例外。

d. 落筒生头不符合筒纱生头法的要求。

⑭蛛网纱、腰带纱、松纱每个扣 0.5 分, 松纱已经形成辫子纱, 腰带纱指在第 2 个锭子, 接完前不处理即扣分。

⑮弹簧锭子筒管底部必须露出 0.5cm, 低于 0.5cm 按不合格处理。

（2）单项接头扣分标准。

①结头一边翘起, 翘起长度为 2mm 的为坏结, 每个扣 0.5 分。

②结头两边翘起, 翘起长度有一边超过 2mm 的为坏结, 每个扣 0.5 分。

③结头处未破捻的为坏结, 每个扣 0.5 分。

④结头时, 结头部位毛羽超出原纱毛羽长度, 造成毛羽点增多, 或结头两端纱线比原纱细 1/2 为坏结, 每个扣 0.5 分。

⑤油污、错支、错管, 每个扣 0.5 分。

⑥张力外, 纱线不在正常通道, 指张力盘上下, 每个扣 0.1 分。

⑦接头后按下手柄, 筒纱没接触滚筒, 每个扣 0.1 分。

⑧放断线, 如接头好, 每放断一个扣 0.1 分。

⑨送外线, 凡是小头或大头送到外边, 纱线不分长短, 都算送外线, 每个扣 0.3 分。如结不合格, 按结扣分。

⑩插上的管纱, 打完结后, 又掉地上, 有接头即算, 掉地管纱每个扣 0.1 分。

⑪木管、管纱落地, 每个扣 0.1 分。

⑫同一锭子上出现两处以上的扣分, 按重的一项扣分。

注意：落地木管和管纱例外。

（3）落筒生头扣分标准。

①落筒前必须打车顶板, 不扫扣 0.5 分。在同一位置上连续测两次者, 可以只扫一次, 如果换位置重扫一次。

②落筒后测定员逐个检查质量, 漏疵每个扣 0.5 分, 漏疵包括: 油污、挂断、前后拦线。

③管纱的木管任意摆放, 管纱可做准备。

④落筒生头要求手绕筒管 2~3 圈, 绕一圈按操作不对每个扣 0.1 分。

⑤落筒生头不合格每个扣 0.2 分, 生头不合格包括:

a. 筒管带回丝, 回丝附入。

b. 漏生头、无管生头、筒管插不到底。

c. 拉长线造成生头不良。拉线是指纱线拉下滚筒, 按下手柄没掐断。

d. 筒管与槽筒不平行或不复位。

⑥留纱尾生头不合格每个扣 0.2 分。生头不合格包括:

a. 纱尾超过 2cm, 压纱尾不足一圈或超过三圈, 纱尾在两根纤维以上量。

b. 压纱尾没挂在木管沟槽内, 不分上下, 都计为不合格。

c. 筒纱管插不到底, 筒管带回丝, 回丝附入。

d. 筒纱管和槽管不在一个平面上。

⑦筒管、管纱、筒纱落地, 每个扣 0.1 分。

⑧张力外，每锭扣0.1分。

⑨生头按下手柄后，筒纱管没接触滚筒，每个扣0.1分，如果再按一次，仍不接触滚筒，不扣分。

⑩同一锭子上出现两处以上的扣分，按重的一项扣分。

注意：落地木管和管纱例外。

二、自动络筒测定与技术标准

1. 工作法测定标准（表7-6）

表7-6　工作法测定标准

项目	数量
测定时间（min）	12
看台（锭）	60
基本工作量	每纱库必须装3个纱穗，落纱生头5锭

注　测定内容按本操作指导制订的巡回工作内容进行。

起止时间：手触管纱开始计时，至返回起点手触纱车为止。

2. 单项操作技术测定

单项测定可测两次，取好的一次成绩考核。

（1）插纱。插10个纱库，每个纱库4个纱穗，共40个纱穗。

时间起止点：手触纱穗开始卡表，手按吸盘离开止表。

速度标准：60s。

（2）落筒生头。测5锭，连续计时为一次成绩。

时间起止点：从手触筒管或纱线开始计时，至手离开按钮或纱线止表。

速度标准：筒管摆放架在机台上部时间20s。筒管摆放架在下面的时间为22s。

三、操作扣分标准及说明

1. 巡回工作

（1）测巡回时必须用原管纱，不能做准备工作。

（2）巡回中落筒生头基本工作量为10个，少落1个扣0.1分。

（3）巡回每个纱库最少插3个管纱，少装1个扣0.1分。

（4）每处理一锭断头，自第11个满筒开始，记工作量加5s。

（5）巡回时间每超10s。扣0.1分（不够10s不扣分）。

（6）纱库插入油污、强弱捻、毛羽纱等，每个扣0.5分。

（7）纱库插入错支、错管，每个扣2分。

（8）筒纱成型不良、筒纱绞头、多头和表面松纱等，落下筒纱飘头，每个扣0.5分。

（9）筒纱纺入错支、用错筒管，人为造成筒纱磨烂、挂断等，每个扣2分。

（10）筒纱漏疵（双纱、磨烂等），每个扣1分。

（11）人为疵点、捻接不良、空锭，每锭扣0.5分。

（12）管纱纱尾超长 5cm，管纱附回丝、飞花、沾污，每个扣 0.2 分。

（13）人为断头、处理断头、满筒不按顺序及不目光运用，每次扣 0.2 分。

（14）走错巡回路线，每次扣 0.5 分。

（15）漏处理断头、满筒及漏验结每锭扣 0.1 分。

（16）纱线通道部位缠、堵、挂，每锭扣 0.5 分。

（17）落筒生头后槽筒未启动，夹责任工号不合格，每锭扣 0.5 分。

（18）纱、管、回丝落地，机台挂回丝和积花，每个处扣 0.1 分。

（19）违章操作（搛车或用嘴吹车），每次扣 2 分。

（20）操作动作不正确（不找筒纱头，直接按启动钮等），每次扣 0.5 分。

（21）漏做清洁每锭扣 0.1 分，每项扣 1 分。错用工具扣 0.5 分。工具不定位、不清洁扣 0.2 分。

注意：测巡回时，出现单项扣分缺点，则扣 0.5 分。

2. 单项插纱

（1）速度加减分。比标准速度每慢 1s，扣 0.1 分，在质量全部合格的基础上，每快 1s 加 0.1 分。

（2）油污、错支、错管，每个扣 0.5 分。

（3）管纱纱头不在吸嘴内（最后一纱孔手离开吸盘止表后，不能再回手处理，否则扣 0.2 分），漏装管纱每个扣 0.2 分。

（4）纱库隔孔或一孔多纱，每个扣 0.2 分。

（5）纱、管落地，每个扣 0.1 分。

（6）管纱纱尾超长 5cm，管纱带回丝（5cm），每个扣 0.1 分。

3. 落筒生头

（1）速度加减分。比标准速度每慢 1s，扣 0.1 分。在质量全部合格的基础上，每快 1s 加 0.1 分。

（2）落筒前必须扫后车板，不扫扣 0.5 分。（指单项）

（3）落筒生头要求绕管生纱尾 2~3 圈（纱尾不压在纱面内），管内放纱线不得超过 30cm，纱头不能外露，不符合要求每项扣 0.2 分。

（4）跑头、掉管或不按启动钮或手离开启动钮止表后回手处理等，每项扣 0.2 分。

（5）搭头筒纱带回丝（5cm），缩纱（小辫纱），每项扣 0.2 分。

（6）纱线不入正常通道或生头后立即断头，每锭扣 0.2 分。

（7）纱、管落地，每个扣 0.1 分。

四、络筒机的机型及技术特征

1. 国产自动络筒机主要技术特性（表 7-7、表 7-8）

表 7-7　国产 ESPERO-NUOVO 型和 JWG1001 型自动络筒机主要技术特征

型号	ESPERO-NUOVO	JWG1001
制造商	青岛宏大纺织机械有限责任公司	青岛宏大纺织机械有限责任公司

型号	ESPERO-NUOVO	JWG1001
适纺范围	腈纶、棉、毛、涤纶及其混纺纱	腈纶、棉、毛、涤纶及其混纺纱
单锭数	最少 12 锭，最多 64 锭	最少 6 锭，最多 64 锭，两锭为一间隔
适纺支数	2.1 英支至最高支数	2.1 英支至最高支数
卷绕速度（m/min）	400~1800，无级变速	400~2200，无级变速
电子清纱器	LOEPFE：YARE MASTER 800/900 USTER：QUANTUM2 KEISOKKI：TRICHORD	LOEPFE：YARE MASTER 800/900 USTER：QUANTUM2 KEISOKKI：TRICHORD
上蜡装置	摩擦式	摩擦式
纱线张力装置	双张力盘气动加压，可分段控制	单张力盘电磁加压，单锭闭坏控制
筒管锥度	3°30′，4°20′，5°57′，9°15′	4°20′，5°57′，9°15′
槽筒动程（mm）	110~152	152
筒纱最大直径（mm）	300	300
喂入管纱规格（mm）	直径 32~65，长度 180~320	直径 32~65，长度 180~320
捻接装置	空气捻接器：498Q、4923E、4983 机械捻接器	空气捻接器：498Q、4923E、4983 机械捻接器
防叠方式	机械式	电子式变速防叠
上位机	中英文界面可自由切换，触摸屏，机器参数、产量、效率等工艺和生产数据的设定和显示；故障检测	中英文界面可自由切换，触摸屏，机器参数、产量、效率等工艺和生产数据的设定和显示；故障检测
主吸风风机	变频控制	变频控制
装机总功率（kW）	29	37.5
主要技术特点	气动张力控制，各锭间张车差异小 机械式防叠效果好 多种空气捻接器可供选择，使用范围广 主吸风电动机变频控制，可根据不同品种进行工艺控制，节约能源	单锭槽筒由直流无刷电动机驱动，传动效率高，控制精度高 张力盘积极传动，电磁加压，压力值由计算机集中设定和调节，闭环控制 采用微机控制的智能、灵活接头循环，节省时间，接头时间最少可达 6s 主吸风电动机变频调速，可根据不同品种进行工艺控制，节约能源

表 7-8　国产 EJP438 型自动络筒机主要技术特征

型号	EJP438
制造商	上海二纺机股份有限公司
锭数	10 锭 1 节，共 6 节，60 锭
加工原料	天然和人造纤维的单纱和股线
纱线规格（tex）	5.9~333
纱管尺寸（mm）	180~325，直径 72
筒子卷装（mm）	150（6 英寸）动程，最大直径 320
卷取速度（m/min）	300~1800，无级调速

续表

型号	EJP438
槽筒	金属槽筒（镍铸铁，直接无刷电动机同轴驱动）
防叠	电子防叠
定长	电子定长
电清选配	Uster 或长岭
筒子锥度增加	机械式
接头装置	空气捻接器
纱线张力控制	机械式张力控制
上蜡装置	选配
退绕加速器	可调式退绕加速器
筒纱输送带	无
巡回吹/吸风	有
计算机	10 英寸彩色触摸屏的计算机监控系统
集中气动调节	集中或分段可选
吸风装置	有
自动落筒	手动落筒
外形尺寸（mm）	23630×2000×2920
机器重量（t）	<11（60 锭）
主要技术特点	络筒机采用单元模块化设计，便于操作、调整和维护保养 单锭控制器高度集成，集控制、驱动、通信、自检及测试于一体 多电动机独立驱动，减少能耗 采用传感器技术，监控卷绕过程，减少回丝，降低消耗，优化机械动作 分段式气路系统，便于同时进行不同品种的生产 计算机监控系统，设定、记录、控制和监控所有生产工艺参数，提供运行生产数据和通信状态，人机界面友好，操作简便 标准空气捻接器提供优质无接头纱

2. 进口自动络筒机主要技术特征（表7-9、表7-10）

表7-9 Autoconer338 型自动络筒机主要技术特征

型号	Autoconer338
制造商	赐来福
锭数	10~60
加工原料	天然纤维和化学纤维的单纱和股线
纱线规格（tex）	2.95~333（取决于纱线品种）
纱管尺寸（mm）	管纱长度为 180~360，管纱最大直径为 72
筒子卷装（mm）	平行筒管和最大锥度为 5°57′的筒管的筒子最大直径为 320，5°57′筒管和锥度最大可增加至 11°筒管的筒子最大直径为 300

续表

型号	Autoconer338
卷取速度（m/min）	200~2200，无级调速（络筒速度取决于纱线的种类）
槽筒	直接驱动的导纱槽筒（钢质槽筒，具有多种型号）
防叠	电子防叠系统、Propack FX
定长	电子计长系统、Ecopack FX
电清选配	可配国际知名品牌的电容式、光电式电子清纱器
筒子锥度增加	最大可增加到11°
接头装置	空气捻接，提供标准捻接器、弹力包芯纱捻接器、紧密纺纱捻接器、喷水捻接器、加热捻接器
纱线张力控制	电磁式纱线张力器、Autotense FX
上蜡装置	有（蜡饼监测装置）
退绕加速器	有（可调节）
筒纱输送带	有
巡回吹/吸风	多喷嘴吹风装置、巡回吹吸风装置
电脑	彩色触摸屏、多种语言（包括中文）
集中气动调节	有
吸风装置	闭环控制的EVA电子负压调节系统
自动落筒	有（最多可配4个落纱机）
外形尺寸（m）	60锭，纱库型，24.83×2.155×2.7665
机器重量（kg）	60锭，纱库型，10140
主要技术特点	Variopack弹力纱成型装置；Propack FX精确电子防叠装置；Ecopack FX精确电子计长装置；Autotense FX精确纱线张力控制装置；EVA闭坏控制电子负压调节系统；多种空气捻接器、捻接元件，可供灵活选择；面向未来的Conerpilot工厂管理系统；多种机型可供选择，包括RM纱库型、D/V全自动/细络联型、K/E型、RC型倒筒车

表7-10 进口No21C型和ORION型自动络筒机主要技术特征

型号	No21C	ORION
制造商	日本MURATEC公司	意大利SAVIO公司
锭数	10锭或12锭为1节，最多60锭	6锭或8锭为1节，最少6锭，最多64锭
加工原料	棉、毛、化纤和混纺	天然纤维、合成纤维、混纺
纱线规格（tex）	4.17~200tex（5~240公支，3~142英支）	6~286（2~147英支，3.5~250公支）
纱管尺寸（mm）	长度280，直径57	长度180~350，直径32~72
筒子卷装（mm）	动程83、108、125、152 最大直径300，锥度5°57′	动程110~152 最大直径300，锥度5°57′
卷取速度（m/min）	最高2000	400~2200
槽筒	镍铸铁，直流无刷电动机同轴驱动	镍铸铁，直流无刷电动机同轴驱动
防叠	电子防叠	电子防叠
定长	电子精密定长	电子精密定长
筒子锥度增加	机械式	机械式

型号	No21C	ORION
接头装置	空气捻接器	空气捻接器、加湿捻接、机械捻接和打结器
纱线张力控制	栅式张力器，电磁加压，张力管理系统	单张力盘，积极传动，电磁加压，带张力传感器闭环控制
上蜡装置	选用件	偏转式，主动驱动
退绕加速器	气圈控制器（Bal-Com）	张力渐减装置（选用件）
筒纱输送带	有	向机头或机尾方向输送，或分开向两个方向输送
巡回吹/吸风	有	程序控制巡回游动及灰尘卸载次数（选用件）
计算机	MMC/3，生产、工艺、参数、维修、保养、网络化	工艺参数、V.S.S变速控制、生产参数、数据显示
集中气动调节		筒子平衡，捻接器气压力
吸风装置	单机功率11kW、15kW，集中方式（选用件）为30kW	变频电动机
自动落筒	AD装置，最新产品为7D6，速度提高2~3倍，60m/min	落筒周期15s，双落筒（选用件）

第四节　络筒机维修工作标准

一、维修保养工作任务

络筒设备维修工作的任务是：做好定期修理和正常维护工作，做到正确使用，精心维护，科学检修，适时改造和更新，使设备经常处于完好状态，达到提高生产技术水平和产品质量，增加产量，节能降耗，保证安全生产和延长设备使用寿命，增加经济效益的目的。

二、岗位职责

1. 平车队长岗位职责

（1）应具备高中（中技）文化水平，熟悉维修业务知识，具备本工序维修技术能力。熟知设备维修管理内容。

（2）认真贯彻平车工作法，根据月度计划组织全队按时完成平车任务。

（3）全面负责本队的平修质量，完成平修指标，降低消耗，节约挖潜。

（4）认真做好内部检查，并做好记录，做好平修机台的交接。

（5）组织本队解决平修过程中的疑难问题，检查指导队员认真执行安全操作规程，做到文明生产，防止一切事故的发生。

（6）认真贯彻执行公司和车间的各项制度，检查队员执行岗位责任制和遵守劳动纪律情况。

（7）组织全队开展岗位练兵活动，努力提高操作技术水平。

（8）认真完成工序交办的其他任务。

2. 平车队员岗位职责

（1）应具备高中（中技）以上文化水平，了解设备性能，熟悉平装质量要求及标准，能独立完成工作，工作认真负责。

（2）按时完成自己岗位的工作，对平修质量要高标准严要求，服从各级质量检查。

（3）合理利用工时，力争缩短平修车工时，做到各项平修指标达到技术要求。平修现场整洁有序。

（4）严格执行自查、互查、队长抽查，查出问题及时修复，认真完成试车和交车察看期的修复工作。

（5）严格执行各级规章制度，积极参加练兵活动，努力学习业务知识，不断提高技术水平。

（6）严格执行安全操作规程，使用好防护用品。

（7）完成其他各项工作。

三、技术知识和技能要求

1. 初级络筒维修工

（1）知识要求。

①贯彻实行企业设备管理的方针、原则、基本任务，熟悉本岗位设备使用、维护、修理工作的有关内容和要求。

②熟悉络筒机的型号、规格、主要组成部分的作用，主要机件的名称、安装部位、速度及其所配电动机的功率和转速。

③熟悉络筒机所用轴承、螺栓、常用机物料的名称、型号、规格、使用部位及变换齿轮的名称、作用和调换方法。

④熟悉络筒机的机械传动形式、特点和所用传动带（包括齿形带及链条）的规格及其张力调节不当对生产的影响。

⑤了解纺织原料的一般知识和纱线特（支）数的定义、生产工艺流程及本工序主要产品规格和质量标准。

⑥熟练掌握络筒机的安装标准及简单故障的产生原因和解决方法，络筒机握臂横动及升降不灵活，筒锭安装不良与筒子成型质量的关系。

⑦掌握主要配件的型号、规格及安装要求，各部件的工作原理及对成纱质量的影响。

⑧具有机械制图的基础知识。

⑨具有钳工操作的基本知识。如锉削、锯割、凿削、钻孔与攻丝、套丝的方法要求。台钻、手电钻、砂轮等的使用和维护方法。

⑩熟悉安全操作规程，掌握防火、防爆、安全用电、消防知识。

⑪熟悉络筒机清纱装置的规格与纱特（支）的关系及选用不当对产品质量的影响。

⑫了解打结器、捻接器、定长器结构。

⑬了解工具、量具、仪表的名称、规格、使用及保养方法。

⑭了解长度、重量、容积的常用法定计量单位及换算。

⑮了解常用金属材料和非金属材料的一般性能、特点及用途。掌握正（斜）齿轮齿数、

外径、模数（径节）的计算及齿轮啮合不当对齿轮啮寿命和生产的影响。

⑯了解电的基本知识。如电流、电压、电阻、电磁、绝缘、简单线路等的基本知识。

⑰了解全面质量管理的基本知识。

（2）技能要求。

①按络筒机修理工作法，独立完成本岗位的修理工作。

②上、落、穿、接传送带并调整其张力。

③检修简单机械故障。

④正确使用常用工具、量具、仪表及修磨凿子、钻头。

⑤看较复杂的零件图，画简单的易损零件图。

⑥具有初级的钳工技术水平。

2. 中级络筒维修工

（1）知识要求。在掌握初级维修工应知知识要求的基础上还应掌握以下内容：

①本工序设备维护、修理工作的有关制度和质量检查标准、交接技术条件、保养技术条件及完好技术条件。

②络筒机的传动系统及其计算。

③槽筒轴弯曲的原因及校装方法。

④槽筒沟槽磨灭、安装不当、压缩空气质量与产品质量的关系。

⑤筒子卷绕及防叠基本知识。

⑥电子清纱器及定长器的工作原理。

⑦吸风量调整对生产及产品质量的影响。

⑧易损机件的名称及其易损原因和修理方法。

⑨复杂机械故障的产生原因和造成产品质量低劣的机械原因及检修方法。

⑩温湿度对生产的影响和本工序的调整范围。

⑪本工序新设备、新技术、新工艺、新材料的基本知识。

⑫电器控制、液压控制、气动控制的基本知识及其在本工序设备上的应用。

⑬电焊、气焊、锡焊、电刷镀、电喷涂、粘接等的应用范围。

⑭表面粗糙度、形位公差、公差与配合的基本知识。

（2）技能要求。在掌握初级维修工应会技能要求的基础上还应掌握以下内容：

①按络筒机的修理工作法，熟练完成本岗位的修理工作。

②平装车头部分。如车头齿轮箱部分和断头自停部分。

③电子清纱清器和定长器的调试。

④检修较复杂的机械故障。

⑤按本工序装配图装配部件。

⑥改进本工序的零部件，并绘制图样。

3. 高级络筒维修工

（1）知识要求。在掌握中级维修工应知知识要求的基础上还应掌握以下内容：

①本工序设备维护、修理周期计划、机配件、物料计划和消耗定额的编制依据、方法及完成措施。

②平装机架部分（落差、精密水平、激光）的理论知识及其计算方法。

③络筒机专件、专用器材的型号、规格、特征、适用范围、验收质量标准和报废技术条件。

④自动络筒机的型号、特征及一般原理。

⑤达到平装机台技术条件应采取的措施。

⑥按厂房条件、设计绘制机台排列图。能按排列图进行划线，了解机台安装部位的地基要求，车脚螺栓的选择及安装方法。

⑦解决机台修理过程中的疑难问题及技术措施。

⑧机件磨损、润滑原理及分类使用知识，轴承规格、分类、选用及维护方法。

⑨设备、工艺与产品质量的关系以及工艺设计的一般知识和主要工艺参数的计算。

⑩设备管理现代化的基本知识。

⑪本工序新设备的结构、特点、原理及新技术、新工艺、新材料的应用。

⑫电气、电子、在线检测及其在本工序设备上的应用和原理。

（2）技能要求。在掌握中级维修工应会技能要求的基础上还应掌握以下内容：

①精通本工序设备修理技术及修理工作法、保养工作法，并能进行技术指导和技术培训。

②平装机架及全机的检查调试。

③络筒机专用器材的型号、规格、特征、使用范围、验收质量标准和报废条件。

④按排列图进行机台划线。按装配总图安装设备并进行调试，达到设计、使用和产品质量要求。

⑤具有解决设备维修质量、产品质量、机配件物料、能源消耗等存在的疑难问题的技术经验。

⑥具有鉴别机物料规格、质量的技术经验和提出主要机配件修制的加工技术要求。

⑦各项维修工作的估工、估料。

⑧运用故障诊断技术和听、看、嗅、触等多种检测手段收集、分析处理设备状态变化的信息，及时发现故障，提出解决措施，并在维修工作中正确运用现代管理方法。

⑨按产品质量要求分析设备、工艺、操作等因素引起的产品质量问题，并提出调试、改进和检修方法。

⑩正确使用和维护本工序的新设备。

⑪绘制本工序较复杂的零件图。

四、质量标准

1. 络筒机检修技术条件（表7-11、表7-12）

表7-11　普通络筒机检修技术条件

项次	检查项目	允许限度		考核标准	自查	复查	抽查
		大修	小修				
1	车面纵向水平	0.05	—	1/处			
2	车面横向水平	0.08	—	1/处			
3	车面全长水平度	<0.26	—	2/台			

项次	检查项目		允许限度		考核标准	自查	复查	抽查
			大修	小修				
4	车面左侧面全长不直性		<0.3	—	1/处			
5	车面左侧和上面接头处平齐		0.05	—	1/处			
6	车中垫木敲空、松动、接触不良		不允许	—	1/处			
7	小车头与车面连接后用标准水平		纵0.05	—	1/台			
			横0.08					
8	槽筒轴纵向水平		0.05	0.05	1/处			
9	槽筒轴横向水平		0.1	0.1	1/处			
10	两槽筒轴与中心轴偏差		±0.05	±0.05	1/处			
11	槽筒轴和中心轴转动不轻便		不允许	不允许	1/处			
12	槽筒轴弯曲偏心	轴承处	0.05	0.05	1/处			
		空轴处	0.08	0.08	1/处			
		接头处	0.1	0.1	1/处			
13	中心轴节有松动		不允许	不允许	2/处			
14	槽筒轴节有松动		不允许	不允许	2/处			
15	相邻两偏心盘紧固后		成90°	成90°	1/处			
16	轴承震动异响		不允许	不允许	2/处			
17	相邻两槽筒紧固后		成90°	成90°	0.5/只			
18	筒管与槽筒不全面接触		不允许	不允许	0.5/只			
19	筒锭与握臂夹板间隙		0.2	0.2	1/处			
20	槽筒导纱部分表面损伤不光滑裂缝或磨成沟槽		不允许	不允许	1/处			
21	筒锭与锭管铜衬间隙		0.4	0.4	0.5/只			
22	锭位压簧与锭管抵管缺损、松紧不良		不允许	不允许	1/处			
23	起臂架横动		0.1	0.1	1/处			
24	握臂架起落不灵活		不允许	不允许	1/处			
25	断纱自停箱缺油、漏油		不允许	不允许	1/处			
26	自停箱失效		不允许	不允许	2/只			
27	自停箱相邻距离		±1	—	0.5/只			
28	防纱罩不起作用		不允许	不允许	0.5/只			
29	导纱板、张力片、导纱杆、断纱自停杆表面不光滑		不允许	不允许	0.5/只			
30	张力盘、导纱杆不在一平面		不允许	不允许	0.5/处			
31	张力盘回转不灵、加压不一致		不允许	不允许	0.5/处			
32	电清作用不良		不允许	不允许	0.5/处			
33	管纱插座不正与导纱板不成一线		不允许	不允许	0.5/处			
34	毛刷缺损、作用不良		不允许	不允许	0.5/处			

项次	检查项目	允许限度		考核标准	自查	复查	抽查
		大修	小修				
35	三角胶带松紧不良或缺损	不允许	不允许	1/处			
36	开关手柄不灵活或失效	不允许	不允许	1/处			
37	主要机件缺损	不允许	不允许	2/处			
38	安全装置作用不良	不允许	不允许	2/处			
39	主要螺丝松动，销子松动、缺损	不允许	不允许	2/处			
40	一般螺丝松动、缺损	不允许	不允许	0.5/处			
41	各部油眼堵塞、缺油、漏油	不允许	不允许	1/处			
42	清洁工作不良	不允许	不允许	0.5/处			
	工作分工号	1	2	3	4	5	6
	合计扣分						

表 7-12　自动络筒机单锭检修技术条件

项次	检查项目	允许限度	扣分标准	检查扣分
1	各部轴承、转子损坏、异响	不允许	1分/处	
2	主要螺栓及机件缺损、松动	不允许	1分/处	
3	各部剪刀作用不良	不允许	1分/处	
4	各加油点缺油、漏油	不允许	1分/处	
5	探纱器作用不良	不允许	1分/处	
6	握臂位置不良	不允许	1分/处	
7	凸轮组传动力矩不当	100kg/cm	1/处	
8	大小吸嘴间隙	5mm	1/处	
9	小吸嘴开放量	上升 5mm 下降 4mm	1/处	
10	插管、拔管动作不正常	不允许	1/处	
11	槽筒筒子刹车不正常	不允许	1/处	
12	接头强度不在标准内	不允许	1/处	
13	槽筒倒转不灵活	不允许	1分/处	
14	纱库转动不灵活	不允许	1分/处	
15	防辫器作用不良	不允许	1分/处	
16	槽筒与槽筒罩间隙	1mm	1分/处	
17	各凸轮破裂、表面磨损	不允许	1分/处	
18	安全装置作用不良	不允许	2分/处	
19	插纱锭与导管直线不良	不允许	1分/处	
20	清洁工作不良	不允许	0.5分/处	

2. 质量检查

（1）各项设备维修工作必须按规定标准进行严格检查，查出的缺点要分析原因，及时修复，做好记录。没有质量检查记录的，不得进行交接。

（2）大小修理后设备的检查，必须按质量检查标准进行。质量检查内容要力求全面，对工作法、修理标准中规定的安装规格及交接技术条件内容等均列入质量检查范围。

（3）维修人员在工作完成后，按规定标准逐项自查。发现缺点，及时修复。平车队长在队员自查修复后，必须认真进行复查，做到平揩机台每台查，重点项目重点查。技术员、轮班长，分别按规定抽查。并做好记录，作为考核依据。

（4）企业设备管理人员和车间设备负责人，应深入生产一线，加强对质量检查工作的领导，并进行一定数量的抽查，发现问题及时采取管理措施，改进提高。

3. 质量把关与追踪

（1）认真执行工作法，做到不违规操作。

（2）严格检查纱特（支）标识、杜绝错特（支）的发生。

（3）严格把好纱疵关，认真做好清洁工作，发现连续性疵点，应立即关车处理，处理不好不准开车。

（4）凡遇揩车、品种翻改等开车时，必须全面检查设备，杜绝因机械原因造成质量事故。

（5）如发现错特（支）、错成分、色差等严重的突发性纱疵以及不合格半成品等，除本工序进行清理外，还必须到上、下工序追查、堵截。

4. 交接验收技术条件（表7-13~表7-17）

表7-13 普通络筒机揩车质量标准

项次	检查项目	允许限度（mm）	扣分标准	
			单位	扣分
1	筒管与槽筒表面接触不良	不允许	处	1
2	张力片重量不一致、回转不灵活	不允许	只	2
3	断纱自停箱失灵、探纱杆大小点头	不允许	处	3
4	断纱自停箱缺、漏、多油、油环失效	不允许	处	2
5	锭管回转不灵活、缺损、横动大	>0.4	处	1
6	毛刷作用不良（缺少-0.5）	不允许	只	1
7	三角带、平带、链条松紧不当、裂损	不允许	根	2
8	三角带缺少	不允许	根	4
9	机械空锭、机件缺损、松动	不允许	处	4
10	握臂架起落不灵活、横动大	不允许	>0.2	2
11	螺丝、垫片、销子缺损、松动	不允许	只	3
12	油眼堵塞、缺油、漏油，油嘴缺少	不允许	处	2
13	成形不良（机械原因）	不允许	处	4
14	安全装置不良（电气设备）	不允许	处	3
15	齿轮啮合不良、轴承发热、振动、异响	不允许	只	3
16	插纱锭显著歪斜	不允许	只	1

续表

项次	检查项目	允许限度（mm）	扣分标准	
			单位	扣分
17	纱线通道不光滑	不允许	处	1
18	座车运转不正常	不允许	台	2
19	清洁风扇运转不正常	不允许	台	2
20	探纱杆松动、抖动	不允许	只	2
21	锭子不良（锭杆、锭子头、锭管）	不允许	只	2
22	锭子振动、槽筒偏心	不允许	只	2
23	防护罩缺损、固定螺丝松动	不允许	处	2
24	纱架、隔纱板歪斜	不允许	处	1
25	张力架处各机件松动	不允许	处	2
26	车门、控制箱门关闭不严	不允许	处	1
27	按钮松动、缺损	不允许	只	2
28	导轨松动、小座车各处螺丝、机件松动	不允许	处	3
29	锭管压簧和定位压簧失效	不允许	处	2
30	槽筒轴弯曲明显	不允许	根	3
31	检查表内没有注明的检查内容			1

表 7-14　普通络筒机大小修理交接技术条件

项次	检查项目		允许限度（mm）		检查结果		检查人
			大修理	小修理	初交	终交	
1	槽筒轴弯曲偏心	轴承处	0.05				
		空轴处	0.08				
		接头处	0.10				
2	车头各部轴承	振动异响	不允许				
		发热	温升20℃				
3	槽筒导纱部分有纱痕、表面破损裂纹		不允许				
4	筒管与槽筒不全面接触		不允许				
5	车面纵向水平		0.05	—			
6	车面横向水平		0.08	—			
7	车面全长水平度		<0.26	—			
8	车面左侧面全长不直性		<0.3	—			
9	车面左侧和上面接头处平齐		0.05	—			
10	车中垫木敲空、松动、接触不良		不允许	—			
11	小车头与车面连接后用标准水平		纵0.05 横0.08	—			
12	筒锭与握臂夹板间隙		0.20				
13	筒锭与锭管铜衬间隙		0.40				

项次	检查项目		允许限度（mm）		检查结果		检查人
			大修理	小修理	初交	终交	
14	锭管横动		0.35				
15	锭管下降时与槽筒距离		3~5				
16	定位压簧与锭管弹簧缺损或作用不良		不允许				
17	握臂架横动		0.20				
18	握臂架起落不灵活		不允许				
19	断纱自停箱缺油、漏油、油环失效		不允许				
20	清纱装置隔距与规定差异	清纱板式	+0.05 -0				
		梳针式	±0.10				
21	管纱插座位置	高低	±5				
		不正	不允许				
22	断纱自停箱失效、大小点头、探纱杆跳动		不允许				
23	导纱板、张力盘、清纱刀片、导纱杆、探纱杆表面不光滑		不允许				
24	张力盘重量不一致，回转不灵活		不允许				
25	安全装置作用不良		不允许				
26	电气装置作用不良		不允许				

表7-15 普通络筒机完好质量标准

项次	检查项目		质量标准	扣分标准	
				单位	扣分
1	断纱自停箱	缺油	不允许	处	1
		油环失效	不允许	处	0.4
		漏油	不允许	处	1
2	断头自停箱	失效	不允许	只	2
		握臂架点头	不允许	只	2
		探纱杆跳动	不允许	只	2
3	各部轴承	车头振动	不允许	只	2
		发热	温升20℃	只	2
		振动异响	不允许	只	2
4	筒锭座横动		0.20	只	0.4
5	握臂架起落不灵活		不允许	只	1
6	定位压簧与锭管弹簧松紧不良		不允许	只	1
7	纱线通道不光滑		不允许	处	0.4
8	清纱装置隔距与规定差异	清纱板式	±0.5	只	0.4
		电子清纱器	不允许	只	0.4

项次	检查项目		质量标准	扣分标准	
				单位	扣分
9	张力盘（片）缺少及重量不一致、回转不灵活		不允许	只	0.4
10	管纱插座显著歪斜		不允许	只	0.4
11	成形不良（机械原因）	蛛网	不允许	只	2
		松芯	不允许	只	2
		其他	不允许	只	2
12	机械空锭		不允许	只	2
13	主要机件缺损		不允许	件	2
14	主要零件、键销及主要螺栓、垫圈缺少松动		不允许	处	2
	一般零件、螺栓缺少松动		不允许	处	0.4
15	安全装置	作用不良	不允许	处	2
		严重不良	不允许	处	11
16	电气装置	安全不良	不允许	处	2
		严重不良	不允许	处	11

表 7-16　自动络筒机揩检质量检查表

项次	部位	检查项目		检查方法及标准	每处扣分
1	控制箱	车头异响、振动		手感、耳听结合，相邻机台对比	3
2		车头各部位滤网损坏		目视，手感，破洞面积不超过 5mm^2	2
3	卷取单锭部分	摇架振动		不允许	3
4		槽筒运转异响		不允许	2
5		槽筒和卷绕筒管的间隙		小头为 0，大头为（1±0.5）mm	1
6		卷绕筒管和筒子夹头的间隙		0.5~1mm	1
7		槽筒防护罩间隙		1.5mm	1
8		其他防护罩	破损或密闭不严	破裂长度不超 50mm，面积不超 10mm^2	2
9			缺少	不允许	2
10		大小夹头运转不良		转动灵活，耳听无异响，目视不磨纱	1
11		摇架刹停不良，不能瞬时抬起		顶丝外露长度为 7mm，大吸嘴动作前必须停止	2
12		各处加油油嘴缺少		不允许	2
13		捻接动作不良		拨纱杆、压纱杆位置不一致，夹纱板不回位	2
14		单锭筒纱成形不良		不允许	2
15		气捻各部位运转不良，电清灵敏度失控		气捻各部位吹气动作连贯，对电清进行双纱试验	2

续表

项次	部位	检查项目		检查方法及标准	每处扣分
16	卷取单锭部分	大吸嘴位置	至筒子距离	筒子直径160mm时，距离为3mm（平行）	1
17			前沿至单锭盒子前面	尺量220mm	1
18		纱库吸盘不复位		按下后松手，吸盘不能自动弹回	1
19		纱库	制动销棘爪、限位杆作用不良	换纱后纱库转动大	2
20			不换纱	不允许	2
21		预清纱器位置不一致		不允许	1
22		侧盖变形、密封不严		不允许	2
23	吹吸风系统	风机运转不良		目视能正常行走，不打顿	2
24		带轮异响		不允许	2
25		风机拨叉不复位		目视车头车尾换向正常	1
26		风管破损严重，有漏洞或胶带粘贴		破裂长度不超10mm，面积不超5mm²	2
27		风机吹嘴阻塞及风力调节不当		不允许	1
28	电器部分	电器安全装置不良		不允许	2
29				不允许	3
30		按钮损坏、指示灯失效		不允许	1
31		各光电传感器不灵敏		不允许	3
32	AD	各处按钮损坏、缺少		不允许	2
33		AD运转状态不良		以能正常使用为准	2
34	其他	各处严重缠回丝、回花		不允许	3
35		输送带跑偏、打顿、破损、乱涂乱画		目视不偏出导轮，不磨两侧夹板	2
36		各处气路漏气、气管脱落		不允许	3
37		气压偏低，不符合标准		不允许	4
38		螺丝松动、缺损		不允许	3
39		机件松动、缺损		不允许	4
40		各轨道、管道部位螺丝松动、变形		不允许	1
41		各处传动带破损、张力不一致		不允许，鼓风机张力皮带下压量10mm	2
42	保养附加	设备外观挂花、各部位积花严重		不允许	1
43		单锭内飞花清理不及时		不允许	1
44		单锭机械空锭		不允许	4
45		各联动部位加油不当		磨损、异响或有锈渍	2
46		检查表内没有注明的检查内容			1

表 7-17 自动络筒机完好检查表

项次	部位	检查项目		检查方法及标准	每处扣分
1	控制箱	车头异响、振动		手感、耳听结合，相邻机台对比	3
2		车头各部位滤网损坏		目视，手感，破洞面积不超过 5mm^2	2
3	卷取单锭部分	摇架振动		不允许	2
4		槽筒运转异响		不允许	2
5		其他防护罩	破损	破裂长度不超 50mm，面积不超 10mm^2	2
6			缺少或密闭不严	不允许	2
7		大小夹头运转不良		转动灵活，耳听无异响，目视不磨纱	1
8		摇架刹停不良，不能瞬时抬起		大吸嘴动作前能停止	
9		捻接动作不良		不允许	1
10		单锭筒纱成形不良		不允许	1
11		螺丝松动、缺损		不允许	3
12		机件松动、缺损		不允许	4
13		气捻各部位运转不良，电清灵敏度失控		不允许	2
14		各处加油油嘴缺少		不允许	2
15		纱库吸盘不复位		按下后松手，吸盘不能自动弹回	1
16		纱库制动销棘爪、限位杆作用不良		换纱后纱库转动大	1
17		预清纱器位置不一致		不允许	1
18		侧盖变形、密封不严		不允许	2
19	吹吸风系统	风机运转不良		目视能正常行走，不打顿	2
20		带轮异响		不允许	2
21		风机拨叉不复位		目视车头车尾换向正常	1
22		风管破损严重，有漏洞或胶带粘贴		破裂长度不超 10mm，面积不超 5mm^2	2
23		鼓风机叶轮飞花堆积		不允许	2
24		风机吹嘴阻塞及风力调节不当		不允许	1
25	电器部分	电器安全装置不良	一般	不允许	2
26			主要	不允许	3
27		按钮损坏、指示灯失效		不允许	2
28		各光电传感器不灵敏		不允许	3
29	AD	各处按钮损坏、缺少		不允许	2
30		螺丝松动、缺损		不允许	3
31		机件松动、缺损		不允许	4
32	其他	各处带轮严重缠回丝、回花		不允许	2
33		输送带跑偏、打顿、破损		目视不偏出导轮，不磨两侧夹板	2
34		各处气路漏气、气管脱落		不允许	3
35		气压不一致		不允许	4
36		各轨道、管道部位螺丝松动、变形		不允许	3
37		各处传动带破损		不允许，鼓风机张力皮带下压量 10mm	2
38		检查表内没有注明的检查内容			1

五、维修工作法

1. 普通络筒机大修理工作法

（1）目的要求。为了切实达到通过大小修理消除设备在运转中产生并积累起来的有形磨损，调整和校准各部工艺规格，恢复设备使用价值的预期目的，必须建立科学的大小修理工作方法。

（2）工作范围。除车头、机架、车面、齿轮箱壳、断纱自停箱壳等不拆外，其他机件全部分解拆卸，逐件擦洗、打磨、检查、修理、调换，按照磨灭限度和装配规格安装、校正见表7-18。

表7-18　普通络筒机大修理工作法

部位	工作内容
基础部分	1. 打磨车面 2. 校正车面平直度 车头垂直、与外侧线平行；车面平直、纵横水平，校正机架中心位置；齿轮箱水平，校正其中心位置
车头部分	拆装齿轮箱内部机件，各转动轴全部拆出检查、清洗、修理、调换
中轴部分	1. 拆装偏心轮轴，清洗、打磨、检查、修理、调换，配套长套筒部分 2. 校正断纱自停箱中心位置及锭距
断纱自停部分	1. 检查探纱杆及自停箱内部机件，并擦洗、检修、调换 2. 擦洗断纱自停箱壳内外，并清洗底部异物 3. 校正槽筒轴承座水平及三轴位置
卷绕部分	1. 拆装槽筒轴，清洗、检查、调换轴承及锁套；清洁、检修、调换并调节其位置 2. 校直槽筒轴、偏心轮轴、车头槽筒轴 3. 拆装筒锭销钉、筒锭、定位压簧，并更换握臂等，清洗、检查、调换、校正 4. 校正筒锭座平齐与横动量
张力部分	1. 拆装张力装置，调换，清洁 2. 清洁电清及检修（电清人员操作）
座车部分	拆装座车传动部分，并清洗、检查、调换各部轴承及部件
巡回清洁装置	应由专人负责维护，除日常维修外，可随大小修理进行周期性检修。范围如下： 1. 检查、修理、调换各部带轮、传动部件以及各部轴承、导风装置，做到不漏风，换向灵敏，轨道平整 2. 检修传动龙带及动力线
全机涂漆工作	可根据本工序设备新旧程度自行决定是否涂漆，因此涂漆工作未定在本工作法范围内，如果需要修理队涂漆，则另加工时
其他部分	1. 全机按规定加油 2. 全机各部螺栓、垫圈、销子等缺损、失效、松动的全部更换，同部件规格应统一 3. 根据产品质量要求调整工艺项目 4. 主辅电动机及电气装置部分由电工随大小修理进行检修加油

（3）组织分工。

①组织。平车队由一、二、三、四、五号共5人组成。

②分工。见表7-19。

表7-19 人员分工及工作内容

人员	工作内容
一号	负责对外部门联系工作 负责全机修理质量、操作、安全技术措施和技术改造上机 拆装座车及座车传动部分 拆装齿轮箱及槽筒车头轴 拆装电动机皮带轮校正电动机平整及皮带松紧 负责内部质量检查和组织全队自查、互查 负责办理交接验收 负责断纱自停箱加油
二号、三号	各负责拆装1/2台边轴，校正边轴 校正边轴承座水平、三轴卡板及检修、调换轴承座
四号、五号	各拆装1/2握臂座、锭子、锭位压簧 负责张力部分的清洁、检修及插纱锭调正，和锭子与槽筒全面接触，以达到技术要求

（4）合作项目。

①全队拆装络筒架。

②一号、二号、三号拆装偏心轮轴及平校齿轮箱及机架。

③边轴送机修校直，三号送二号拉回并检查（包括中心轴）。

④在拆装中心轴时，二号转动中心轴，三号配合一号拆装中心轴。

（5）断纱自停箱的分工及清洁。一号从车头数1~7个油箱，二号8~19个油箱，三号20~31个油箱，四号32~46个油箱，五号47~61个油箱。

所负责油箱，垂直至地面，包括龙筋；并负责车腿的清洁及调试，直至终交。

（6）大平顺序。工作前先由上而下做清洁。大平分工及内容见表7-20。

表7-20 大平分工及工作内容

人员	工作内容
一号	1. 备齐工具，抹下皮带，卸下皮带轮，松开车头轴盖，拿下车头轴，放入盒内，拿下清洗、检修、组装 2. 拆装络筒架，打开断纱自停箱上盖；由碎尾及车头依次拆装中心轴，拆落齿轮箱内部机件 3. 清洁所负责的断纱自停箱 4. 平校机架 5. 安装齿轮箱内部机件 6. 安装中心轴 7. 断纱自停箱加油 8. 清洁座车及传动部分，并安装 9. 安装络筒架，并检修开开手柄 10. 清洁地面卫生，检查，交车 11. 校成形

人员	工作内容
二号、三号	1. 拆落边轴上盖，松开轴承螺栓 2. 松开轴接，拆落槽筒与轴承，边轴送机修校直。拆落毛刷并检修、清洁 3. 清洁所负责的断纱自停箱 4. 协助一号平校机架 5. 平校边轴，用边轴工具及三轴卡板、水平仪从车头至车尾依次平校 6. 检修槽筒，清洁、检修轴承 7. 安装边轴，用百分表按质量要求检查弯曲并校直 8. 开边轴检查轴承是否异响及断纱自停箱是否失效 9. 清洁卫生及检查各部螺栓
四号、五号	1. 拆落握臂座及握臂，并打磨套筒及握臂座 2. 检修更换锭子销锭及定位压簧 3. 拆落络筒架 4. 清洁断纱自停箱 5. 清洁张力架及检修、更换探纱杆、拦纱杆、张力盘、张力盘轴、导纱瓷板等 6. 安装握臂座并调试起落灵活，调节锭子角度 7. 拉线调节校正插纱锭角度 8. 各部油眼加油 9. 清洁卫生 10. 检查各部螺栓，然后交车

2. 普通络筒机小修理工作法（表7-21）

表7-21　普通络筒机小修理工作法

人员	工作内容
一号	1. 拆装槽筒车头轴 2. 拆装皮带座车传动系统，清洁、检修车座并按质量要求组装 3. 检修边轴开关手柄，断纱齿轮箱加油，座车齿轮箱加油 4. 检修座车道轨及清洁龙筋面
二号、三号	1. 各清洁1/4断纱自停箱表面 2. 各拆装1/2机台边轴，平校轴承座、三轴卡板及边轴弯曲 3. 检修和调换轴承座，槽筒、轴承、毛刷等按质量要求进行组装 4. 校直边轴，三号送轴子，四号拉回
四号、五号	1. 各清洁1/4断纱自停箱表面 2. 各拆装1/2台握臂座、锭子并检修，按质量要求组装 3. 各检修1/2台销锭定位压簧等 4. 各检修1/2台断纱自停箱及所属部件 5. 检修张力架通道 6. 根据质量要求校正管纱插纱锭角度 7. 清洁油眼及加油

初交前队员自查，队长检查，进行初交。初交后，二号、三号、四号、五号各1/4台进行验纱。

3. 自动络筒机维修工作法

以设备维修说明书为基准，以传统络筒机的成熟经验为参考，结合各厂生产与设备的实际生产使用情况，本着"勤检查、多保养、适量加油、少拆装"的原则，发挥设备的最大经济效益，延长使用寿命。

（1）保养揩车。周期为 1 个月或每月两次，由企业决定。需检查的项目：

①做到有目的的保养，发现有问题的单锭或部位及时处理解决。

②压缩空气管内有无积水。

③各锭各部位的飞花，清除各锭卡头两端缠绕的回丝。

④各锭纱道部分是否畅通，张力指针盘及抢接长度指示是否正确。清除纱线通道各导纱点附着物（如涤纶油、棉蜡等）。

⑤活板剪刀周围的飞花和预清纱器内及周围的飞花，清除张力盘内的飞花，彻底清洁纱库底部。

⑥各部位剪刀加清净润滑剂，给凸轮轴加 3# 特种脂。

⑦精擦干净清纱器检测头内的脏物，并检查剪切情况。

⑧检查各锭各部位是否工作正常，然后用湿布将各锭从上到下，特别是纱道部分全部擦干净。

⑨清除捻接捻接器凸轮、连杆及轴承上的花毛、回丝，清除空管运输带轴及清洁毛刷轴上的花毛、回丝。

⑩消除解捻管内的杂物，保证解捻管畅通和解捻充分。清除捕纱小吸管内杂物，保证捕纱管畅通和捕纱准确。

⑪电子清纱器在开车前要重新做一次八步调试，以提高电子清纱器的灵敏度和协调性。

⑫润滑部位按要求加油。

⑬含重点检修各项目，认真检查合格后试车，运转正常后交运转使用。

（2）单锭平修。周期为 6 个月，由企业自定。需检查的项目：

①槽筒的刹闸是否磨损，作用是否灵活。

②活板剪刀是否锋利，作用是否灵活。

③盒形齿轮接头是否良好。

④捻接器凸轮箱内各齿轮动作是否正常。

⑤络筒头内齿轮及凸轮传动是否正常。

⑥纱库回转是否灵活，各部位动作是否正常。

⑦张力装置工作是否正常。

⑧张力剪刀、清纱剪刀、捻接剪刀的工作情况及剪刀的锋利度。

⑨含揩车各项目。

（3）拆车。需检查的项目：

①平修前要访问值车工并观察平修单锭的运转情况，然后使单锭停止工作。

②拆下电子清纱器的检测头，松开单锭的固定螺栓，然后到机台后拆下该锭的气管，拔下电缆插头。

③向前拉出，取下络筒头的胶链，放到单锭架车上（做此项工作时，必须做到不碰槽筒盖）。

（4）平修。需检查的项目：

①拆下单锭的所有侧盖，用压缩空气认真仔细地清洁单锭的各个部位，清除槽筒毛刷上的回丝，清除卡头两端的回丝。

②认真仔细地检查单锭各个部位的弹簧是否有异常，各部位螺栓是否松动，齿轮啮合是否正常，轴承是否良好，连杆是否有损坏，如发现有，要及时修理或更换。

③检查整车装置是否灵活，如有损坏应立即更换。

④拆下活板剪刀，清除飞花，检查刀片的锋利度，然后加油重新装好，专用软布把剪刀擦净。

⑤拆下张力装置，清除张力装置内的飞花，确保其良好运转。拆下纱库清洁纱库底部的飞花，用湿布擦洗底盘。

⑥用自制的挖子，除去凸轮箱内各轴承及凸轮中的飞花。

⑦清除捻接器解捻喷嘴周围的脏物，用清洁刷刷干净。

⑧给捻接器内的凸轮加二硫化钼，并检查凸轮表面情况。

⑨给传动齿轮、中间凸轮、重接凸轮、纱库凸轮（组）加二流化钼，并检查齿轮的嘴合及凸轮的表面情况。注意：加油时不要加到摩擦碳盘上。将摩擦碳盘和风门剪刀拆下，清除油污，用手摇柄和弹簧拉力计重新测定单锭完全靠摩擦传动时的摩擦力矩，使该力矩保持在 80mm×12kg。

⑩给清沙器剪刀、捻接剪刀、张力剪刀加清洗润滑剂用软布揩擦干净，并检查其锋利度。

⑪检查减震器中的油是否适量，检查记忆装置、各连杆及表面情况。减震器中如缺油应拆开油缸检查密封圈是否磨损及时更换密封圈。

⑫用凸轮扳手打一个动程，检查捻接器各机杆、连杆的动作是否正常，检查络筒头内各凸轮运转是否正常。

⑬在确定单锭各部位都正常的情况下，装上所有的侧盖，然后从上到下用湿布全部擦干净，推回机台的安装位置重新装好。

⑭安装的顺序与拆车的顺序相反。

4. 自动络筒机维修工作法

（1）组织分工。自动络筒机的揩车工作由一至六号 6 人共同完成，揩车时间为 0.5 天，具体分工如下。

①一号（队长）负责对外事项的联系工作；负责全队内部质量检查；负责开关车和保养机台的交接验收工作；负责车头、车尾、巡回清洁风机、空管输送带及载纱小车的揩检保养工作。

②二号负责 1~12 号锭，三号负责 13~24 号锭，四号负责 25~36 号锭，五号负责 37~48 号锭，六号负责 49~60 号锭的揩检保养工作。

（2）准备工作。各队员分别准备好揩车所需要的工具和润滑油脂；对自己所负责的段位进行揩前检查，对可能存在的问题做好记录，以便在揩车过程中加以处理。

（3）揩车内容及顺序（表7-22）。

表7-22　揩车内容及顺序

人员	揩车内容及顺序
一号（队长）	1. 切断电源，挂上停车牌，关上车头吸风门 2. 拆下车尾护板，拆下载纱小车 3. 揩巡回风机、巡回风机轨道，检查风机皮带的松紧及磨损情况，清洗风机过滤网 4. 检查风机皮带导轮、拨叉的状态，并给导轮轴承加油 5. 揩车尾：清洁吸尘箱滤网，检查吸风管有无破裂 6. 拆下车尾空管输送带安全罩，清除皮带轮上的回丝，检查链条、带轮轴承、链轮的磨损情况，检查摩擦片的状态并加以调整 7. 揩空管输送带：从车尾至车头循序清洁，清除各圆毛刷上的回丝，检查输送带的状态，检查皮带定位盘的磨损情况 8. 揩车头：检查主电动机链条、链轮的松紧和磨损情况，检查变速箱的油位，检查车头各仪表是否正常 9. 检查拆下的载纱小车，检查小车轮的磨损情况 10. 对各部轴承及变速箱适量加油，并将溢出的油脂揩净 11. 在进行揩检的同时，要随时检查各部螺栓有无松动 12. 将拆下的机件安装好
二号 （1号1~3项 工作完成后）	1. 按照从一号锭到12号锭的顺序，自上而下，用压缩空气对不易用其他工具清扫的部位进行清洁，重点是纱线通道部分 2. 按顺序（1~12号锭）自上而下清除各机件上的回丝 3. 转至车后侧，揩擦循环轴，检查循环轴轴承情况，检查各气管、气阀、快速插头是否漏气，并加以更换或修复 4. 用油枪对循环轴上的轴承进行加油，并将溢出的油脂擦净 5. 转到车前，按顺序（1~12号锭）用湿布自上而下揩擦各锭子的表面，在揩擦过程中，检查大小夹头轴承，槽筒轴承是否正常，检查O型带的磨损情况，检查槽筒、筒子的制动，检查各剪刀的作用，检查防辫器的位置 6. 按顺序（1~12号锭）用小圆毛刷清洁捻接器退捻管 7. 按顺序（1~12号锭）用棉棒揩擦电子清纱器检测头 8. 按顺序（1~12号锭）用清洗润滑剂对捻接器剪刀、张力剪刀进行加油 9. 用油壶对各连杆的活动胶链进行加油 10. 各部在揩检的同时，要随时检查螺栓有无松动
三号、四号、 五号、六号	揩车顺序同二号

（4）接交验收。

①队长摘下停车牌，打开吸风门，送电。

②依据《自动络筒机揩车技术条件》的内容和设备管理的有关规定严格交接。

第八章 并捻工序值车工和维修工操作指导

第一节 并捻工序的任务和设备

一、并捻工序的主要任务

1. 并纱机的主要任务

将两根及以上单纱（线）筒子或二并及以上并纱（线）筒子，在并纱机上合并卷绕成形，在并合过程中经过张力装置、提高纱线均匀度，并合络成符合规定标准的优质筒子，供给倍捻（捻线）或织布使用。

（1）合并。在并纱过程中，经过张力、导纱装置保持并合各根纱（线）张力均匀。

（2）制成适当的卷装。制成的筒子卷绕结构应满足高速退绕的要求，筒子表面纱线分布应均匀，在适当的卷绕张力下，具有一定的密度，并尽可能增加筒子容量，表面和端面要平整，没有脱圈、滑边、重叠等现象。

2. 倍捻机的主要任务

倍捻机将并好的筒纱加一定的捻度，形成捻度均匀，具有一定强力、弹性、光泽的股线，并卷绕成符合规定标准的优质筒纱。

二、并捻工序的一般知识

并捻值车工的主要任务是熟练掌握并纱机、倍捻机的机械性能和棉纺织生产的一般理论知识，按规定看台定额合理使用好设备，在工作中严格执行工作法，把好质量关，按照品种的规格要求，保质保量地完成生产任务。

1. 生产指标

生产指标是指生产经营活动中要求完成的预期目标。主要分产量和质量两大部分。

（1）主要产量指标。并纱、倍捻工序的产量一般以筒子公斤数来统计。

①个人产量。是指并纱工、倍捻工在一轮班工作时间内所看管机台生产筒子的重量。

②台班产量。是指每台车一轮班工作时间内所生产的筒子重量。

③班产。是指所有机台一轮班工作时间内所生产的筒子重量。

④小组产量。是指小组成员个人产量的总和。按月计划考核小组、个人。

（2）主要质量指标。

①好筒率。是指所抽查筒子中好筒只数（没有外观疵点的筒子）与抽查总只数之比的百分率。

$$好筒率 = \frac{好筒只数}{抽查总只数} \times 100\%$$

好筒率指标一般为98%，按月考核个人、小组、轮班、车间。筒子外观疵点有攀头

（拦线、网纱）筒子、葫芦形筒子、菊花芯筒子、松软筒子、油污筒子等。

②筒子内在疵点。主要通过倒筒检查出筒子内在疵点，如接头不良、筒子内夹入回丝、双纱（并纱还应考核少股、松股紧），应做备注；并纱为根，倍捻为股等。

③整经百根万米断头。整经轴每百根卷绕一万米长度时发生的断头数。筒子成形和内在质量对后道整经机断头影响很大。

（3）节约。

①回丝。减少坏筒子和接头回丝，回丝不落地。

②用料。节约清洁工具，小组物料消耗按计划控制领用。

③用电。减少空锭，节约照明用电等。

2. 并捻工序的温湿度

（1）车间温湿度。同细纱工序。

①温度。同细纱工序。

②湿度。同细纱工序。

③相对湿度。同细纱工序。

（2）温湿度标准（表8-1）。

表8-1　温湿度控制范围

工序	夏季		冬季	
	温度（℃）	相对湿度（%）	温度（℃）	相对湿度（%）
并纱工序	30~32	60~65	24~26	60~65
倍捻工序	30~35	60~65	24~28	60~65

（3）温湿度与生产的关系。同络筒工序。

3. 生产技术基本知识

（1）专用器材。并纱、倍捻工序主要专用器材有宝塔筒管和圆柱筒管两种。宝塔筒管的规格一般大头直径62~70mm，小头直径25~35mm，长度为170~182mm，斜度为5°57′、4°20′、3°30′及9°15′；圆柱筒管的规格一般外径44~56mm，内径37.5~50mm，长度为170~175mm，企业根据锭子、夹头形式需要决定。筒管材料有塑料、纸和不锈钢等。为了防止脱圈，在筒管表面制成凸凹槽或起绒。根据生产品种的需要，筒管有若干种颜色，同一种颜色或同一种色头，在同一时期内，只能用在一个品种上。并纱、倍捻工序要重视筒管的管理，不能用刀割和重压，纸管应放置于干燥的地方，以防受潮。筒管需定期进行维修及清洁。

（2）纱线接头。并纱、倍捻工序的接头从手工打结刀到机械打结器的研制应用，从减轻劳动强度、提高效率、质量方面都有较大进步。但是随着市场形势的发展，机械结仍不符合高、精、尖产品的质量要求，机械结结型粗大（是原纱直径的2~4倍），结尾长（4~6mm），这种结头在后道织造过程中容易引起断头和造成织疵，影响布面外观质量。在针织生产过程中，不良结头通过织针时，容易造成破洞、漏针或断针。

纱线的空气捻接是我国继机械打结之后迅速发展起来的新技术。目前，并纱、倍捻机大都采用空气捻接器进行"无结"接头，空气捻接器结构简单，接头质量好，因此应用更为广泛。

①空气捻接器的原理及特点。它是将两根纱（线）头放入一只特殊设计的捻接腔里，在高压空气吹动下退捻、搭接，随后以反方向高压空气吹动使纱线捻接。空气捻接器捻接过程一般先退捻后再加捻，捻接质量高，外形美观，结头粗度为原纱直径的 1.2 倍以下，结头强力为原纱强力的 80%~85%，并基本保持了原纱的弹性。

②空气捻接器捻接过程。

a. 纱线引入。纱线的一端自筒子上引入，另一端由筒纱（并筒）上引入，交叉放入捻接器内。

b. 夹往纱线。利用夹持器将两纱端夹持定位。

c. 剪切定长。将两纱端剪切成规定长度的纱尾。

d. 退捻、开松。对纱尾的退捻和开松是由加捻器两端的退捻管（器）来完成的。

e. 加捻。由具有一定压力并经过过滤的压缩空气进入加捻腔，将两纱端喷射缠绕或回旋加捻成捻接纱。

f. 动作复位。完成捻接动作后，气阀关闭，动作复位。

③喷雾式空气捻接器的特点。纱线是在水和气流同时作用下进行加捻，使纱线充分包缠，捻接强力大幅提高。它适用于有一定吸水性纤维的低支纱、气流纺纱和股线等。

三、并捻设备的主要机构和作用

1. 并纱设备主要机构及作用

（1）并纱机生产流程。纱线从筒纱上退绕下来，经下导纱钩、感丝器、张力盘、导纱钩、电切刀、后导纱钩、导纱杆、槽筒，卷绕到筒子上。

（2）并纱机主要机构及作用。

①张力装置。并纱机上张力盘（片）张力的大小，随纱线粗细和原纱强力的大小而不同。张力盘（片）产生摩擦作用而使纱线得到较均匀的张力，卷绕成符合松紧要求的筒子纱。张力大小必须适宜，张力过大，使纱线伸长，会增加后道工序断头；张力过小，使筒子松软，成形不良，后道工序退绕时产生脱圈，造成断头，增加回丝。张力装置还能清除一部分杂质。

②卷绕成形装置。卷绕成形装置主要由摇架、电磁铁、纱铲和槽筒等机件组成，其作用是制成一定形状的均匀坚实的筒子。

槽筒：作用是卷绕及引导纱线做往复运动。

电磁铁：作用是当电切刀动作切断纱线时，电磁铁同时得到车头 PC 板信号动作，放开纱铲。

纱铲：作用是复位在槽筒和筒纱之间，防止筒纱磨烂。

③断头自停装置。断头自停装置主要是通过机电结合实现断纱自停，结构简单，反应迅速，可靠性高。其主要作用是当任何一根纱线断头或筒纱用完后，筒子都能脱离槽筒停止转动，避免筒子表面纱线由于受长时间高速摩擦而损伤。如自停装置失灵易损伤纱线及增加纱线毛羽而影响质量。

2. 倍捻设备的主要机构及作用

（1）进口倍捻机（以 Savio 倍捻机和苏拉 VTS 倍捻机为例）的组成部分。

①车头部分。包括所有电气控制及气动部件的控制，对机器进行控制及调节。

②车身部分。包括机器的结构部件，用来支撑机器的所有纵向零部件，并将机械、气动及电气传动装置连接到车尾。

③车尾部分。除电动机外，所有机械传动及工艺要求的变更。

（2）主要装置及作用。

①加捻装置。包含所有加捻、卷绕、退绕等有关部件。

②喂纱退绕装置。位于锭子头部，使纱线进入锭子形成纱路。

③气动生头装置。位于锭子底部，在压缩空气形成的负压的作用下，可以使纱线自动穿过纱线张力控制装置，由锭子储纱盘引出。

④导纱钩装置。位于气圈罩的上面，高、低可调节，其作用是，纱线加捻后通过该装置，由加捻区域进入卷绕区域。主要目的是控制纱线在加捻过程中纱线气圈的大小。

⑤探纱杆及锁定装置。位于车头中电磁阀，由气缸等构成，当停机时，此装置可防止探纱杆落下。开机后，经过延时，自动释放后，使探纱杆处在正常的工作状态。探纱杆的功能是探测生产过程中是否有纱线，同时给纱线以足够的张力。当纱线断头或并纱用完后，探纱杆落下，给气阀一触发信号，使卷绕筒抬升。同时，探纱杆上的剪刀口，可以卡住纱线的断头，避免纱线继续喂入，卷绕到储纱盘上。通过探纱杆顶部的塑料头，可以提醒值车工，以便及时更换并纱或接头。

⑥纱线回转及超喂装置。其功能是通过选择不同的纱线和超喂罗拉的接触角度（即改变纱线的超喂量），从而改变卷绕张力，生产出密度适合的筒纱。

⑦预留纱尾装置。位于导纱器右侧，其功能是当纱线生好头后开车，利用尾纱装置，避免在最初加捻时捻度不正常的纱线卷绕到正常筒纱中去。在筒管尾部，绕几圈纱线，有利于下道工序连续生产。

⑧横动导纱器。位于槽筒下方，它随着导纱杆的左右往复运动，将纱线导入筒子。

⑨槽筒（卷绕罗拉）。在槽筒 1/3 处，表面有一层橡胶皮。其功能用来带动筒管，以设定的速度转动，将纱线按工艺要求卷绕到筒管上。

（3）倍捻机的工艺流程（图 8-1）。并纱筒子置于空心锭子中，无捻纱线 1 借助于锭翼导纱钩 3，从喂入筒子 2 退绕输出，从锭子上端进入纱闸 4 和空心锭子轴 5，再进入旋转着的锭子转子 6 的上半部，然后从储纱盘纱槽末端的小孔 7 中出来，这时无捻纱在空心轴内的纱闸和锭子转子内的小孔之间进行了第一次加捻，即施加了第一个捻回，已经加了一次捻的纱线，绕着储纱盘 8 形成气圈，受气圈罩 9 的支撑和限制，气圈在顶点处受到导纱杆 10 的限制。纱线在锭子转子及导纱钩之间的外气圈进行第二次加捻，即施加了第二个捻回。经过加捻的股线通过探纱杆 11、超喂罗拉 12、横动导纱器 13，交叉卷绕到倍捻筒 14 上。倍捻筒 14 夹在无锭纱架 15 上两个中心对准的圆盘夹片 16 之间。

四、并捻工序的主要工艺项目

并纱工艺的主要项目有络筒速度、络筒张力、筒子卷绕密度、卷绕长度等，倍捻工艺主

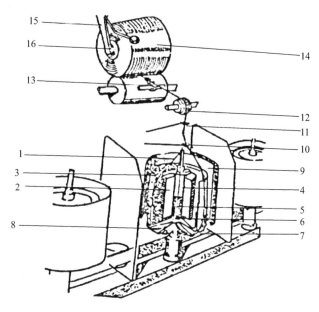

图 8-1　倍捻机的工艺流程

要项目是捻度、卷绕密度、卷绕长度等。

（1）络筒速度。TF01A 型并纱机络筒速度一般在 350m/min 左右。

（2）络筒张力。络筒张力一般根据卷绕密度、络纱速度进行调节，同时应保持筒子成形良好，通常为单纱强力的 8%~12%。

（3）筒子卷绕密度。筒子的卷绕密度应按筒子的后道用途、种类加以确定。染色所用筒子的卷绕密度为 0.35g/cm³ 左右，其他用途的筒子的卷绕密度为 0.42g/cm³。适宜的卷绕密度，有助于筒子成形良好，且不损伤纱线的弹性。

（4）卷绕长度。一般采用电子定长装置，对定长值的设定极为简便，且定长精度较高。随络筒的进行，当卷绕长度达到设定值时，停止络筒。

（5）纱线捻度。依据产品要求设定捻度、速度、卷绕长度等。

五、并纱机的机型及技术特征

1. 国产并纱机和倍捻机主要技术参数及技术特征（表8-2、表8-3）

表 8-2　国产并纱机主要技术参数及技术特征

型号	FA716	JWF1716	FA706	FA712A
制造商	经纬纺机天津宏大纺机		沈阳华岳	
机型	单面		双面机	单面机
纱线类型	短纤纱		短纤纱	短纤纱及化纤长丝
并合根（股）数	2~3		2~3	2~3（可加氨纶）
锭距（mm）	400	500	280	420
锭数（标准）	48	48	88	36

型号	FA716	JWF1716	FA706	FA712A
传动方式	单锭电动机变频调速		双面分别电动机变频传动	单锭独立交流电动机驱动
卷绕方式	槽筒式	摩擦辊卷绕双拨片导纱	槽筒式	摩擦辊式
张力调节方式	双圆盘加持式，重力片调节		双圆盘加持式，重力片调节	
断纱监控方式	传感器式断头自停并切断		电磁传感式断纱自停并切断	电子断纱自停
最大卷绕速度（m/min）	900	1000	600	800
卷取筒子尺寸	152×φ300	147×φ220	152×φ200	152×φ280
装机功率（kW）	0.25/锭	0.4/锭	2×1.1	0.8/锭

表8-3　国产倍捻机主要技术参数及技术特征

型号	RF321E	TDN-128
制造商	浙江日发	浙江泰坦
锭距（mm）	225	198
每节锭数	18	
标准锭数	162	
最高锭子速度（r/min）	12000	
纱线规格（tex）	(8×2)~(50×2)	(5×2)~(60×2)
捻度范围（捻/m）	156~2027	133~3201
锭子传动方式	龙带，变频调速	龙带，变频调速
喂入卷装（mm）	152×φ140	152×φ160
卷取卷装（mm）	152×φ250	152×φ280
装机功率（kW）	22	30
主要技术特点	锭子电动机二级传动变频调速；提高锭子加工精度，采用进口龙带、进口轴承改善锭子传动锭间速差；加大加捻盘直径，利于细支纱的加工；改善了表面处理	新型号机型，缩小锭距，增加锭子密度，节省能源，减少占地；筒子架采用气动抬起方式，筒子架压力改用弹簧式

2. 进口并纱机和倍捻机主要技术参数及技术特征（表8-4、表8-5）

表8-4　进口并纱机主要技术参数及技术特征

型号	SINCROBL	TUANBL	CW2-D	TW2-D
制造商	FADAS（意大利）		SSM（瑞士）	
机型	单面机	单面机	单面机	单面机
纱线类型	短纤纱及化纤长丝	短纤纱及化纤长丝	短纤纱	短纤纱
并合根（股）数	2~3（可加氨纶丝）		氨纶丝	2~3
锭距（mm）	300	300	415	366
锭数（标准）	80	80	80	96

型号	SINCROBL	TUANBL	CW2-D	TW2-D
传动方式	单锭电动机变频调速		单锭电动机变频调速	
卷绕方式	微型电动机同步带驱动导丝器导纱	摩擦辊卷绕往复导纱	槽筒式	摩擦辊卷绕微揽驱动往复导纱
张力调节方式	数控式张力装置	双圆片夹持重力片调节	碟片夹持弹簧加压合股调节	
断纱监控方式	传感器式断头自停并切断		电子式断纱自停并切断检测单纱、合股纱	
最大卷绕速度（m/min）	1500	1100	1300	1500
卷取筒子尺寸（mm）	155×φ170	130~120×φ280	152×φ250	152×φ250
装机功率（kW）	0.15/锭	0.32/锭	0.09/锭（消耗功率）	0.1/锭（消耗功率）

表8-5 进口倍捻机主要技术参数及技术特征

型号	VTS09	GEMINIS-S221A	NO3CA
制造商	德国 Volkmann	山东意莎玛（SAVIO）	村田
锭距（mm）	198	225	棉213、毛265
每节锭数	20锭	16	16
标准锭数	200	160	128
生头方式	气动		
最高锭子速度（r/min）	15000	13000	棉15000，毛10000
纱线规格（英支）	(12/2)~(70/2)	(5×2)~(60×2)	(5×27)~(4×2)
捻度范围（捻/m）	123~2800	100~2274	90~1850
锭子传动方式	无缝龙带	龙带，变频调速	单锭电动机驱动
喂入卷装（mm）	140（锥筒）	152×φ140	152×φ140（毛 φ160）
卷取卷装（mm）	280	152×φ300	152×φ300
装机功率（kW）	30	30	0.2锭，卷绕1.5×2
外形尺寸（mm）	22841×620		
机器重量（N）	71600		
主要技术特点	产量高，质量好，能耗低，占地面积小，机器故障低，备件消耗少，结构合理，维修操作方便 机器功能多：气动生头，摇架断头延时抬升，留纱尾装置，探纱杆自动锁定装置，偏转罗拉自动引纱结构上有挡板，加捻区隔离效果安全，装置十分完备		

第二节 并捻工序的运转操作

一、岗位职责

（1）坚守生产岗位，积极全面完成个人的生产计划的质量指标。

（2）严格遵守各项生产制度，树立质量第一的思想，做好防疵捉疵工作，严格把好质量关。

（3）严格按交接班规定做好交接班工作，确保运转连续化的生产能够正常、稳定持续进行。

（4）熟练掌握自己所操作的设备性能，随时注意机械状态，处处防止疵点的产生。

（5）认真执行操作法，正确掌握单项操作要领，勤学苦练操作技能，不断提高操作水平。

（6）按清洁工作的要求和进度，彻底做好机台和工作场地的清洁工作。

（7）严格执行安全操作规程，注意设备运转状态，防止人身和设备事故。

（8）做到文明生产，为下一班创造良好的生产条件。

二、交接班工作

做好交接班工作是保证轮班工作正常进行的重要环节，也是加强预防检查、提高产品质量的一项重要措施。交接班工作既要发扬团结协作的精神，树立上一班为下一班服务的思想，又要认真严格分清责任。交接班实行对口交接，交班以主动交清为主，为接班者创造良好条件；接班以认真检查预防为主，认真把好质量关。

1. 交班工作

（1）交清当班的生产情况，如品种翻改、工艺变动、温湿度变化、机台运转情况、并筒（筒纱）质量、共同使用的工具以及班中存在的关键问题。

（2）保持纱线通道各部位清洁，做到无回丝、无积花。

（3）并筒（筒纱）容器内无纱巴（筒脚）、回丝，筒纱生产正常无坏筒，并纱做好筒纱分段，接齐断头。

（4）处理好接班者所检查出的问题。

（5）彻底做好机台及地面清洁。

2. 接班工作

接班者应提前到岗（具体时间企业自定），做好接班准备、检查、清洁工作，为一个班的生产打好基础。具体做到一准备、二了解、三检查、四清洁。

一准备：准备一个班所需用的筒管。

二了解：了解上一班的生产情况，做到心中有数。

三检查：检查上一班的设备运转情况，设备机件有无缺损，有无异响。检查筒纱质量，如错支、错管、蛛网、成形不良及交班责任标记。检查上一班的清洁工作完成情况，纱线通道及机台上下等部位是否有回丝、积花；车顶板、容器等处是否有坏筒、乱管、纱巴、筒脚、回丝等。

四清洁：彻底做好机台和作业车的清洁工作。

三、清洁工作

做好清洁工作是提高产品质量、减少断头和纱疵的一个不可缺少的环节，必须严格执行清洁进度，有计划地把清洁工作合理安排在轮班每个巡回中均匀地做。大力做好清洁工作，降低断头，提高质量，减少纱疵。

清洁工作应采取"五做""五定""四要求"的方法。

1. 五做

（1）勤做、轻做。清洁工作，要勤做轻做，防止花毛飞扬附入筒纱。

（2）重点做。按清洁工作重点区域重点做的方法，将重点部位彻底清洁干净。

（3）随时结合做。在巡回中随时清洁纱线通道和其他表面部位的积花、回丝。

（4）分段做。把一项清洁分配在几个巡回中做或交班者、接班者分段做。

（5）双手交叉结合做。要双手交叉使用工具进行清洁，如一手拿线刷，一手拿包布，边扫边擦，既节约时间，又清洁干净。

2. 五定

（1）定项目。根据各企业具体情况制订清洁项目。

（2）定时间。根据品种、环境条件等制订清洁时间和周期。

（3）定方法。轻扫、轻抹、不准扑打，防止花毛飞扬和沾污筒纱。

（4）定工具。根据清洁项目和不同部位的质量要求定清洁工具，选定工具既要不影响质量，又要使用方便。

（5）定顺序。掌握从上到下、从里到外、从后到前、从左到右或从右到左，先扫后吹再擦的原则。

3. 四要求

（1）要求清洁工作要轻、稳、快，严禁扇、吹、拍打，防止造成人为疵点和断头。

（2）要求清洁工具保持清洁，定位放置。

（3）要求注意节约，做到纱、管、回丝不落地。

（4）要求机台各部位清洁无回丝缠绕、无积花、无灰尘。

4. 大扫车清洁具体操作

（1）并纱。交接班红灯亮前25min内由双方对机台各部位进行清洁。先将吹吸风停至车尾处，用大毛刷清扫吹吸风及道轨、捻接器道轨及支架、掏吹吸风筒棉箱内棉绒，然后开启吹吸风运行；再用小毛刷扫车顶板，返回时用小捻杆捻握臂两侧、槽筒两侧、纱铲、防护板，再用小毛刷扫扇形轮、轴承及连杆周围，然后到本车位对面用大捻杆捻防护板后面、弹簧等部位，返回时捻支架及轴承，再回到车位用包布擦车面板，用手摘纱线通道各部位的积花，用大捻杆捻车面板底部及锭脚，用小毛刷扫隔纱板，最后用大毛刷及大捻杆同时扫车底捻车腿。纱线通道、面板、吸风筒棉箱、车档等部位除交接班清洁外，班中巡回随时进行清洁。换筒纱时对插纱锭进行清洁。

（2）倍捻。企业可根据品种、质量的需求，制订不同的清洁进度表（表8-6）。

表 8-6　倍捻机清洁项目表

项目	工具	标准要求
摇架装置	包布、手	无浮花、缠回丝
夹纱臂	包布	无浮花、干净
超喂罗拉及轴	海绵	无浮花、干净
张力轮及支架	海绵、竹扦	无浮花、干净
槽筒轴	竹扦	无浮花、干净
防护罩（内外）	包布	无浮花、干净
导纱钩支架	捻杆	无浮花、干净
储纱罐	吸尘器、海绵棒	无浮花、干净
加捻盘缠回丝	手	摘干净
隔纱板	包布	无污渍、干净
道轨	包布	无污渍、干净
车头车尾	线刷	无污渍、干净
车腿	包布、竹扦	无挂回丝、飞花
空捻器加水	手	水不少于 1/2

5. 清洁要求

（1）做完清洁要洗手，随时保持双手干净。

（2）做清洁工作要防止飞花、杂物附入。

（3）防止人为疵点和人为断头的产生。

（4）清洁工具要保持干净，定位放置。

（5）做清洁时，杜绝违章清洁，严禁拍、扇、吹、打等现象。

四、基本操作

单项操作是一项基本操作，也是执行全项操作法的基础，单项操作的好与差、快与慢，直接关系产品质量和工作效率。为此必须要集中思想、目光合理、双手并用、动作连贯、幅度小，做到质量好，速度快。

1. 并纱

单项操作主要有接头、落筒生头。要求做到清、好、快、稳、准。清：清理干净断头后少股段；好：结头标准，生头质量好；快：拿纱、寻头快；稳：打结、放线稳；准：插纱、压责任标记准。

（1）接头。左手拇、食指捏住筒纱头，中、无名指夹住纱线绕过导纱杆，同时右手将纱线绕入导纱钩，左手立即用拇、食指找出并纱纱头，将纱线拉至捻接器前上方，右手立即用食、中指夹住筒纱纱线，左手食、中指拉住并纱纱线，将纱线呈对角放入导纱槽槽底，两根纱线在捻接腔内呈交叉状态，使纱线自然伸直，不得拉得太紧，左手拉至捻接腔盖下部，右手大拇指根部按捻接器手柄打结，腔盖开启后，右手随手将纱线提出腔盖放线，左手按手柄使并纱落下，再按纱铲手柄，同时右手推回电切刀。放线时要使纱线伸直，放线位置应在筒纱中间，提线时食指或中指在接头前后即可，以防结头不良，提线高不过头，长不过肩。

（2）落筒生头。

要做到：落筒纱大小按各厂标准工艺，测定时按工作法标准；落筒前清扫车顶板，预备筒管；落筒后检查筒纱外观质量。

具体操作：左手握住握臂，右手拇指握住筒纱左侧，其他四指托住筒纱，双手并用落下筒纱并放在车顶板上，左手拿空管，右手将纱头放入平行管内，左手拇指或食指压住纱线，右手握住握臂，左手将平行管放在夹头中间，同时右手食指提线，左手顺槽筒回转方向将平行管转2~3圈，左手按下握臂按手柄开车右手中指推回电切刀。

2. 倍捻

（1）人为加捻法。接头时，首先把储纱罐清洁干净，轻轻地踩刹车板，使张力刻度杆中的飞花飞出，从并纱上拉出约1m长的纱线，穿过退纱器，将并纱放入储纱罐内。脚踩刹车板，刹住锭子，将纱线绕在引丝线一端，引丝线另一端从锭子进丝口插入，经过锭子中心，并从加捻盘的出丝口穿出，向上将纱线分别穿过气圈导丝器、过丝滚轮、超喂罗拉，然后右手拇食指捏住引出来的并纱纱线，同时左手找出筒纱头，摘掉1m左右，检查筒纱无疵点后，双手将两纱线交叉放入空捻器内，接好头后，检查接头条干、强力、外观是否达到要求后（如果两次接头不合格，要求松开刹车板，重新加捻），左手将手缠回丝放入工作口袋中，把空捻器推至一边，随后食、中指握住摇架的手柄，拇指点住上筒纱以免倒转，同时右手挑起接头后的纱线，提至右肩部将纱线拉直，捻接要在距右手下方10~15cm处，然后松开刹车板，右手上纱线随锭子的转动部分卷绕到加捻盘上，形成纱线包绕角，捻接要退回到气圈控制器以下15~25cm的位置，右手将纱线放至两个丝滚轮之间，放下筒纱，最后放下探纱器，然后再检查相邻两筒纱的质量，是否附上飞花、回丝。要求接头必须合格，捻度控制在±10%以内。

（2）生头方法。将所需品种的并纱放入储纱罐中，找好纱尾，提前准备好筒管，左手分摇架，右手取下筒纱查看疵点，将筒纱放在车顶板，脚踩刹车板刹住锭子，用引丝线将纱线从加捻装置引出，左手拿筒管，右手拿纱线；将纱头全部放到筒管大头内（不能外露，以免造成多尾），将筒管放到摇架圆盘夹片处，使圆盘夹片夹住筒管，左手放下摇架，右手将纱线引至筒管大头，离筒管脚0.5cm以内，在往纱架上安放筒管的同时将脚放开刹车板，使加捻盘运转，右手的拇、食指勾住纱线，随筒管运转纱线卷绕到筒管的底部，形成纱尾；缠纱尾在脚离开刹车板后缠绕不低于7~8圈（尤其引线生头），然后将纱线放入横动导纱器纺纱。

用上述方法将纱线引出后，绕过导纱钩、张力轮，左手拿纱线掀起摇架落至45°角，右手中、拇指拿筒管，纱线在筒管的大头中间拉过，右手食指压住纱线，放入夹片内，随即用拇指在紧靠筒管位置把纱线打断（纱尾的长度不可超过1cm），左手放下摇架，同时右手的食、中指夹住纱线挂在预留纱尾装置上。

五、巡回工作

1. 巡回工作的基本精神及特点

（1）巡回工作的基本精神。将高度的改革精神与严格的科学态度相结合，正确处理人与机器的关系，充分发挥人的积极因素，使操作符合科学管理原则，贯彻以质量为主，预防为主的精神，针对并纱机、倍捻机的特点，有规律地进行巡回，有计划地组织自己的劳动，并根据轻重缓急合理安排各项工作，主动掌握机器性能，少出坏筒，提高质量与生产效率。

（2）巡回工作的基本特点。

①工作主动有规律。工作中始终按一定的巡回路线，依次做好各项工作，掌握生产规律和机器性能，做到工作主动有规律。

②工作有计划，分清轻重缓急。加强工作预见性、计划性、灵活性，掌握落筒时间和断头规律，将各项工作安排到每一个巡回中去。工作中要区别情况，灵活机动，分清轻重缓急，保证巡回时间均匀。

③工作交叉结合进行。合理组织好一轮班的工作，把各项工作交叉结合进行，动作连贯迅速，做到省时、省力，效果好。

④加强清洁工作，做好防疵、捉疵、质量把关。在巡回中合理运用目光，做清洁工作时，防止人为疵点；插纱时，捉上工序疵点；落筒时，查机械疵点，加强质量把关，防止突发性纱疵产生。

2. 巡回操作

（1）并纱。巡回中按轻、重、缓、急，正确做好换筒接头、处理断头、落筒生头工作，保证筒纱质量，掐出上工序疵点，还应保持机台清洁，纱、管、回丝等不落地。

①巡回路线。采用单程往复的巡回路线，巡回中要做到三个结合：

结合巡回防捉纱疵，加强质量把关，发现上工序、机械、人为疵点及时处理；

结合巡回做好清洁工作，经常保持纱线通道清洁；

结合巡回，合理处理断头，确保筒子斜性和并纱大小均匀。

②巡回方法。一般采用按面自右至左或自左至右的看管方法。

③巡回工作中"三性"的应用。"三性"即计划性、主动性、灵活性。值车工对一轮班和每个巡回都要有计划，做到心中有数，要机动灵活处理断头、换筒接头、落筒生头、清洁，均匀劳动强度。掌握生产规律，主动安排工作，做到既不等待，又有计划地做好落筒准备和清洁工作。严格掌握落筒标准，落筒时以减少空锭为原则，一般落筒生头应落一只生一只。

④筒子分段。机上需要换的单纱筒子应按一定的规律，从小到大排列好，做到有条不紊、有计划地在每次巡回中换下部分筒子，避免换筒时多时少，忙闲不均，影响效率，目前一般采用整体上下或1/2分段排列筒子。

⑤并纱分段。机上并纱应按一定的规律进行合理分段，使每段落筒间隔一定时间，避免同时落筒，影响效率。

⑥巡回操作中，应按五锭一看的要求，合理运用目光，分清轻、重、缓、急，按处理断头原则处理断头和换筒。

a. 五锭一看操作要求。并纱以五锭为一段，五锭以内出现的断头，值车工要及时处理，每做完一段要左右查看一次，处理断头。如开始做下段第一锭清洁时，还不处理断头，则为不执行五锭一看操作。

b. 断头处理原则。

先近后远：如有两处断头，先接近的，后接远的。

先易后难：先接容易的断头，后接疑难的断头，（若出现缠绕槽筒、断头自停失灵、纱铲失灵的情况，应先将纱线打断或将筒纱支起），如一时找不到筒纱头，可重新换空管生头，以节省时间，减少空锭。

先紧急后一般：先处理易造成飘头影响质量的断头，然后接一般的断头。

（2）倍捻。

①巡回路线。采用单线巡回双面照顾的路线，有规律地看管机台。图8-2所示的巡回路线为跳台看管的方法，起止点分别位于车头、车尾两点。图8-3所示的巡回路线为逐台看管的方法，起点即是止点，止点即是起点。

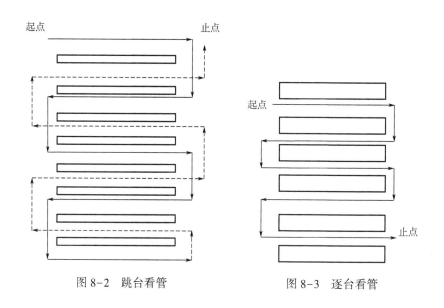

图8-2 跳台看管   图8-3 逐台看管

②巡回方法。巡回时目光运用要到位，目光沿纱线走向从上到下再从下到上，像Z形。双手推动两侧捻接器，从起点到终点，出车挡时，捻接器在轨道尽头，下一个巡回时，进车档顺手推起捻接器，出车挡时停在另一尽头。避免遇到断头前后寻找捻接器，而多走冤枉路和浪费时间；进车挡时全面看；进了车档分段看；出车挡时回头看。巡回时要注意断头不起锭的情况。

③巡回工作及要求。

a. 巡回主要工作。检查质量、清洁、接头、换纱。以检查质量、清洁为主，减少疵点，预防疵点。清洁的顺序先上后下、先左后右（或先右后左）、先内后外。在巡回过程中合理安排时间，进行接头、换纱。

b. 巡回的计划性。在巡回工作中工作有计划、分清轻重缓急，加强工作预见性、计划性、灵活性。掌握换纱时间，合理安排各项工作，做到先易后难（先处理断头，再换纱），先近后远（先处理离捻接器近的，再处理远的），先紧急后一般（先处理疵点，再接头换纱）。

c. 巡回工作的要求。工作中按照一定的巡回路线，在车档内巡回，依次做好各项工作，做到五不落地（回丝、筒纱、空管、机件以及成团的飞花不允许落地），并处理飞花、油污、网纱等疵点。处理疵点时，避免造成捻度不匀；避免疵点进入下道工序，影响纱线的质量。巡回时，查筒纱一面的成型、网纱、错支错管、纱面有无回丝、飞花附入等，同时处理断头，检查纱线是否在正常通道上；落针是否起作用。随时捉上工序的疵点（缺股、多股纱、小辫子纱、错支纱、错管纱、油污、异纤等）。巡回时，检查张力刻度是否一致；检查有无单锭不正常运转、小红点不朝外现象；摘除设备表面 1cm 以上的花毛；做清洁时处理断头、换纱，手要干净。

六、质量把关

防疵、捉疵、质量把关是提高产品质量的重要方面，在一切操作中要贯彻质量第一的思想，积极预防人为疵点。在巡回中要合理运用目光，利用空隙时间进行捉疵，做好以防为主，查捉结合，保证产品质量。

1. 防疵

（1）生头发现筒管跳动，应立即换下，生头的纱线应略带紧，使纱线紧绕在空管上，以免管脚退绕不良。

（2）应注意验结，防止不合格结头和回丝飞花卷入筒纱。送纱线时应慢、稳，轻且拉直，再向筒纱中部送出，以免造成卷线、网纱等。

（3）巡回中注意张力盘的回转，以防塞死不转或纱线未通过张力盘内影响除杂和造成松筒。

（4）巡回中注意每锭的运转情况，防止邻锭断头时附入造成双纱。

（5）平揩车后要检查机台各部位是否有油渍，防止产生油污纱，并做到及时反映情况，采取措施。

（6）筒纱线应先掐掉纱尾后再使用，以免造成油污或断头。

（7）做清洁工作要防止飞花、回丝、杂物附入筒纱。

（8）落筒时注意筒管内或底部是否有油污，发现问题要及时将筒管内或底部清理干净，以免污染其他筒纱，并及时通知维修人员修复，同时还要检查筒纱的质量。

（9）找筒纱头要准，防止造成多、乱、绞头。

（10）并纱机台多品种操作时防错支、错管。

（11）并纱巡回中注意每锭的运转情况，防止断头自停失效造成少股（根）。

2. 捉疵

（1）拿纱时，捉错支、油污、强弱捻等。

（2）接头或处理断头时，随时捉竹节纱、回丝、飞花等疵点及筒纱成形不良，腰带纱、蛛网纱、松芯、错坏筒管、磨烂、附回丝等。

（3）一锭多次断头，既要查机械原因，又要查纱的条干和号数。

3. 纱疵的种类及预防

（1）前工序疵品种类。坏纱类型：错支、错管、毛羽纱、油污纱、竹节纱、强弱捻、多少股纱、粗细节、三花（绒板花、油花、飞花）、三丝（异性纤维、毛发、色线）、带回丝等。

（2）并纱工序、倍捻工序常见疵品种类、产生原因及预防方法（表8-7、表8-8）。

表 8-7　并纱工序常见疵品种类、产生原因及预防方法

疵点名称	产生原因	预防方法	对后工序的影响
脱结	捻接器故障，打结时放纱线不正或紧	经常检查捻接器，注意操作方法	增加断头
错支	前工序用错管或拿错筒纱	工作时思想集中守好关	造成错支疵布
多少股	断头自停装置失效，邻近及对面纱线带入，断头后未清理干净，并纱上少股	及时发现设备故障，严格执行操作法，及时剔除多少股并纱	增加后道断头，造成布面粗经、粗纬、缺纬
股松股紧	并合单纱张力不一，张力装置内飞花阻塞或张力盘运转不灵活，相邻两纱气圈碰击，张力盘与张力片大小装置不当	单纱张力调整均匀，张力盘与张力片配置适当三点共线；经常保持张力盘清洁	影响股线强力，布面不平整，增加断头，造成疵布
前后攀头	纱线放头时不慎，槽筒边缘有伤痕，筒管与槽筒接触不正，筒管不合格	坏筒管拣出，经常检查设备，注意操作方法	增加断头
分叉	槽筒沟槽、纱铲表面或纱线通道部位出现毛刺	加强检修，更换不合格部件	影响退绕，增加断头
筒子表面磨损	筒子做得太大，与槽筒摩擦或在运输中造成磨损	按规定大小落纱，防止运输过程中损坏筒子	增加断头和回丝
菊花芯	筒管与夹头（锭子）不配套，夹头（锭子）位置不正，筒管变形	加强检修，值车工拣出坏筒管	影响退绕，增加断头
筒子松软	张力盘太轻或位置不适当	经常保持张力盘清洁，适当调整张力盘重量	影响退绕，增加断头
飞花回丝夹入	做清洁不当心或做得不彻底，打结时将结头回丝带入筒纱内	做清洁时防止飞花附入，结头时防止回丝带入	增加断头
油污纱	筒子上沾有油污，容器不清洁	防止筒子落地，落筒前清洁筒纱板，容器保持清洁	造成油污疵布

表 8-8　倍捻工序常见疵品种类、产生原因及预防方法

疵点名称	产生原因	预防方法	对后工序的影响
弱捻线	刹车失灵	定期检修设备	造成布面粗经或粗纬
	锭子速度有差异	定期检修设备，检测锭子速度	
	接头操作不当	注意接头时的捻度及方法	
	锭子上有回丝缠绕	及时巡回，查看锭子上有无回丝	
	锭子轴承损坏	定期检修设备	

疵点名称	产生原因	预防方法	对后工序的影响
弱捻线	卷绕筒子与摩擦辊打滑	根据操作手册，定期检查摩擦辊的状态	造成布面细经或细纬
	筒子架夹头处缠回丝	及时巡回处理夹头的回丝	
	卷绕罗拉松	定期检查卷绕罗拉	
松芯筒	卷绕张力过小，车间温湿度过小	调整卷绕张力，及时调节温湿度	影响外观质量
	筒子架安装倾斜角不正确	调整筒子架与槽筒之间的角度	
蛛网筒	导纱器有松动	紧固导纱器螺丝	影响退绕
	导纱杆连接松动	固定导纱杆	
	筒管圆整度不好	更换筒管	
	筒管安放不到位	筒管要和夹片配合完好	
多股纱	并纱筒子内有多股纱	预防并筒多股纱，接头时避免回丝带入	严重影响布面质量
	车顶存放并纱筒子，纱尾附入	车顶上的纱尾不能下垂	
	倍捻筒纱断头时起锭，纱尾附入相邻筒纱	及时巡回，处理起锭	
少股纱	并纱筒子内有少股纱	及时巡回，增强值车工责任心	
油污纱	平揩车时不慎，加油污染纱线通道	规范平揩车的操作方法	造成布面油污
带回丝	并纱筒子内有回丝，操作不当	接头时避免回丝的带入，加强巡回	造成布面破洞或降等
飞花	违章清洁，高空飞花	严格执行操作法，及时清洁高空	布面破洞或飞花附入
条干不良	单纱条干不良	检查单纱的各项指标	影响布面质量
断头过多	气圈张力过大、过小	正确调整导纱钩的高度	影响后工序效率
	并纱筒有磨损	使用并纱筒时检查筒纱的表面	
	导纱通道不光滑	清理纱线通道	
小辫纱	单纱上有小辫子纱	杜绝单纱小辫子	严重影响布面质量
	并纱有分纱现象	检查并纱纱线通道	
	并纱接头时，单根纱的张力差异较大	使用正确的接头方法	
	倍捻接头时出现的小辫子	熟练操作方法	
腰带纱	接头放线不查看纱线运转情况，磁牙堵花，纱线不经磁牙	接头放线时查看纱线运转情况，是否经磁牙	产生坏筒，增加断头和回丝
	磁牙位置不当	设备及时找检修工维修	

（3）筒子纱、线质量标准（表8-9）。

表8-9　筒子纱、线质量标准

类别	疵点名称	疵点程度	检查方法
错支错管	纱号不符	不论长短、多少，均不允许	随机
	筒管不符	筒管标志错乱不允许	
	错纤维	纤维用错不允许	
	黄白纱	原料变化、混棉不匀、管理不善、色泽有明显差异	
外观质量	生头不良	没有按规定留纱尾（按工作法要求）	目测
	蛛网拦线	结辫（扭结成圈）、绕管及5cm以上的后拦线不允许	尺量
	松紧纱	表面松散、内紧外松、筒管松动	目测
	筒管破损	影响使用的不允许	目测
	腰带	不论直绕、斜绕均不允许	目测
	表面杂乱	磨伤（强力降低造成断头者）乱纱、回丝不允许	目测
	大小筒子	各厂规定自订	尺量
	大小头、葫芦纱	不允许	目测
	责任印	无印、印不清	目测
内在质量	接头不良	脱结、翘头、未破捻	采用倒筒检查
	粗细紧松	粗度比原纱粗1.5倍，细于原纱（强力低）及结粗结细，弱捻不允许	
	双纱	不允许	
	股松股紧（并）	不允许	
	少根（并）	不允许	
	杂物附着	回丝、花毛、杂物带入筒内不允许	

（4）倍捻机主要部件与质量的关系。

①气圈罩、锭翼导纱钩损伤或退绕不灵活，造成断头、毛羽，影响强力。

②超喂罗拉损伤，易造成纱线缠绕罗拉，增加断头。

③横动导纱器、卷绕筒子圆盘损伤，易造成筒子成形不良，毛羽、断头增加。

七、操作注意事项

（1）落筒时，必须等筒纱离开槽筒并停妥后，才能将筒纱落下。

（2）槽筒轴缠线时，必须等槽筒停转后，在凹槽处将纱线剪断。

（3）机器运转中不准触摸传动部分。

（4）开车前首先检查机上有无他人，避免人身伤亡事故。

（5）发现机器有异响、异味或发生火灾，应立即关闭电源主开关及相邻机台，及时反馈有关人员。

（6）倍捻机纱罐红心必须向前，避免旋转纱库飞锭。

第三节　并捻工序的操作测定与技术标准

操作测定是为了分析、总结、交流操作经验，在测定过程中，既要严格要求，认真帮教，又要互相学习，共同提高，通过测定分析，肯定成绩，总结经验，找出差距，指出方向，促进操作练兵交流活动的开展，不断提高生产与操作技术水平。

一、并纱测定与技术标准

1. 工作法测定标准

（1）工作法测定标准见表8-10。

表8-10　工作法测定标准

项目	数量
测定时间（min）	30
看台标准（台）	0.5

（2）起止点均在车头便于取放工具，测定结束值车工必须举手示意。

（3）工作量标准为100个，比标准每少1个工作量扣0.1分，每多1个工作量加0.05分，最多加0.5分，非正常掐换筒子不计工作量。

（4）计算方法。

$$总工作量=巡回工作折合工作量$$

（5）30min基本工作量见表8-11。

表8-11　30min基本工作量

项目	项目
车面板清洁2次	落筒生头不少于15锭，并捻防护板后面各部位1次
防护板1次	
车底、车档1次	及时清理风棉箱

（6）巡回操作折合工作量见表8-12。

表8-12　巡回操作折合工作量

操作项目	单位	工作量折合说明
简单头	个	正常接头，计3个工作量（重复接头不算）
复杂头	个	机下引头每个计4个工作量，缠槽筒、抖少股，每个计6个工作量

续表

操作项目	单位	工作量折合说明
换筒接头	个	每换（抪）一个筒子计 1 个工作量（不符合抪补段，不算工作量），接头按简单头算工作量
落筒生头	个	每个计 6 个工作量（包括点责任印、写嵌工号、清零）

2. 单项操作测定

单项测定两次，取好的成绩作为考核。

（1）接头。

①连续接头 10 锭，标准时间 80s。

②起止时间：从手触纱线开始计时，至最后一锭手离开电切刀止（注：手触到并纱为一次）。

（2）落筒生头。

①连续落筒生头 10 锭，标准时间 80s。

②起止时间：从手触筒纱开始计时，至最后一锭手离开电切刀止（注：并筒管放在夹头上为一次）。

③落筒纱半径为 4~4.5cm，落筒后嵌工号头朝外放在车顶板上。

（3）操作测定扣分标准。

①巡回操作。

测巡回时必须用原筒子，不能做准备工作。

巡回中落筒生头，少落 1 个扣 0.1 分。

巡回时间每超 10s，扣 0.1 分（不够 10s 不扣分）。

换上油污、强弱捻、毛羽纱等筒子，每个扣 0.5 分。

换上错支、错管筒子，每个扣 2 分。

筒子附回丝、飞花、沾污，每个扣 0.5 分。

并纱纺入错支，用错筒管，筒纱磨烂，多少股，分叉等，每个扣 2 分。

并纱漏疵（腰带纱、网纱、重叠等），每个扣 1 分。

车顶板上并纱放错方向、飘垂头，每个扣 0.5 分。

车面板积花或造成人为疵点，每处扣 0.5 分。

纱线没有通过正常通道或缠绕，每锭扣 1 分。

张力盘（片）上有杂物、不转或夹回丝、飞花、杂物等，每锭扣 1 分。

电切刀瓷牙内附飞花、回丝等，槽筒轴缠回丝，每处扣 0.5 分。

人为断头，换筒不掐纱尾（5cm），处理断头、换筒不按顺序及不目光运用、漏处理断头，每次扣 0.2 分。

走错巡回路线，每次扣 0.5 分。

捻接器捻接不良，扣 2 分。

接头时造成松紧结、脱结、结带回丝等，每个扣 1 分。

落筒、生头漏点责任印、漏清零，写嵌工号不合格，每锭扣 0.5 分。

筒子歪斜，筒子大小、软硬度不一致，每锭扣1分。

感丝器失效、并数档位调错，每锭扣2分。

违章操作（搞车或用嘴吹车、扒割筒脚等），每次扣2分。

纱、管、回丝（5cm及以上）落地，机台挂回丝和积花，每个处扣0.1分。

带线换筒（影响退绕、拤补的例外），每个扣0.1分。

做清洁时错用工具，每次扣0.5分；工具不定位、不清洁，扣0.2分；漏做清洁，每项扣1分。

注意：测巡回时，出现单项扣分缺点，则扣0.5分。

②接头。

速度加减分：比标准速度每慢1s扣0.05分；在质量全部合格的基础上，比标准时间每快1s，加0.05分。

接头时造成松紧结、脱结、结带回丝等，每个扣0.5分。

纱线没有通过正常通道，每项扣0.2分。

引纱时漏穿导纱钩、引纱杆等，每处扣0.2分。

③落筒生头。

速度加减分：比标准速度每慢1s，扣0.1分；在质量全部合格的基础上，比标准时间每快1s，加0.05分。

落筒前不扫车顶板，扣0.5分。

筒纱漏疵，每个扣0.5分。

落筒生头要求管内放纱线不得超过30cm，绕管1圈及以上，纱尾不能外露，不符合要求每项扣0.2分。

生头不合格，每项扣0.2分，生头不合格包括漏生头、筒管带回丝、纱线松紧不一等。

纱、管落地，每个扣0.1分。

二、倍捻测定与技术标准

1. 巡回时间及看台量

根据纱支不同，换筒数量等不同情况，掌握不同看台数及巡回时间，巡回时间只定上限（每台车160~200锭）。总巡回时间60min，工作量80个。

测定时可根据表8-13、表8-14中相对应的支数进行，巡回时间不变或企业自定。

表8-13　倍捻机看台量

看台数（台）	按弄看管时间（min）	按台看管时间（min）
4	15	16
5	17	18
6	19	20
7	21	22

表 8-14　倍捻机不同纱罐不同品种对应表

纱罐规格（英支）	60~80	81~100	101~120	120以上
直径135mm（台数）	4	5	6	7
直径180mm（台数）	4.5	5.5	6.5	7.5 台

2. 单项操作测定及评定方法

单项操作测定的内容为接头和生头。

（1）接头及质量。

①接头时，纱尾的摆放：自转停止，不允许手动。

②单锭连续接5次头为一遍（脚离开刹车板加捻为一次）。单个计时，时间累计相加。

③起止时间：从脚离开刹车板开始计时，至放下探纱器手离开为止，为一次。

④标准时间：60英支以下，40s（弹簧式摇架加3s）；60英支及以上，50s（弹簧式摇架加3s）。

⑤测完后逐个检查结头质量、捻度，在质量全部合格的基础上，比标准时间每快慢一秒加减0.05分。结头不合格扣0.5分，捻度不在规定范围内扣0.5分，纱线不经正常通道扣0.2分。

⑥放结头后有小辫纱也视为不合格结头。

⑦属值车工失误放断、脱结，按不合格算。

⑧可测两遍，取好的一遍成绩考核。

（2）接头的评定。值车工接一个头后，由测定员把接头前和接头后各约30cm的纱线取下，缠在黑板上（此操作过程不可将纱线的捻度进行破坏），测定完后，到试验室做出准确的捻度数据，进行评定。企业可根据各自的质量要求，评定合格接头的标准。

（3）生头及质量。

①连续生5个头为一次（手触并纱线为一次）。

②起止时间：手触并纱开始计时，至放下最后一锭探纱器手离开止。

③标准时间：60英支以下，45s（弹簧式摇架加3s）；60英支及以上50s（弹簧式摇架加3s）。

④在质量全部合格的基础上，比标准时间每快慢1s加减0.05分。

⑤生头不合格扣0.2分，纱线不在正常通道上扣0.2分；管外纱尾超过1cm扣0.2分；管内纱尾超过10cm扣0.2分；不放探纱器扣0.1分。

⑥可测两遍，取好的一遍成绩考核。

（4）生头的评定。纱线在留纱尾装置上完全退绕后，并在筒管上有了往复运动，方可把头打断，进行检查质量。

3. 清洁项目和工作量（表8-15）

表 8-15　清洁项目和工作量

清洁项目	工作量
导纱轮及四周一面	10个

续表

清洁项目	工作量
超喂罗拉轴、轮两侧 1/4 台	10 个
支臂上方，导纱钩支架、防护罩一面	20 个
隔音挡板一面	10 个
车头、车尾 4 台	10 个
捻接器轨道一面	8 个
换纱每锭	3 个
断头每锭	1 个

4. 巡回接头、换纱原则

先处理断头再换纱（20 锭以后的可以不处理）。处理断头时，检查锭盘有无缠回丝，再进行接头（接头时，检查接头是否合格，再送入正常通道，放下探纱器），并检查相邻筒纱是否有回丝、飞花附入。该锭正常运转后，检查筒纱表面有无疵点（带回丝、飞花、卷结），再离开。换纱的先后按断头的原则掌握，换纱时，必须先做纱罐清洁，再换纱。

5. 操作测定扣分标准

（1）凡规定的清洁项目，数量没做完，又做其他的清洁或重复的清洁工作，一律不计工作量；每超 10 个工作量加 0.1 分，最多加 0.5 分。巡回时间每超 30s 扣 0.1 分，不足 30s 不扣分。

（2）错路线。进车弄后，过车头或车尾为错，每次扣 0.1 分。

（3）漏疵点（飞花、异纤、回丝等），每处扣 0.2 分。

（4）因操作原因造成疵点或者断头的，按人为疵点或者人为断头，每处扣 0.5 分。

（5）目光运用不到位，每处扣 0.1 分。

（6）清洁不彻底，每处扣 0.1 分。

（7）不执行操作法，每处扣 0.1 分。

（8）手不净换纱、接头，每次扣 0.5 分。

（9）两端面疵点能处理的处理；不能处理的，必须指出，否则按漏疵扣 0.2 分。

（10）漏纱面疵点扣 0.5 分。

（11）查质量时，同车弄的不可重复检查，漏查一面扣 0.1 分，有一面扣一面。

（12）漏头。超过 20 锭以上按漏头扣，每锭扣 0.2 分。

（13）捉上工序疵点，经测定员确认后，按捉疵加 0.1 分。

三、操作技术分级标准及测定表

单项、全项操作技术分级标准见表 8-16。

表 8-16　单项、全项操作技术分级标准

项目	优级	一级	二级	三级
单项	99	98	97	96
全项	98	97	96	95

单项得分 = 100 分 ± 各项加减分

全项得分 = 100 分 ± 单项操作加减分 – 巡回操作扣分

各项计算时间保留两位小数；秒数保留一位小数。

第四节　并捻设备维修工作标准

一、维修保养工作任务

设备维修工作的任务是：做好定期修理和正常维护工作，做到正确使用，精心维护，科学检修，适时改造和更新，使设备经常处于完好状态，达到提高生产技术水平和产品质量，增加产量，节能降耗，保证安全生产和延长设备使用寿命，增加经济效益的目的。

二、岗位职责

1. 平车队长岗位职责

（1）应熟悉维修业务知识，具备本工序维修技术能力。熟知设备维修管理内容。

（2）认真贯彻平车工作法，根据月度计划组织全队按时完成平车任务。

（3）全面负责本队的平修质量，完成平修指标，降低消耗，节约挖潜。

（4）认真做好内部检查，并做好记录，做好平修机台的交接。

（5）组织本队解决平修过程中的疑难问题，检查指导队员认真执行安全操作规程，做到文明生产，防止一切事故的发生。

（6）认真贯彻执行公司和车间制订的各项制度，检查队员执行岗位责任制和遵守劳动纪律情况。

（7）组织全队开展岗位练兵活动，努力提高操作技术水平。

（8）认真完成本工序交办的其他任务。

2. 平车队员岗位职责

（1）应了解设备性能，熟悉平装质量要求及标准，能独立完成工作，工作认真负责。

（2）按时完成自己岗位的工作，对平修质量要高标准严要求，服从各级质量检查。

（3）合理利用工时，力争缩短平修车工时，做到各项平修指标达到技术要求。平修现场整洁有序。

（4）严格执行自查、互查、队长抽查，查出问题及时修复，认真完成试车和交车察看期的修复工作。

（5）严格执行各级规章制度，积极参加各种练兵活动，努力学习业务知识，不断提高技术水平。

（6）严格执行安全操作规程，使用好防护用品。

（7）完成其他各项工作。

三、技术等级考核标准

1. 初级并纱、倍捻维修工

（1）知识要求。

①贯彻实行企业设备管理的方针、原则、基本任务，熟悉本岗位设备使用、维护、修理工作的有关内容和要求。

②熟悉并纱机、倍捻机的型号、规格、主要组成部分的作用，主要机件的名称、安装部位、速度及其所配电动机的功率和转速。

③熟悉并纱机、倍捻机所用轴承、螺栓、常用机物料的名称、型号、规格、使用部位及变换齿轮的名称、作用和调换方法。

④熟悉并纱机、倍捻机的机械传动形式、特点和所用传动带（包括齿形带及链条）的规格及其张力调节不当对产品质量的影响。

⑤了解纺织原料的一般知识和纱线特（支）数的定义、生产工艺流程及本工序主要产品规格和质量标准。

⑥熟练掌握并纱机、倍捻机的安装标准及简单故障的产生原因和解决方法。

⑦掌握主要配件的型号、规格及安装要求，各部件的工作原理及对成纱质量的影响。

⑧具有机械制图的基础知识。

⑨具有钳工操作的基本知识。如锉削、锯割、凿削、钻孔与攻丝、套丝的方法要求。台钻、手电钻、砂轮等的使用与维护方法。

⑩熟悉安全操作规程，掌握防火、防爆、安全用电、消防知识。

⑪熟悉并纱机、倍捻机张力加压装置的规格与纱特（支）的关系及选用不当对产品质量的影响。

⑫了解打结器、捻接器、定长器结构。

⑬了解工具、量具、仪表的名称、规格和使用、保养方法。

⑭了解长度、重量、容积的常用法定计量单位及换算。

⑮了解常用金属材料和非金属材料的一般性能、特点及用途。掌握正（斜）齿轮齿数、外径、模数（径节）的计算及齿轮啮合不当对齿轮寿命和生产的影响。

⑯了解电的基本知识。如电流、电压、电阻、电磁、绝缘、单线路等的基本知识。

⑰了解全面质量管理的基本知识。

（2）技能要求。

①按并纱机、倍捻机修理工作法，独立完成本岗位的修理工作。

②上、落、穿、接传送带并调整其张力。

③检修简单机械故障。

④正确使用常用工具、量具、仪表及修磨凿子、钻头。

⑤看较复杂的零件图，画简单的易损零件图。

⑥具有初级的钳工技术水平。

2. 中级并纱、倍捻维修工

（1）知识要求。在掌握初级维修工应知知识要求的基础上还应掌握以下内容：

①本工序设备维护、修理工作的有关制度和质量检查标准、交接技术条件、保养技术条件及完好技术条件。

②并纱机、倍捻机的传动系统及其计算。

③槽筒轴弯曲、倍捻机滚筒轴弯曲的原因及校装方法。

④槽筒沟槽磨灭、安装不当、压缩空气质量与产品质量的关系。

⑤筒子卷绕及防叠基本知识。

⑥电子清纱器及定长器的工作原理。

⑦吸风量调整对生产及产品质量的影响。

⑧易损机件的名称及其易损原因和修理方法。

⑨复杂机械故障的产生原因和造成产品质量低劣的机械原因及检修方法。

⑩温湿度对生产的影响和本工序的调整范围。

⑪本工序新设备、新技术、新工艺、新材料的基本知识。

⑫电器控制、液压控制、气动控制的基本知识及其在本工序设备上的应用。

⑬电焊、气焊、锡焊、电刷镀、电喷涂、粘接等的应用范围。

⑭表面粗糙度、形位公差、公差与配合的基本知识。

（2）技能要求。在掌握初级维修工应会技能要求的基础上还应掌握以下内容：

①按并纱机、倍捻机的修理工作法，熟练完成本岗位的修理工作。

②定长器的调试。

③检修较复杂的机械故障

④按本专业装配图装配部件。

⑤改进本工序的零部件，并绘制图样。

3. 高级并纱、倍捻维修工

（1）知识要求。在掌握中级维修工应知知识要求的基础上还应掌握以下内容。

①本工序设备维护、修理周期计划、机配件、物料计划和消耗定额的编制依据、方法及完成措施。

②平装机架部分（落差、精密水平、激光）的理论知识及其计算方法。

③并纱机、倍捻机专件、专用器材的型号、规格、特征、适用范围、验收质量标准和报废技术条件。

④并纱机、倍捻机的型号、特征及一般原理。

⑤达到平装机台技术条件应采取的措施。

⑥按厂房条件、设计绘制机台排列图。能按排列图进行划线，懂得机台安装部位的地基要求，车脚螺栓的选择及安方法。

⑦解决机台修理过程中的疑难问题的技术措施。

⑧机件磨损、润滑原理及分类使用知识、轴承规格、分类、选用维护方法。

⑨设备、工艺与产品质量的关系以及工艺设计的一般知识和主要工艺参数的计算。

⑩设备管理现代化的基本知识。

⑪本工序新设备的结构、特点、原理及新技术、新工艺、新材料的应用。

⑫电气、电子、在线检测及其在本工序设备上应用和原理。

（2）技能要求。在掌握中级维修工应会技能要求的基础上还应掌握以下内容：

①精通本工序设备修理技术及修理工作法、保养工作法，并能进行技术指导和技术培训。

②平装机架及全机的检查调试。

③并纱机、倍捻机专用器材的型号、规格、特征、使用范围、验收质量标准和报废条件。

④按排列图进行机台划线。按装配总图安装设备并进行调试，达到设计、使用和产品质量要求。

⑤具有解决设备维修质量、产品质量、机配件、物料消耗、能源消耗等存在的疑难问题的技术经验。

⑥具有鉴别机物料规格、质量的技术经验和提出主要机配件修制的加工技术要求。

⑦各项维修工作的估工、估料。

⑧运用故障诊断技术和听、看、嗅、触等多种检测手段收集、分析处理设备状态变化的信息，及时发现故障，提出解决措施，并在维修工作中正确运用现代管理方法。

⑨按产品质量要求分析设备、工艺、操作等因素引起的产品质量问题，并提出调试、改进和检修方法。

⑩正确使用和维护本工序的新设备。

⑪绘制本工序较复杂的零件图。

四、质量标准

并纱机、倍捻机检修技术条件见表8-17~表8-24。

表8-17　并纱机检修技术条件

序号	部位	检查项目	质量标准	扣分标准		车号
				单位	扣分	
1	车头	各部轴承振动、异响	不允许	处	1	
2		皮带磨损严重	不允许	处	1	
3		槽筒轴联轴器异响、磨损严重	不允许	处	1	
4		捻接器滑车活动不灵活	不允许	处	0.5	
5		轴承、皮带清洁不良	不允许	处	0.5	
6	风机	运行不正常	不允许	处	1	
7		吹嘴缺损或位置不对	不允许	处	0.5	
8		过滤网破损	不允许	处	1	
9		电动机振动、异响	不允许	处	2	

序号	部位	检查项目	质量标准	扣分标准		车号
				单位	扣分	
10	单锭	筒子成形不良	不允许	处	1	
11		槽筒不光滑、有毛刺	不允许	处	0.5	
12		筒锭与槽筒不完全接触	不允许	处	0.5	
13		摇架中心、槽筒中心与罩板上导纱杆、电切刀、导纱钩中心不在一条直线上	不允许	处	1	
14		筒锭座横动	不允许	处	0.5	
15		摇架起落不灵活	不允许	处	1	
16		摇架抬起不能够定位	不允许	处	1	
17		拉杆、拉簧损坏、丢失、作用	不允许	处	1	
18		导纱钩松动、位置不正	不允许	处	1	
19		挡板损坏	不允许	处	1	
20		摇架夹头轴承发热、转运不良	不允许	处	1	
21		捻接器捻接不良	不允许	处	1	
22		插纱座松动	不允许	处	1	
23		电切刀工作不良	不允许	处	1	
24		导纱钩、导纱杆等导纱通道有纱的磨痕	不允许	处	1	
25	其他	螺栓松动	不允许	处	1	
26		机件缺损	不允许	处	1	
27		电气装置安全不良	不允许	处	2	
28		安全装置作用不良	不允许	处	2	

表 8-18 倍捻机重点检修技术条件

部门 型号 车号

项次	检查项目	允许限度及周期	扣分标准	检查记录
1	锭子润滑	上下各 0.7g，6 个月 1 次	0.5	
2	张力轮润滑	1.5g，6 个月 1 次		
3	龙带轮润滑	头：上 50g，下 30g；尾：上 30g，下 50g 12 个月 1 次		
4	槽筒轴承润滑	15g，48 个月 1 次		
5	超喂轴承润滑	15g，48 个月 1 次		
6	纱管端盖润滑	15g，6 个月 1 次		
7	车尾轴承润滑	15g，12 个月 1 次		
8	皮带张力不良	不允许		
9	变速箱换油	8g，24 个月 1 次		
10	成型不良	不允许		
11	张力刻度不一致	不允许		

项次	检查项目	允许限度及周期	扣分标准	检查记录
12	筒子架角度不良	不允许		
13	各部气阀漏气	不允许		
14	各部仪表失灵	不允许		
15	主要机件螺栓缺少、松动	不允许		
16	一般机件螺栓缺少、松动	不允许		
17	安全装置不良	不允许		
18	各部清洁不良	不允许		
主任				
技师			备注	
队长				
包机				
其他				

表 8-19 并纱机楷车质量检查表

项次	检查项目		允许限度（mm）	扣分标准		机号	
				单位	扣分		
1	车头传动		0.15	台	2		
2	各部轴承	发热	温升 20℃	只	2		
		振动	0.20	只	2		
		异响	不允许	只			
3	筒管与滚筒槽筒表面不全面接触		不允许	只	0.5		
4	导纱小轮	回转不灵活	不允许	只	0.5		
		位置不正	不允许	只	0.5		
5	握臂拉簧拉力不适当		不允许	只	1		
6	断纱自停装置失效		不允许	只	1		
7	落针起槽、规格不一致		不允许	只	0.5		
8	纱线通道不光滑		不允许	只	0.5		
9	张力盘	加压重量不一致	±0.5	只	0.5		
		回转不灵活	不允许	只	0.5		
10	管纱插座显著歪斜		不允许	只	0.5		
11	油眼堵塞、缺油、漏油		不允许	处	0.5		
12	清洁工作不良		不允许	只	0.2		
13	成型不良（机械原因）		不允许	处	0.5		
14	油污纱		不允许	只	2		
15	机件缺损		不允许	件	2		

项次	检查项目		允许限度（mm）	扣分标准		机号
				单位	扣分	
16	机械空锭		不允许	只	2	
17	螺栓缺少、松动	主要	不允许	只	2	
		一般	不允许	只	0.2	
18	安全装置作用不良		不允许	处	2~11	
19	电气装置作用不良		不允许	处	2~11	
考核办法 0~10 分为一等，11 分以上为不合格						
备注			停车时间			
			交车时间			
			交车负责人			
			接车负责人			
检查人员			评等			
工段长						
车间主任						
生产部						

表 8-20 并纱机大小修理交接技术条件

项次	检查项目		允许限度（mm）		扣分标准		交接记录
			大修理	小修理	单位	扣分	
1	槽筒轴弯曲度	轴承处	0.08	0.08	处	2	
		空轴处	0.10	0.15	处	2	
		接头处	0.15	0.15	处	2	
2	各部轴承	车头振动	不允许		合	2	
		发热	温升 20℃		只	1	
		振动异响	不允许		只	1	
3	齿轮异响		不允许		处	2	
4	槽筒表面有纱痕、破损裂纹		不允许		只	2	
5	筒管与槽筒表面不全面接触		不允许		只	1	
6	导纱轮回转不灵活		不允许		只	0.5	
7	导轮与转子间隙		0.30	0.30	只	0.5	
8	握臂拉簧不良		不允许		只	1	
9	落针规格不一致		不允许		只	0.5	
10	筒子架变位作用不良		不允许		只	1	
11	断纱自停装置	失灵	不允许		只	1	
		制止板不正	不允许		只	0.5	
		自停后筒子与槽筒间距	21		只	0.5	
12	筒锭轴磨损		0.60	0.80	只	0.5	

项次	检查项目	允许限度（mm）		扣分标准		交接记录
		大修理	小修理	单位	扣分	
13	管纱插座不正	不允许		处	1	
14	张力片重量不致，回转不灵活	不允许		处	0.5	
15	油眼不通堵塞	不允许		处	0.5	
16	成型不良、油污	不允许		只	1	
17	星形轮轴弯曲	0.30	0.40	处	0.5	
18	安全装置不良	不允许	作用不良	处	2	
			严重不良	处		
19	电气装置安全不良	不允许	作用不良 处	处	2	
			严重不良 处	处	11	

表 8-21 并纱机完好技术条件

检查项目			允许限度（mm）	扣分标准		机号
				单位	扣分	
1		车头传动	0.15	台	3	
		各部轴承发热、振动、异响	升温20℃	只	3	
		缺件、少件	不允许	件	2	
2		筒子架作用不良	不允许	件	1	
3	断头自停装置	失效、落针跳动	不允许	只	I	
		制止板不正	不允许	只	I	
		自停后筒子与槽筒脱开	≥1	只	1	
4	导纱小轮	回转不灵	不允许	只	0.2	
		显著跳动	不允许	只	0.2	
5		纱线通道不光滑	不允许	只	0.5	
6		清纱装置与设定值差异	企业自定	只	0.2	
7		张力盘重量不一致、回转不灵活	不允许	只	0.2	
8		机械空锭	不允许	只	2	
9	成形不良	蛛网	25	只	2	
		松芯	棉50、化纤80	只	2	
		其他成形不良	不允许	只	1	
10		主要机件螺栓垫圈松动、缺损	不允许	只	2	
11		安全装置作用不良	不允许	处	2	
12		安全装置作用严重不良	不允许	处	11	
13		电气装置安全不良	不允许	处	2	
14		电气装置安全严重不良	不允许	处	11	

续表

累计扣分		备注	
检查人员			
工段长			
车间主任			
生产部			

表 8-22　倍捻机楷检质量检查表

项次	检查项目	允许限度	扣分标准	设备台号
1	车头振动异响	不允许	2	
2	各部轴承缺油、振动、发热、异响	不允许	2	
3	各部仪表失灵	不允许	1	
4	各部清洁不良	不允许	0.5	
5	断头自停装置不良	不允许	2	
6	各部皮带张力不良	不允许	1	
7	纱管角度不良	不允许	1	
8	各部气阀漏气	不允许	1	
9	张力不一致、失效	不允许	0.5	
10	油污纱	不允许	2	
11	成型不良	不允许	2	
12	机械空锭	不允许	2	
13	一般机件螺栓缺损、松动	不允许	0.4	
14	主要机件螺栓缺损、松动	不允许	2	
15	安全装置不良	不允许	2	
停车时间			合计扣分	
交车时间				
揩车队长		评等		
包机人				
质量检查				

表 8-23　倍捻机重点检修技术条件

部门　　　　　　　　　　　　　型号　　　　　　　　　　车号

项次	检查项目	允许限度及周期	扣分标准		检查记录
1	锭子润滑	上下各0.7g，6个月1次	只	0.5	
2	张力轮润滑	1.5g，6个月1次			

项次	检查项目	允许限度及周期	扣分标准	检查记录
3	龙带轮润滑	头：上 50g，下 30g；尾：上 30g，下 50g 每年 1 次		
4	槽筒轴承润滑	15g，48 个月 1 次		
5	超喂轴承润滑	15g，48 个月 1 次		
6	纱管端盖润滑	15g，6 个月 1 次		
7	车尾轴承润滑	15g，12 个月 1 次		
8	皮带张力不良	不允许		
9	变速箱换油	8L，24 个月 1 次		
10	成形不良	不允许		
11	张力刻度不一致	不允许		
12	纱管角度不良	不允许		
13	各部气阀漏油	不允许		
14	各部仪表失灵	不允许		
15	主要机件螺丝缺松	不允许		
16	一般机件螺丝缺松	不允许		
17	安全装置不良	不允许		
18	各部清洁不良	不允许		
主任			备注	
技师				
队长				
包机				
其他				

表 8-24　倍捻机设备完好技术条件

项次	检查项目	允许限度	扣分标准		机号
			单位	扣分	
1	齿轮啮合不良、异响	不允许	只	2	
2	轴承振动、异响	不允许	只	2	
3	车头振动	不允许	只	2	
4	成型不良（机械）	不允许	只	2	
5	机械空锭	不允许	只	2	
6	制动不良	不允许	只	0.5	

续表

项次	检查项目	允许限度	扣分标准		机号
			单位	扣分	
7	皮带缺损、松紧不当	不允许	处	1	
8	纱库表面不光洁	不允许	只	0.4	
9	张力器刻度不一致	不允许	只	0.2	
10	断纱自停失效	不允许	只	0.4	
11	筒子支架回转不灵	不允许	只	0.5	
12	各部气阀漏气	不允许	只	1	
13	巡回吸尘不良	不允许	台	2	
14	锭子缺油、异响	不允许	只	1	
15	主要机件缺损	不允许	只	2	
16	主要螺栓缺损、松动	不允许	只	2	
17	一般机件螺栓缺损、松动	不允许	只	0.4	
18	各部仪表失灵	不允许	只	1	
19	安全装置作用不良	不允许	处	2	
20	电气装置安全不良	不允许	处	2	
21	电气装置安全严重不良	不允许	处	11	

第五节　并纱机维修工作法

一、并纱机大修理工作法

1. 工作范围

（1）除车头箱、车架、车面、轴承托架和槽筒轴承座，其余部件全部拆除，拆除后的部件分别清洁、检查、加油、刷漆，不合格机件更换或维修。

（2）检查校正车头外侧线、机台中心线、车面外侧线，检查校正车头垂直、车脚着实情况。

（3）车架基础按照要求校正后，按照磨灭范围、装配规格、工艺要求和安装顺序安装其他配件，并检查是否合格。

2. 组织分工

修理队由一至五号维修工组成，其中一号为队长，负责全队工作的安排组织和部门之间的协调沟通工作，负责按计划进度完成平修任务，并担负一定的平车具体工作见表 8-25。

表 8-25　并纱机大修理工作法

人员	工作内容
一号（平车队长）	1. 负责检查拆车前的设备状况、检查出的问题做好记录，以便平修时解决，联系电工切断电源 2. 取下车头传动胶带，用专用工具取下左右皮带轮，拆下左右传动轴与槽筒轴联轴节，拆下左右传动轴。检查车头传动轴、槽筒轴磨损、弯曲，并校正 3. 同四号、五号配合拆供纱架部分 4. 机架复线、弹线、机架的初平和精平 5. 揩洗车头、车尾并队车头部件进行检查 6. 打磨 1/5 车面 7. 开车调试 1/5 台断纱自停装置、张力架部分、导纱轮部分 8. 负责机台全面质量检查、校正试车工作，负责初步接交及排除初交后，查看期间机台的缺点的修复和查看期间故障的修复
二号、三号	1. 配合拆装车顶板部件 2. 拆装双支撑摇架部分、双支撑轴部分 3. 检查槽筒轴磨损情况，并校正弯曲 4. 校正全台轴承托架和槽筒轴承座 5. 校正、安装全台支撑轴座及双支撑架 6. 打磨 1/5 台车面 7. 开车调试 1/5 台断纱自停装置、张力架、导纱轮部分 8. 擦洗检修部分机配件，导纱小轮轴承与双支撑全密封轴承用专用油浸泡 24 小时
四号、五号	1. 同 1 号拆装供纱架部分 2. 拆装断头自停部分、导纱轮部分及张力架部分 3. 协助一号初平、精平机架 4. 打磨 1/5 台车面 5. 负责平修机台的其他临时性工作

二、并纱机小修理工作法

并纱机小修理是把机器易磨损、易走动、易变性的关键部件进行整修或调换，重新校装，达到恢复原来精度、原来效能的目的。

1. 工作范围

（1）对车头传动轴、槽筒轴检修，槽筒轴轴承、双支撑筒锭轴承导纱轮全部拆下，轴承清洗，换新润滑脂。

（2）检查纱线通道部分是否有磨损，检查槽筒表面及沟槽是否有划痕，检查断自停机构是否灵敏有效。

（3）对各插纱锭子校正位置，对张力装置进行清洁、校验，调整各部弹簧松紧一致。

（4）全部油孔清洁一次，全部加油。

（5）动力电气进行电动机加油，线路、控制箱整修。

2. 组织分工

小修理队由一至五号队员组成，其中一号为队长，负责全队维修、组织、协调内、外与维修工作有关的事宜，并担负一定的维修任务。具体工作见表 8-26。

表 8-26　并纱机小修理工作法

人员	工作内容
一号（队长）	1. 负责检查小平车前设备状况，并做好记录 2. 联系电工切断电源 3. 取下传动带，用工具拆下左右皮带轮，拆下左右传动轴与槽筒轴联轴器，并拆下传动轴 4. 拆下 1/5 台断纱自停装置、张力架部分、导纱轮部分 5. 检查 1/5 台纱线通道部分机件 6. 负责全队质量检查、校正、试车工作 7. 负责设备维修后的交接工作
二号、三号	1. 校正槽筒轴平行度，拆装 1/4 台槽筒 2. 调试 1/5 台断纱自停装置、张力架部件、导纱轮部件 3. 调整 1/4 台弹簧松紧位置 4. 检查校正 1/5 台纱线通道部件 5. 清理校正 1/4 台注油孔，并按标准量加油
四号、五号	1. 拆下全部导纱轮 2. 清洗槽筒轴轴承、导纱轮轴承、双支撑轴承 3. 调整校正插纱座位置 4. 拆装 1/4 台槽筒，调整 1/5 台断纱自停装置、张力轮部件、导纱轮部件 5. 调整 1/4 台弹簧松紧位置、检查 1/5 台通道部件 6. 清洗 1/4 台油孔，并按标准加油。校正 1/5 台双支撑筒锭

三、并纱机保养工作法

1. 扫车

（1）揩车的目的。揩车的目的是定期清洁机器运行中不易清除的部分，并加注润滑油，使设备减少磨损，提高产品质量，并纱机的揩车周期一般为 7~10 天。根据企业情况可缩短和延长。

（2）组织分工。

①一号负责车头内清洁加油工作，吹吸风清洁加油工作。检查设备运行状态，负责全车清洁检查工作，负责揩车后的交接工作。

②二至五号各负责 1/4 台设备的清洁检修工作，各部油眼清洁、加油工作。

（3）揩车检修范围。清洁车底板内积花，清洁电磁铁部分，清除轴头部分缠绕回丝，用干净包布清洁槽筒表面和沟槽，清洁纱铲部分，清洁纱线通道部分，机台表面全面清洁，检查修复一般设备缺陷。

（4）开车。

①开车前全面检查，试空车，观察各部分运行是否正常，有无规律性异响、震动，清洁工作是否到位。

②检查断头自停装置灵敏度和定长功能。

2. 巡检制度

（1）利用上班后 45min 对个人的包机区域进行全面的检查，通过手摸、眼看、耳听和其他方法发现问题，及时修复。

（2）发现小问题能够及时修复的立即修复；不能修复的做好记录，当班修复；影响质量的报告车间有关人员停车进行维修和采取有效措施。

第六节 倍捻机维修工作法

一、工作内容

倍捻机维修工作法工作内容见表8-27。

表8-27 倍捻机维修工作法工作内容

项次	项目	允许限度	检查办法	扣分标准（分/处）
1	机台轴承震动	不允许	手感	2
2	机台轴承发热	温升20℃	手感、仪器测试	2
3	机台轴承异响	不允许	耳听	2
4	机械空锭	不允许	目视	2
5	皮带张力		手感、目视	2
6	机台油污	不允许	手感、目视	2
7	自停装置不良	不允许	手感、目视	2
8	安全装置不良	不允许	手感、目视	2
9	轴头回丝	不允许	目视	2
10	工艺参数不准确	不允许	目视	2
11	筒纱成型不良	不允许	目视、尺量	2
12	其他问题		查看记录	2
13	故障修复	及时	查看记录	2

（1）扫车周。一个月或企业自定。

（2）工作内容。整机和清洁。

（3）组织分工。倍捻机揩车队由一至五号组成，一人兼任队长。

二、准备工作

（1）队长巡视揩车前机台的运行情况，访问值车工使用情况，并负责关闭所揩机台的电源开关。

（2）各自准备揩车所用的工具、物料等。

三、揩车顺序

（1）各自按顺序拿下气圈罩和储纱罐，把拆下的机件整齐的摆放在机器两侧。

（2）用吸尘器吸掉所管辖锭号内的花毛。

（3）吸尘器轮流使用，清除完花毛后，用湿抹布清洁拆下来的储纱罐、气圈罩等，之后，要用干抹布再擦拭一次。

（4）吸尘器全部用完后，所有队员用湿抹布清洁筒纱起部分、卷绕部分、机架部分、喂入部分。以上用湿抹布擦完后，还要用干抹布再擦拭一遍。

（5）凡是用湿抹布时，抹布要勤洗（最多不超 5 个锭子洗一次抹布），拧干后备用。

（6）用湿、干抹布擦完后，再用小捻杆清洁一遍每个定位缝隙内的剩余花毛。

（7）用大毛刷轻轻地清洁锭子底部及车腿。

（8）队长检查合格后，各自装上气罩、储纱罐。

（9）车头、车尾及张力轮的清洁，检修工作由设备包机人负责。

（10）揩车时打开车头罩盖，清洁所有飞花污垢，再检查电动机皮带张力，锭速传感器位置是否正确。

（11）在车队员清洁锭子底部前拆下消音板，把张力轮底部的飞花污垢清理干净，把车尾罩盖拆下进行清洁，检查齿轮箱的油位，检查减速箱是否漏油，检查皮带张力，检查超喂轮皮带是否跑偏、张力是否适当，检查大龙带磨损情况，以上如果检查有问题，应及时修复。

（12）检查清洁完毕后安装好车头、车尾的罩盖，安装好底部的消音板。

（13）清扫现场。

（14）由队长负责合上电源开关，开 3~5min 空车，揩检人员检查各自的工作是否存在问题。

（15）由车间专业技术人员、运转轮班长、设备工段长、揩车队长参加联合检查或抽查，并填写《倍捻机车交接技术条件》，并进行评等，把检查出的问题落实到责任人。

（16）交给运转班投入生产。

四、倍捻机部分维修工作法

1. 周期

6 个月或企业自定。

2. 工作内容

各部检修、加油。

3. 组织分工

倍捻机检修队由 5 人组成，1 人兼任队长，检修时间为 7 小时（一个工作日）。

4. 准备工作

（1）队长在检修机台的前一天应对所要检修的机台挂上停车标识牌，并写明停车日期和停车时间。

（2）队长巡视检修前的机台运行状况，包括设备状态、产量质量情况及询问值车工。

5. 检修顺序

（1）队长负责关闭检修机台的电源开关，负责车头、车尾的检修，拆下车头、车尾的盖罩。队员每人负责 1/4 锭位的检修工作，机器加油由一号负责联系有关部门进行。一号负责检查车头、车尾的皮带是否跑偏、张力是否适当。

（2）二至四号负责拆下各自锭位的消音板，并整齐地摆放在两侧。各自负责取下锭位夹纱臂夹头，用钩刀清除回丝，然后用抹布擦去油污，加少许润滑脂，然后原位装好。

（3）车头、车尾龙带轮，上轴承加油 50g、下轴承加油 30g、Z5 轴承加油 10~15g，以上由 1 号负责。

（4）车尾齿轮箱由一号负责加换油（二号协助）。

（5）由二至四号取下各自负责的锭位夹纱臂夹头，用钩刀除去回丝，然后用抹布擦去污垢，加少许润滑脂原位装好。

（6）锭子轴承由检修机台包机人负责加油上下各 0.7g。

（7）龙带张力轮轴承由 2 号、3 号各负责一面加油 1~1.5g。

（8）槽筒轴轴承和超喂罗拉轴承，由 4 号、5 号各负责一面加油 10~15 克。导纱杆由 4 号、5 号各负责一面喷油少许。以上各加油部位加油后，要用抹布擦干净油嘴及周围。

（9）由 1 号负责检查各部仪表是否正常，计量是否正确。各部气、气管是否漏气；由 1 号通知专职技术人员、工段长、运转轮班长，并参与设备的质量检查和交接工作；由 1 号填写《倍捻机重点检修报告书》，并督促有关人员签字；由 1 号负责组织修复设备初交后、终交前出现的缺点，并做好记录以便考核。

（10）由 2 号、3 号各负责一面检槽筒的磨损情况，并校正筒管角度。各负责一面检查筒纱断头后抬起情况；各负责检查和处理一面槽筒轴轴承、超喂轴承的发热、振动、异响；各负责一面修理筒纱成型不良。

（11）由 4 号、5 号各负责检查一面气圈、导纱钩高低位置；各负责检查一面锭子加速启动情况小于或等于 6 秒；各负责一面锭子底部与气阀的隔距，标准企业可自定；负责检查龙带的磨损及张力调整；各负责检查一面锭子轴承、龙带张力轴承的振动、发热、异响。

（12）由 1~5 号各自负责区域内检查交接螺栓、垫片缺损、松动，规格一致的情况；各自负责区域内清洁工作。

五、巡检制度

利用每天上班后的 45min 时间对维修人员个人的包机区域进行综合设备检查。检查出的问题如影响质量的，应立即组织修复，不影响质量的能在短时间内修复的应及时修复，不能在短时间内修复的，可利用工余时间或业余时间完成修复，把问题在一个班内解决。

并纱、倍捻值车工操作技术测定见表 8-28、表 8-29。

表8-28 并纱值车工操作技术测定表

班　　　姓名　　　　　　　　　　　品种　　　　　　　　　　　　　年　月　日

接头（s/10个）			落筒生头（s/10锭）			单项±分	
1	2	加减分	1	2	加减分	工作量±分	
时间	质量	时间	质量		时间	质量	时间	质量		巡回得分	

接头（s/10个）					落筒生头（s/10锭）					单项±分	
1		2		加减分	1		2		加减分	工作量±分	
时间	质量	时间	质量		时间	质量	时间	质量		巡回得分	
										全项总分	
										评级	

巡回扣分标准							
项目	扣分标准	次数	扣分	项目	扣分标准	次数	扣分
错支管、磨烂、多少股、分叉	2分/个			漏做清洁	0.1分/锭		
脱结、结带回丝、松紧结	1分/个			漏做清洁	1分/项		
纱线未过正常通道或缠绕	1分/处			错用工具	0.5分/次		
张力盘（片）杂物、不转等	1分/锭			工具不定位、不清洁	0.2分/次		
筒子附回丝、飞花、沾污	0.5分/个						
人为疵点、车面板积花	0.5分/处						
走错巡回路线	0.5分/处						
电切刀、槽筒轴附缠回丝	0.5分/处						
漏点责任印、工号不合格	0.5分/锭						
车顶板筒纱错向、飘垂头	0.5分/个			项目	工作量折算	次数	工作量小计
筒子纱尾超长、人为断头	0.2分/个			简单头	3/个		
不执行处理断头原则	0.2分/个			复杂头（机下引头）	4/个		
不正确运用目光、漏断头	0.2分/次			复杂头	6/个		
违章操作	2分/次			换筒	1/个		
漏穿导纱钩、引纱杆	0.5分/个			准备筒管	1/10个		
落筒生头不合格	0.5分/个			准备筒子	1/个		
少落筒、少换筒	0.1分/个			落筒生头	6/个		
纱、管、回丝落地	0.1分/个						
机台挂回丝和积花	0.1分/处			评语： 　　　　　　　辅导员：			

表 8-29　倍捻值车工操作技术测定表

班　　姓名　　　　　　　　　　品种　　　　　　　　　　年　月　日

单项测定	接头				生头					
	第一次		第二次		第一次		第二次		单项±分	
	速度	质量	速度	质量	速度	质量	速度	质量	工作法±分	
									总得分	
	± 分		± 分		± 分		± 分		评级	

项目	工作量折算	1	2	3	4	5	6	小计	项目	扣分标准	次数	扣分
巡回时间									巡回超时间	0.1/30s		
隔音板一面	10/面								错路线	0.1/次		
超喂罗拉轴及四周1/4台	10/面								漏头	0.2/锭		
导纱轮及四周	10/面								接头不合格	0.5/个		
车头、车尾	2/台								纱线不在通道	0.1/次		
捻接器轨道	8/面								人为疵点	0.5/次		
气泵、支臂上方、导纱钩支架、防护罩	20/面								捉纱疵	0.1/次		
断头	1/个								目光运用不好	0.1/次		
换纱	3/个								清洁不彻底	0.1/处		
									漏疵点	0.1/次		
									五不落地	0.2/处		
									不执行操作法	0.1/次		
									人为断头	0.5/个		
评语：									漏纱面疵点	0.5/个		
									手脏接头、换纱	0.5/次		
									其他	0.1/次		

测定员：

第九章　粗细络联值车工和维修工操作指导

第一节　粗细络联工序的任务和设备

一、粗细络联工序的主要任务

粗细络联自动化系统实现了粗纱、细纱、自络三个工序无缝对接。熟条经过粗纱机牵伸、加捻、卷绕形成符合要求的粗纱，自动落纱自动输送到细纱机，在细纱机的进一步牵伸及加捻作用下，纺成符合质量要求的管纱，自动落纱将管纱自动输送到自动络筒机，自动络筒机将管纱逐个连接，同时给予纱线一定的张力，消除纱疵和杂质，卷绕成符合要求的优质筒纱，最后经过智能包装系统自动检验、成箱、码垛、入库。

1. 粗纱值车工的任务

做好换筒、巡回、处理断头工作，根据细纱要纱情况设定粗纱品种代码，按正确方法操作好尾纱处理机，做好机台清整洁工作，认真把好质量和机械关，按品种要求完成生产计划。

2. 细络联值车工的任务

熟练运用电动导航车，做好细纱接头、粗纱盘纱要纱工作，确保细络联输送通道畅通、效率同步，做好机台清整洁工作，认真把好质量和机械关，按品种要求完成生产计划。

二、相关智能设备的操作流程及要求

1. 智能机器人

AGV导航小车（图9-1），利用激光SLAM导航技术，可以从任意位置开始移动，按照作业任务的要求，智能规划最优行驶路线、精确行走、自主避障，并在指定地点或区域完成一系列作业任务，如自动搬运及堆垛等。

（1）操作流程。

①每隔3~4小时清洁AGV小车的车身、抱爪、相机及雷达周围的棉絮。

②小车电量低于25%后不会继续执行任务，需更换电池。

③一周清洁一次车底麦轮。

④一天清洁一次轨道棉絮。

⑤三天检查一次轨道气管有无漏气、松动。

（2）常见故障及解决措施。

①小车无法定位或定位与实际位置偏差较大。

清洁雷达四周，保证无棉絮等异物。

将车头朝向特征明显的物体（如柱子）。

图 9-1　AGV 导航小车

以上都不能解决，关机重启，重新定位。

②小车在移动或抓放筒过程中不动。

首先观察平板上小车的 cmdId 是否跳动，如果不跳动，则小车掉线了，等待几分钟，如果不能恢复，则关机重启，重新定位。

取消任务，退出定位，重新定位，重新定位后还是不移动，则重启重定位。

③小车放筒与实际位置偏差过大（到达抓放筒点位置不对）。

取消任务，重新定位。

周围环境变化大，小车附近有很多空满筒，需将附近空满筒摆放整齐。

④小车在轨道放满筒时，满筒放得较深或较浅。

如情况紧急，拍小车和轨道急停，将小车推出，重新定位，松开轨道急停。

筒下滑，导致轨道不拉筒，拍急停再恢复，或者手动将筒向后。

⑤小车前方有障碍物（气管），导致小车无法作业。

拍急停，等待气管或障碍物移走后，恢复急停。

点击平板上刹车按钮，气管或障碍物移走后点击刹车恢复。

⑥车抓筒失败或者抓错筒。

保证空满筒在正确的位置，抓筒点不能太远，或角度太偏。

抓错筒时，取消任务，将筒摆放正确。

⑦小车移动过程中抖动幅度过大、移动姿态不正常或者倾斜移动。

拍急停，等待 5 秒后恢复急停。

上述方法无法解决，重启小车，重新定位。

2. 粗纱尾纱清除机

CMTF002 型立式尾纱清除机（图 9-2）采用模块化程序控制，可实时显示整机的参数信息，值车工对参数设定后，可实现自动清理尾纱的功能。

（1）操作流程。

①将"直通/清纱"按钮旋转至"清纱"位置。

②按"启动"按钮进行清纱。

③启动之前确保滑架上的碰块处在下限位，否则链条不会运行。若滑架上的碰块不在下

图 9-2　粗纱尾纱清除机

限位，请按住"停止"按钮不放，然后按"启动"按钮，此时电控柜门上的"初始化"指示灯亮，滑架下降至设定位置。

④设备在清除纱管上的残余尾纱时，如果"故障"指示灯闪烁不停，请按以下方法进行复位。

a. 按动两次"停止"按钮，此时"故障"指示灯灭，然后按"启动"按钮，设备恢复正常运行。

b. 若通过第一种方法仍无法将设备启动，请按住"停止"按钮不放，然后按"启动"按钮，此时"初始化"指示灯亮，滑架下降至下限位，然后将筒管轴上的纱管全部挂到输送链条上，按"启动"按钮，设备恢复正常运行。

⑤当更换批次或品种，粗纱管更改时，将"直通/清纱"旋转钮旋转至"直通"位置，如此设置后，粗纱管经过立式尾纱清除机时，将不会进行清理。

（2）操作要求。

①立式尾纱清除机只能清理该机器专用的粗纱管。

②废花经过纤维压紧器后，要收集到车子内。

③当按下"停止+启动"之后，尾纱清除机会将所有状态复位，取纱装置有管，需将管取下来挂到链条上，否则链条不运行。

3. 智能导航车

智能导航车（图9-3）利用车载平板电脑与车间生产数据网络的对接，为值车工在工作中巡回处理断头起到了精确定位与导航作用。

（1）操作流程。

①将导航车钥匙按照要求插入锁孔。

②前行时，右手旋转把手控制行车速度。需要停止时，左手按动刹车把手进行刹车。

③将导航车上的平板电脑启动，输入车工值车机台，然后根据显示屏指示信息，按照一定的巡回路线进行操作。

图 9-3 智能导航车

④导航车不用时放到指定地点，不允许放小车档内，以免遮挡吹吸风正常运行。

⑤导航车的绿色电量指示灯显示一格时，要及时更换电瓶，更换时要放牢固，螺丝紧固，电源插头一定要接触良好。

（2）操作要求。

①随时保持导航车表面清洁，尤其是车轮，不允许缠回丝，以免运转不灵活耗电过大，损坏轴承。

②导航车在车档行进时注意不要碰撞设备，尤其是吹吸风机，拐弯要慢行。

③非车工不允许使用电动导航车。

④导航车不允许载纱包、木管等过重物品。

⑤导航车钥匙要保存好，谨防丢失。

4. 智能手环

利用智能手环，值车工能实现设备运行故障的预警呼叫，实现维修人员对运行故障的接收、处理及自动记录，并可按照需要将报警信息推送至管理终端机/智能终端设备，人员与生产过程密切关联，缩短信息的传输延迟。

（1）操作流程。

①设备出现故障时，操作工人及时把设备故障录入落地一体机的故障报修系统，按提示完善故障原因后确认。

②维修人员接收到智能手环的提示信息后，根据提示问题及时维修；进入落地一体机系统的故障处理，点击已维修进行确认。

（2）操作要求。

①轮班长、操作工人、维修技工上班后及时佩戴智能手环。

②一人一机，不得混用，及时充电。

③个人账号密码要牢记。

④认真录入信息，杜绝错误录入机台号、班次、停车现象。

⑤维修完毕后及时进行确认，保证采集信息的准确性。

5. 智能包装系统

智能包装系统（图9-4）流程分为：代码设定筒纱输送、码垛、AGV自动运输、视觉筛查、拆垛、装箱、封箱、过重、打箱、贴标、输送、摆箱、入库。

图9-4 智能包装系统

（1）操作流程。

①根据品种在码垛机的人机界面上设置好品种代码，以确保码垛机根据代号指令分辨吊笼输送过来的筒纱，分品种码好。

②根据存纱及码垛情况，及时设置AGV智能运输车的运输任务，AGV运输车根据指令，将码齐的筒纱分品种运输到存货位及拆垛位。

③根据不同品种的包装要求，设定拆垛机的拆垛指令及开箱机、装箱机、封箱机使用的不同包装物料。

④根据包装箱尺寸不同，及时更改开箱机、装箱机、封箱机的参数。

⑤根据生产品种包装的要求，设定贴标机电脑中的贴标内容。

⑥根据当班包装的品种及数量，设定AGV运输车的存储任务及指令，确保成品按品种、批次存储到位。

（2）操作要求。

①设定品种代码时，一定要准确，以防错混支。

②码垛机出现故障要及时处理，以免造成坏纱或挤伤设备。

③确保AGV自动运输通道畅通无障碍，AGV运输车在自动运输时，防撞系统必须开启。

④每班在开始装纱前必须检查视觉筛查系统是否开启、是否能进行有效检测。

⑤确保包装线输送带上的筒纱整齐、无挤压。

⑥巡回要及时，保证装箱机、贴标机、打包带正常运转。

⑦班中要确保无疵品纱包装进箱、各包装物料使用准确、机贴内容准确、包装整齐美观。

⑧交接班时必须对机台清洁、设备运行状况进行交接，确保设备良性运转。

第二节　粗细络联值车工的具体工作内容及要求

一、交班工作

交班者要主动交清，为接班者创造良好的生产条件，做到讲明、接齐、彻底、交清。

（1）讲明本班的生产情况（品种代码设定）及设备运转状态。

（2）接齐断头，处理好粗细络联设备故障。

（3）彻底做好所规定的清整洁工作，收清下脚。

（4）粗纱车工压好首、尾锭交接班号签，并交清。

（5）细络联车工做好电动导航车的清洁，交清完好情况。

二、接班工作

接班者以检查为主，认真把好质量关，做到"一准备，一了解，四检查"。

（1）一准备。提前30分钟上岗，做好接班的准备、清洁工作，将工具放在指定位置。

（2）一了解。了解上一班的生产情况（温湿度变化、工艺调整、平揩车、号数翻改、调换皮辊、供应及断头情况、用管、粗细络联故障、品种代码设定等）。

（3）粗纱检查。机前按巡回路线检查锭翼绕扣、纱面成形、筒管、条干、责任标记等；机后检查筒号标记、喇叭口是否有缺损堵塞，有无木管、条头落地。

（4）用管及质量检查。检查各机台用管颜色是否与规定相符，避免错支隐患；检查筒纱质量，检查粗细络联纱线通道有无堵挂。

（5）机械检查。检查设备有无异响、锭子摇头，机件有无缺损，显示屏有无损坏，粗纱显示屏菜单是否显示自动（若为手动及时调整）等。

（6）清洁检查。检查上一班规定的清洁工作是否做完、彻底，下脚是否收清。

三、清洁工作

1. 清洁项目、工具方法及清洁时间

（1）粗纱值车工清洁进度（表9-1）。

表9-1　粗纱值车工清洁进度

序号	清洁项目	清洁工具及方法	清洁时间
1	牵伸皮辊、罗拉及两端	竹扞（捻）	接班后两小时一遍，交班彻底
2	高架	小毡子（扫）	班中一遍，交班彻底
3	皮圈架（加压）	海绵（擦）	夜班最后一排纱空管做
4	车平板	大毡子（扫）	随时保持

续表

序号	清洁项目	清洁工具及方法	清洁时间
5	筒子空	长毛刷（扫）	换条时清扫，车头、车尾段，每班扫一遍
6	风箱	手（掏）	每两小时一遍
7	机面	海绵（擦）	随时保持清洁
8	各吸风管口	捻杆（捻）	随时保持清洁
9	车盖、车头、车尾	毡子（扫）	每班接班扫（班中保持）
10	机面下部及锭翼	包布、海绵	早班落纱第一排纱做
11	下龙筋	毡子	每落纱必做
12	车底	长捻杆、毛刷	夜班彻底，班中保持
13	脚踏凳	包布（擦）	随时保持
14	地面	拖把（拖）	随时保持
15	各清洁工具	弯角针、罗拉（刷）	随时保持
16	车盖内部及摇架	竹扦（捻）	夜班最后一排纱空管做
17	下清洁器及两端	竹扦（捻）	每个班1/3，每班必做
18	落纱架	毡子（扫）	每交班必做

（2）细络联值车工清洁进度（表9-2）。

表9-2 细络联值车工清洁进度

序号	清洁项目	清洁工具及方法	清洁时间
1	网格圈	小捻棍捻	随时保持
2	罗拉颈、罗拉颈沟槽	捻杆捻或用手摘取	随时保持
3	笛管卡子叶子板下	捻	三分之一
4	自动络筒纱线通道	小捻棍捻或绒布擦	随时保持
5	四档皮辊	皮辊针清洁	随时保持
6	锭脚	皮辊针清洁	随时保持

注 1. 以上清洁进度为最基本的清洁内容，必须严格执行。如有特殊质量要求，可适当调整。
　 2. 要求机身表面无油污，随时用包布擦净。

2. 清洁工作要求

清洁工作要求做到"五定""四要求""六不落地""四分清"。

（1）五定。

①定项目。各厂根据质量品种要求，定值车工清洁项目。

②定次数。根据品种、机型、原料情况及不同环境条件，确定清洁次数和清洁进度表。

③定工具。根据项目需要选用合适的清洁工具，既不影响质量，又要使用方便，按部位要求使用。

④定方法。掌握从上到下、从里到外、从左到右（或从右到左）的原则，采用捻、擦、拿、扫的方法。

⑤定工具的清洁。根据工具形式、清洁内容、清洁程度，决定工具的清洁次数，防止工具上的飞花附入纱条。

（2）四要求。

①要求清洁工作时要轻做，不能造成人为疵点和断头。

②要求清洁工作要彻底、干净、通道要光洁，工具经常保持清洁，定位放置。

③要求按清洁进度表，交叉到巡回中去做，做时分清先后，固定路线，轻重适宜，双手并用，手眼一致。

④要求注意节约，做到六不落地、四分清。

（3）六不落地。白花、回丝、粗纱头、成团飞花、管、纱不落地。

（4）四分清。白花、油花、粗纱头、回丝要分清。

四、单项操作

(一) 粗纱单项操作

单项操作有机前接头、机后接头和落纱三项。

1. 机前接头

采用竹扦接头法，要求纤维平行不乱，表面光滑，或手工接头（不用竹扦）。

（1）引头。

①左（右）手将塑料管由上向下插入锭翼空心臂内至压掌处，一手夹持纱管上端转动，一手的拇、食指捏住纱条退绕，退纱长度适当（图9-5、图9-6）。

图9-5   图9-6

②左（右）手将纱条挂在塑料管的沟槽处往上提，引出纱条，左（右）手按规定道数绕在压掌上（图9-7、图9-8）。

图 9-7　　　　　　　　　　　　　　　图 9-8

（2）接头。

①左（右）手将纱条穿出锭孔，左手食指捏住纱条头处，右手拇、食指距左手拇、食指约 5cm 捏住，左手拇、食指退捻，撕断纱条，撕头时拇指稍向上倾斜，以保证撕条均匀（图 9-9、图 9-10）。

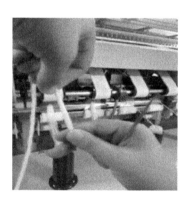 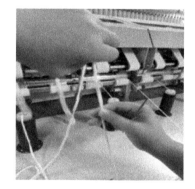

图 9-9　　　　　　　　　　　　　　　图 9-10

②左（右）手食、中指距罗拉钳口约 5cm，将罗拉吐出须条撕断，撕时依罗拉弧度稍向下，即将撕开时再向上稍抬使其平行（图 9-11）。

③左手食、中指放在须条下面托起须条，使须条呈直线状态，保持纤维平直。

④右手将纱条搭在须条的右上边，将左手拇指按在食、中指中间的纱条上（图 9-12）。

⑤右手用竹扦包卷接头，包时竹扦应与须条平行，包好，将竹扦沿棉条平行方向抽出。左手拇指将接头处顺理一下（图 9-13）。

⑥接头。左手拇、食两指引上纱头，靠近须条左边（应为右侧），拇指向左，食指向右，慢慢转动纱条，待纱条和须条包卷少许时，拇指移到中指处，食指可托住纱条，继续向左包头，头接好后，中指与无名指夹住纱条轻轻捋一捋，使接头光洁。

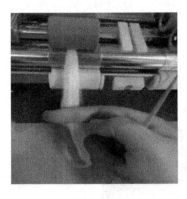
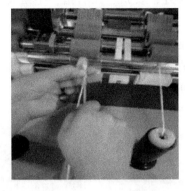
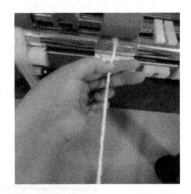

图 9-11   图 9-12   图 9-13

2. 机后接头

采用竹扦包卷上抽法。基本要点：撕条头条尾时，纤维要平直稀薄，均匀松散，搭头长度适当，竹扦卷头里松外紧。

（1）拿条。取竹扦夹于右手虎口预备接头，右手拿条尾，左手顺势托住找出正面，以右手小指、无名指托住条尾端，左手托住棉条，手掌放平，保持纤维平直，右手小指、无名指弯向手心，将条尾端握住手背向上，左手拇指尖插入棉条缝内中指处，按住靠身子一面的条边，右手拇指捏住另一边，手背约转90°剥开棉条，左右手（左手拇指位于中指或无名指均可）拇指距离 7.5cm 左右。

（2）剥条尾。棉条剥开平摊在左手掌上，左手拇指按在中、食指之间的棉条上，形成一个钳口，右手拇、食指捏住棉条一边，中指在剥开之棉条底下弯向手掌，指尖端顶于拇指根处，控制棉条的另一边，拇指与中指形成一直线钳口，夹住剥开的棉条（图 9-14）。

（3）撕头。左右手呈两对钳口状态，两钳口必须平行，撕头前左手无名指，小指稍向后移（不移也可）离开棉条，两对钳口手指不要夹得太紧，并使棉条在一水平面上，右手沿水平方向徐徐移动撕掉棉条、使撕出的条尾纤维松散、稀薄、均匀须绒长（图 9-15）。

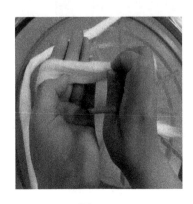
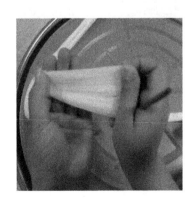

图 9-14   图 9-15

（4）剥条头。左手以中指在外，食指、无名指、小指夹住棉条，右手拇、食指捏住棉条头的左边，中指顺拇指方向拨条移动至拇指根处剥开棉条，手背向上，拇指与中指形成一直线钳口，左手中指、无名指捏住条头下方，右手在上、左手在下，两手呈垂直状态，距离7.5cm左右（化纤8.5cm左右），然后，右手按垂直方向徐徐向上移动，撕断棉条，将撕下的棉条头放入裙子口袋内（图9-16、图9-17）。

 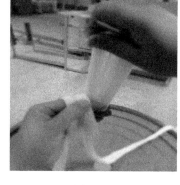

图9-16   图9-17

（5）抽条头。右手中指靠在左手中指下面中指平行，棉条夹于右手中指、无名指之间，拇指按在左手中指处之棉条上，徐徐向下抽棉条，将右手食指放在原来左手中指处，用右手拇、食指捏住棉条脱开左手（图9-18）。

（6）搭头。左手食指向上移，使条尾基本与小指平齐，右手将棉条头靠指尖一边平搭在左手的条尾上，搭头时右手拇、食指捏住条尾右边，条尾右边比条头宽约0.3cm，左边宽约0.6cm，便于包卷，搭头长度3.5~5cm，搭头时纤维要平直，并用左手拇指抹1~2下，抹平纤维，使条头与条尾黏附，食指移回，四指并拢（图9-19）。

 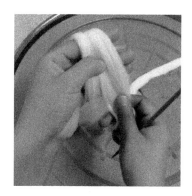

图9-18   图9-19

（7）包卷。右手拿竹扦上端，将竹扦压在左手靠近小指尖边的棉条上，竹扦与棉条平行，下端与小指平齐或略长（图9-20）。左手拇指放在中指、无名指之间的棉条后边缘棉条宽度的1/3处按住，向里轻拨，左手拇指离开棉条，直至右手转动竹扦卷完为止（图9-21）。

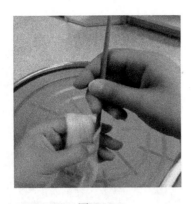 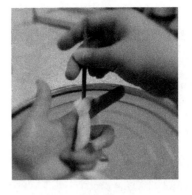

图 9-20　　　　　　　　　　　图 9-21

（8）抽扦。包卷动作完毕后，左手小指按住棉条，右手将竹扦向上抽出，抽的方向与棉条平行，然后在接头尾端处加捻（不加也可）。

3. 落纱

采用自动落纱。

（1）自动落纱操作流程。链条开始换纱之前和换完一根链条后，一定要及时清零。

①按"落纱操作"按钮，把"手动/自动"按钮打在"自动"方向，车尾绿灯亮起。

②按"换纱操作"按钮，把手动/自动打在"自动"方向。落纱完成后，落纱架提取满纱到最高位置。若车尾输送轨道处有空管，则气缸开始工作，换纱操作开始。

③若使用手动落纱时，应把挂有满纱的落纱架升到最高位置，并确保落纱架在空管位置（即白色尼龙圈碰着车尾最后一个开关），按触摸屏"落纱操作"按钮，把"落纱操作"的"手动/自动"按钮打在"自动"位置，再按"换纱操作"按钮后，按下"换纱启动"按钮便可进行换纱操作。

④自动挽头留头率达不到98%时，车工要及时反馈，并人工挽头。

⑤落纱开车压号签：开车压号不再逐锭压放号签，粗纱车工在链条对应的首、中、尾锭子上各压号签一张，注明日期、车号、班次、姓名，以便质量追踪。

⑥更改品种时，木管管脚处套换小皮圈或色圈进行区分，并及时更改链条代号，避免错支。

（2）自动落纱操作要求。

①落纱前，操作工应注意先把"换纱操作"的"手动/自动"打在"自动"位置，并按"换纱启动"按钮，启动换纱（图 9-22~图 9-25）。

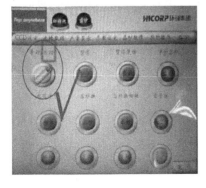 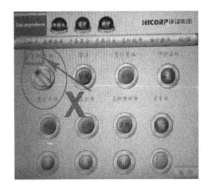

图 9-22　　　　　　　　　　　图 9-23

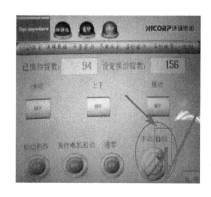

图 9-24

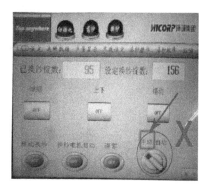

图 9-25

②粗纱机纺纱时不得有空锭，若有空锭，在换纱时请用大纱把空锭补齐，否则换纱操作将暂停。

③若遇到满纱、空管取不下或放不上，换纱操作会暂停，此时操作工应手动把满纱、空管放到正确位置后，同时按下车尾按钮盒上的"上升"＋"下降"按钮，换纱会继续。

④若输送链条上有空锭，会出现一根链条换完纱后仍有少量满纱留在粗纱机的落纱架上，此时操作工应按触摸屏"落纱操作"按钮，把"手动/自动"打在"手动"位置，操作工把未换完的满纱取下，再按"换纱操作"按钮，按一下"清零"按钮，完成后把落纱架升到最高位置，并把"落纱操作"画面里的"手动/自动"打在"自动"位置。

⑤换纱正在进行时，禁止将"手动/自动"打在"手动"位置。否则有可能造成换纱故障。若确实需要打在"手动"位置时，换纱操作将暂停。如果要继续换纱操作，应保证蓝色吊锭碰到车尾处的换纱开关。如果不是，请按"落纱操作"按钮，进入落纱操作画面，按"正转"按钮，把蓝色吊锭转到换纱开关处，把"手动/自动"按钮打在"自动"位置，再按"换纱操作"按钮后，按下"启动换纱"按钮，便可继续进行换纱操作。

⑥若一根链条没有换完，想终止换纱，并且把已经换完的纱送进纱库，操作工应注意先把"换纱操作"下的"手动/自动"打在"手动"位置。然后按换纱电动机下方按钮，车尾导轨处的电动机将会启动运行。链条脱开电动机后，请及时关掉电动机，并把"手动/自动"打在"自动"位置，等待下一次换纱。

⑦若遇到气缸上升顶住吊锭无法下降的情况，操作工打到手动操作后，把满纱或空管放到正确位置，再按触摸屏上的"启动换纱"。

⑧在落纱前必须做好巡回工作，检查吊锭钩是否正常，空粗纱管及粗纱满纱的位置是否正确，避免损坏设备（图 9-26~图 9-28）。

图 9-26　　　　　　　　　图 9-27　　　　　　　　　图 9-28

（二）细络联单项操作

单项操作包括细纱接头、换粗纱、落筒生头、摆管，单项操作要求：动作简单、连贯、正确、质量符合标准，做到好中求快，提高效率。

1. 细纱绕皮辊接头

（1）拔管：左手关刹锭器，同时顺势上移将管拔出，左手拔管要快要轻，筒管垂直往上拔取，拔出时顺势顶起叶子板（图 9-29、图 9-30）。

图 9-29　　　　　　　　　　　　图 9-30

①小、中纱拔管时，以左手拇、食、中三指为主，其他二指为辅，握住纱管中上部拔出（图 9-31）。

②大纱拔纱管时，以右手拇、食、中三指为主，无名指、小指为辅，捏住纱管下部，向上托起，同时以左手拇、食、中三指为主捏住纱管，从气圈环上面将纱管拔出（图 9-32）。

③大纱不拔管接头法，左手在钢板下面将管纱向上托起，右手寻头引出纱头后（图 9-33），左手拇、食指在钢领左侧捏住纱线，右手拇、食指挂钢丝圈（图 9-34），绕进气圈环提纱，左手插管，右手绕导纱钩、提纱、绕皮辊接头。

图 9-31   图 9-32

图 9-33   图 9-34

④左手拔管时，右手挡住纱管底部，以防回丝飞出，打断邻纱。纱管拔出尽量靠近钢领，并准备找头。

（2）找头。

①纱管拔出时看准纱头的位置，并同时用右手拇指和弯曲的食指第一节在纱管斜面捏住纱头带捻引出。

②如有纱尾时，应先拉断纱尾再找头。

③如果找不到纱头，左手拇、食、中三指可稍稍左右转动纱管找头。

（3）引纱。

①小纱没成形前，由纱管下部引出（图 9-35），大、中纱由纱管上部引出（图 9-36）。

②引出纱条夹在无名指第一关节处，同时用中指、小指紧靠无名指夹住纱条。

③引纱的同时，看准钢丝圈的位置，引纱长度不超过 3 个锭距，以 2 锭到 2 锭半距离为好。在不影响提纱和插管的情况下，越短越好（图 9-37）。

（4）套钢丝圈。左手拿纱管，管底朝锭杆倾斜，纱管尽量靠近钢板，两手间纱条绷紧。右手食指将钢丝圈带到钢领中间偏右位置，用食指尖扣住钢丝圈内侧，使其开口向外，拇指指尖顶住纱条，向食指的右前方套入钢丝圈，其余三指应靠拢手心，左手同时抬起，将纱条挂上（图 9-38）。

图 9-35 图 9-36 图 9-37

（5）插管提纱。

①右手拇指挂好钢丝圈后，左手握住纱管中上部，对准锭尖把纱管稍稍用力垂直插下，防止跳管。

②在纱管底插向锭尖时，右手四指并齐，手心向下，用食指中指缝提纱，食指背顺势稍抬叶子板，便于插管（在叶子板较小的情况下，可采用插管时不抬叶子板的方法）。右手提纱向上，食指顺势抬起叶子板，将纱条绕进气圈环开口。

（6）绕导纱钩、掐头。

①左手插管后放下刹锭器，立即用右手食指中指抬起叶子板约45°，右手提纱时手心向下，手指指端向手心内移进，使纱条迅速绕进导纱钩（图9-39）。

②提纱、掐头。

（7）接头。掐头后，右手拇、食指捏住纱头向左或向右绕大小双皮辊接头，接头粗节长度为6~10cm（图9-40）。

图 9-38 图 9-39 图 9-40

2. 换粗纱

换纱时换外排3个、里排2个。第一个锭子的粗纱必须换大粗纱，纱头须呈自然状态，其他四个从前向后或从后向前由掐下粗纱顺序轮换，中间顺纱或认头可以任意顺序。

3. 自络工序落筒生头

生头 5 个，左手拿筒管，右手将纱线卡断拿起，纱头不得超过 30cm 放入筒管内，左手拇指压住纱线，右手握住筒纱架手柄向右侧拉开，左手将筒管插入筒纱架内，生纱尾向前转 2~3 圈，按启动钮。

五、巡回工作

1. 巡回路线及时间

（1）粗纱工序。采用凹字形巡回路线（图 9-41），四台车单巡回掌握在 15 分钟及以内。

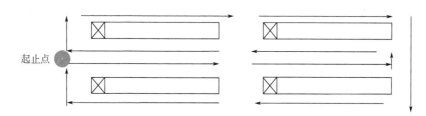

起止点

图 9-41　凹字形巡回路线

①起止点均在车头便于取放工具，起点定于右车。

②机后要整理最外排棉条和防捉疵点工作。

（2）细络联工序。使用电动导航车采用单线巡回、双面照顾的巡回路线方法。根据不同的看管台数，采用不同的巡回路线。一般看管 5 台及以下，采取挨弄看管的巡回路线；看管 5 台车以上，采取跳弄看管的巡回路线。

有在线监测系统的机台巡回，发现断头多的机台（一面断头超过 15 根及以上）先处理。并在巡回中注意目光运用，确保在一个大巡回中，每条车弄看两次，防飘头、空粗纱及其他紧急情况。正常情况下采用跳台看管。10 台车单巡回掌握在 25min 及以内。

①巡回路线图（分段逐台与跳台结合看管）（图 9-42）。

②跳弄看管的巡回路线（图 9-43）。

2. 巡回方法

（1）粗纱值车工巡回方法。具体做到四看：

①进车档时两面看。看纱面、锭翼挂花，把好纱面疵点。

②进了车档回头看。看机前断头。

③跨车档时侧面看。看机前、机后断头。

④机后巡回随时看。抬头看机前断头及机械手是否换纱，严格把关棉条疵点。

（2）细络联值车工巡回方法。具体做到五看：

①进车档全面看。目光从近到远，从远到近，看清断头和自络报警。

②进了车档分段看。先右后左，便于看清漏头及自络报警情况。

③接头时周围看。注意周围断头情况。

④出车档回头看。回头看清断头、自络报警及紧急情况。

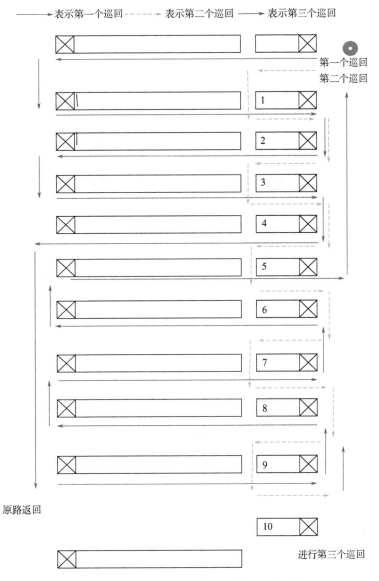

图 9-42　分段逐台与跳台结合看管巡回路线图

⑤跨车档侧面看。目光从远到近看清各车档的断头、自络报警、落筒情况，计划好下一个巡回的工作。

3. 巡回工作计划性

掌握"三先三后方法"。

（1）先近后远。如有两处断头，先接近的，后接远的。

（2）先易后难。先接容易接的头，后处理难接的头。如一台车有一根断头，另一台车缠皮辊，则先处理断头后再处理缠皮辊。

（3）先紧急后一般。先处理影响质量和造成断头的头，后接一般的断头；断头多时，复杂头可放到下巡回处理，以掌握均匀的巡回时间；自络工序先处理报警再处理其他问题。

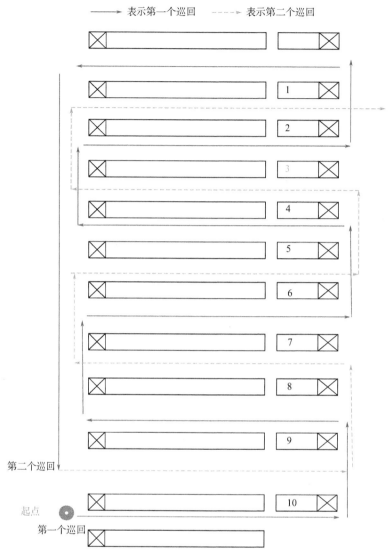

图 9-43　跳弄看管的巡回路线

六、质量把关

1. 粗纱值车工质量把关

（1）预防人为疵点。做到七个防：

①防毛条棉条打结、断条、双根条喂入。

②防纱头飞花带入纱条中。落纱后纱头不要拖得太长，口袋内的回花，纱头不拖在外面，以免带入纱条中。

③防散飘头。断条造成断头后，将相邻粗纱表面疵点找净，然后再生头接头（动加压必须处理邻纱）。

④防止油污木管、粗纱，油手、脏手不接头。

⑤防条干不匀。缠皮辊、缠罗拉断头后，必须处理邻纱，然后接头。处理断头少绕道数的纱，第二个巡回必须挽回，以免造成松纱。

⑥防人为疵点。做清洁工作，防止飞花飘入纱条；机前接头后，防止机面及托脚两面飞花随纱条带入造成纱疵。

⑦防双股纱。断头后用查、比、摸的方法，消灭双股纱。

（2）结合巡回操作捉疵点。

①结合巡回机前右手清洁车顶，远看纱条条干，近看纱条层次，有无疵点附着。

②结合巡回机后时全面照顾，远看棉条打结脱头，近看筒号标记，通道挂花，粘花和疵品条子。

③换条时，注意捉上工序绒板花条、油污条、粗细条、筒底疵点等。

（3）把住生产变化关。

①翻改品种、调整工艺、平揩车，调换皮辊、皮圈、开冷车时要注意检查有关部分，把好质量关。

②做高空清洁后，开车时要拾净在纱条上与机台上的飞花。

（4）掌握机械性能。一般的机械故障及原因分析见表9-3。

表9-3　一般机械故障及原因分析

故障种类	原因分析
零星断头多	1. 罗拉、皮辊表面有损伤，皮辊回转不灵或卡死 2. 横动喇叭口破损，集合器作用不良 3. 筒管压、盆子牙安装不良，跳筒管 4. 锭翼空臂内不光洁，阻力大，压掌绕扣太多 5. 锭脚牙、盆头牙安装不良，牙齿磨损，锭子牙、盆子牙支头螺丝松动
飘头及拥头 （大圈）	1. 下铁炮皮带打滑或铁皮带断裂，铁炮皮带位置不正，下铁炮拾起后开车时忘记放下，下上铁炮支头螺丝松脱造成筒管不转或转得慢 2. 下铁炮齿轮咬合不良，下铁炮回转不灵 3. 落纱后卡齿杆未收足 4. 铁炮皮带起始位置走动，张力牙用得不当，张力太小 5. 个别锭翼通道不光洁，空心臂挂花
常见机械故障	1. 后罗拉上的链条没装好，导条罗拉不转 2. 牵伸传动牙键松动脱落。齿轮缺齿，支头螺丝松动，牙齿脱开或咬合过紧，使牵伸罗拉不转 3. 罗拉接头松脱或下盆子牙轴接头松脱 4. 工字架磨损过甚，皮辊扎煞 5. 牵伸倍数过大，罗拉隔距过小，张力过大，捻度过小

2. 细络联值车工质量把关

（1）预防人为疵点。做到"四防"：

①防接头疵点。提高接头质量，接头前做到三查：查粗纱、牵伸、细纱条干；接头时遇到飞花或回丝附入纱条，要拉掉重接；绕罗拉，绕皮辊的同档头要打断拉净；自络报警要查明原因，防止上、下纱找头失误频繁造成磨烂纱、带回丝。油污手不接头（如上锭带盘，

擦罗拉颈，捻罗拉座，剥皮辊等要擦净油手）。

②防粗经粗纬纱。拉空锭，将粗纱尾盘好，防止双根粗纱喂入。

③防弱捻纱。接头必须使用刹锭器，严禁同时使用同锭带的两个刹锭器，不允许长时间抬刹锭器。

④防清洁疵点。要手到、眼到，防止飞花附入细纱条，执行清洁操作法。

（2）严把"三关"。

①平扫车关。平扫车后，开车第一落纱内，要注意质量变化（如条干不匀，轻重纱，油污纱、管纱成形，断头及自络成形等），如有不正常情况，立即反映有关人员，查找原因。

②工艺翻改关。按工艺要求，设定品种代码，注意翻改后使用的粗纱筒管、细纱筒管颜色和纸管颜色、钢丝圈、隔距块等情况，防止用错。

③开冷车关。开车前要拣清因扫天窗、灯罩而附在机台和纱条上的飞花，防止造成竹节纱或断头。做好开车前的准备工作，检查牵伸部件是否正常，加压情况。开车后，管纱成形，在断头多的情况下，尤其要防止人为疵点的产生。

（3）掌握机械性能，防捉机械疵点。防捉机械疵点具体方法是掌握"一个重点"，运用"三个结合"，采用"四种方法"。

一个重点：加强巡回计划性，针对影响条干、影响连续断头重点捉。

三个结合：结合巡回工作，结合基本操作，结合清洁工作。

四种方法：运用眼看，手感、耳听、鼻闻的方法。

"三个结合"具体方法如下：

①结合巡回工作防捉机械疵点。

a. 上看粗纱疵点，看到粗纱打顿和涌纱现象，查粗纱吊锭。

b. 下看断头，看到罗拉吐出纱条有明显黑白条影或节粗节细时，查牵伸部分或粗纱不良；看到纱条呈一线状时，查导纱钩起槽；看到气圈歪斜或忽大忽小时，查锭子、导纱钩位置不正，钢领起浮，钢丝圈用错，隔纱板松动，筒管毛糙，粗纱用错等。

c. 巡回中听到"吱吱"声，查锭子，皮辊缺油；听到"嗡嗡"声，查滚筒，滚盘、飞轮损坏；听到"咯咯"声，查车头牙啮合过紧或损坏等。

d. 巡回中闻到焦味，查皮带盘皮带松弛、锭带绕滚筒。

②结合基本操作防捉机械疵点。

a. 拔纱时手感管纱粗硬，查后皮辊不到位，加压失效，皮辊缺油，粗纱绕后罗拉，粗纱不穿喇叭口，粗纱双根喂入，钢丝圈太重，锭带滑上锭塔，粗纱错支等；手感管纱松烂，查锭子缺油，粗纱不良，锭带松弛或滑出锭盘，锭子上或筒管内回丝等。

b. 找头时，眼看管纱斜面有羽毛现象，查钢领毛糙起浮，钢丝圈用错、钢丝圈太轻或磨损、歪锭子、钢板搁起，纱条跳出集合器，清洁器失效，隔纱板毛糙等。

c. 引纱时，眼看引出纱条有条干不匀竹节现象，查胶辊表面粗糙、偏心、中凹、弯曲、芯子内塞花、同档皮辊缠花；皮圈缺损、龟裂、粘花、跑偏、内夹杂质花团；皮圈架变形、抖动；下销脱出；罗拉抖动；加压不良；上销弹簧缺少、失效、变形；隔距块不标准、装反、缺少、用错；张力盘变形、堵塞、不落槽；后绒辊积聚飞花过多而转动不灵；喇叭口堵塞；集合器破损、跳动、跑偏等。

d. 提纱时，手感吊紧，查锭子歪斜、摇头、钢领起浮、钢丝圈磨焦、导纱钩、叶子板不正、清洁器碰钢丝圈、隔纱板毛糙等。

e. 接头时，针对各种不同断头现象追踪检查：发现钢丝圈带花，查清洁器失效等；发现飘头，查左右邻纱钢丝圈带花，笛管眼子发毛和通道阻塞；发现凸纱，查羊脚杆堵塞，钢领板打顿等；发现跳筒管，查锭子或筒管不良，锭子上有回丝等；整台冒脚纱，查撑头牙翻身。

③结合清洁工作防捉机械疵点。

a. 清洁罗拉颈，注意纱线条干及成型不良纱。

b. 清洁网格圈，注意网格圈积花，跑偏，位置不正等。

c. 清洁自动络筒纱线通道，注意张力失灵，落后单锭等。

d. 处理方法：机械疵点由值车工打出信号牌，做好记号，由修机工进行处理，如遇紧急情况应立即通知有关人员抢修。

七、操作注意事项

1. 安全操作规程

（1）上车必须带好工作帽、围裙，长发不外露，不穿高跟鞋。

（2）正确使用电器设备、容器和工具，特别是电器设备，未经培训及非专职人员，不准动用。

（3）开车前注意前后两旁无人再操作，以免伤人。

（4）粗纱车工。

①掀车盖时预防车盖突然回落伤手；清洁链杆、中心轴时不要用手接触传动部位，以免伤手。

②操作中防止工作服卷入锭翼；在踏板上操作时要注意安全，防止碰伤、摔伤。

③落纱架在运行时粗纱车工不能在脚踏凳上操作，不要长时间在道轨下面工作，当有人在机前处理断头时，禁止任何人动用落纱架。

④落纱架吊锭分黄、蓝两种颜色，黄色只能挂满纱，蓝色只能挂空管，手拿纱或管挂吊锭时，必须放稳后再离开手，以免掉下伤人。

（5）细络联车工。

①严禁从笛管下面伸手处理缠堵，以免过桥齿轮挤伤手指。

②集落中间位不能有细纱管、管纱，以免挤伤集落；落纱时，不允许捡车底的落地物、顺纱或做清洁，以免集落外摆挤伤、打伤手臂。

③细络联车工停开车时，注意向周围人员打招呼再开车。

④当机器运转中遇到有紧急情况，需要立即关车时，可按车头或车尾的"紧急停车"按钮或关闭"控制电源"。此时停车后，不是适位制动，开车时可能会有大量断头。

2. 消防知识

（1）车间发生火警，应立即关掉邻车机台，要及时报告有关部门，并注意保护现场。

（2）机器着火时，必要时搬掉附近的杂物电脑等易燃品。

（3）如不用灭火器就能制止的火势，则尽量不用，可以关车用水灭火或用滑石粉灭火。如车尾滚筒轴承处着火，则不能随便拆吸棉风箱，以免火种吸进总吸棉风道。

（4）如遇电器设备着火，切不可用水浇，以免触电，需用四氯化碳灭火器灭火，不能用泡沫灭火器。

（5）如遇电器传导部分着火，应立即切断电源，通知有关人员。

（6）火扑灭后，必须检查有无遗火，揩车整理后开车。

（7）火已进入吸棉风道，应立即关车，钻入风道灭火。

（8）灭火器使用方法，一般是先把保险销钉拔去，按紧鸭舌开关，灭火液体就自动喷出。

第三节　粗细络联值车工的操作测定与技术标准

一、粗纱值车工技术标准及技术测定

（一）定级标准（表9-4）

表9-4　定级标准

项目	优级	一级	二级	三级
单项	99	98	97	96
全项	98	95	93	90

（二）巡回操作技术测定

1. 巡回测定定级标准（表9-5）

表9-5　巡回测定定级标准

项目	数量
测定时间	60min
看台数	4台
基本工作量	200个

2. 工作量标准

比标准每少1个工作量扣0.01分，每多1个工作量加0.01分，最多加0.5分，标准工作量做完后，没完成基本工作量，干其他工作不计工作量。

3. 计算方法

$$总工作量＝巡回操作折合工作量＋清洁工作折合工作量$$

$$全项得分＝100分＋各项加分－各项扣分$$

各项计算保留两位两小数（进位），秒数保留两位小数。

4. 60 分钟基本工作量（表 9-6）

表 9-6　60 分钟基本工作量

机前项目	机后项目	其他项目
拈皮辊各 6 页	清洁高架 1 台	自动落纱（扫上龙筋 1 台，擦锭翼 1 台，拾绒圈花）、扫地（前后各 1 遍）、抹机面，大巡回检查不做其他工作（处理断头除外）
扫上、下龙筋 1 台	清洁后车面 1 台	
扫车头、尾 2 台	换棉条 6 筒（包括接头）	

注　本表适用 CMT1801 粗纱机型。

5. 巡回操作折合工作量（表 9-7）

表 9-7　巡回操作折合工作量

操作项目	单位	工作量折合说明
机前简单头	个	正常的机前有接头，每个简单头 2 个工作量
机前复杂头	个	机后引头，动加压，缠皮辊、罗拉，每个复杂头 5 个工作量，缠皮辊、罗拉邻纱算简单头
换条接头	筒	每换 1 个筒 2 个工作量，接 1 个头 2 个工作量（包括脱头）

6. 清洁工作折合工作量（表 9-8）

表 9-8　清洁工作折合工作量

清洁项目	单位	工作量折合说明	清洁项目	单位	工作量折合说明
抹机面	台	每台车 20 个工作量	清洁高架	台	每台为 20 个工作量
拈皮辊	页	每页为 4 个工作量	扫车平板	台	每台为 15 个工作量
扫上龙筋	台	每台为 20 个工作量	擦锭翼	台	每台为 20 个工作量
扫下龙筋	台	每台为 20 个工作量	扫车头、车尾	台	单台 10 个工作量
扫上龙筋底部	台	每台为 10 个工作量	掌握机械性能	台	每台 20 个工作量
扫地	车档	每一个档为 5 个工作量	大巡回检查	车档	2 个工作量

7. 操作扣分标准及说明（表 9-9）

表 9-9　操作扣分标准及说明

评分项目	标准及说明	扣分标准
人为断头	工作中凡是人为造成的断头机前关车，关在牙上造成的断头最多扣 1 分	0.2 分/个
人为疵点	值车工上车做清洁或其他工作造成的疵点（机前、机后长 1cm 以上，缠皮辊、罗拉邻纱不处理到同位置，机后引头棉网未跑正常，碰细的纱条不处理）	0.5 分/个
人为空锭	差一层纱满纱落纱时断头后拔下的纱，掐疵和机械原因造成的空锭不算人为空锭，其他均算人为空锭	0.2 分/个
通道挂花	凡是棉条通过的部位（堵喇叭口），成片成撮	0.2 分/个

续表

评分项目	标准及说明	扣分标准
空筒	棉条尾离开棉条筒（整个筒底有杂条覆盖不算）	0.5 分/筒
加压不良	挂钩位置不当，工字架隔距跑偏	0.5 分/个
错巡回	机后外排车档能进行巡回的不巡回，进车档开始工作后里外排 10 对锭子及以上再出车档拿送工具	0.2 分/次
飘头	断头后飞到邻纱上长 3cm、粗于原条的 1/2 以上，1/2 以内按漏疵点	0.5 分/次
脱头	值车工自己接过的棉条头脱开	0.5 分/个
清洁不彻底	十处为一项，每项累计扣分不超过一分	0.1 分/处 1 分/项
接倒头	值车工上车接过的棉条头	0.5 分/个
毛条子	由于换条而拉毛条（纤维拉乱成片成撮，以棉条宽度为准）	0.2 分/筒
集合器跑外	值车工走过没发现	0.5 分/个
错筒、错管、错号	值车工走过没发现	0.1 分/个
错支	错支管，错支筒	2 分/筒
不执行工作法	凡工作法中所规定的要求不执行者，一律按不执行工作法扣分，例如，落纱后不开车离开机前，扫完上下龙筋第二个巡回不扫地，在测定中断头 5 根以上，允许别人帮助，但是值车工未开车做其他工作，倒生头，检查牵伸，捻皮辊等	0.5 分/项 0.1 分/次
违犯操作	不执行安全操作规程，按皮辊、追接头不掐、空锭木管上留有纱巴不捡净，棉纱甩头处理不当，机前、机后接头不用竹杆或大把搓，缠皮辊、缠罗拉邻纱不处理	1 分/次
巡回超时间	每个巡回时间定为 15min；总时间已到，值车工已进车档开始清洁，允许做完；停台超 3min	0.1 分/30s
回花分支不清	白花、油花、绒圈花混乱	0.2 分/次
双股	机前纺花，纱条进入它锭不处理（不分长短）	2 分/个
漏疵点	值车工上车走过后，棉条（包括满筒纱条）的疵点没发现（长 1cm），纱条在空臂外，绕锭帽，压掌道数不符合规定，隔纱板放反、脱圈、处理断头左右 10 个纱锭内算疵点	0.2 分/个
缺点	做清洁工作的花毛扔地下	0.2 分/个
单项动作	不正确	0.1 分/项
白花木管落地	锭翼花扔地下、白花落地，机前原纱条长 5cm 以上，机后棉条长 3cm	0.2 分/项
工具不定位、不清洁		0.2 分/次
缠皮辊、罗拉	缠前皮辊、前罗拉，以纱条为准；缠后皮辊、后罗拉，以棉条为准	1 分/个
漏项	值车工在测定完后，没做完基本工作量	1 分/项
冒头冒脚	脱出木管，如果不掐出算漏疵（脱肩纱不算）	0.2 分/个

8. *测定说明*

（1）测定中机前断头允许别人关车，机后断头不允许别人关车。

（2）工作量以台、段为单位的，不足 1/2 不算工作量，超过 1/2，但不足台、段，按 1/2 算，完整的按台、段算。

（3）测定员离值车工相隔里外排 10 对锭子。

（4）落纱时别人帮忙引头，值车工自己动加压接头，算复杂头；值车工引头，别人动加压接头，算简单头，不处理扣 0.2 分/个。

（5）机后接头，考核质量过两道高架，打红粉，两端之间不得低于 10cm。

（6）在测定期间，如是不接头品种，可不抽查接头质量，质量按单项标准考核。

（三）单项操作技术测定

单项测定可限两遍，取好的一遍成绩考核：机前接头 4 个，机后接头 5 个。

每项两遍计时不成功者，此项考核为零，机前接头扣 5 分，机后接头扣 10 分。

单项考核扣分范围及标准如下：

（1）单项操作出现的缺点均按工作法要求扣分。

（2）机前压掌拖纱条（长 3cm），纱条掉地，拉细节，均按缺点扣分。

（3）机后接头取两个棉条筒，每个接头动作必须接一个掐一个，动作完整，把回花放入围裙口袋。

（4）单项速度及评定标准（表 9-10）。

表 9-10 单项速度及评定标准

项目	时间（s）	评定标准
机前接头	85	手托纱条即算一遍，手触纱条计时，收起车面纱条为止，偏粗细为合格，减 0.5 分，超过标准倍粗倍细，减 1 分
机后接头（中长纯涤）	50（53）	手触棉条即算一遍，手触棉条开始计时，到接完最后一个头放下为止

注　各单项在质量全部合格的基础上，比标准每快慢 1 秒加减 0.02 分。

（5）机后棉条接头质量评定方法及标准（表 9-11）。

① 评定纱条质量时一定要背光、平放、直看、不得转动纱条。标准样条 10 个，接头纱的前后各 5 个。

② 疙瘩头（老鼠头）。3cm 及以上，每根扣 1 分，3cm 以下，每根扣 0.5 分；中长纯涤 5cm 及以上，每根扣 1 分，5cm 及下每根扣 0.5 分。

③ 麻花节。3cm 及以上，每根扣 1 分，3cm 以下，每根扣 0.5 分；中长、纯涤 5cm 及以上，每根扣 1 分，5cm 以下每根扣 0.5 分。

④ 粗细条。粗于或细于样条 1/2 倍，10cm 及以上每根扣 2 分，5~10cm 以内每根扣 1 分；中长、纯涤 13cm 及以上，每根扣 2 分，7~13cm 以内，每根扣 1 分；偏粗偏细长 5~10cm，每根扣 0.5 分；长 10cm 以上，每根扣 1 分；中长、纯涤 7~13cm，以上每根扣 1 分。

（6）粗纱工全项测定表（表9-11）。

表9-11 粗纱工全项测定表

姓名　　　　　　　　机型　　　　　　　　　　　　　　　　　　年　月　日
班别　　　　　　　　看台　　　　　　　　支数　　　　　　　　起止时间

单项测定	项目	机前接头		机后接头		全项总分			评级	
	成绩	速度	质量	速度	质量	单项±分				
	速度±					工作量±分				
	缺点扣分					工作法得分				

工作法测定分析												评分项目	扣分标准	次数	扣分
工作内容	工作量折算	巡回次数										工作量小计	人为断头、空锭	0.2/个		
		1	2	3	4	5	6	7	8	9	10		通道挂花	0.2/个		
巡回时间													加压不良	0.5/个		
扫拈皮辊	4个/页												错巡回	0.2/次		
扫上龙筋	20个/台												飘头、脱头	0.5/次		
扫下龙筋	20个/台												人为疵点	0.5/个		
扫地	5个/车档												缠罗拉皮辊	0.5/个		
扫上龙筋底部	10个/台												倒接头	0.5/个		
扫高架	20个/台												不执行工作法	0.5/项，0.1/次		
拈后车平板	15个/台												集合器跑外	0.5/个		
换条子	2个/筒												漏疵点	0.2/个		
处理筒单头	2个/个												回花分不清	0.2/次		
处理复杂头	5个/个												白花木管落地	0.2/个		
掌握机械性能	20个/台												工具不定位不清洁	0.2/次		
大巡回	5个/个												巡回时间	0.1/30s		
擦锭翼	20个/台												单项动作不对	0.1/项		
扫车头车尾	10个/台												错筒管号	0.1/个		
评语：													清洁不彻底	1/项，0.1/处		
													双股	2/个		
													违反操作	1/次		
													错支	2/个		
													工作量未完成	1/项		
								辅导员					缠罗拉皮辊邻纱不拔	2/次		
													缺点	0.2/个		

二、细络联值车工技术标准及技术测定

(一) 定级标准 (表 9-12)

表 9-12 定级标准

项目	优级	一级	二级	三级
单项	99	96	93	90
全项	98	94	90	86

(二) 巡回操作技术测定

1. 巡回测定定级标准 (表 9-13)

表 9-13 巡回测定定级标准

项目	数量
测定时间	50 分钟
看台数	10 台
基本工作量	200 个

2. 工作量标准

比标准每少 1 个工作量减 0.01 分, 比标准每多 1 个工作量加 0.01 分, 最多加 0.5 分。规定的清洁项目, 数量没完成, 所做的清洁工作按折合工作量计算, 做多少、算多少; 规定的清洁项目, 数量没完成, 又做其他的清洁或重复的清洁工作, 一律不计工作量。

3. 计算方法

总工作量=巡回操作折合工作量+清洁工作折合工作量

全项操作得分=100+各项加分-各项扣分

各项计分保留两位小数 (进位), 秒数保留两位小数。

4. 50 分钟基本工作量 (表 9-14)

表 9-14 50 分钟基本工作量

清洁项目	数量	
查网格圈	1 面	巡回处理断头, 自动络筒报警, 把关卡疵等
抹罗拉颈	1 面	
自络纱线通道堵挂	2 台	

5. 巡回操作折合工作量 (表 9-15)

表 9-15 巡回操作折合工作量

操作项目	单位	工作量折合说明
简单头	个	所有正常接头, 凡接头都考核接头细节, 每个折 1 个工作量

续表

操作项目	单位	工作量折合说明
复杂头	个	指不正常接头，如穿粗纱、缠皮辊（需要掀摇架）、缠罗拉（需动工具）、粗纱条缠后罗拉、挂钢丝圈（钢丝圈翻身不算）、难处理的锭子回丝（锭子回丝用手搯不下来，需用工具处理）、倒油污纱、坏纱、条干不匀纱，用工具清除纱管回丝（要有实物）、锭子拔掉、挂锭带、处理喇叭口，换皮辊皮圈或其他牵伸部件，空筒管生头等。每个折 2 个工作量
换、补粗纱	个	每个折 5 个工作量，卡疵点纱以后的接头，计 1 个掐粗纱 1 个简单头，计 3 个工作量
处理自络报警	个	每个折 1 个工作量
处理自络缠堵挂回丝	处	每处折 1 个工作量

6. 清洁工作折合工作量（表9-16）

表9-16　清洁工作折合工作量

清洁工作内容	清洁说明	工作量单位	折合工作量（个）	数量
查网格圈	—	面	50	1面
罗拉颈	简单	面	30	1面
	复杂		50	
自动络筒纱线通道	—	台	30	2台
清洁工作简单与复杂的说明 1. 网格圈：逐锭检查 2. 罗拉座、罗拉颈：简单——只做罗拉座两边或罗拉颈；复杂——罗拉座两边与罗拉颈都做（用工具） 3. 自动络筒纱线通道：逐锭处理缠、绕、堵、挂				

7. 操作扣分标准及说明（表9-17）

表9-17　操作扣分标准及说明

评分项目	标准及说明	标准
路线走错	以进车档第一锭为准（并及时纠正）	0.5分/次
巡回时间	每超过标准10秒扣0.1分，不足10秒不扣分，以此类推	0.1分/10s
回头路	回头路超过40锭（遇紧急情况如飘头、跳筒管、羊脚杆堵塞，或因捉粗纱疵点需掐换粗纱，不算回头路，除此以外都算回头路）	0.2分/次
目光运用	进出跨车档不执行"五看"（即进车档全面看，车档中分段看，换纱接头周围看，出车档回头看，跨车档捎带看），对车档中出现飘头、车面飞花（掉到叶子板上为准）、羊脚杆堵塞、跳管造成坏纱等紧急情况不处理（跳管的坏纱要拿实物），算不执行"五看"	0.5分/次
三先三后	其范围是指值车工的工作点（一个吸棉笛管的位置），按巡回方向左右各三个吸棉管内不符合先易后难、先紧急后一般等三先三后操作原则的	0.2分/处

评分项目	标准及说明	标准
连续断头不找原因	连续三次及以上断头却不查原因，第二个巡回不竖信号牌，能正常纺纱的锭子两个巡回不处理造成空锭，断锭带不拉断粗纱条	0.1分/锭
缠皮辊、缠罗拉后不打断邻纱	同档缠皮辊、缠罗拉时，须用双手剥掉或动用工具，没将邻纱打断或打断不倒纱层就接头（一次剥掉的算筒单头）	0.5分/个
人为断头	凡是值车工操作不良造成的断头算人为断头（清洁不彻底造成的断头，计人为断头，造成的纱疵计人为纱疵）	0.2分/个
人为纱疵	因值车工操作不良造成的纱疵（包括羽毛纱），标注以接头样照为准，如一手拎纱一手操作（一下能剥掉皮辊花的不算），油手不擦等（油污纱、羽毛纱应拿出实物）	0.3分/个
粗纱漏疵	分散性疵点满三点或一处长3cm的粗纱疵点，如巡回走过40锭漏捉，而下个巡回又来不及捉的疵点（掐断粗纱条做标记），均作漏疵扣分，在40锭以内粗纱疵点（够标准）即将进入喇叭口，值车工看不到，教练员立即拉断粗纱，按漏疵扣分，若值车工捉到上述同等条件的粗纱疵点，可在评语中记优缺点	0.2分/处
漏头	值车工走过40锭未接的头算漏头（教练员及时拔出纱管）	0.2分/根
空头	有接头动作未接上的头算空头。计算空头以锭为单位，如纱头在导纱钩以上，可重接一次，再接不上算空头；头接上后，随即断掉，不算空头，允许重接，但不计工作量。因提高质量而有意识打断的头，空头不考核	-0.05分/1%
自络漏疵	漏卡强弱捻纱、毛羽纱，筒纱成形不良，筒纱带回丝	0.5分/个
自络缠、堵、挂	纱线通道部位堵、挂、缠、绕、处理不及时	0.2分/处
五不落地	管纱、筒纱、管、白花、回丝（成团）落地	0.1分/个
吸棉管眼堵花	值车工未发现（堵满算），教练员作标记，未处理一直扣到底	0.1分/处
不及时处理坏纱	因高管或断头时间过长已影响纱型（经纱磨钢领）、断纱、油污、冒脚、松纱（因高管造成的冒脚纱线包在铜箍上）等坏纱不及时处理（必须有实物）	0.2分/个
牵伸部件不正常	接头前，值车工应看喇叭口及牵伸部件，教练员可随机抽查，若发现有的部件不正常	0.2分/处
接头三查	接头不三查	0.01分/处

8. 测定说明

（1）测定员离值车工相隔40锭。

（2）各项清洁工作项目要按标准要求做，以面（台）为单位计工作量，数量累计不足一面不计工作量。

（3）清洁工作的安排要根据品种、原料等条件制定清洁进度，测定时按规定做清洁工作，规定的清洁数量不做完，做其他清洁工作，算本项清洁项目，不计工作量。

（4）值车工每做完一项清洁后，教练员应及时抽查，抽查后发现问题，例如罗拉缠花、网格圈积花、自动络筒纱线通道积、挂回丝等，每个扣一个工作量。有标记不处理，一直扣到底。

（5）按规定的清洁项目，在测定中同一处只需做一次，重复做不计工作量。

（6）在清洁工作中，要做到六不落地，落地不拣，每次（个、团）扣0.1分。

（7）前一个巡回放复头，后一个巡回可以同时做清洁同时接齐头，否则做清洁不计工作量，再放的复头不处理，按漏头计算。

（8）做清洁时需用工具，否则每次扣0.5分；清洁不到位，算本项清洁项目，不计工作量。

（三）细络联单项技术测定

1. 绕皮辊接头测定

（1）操作起止点。起点：手接触细纱管开始计时；止点：接齐10根实头，手离纱线结束计时。

（2）速度评分标准。42s。速度比标准每慢0.1s，扣0.01分；在质量全合格的基础上，速度比标准每快0.1s，加0.01分。

（3）质量评分标准。粗于原纱一倍，长度在4~8cm为合格；出现细节按样照评定。

（4）操作测定方法。

①每人测两次，取好的一次成绩。每次连续接10根实头。吸棉笛管两端的头不能跳过（没有打头拔管动作即为跳过，每处考核0.5分），但第一根头可以从任意一根头开始。

②接头位置按抽签顺序决定，可清除锭子上的回丝和摘掉管纱纱尾。

③第一根头接空头允许重测，但必须仍从第一根开始，不准换纱管，第一根头接上后，再有空头，不得重测。第一根头已接上，随即断掉，秒表不停，至接齐10根实头为止。

④接头时发现细节，允许在同锭上打断重接，打断而不重接者算质量不合格，接不上按空头计算。第一根头接上有细节，也可打断重接，秒表不停，如接了空头，则不可重测。

⑤由于操作不良，造成邻纱人为断头，裁判员可立即拔出邻纱，若邻纱的接头部位已飞掉并找不到接头痕迹，可另补质量。

⑥头接上后，随即断掉，不算实头；回丝带断的头，若纱头未脱手，可重接（只可掐头重接一次，否则按违章考核，扣1分/处），接上算实头，接不上算空头。

⑦测定中，因裁判员失误，造成不足10根头，或超过10根头，则应先求出接一根头的平均时间，进行加减后，得出10根头的接头时间，缺的头补质量，多于10根的头，由值车工自己将纱管拿出。第10根头接上后，秒表已停，头随即断掉，时间照算（应先求出接一根头的平均时间，然后把实测接头时间再加上），质量另补；另补质量的头，接上就算，一次为准。

⑧打头方法。裁判员在值车工接完第5根头后，做导纱钩以下部位动作时，开始打前面两根，空头将纱拔出放摇架上，接完第8根再打前面三根，停表后再打一次，最后一次拔出纱管。

⑨接头时，拔不出纱管、所拔纱管掉地、粗纱吐硬头、飞掉钢丝圈，可以跳锭接头。

⑩拔空头纱方法：值车工接至空头后第3根头，做导纱钩以下部位动作时，裁判员将空头纱拔出放摇架上。

2. 换粗纱测定

（1）操作起止点。起点：手接触细纱条开始计时；止点：换完5个粗纱接齐5根断头，手离纱线结束计时。

（2）速度评分标准。87s。速度每超过标准0.1s扣0.01分，在质量全部合格的基础上速度比标准每快0.1s加0.01分。

（3）质量评分标准。粗于原纱一倍，长度在4~8cm为合格；出现细节按样照评定。

（4）操作测定方法。

①换纱时换外排3个，里排2个。第一个锭子的粗纱必须换大粗纱，纱头须呈自然状态，其他四个掐下粗纱顺序轮换，中间顺纱或穿喇叭口顺序不再考核。不按顺序轮换粗纱按不执行操作法考核，扣0.5分/处；粗纱斜穿扣0.5分/个。

②换粗纱的位置由抽签顺序决定，准备一只大粗纱，放在摇架上。如粗纱掉地上，参赛选手可顺延一个粗纱，算一个人为断头，扣0.2分。

③测定中遇任何情况不许重测，但遇部件缺损，可跳锭往下换足5个粗纱为止（要符合差里补里，差外补外的原则，否则按不执行操作法扣0.5分/处），若参赛选手自己停止操作，不计成绩，测定时不允许任何人帮忙。

④在秒表停止前，参赛选手发现顺纱不良（包括不经导纱杆、纱条挂摇架或张力架），允许将顺纱不良处拉掉重顺，时间照算，否则按不执行操作法考核，扣0.5分/处。

⑤若因操作不良，在非接头处或邻纱上造成人为纱疵，每个扣0.2分。造成对面车上的纱疵不考核。

（5）因操作不良造成人为断头。

①换粗纱时不分5个以内或5个以外的断头都考核，但打断对面车的断头不考核。

②换粗纱时，纱头掉下将细纱头打断算人为断头，未打断而附入细纱内的算人为纱疵（有实物）。

③放在口袋里的粗纱头，碰断细纱算人为断头，以当时断头个数为准。

④第五个粗纱接完头，手离开纱条后，秒表已停，不能做任何动作，否则每次扣0.5分，粗纱头未拣尽每个扣0.1分。

⑤在操作过程中造成的上部粗纱断头或细纱断头在秒表停之前不处理的，按人为断头考核，扣0.2分/处，秒表停之后的断头不再考核。

（6）第五个头接上后随即断掉，质量另补，一次为准，时间按5个换纱平均时间的二分之一计算。

（7）为保证质量，必须等新粗纱纺下来以后，才能进行管纱接头，否则扣1分/处。

3. 自络摆管测定

（1）从手触管开始计时，依次整齐地摆在管架上，摆够44个，手离管为止。

（2）时间评分标准。22s。速度每超过标准1s扣0.1分；在符合质量标准并且没有缺点扣分的基础上，速度比标准每快1s加0.1分。

（3）质量评分标准。落地管，扣0.2分/处；摆管不正，扣0.2分/处；带线管，扣0.2分/处；坏管扣0.2分/处；错管扣1分/处。

4. 细络联值车工测定表（表9-18）

表9-18 细络联值车工测定表

班次　　　　姓名　　　　品种　　　　看台　　　　　　　　　　　　　　年　　月　　日

项目		考核标准	1	2	小计	单项		加减分
巡回操作	巡回时间	-0.1/10s				接头		
	回头路	-0.2/次						
	路线走错	-0.5/次						
	目光运用	-0.5/次						
	三先三后	-0.2/次						
接头	空头	-0.1/次				换纱		
	白点	-0.5/个						
	人为断头	-0.2/个						
	漏头	-0.2/个				单项±分		
	欠伸部件、网格圈不正常	-0.2/个						
	三查	-0.01/个						
	简单头	1个/个				单项得分		
	复头	2个/个						
清洁工作	五不落地	-0.1/个				操作考核		
	查网格圈	50个/面						
	罗拉颈　清洁	50个/(1/2面)						
	清洁不净	-0.1/处						
防疵捉疵	实捉纱疵	2/个				全项得分		
	漏捉粗纱疵点	-0.2/个						
	吸棉眼堵花	-0.1/个						
	人为疵点	-0.2/个						
	连续断头不查原因	-0.1/锭				评级		
	人为空锭	-0.1/锭						
	不竖信号牌	-0.1/次				评语：		
	不及时处理坏纱	-0.2/次						
	缠皮辊罗拉不打断邻纱	-0.5/次						
	打断邻纱不倒纱层	-0.5/次						
	拎纱接头、边拉边接	-1/次						
自络巡回	处理报警	1个/个						
	处理缠绕堵挂	1个/个						
	强弱捻、毛羽	-0.5/个						
	通道缠绕堵挂	-0.2/处						
	筒纱漏疵	-0.2/处						
	不处理断头	-0.1/处						
	五不落地	-0.1/处				教练员：		

第四节　粗细络联设备维修工作标准

一、维修保养工作任务

为了保证粗细络联机处于良好的工作状态，能充分发挥设备的高效能，提高纺纱质量，增加产量，降低消耗，延长设备使用寿命，在粗细络联机正常生产运转过程中，要求进行周期性的清洁、检查、维修、保养等工作。

维护保养内容及周期见表9-19。

表9-19　维护保养内容及周期

维护保养内容	维护保养周期
清洁揩车：牵伸部件、升降系统、机梁上部	15天~1个月
校正锭子、钢领、导纱钩的同心	巡回检查修正
检查车头齿轮啮合间隙，防止早期不正常的磨损	6个月
校正摇架加压高低位置	6个月
校罗拉径向跳动	1年

1. 几种专件与纺纱器材的维护使用

主要专件的使用与维护情况是否良好，对充分发挥细纱机的性能有很大影响。因此，对各主要件的使用与保养应特别重视。

（1）皮圈。每次揩车时，应逐只检查皮圈表面状态，剔除不光滑的，并补以新圈。通常每三个月将皮圈清洗一次。在一般纺纯棉的情况下，清洗方法是把皮圈放在中性肥皂水溶液中清洗一次，再用流动清水冲洗干净，然后放入烘箱中翻动烘干（温度90~1000℃即可。但在纺制涤棉等化纤混纺产品后，由于皮圈表面含有油脂污物，清洗时应先将皮圈放在中性肥皂水溶液中搓洗干净，然后用流动清水冲洗，过滤取出沥干，再放入酸处理液中（成分为浓盐酸1.2公斤，漂白粉1公斤，水60公斤）30秒至2分钟，待酸处理后再用流动清水冲洗干净，放入烘箱翻动烘干。

（2）中上罗拉及皮辊。每次揩车时，应把皮辊取下，换上表面已经清洁的皮辊。

通常每六个月左右应对各挡中上罗拉及皮辊进行加油，同时对丁氯套应予重新磨砺，并进行酸处理。丁氯套磨砺时，严格防止磨不良而产生偏心、大小头及波浪形等疵点。一般磨砺不超过0.2m，并选用大气孔散热快的砂轮。纺纯棉时推荐用粒度为60粒的大气孔轮；纺涤棉等化纤产品时，粗磨砺采用46粒，精磨砺采用80粒大气孔砂轮。酸处理的方法通常用分析纯浓硫酸涂于玻璃平板上，把皮辊均匀地在其上滚动45秒即可。

（3）锭子。锭子使用说明如下：

①开箱。主要核对锭子型号及锭盘直径规格，不允许重叠堆放，以免造成锭子变形；新锭杆盘、锭座不宜调换；已经使用过的锭子，杆盘、锭座严禁互换。

②清洗事项。锭座内腔免清洗；清洗外表面时轴承部位不能浸入油液中，防止煤油及脏物进入锭座内腔，造成锭子非正常磨损；锭子表面防锈油清除后，应尽快上车使用，间隔时间最长不得超过15天，存放地点应干燥、通风、无腐蚀气体，以免造成锭子生锈。

③锭子润滑。应采用10号润滑油，油的黏度为911mm²/s（40℃），相当于ISO VG10。

④锭子安装校正时，先预紧锭脚螺母，待粗校、精做完成后，再拧紧螺母，扭矩为60~80N·m为宜。禁止完全拧紧螺母后再敲击锭脚校正中心；禁止敲击锭脚螺母及以下部位；禁止敲击杆盘各部位，禁止随意加长扳手力臂。

⑤新锭子上车运转时，先用油枪对锭子上轴承滚柱滴3~5滴油，使上轴承能得到充分润滑；然后在锭座内注入8~10滴润滑油。加油应使用加油机，实行定高加油。油位高度应在70~80mm。注意：新锭第一次加油应补加一次，保证一定渗漏时间，使内腔吸振卷簧内的空气尽可能地排出，防止油位虚高或漏加。要经常校正、检查加油机的油位、油量准确性，锭子缺油会造成锭子损坏。如内腔黑油、轴承损坏等。

⑥严格执行第一保养周期（必须保证两次换油）。第一次清洗换油在上机运转3天内，第二次清洗换油在第一次换油后30天时。清洗换油需用清洗加油机。换油时应先抽出脏油，再加入新油；以清除锭子运转初期走合产生的微小颗粒物，保证锭子的回转精度，延长锭子使用寿命。

⑦锭子换油周期视锭子转速确定。锭速在16000r/min时，换油周期为3~4个月。使用期间应保证锭子不能缺油，用锭子油位标尺测量，油位不能低于60mm运转，否则锭子上轴承因缺油会出现快速磨损。加油后应抽查锭子内腔的油质和油量及锭脚的温升，发现异常时应及时换油、补油。

⑧杆盘与锭座分离期间，保持锭座内腔清洁非常重要，防止尘埃和异物落入锭子内腔，避免大量铺撒滑石粉等吸取溢油或溅油，锭子运转后内外压差会使粉尘吸入内腔（相当于加入研磨剂）污染油质造成锭子非正常磨损。

⑨锭子需配用优质的纱管及合适的卷装，纱管与锭子的配合间隙要适当。推荐使用国内名优企业的优质纱管，及时剔除弯曲、变形掉块或安装孔已磨损的纱管，否则会增加锭子轴承的负荷，缩短锭子的使用寿命。纱管振幅（A）检测标准：空管时，行业标准$A \leq 0.25$mm，优质标准$A \leq 0.15$mm；满纱时，行业标准$A \leq 0.40$mm，优质标准$A \leq 0.30$mm。

⑩每次落纱完成要保证下一次纺纱纱管安装到位，防止因纱管变形或多余废丝造成纱管与锭子无法配合，产生打滑、上窜、大纱摇头及弱捻等。

⑪智能落纱机必须调整为使纱管底部完全脱落锭杆上尖后再外摆动作。

⑫已上车锭子，如果停用时间预计超过15天，应采取防锈措施。

⑬锭子自出厂之日起，在正常贮运条件下，防锈期限为一年。长期存放的锭子，应用F20-1型防锈油防锈，存放地点要通风干燥。

⑭使用锭子须配合有合适的筒管。锭杆头部与筒管应密切配合，下间隙一般为0.1~0.25mm范围内。运转中发现跳筒管时，该筒管应立即清除，以免影响锭子使用寿命。

（4）钢领、钢丝圈。新钢领表面油污揩清后，最好能立即上车，时间过长，钢领附上杂物或表面生锈，将造成上车困难。

新钢领上车时，锭速不宜过高，一般先适当降低锭速，待磨合正常后再提速。钢领经过运转一个时期后，出现气圈膨大，此时须加重钢丝圈。钢领经长期使用而出现钢领跑道磨损、钢丝圈烧毁、断头增多，此种现象称钢领衰退。此时，需及时处理钢领表面或进行更换。

钢领与钢丝圈的配合是否恰当极为重要。为了防止大面积因钢丝圈选型不当而断头较多，可采用先小量试纺，然后扩大整台车试用的方法。具体选配钢丝圈时，要注意观察大小纱全过程中气圈状态是否正常，操作接头时拎头是否爽快，大小纱断头差异是否显著。

（5）罗拉轴承。为了控制罗拉轴承径向游隙，制造厂出厂时已将外壳、滚针直径、轴承内圈等，进行分组选择配合，故须配套使用。前罗拉轴承内圈与罗拉导柱要求轻压配，用清洁的套筒工具朝下轻轻敲入。

罗拉镶接时，须对相邻两节逐段拧紧，拧紧力矩为80N·m左右。

轴承的润滑宜采用锂基润滑油脂。结合车用油枪加油，新油挤入时将轴承内的脏油和积储在轴承两端的飞花挤出，溢出轴承两端的油及其油花在开车纺纱前用干净揩布擦去。加油周期约半个月，具体视轴承内润滑脂变质的情况和积储在两端内外圈间的飞花多少，适当延长或缩短加油周期。

2. 筒纱输送线的维护及保养

日常检查项目：检查运输链条的磨损情况，决定是否需更换备件；检查运输链条在轨道、弯轨中是否能够自由运动；检查编码板的变形及水平情况，确保品种识别；检查提纱机械手工作位置是否正确，旋转是否灵活，特别是因空管、倒纱因素碰撞提刀后的位置；检查吊笼是否变形，必要时校正；检查检测光电是否松动，轨道是否保养。

（1）运输链条的维护及保养（表9-20）。

表9-20　运输链条的维护及保养

项目	每周	每月	每2个月	每6个月	每年
按说明书的保养时间表检查与清洁		√			
检查所有安全装置、保护装置、功能和危险标识及急停开关	√				
检查传动装置	√				
检查与清洁抓手	√				
检查与清洁安装在抓手上的编码板	√				
清洁提升装置和落纱装置相关单元	√				
清洁爪手上的连接件			√		
检查轨道上驱动轮的间隙及磨损情况				√	
核查与清洁所有信号发射装置、光栅、传感器、限位开关等	√				
清除所有线头及垃圾		√			

（2）纱平台的维护及保养（表9-21）。

表9-21　纱平台的维护及保养

项目	每周	每月	每2个月	每6个月	每年
根据说明书中的维护时间表检查与清洁					
检查所有安全装置、保护装置、功能和危险标识及急停开关		√			
检查气动元件				√	
检查与清洁机械手			√		
检查与清洁所有信号发射装置、传感器、限位开关等	√				
核查气缸的位置状况					√
清除所有线头及垃圾		√			
检查所有连接件是否松动					√
检查夹纱装置是否正常				√	
清洁电控箱上的滤网		√			

（3）提升装置的维护及保养（表9-22）。

表9-22　提升装置的维护及保养

项目	每周	每月	每2个月	每6个月	每年
根据说明书中维护时间表检查与清洁					
检查所有安全装置、保护装置、功能和危险标识及急停开关		√			
检查齿形带张力				√	
清洁齿形带			√		
检查驱动电动机的高合张力					√
检查旋转单元知否有移位			√		
检查旋转单元是否缺少润滑					
检查负责旋转的手臂是否太紧			√		
检查滚轮是否有足够间隙				√	
检查滑架是否松动、移位			√		
检查与清洁所有信号发射装置、光栅、传感器、限位开关等	√				
检查小齿形带的功能及停靠位置			√		
检查提升筒纱的提刀变形情况			√		

续表

项目	每周	每月	每2个月	每6个月	每年
检查运行中齿轮的噪声			√		
检查电动机与齿轮箱的连接部位是否有漏液				√	
清除所有线头及垃圾		√			
检查同步带上的调节板		√			
清洁电动机风扇上的盖板		√			
轴承加油					
关键轴承加油					

（4）堆（拆）垛轨道机械手。为了更大限度地发挥筒纱机械手的功能，保证筒纱机械手的效率，要按筒纱机械手的机型、抓取筒纱的尺寸大小、频次等，切实进行以下的维修、保养，不仅筒纱机械手本身，其周边机器的定期保养也很重要，如空调设备、空压机等。为便于检查，要将保养、换件的记录保存起来。保养要求及内容见表9-23。

表9-23 堆（拆）垛轨道机械手的保养要求及内容

要求	保养内容
日常保养 （每日）	1. 机械手指开合位置是否正常，检查机械手指开合与纸筒内壁的配合情况 2. 机械手平移重复位置精度是否异常，发现异常重新对零点运行观察 3. 四个吸盘抓取隔板是否正常，检查气管、气压等是否正常 4. 激光测距传感器位置是否对正，有所偏斜时进行调整 5. 光电发光、接光部位是否有污垢，用柔软的布擦拭接发光部（不能使用酒精以外的有机溶剂） 6. 注意各行程开光、接近开关控制是否有效，无效时及时调整或更换
每周保养	1. 升降传动皮带传动轮有无飞花、油污的附着，清除皮带及皮带轮槽部的飞花、油垢 2. 轨道表面润滑油是否用完，裸露加工表面涂刷润滑脂 3. 空气过滤器，检查排水状态，排出空气过滤器中的水 4. 筒纱机械手，检筒纱机械手各个部分是否聚落飞花、灰尘，用手或压缩空气清除这些外部杂物 5. 电动机风扇部是否附有飞花、线头，用压缩空气或手清除飞花等
三个月保养	1. 警告标志是否脏污、脱落，清理脏污，脱落，丢失时，贴上新品 2. 主电控箱飞花附着，清除电控箱内的飞花（以清除掉基板上附着的飞花为原则，最好使用手或羽毛等清除，不要使用吸尘器。如果需要使用压缩空气吹掉飞花时，则务必事先确认主电源是否关闭、压缩空气是否有水后，最好用柔风方式进行），最好由电气人员进行 3. 升降皮带有无延伸，调整张紧或更换 4. 空气过滤器的滤芯有无堵塞、分解，清洁或更换滤芯 5. 线缆类有无损伤、断裂、松动，更换损伤、断裂的线缆，清除松散的电线或用夹子夹紧

续表

要求	保养内容
六个月保养	1. 主电控箱、端子有无松动，电缆有无损伤，有松动的要紧固，有损伤的维修或更换电缆 2. 电动机旋转有无异常噪声，如有异常噪声，应该更换轴承 3. 清理电动机壳体，清理电缆外复层，清除飞花及油脂等 4. 电动机电缆的检查，确认电缆外复层有无损伤。对于外复层上的细小裂纹（裂口），用绝缘胶带、绝缘护套等修补。当外复层上出现较大的裂纹且损伤到芯线位置时，应尽早更换电缆，确保电缆有相当大的弯曲半径，不要让电缆过于弯曲（弯曲半径应大于柔性电缆的要求标准） 5. 空气气管、接头、漏气，休息日、车间安静时，逐点检查有无漏气，修理漏气部位 6. 升降导轨上滑块的检查，若整个升降臂晃动加剧，检查滑块内膜是否磨损、间隙加大，如磨损进行更换
一年保养	电动机是否有异常声，有异常声更换电动机
二到三年保养	电动机是否有异常声，有异常声更换电动机
日常操作和维护要点	务必遵守各点要求，以减少机器出现问题并且有效地进行高质的筒纱包装 1. 应检查手指是否有松动，是否有纱不能有效抓取，及时调整更换不合格的手指 2. 应每天检查机器出现的问题，当天分析问题原因，当天采取必要的措施 3. 每天1次，用柔软干燥的布或刷子等清扫对射光电传感器的光元件镜头面。污物不容易清理掉时，用沾有酒精的布清理；不要用规定以外的溶剂进行清理，及时清理传感器上的灰尘，以防止传感器误动作 4. 检查气道是否漏气，尤其要检查真空发生器气路系统是否正常 5. 检查通讯电缆，操作光缆时，切勿用力拉动或者弯曲之

3. 筒纱包装线维护及保养

（1）视觉筛查（表9-24）。为保证设备的寿命，所有部件务必定期保养。

检查同步带/皮带夹取情况（张紧情况，磨损情况）；检查同步带轮磨损情况；检查视觉筛查积花情况；检查输送线电动机运转是否正常、有无异响状况；检查气管、气压是否正常。

表9-24 视觉筛查

项目	每天	每周	每月	每2个月	每6个月
检查所有安全装置、保护装置、功能和危险标识及急停开关	√				
检查同步带/皮带张力与表面清洁	√				
检查同步带轮磨损情况	√				
检查鼓风机运转情况是否正常	√				
检查运输带线之间空隙是否合理	√				
轴承加油			√		
检查电动机运转有无异响状况	√				
检查电动机减速机运转以及齿轮清洁		√			

续表

项目	每天	每周	每月	每2个月	每6个月
清理相机镜头	√				
检查气管、气压是否正常	√				
检查鼓风机运转情况	√				

注 1. 相机镜头清理，应使用专用镜头清理工具，注意清理过程中请勿改变镜头焦距。
　　2. 电动机减速机换油以及轴承加油保养方法，参照堆（拆）垛轨道机械手保养手册。
　　3. 注意清理过程中进行断电，防止发生人身伤害。

（2）皮带线的维护及保养（表9-25）。为保证皮带的寿命，所有部件务必定期保养。

检查输送皮带的磨损情况；检查输送皮带线之间空隙是否合理；检查弯道机滚轮磨损情况；检查皮带输送线电动机运转是否正常、有无异响状况。

表9-25　皮带线的维护及保养

项目	每天	每周	每月	每2个月	每6个月
检查所有安全装置、保护装置、功能和危险标识及急停开关	√				
检查皮带张力与表面清洁		√			
检查弯道机滚轮磨损情况	√				
检查运输皮带线之间空院是否合理	√				
轴承加油			√		
齿轮链条加油			√		
检查电动机运转有无异响状况	√				
检查电动机减速机运转以及齿轮清洁		√			

注 电动机减速机换油以及轴承加油保养方法参照堆（拆）垛轨道机械手保养手册。

（3）封切机。封切机是包装系统中的关键设备，重复动作频繁，维护不到位会严重影响整线自动化生产。

①首先把外部电源断开，清理电器柜里的棉花和灰尘。

②看各电器件的螺丝是否松动，最好重新拧紧一遍，防止松动造成线头接触不良。固定电器件的螺丝一定要拧紧，防止随着时间的加长螺丝松动造成电器件脱落。

③电动机保护开关要定期进行试验来判断是否正常，电动机保护开关自身有试验按钮，当按下去时电动机保护开关将会跳，如果试验按钮不起作用，应更换新的电动机保护开关，防止起不到保护电动机的作用。

④用万用表的直流电压挡检查开关电源输出的电压是不是24V，如果不是，可以调节自身的白色按钮，直至显示24V电压。

⑤在查找线时，请不要用力拽电线，因为有些信号线的机械强度不是很好，防止把里面的线拽断，在外表又无法观察到，影响开车，给维修增加难度。

⑥维护完毕后，请把变动的部分做好记录，以备下次维护检修。

更换元件时要用随机的原装备件，并与生产公司联系，购买原装更换件。

（4）编织袋成包机。保养要求及内容见表9-26。

表9-26 编织袋成包机保养要求及内容

要求	保养内容
日常保养 （每日）	1. 编织布热切口是否整齐，热刀上附着物是否较多，调整热切的温度、对热刀表面进行清理（使用专用工具） 2. 编织布热切口是否整齐，热切底板上是否附着物较多，对热切底板进行清理 3. 升降平台是否升起力不足，检查气管、气压等是否正常 4. 编织袋纠偏输送控制编织布是否有脱出，检测调整压轮的压紧力大小，或者调整上下输送的方向 5. 光电发光、接光部位是否有污垢，用软布擦拭接光、发光部位（不能使用酒精以外的有机溶剂） 6. 注意各行程开关、接近开关控制是否有效，无效时及时调整或更换
每周保养	1. 传动皮带传动轮有无飞花、油污的附着，清除皮带及皮带轮槽部的飞花、油垢 2. 检查缝纫机油是否用完，添加缝纫机油 3. 检查空气过滤器的排水状态，排出空气过滤器中的水 4. 缝包机整体，检查缝包机各个部分是否聚落飞花、灰尘，用手或压缩空气清除这些外部杂物 5. 电动机风扇部是否附着飞花、线头，用压缩空气或手清除飞花等
三个月保养	1. 警告标志是否脏污、脱落，清理脏污，脱落、丢失时，贴上新品 2. 主电控箱飞花附着，清除电控箱内的飞花（以清除掉基板上附着的飞花为原则，最好使用手或羽毛等清除，不要使用吸尘器。如果需要使用压缩空气吹掉飞花时，则务必事先确认主电源是否关闭、压缩空气是否有水后，再用柔风方式进行），最好由电气人员进行 3. 各种皮带有无延伸，调整张紧或更换 4. 空气过滤器的滤芯有无堵塞、分解，清洁或更换滤芯 5. 线缆类有无损伤、断裂、松动，更换损伤、断裂线缆，清除松散的电线或用夹子夹紧 6. 热切砧板是否满足热切要求，不满足时更换砧板 7. 卷取链条是否松弛，如果需要调整张紧
六个月保养	1. 主电控箱、变频器箱，端子有无松动，电缆有无损坏，有松动的要紧固，有损伤的要维修或更换电缆 2. 电动机旋转有无异常噪声，如有异常噪声，应更换轴承 3. 清理电动机壳体，清理电缆外复层，清除飞花及油脂等 4. 检查电动机电缆，确认电缆外复层有无损伤。对于外复层上的细小裂纹（裂口），请用绝缘胶带、绝缘护套等修补。当外复层上出现较大的裂纹且损伤到芯线位置时，应尽早更换电缆，确保电缆有相当大的弯曲半径，不要让电缆过于弯曲（弯曲半径应大于柔性电缆的要求标准） 5. 空气气管、接头、漏气，休息日、车间安静时，逐点检查有无漏气，修理漏气部位
一年保养	电动机是否有异常声，若有异常声更换电动机
两到三年保养	电动机是否有异常声，若有异常声更换电动机
日常操作和维护要点	1. 应检查编织袋两端切口的齐整度、黏合度，以确知热刀、砧板是否需要清理，或者热刀的温度设定是否需要提升。它们对两端的缝纫效果影响很大 2. 应每天检查机器出现的问题，当天分析问题原因，当天采取必要的措施 3. 不要把缝纫线穿线穿入断线检测装置的瓷眼中，在将缝纫线穿过陶瓷眼时，应手工操作 4. 操作功能面板上的触摸板应用手指轻轻触摸，即使用手指操作时也不得施加过大的力。切勿使用圆珠笔尖、剪刀或穿线用针等按动触摸板 5. 每天1次，用柔软干燥的布或刷子清扫对射光电传感器的光元件镜头面。污物不容易清理掉时，请用沾有酒精的软布清理，不要用规定以外的溶剂进行清理；及时清理传感器上的灰尘，以防止传感器的误动作

要求	保养内容
日常操作和维护要点	6. 换编织料轴时，一定要确认编织袋两侧的平齐程度，如果偏差较大会影响送料的效果；请仔细确认料轴开口侧上毛露的编织带的多少，如果较多，要用剪刀清除，否侧有可能会在后续的运行中缠住传动部位 7. 在单列纱收集传感器更换或调节好之后务必检查，确认传感器对应位置满足要求 8. 检查气道是否漏气，尤其要检查抖纱平台升起气缸 9. 应定时清理热刀上附着的编织布凝固物 10. 检查通信电缆，当操作电缆时，切勿用力拉动或者弯曲 11. 在检查或更换（看不清）印刷电路板时，不得用手或布触摸印刷电路板。否则油中的化学成分可能会损伤印刷电路板

（5）自动开箱、装箱、封箱机。

①维护、保养与润滑。维护保养工作是保证机器正常运转，充分发挥设备的高效，能达到优质、高产、低耗能、安全生产、延长机器使用寿命的重要环节。因此，要求维修人员和运转工人一定要遵循预防为主、质量第一的原则，使机器长期处于完好状态。

为了更大限度地发挥筒纱自动开箱、装箱、封箱机的功能，保证筒纱自动装箱的质量，要按自动装箱机箱子类型、筒纱的尺寸大小等，切实进行以下的维修、保养；不仅筒纱自动装箱机本身，其周边机器的定期保养也很重要，如空调设备、空压机等。

为便于检查，要将保养、换件的记录保存起来。保养要求及内容见表9-27。

表9-27 自动开箱、装箱、封箱机的保养要求及内容

要求	保养内容
日常保养（每日）	1. 检查气管、气压等是否正常 2. 每天1次，用柔软干燥的布或刷子清扫对射光电传感器的光元件镜头面。污物不容易清理掉时，请用沾有酒精的布清理；不要用规定以外的溶剂进行清理及时清理传感器上的灰尘，以防止传感器的误动作 3. 注意各行程开关、接近开关控制是否有效，无效时及时调整或更换 4. 检查通讯电缆，当操作光缆时，切勿用力拉动或者弯曲之 5. 每天检查机器出现的问题，当天分析问题原因，当天采取必要的措施 6. 更换胶带时，检查胶带角度，避免出现歪斜
每周保养	1. 传动皮带、传动轮有无飞花、油污附着，清除皮带及皮带轮槽部的飞花、油垢 2. 检查空气过滤器的排水状态，排出空气过滤器中的水 3. 气压管路若需拆卸保养部位，待要装回定位时，必须注意气管是否有折管情况，若有此情况，应迅速将其倒顺，以防阻气不畅通 4. 筒纱自动开箱、装箱、封箱机整体，检装箱机各部分是否聚落飞花、灰尘，用手或压缩空气清除这些外部杂物 5. 保持真空吸盘清洁，避免黏附油渍，真空发生器须每周清洁一次
三个月保养	1. 主电控箱飞花附着，清除电控箱内的飞花（以清除掉基板上附着的飞花为原则，最好使用手或羽毛等清除，不要使用吸尘器。如果需要使用压缩空气吹掉飞花时，则务必事先确认主电源是否关闭、压缩空气是否有水后，再用柔风方式进行），最好由电气人员进行 2. 各种皮带有无延伸，调整张紧或更换 3. 空气过滤器的滤芯有无堵塞、分解，清洁或更换滤芯 4. 线缆类有无损伤、断裂、松动，更换损伤、断裂的线缆，清除松散的电线或用夹子夹紧

要求	保养内容
六个月保养	1. 主电控箱、变频器箱的端子有无松动，电缆有无损伤，有松动的紧固，有损伤的维修或更换电缆 2. 电动机旋转有无异常噪声，如有异常噪声，应更换 3. 清理电动机壳体，清理电缆外复层，清除飞花及油脂等 4. 电动机电缆的检查，确认电缆外复层有无损伤。对于外复层上的细小裂纹（裂口），请用绝缘胶带、绝缘护套等修补。当外复层上出现较大裂纹且损伤到芯线位置时，应尽早更换电缆，确保电缆有相当大的弯曲半径，不要让电缆过于弯曲（弯曲半径应大于柔性电缆的要求标准） 5. 空气气管接头，休息日、车间安静时，逐点检查有无漏气，修理漏气部位
一年保养	电动机是否有异常声，有异常声更换电动机
两至三年保养	电动机是否有异常声，有异常声更换电动机

②加油。

a. 油的种类、记号和使用部位见表9-28，油脂特性见表9-29。

表9-28 油的种类、记号和使用部位

种类	记号	使用部位
润滑脂	2#锂基脂	轴承、齿轮、导轨

表9-29 油脂特性

皂基	锂
稠度（混合）25℃	265~295
滴点	175℃以上

b. 加油准备。加/排油工具要准备油枪和刷子，保管时的状态要做到随时能够使用。油枪在加油前，要检查有没有空气进入，如果进入空气，即使压动油枪有时也会加不上油，经常检查油枪内的油量。加油前，要检查加油部位的油枪接口有没有损伤或破损。

c. 油的保管和其他。油脂类的保管要与纺纱包装车间和其他存放机械的房间分开，存放在通风良好，密封容器内。品质良好的油品存放过长，其物理特性将会产生变化。所以，油的存放不能超过1年。油脂的种类不能混合使用。

d. 润滑间隔期。轴承、齿轮、机器本身上加2号锂基脂各处，加油周期为1.5到2个月；各减速机箱体内的换油，遵照减速机生产厂家说明，准备相应油品，4到5个月换一次油。

（6）打包机。维修时确保电源关闭；维修人员切勿赤脚进行维修；每周检查各零部件螺丝是否松动；每天清理机芯内打包时生成的带屑，以免影响打包质量；每月对机器的重要部件进行润滑，输送带滚轮表面请勿加油。

（7）贴标机。

①更换保险。设备使用的是交流电源，要使用保险丝来防止过载。

②清洗机构。摩擦滚筒清洗机构，使用酒精清洗需要清理的机械部分；清理电器箱，使

用商用中性清洗液。

清洗需要注意：勿使用对机械表面有损伤的清洗工具，勿使用带腐蚀性的塑料器具，勿使用酸性溶解液。

③常规维护。根据环境的不同需要对机器进行周期检查，以便维护机器的正常运转；清理掉废弃的纸屑与碎片；从滚筒与边缘清除油渣；用软刷或布清理感应器的镜头。

④保养。贴标机的零件经过镀铬氧化处理，具有防锈功能，但放置过程中，仍需注意防锈，使用防锈油（噢姆-40防锈油）喷各个不锈和铁器部件，用软布轻轻擦匀。

4. 臂码垛机的维护及保养（表9-30）

表9-30　臂码垛机的维护及保养

项目	每天	每周	每月	每两个月	每六个月
检查所有安全装置、保护装置、功能和危险标识及急停开关	√				
检查链条张力与表面清洁	√				
检查齿形带张力与表面清洁	√				
检查配重带张力与表面清洁	√				
检查与清洁所有信号发射装置、光栅、传感器、限位开关等	√				
检查传动轮是否对齐			√		
检查气压是否达规定压力	√				
检查气路接头处是否漏气		√			
检查油路油压是否达规定压力		√			
检查油路接头处是否漏油		√			
轴承加油			√		
检查运行中齿轮的噪声		√			
清除所有线头及垃圾	√				
检查同步带上的调节板		√			
清洁电动机上的盖板		√			
检查夹纱夹板平行度		√			

5. 托盘供栈机的维护及保养（表9-31）

维护保养工作是保证机器正常运转，充分发挥设备的高效能，达到优质、高产、低耗能、安全生产、延长机器使用寿命的重要环节，因此，要求维修人员和运转工人一定要遵循预防为主、质量第一的原则，使机器长期处于完好状态。

①维护、保养与润滑。为了更大限度地发挥设备的功能，切实按表9-31进行维修、保养。对周边机器应定期保养，检查，如空调设备、空压机等；为便于检查，要将保养、换件的记录保存起来。

表 9-31 托盘供栈机的保养要求及内容

要求	保养内容
日常保养 （每日）	1. 检查气管、气压等是否正常 2. 每天 1 次，用柔软干燥的布或刷子清扫对射光电传感器的光元件镜头面。污物不容易清理掉时，请用沾有酒精的布清理；不要用规定以外的溶剂进行清理，及时清理传感器上的灰尘，以防止传感器的误动作 3. 注意各行程开关、接近开关控制是否有效，无效时及时调整或更换 4. 检查通信电缆，操作电缆时，切勿用力拉动或者弯曲 5. 应每天检查机器出现的问题，当天分析问题原因，当天采取必要的措施 6. 每天检查抓取线皮带、链条张紧情况，当出现过松或过紧时，请及时调整张紧装置 7. 检查链轮与链条导轨是否在同一条直线上，若不在同一条直线上，调整链轮位置 8. 检查链条表面有无异物，保持链条表面清洁，运转正常无卡顿
每周保养	1. 检查抓取线皮带磨损情况、有无裂痕，若出现裂痕，及时更换 2. 每周检查托盘支撑打开位置，保持与托盘垂直。出现不垂直时，松开托盘支撑的紧钉螺钉，调整好角度，重新固定即可 3. 检查空气过滤器的排水状态，排出空气过滤器中的水 4. 气压管路每周检查，确保气路元件、接口处完好，无损坏、漏气等现象
三个月保养	1. 主电控箱飞花附着，清除电控箱内的飞花（以清除掉基板上附着的飞花为原则，最好使用手或羽毛等清除，不要使用吸尘器。如果需要使用压缩空气吹掉飞花时，则务必事先确认主电源是否关闭、压缩空气是否有水后，再用柔风方式进行），最好由电气人员进行 2. 各种皮带、链条有无延伸，调整张紧或更换 3. 空气过滤器的滤芯有无堵塞、分解，清洁或更换滤芯 4. 线缆类有无损伤、断裂、松动，更换损伤、断裂线缆，清除松散的电线或用夹子夹紧
六个月保养	1. 主电控箱、变频器箱的端子有无松动、电缆有无损伤，有松动的紧固，有损伤的维修或更换电缆 2. 电动机旋转有无异常噪声，如有异常噪声，应该更换 3. 清理电动机壳体，清理电缆外复层，清除飞花及油脂等 4. 电动机电缆的检查，确认电缆外复层有无损伤。对于外复层上的细小裂纹（裂口），请用绝缘胶带、绝缘护套等修补。当外复层上出现较大的裂纹且损伤到芯线位置时，应尽早更换电缆，确保电缆有相当大的弯曲半径，不要让电缆过于弯曲（弯曲半径应大于柔性电缆的要求标准） 5. 空气气管、接头、漏气，休息日、车间安静时，逐点检查有无漏气，修理漏气部位
一年保养	链条磨损是否有异响，有异常声更换链条
两到三年保养	电动机是否有异常声，有异常声更换电动机

②加油。油的种类、记号和使用部位见表 9-28，油脂特性见表 9-29。

加油准备、油的保管及加油周期同 329 页（5）②加油的内容。

6. AGV 叉车的维护及保养

正确及时地维护保养是保证产品良好运转和高生产的主要前提，为保证设备良好运转，严格按照以下规定进行维护与保养。

（1）蓄电池的维护与保养。

①操作安全及注意事项。

a. 充电机的电压、电流及适用范围必须与电池的电压、容量相匹配，否则会严重影响容量及寿命。

b. 电池充电时会产生易燃易爆气体，务必打开蓄电池组的箱盖，确保电池上无遮盖物，同时打开每个单体电池的注液盖，保持良好的通风环境，充电区域严禁烟火。

c. 电池上不能放置导电物品，严禁任何杂物落入电池内部，以防电池短路。定期清洁电池盖表面，确保电池盖表面清洁干燥。

d. 电解液具有腐蚀性，操作时必须穿戴护目镜、橡胶手套、胶鞋等防护用品。

e. 电池放电后应及时充足电，避免过充电及过放电，同时应避免长时间大电流放电，否则会影响电池寿命，长时间大电流放电还会使连接电缆过热烧毁而引发事故。

f. 充电过程中，电解液温度不得超过 50℃，否则应设法降温。若温度仍不下降，应减小充电电流或暂停充电，待温度下降后再继续充电。

g. 电池严禁缺液，经常检查并及时调整电解液的液面高度，使之符合规定。若液位偏低，需添加去离子水或蒸馏水。正常使用时禁止添加酸液。

h. 若电池长期不用，需每月充电一次。

②维护。

a. 每天保养。每次用电，电池放电不可超过电池容量的 80%。

b. 每周保养。检查连接线是否松动或损坏，并及时调整或更换；每周不少于 1 次测量检查电池电压、电解液密度、液面高度及温度；检查电池箱体内有无积水，发现积水必须立即吸干；如有电解液流入电池箱，应用碱水中和，清水稀释并抽干。

c. 每月保养。在充电前，测量记录所有单体电池的电压；充电结束后，应测量记录所有单体电池的电压、电解液密度、温度，如果与以前数值有很大区别，应请专业人士加以检查。

d. 备用电池若长期不用，应保持电池表面清洁干燥，储存在温度为 5~40℃、干燥清洁、通风良好的室内，避免阳光直射，远离热源，电池严禁卧放、重压，避免与任何有毒气体及有机溶剂接触，严禁任何金属及杂物落入电池内部。若储存期超过 2 年，初充电时间应延长。

e. 维护完毕后做好记录。

（2）回转支撑保养与维护。

①回转支撑加 2 号极压锂基脂（GB 7324—1994）。

②回转支撑轨道应定期加注润滑脂，每运转 60 小时加油一次，特殊工作环境，如高温、湿度大、灰尘多、温度变化大以及连续工作时，应缩短润滑周期。机械长期停止，运转前也必须加足新的润滑脂。每次润滑必须将滚道内注满润滑脂，直至从密封处渗出为止。注润滑脂时，要慢慢转动回转支撑，使滑脂填充均匀。

③齿面应经常清除杂物，并及时涂抹相应润滑脂。

④回转支撑首次运转 100 小时后，需检查螺栓的预紧力，以后每运转 500 小时，必须保持螺栓有足够的预紧力。

⑤使用中注意回转支撑的运转情况，如发现异响、噪声、冲击、功率突然增大，应立即停机检查，排除故障，必要时拆开检查。

⑥避免风尘、雨淋、水浸及高温等造成的不良影响，严防较硬的异物接近或进入啮合区。

⑦经常查看密封完好情况，如发现密封带破损应及时更换，发现密封带脱落应及时复位。

⑧维护完毕后做好记录。

（3）液压站保养与维护。

①选用 32#、46#矿物质抗磨液压油，优先选用 46#，不可混用。

②每运行 600~800 小时，清洁油箱，更换相应液压油。

③定期检查油液量，不能低于规定的刻度基线。

④定期检查电动机线圈、电磁阀等电器元件的接线端子情况。

⑤往油箱中注油时，不能添加过满或过少。

⑥维护完毕后做好记录。

（4）被动轮保养与维护。

①被动轮磨损严重或脱胶，会造成车体跑偏，甚至会造成车体倾翻，需每月定期检查被动轮使用情况，脱胶或磨损严重，需及时更换。

②被动轮更换过程：借助顶升设备，如液压千斤顶，将车前部顶起一小段距离，使所要更换的轮子刚一离开地面即可。

a. 卸下轮支撑板处的螺丝；

b. 把销轴取出，由于轴承与轴销过盈配合，可能需要花费一定时间；

c. 用新的轮子替换旧的轮子即可，两边隔套不换。

③维护完毕，做好记录。

（5）电气维护。

①清洁控制板。关掉电源，把带有插接件的元器件上的棉絮或灰尘清理干净。

②查看紧固螺丝。查看各电器件的螺丝是否松动，最好重新拧紧一遍，防止松动造成线头接触不良。固定电器件的螺丝一定要拧紧，防止长时间使用造成电器件脱落。

③检查电源保护开关。电动机保护开关要定期进行试验，判断是否正常，电动机保护开关自身有一个试验按钮，当按下去时电动机保护开关将会跳闸，如果试验按钮不起作用，请更换新的电动机保护开关。

④检查电压用万用表的直流电压挡检查开关电源输出的电压是否为 24V，如果不是，可以调节自身的按钮，直至显示 24V。

⑤检查控制面板按钮、光电开关、激光传感器等。查看连接线是否牢固，防止信号的误输入，造成事故发生。

⑥检查货叉前端线槽。定期检查线槽是否因非专业操作而碰坏，造成光电开关线断，防止检测失灵。

⑦查线注意事项。在查线时，不要用力拽电线，因为有些信号线的机械强度较差，防止内部导电线被拽断。

⑧维护完毕后，把变动部分做好记录，以备下次维护检修。维护时务必关掉主电源。

二、岗位职责

（一）细纱车间

1. 细纱车间设备管理员岗位职责

（1）负责做好设备管理工作，严格执行设备管理的有关规定，保持设备正常运转，完好率达100%。

（2）制定详细的平保计划，安排好所属人员的责任机台，做到分工到人，标准到人，检查到人，保证平车、揩车完好率达100%。

（3）制定平车计划前，检查设备运行状况，掌握应注意的问题，对出现的问题及时处理。

（4）负责设备维修人员的技术培训工作，定期组织技工进行理论学习，不断提高技工解决设备疑点、难点的能力。

（5）定期检查设备运行和工艺上机情况，保证设备的一等一级率。

（6）每旬进行一次安全检查，及时排除不安全因素，加强技工的安全教育，杜绝机械人身事故。

（7）负责新品种的试纺和有关品种的翻改工作。

（8）对运转班检修工的工作全面负责，对运转提出的问题及时处理，对所维修的机台进行质量检查和交接验收工作。

（9）掌握本车间设备的修理费用，抓好内部挖潜和修旧利废工作，并做好记录。

（10）负责技工的考核工作，主动关心职工生活，经常找职工谈心，解决实际困难。

2. 细纱车间平车队长岗位职责

（1）严格执行设备管理的有关规定，按平修计划和车间布置的任务全面负责本队的日常工作。

（2）组织队员认真学习理论知识，钻研技术，保证完成平修计划（完成率100%）。

（3）做好日查工作，查出问题及时修复，并做好记录，对责任区设备状态应有清晰的了解。

（4）平车前做好设备检查和征求意见工作，增强平车针对性和实效性。

（5）严格执行平车工作法，组织队员按照要求及技术标准进行平车。

（6）对所平机台进行认真检查。

（7）按有关规定对平修机台进行试运转，并做好交车前技术鉴定工作，保证所交机台达到正常运转效果。

（8）加强安全教育，落实安全措施，避免机械故障发生，协助车间做好安全生产。

（9）以身作则，遵章守纪，安排好本队车辆、容器、机件的定置和工作现场的清洁与文明生产工作。

（10）带领队员做好修旧利废的节约工作及小改小革的创新工作。

（11）监督好本队队员的劳动纪律。

（12）负责本责任区内的专件更换工作，确保无超周期及无浪费现象。

3. 细纱车间平车队员岗位职责

（1）认真学习设备方面的有关知识，熟悉设备性能和技术标准，掌握设备故障的排除方法，参加理论学习，提高自身素质，适应发展。

（2）提前15分钟进车间，配合队长做好日查工作，降低断头，提高质量，及时处理出现的问题。

（3）认真检查各号负责部位，查出问题做好记录，增加平车针对性。

（4）严格执行安全操作规程，按平车计划保质保量完成工作任务，平车后机台必须达到一等一级车。

（5）遵守纪律，团结一致，互相配合，服从安排，完成车间和队长布置的工作任务。

4. 细纱车间保养队长岗位职责

（1）严格执行设备管理的有关规定，按保养计划和车间布置的任务，全面负责本队的日常工作。

（2）设备保养一等一级车率、计划完成率、准期率均须达到100%。

（3）组织本队队员学习理论和安全知识，提高安全意识，保证生产，防止人身、机械事故的发生。

（4）严格执行保养工作法，做到不漏项、不缺项，所保养机台达到运转满意的效果。

（5）保证保养后的自查工作，检查每个部件的运行情况，发现问题时反映，并通知维修工解决，不允许交车后再出现机械故障和纺坏纱现象。

（6）带领全队苦练基本功，钻研技术，提高捻头质量，减少断头根数，每台人均断头控制在5根以内。

（7）注意力行节约，杜绝浪费现象发生。

（8）搞好车辆、容器、机件的定置、定位，保持工作现场的清洁卫生。

（9）监督好本队队员的劳动纪律。

（10）负责本责任区内的皮辊更换工作，确保无超周期及无浪费现象。

5. 细纱车间保养队员岗位职责

（1）认真完成保养计划和队长布置的各项任务。

（2）所保养的机台一等一级车率、计划完成率、准期率均须达到100%。

（3）严格执行工作法内容，做到不漏顶、不缺项、不错换、漏换钢丝圈，保质保量完成各项任务。

（4）努力完成各项保养指标，单台平均扣分不能超出保养标准，开车断头人均不能超过5根。

（5）观察保养后机台运转情况，对纬纱机台更应仔细检查，杜绝纬纱质量事故的发生。

（6）严格按操作规程办事，爱护设备，避免人身、机械事故的发生。

（7）搞好车辆、容器、机件的定置、定位，保持工作场地清洁卫生。

6. 细纱车间检修工岗位职责

（1）提前30分钟进车间交接班，严格交接设备维修、改车及运转情况。

（2）每班必须严格按照车间要求负责加油、修机、巡回检查、辅机修理等工作，对查到的设备隐患及时汇报车间并帮助解决。

（3）中夜班检修负责改配棉及试车工作，确保质量与速度；坏车时确实不能自己解决，确实存在安全隐患或质量隐患，检修工有权停车，及时汇报。

（4）熟知检修工安全检查的内容和要求，检查设备各方面安全装置，严格执行安全操作规程，保证安全生产。

（5）每班工作要求有详细具体记录，向车间报表。

（二）后纺车间

1. 后纺车间设备管理员岗位职责

（1）建立健全设备台账，对每台设备的主要机件更换情况及运行状态做好记录。

（2）制定平保养计划，无特殊情况必须执行，不能按时平车的，要以书面形式写清原因及将何时平该机台上报纺部。

（3）安排好维修、检修负责机台，做到包机到人，定期检查设备的运行状态。

（4）在平车过程中，一定要认真检查平车质量，认真填写《平车交接验收报告》，每天公布检查结果，平揩车一等一级车率达到95%以上。

（5）对职工进行安全生产教育，避免设备事故发生，协助车间主任对各种质量、人身、设备事故进行分析研究，提出处理意见和改进措施。

（6）负责车间物流管理，抓好修旧利废和物料消耗工作，严格控制消耗、杜绝浪费。

（7）负责常日班考勤，组织好常日班的技术学习，培养后备力量，协助车间搞好现场管理工作。

（8）做好验纱组运转管理工作，负责贯彻执行各项规章制度，检查监督运转岗位责任制的执行，做到有检查、有记录、有考核，把好产品质量的最后一关。

2. 后纺车间平车队长岗位职责

（1）严格执行设备有关规定，按照平修计划和车间安排的任务全面负责本队的管理工作，计划完成率达到100%，准期率达到100%。

（2）定期组织队员学习，钻研技术，不断提高本队的平修技术水平。

（3）平车过程中，应对队员的操作进行检查，发现问题及时纠正、解决。

（4）平车前后做好设备自查、互查工作，征求使用者的意见，增强平修车的针对性和有效性，保证车工满意。

（5）严格执行平修工作法，按照平修技术标准进行平修。

（6）认真做好平修车的验收工作，写好《验收报告表》，保证机台正常运转。

（7）加强安全操作，落实安全措施，避免机械和人身事故的发生。

（8）以身作则，遵章守纪，保持工作场地的清洁卫生。

（9）坏车后，应随叫随到，避免因坏车时间长而影响生产。

（10）负责品种的翻改工作。

3. 后纺车间平车队员岗位职责

（1）提前15分钟上岗，每天到各自责任机台巡回检查，及时处理设备故障，并对责任机台的所有电动机进行清洁。

（2）认真学习设备维修方面的知识，熟悉设备的性能和原理，掌握平修质量标准。

（3）认真执行平车工作法，把好修车质量，达到运转满意及车工满意。

（4）按平修计划保质保量完成任务，平车后达到上机工艺要求。

（5）严格执行安全操作规程，严禁违章操作，杜绝各类事故的发生。

（6）工作小心谨慎，不能损伤机件，努力减少浪费。

（7）虚心听取值车工的建议，对自己工作中存在的问题及时整改。

三、技术知识和技能要求

技术知识和技能要求见表 9-32，维修内容及标准见表 9-33。

表 9-32　技术知识和技能要求

技术知识	技能要求
电箱整体外观、箱内卫生清洁	电箱无变形乱画，门锁无损坏，箱内无杂物，标识齐全
电箱门锁及密封	门锁及密封条完好，有效
电箱内部布线	布线整齐规范，无乱接
各类电器仪表	完好，无破损，显示准确
指示灯	灵敏有效
按钮	无松动，无破损，灵敏有效
触摸屏、显示屏	触摸屏触摸灵敏，显示屏画面清晰
电器接线端子	端子接线牢固，无松动，无裸露
配电箱内温度	不得超过60℃
电动机温度	小于50℃
电动机	无振动、无异响，防护罩不松动
电缆温度	小于50℃
机架水平	偏差小于0.07mm
地脚悬空、松动	无松动
机面接头密度	缝隙小于0.05mm
机面进出差	小于0.08mm
机头、尾框滑槽中心及下龙筋中心	小于0.40mm
升降滑槽垂直度	偏差小于0.07mm
下龙筋与机头、中、尾机面高低差	偏差小于0.2mm
下龙筋密接程度	偏差小于0.05mm
下龙筋高低进出差	偏差小于0.20mm
下龙筋水平差	偏差小于0.10mm
罗拉轴承	无晃动、损坏、生锈
罗拉	无偏心、弯曲、损伤
罗拉头齿轮	咬合良好，无磨灭、偏心、异响
牵伸齿轮	咬合良好，无磨灭、偏心、异响
清洁装置	无老化、损伤、掉绒
皮辊加压	摇架压力符合标准要求（110±10）N
皮圈回转	转动灵活、不偏出第三罗拉花纹
隔距块	同台规格、型号要统一
工字架磨损	偏差小于0.30mm

技术知识	技能要求
罗拉轴承、油嘴	无松动，油眼无堵塞
喇叭口中心对罗拉表面中心	偏差小于 0.50mm
下龙筋升降	运行平稳顺畅
锭翼间隙	偏差小于 0.20mm
上下龙筋高低差	偏差小于 0.50mm
上下盆子牙轴中心差	偏差小于 0.08mm
升降齿杆垂直度	偏差小于 0.10mm
龙筋平衡重锤距地面	离地面 10mm
上下铁炮	运行平稳顺畅，无跳动
从动带轮	无损伤、磨损，键槽无磨损
主动带轮	无损伤、磨损，键槽无磨损
皮带轮	无损伤、磨损，键槽无磨损
各部齿轮	标准 2∶8 咬合，无损伤，润滑良好，无异响
三角带	单根下压间距不超 1cm
铁炮皮带	下压间距不超 1cm
各种同步带	下压间距不超 0.5cm
油泵泵油	观油杯内油管连续出油
成形立轴起落	起落连续顺畅
燕尾挚子间隙	偏差小于 0.20mm
伞形挚子与斗形挚子间隙	皮带移动量偏差小于 1mm
高架传动链条	滚筒转动间隙小于 1cm
滚筒间隙	无间隙
滚筒打顿	运行中转动不顺畅
吹吸风运行	运行顺畅，无异响，不打顿
车尾风机	平稳无杂音
车尾风机风道	通道清洁光滑
滚筒托架	无松动、歪斜
销轴	无损伤、脱出
链壳	无变形、损伤
双链轮	无磨损、缺齿，润滑良好
滚筒结合件	无变形，表面无毛刺、光滑
分离器结合件	无毛刺，位置整齐

技术知识	技能要求
车头自停	开门2cm即停车
龙筋上、下限位自停	龙筋超过运行规定位置无法开车
机前、机后断条自停	灵敏有效
断条光电	灵敏有效
各部机件	无绳捆索绑、胶带粘贴
各处护罩	无变形、损伤
各处门锁	齐全有效
设备外观	防护漆无划痕、无脱落

表9-33　维修内容及标准

维修部位	维修内容	维修标准
牵伸部分	气压表	灵敏有效、同品种一致
	罗拉沟槽	无损坏（作用部分影响断头）
	前罗拉颈灭及轴承缺油生锈	无磨损、生锈、缺油
	前罗拉晃动或发热	运转良好，无晃动或发热（温升不超过20℃）
	前罗拉偏心、弯曲	前罗拉范围0.03mm，中后罗拉0.05mm
	前中后罗拉颈部悬空、弯曲	不垫纸有小弯为不良
	胶圈张力架	无磨损、变形、顿挫
	摇架压力	灵敏有效，符合企业标准（160±10）N
	摇架偏正调整	以中罗拉花纹中心点为基准，前皮辊两端边缘不小于1.5mm
	上销	无损坏、变形，工作面无毛刺
	上下销平齐度	平齐，无变形、无毛刺
	下销工作面	无损坏、无毛刺
	下销不统一、位置不正	统一、位置一致
	隔距块	无缺损、同台规格不一致
	大皮圈位置	以中罗拉花纹中心点为基准边缘，不小于1.5mm
	皮辊、铁罗拉	盖头无缺少
	皮辊芯与壳有间隙	范围小于0.03mm
	皮辊轴承缺油	加油适量，标准1mL
	皮辊跳动、位置不正	无跳动，范围0.03~0.05mm以内位置正确
	皮辊同档	直径不一致
	皮辊、大小皮圈	运转良好，无凹心、起槽、损伤
	皮辊倒角不良	标准角度45°、2mm以内
	铁罗拉工作面	无生锈或粘硬物
	铁罗拉轴承缺油	加油适量，标准0.1mL，无外溢

续表

维修部位	维修内容	维修标准
牵伸部分	铁罗拉跳动	允许范围 0.03mm
	皮辊表面偏心	范围小于 0.03mm
	皮辊芯子弯曲	范围小于 0.03mm
	前中后罗拉偏心	用罗拉垂直定规检测，偏差 1mm
	罗拉轴承	无生锈、跳动、发热
	罗拉座及滑座	无损坏、变形
	罗拉座偏	用拐尺检测罗拉座，与握持管垂直
	握持管及座	握持管隔距要垂直，范围 0.8mm，无损坏变形
	喇叭口偏、口径不一致	以前皮辊中心点为基准，边缘不小于 2mm
	导纱动程	与规定不超过 1.5mm
	吸棉管与罗拉间高低、进出位置超过规定范围	高低、进出 0.8mm
	吸棉管变形、堵头	无缺少、损伤、变形、漏风
	吸棉管座	无变形、松动
	绒辊	无损坏、缺少、顿挫、少绒
	粗纱碰皮圈架	粗纱与引纱钩间距不小于 10mm
	皮圈回转顿挫，皮圈架显著震动	无磨损、变形、顿挫
车头传动部分	车头系统齿轮与轴间隙、各部件轴承运转良好	齿轮无松动，用塞尺检测不超过 0.05mm
	车头主轴传动齿轮咬合不良及主轴平行	传动齿轮咬合良好、无异响，主轴平齐允许范围 0.03mm
	皮带传动主轴头水平	允许范围 0.03mm
	主轴水平及与龙筋内侧平行	允许范围 0.05mm
	齿形带偏、损坏	无跑偏、破损、顿挫
	过桥牙托脚与罗拉平行度	平行度 180°，无损坏、松动
	过桥牙托脚与罗拉垂直度	垂直度 90°，无损坏、松动
	过桥牙墙板偏斜	角度 90°，无损坏、松动
	牵伸系统齿轮轴与轴间隙	齿轮无松动，用塞尺检测，不超过 0.05mm
	滚盘	无异响、跑偏、晃动
	滚盘及轴承锁套	紧固螺丝无缺损、松动
	主轴及主轴轴承发热、震动、异响（温升 20℃）	主轴轴承发热（温升 20℃）、震动小于 0.15mm
	安全装置作用、电气装置安全不良	安全装置灵敏有效，符合标准
	齿轮异响、咬合不良、缺油	齿轮咬合无异响、平齐，不缺油
	齿轮	缺单齿宽小于 1/3 齿宽
	齿顶宽磨损 1/2	小于 2/3 齿顶厚
	三自动失效	灵敏有效、符合标准

维修部位	维修内容	维修标准
车头传动部分	齿轮箱顿挫	运转平稳，无打顿、漏油
	加油装置失效	灵敏有效
	油箱、油泵缺油	加油适量、有效、无漏油
	链条、链轮	无歪斜、变形、缺油
	吹吸风装置	运转良好，机件无缺少、损坏
卷绕纱架部分	叶子板、钢领板	无打顿
	吊锭、防尘帽	位置正确、变形、松动、损坏、缺少、歪斜
	引纱钩、导纱杆	松动、歪斜变形、生锈
	叶子板，三角铁及钢领板高低上下位置差异	范围 0.4mm
	钢领板水平	误差 0.4mm
	钢领	无起伏、起毛刺、损坏，型号统一
	叶子板导纱钩	无起槽
	隔纱板	无歪斜、起毛刺，扁铁接触无松动、偏斜
	清洁器	范围 1.7~2mm，无失效、变形
	锭子对钢领中心偏差（任何位置）	范围 0.5mm
	锭子	无缺油、异响、跳动，锭子水平偏，范围 0.4mm
	锭钩	无缺少、损坏、松动、歪斜、磨锭带
	叶子板呆滞	叶子板无呆滞松动、起槽
	大羊角杆紧扎、顿挫	无紧轧、顿挫，150、0.08mm
	小羊角杆不垂直	150、0.1mm
	小羊角杆和上下婆司安装	小羊角杆和上下婆司安装灵活有效
	小羊角杆与婆司间隙	范围 0.4mm
	钢领板、叶子板吊带	长短不一致、损坏
	拉杆、导轮	无松动、运转灵活
	吊带螺丝	无松动、型号统一
	羊角杆及座	垂直、无松动
	锭带长短对规定差异	锭带长短一致（允许范围±25mm）
	锭带盘架张力	灵敏失效、无歪斜、刻度一致
	锭带扭花、锭带盘	无返花，无跳动、歪斜、锭带偏
	传动带	无磨损、张力不一致
	吸棉箱	无损坏及风箱震动，无异响、漏风
	车尾轴	无震动、异响
	电动机风叶、防护罩	无缺少、损坏、松动
	电动机	无震动、异响、发热（测温小于 50℃）
	道轨座	无松动、损坏、缺少
	上下道轨	平行、无松动

维修部位	维修内容	维修标准
电器安全装置	无接地线或接地线失效	接地线清晰、灵敏有效
	36V 及以上导线裸露	无松动、损坏、裸露
	行程开关捆绑	行程开关无绳索捆绑
	车头、尾急停开关	无失效、缺少、松动
	电箱开关盒、电动机罩、开关	无摩擦、磨穿孔、脱焊、碰撞，无划伤、变形、关闭不严
	指示灯不亮或灯罩损坏	无松动、损坏、裸露
	各处门、锁、防护罩	无摩擦、磨穿孔、脱焊、碰撞，无划伤、变形、关闭不严
	安全标示	印有"安全标记"
车头	计算机及电清控制箱	数据显示清晰、准确、灵敏
	鼓风机	无振动、异响
	积棉箱及回丝箱	滤网无破损、无堵塞，玻璃门无破损
	变频器	外壳无发热，散热风扇无异响丢转现象，参数显示与设定一致
	车头电器及各部位线路板	电箱内线路排列整齐、规范，端子接线牢固，线路板插头无松动
	各处按钮、指示灯	固定良好、无缺损
单锭	摇架	摇架无横动间隙；手柄右臂无磨损振动，开启灵活
	大小夹头	大小夹头运行灵活，无晃动、振动
	槽筒及防护罩	槽筒及防护罩无损伤、起刺、生锈、异响
	上蜡装置	电动机转动灵活，瓷牙、机件无损坏，清蜡管无堵塞，清洁良好，无污垢
	电清检测头	电清切刀锋利、瓷牙无损坏，通道光洁，护罩无损坏，各处固定螺丝无缺少、松动
	捻接器	捻接器各处机件、轴承，无损坏，运转良好
	大小吸嘴	大小吸嘴无损坏，大吸嘴内壁光洁，无污垢，梳针及防滑贴无损伤，大、小吸嘴位置标准，小吸嘴弹簧无断裂
	张力箱	张力箱各机件无缺少、开启灵活自如，瓷牙无损伤起刺
	防扭结毛刷	防扭结毛刷开关灵活，无损坏
	气圈跟踪器	气圈跟踪器起落灵活、无打顿现象
	插纱锭	插纱锭无变形、歪斜，确保"三点一线"
	纱库	机件无损坏，各处螺丝无缺少、松动
	单锭内各处电器及线路板	单锭内布线整齐、规范，线路板插头无松动，电线无裸露，各处电磁阀、传感器灵敏有效，机件无损坏
	传动部位	各传动电动机无异响、发热，凸轮无磨损松动、缺油，齿轮无断裂、啮合良好，拉杆无变形、连接处无磨损
	光电及传感器部位	各处光电及传感器无失效无积花，清洁良好
	单锭气路	单锭气管整齐无漏气、锁定牢固

续表

维修部位	维修内容	维修标准
吹吸风装置	吹嘴位置	吹嘴无堵塞、位置标准
	吹吸风管状态	吹吸风管无破洞
	风机龙带	吹吸风机龙带磨损不超过2mm，无开粘
	吹吸风机换向器	吹吸风机车头车尾处换向灵活，风机运行无打顿
	风机轮	风机轮无磨损，运行无异常
	风门、滤网	风门开关灵活、滤网无损坏
	风量	风量不能过小
	吸盘	地脚吹嘴、吸风盘距离地面不低于2cm，不高于5cm
车尾部分	爬坡带	挡块无损坏、缺少
	空管输送带	无开裂、磨损不超过5mm，光电及传感器无失效，无积花，清洁良好
	管盒	无损坏、变形
	传动轴、轴承	无磨损、异响
	供纱小车	无损坏变形，各处螺丝无松动、缺少，小车轮无缠挂，转动灵活
	张紧轮、轴承	无磨损、无异响
车后气管道、各处气压表	吹车清洁气管	摆放整齐、无漏气、无磨损，不做清洁时阀门在关闭状态
	单锭气管	整齐，无漏气，气嘴插拔顺畅，锁定灵活
	气压表	根据所需气压调整，调整完毕后调整阀处于关闭状态；表盖无损坏，指针摆动灵敏；外壳表膜无损坏，表内无积花，显示清晰准确
	压力报警器	设定为0.6MPa，无损坏，作用良好，低于标准自动停车
	满筒输送带	无跑偏，无磨损，毛刷无积花，各处光电无失效，无积花，清洁良好
	油水分离器	滤芯无堵塞、无损坏
AD	各处按钮、传感器及光电	按钮无损坏、无缺少，开关灵敏，各处光电及传感器无失效，无积花，清洁良好
	气缸、气路	气缸作用灵活，气路无漏气
	坦克链	无断裂、损坏
	卡钳、剪刀、连杆	卡钳、连杆无变形，开启闭合灵活
	线路板等电器部分	线路板无积花、线路整齐
电动机	三角带	无断裂及松紧不一致
	皮带轮	无磨损
	电动机温度	小于50℃
	电动机风叶	无损坏
	电动机转子	无损伤
	电动机轴承	无损坏、异响
	固定螺丝	固定螺栓无松动

续表

维修部位	维修内容	维修标准
护罩	车头门子	无磕碰、变形、掉漆生锈，各处螺丝无松动、缺少
	单锭护罩	无磕碰、变形、掉漆生锈，各处螺丝无松动、缺少
	车尾护罩	无磕碰、变形、掉漆生锈，各处螺丝无松动、缺少
	AD护罩	无磕碰、变形、掉漆生锈，各处螺丝无松动、缺少
	拦纱杆	无变形、掉漆生锈，各处螺丝无松动、缺少
	车后汇流	无磕碰、变形、掉漆生锈，各处螺丝无松动、缺少

四、质量标准

（一）细纱维修大小修理内部质量要求（表9-34）

表9-34 细纱维修大小修理内部质量要求

类别	项次	检验项目	质量指标（mm）		考核标准	
			大修理	小修理	单位	扣分
机架	1	头墙板对水平面的垂直度	0.15/1000		处	2
	2	机架纵向直线度（龙筋拉线）	0.2		处	1
	3	机梁双根纵向（斜跨）水平度	0.04/1000			0.5
		横向（横跨）水平度	0.04/1000			0.5
		机梁全台纵向水平度	0.15			1
	4	短机梁的水平度（纵、横向）	0.1/1000			1
		头墙板与二墙板的距离偏差	+0.02 +0.1			0.5
	5	龙筋对机梁顶面高度偏差	+0.1			0.5
	6	机梁单根横向水平度	100:0.05			0.5
	7	龙筋顶面单根横向水平度	70:0.06			0.5
	8	机梁接缝（至少1/3处符合）	0.08		每超一处	0.2
	9	龙筋接缝（至少1/3处符合）	0.1			0.2
	10	机梁接头处	外侧面平齐		处	0.2
	11	龙筋接头处（互借）	顶面平齐			0.2
	12	二墙板对右侧龙筋内侧垂直度	0.4			1
	13	车尾底板纵、横向水平度	0.3/1000			0.5
	14	车头、尾垫铁两指能拔出	不允许			0.5
	15	龙筋内侧横向宽度偏差	+0.2			0.2
	16	机梁横向宽度偏差	+0.1			0.2
	17	龙筋内侧与机梁的对称度	0.1			0.2
	18	螺栓未紧足、销子能拔出	不允许			0.1
牵伸	19	车脚垫木、松动及与地面接触不实	不允许			0.5

类别	项次	检验项目		质量指标（mm）		考核标准	
				大修理	小修理	单位	扣分
牵伸	1	车尾罗拉座纵、横向定位（以车头为准，头尾一致）		+0.5		处	0.5
	2	相邻罗拉座高低		0.06/1000			0.5
	3	前罗拉进出差异		+0.10			0.5
	4	前罗拉与罗拉座的垂直		0.15/100			0.5 I
	5	前罗拉弯曲、偏心		0.03	0.03		0.5
	6	前罗拉颈弯、空、不靠山		不允许	不允许		0.5
	7	前、中、后罗拉隔距		+0.080	+0.080		0.5
	8	中、后罗拉弯曲、偏心		0.05	0.05		0.5
	9	中后罗拉颈弯、空、不靠山		不允许	不允许		0.5
	10	罗拉头弯曲	前	0.03	0.03		0.5
			中、后	0.05	0.05		0.5
	11	I 罗拉沟槽外伤（动程内）		不允许	不允许		0.5
	12	罗拉轴承对罗拉滑座居中度		0.6	0.6		0.5
	13	罗拉轴承松动、油眼堵塞		不允许	不允许		0.2
	14	罗拉滑座外伤		不允许	不允许		0.5
	15	摇架支杆对前罗拉隔距偏差		+0.10	+0.10		0.5
	16	摇架左右位置误差		1	1		0.2
	17	摇架三档压力误差		±1kg	±1kg		0.2
	18	前、中、后上罗拉不平行于下罗拉		±0.15	±0.15		0.5
	19	摇架手柄失灵		不允许	不允许		0.2
	20	摇架压力失灵		不允许	不允许		0.5
	21	摇架支杆松动不良		不允许	不允许		0.5
	22	上销弹簧失效		不允许	不允许		0.5
	23	隔距块规格不一致		不允许	不允许		0.5
	24	上胶圈跑偏		不允许	不允许		0.5
	25	下胶圈跑偏		2	2		0.5
	26	下胶圈张力钩失效		不允许	不允许		0.5
	27	胶圈架显著跳动、胶圈回转顿挫		不允许	不允许		0.5
	28	导纱喇叭口中心对罗拉中心差异		±1	±1		0.2
	29	导纱动程	与企业规定标准差	±1.5	±1.5		2
			动程在胶辊两端不小于	2.5	2.5		0.5
	30	吸棉笛管对前罗拉高低进出差异		+0.80	+0.80		0.5
传动	1	主轴对右龙筋颈面及内侧的距离偏差（高低、进出）		+0.08 0			0.5
	2	主轴弯曲（头尾）		0.05			1
		主轴弯曲（中部）		0.08			1

续表

类别	项次	检验项目		质量指标（mm）		考核标准	
				大修理	小修理	单位	扣分
传动	3	两主轴同心度		0.05			0.5
	4	两主轴端面间隙		0.5~1			0.5
	5	车头、尾主轴转动不灵活		不允许			0.5
	6	车头、尾传动轴水平度		0.04/1000			1
	7	主轴径向跳动		0.15	0.25		0.5
	8	滚盘对锭孔左右距离差异		±1			0.5
	9	滚盘松动、破损、失效		不允许	不允许		0.5
	10	主轴带轮与电动机带轮侧面差		1	1		0.5
	11	主轴与制动器间距差异		0.10	0.10		1
	12	车头、各齿轮侧面平齐差		0.50	0.50		0.5
	13	各齿轮沿轴向间隙		0.20	0.30		0.5
	14	各齿轮啮合不良、异响		不允许	不允许	处	0.5
	15	各齿轮啮合间隙		1/10齿高	1/10齿高		0.5
	16	车头各轴承安装	接触面	85%			0.5
			间隙	0.08			0.5
	17	成形凸轮与转子配合侧面平齐差		1	1		0.5
	18	成形凸轮突端磨灭		2	2		0.5
	19	凸轮与轴配合松动		不允许			0.5
	20	凸轮轴水平		0.08/150			0.5
	21	凸轮轴及转子不灵活		不允许			0.5
	22	蜗轮、蜗杆打转、清洗不净		不允许			0.5
	23	琵琶芯子水平		0.1/150			0.5
	24	棘轮轴部分安装不灵活		不允许			0.5
	25	棘轮轴中心距头墙板距离差		±0.50			0.5
	26	卷绕链轮轴水平		0.05/150			0.5
	27	卷绕链轮轴进出相差		±0.08			0.5
	28	前、中、后罗拉头轴承安装不灵活		不允许			0.5
	29	自动升降链轮、链条松紧、不灵活		不允许			0.5
	30	自动撑爪动程差异		5	5		0.5
	31	升降电动机座水平度		0.2/300			0.5
	32	分配轴高低进出位置		±0.50			0.5
	33	主轴联轴器螺栓未紧足、平键与键槽有松动		不允许			0.5
	34	各部轴承	发热	温升20℃	温升20℃	处	0.5
			震动	0.15	0.15		0.5
			异响	不允许	不允许		0.5

类别	项次	检验项目	质量指标（mm）		考核标准	
			大修理	小修理	单位	扣分
传动	35	各类传动带缺损	不允许	不允许		1
	36	成形链条不灵活（及单节匣1.6mm）	不允许	不允许		1
	37	钢领板始纺、级升、落纱位置不良	不允许	不允许		1
	38	自动部分（动作不准确、不灵活）	不允许	不允许		1
	39	各行程开关安装定位不正确	不允许	不允许		0.5
卷捻	1	龙筋锭孔与钢领中心差	0.5	0.5	块	0.5
	2	滑轮进出相差	±1			0.5
	3	滑轮沿轴芯方向横动	0.2~0.5			0.5
	4	牵引槽铁翻、换	不允许		根	1
	5	锭带盘轴高低进出差	±0.2		处	1
	6	钢领板升降立柱对水平面的垂直度	150：0.08		只	0.5
	7	钢领板升降立柱弯曲	0.05		根	0.5
		左右	0.08		处	0.5
		进出	0.05		处	0.5
	8	主柱滑轮不灵活、尼龙套损伤	不允许	不允许	只	0.5
	9	钢领板横向水平度	80：0.2		处	0.5
	10	钢领板高低	±0.5	±0.5	处	0.2
	11	钢领板打顿	不允许	不允许		0.5
	12	相邻钢领板接头表面平齐	0.10	0.10		0.5
	13	钢领起浮松动	不允许	不允许	只	0.2
	14	锭子偏心（任何位置）	0.4	0.4	只	0.2
	15	锭子水平	150：0.15	150：0.15	只	0.2
	16	锭子摇头	不允许	不允许		0.2
	17	锭脚漏油、发烫、未紧	不允许	不允许		0.2
	18	锭子高低	±2	±2	只	0.2
	19	锭子钩失效、摩擦	不允许	不允许	只	0.2
	20	导纱板升降杆上、下不灵活	不允许	不允许		0.5
	21	导纱板升降杆左右、进出相差	±0.2			0.5
	22	导纱板升降杆垂直度	150：0.1			0.5
	23	导纱板三角铁高低差	±0.50	±0.50	处	0.5
	24	导纱板外端高低差（单个仰俯）	+0.08	+0.08	个	0.1
	25	导纱板呆滞	不允许	不允许	个	0.1
	26	导纱板、导纱钩松动	不允许	不允许	个	0.1
	27	导纱板升降杆弯曲	0.05		根	0.5
	28	导纱钩工作点对锭子中心偏移	0.8	0.8	只	0.5

续表

类别	项次	检验项目	质量指标（mm）		考核标准	
			大修	小修理	单位	扣分
卷捻	29	隔纱板前后相差	+2	+2	个	0.1
		左右相差	±1.5	±1.5		0.1
	30	钢丝圈清洁器隔距差	+0.15 0	+0.15 0	个	0.1
	31	锭带盘重锤刻度相差	士一小格	士一小格	个	0.2
	32	锭带跑偏、打扭、长短不一	不允许	不允许		0.5
	33	锭带盘张力失效	不允许	不允许	个	0.5
	34	锭带张力架高低、进出差异	0.2	0.2		0.2
	35	落纱轨道误差	±1		处	0.1
纱架	1	粗纱架立柱位置（拉线相切）	±1			0.5
	2	粗纱吊锭架高低	一致	一致		0.5
	3	吊锭松动、回转不灵活	不允许	不允许		0.2
	4	吊锭位置	排列无误	排列无误		0.2
	5	导纱杆高低进出	目视一致	目视一致		0.2
其他	1	各种螺栓松动缺损 8mm 及以上	不允许	不允许		0.5
	2	8mm 及以下	不允许	不允许		0.2
	3	吸棉风箱漏风及安装不良	不允许	不允许	台	2
	4	吸棉管漏风	不允许	不允许	处	0.5
	5	机台各种挂花	不允许	不允许		0.2
	6	机台、地面油污	不允许	不允许		05
	7	其他需补查的项目		一致	处	0.5

注 重点检修部分维修项目参照上述相关考核。

（二）考核平车质量的指标

（1）断头率［根/（千锭·h）］。

$$断头率 = \frac{1000 \times 60 \times 实测断头根数}{测定锭数 \times 测定时间（min）}$$

分品种按各厂设定指标执行，考核维修队。

（2）条干。条干 $CV\%$ 小于设定指标。

（3）粗节、细节、棉结小于设定指标（以 2018 乌斯特公报）。

（4）大小修理一等一级车率。

$$大小修理一等一级车率 = \frac{一等一级车台数}{同期修理台数} \times 100\%$$

（5）按"接交技术条件"的允许限度及工艺要求，全部达标者为一等级，两者各有一项者为二等二级。

（6）耗电指标（kW·h）≤平前指标≤设定指标。

（7）运转满意度指轮班在使用后满意。

（三）细纱工序胶辊胶圈使用管理

1. 周期

胶辊、胶圈应根据所纺品种确定更换周期。

2. 使用制度

（1）细纱前胶辊直径大于后胶辊直径，差异不能过大。

（2）每种类型胶辊直径大小以漆头颜色不同加以区分。

（3）所有胶辊须经校验后方可上车。

（4）同台、同列胶辊规格型号一致，直径、标识统一。

3. 胶辊、胶圈的质量要求

（1）胶辊。偏心在0.03mm以内，同只两端直径差异0.02mm以内，表面光洁、无伤痕、同档差异0.03mm以内。回转稳，不晃动，弹性正常。

（2）胶圈。内径长度公差0.5mm，宽度公差0~0.5mm。厚度公差同台0.05mm，同只厚度差异0.03mm。表面无伤痕、无毛刺，边缘无毛刺，导纱动程内无龟裂老化，回转均匀、无顿挫。

（四）质量把关与追踪

1. 细纱一般机械故障的影响

（1）粗纱吊锭对生产的影响。粗纱吊锭夹花、磨灭，使粗纱在退绕时回转阻力增加，不灵活，增加意外牵伸，甚至拉断粗纱，使成纱条不匀，甚至断头；吊锭过于灵活，会致使粗纱退绕过度、影响重不匀和正常产生。

（2）导纱钩磨灭、偏心、锭子头、偏心对生产的影响。导纱钩磨灭，有沟槽，纺纱时呈一直线无振幅使捻度传递受阻，增加断头。锭子头使气圈张力不稳定，锭子偏心，使气圈不正，钢丝圈不能均匀回转产生断头并增加毛羽；导纱钩位置不正（偏心）产生歪气圈，使气圈张力不匀产生断头并增加毛羽。

（3）导纱板与纱管顶端距离对断头的影响。导纱板与纱管顶端的距离，要调整适当。过低，气圈碰筒管头，容易断头，并容易产生毛羽。过高，纺纱张力大，气圈大，对断头不利所以，此距离的确定以小气圈不碰管头为原则。大时放大气圈长度以不影响打擦板为限，方法是适当增长导纱板升降动程，可以降低满纱断头。

（4）钢丝圈清洁器隔距对生产的影响。丝圈清洁器能清除钢丝圈附花、减少钢丝圈上不必要增加的重量，从而使钢丝圈回转稳定，降低断头，钢丝圈外侧与清洁器间的间距为0.25~0.4mm。过大，起不到清除作用，会增加断头；过小，造成飞花，影响断头。由于钢丝圈圈形大小的改变，钢丝圈清洁器隔距也要相应改变。

（5）钢领板和导纱板升降立柱调整不当对生产的影响。钢领板和导纱板升降立柱不垂直，在升降运动时，与锭子和纱管的相对位置变化，造成歪锭子、歪气圈，增加断头。

钢领板松动，在升降运动中与锭子和纱管的相对位置变化，造成歪锭子，增加断头。

钢领板纵向不平会使钢丝圈在钢领上回转不平衡，增加断头；横向不平（即钢领板高低）除了纵向不平的影响外，还容易产生冒头冒脚。

钢领板紧轧，轻的会造成钢领板升降打顿，增加断头，增加管纱脱圈；严重的会造成升降柱左右两侧的管纱成形不良，成为坏纱。

（6）锭带张力大小对成纱质量与耗电量的影响。锭带张力过大，耗电增加；锭带张力过小，锭子速度不均匀，成纱捻度差异大，产生弱捻纱，直接影响成纱质量的情头况下，锭带张力应偏小掌握。

（7）锭带接头与锭带传动方向的关系。锭带外层接头与锭子回转方向相同，可避免对锭子的冲击力，以免造成锭速不匀。

（8）滚盘振动、异响对生产的影响。滚盘振动会影响机台振动，使纱架抖动，影响粗纱正常回转，对产品质量有一定影响，振动严重的会影响条干，增加动力消耗。

2. 造成断头的机械原因

（1）属于喂入、牵伸部分的原因。吊锭；胶圈不良、破损、跑偏、轧煞；胶辊不良、表面损坏、缺油、同档直径大小不一；集棉器损坏、跳动、轧煞、粗纱窜出集棉器；加压不着实，出硬头；罗拉槽有毛刺、缺口，罗拉晃动。

（2）属于卷绕加捻部分不良的原因。导纱钩、导纱板松动，导纱钩起槽，导纱钩角度不对；锭子不正、摇头、缺油；钢领起浮、里跑道毛，有波纹，深度太浅，钢丝圈脚碰里壁，有油污，圆整度、平整度差；钢领板水平不对，前后、左右对角松动大；钢丝圈磨损、混用，清洁器隔距过大或过小；隔纱板底边高于钢领顶面，产生邻锭断头后带断头，气圈撞击处毛糙有毛口，隔纱板开挡偏差，使气圈在隔纱板上回转撞击有轻重；隔纱板进出不对，隔不住相邻气圈，致使相互撞击断头；带接头不良，锭子回转不正常，造成断头或松纱。

（3）属于纱管不良原因。锭杆配套不良，锭子回转时纱管溜滑，造成松纱、断头，纱管摇头跳管产生断头；纱管表面有毛刺、管芯不光洁造成断头。

3. 造成细纱条干不匀的原因

（1）罗拉、胶辊偏心弯曲，胶辊缺油、表面损伤。

（2）牵伸齿轮啮合不良，或运转时偏心大。

（3）绕胶辊严重，造成同档胶辊的邻纱加压不良。

（4）粗纱不在集合器内，集合器翻身、跑偏、破损、夹杂物或车号纸塞煞。

（5）上下销变形、配合不当，下销不着实。

（6）胶圈破损、缺少，下胶圈张力过大，胶圈运行不灵活。

（7）车间相对湿度较低，发生静电作用，产生粘纤维。

4. 啮合不当对齿轮寿命及生产的影响

（1）齿轮的啮合标准。一般铣牙、尼龙牙、胶木牙二八搭，滚齿、插齿一九搭。

（2）齿轮啮合不当的影响。

①齿轮容易磨损，缩短使用寿命。

②噪声大，啮合过紧易引起机台震动和损坏其他机件；啮合过松，冲击大，机器启动时打顿。

③机器运转不正常，影响产品质量，如引起条干和支数不匀率恶化，断头增多。

④增加用电。

5. 品种翻改

（1）翻改后的纱支须进行试纺，进行重量测试，合格后由生产处技术部门出具开车通知单，方可正式开车。

（2）签字后的工艺单及开车通知单交车间保存，以便查验。

（3）运转班取清吸棉箱内白花，收清回花箱的回花及粗纱头，调换备用瓶内的钢丝圈，并标明型号。

（4）正式开车前，必须再次检查粗纱及细纱、筒管等是否用错，确认无错后方可正式开车。

（五）交接验收技术条件（表9-35~表9-38）

表9-35 环锭细纱机大小修理接交技术条件

项次	检验项目		允许限度（mm）		检查方法及说明
			大修理	小修理	
1	车脚垫木松动及与地面接触不实		不允许		车脚用小扳手轻轻敲击，检查悬空及垫木松动为不良
2	罗拉轴承磨损		0.4	0.4	手感、目视、表量
3	前罗拉偏心弯曲		0.03		运转中目视、手感检查，发现跳动，停车用百分表检查
4	前、中、后罗拉前后窜动		不允许		目视
	中、后罗拉与前罗拉隔距偏差		+0.80		用定规检查，"-0"限度以定规可以左右横动为良
			-0		
5	吸棉笛管与罗拉间高低、进出偏差（对标准差）		±0.80		用隔距片及进出工具检查笛管两端25mm范围内
6	导纱动程	与企业标准差	±1.50		目视、尺量，在胶辊上撒白粉检查动程大小及胶辊上边空
		在胶辊上边空	不小于2.5		
7	加压失效或失灵		不允许		表量±1kg以外为不良
8	胶圈回转顿挫、跑偏、胶圈架显著抖动，隔距块缺少、损伤、同台规格不一致		不允许		目视。胶圈顿挫、抖动以影响条干为不良。下胶圈跑偏：量胶圈宽度与罗拉沟槽（滚花）长度中心偏差不超过2mm，上胶圈跑偏以看不见小墙板为不良
9	牵伸齿轮轴与轴孔间隙		0.20	0.20	钢丝插入5mm为不良
10	机台振动		0.15		目视、手感或用百分表放在机外稳定处，表头接触部件最大振动点，表上指针规律出现的最大摆动范围
	各种轴承	振动	0.15		
		发热	温升20℃		
		异响	不允许		手感或用测温计测
11	齿轮异响、啮合不良		不允许		耳听、目视，与正常机台对比
	齿轮缺单齿		1/3齿宽		目视、尺量
	齿轮齿顶厚磨损		1/2齿项厚		目视、尺量
12	滚盘主轴振动		0.25	0.35	运转中发现振动，停车用百分表点接触检查主轴任意点
	滚盘振动、破损		不允许		目视无破损，运转中发现振动，停车用百分表点接触检查，径向跳动不超过1mm；轴向表头在离边缘15mm处摆动不超1.5mm

项次	检验项目	允许限度（mm）		检查方法及说明
		大修理	小修理	
13	吸棉装置破损、漏风及风箱显著振动	不允许		目视、手感 主风道、吸棉箱破损、漏风以吸入本台粗纱长100mm为不良，丝网破损以漏白花、笛管、橡皮头破损为不良，漏风以吸附花衣为不良。显著振动与正常机台对比（气流造成的不计）
14	钢领板在任何位置时，锭子中心与钢领中心偏差	0.40		在锭子回转时，用比钢领内径小0.80mm的锭子中心定规检查，钢领板在任意位置时，钢领与定规相碰为不良
15	锭子摇头	不允许		手感不麻木，或插上2/3容量管纱目视轮廓清晰为良。必要时用三只2/3容量管纱检查，有两只轮廓清晰为良。有条件的可用仪器测，振幅超过0.12mm为不良
16	锭钩失效或有摩擦	不允许		用200mm×15mm×3mm竹片撬锭盘底部或停车手拨检查，目视失效、耳听摩擦为不良
17	导纱板呆滞松动、导纱钩起槽松动	不允许		用手指将导纱板抬起45°能自由落下为良，用0.25mm测微片（手捏测微片中间处）拨动检查导纱板、导纱钩松动，松动以锭子中心与导纱钩偏差不超过0.80mm为良，导纱钩起槽以影响断头为不良
18	钢领板、导纱板升降时紧轧顿挫	不允许		目视、手感
	导纱板升降柱与轴承间隙	上 0.40 下 0.50	上 0.50 下 0.60	钢丝插入全长为不良
19	钢领板前后松动	0.15		检查立柱与尼龙转子间限，有一点插入为不良
20	钢领板级升、始纺、落纱位置不良	不允许		目视、尺量
21	出油口不滴油	不允许		目视
22	吊锭回转顿挫及松动	不允许		目视、手感
23	安全装置作用不良	不允许		目视、手感
24	电气装置安全不良	不允许		目视、手感 1. 接地不良指无接地线或电阻不大于4Ω，接地系统与接零系统混用 2. 绝缘不良指36V以上电线绝缘层外露，36V及以下导线裸露 3. 电箱开关位置不固定、电动机罩壳、风叶螺栓、开关按钮缺损、松动，导线夹失效为不良

续表

项次	检验项目	允许限度（mm）		检查方法及说明
		大修理	小修理	
25	自动装置不良	不允许		目视、手感，开空车测试
26	断头	不高于各厂设定品种指标		
27	条干 CV%	CV%值水平，粗细节，棉节较平前改善		
28	成形不良（机械原因造成）	不允许		目视
29	耗电	符合企业规定		

表 9-36　细纱揩车质量检查表

项次	检查项目	允许限度	扣分标准	车号
1	齿轮啮合不良，各部螺栓松动	不允许	1/处	
2	油眼堵塞、缺油、齿轮缺油	不允许	1/处	
3	车头部件不良	不允许	1/处	
4	吸风管道不清洁	不允许	0.5/处	
5	钢领板不平齐	0.5/处	0.5/处	
6	罗拉轴承缺油	不允许	0.5/处	
7	下销不落实	不允许	1/处	
8	胶圈缺损、跑偏，喇叭口堵塞	不允许	0.5/处	
9	钳口缺损，规格不一致	不允许	1/处	
10	摇架、胶圈架不清洁	不允许	0.5/处	
11	罗拉颈、座、车面不清洁	不允许	0.5/处	
12	张力支架、下销不清洁	不允许	0.5/处	
13	胶圈架上吊、胶辊磨胶圈架	不允许	1/处	
14	前、后绒辊缺损不清洁、失效	不允许	0.5/处	
15	钢领板不灵活、不清洁	不允许	0.5/处	
16	清洁器、滑轮、扁铁不清洁	不允许	0.5/处	
17	飞轮、滚盘、大轴、轴承座、锭钩不清洁	不允许	0.5/处	
18	吸棉管堵头、缺少、脱落、破损	不允许	0.5/处	
19	锭带扭曲、脱落，锭子缠回丝	不允许	0.5/处	
20	开车断头、油污纱、纱尾长	不允许	0.5/处	
21	其他方面不良	不允许		
扣分合计				
评等				

表 9-37　细纱机完好技术条件与扣分标准

序号	检查项目		允许限度	扣分标准		车号
				单位	扣分	
1	前罗拉晃动		0.12mm	节	2	
2	罗拉座发热		升温20℃	只	1	
3	胶圈架显著跳动		不允许	只	0.5	
4	上销隔距块缺少、损坏、同台规格不一致		不允许	只	0.5	
5	胶圈跑偏、损伤		不允许	只	0.5	
6	集合器、喇叭口缺少、损伤、同台规格不一致		不允许	只	0.5	
7	胶辊跳动、损伤、缺油		不允许	只	0.5	
8	上绒辊缺少、失效		不允许	根	0.4	
9	加压失灵		不允许	只	0.5	
10	导纱动程	与企业规定标准相差	±1.5mm	单面	2	
		动程在胶辊边相差	≥2.5mm	只	0.5	
		粗纱碰胶圈架	不允许	只	0.5	
11	牵伸系统	部件抖动	0.2mm	只	3	
		齿轮磨损	不呈刀口	只	3	
		齿轮缺单齿	1/3齿宽	只	3	
12	车头部件	发热	升温20℃	只	3	
		振动	0.2mm	只	3	
		异响	不允许	只	3	
13	滚盘主轴轴承	发热	升温20℃	只	3	
		振动	0.2mm	只	3	
		异响	不允许	只	3	
		滚盘振动	1.2mm	节	3	
		滚盘主轴振动	0.4mm	节	3	
14	吸棉风箱	漏风	不允许	台	3	
		丝网破损	不允许	只	3	
		显著振动	不允许	台	3	
15	锭子摇头、偏心		不允许	只	0.5	
16	锭钩失效、与锭盘摩擦		不允许	只	0.4	
17	成形不良		不允许	台	10	
18	机械空锭		不允许	只	2	
19	无胶圈纺纱		不允许	只	4	
20	三自动失效		不允许	台	2	
21	锭带盘进出位置		±25mm	根	0.4	
	锭带盘张力失效		不允许	只	0.5	

序号	检查项目		允许限度	扣分标准		车号
				单位	扣分	
22	主要	螺栓缺少、松动，垫圈缺少	不允许	只	2	
		机件缺少、松动	不允许	只	4	
23	一般	螺栓缺少、松动	不允许	只	0.2	
		机件缺少、松动	不允许	只	0.5	
24	安全装置作用不良		不允许	台	4	
25	电器装置安全不良	无接地或接地失效	不允许	台	4	
		36V以上导线裸露	不允许	台	4	
		电气开盒、电动机罩、风叶罩、开头按钮缺损松动，导线固定夹头失效	不允许	台	4	
	电器装置严重不良	目视36V以上导线裸露	不允许	台	10	

表9-38　粗细联导轨检验、安装要求规范

序号	检验项目	检验标准		检验方法及要求	检验工具
1	标准件及通用件	符合相应国家及行业标准的规定		根据相应国家标准要求检验	目测
2	吊锭	符合FZ/T 92021—2008规定		根据FZ/T 92021—2008规定检验	FZ/T 92021—2008规定手册
3	链条运行	平稳、顺滑、无打顿		应平稳，无卡顿、卡阻现象；通过弯道时垂直滚轮不允许与导轨侧面接触	电动机
4	电动机转速	8~16m/min		使用减速电动机进行链条运转	
5	导轨平行度	纱库每两根导轨间距220mm	误差≤5mm	目视、卷尺测量，必要时可使用吊线坠	卷尺、吊线坠
6	立柱垂直度	90°±5°		激光标线仪、直角尺测量	激光标线仪
7	导轨接口	每两根导轨接口	缝隙≤2mm	目测导轨接口无毛刺、无缝隙，必要时可使用塞尺进行检验	塞尺
8	导轨高度	纱库纱管下边缘到地面高度2250mm	误差≤5mm	目视、卷尺测量	卷尺
9	驱动两轮间距	间距为17~18mm		利用链条工装进行间距调整、安装	链条工装
10	产品外观	无油渍、无划伤、无磕碰		目视进行对产品外观的检测	目测

第十章 转杯纺纱工和转杯纺纱机维修工操作指导

第一节 转杯纺工序的任务和设备

一、转杯纺工序的主要任务

1. 喂给

将并条加工后的熟条,利用喂给喇叭口、给棉罗拉和给棉板的共同作用,将棉条喂入机内。

2. 分梳、除杂

气流纺纱机都带有除杂机构,将喂入的棉条经锯齿分梳辊分梳成单根纤维状态,同时去除杂质。

3. 牵伸

气流纺纱机的牵伸,不同于粗纱、细纱的罗拉牵伸,它是由喂入罗拉慢速喂入棉条,棉条被分梳成单纤维积聚在纺纱器内,然后由引线罗拉不断地快速引取,经纺纱杯加捻后的纤维束,利用喂入及引取的(罗拉)速度差异达到牵伸目的。

4. 加捻

利用气流环的高速回转将纤维凝聚、并合、加捻成纱,使纱具有一定的强力。

5. 卷绕成形

引纱罗拉引出的成纱,经成形机构导向,卷取成筒子,便于后道加工及运输、储藏。

二、转杯纺工序的一般知识

转杯纺纱也叫气流纺纱,不用锭子,主要靠分梳辊和气流杯两个部件。分梳辊用来抓取和分梳喂入的棉条纤维,同时通过高速回转所产生的离心力把抓取的纤维甩出。气流杯是个小小的金属杯子,它的旋转速度比分梳辊还高4~5倍,由此产生的离心作用,把杯子里的空气向外排;根据流体压强的原理,使棉纤维进入气流杯,并形成纤维流,沿着杯的内壁不断运动。这时,杯子外有一根纱头,把杯子内壁的纤维引出来,并连接起来,再加上杯子带着纱尾高速旋转所产生的捻作用,就好像一边"喂"棉纤维,一边加纱线搓捏,使纱线与杯子内壁的纤维连接,在纱筒的旋绕拉力下进行牵伸,连续不断地输出纱线,完成气流纺纱的过程。

转杯纺纱,又称OE纱,具有以下的特点。

1. 强力

转杯纱中弯曲、打圈、对折、缠绕纤维多,内外层纤维转移程度差,当纱线受外力作用时,纤维断裂的不同时性较严重,且因纤维与纤维接触长度短,受外力时,纤维容易滑脱,因此转杯纱的强力低于环锭纱。纺棉时，转杯纱的强力比环锭纱低 10%~20%；纺化纤时，低 20%~30%。

2. 条干均匀度

转杯纺纱不用罗拉牵伸，因而不产生环锭纱条干的机械波和牵伸波。但如果凝聚槽中嵌有硬杂，也会产生等于纺纱杯周长的周期性不匀。此外，如果分梳辊绕花、纤维分离度不好或纤维的不规则运动，也会造成粗细节条干不匀，然而一般情况下分梳辊分梳作用较强，纤维分离度较好，带纤维籽屑、棉束等疵点少，有利于条干均匀。此外，转杯纺纱的凝聚过程中有并合均匀作用，因此，转杯纱条干比环锭纱均匀。纺中特转杯纱，其乌斯特不匀率平均为 11%~12%，有的低于 10%，而相同特数的环锭纱则为 12%~13%。

此外，原棉经过前纺机械时，有强烈开清除杂作用，排杂较多，特别是通过有除杂装置的纺纱器。同时，还由于在纺纱杯中纤维与杂质有分离作用，而在纺纱杯中留下一小部分尘杂和棉结，故转杯纱比较清洁，纱疵小而少。转杯纱的纱疵数只有环锭纱的 1/40~1/3。

3. 耐磨度

纱线的耐磨度除与纱线本身的均匀度有关外，还与纱线结构有密切关系。因为环锭纱纤维呈有规则的螺旋线，当反复摩擦时，螺旋线纤维逐步变成轴向纤维，整根纱就失捻解体而很快磨断。而转杯纱外层包有不规则的缠绕纤维，故转杯纱不易解体，因而耐磨度好。一般转杯纱的耐磨度比环锭纱高 10%~15%。至于转杯纱捻线的耐磨度，由于其表面毛糙，纱与纱之间的抱合良好，因此转杯纱捻线比环锭纱捻线有更好的耐磨性能。

4. 弹性

纺纱张力和捻度是影响纱线弹性的主要因素。一般情况是纺纱张力大，纱线弹性差；捻度大，纱线弹性好。因为纺纱张力大，纤维易超过弹性变形范围，而且成纱后纱线中的纤维滑动困难，故弹性较差。纱线捻度大，纤维倾斜角大，受到拉伸时，表现出弹簧般的伸长性，故弹性较好。转杯纱属于低张力纺纱，且捻度比环锭纱多，因而转杯纱弹性比环锭纱好。

5. 捻度

一般转杯纱的捻度比环锭纱多 20% 左右，这对某些后加工将造成困难，例如，某些起绒织物的加工较为困难。同时捻度大，纱线的手感较硬，会影响织物的手感。所以，需要研究在保证一定的单纱强力和纺纱断头的前提下，降低转杯纱捻度的措施。

6. 蓬松性

纱线的蓬松性用比容（cm^2/g）来表示。由于转杯纱中的纤维伸直度差，而且排列不整齐，在加捻过程中纱条所受张力较小，外层又包有缠绕纤维，所以转杯纱的结构蓬松。一般转杯纱的比容比环锭纱高 10%~15%。

7. 染色性和吸浆性

由于转杯纱的结构较蓬松，因而吸水性强，所以转杯纱的染色性和吸浆性较好，染料可少用 15%~20%，浆料浓度可降低 10%~20%。

三、转杯纺设备的主要机构和作用

1. 工艺流程及纺纱部分的组成

（1）气流纺机的主要部件。有纺纱杯、喂给机构、分梳辊、引纱管、阻捻头等，组成一个生产单元，称为纺纱器，按纺纱杯内负压产生的方式，纺纱器可分为自排风式和抽气式两种。

（2）气流纺纱机纺纱部分。主要由喂给分梳、凝聚加捻和卷绕等机构组成。

（3）转杯纺纱机的工艺过程。转杯纺纱机主要由喂给分梳、凝聚加捻和卷绕等机构组成。图10-1是转杯纺纱机的剖面示意图，条子自条筒中引出，送入纺纱器，在纺纱器内完成喂给、分梳、凝聚和加捻过程。由引纱罗拉将纱条引出，经卷绕罗拉（槽筒）卷绕成筒子。图10-2是纺纱器内部结构示意图。条子通过喂给喇叭1由喂给罗拉2与喂给板3握持，并积极向前输送，经表面包有金属锯条的分梳辊4分梳成单纤维，并被分梳辊抓取。由于纺纱杯5高速回转，带动杯内的气流回转产生离心力，将空气从排气孔6排出，使纺纱杯内产生真空度，迫使外界气流从补风口7和引纱管8补入，于是附于分梳辊锯齿上的单纤维在分梳辊离心力及补风口补入气流的作用下，通过输送管道9吸入纺纱杯5，气流经隔离盘12的导流槽从排气口排出，纤维沿纺纱杯壁滑入纺纱杯5的凝聚槽10，形成凝聚须条。

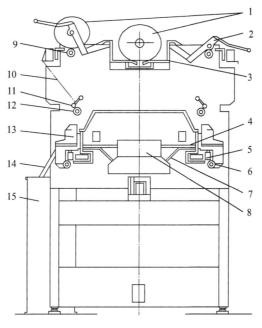

图10-1　转杯纺纱机横截面示意图

1—纱筒　2—筒子架　3—输送带　4—转杯带　5—分梳辊　6—喂给轴　7—排杂回收
8—吸风管　9—卷绕轴　10—纱　11—胶辊　12—引纱轴　13—纺纱器　14—生条　15—条筒

开车生头时，将引纱送入引纱管，由引纱管补入的气流吸入纺纱杯，由于纺纱杯内气流高速回转产生的离心力，使引纱的尾端贴附于凝聚须条上。引纱由引纱罗拉握持输出，贴附于凝聚须条的一端，和凝聚须条一起随纺纱杯高速回转，因而获得捻度，并借捻度使纱尾与凝聚须条相联系。引纱罗拉连续输出，凝聚须条便被引纱剥离下来，在纺纱杯的高速回转下加捻成纱。因凝聚须条可随纺纱杯（加捻器）一起回转，所以凝聚须条就是转杯纺纱的环

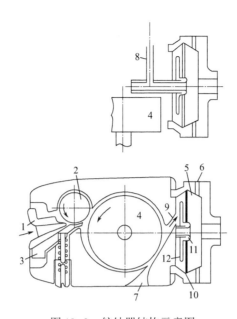

图 10-2　纺纱器结构示意图

1—喂给喇叭　2—喂给罗拉　3—喂给板　4—分梳辊　5-纺纱杯　6—排气孔　7—补风口

8—引纱管　9—输送管道　10—凝聚槽　11—阻捻盘　12—隔离盘

状自由端。

　　纱条在回转加捻的过程中，受到阻捻盘 11 的摩擦阻力，产生假捻，使阻捻盘至剥离点间一段纱条的捻度增多，可以增加回转纱条与凝聚须条间的联系力，以减少断头。转杯纺纱机的每一个纺纱器，可以纺出一根纱，称为一个头。纺纱器的下端骑跨在喂给传动轴的套管上，纺纱时，机器上的锁紧螺钉扣住纺纱器上侧的锁紧片，使纺纱器紧靠在机架侧板上。松开紧锁片，纺纱器可绕喂给传动轴向外回转，倾斜 45°，便于清扫纺纱杯。如需在机器上维修保养时，纺纱器可倾斜 90°。如拆掉纺纱器下盖，可将整套纺纱器取下。

　　（4）气流纺纱机的结构。气流纺纱机是一种基于模块化设计的双面型机器，它由三个完全组装好的箱体组成，包括电气箱，组装好的（包括纺纱器）车身段等。气流纺纱机是根据空调环境而设计的，其环境温度为 26~28℃，相对湿度为 55%~62%。

2. 分梳机构的作用

　　将条子分解成单纤维状态，同时将条子中的细小杂质排除，以达到提高强力、降低断头的目的。

　　分梳机构是由分梳辊、分梳腔、导流块组成。

　　分梳辊一般采用铝合金胎基，表面植以钢针或齿片排列组合或包覆金属针布，直径为 60~80mm，它的作用主要是对喂给罗拉与喂给板握持的须条进行分梳，实现纤维在单纤维状态下的排杂与输送，为纤维的重新排列组合做准备。

3. 纺纱杯的作用

　　依靠气流与离心力的作用，将开松后的单纤维由杯内滑移面滑入凝聚槽，形成环形自由端须条，纺纱杯每一个回转，纱条上就产生一个捻回（如不计加捻效率）。

4. 阻捻盘的作用

阻捻盘又叫假捻盘，目的是为了降低成纱捻系数，保证成纱强力，降低断头。

5. 隔离盘的作用

将正在输送的纤维和已经加捻的成纱隔开，目的是为了减少成纱的外包纤维。同时输送管与隔离盘的合理配置，使纤维输出后，有一个合理的空间，并受到纺杯回转气流的影响，纤维沿切线方向凝聚槽内，提高纤维伸直度和成纱强力。

6. 喂给喇叭的作用

由塑料或胶木压制而成，其通道截面自入口至出口逐渐收缩成扁平状，条子通过喂给喇叭，其截面随之相应变化，以提高纤维间的抱合力，并可使条子截面厚薄均匀，密度一致，以保证喂给罗拉与喂给板对条子的握持力分布均匀，有利于分梳辊的分梳。

7. 喂给罗拉与喂给板的作用

喂给罗拉为沟槽罗拉，与喂给板共同握持，并借喂给罗拉的积极回转，将条子输送给分梳辊分梳，为避免条子受分梳时向分梳辊两端扩散，喂给板的前端被设计成凹状，以限制条子的宽度。

8. 压纱装置的作用

压纱装置应灵活有效，当关车时纱线被拉出来后要立即压住纱尾，防止纱尾跑出引纱管。开车时要及时释放，使纱尾按时送到凝聚槽。

四、转杯纺工序的主要工艺项目

转杯纺纱机通常都为抽气式，在选配工艺时应主要考虑牵伸倍数、捻系数、纺杯速度、引纱速度、分梳辊速度、排杂负压、工艺负压以及张力牵伸倍数等工艺参数。主要工艺参数的配置情况分析如下：

1. 纺前工艺设计

纺前工艺流程选择：一般选用一道并条，也可选用多道并条，视原料来定。

纺前工艺配置：适中并合和牵伸，倒牵伸配置，以保证喂入棉条的条干及成纱条干。

2. 转杯规格及速度

转杯速度和直径决定了设备的生产能力，转杯规格不同，其纺纱特性不同；转杯规格涉及的参数包括转杯直径、转杯形式及凝聚槽形状。转杯直径取决于转杯速度与原料长度。各机型转杯直径见表 10-1。

表 10-1　不同形状的纺纱特征

槽形	形状	形状特点	纱线特点	适纺纱线
G		圆弧平底	中粗支，结构紧于 U 型	小于 100tex
U		下宽	粗支，结构松，常用于牛仔布	大于 35tex

续表

槽形	形状	形状特点	纱线特点	适纺纱线
T、K		尖角平底	纱线结构最紧,与环锭纱最接近	中低支
S		上宽槽	结构稍松,原料适应性强(再生)	中低支
V		反底圆弧	结构松,适合蓬松度高的原料	中支

转杯形式有抽气式和自排风式两种,与转杯纺纱机的设计有关。

凝聚槽形状可归纳为 U 形和 V 形两种,又细分为 G、U 形,及 T、K、S 和 V 形,不同槽形决定了纺纱机的纱线特点。

U 形纱线,结构较松,手感柔软,可纺支数低,原料适应性强。

V 形纱线,结构紧密,类似环锭纱,强力高,手感硬,可纺支数高

3. 分梳辊形式、规格和速度

(1)分梳辊形式与规格(表 10-2、图 10-3)。

表 10-2 分梳辊形式

工作角	型号	适纺原料
65°	OB20 类、OK40	棉、毛及混纺原料
100°	OK37	再生纤维
90°	OK36	混纺原料
75°	OK61	化纤与混纺原料
78°	OS21 类	化纤与混纺原料
65°	OK74 类	棉、再生纤维

(2)选择原则。

①纺纯棉或棉比例较高时,针布工作角要小,一般为 65°左右。

②纺化纤的工作角略大,以防止纤维缠绕分梳辊,一般为 80°~85°。

③齿密也是影响梳理强度的重要因素,选择时也要适当考虑。

(3)分梳辊速度。分梳辊针布规格与速度共同构成了梳理强度,要求分解纤维、排除杂质,并尽可能减少纤维损伤和弯钩。可根据产品说明书,结合上机观察选择。

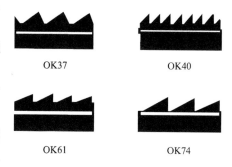

图 10-3 锯齿的齿形

选择分梳辊速度时，要考虑所采用的纺杯速度、纺纱号数、所用原料、分梳辊锯齿型号以及引纱速度等，一般情况下，分梳辊速度选用 6500~9000r/min 便可以满足纺纱要求。

4. 捻系数和捻度

（1）确定原则。原料、用途、生产效率等，可根据设备产品说明书、产品用途、上机实验确定。

（2）捻度计算与捻度损失。转杯纺加捻过程中，捻度损失较大，在工艺设计中需要考虑。一般损失率为 10%~30%。

$$T = \frac{N}{v}(1 - \eta)$$

式中：T——捻度，T/m；

N——纺杯速度，m/min；

v——引纱速度，m/min；

η——加捻效率，%。

5. 假捻盘规格

（1）假捻盘的作用。可提高加捻点（在假捻盘上）至剥离点间的纱条捻度，从而提高此段纱的强力，降低纺纱中的断头。

（2）选择原则。捻系数越大，选择假捻作用强的假捻盘，如直径大、刻槽等。

6. 输出速度

$$V_{输出} = \frac{N_{杯}}{T \times 10}$$

式中：$V_{输出}$——输出速度，m/min；

$N_{杯}$——转杯的转速，r/min；

T——捻度，T/m。

$$输出轴转速\ N_{输出} = \frac{V_{输出} \times 10^3}{\pi \times D_{输出}}$$

式中：$N_{输出}$——输出轴转速，r/min；

D——输出轴直径，m。

7. 牵伸倍数

$$实际牵伸倍数 = \frac{条子定量(g/5m) \times 200}{纱的标准定量(g/1000m)}$$

牵伸系数与纺纱落棉率、纤维损失、捻缩、卷绕张力、牵伸倍数有关。输出部分至卷绕需要考虑张力牵伸，一般为 1 倍左右。

尽管转杯纺的牵伸倍数适应范围较大，最高可以达到 250 倍，在实际配置时要考虑所纺号数和喂入棉条定量，要相互兼顾，尽可能不要配置过大，以不超过 200 倍为宜。

张力牵伸倍数过大，会使成纱断裂强力下降，严重时会造成断头明显增加；张力牵伸倍数过小，则会使卷装较松、成形不良。要根据实际纺纱条件进行选择。

8. 喂给罗拉速度

$$喂给罗拉线速度(m/min) = \frac{输出线速度}{机械牵伸倍数}$$

$$喂给罗拉转速(r/min) = \frac{D_{输出} \times N_{输出}}{D_{喂给} \times 牵伸倍数}$$

式中：$D_{喂给}$——喂给轴直径，m。

五、转杯纺纱机的技术特征

（1）转杯纺采用了先进的微处理控制系统，可以方便地设定、储存并显示生产、工艺及设备的运行数据，可以及时检查设备的运行情况，有利于指导生产。

（2）可以根据具体生产条件和用户对筒纱的卷装要求，对不同产品、不同批号设定纱的卷装重量或卷装尺寸，并显示落纱所需要的时间，随时显示已纺出纱的重量或长度，使生产计划人员和相关操作人员能够随时掌握筒纱的卷装状态。

（3）根据设计的工艺参数，微处理控制装置能够自动执行转杯纺纱机的相关设置，主要可以设置或显示以下工艺参数：纺杯速度、输出速度、分梳辊速度、纺纱号数、喂给条子号数、捻系数、捻度以及工艺负压值和排杂负压值等。

（4）在正常生产运行中，微处理装置可以采集相关生产数据，及时提供设备的每班运行信息，提供每个纺纱器十天的运转情况以及生产历史记录，可以显示转杯纺纱机千头时断头率、纺纱器利用率、纺纱断头数及纺纱产量。

（5）设计了设备控制参数，可以根据设置参数进行自动运行，以保证设备在运行时保持一定的特殊模式。半自动生头装置的控制值就保存于微处理器的内存之中。

（6）微处理装置内置每个润滑点进行周期性润滑的时间表、最后一次的润滑时间以及润滑的类别，这样可以指导维修人员方便掌握各润滑点的周期，及时做好润滑准备工作。

（7）转杯纺纱机配备了纺纱器中央负压源，即在中央风机抽气管部位配备了负压传感器，这样可以使所需要的负压通过调压器进行连续调节，负压的实际数据和负压的变化都可以在控制器上随时显示，以便于调整时参考。

（8）配备中央负压源的优点。

①调节负压时，不再依赖于纺杯和分梳辊的速度，可以根据实际工艺条件的需要进行调节。

②可以任意选择并优化空气条件，降低纺纱器和分梳辊涂层的磨损，分梳辊的直径不必太大，这样可以降低能耗。

③可以从根本上解决纺杯排气孔容易被杂质、灰尘、纤维以及润滑油堵塞的问题，有利于纱疵的减少。

④可以最大限度地减少纺杯凝棉槽内的积灰、积杂现象，有利于减少竹节纱的产生。

⑤保证在整个纺纱过程中负压稳定，保持理想的除杂率，减少纺纱断头，稳定成纱质量。

⑥有利于扩展试纺原料，扩大试纺号数范围，为开发新产品创造条件。

（9）一般的转杯纺纱机配备了先进的集体生头装置，通过程序控制执行。控制器调控启动各项操作，使其各自能够独立进行。可以通过控制器面板上的工艺菜单预先设定工艺参数，使设备的启动和停车适应不同的纺纱条件。集体生头的效率受多方面因素的影响，与预先设定的工艺参数、是否正确调整纺纱机、清洁和维护状态、车间温湿度等因素有关，也与喂入条子定量、原料性能、纺纱号数以及设备开关所需要的时间长短有关。当设备停车时，喂给系统便起作用，这是该机的一项重要功能。

（10）转杯纺纱机一般配有落纱装置，可以自动将筒纱放在传送带上，输送到纺纱机的尾端后再人工取下。转杯纺纱机所配的气动装置主要用于整个筒子落纱，包括由引纱器在筒子右侧产生的预留纱尾。该机采用的筒子固定装置以及在传送带尾端的传感器，可保证筒子被方便地取下，而且不会被损坏。

（11）转杯纺纱机的清洁和空气系统装置内配有清风电动机，变频控制；还配有带变频器的工艺气流风机、传送带驱动装置、纺杯驱动装置以及分梳辊和纱线、杂质、工艺气流收集器的皮带张紧装置。

（12）纺杯和分梳辊速度采用无级调速，翻改品种方便，同时也能根据原料和品种情况选择最优纺杯速度和分梳辊速度，提高纺纱质量。生产中也可以根据实际条件选择工艺变换皮带轮来改变分梳辊速度。

（13）一般转杯纺纱机还具有以下特点。

①所有的纺纱器都有最优的气流参数，可以根据纺纱要求进行调节。

②纺纱器排除杂质与纺杯速度无关，除杂效率可以根据生产条件进行控制。

③在纺纱过程中可以随时检查工艺参数，不影响产量。

④采用抽气式，去除了原有的纺杯排气孔，解决了排气孔易堵塞的现象。

⑤每个纺纱器都配置了单独的喂给驱动装置，该驱动装置可以在纺纱过程中断和重新开车时调整条子的喂给进程，从而保证了成纱质量。

⑥配备了卷绕定长装置。

⑦可以配备筒子臂自动抬起装置、上蜡装置和顶部移动清洁器。

第二节 转杯纺工序的运转操作

一、岗位职责

（1）按照车间班组生产定额，完成生产质量任务。

（2）严格按照安全操作规程、操作法及现场 6S 管理要求完成工作任务。

（3）提前 15 分钟上岗，做好交接班工作。

（4）值车工加强巡回，按照操作要求及时处理断头及换条倒筒工作，使纱线连续不断生产，确保车间生产效率。

（5）按照清洁进度完成岗位地面、机台清洁工作。

（6）按规定时间掏风箱花及回丝。

（7）班中巡回做好防疵捉疵质量把关工作。

（8）巡回过程中发现设备异常及时反馈。

（9）负责将本工序产生的回花条撕断（不能长于 30cm）。

（10）负责做好本岗位危险源辨识和隐患排查工作。

（11）负责车间消防器材正确使用和消防器材完好交接工作。

（12）严格执行劳保佩戴管理，做好职业健康安全及环保工作。

（13）完成轮班交办的各项任务。

二、交接班工作

交接班工作是保证正常生产的重要环节，应对口交接，既要发扬风格，加强团结，又要严格认真，分清责任。交班以交清为主，为接班者创造良好的生产条件；接班以检查为主，认真把好质量关，保证生产工作的高质、高效，轮班工作才能顺利进行。交接班内容见表10-3。

表 10-3　交接班内容

内容	重点	要求
清洁	1. 机台	按清洁进度表
	2. 地面	随时保持干净
生产情况	1. 前后工序供应情况	按生产计划要求
	2. 平揩车	填写停台时间
	3. 工艺变化	机台工艺参数与工艺单一致
	4. 棉条筒圈、纸管颜色	无错圈、错管
	5. 棉条分段	要求分段整齐
设备情况	1. 运转部件	无损坏、无缺失
	2. 坏机、坏锭	原因清楚
工具	公用清洁工具	完好、干净、定位

（一）接班工作

接班以检查为主，提前15分钟上车检查工作，了解上一班的生产情况，严格把好质量关，必须做到"一问""三查"。

1. 一问

主动问清上一班的生产情况，如断头、平揩车、机械运转情况、筒子成形，支数翻改，棉条分段等情况。

2. 三查

（1）上查筒子成形，槽筒是否绕回丝。

（2）中查牵伸部件运转是否正常，纺纱通道是否光滑。

（3）下查棉条分段是否正常，有无错支，固定供应是否按规定执行，回花下脚分类是否正常，地面是否清洁等。

（二）交班工作

交班以交清为主，按照规定内容做好各项工作，公用工具放在规定的地方，为接班者创造良好的生产条件，必须做到"一讲""五清""一处理"。

1. 一讲

主动讲清生产情况如断头、平揩车、机械运转情况、筒子成形，支数翻改，棉条分段等情况。

2. 五清

（1）断头接清（不留空头及坏纺纱器，特殊情况讲明原因）。

（2）棉条分段要清（棉条分段根据纺纱品种自定，外排棉条低于筒口，必须倒入里排）。

（3）机台、地面交清。

（4）公用工具要交清。

（5）回花、下脚要分清。

3. 一处理

认真处理好接班者提出的问题。

三、清洁工作

做好清洁工作是降低断头、减少纱疵、提高产品质量的重要环节，把清洁工作合理地安排在一轮班内进行，使清洁工作间隙时间均匀，克服前松后紧的现象。清洁工作以防为主，不造成纱疵。

（一）清洁工作的要求

采用"四字原则""五定要求"。

1. 四字原则

轻：动作要轻巧，做每一项清洁工作，动作要轻，防止飞花附入纱条。

清：清洁要彻底，符合质量要求。

均：均衡安排清洁进度。

防：防止因做清洁工作造成人为纱疵。

2. 五定要求

定项目：根据质量要求定清洁项目。

定次数：根据清洁项目、品种要求、环境条件，确定清洁次数，制定清洁进度，可采取定时做、巡回中结合做。

定方法：从上到下，从里到外，不同部位用不同的工具，采用不同的方法，严禁用吹、打、扇、拍的方法。

定工具：选择工具既不影响产品质量，又要灵巧实用，并且要严格分部位使用。

定工具清洁：工具必须清洁，防止工具不净而造成纱疵。

（二）清洁方法及工具的使用（表10-4）

表10-4　清洁方法及工具的使用

转杯形式	清洁位置	清洁方法及工具
自排风式	留尾装置	用单排毛刷或竹扦顺方向采取轻扫、轻拈留尾装置两侧——单排毛刷或毛笔刷
	上挡板	用纱线做的菊花拈杆从上到下彻底拈（上顶板必须做过1/2）

续表

转杯形式	清洁位置	清洁方法及工具
自排风式	导纱支架积花	用拃杆或毛笔刷
	皮辊架	用菊花拃杆或海绵、绒布采用拃、擦的方法
	导纱板	用绒布或海绵轻擦，毛刷轻扫
	横挡板	用菊花拃杆彻底拃
	壳体罗拉凳	用绒布或海绵擦
	滤网	用绒布或海绵擦
	喇叭口两侧排杂孔	用细竹扦拃
	防尘罩	用长菊花拃杆拃
	输送带夹层	用拃杆拃
	摆管架	用绒布或海绵擦
	纱架两侧回丝	用打结刀割（落纱工处理）
	动程杆	用毛笔刷
	壳体两侧挂花	用拃杆或毛笔刷做
	挡板连接处	用长菊花拃杆做
	上下罗拉轴	用包布擦
	纱架底部（两侧）	用长菊花拃杆做
	扫地	用扫帚或耙子清扫
抽气式	槽筒座	长菊花拃杆，从上到下轻轻转
	张力补偿弓	单排毛刷，顺方向从上到下轻扫
	横挡板，罗拉座	小拃杆，按前进方向做
	皮辊架，助接器	小毛刷从左到右
	档纱槽	小毛刷从左到右
	擦壳体	小拃杆，从里到外，由上而下
	喇叭口两侧	小毛刷从左到右
	扫地	用扫帚或耙子清扫
	一轮班清洁工作时间进度，按具体情况自行规定	

（三）清洁进度表

1. 半自动转杯纺纱机清洁进度表（表10-5）

表10-5 半自动转杯纺纱机清洁进度表

清洁项目	清洁时间	清洁工具	清洁方法	清洁要求
车底筒缝	交班前	棕刷	清扫	无积花
车头、车尾上下	交班前	线刷、竹杆	扫、捻	无积花、挂花
掏风箱	1次/小时	手	掏	不堆积
牵伸通道	1次/周	排刷	刷	无积花、积尘
纺纱箱、下挡板	交班前	竹杆	捻	无积花、积尘

清洁项目	清洁时间	清洁工具	清洁方法	清洁要求
电清、排杂口	交班前	手	抹	无积花、积尘
掏回丝	落纱前后	手	掏	掏净
条筒摆放	随时做	手	摆	定位整齐
机底、立柱、机脚	1次/周	扫把	扫	无积花
落纱传送带及周围	落纱前	回丝	擦	无积尘
第三只手回丝	随时做	手	揪	保持干净

2. 全自动转杯纺纱机清洁进度表（表10-6）

表10-6　全自动转杯纺纱机清洁进度表

清洁项目	清洁时间	清洁工具	清洁方法	清洁标准
车头顶部	次/4天	尼龙刷	扫	表面无积尘
车头、车尾滤网	随时	抹布	抹	无挂花、飞花
车尾斜坡	次/2天	抹布	擦	无积尘、积花
大吸嘴	次/2天	抹布	擦	无飞花、积尘
分梳辊罩壳	次/2天	抹布	擦	无飞花、积尘
支架	随时保持	长棕刷	扫	无积花、积尘
筒缝	次/2天	长棕刷	扫	无积花、积尘
DCU小车	次/4天	抹布	擦	无积花、积尘
纺杯	随时保持	清洁棒	刷	无积花、积尘
引纱通道	随时保持	烟斗通条	捅	表面无积尘
喂棉罗拉	随时保持	花衣棒、手	捻、拿	无飞花、积尘
筒纱输送带	每班一次	抹布	擦	表面无积花、积尘、油污
地面	随时保持	拖把	扫	无积花、积尘
机台各部位挂花	随时	花衣棒、手	拿	无挂花、飞花
风箱花	次/2小时	手	掏	无积尘、风箱花
尘杂	次/30分	手	掏	无排杂花
筒心清洁	低于10cm以下	花衣棒	捻	无短绒、飞花

四、操作方法

（一）半自动转杯纺单项操作法

1. 接头操作要领

清：接头时要用小毛刷将加捻杯、凝棉槽及阻捻头、排风道的挂花及杂质清扫干净。

轻：打开和合上纺纱体时动作要轻，接头动作要轻，不碰探针，筒纱架放下要轻。

准：引纱长度要准（一般20cm），按给棉的快、慢、手感的吸力来掌握。

好：接头时筒架放下时两手配合得要好。

2. 自排风接头程序

揿按钮、开壳体→抬筒子架→清扫隔离盘→清扫加捻杯→合壳体→寻头→掐头→引头→接头。要求速度快，动作连贯，双手配合好。

①掀按钮开壳体。左手食指掀按钮，其余四指支撑壳体，打开纺杯（图10-4）。

②抬筒子架。用右手抬起筒纱架（图10-5）。

③清扫隔离盘。将隔离盘附近的纤维扫清（图10-6）。

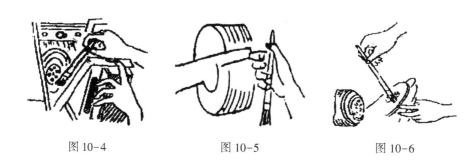

图 10-4   图 10-5   图 10-6

④清扫加捻杯。待加捻杯停止运转后，用右手持小毛刷扫清加捻杯里的剩余纤维和杂质（图10-7）。

⑤合纺纱器、找头。用左手食指掀按钮，推上纺纱器；用右手拇、食、中三指寻筒子上的纱头（图10-8）。

图 10-7   图 10-8

⑥掐头。左手拇、食、中三指抚住纱条，右手拇指、食指与无名指、小指捏住纱条拉紧，中指用力弹头，回丝绕捏在小指、无名指内（10支以下右手解捻）（图10-9）。

⑦引头。用右手捏纱条，选定适当长度，（约在皮辊架的位置，右手离纱头端约20cm左右），左手拇指、食指将纱头喂入引纱管（图10-10）。

⑧准备接头。引头后，左手先把纱条绕过探针，然后左手握住筒子架手柄，右手把纱条送进一定长度，使纱线承受一定张力（手感有吸力，处于接头状态）（图10-11）。

⑨接头。左右手同时进行，相互配合。左手把筒纱准备压向槽筒（卷绕罗拉）；右手将纱线连同探针压向给棉位置（意味着给棉），稍停，这时右手将纱条立即放松，同时左手把筒子架柄压下。

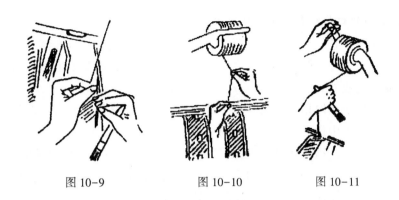

图 10-9　　　　　图 10-10　　　　　图 10-11

3. 抽气式接头程序

①用右手拇指打开纺纱器清洁开关，左手同时抬起筒纱架手柄，使筒子纱脱离卷绕罗拉停止回转，然后用左手拇、食、中三指在筒纱上寻头（图 10-12）。

②掐头。右手拇、食两指捏住纱条，左手夹住筒纱线协助拉下，纱条到壳体手柄（中间及右边 3cm 内拉下），然后左手拇指、食指在壳体手柄处捏住纱条，右手无名指、小指夹住纱线，用中指指肚靠近食指指背将头掐断（掐头长度 3cm 左右），右手拇、食两指捏住纱线头（图 10-13）。

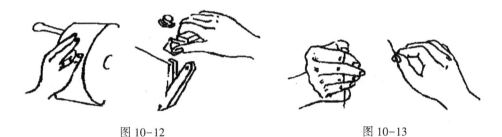

图 10-12　　　　　　　　　　图 10-13

③解捻掐头。左手拇、食指捏住纱线，右手夹住筒纱协助拉下，纱线到壳体手柄（中间及右边 3cm 内）拉下，然后用右手拇、食指在壳体手柄处捏住纱条，左手拇、食两指在距右手一寸左右处用解捻方法掐断头（图 10-14）。

④引头。左手拇指关清洁开关，右手将纱线头喂入引纱管，掐下的回丝绕在无名指和小指上（图 10-15）。

⑤接头。右手食指尖按动给棉开关，左手立即将筒架手柄压向卷绕罗拉，接头完毕（图 10-16）。

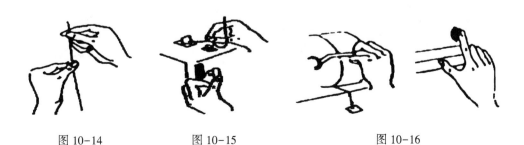

图 10-14　　　　　图 10-15　　　　　图 10-16

4. BD-D330 型转杯纺纱机接头操作方法

①撅按钮开壳体。右手拇指按给棉开关，左手中指撅按钮，打开壳体。

②抬筒纱架。右手抬起筒纱架，顺手用拇、食、中三指找出筒纱上的纱线头拉下，左手将筒纱架压向筒纱托板处。

③清扫纺杯。将纺杯停止运转后，右手持小毛刷扫净纺杯里的剩余纤维和杂质。

④合纺纱器。左手中指撅按钮，推上纺纱器。

⑤掐头。左手拇、食指在传感器处捏住纱线，右手食指在上，将纱线绕入传感器通道，左手食指再将纱线绕入升头杆，右手拉下纱线，置于纺纱器盖上的测量天平，选定所需长度，左手拇、食指在上捏住纱线，然后用磨砂轮割断。

⑥引头。右手拇、食指在胶辊处捏起纱线，左手将纱线头喂入引纱管，右手拇、食指离开纱线，准备接头。

⑦接头。左手中指按下纱线，挑起按钮，拇指再按住给棉器开关，两手互相配合接头。

5. 棉条包卷操作方法

棉条包卷采用竹扦接头上抽法，基本要点为：分撕条头条尾时纤维要平直、稀薄、均匀松散、搭头长度适当、竹扦粗细合适、包头不要过紧，接头质量好，不粗、不细、不脱头。具体操作方法如下。

①分条尾。右手拿起条尾，左手顺势托住，找出正面，右手小指、无名指托住条尾端，将棉条平摊在左手四个手指上，保持纤维平直。右手小指、无名指弯向手心，将条尾端握住，手背向上。左手拇指尖插入棉条缝内中指第二关节处，右手拇指、食指捏住另一边（图 10-17）。

②手背外转90°，剥开棉条，中指在剥开的棉条底下弯下手掌，中指尖端顶在拇指根部，拇、食指捏住棉条外边位于中指第二关节处，拇指平伸，与中指形成一直线钳口。剥开的棉条平摊在左手四个手指上，左手拇指按在中指、食指之间的棉条上，形成另一钳口，两对钳口必须平行，并与棉条垂直，距离8cm左右（图 10-18）。

③撕条尾。撕头前左手无名指、小指稍向后移，离开棉条，两手握持棉条处不要夹得太紧，并使棉条在一个水平面上，右手沿水平方向徐徐移动撕断棉条，使撕出的条尾松散、稀薄、均匀，纤维平直、须绒长。

④分撕条头。右手拇、食、中三指拿起满筒的条头，中、食指呈垂直方向，拿时要拿扁面，左手以中指在外，食指、无名指、小指在内夹住棉条，右手拇、食指捏住棉条一边（左边），中指顺拇指方向拨条，移动至拇指根处剥开棉条，手背向上，拇指与中指夹住棉条头形成一直线钳口（图 10-19）。

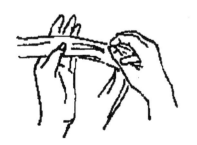

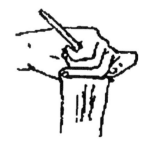

图 10-17   图 10-18   图 10-19

⑤左手中指、无名指捏住条头下方（右手在上、左手在下），两手呈垂直状态，两对钳口距离7.5cm左右，化纤8.5cm左右。然后右手按垂直方向徐徐向上移动撕断棉条，将撕下的棉条头放入围裙口袋内（图10-20）。

⑥搭头。左手无名指、小指弯起，右手中指紧靠在左手中指下面，两手中指平行，棉条夹入右手中指、无名指之间，拇指按在左手中指处的棉条上，徐徐向下抽棉条，在抽条时，将右手食指放在原来左手中指处，用右手拇指、食指拿住条头脱开左手（图10-21）。左手食指向上移，使条尾基本与小指平齐，右手将条头靠指尖一边平搭在左手的条尾上，搭头时右手拇、食指捏住条尾右边，条尾右边比条头宽约0.3cm，左边宽约0.6cm，便于包卷。搭头长度3.5~5cm，一般不超过中指，搭头时纤维要平直，并用左手拇指抹一两下，抹平纤维，使条头与条尾黏附，左手食指移回，四肢并拢（图10-22）。

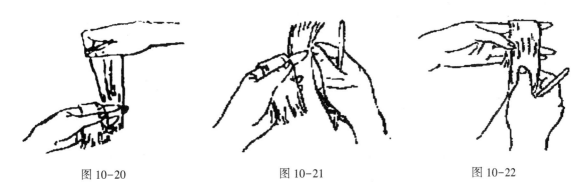

图10-20　　　　　　　　　图10-21　　　　　　　　　图10-22

⑦包卷。右手拿竹扦上端，将竹扦压在左手靠小指尖边的棉条头上，竹扦与棉条平行，下端与小指平齐或略长。左手拇指放在中指、无名指之间搭头处右侧，按住条子包住竹扦向左转动条子宽度的三分之一（图10-23）。转动时竹扦必须紧靠四指，然后左手拇指离开条子，右手拇、食、中三指继续转动竹扦到卷完为止。拈竹扦时左手小指、无名指、中指随竹扦转动自然弯向手掌，食指向后上方翘起。

⑧抽扦。包卷完毕，左手小指轻轻按住条子，无名指起辅助作用，右手将竹扦向上抽出，抽出方向与棉条平行（图10-24）。右手拇、食、中三指捏住棉条包卷处，左手翻开筒脚，右手将条子按圈条方向盘放在满筒上。

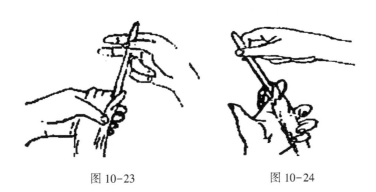

图10-23　　　　　　　　图10-24

6. 落纱操作方法

①落纱要求。

a. 落纱工看到满筒信号或根据打包要求重量，做好落纱前的准备工作。

b. 打开落纱吸风管道开关，试试风力的大小，摆好筒纱管，准备好盛纱车。

c. 落纱工落完一段筒纱必须接齐头后，再落另一段，出车档前必须接齐头。

d. 在落纱工作中，认真检查有无错管、坏筒纱、纱线缠槽筒或胶辊。

e. 按照清洁要求，认真做好分管机台的清洁工作，在落纱1小时后应打上责任标识。

②落纱方法。

a. 打断头：右手拇、食指按住探针不再给棉，将纱线打断。

b. 拿筒纱：左手抬起筒纱架，手柄稍微向左开，右手将大筒纱拿下，放入落纱车或容器内。

c. 上筒纱管：左手扶住筒纱架，手柄稍向左开，右手将筒纱管按放在筒纱架上，左手迅速将筒纱架放下，落纱动作结束。

d. 有输送带：

打断头：右手拇、食指按住探针不再给棉，将纱线打断。

拿筒纱：左手抬起筒纱架，手柄稍向左开，右手拿空筒管直接将机上筒纱推向输送带上，并将空筒管快速放在筒纱架上放下筒纱架。

机后有值车工接筒纱并放入落纱车或容器内。

③清扫纺杯方法。

a. 揿按钮开壳体：左手中指揿按钮，其余四指支撑壳体，打开纺杯。

b. 清扫纺杯：待纺杯停止运转后，右手持小毛刷扫净纺杯凝聚槽内的剩余纤维、杂质及隔离盘附近的纤维。

c. 合纺纱器：用左手中指揿按钮，其余四指握持壳体，用力向上推，合上纺纱器。

④BD-D330型转杯纺纱机落纱留尾方法。

a. 落纱时，先打开风机输送带开关，右手拇、食指将吸风嘴打开，然后用右手拇、食、中三指掐断纱线，并立即将纱线送入吸风嘴。

b. 左手抬起筒纱架手柄稍向左开，右手手掌将大筒纱推到输送带上。

c. 右手拿筒纱管按放在筒纱架上，左手迅速将筒纱架落下。

d. 右手拿起落纱专用工具枪，用工具枪的沟槽在传感器处钩处纱线，并迅速顶到纱架右侧的筒纱夹盘沟槽处，这时，纱线已断缠绕在筒纱管上，左手关闭吸风嘴。

（二）全自动转杯纺操作法

1. 换段

采用无包卷、穿条方式。

（1）机台换段时，条尾预留不低于50cm，停锭拔掉条尾，满筒备好，将条头拉取50cm，将满筒倒入里排，按步骤从预冷凝器、给棉板、给棉喇叭口、给棉罗拉进行穿条喂入（图10-25～图10-28）。

（2）穿条喂入完成后，将条筒摆放整齐，按喂入健、启动键开机。及时把空筒筒号擦掉（图10-29、图10-30）。

图 10-25

图 10-26

图 10-27

图 10-28

图 10-29

图 10-30

2. 接头

采用全自动大吸嘴机械接头。

3. AC8 工序操作法的基本要点

处理红灯、生头动作要规范、速度要快。

（1）常见故障代码（表 10-7）。

表 10-7　常见故障代码

代码	常见故障	处理方法
125	没有棉条或单锭清洁不净，接头不成功	穿条或做单锭清洁
143	找不到纱线头	人工找头
216	纺纱箱未合上	手动将纺纱箱合上
254	纺杯电动机故障	反馈维修修理
702/706	分梳辊故障	清洁分梳辊处理挂花
139/137/144/211	错误棉条锁定	将棉条拉掉 1~2 米，按喂入键
138	粗支纱锁定	将棉条拉掉 1~2 米，按喂入键
"8" 开头	DCU 工作未完成	按喂棉键单锭完成未完成工作

（2）故障处理方法（表10-8）。

表10-8　故障处理方法

故障代码	产生原因	解决方法
E125	棉条断头或纺纱部位不清洁	巡回中遇到此故障先看棉条是否断头，若棉条断头，则需重新喂入棉条即可；若棉条未断头，则需做纺纱部位的清洁，清洁完成后启动即可
E151	等待时间过长，没有指令	排除故障，重新开启
E143	找不到纱头	整理管纱的纱头，去掉缠绕打结部分，找到纱头，启动锭位
E702	分梳辊异常	打开纺纱盒检查分梳辊的电源线是否接好；打开分梳辊罩壳，取出分梳辊，检查分梳辊分梳腔里有无积花，若有，取出积花，装回分梳辊
E855/856/866	纸管没有放好	确保摇架摆放到位，纸管摆放正确
E131	槽筒感应器异常	需设备维修人员处理
E01	锭位等待外部资源准备就绪（如抽吸气流、落筒装置等），已等待1分钟	无须特殊处理
E216	纺杯电动机异常，纺纱盒板簧松动，纺纱盒锁扣丢失	若纺纱盒打开，需将其关闭，确定锭位；若纺纱盒锁定，需找维修人员手动打开纺纱盒
E252	纺杯驱动状态错误	由电工或维修人员处理
EE262/270/271	电源故障	由电工或维修人员处理
A211	棉条错支	扯掉部分棉条，重新喂棉
E254	纺杯电动机有问题	更换纺杯电动机
E405/404	槽筒电动机过载	按F13重启，若反复出现，则需要联系机修
A137/138/135	棉条质量有问题	扯掉部分棉条，重新喂棉
A144	CV值锁定	清洁纺纱原件，在车头电脑上重新启动该电清，启动单锭接头

五、巡回操作

（一）转杯纺巡回工作的目的

巡回工作是值车工发现质量、清洁、生产过程中的问题及处理问题的专项工作。巡回的过程是发现、处理问题的过程，要对机台上的断头、出现的疵点条、成形不良的筒纱、需要更换的条筒、清洁不净、设备运行中出现的问题进行及时处理及反馈。巡回工作要有计划性、预防性，灵活主动，既能提高产量、保证质量，又能确保安全生产。

（二）转杯纺巡回工作的要求

1. 巡回路线要求

一般采用单线巡回、双面照顾的看管方法，有规律地看管机台，根据不同的看管台数采用不同的巡回路线。看三台及看三台车及以下，可采用单线巡回、双面照顾、逐台看管的方法（图10-31）；看三台车以上可采取单线巡回、双面照顾、逐台看管或跳台看管的方法（图10-32）。

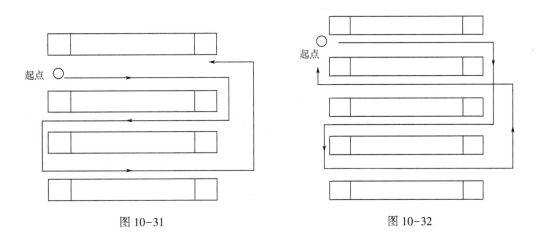

图 10-31　　　　　　　　　　　　　　　　图 10-32

2. 巡回时间要求（表10-9）

各企业根据机型、看台数、生产情况、时间可自定。根据不同的号数，结合断头、换棉条数量等不同情况看台，巡回时间间隔要均匀。

表 10-9　巡回时间要求

看台数（台）		1.5	2	2.5	3	3.5	4
时间	自排风式	7	8	9	10	11	12
	抽气式	8	10	12	15	16	17

3. 巡回过程要求

（1）每次巡回在正常情况下要保持时间的均衡和路线的正确，不走回头路，不走重复路线。

（2）遇到特殊情况可不受巡回路线的限制，应掌握"四先四后"的原则，即先易后难、先近后远、先急后缓、先摘疵点后开车，灵活机动地处理，遇有断头、棉条打结、落筒、安全隐患等，处理后，要返回原路线继续巡回。

（3）巡回时要集中精力，工作有秩序，一般不走回头路，如遇到断头，可返回，一般不超过3节接头。巡回工作必须做到"一嗅、二听、五看、五不漏"。

①一嗅。在巡回中注意过车挡时有无焦味，如嗅到应及时查明原因。

②二听。在巡回中，注意听壳体内和龙带回转有无异响；接头打开纺纱器时，注意听纺杯停转时的声音。

③五看。

进车挡全面看：运用目光顺方向，先近后远，再从远到近，看清车挡两面的断头和其他情况，计划本巡回的工作。

进了车挡分段看：目光接触哪面先看哪面，看条子喂入是否正常，筒子成形是否正常，有无缠皮辊，纱条是否进入挡板以及棉条有无打结、断头等情况。

接头换条周围看：在接头换条时，注意周围的疵点和断头。

出车档回头看：出车档后回头看车档的断头情况和换条情况，计划下一巡回该做的工作。

跨车档侧面看：侧面看各车档的情况，做到心中有数（车头、车尾 20 锭以内有断头，可以根据巡回时间进行处理，有紧急情况必须进车档处理）。

④五不漏：断头自停不漏；筒子成形不良不漏；喂入棉条不良不漏；绕槽筒、绕胶辊不漏；巡回中走过车档断头不漏处理。

（4）看见断头首先要上看和下看，上看筒子是否自动抬起，下看棉条筒是否有棉条、给棉罗拉是否运转正常。

（5）棉条分段要整齐，避免棉条相互碰撞，减少毛条，因此，根据不同机型和品种分段，把换条合理地结合在巡回中进行，换条顺序应从左至右进行。棉条高度不超过 20cm，正常高度应在给棉喇叭口下面（因为棉条高度高过喇叭口，棉条与喇叭口摩擦系数加大，易产生毛条影响成纱质量），采用掐高补低的方法进行控制。

（6）设备开机设置要正确，检查液晶显示屏上各项参数，否则将导致机器无法开启或无法正常纺纱。

（7）开机时各纺纱器、探纱器绿灯出现闪烁，此时严禁进行开机操作，等探纱器绿灯熄灭，此时按下慢速按钮，等慢速指示灯亮后，方可按下高速按钮正常开机。

（8）进行面板操作时，不可用力按压或用硬物按压面板按键，以免导致面板按键或触摸屏损坏。

（9）机器运转过程中，值车工只能接触为操作而设计的部件。

（10）值车工应特别注意机器的旋转部件，并相应地穿戴好劳动防护用品，避免缠绕伤害。

（11）在清除缠绕在加压辊或引纱和卷绕罗拉上的纱线时，值车工必须用相应的工具来清除，以免损伤机件。

（12）在紧急情况下，当人的生命、机器或其他设备运转遇到危险时，值车工、维修工必须尽快按下车头或车尾红色紧急停车按钮。

（13）在机器运转过程中，禁止在纱线横动装置处工作，以免碰撞受到伤害。

（14）禁止在设备部件上放置和取掉机器的罩壳或者开着机箱前后门。

（15）在机器运行过程中，如纺纱器的转杯或分梳辊出现故障，则将纺纱器置于 45° 位置并保持，直到维修排除故障为止，否则会使龙带损坏。

（16）机器在运行过程中，不能同时倾斜 4 个以上的纺纱器或不同机型的设备要求最大限度打开纺纱箱个数，以免主风机过载造成设备故障停机。

（17）值车工如果在巡回过程中发现探纱器绿灯闪烁或绿灯常亮，必须把头打断重接头。

（三）转杯纺巡回工作方法

1. 计划性

计划每个巡回的工作量。根据断头规律，分轻重缓急，将清洁工作分配在每个巡回中进行，减少时间差异，断头多则少做清洁，少换筒，多接头，均衡劳动强度。把清洁工作放在断头少的时间完成，使工作有条不紊。

2. 预见性

掌握所看管机台的工作规律，做到心中有数。以检查为中心，以预防断头为重点。做到眼看、手摸、耳听、鼻闻。巡回中主动查看棉条分段情况，如有过高或过低，应随时掮补。主动安排好各机台棉条上条、备条、清洁和落筒的摆放。

3. 灵活性

应对巡回工作要灵活。遇有特殊情况，分清轻重缓急，掌握"三先三后"的原则，即先易后难、先近后远、先查棉条质量后接头。

(四) 质量把关

防疵、捉疵、守关是提高产品质量的重要方面，在一切操作中要贯彻"质量第一"的思想，预防人为纱疵，在巡回中要合理运用目光，利用空隙时间，采用五防、三捉、六把关。

1. 五防

(1) 防接头疵点。提高接头质量，接头前要做到三查：查棉条质量，查纺杯凝聚槽、阻捻头、排杂通道的清洁，查纱线条干。接头时防白点、油污、回丝、飞花附入，油手不接头。

(2) 防换条疵点。掌握包卷接头要领，提高包卷质量。防筒底杂尘、飞花带入条内，里外排棉条、拉毛等。

(3) 防清洁工作疵点。严格按清洁进度和清洁要求做好清洁工作，做到手到眼到，轻做、彻底做，防止飞花附入纱条造成纱疵。

(4) 防机械原因造成的疵点。如分梳辊磨损、梳棉通道毛刺等。

(5) 防坏筒疵点。在开车、接头、落纱后都要检查纱条运行是否正常，防止出现坏筒纱。

2. 三捉

(1) 捉棉条疵点。利用巡回换条、接头时间，注意左右的粗细条、错支及"三花一丝"附入等。

(2) 捉机械疵点。接头引纱时注意纱线条干，查找断头原因。如发现条干不均匀，应及时检查纺杯凝聚槽、阻捻头、引纱管内是否嵌有杂物或伤痕；如发现纱条杂质、棉结多，应及时检查刺辊腔排杂孔是否堵塞有杂物。

(3) 捉坏筒纱。利用巡回、接头、做清洁工作时间检查纱条运行路线，成形不良的筒纱要拿下来，两个筒纱不能相互调换位置。

3. 六把关

在操作过程中，要及时发现影响质量的问题，排除隐患，把好质量关。

(1) 扫纺杯时，注意纺杯内纤维是否增多或减少，有无棉结杂质，如果不正常，应检查给棉自停是否失灵。

(2) 巡回和接头时，注意探针是否抖动，断头自停装置是否正常。

(3) 巡回中，检查筒纱是否内松外紧，如果有，应立即调换筒管，并通知维修人员修理。

（4）长时间停车后，开车接头时，要防止污渍纱。

（5）把好生产变动关。翻改品种、调换工艺、平揩车、开冷车后应加强检查，防止出现影响质量的问题。

（6）把好高空清洁关。高空清洁后，要注意捉净飞花，拣净筒纱上、棉条上、条筒内、引纱罗拉、胶辊等处的飞花，防止夹入造成疵点。

（五）操作注意事项

1. 半自动转杯纺操作注意事项

（1）巡回工作必须先接头再做其他工作，每一个小时掏一次风箱花，保证机内负压正常，做好落物分支分类工作。机台断头多的情况下，分几个巡回进行接头。

（2）工艺相符，巡回过程中检查桶筒、纸管颜色与生产的品种标识是否一致。

（3）换筒时要做到"五不"，即不倒条、不乱翻筒底棉条、不空筒、不挖破棉条、不搓头、不打结。棉条在3~5层时开始换条，以防棉条打皱、毛条、破边条产生，从而影响生产效率。

（4）换筒要做到"四字"原则。

整：整理好棉条；

清：清理条筒（换出的筒内不准留回花，筒口边的挂花要清干净）；

擦：擦掉粉记（换出空筒上的责任粉记要擦干净）；

摆：摆齐条筒（机上、机下的条筒，都要在定置线内）。

（5）值车工应随时保持机台周围干净、整洁，回条按规定长度撕好。

（6）换棉条时做到条头、条尾去掉50cm以上。

（7）工具放在指定地点。

2. 全自动转杯纺操作注意事项

全自动转杯纺操作注意事项除换棉条时做到条头、条尾去掉50cm以上外，其他事项都同半自动转杯纺。

第三节　转杯纺纱工的操作测定与技术标准

一、半自动转杯纺单项操作测定及技术标准

（一）测定内容

1. 包卷

劈条、撕条尾、撕条头、搭头、包卷、拔扦6个步骤。

2. 机前接头

抬摇架、找纱头、清扫纺纱专件、接头4个步骤。

（二）技术标准

1. 包卷

（1）取5筒熟条，连续包5个卷，每人测定一次，测定开始后，值车工不得中途停止，如果中途停止，按放弃测定处理。

（2）测定前先给教练员示意，教练员接到信号后做好掐表准备。包卷时间起止点：值车工手接触到棉条，掐表开始，到第 5 个包卷完成手离开棉条为止。包卷过程中，值车工发现包卷过粗过细，允许自己撕断重新包卷，但不除时间。

（3）测定中因教练造成失误，允许值车工重测。

（4）验头方法：取一块黑板，将包好的卷分别摆在黑板上，取一段正常包头，由教练和值车工一人一头，值车工本人手搓 3 下，教练进行标准对比；或将包好的卷拿到气流机同支数的机台上验头（根据各企业技术标准自定验头方法）。

（5）在测定前教练必须统一目光，做好样照，对比样照扣分，用标准棉条对比，对比时必须将样照放平，顺棉条直看，不得转动棉条。

2. 机前接头

（1）将 15 个单锭打断头，依次将纱尾拉 3 下，做好测定前准备工作，连续接 10 个实头，每人测定一次，测定开始后，值车工不得中途停止，如果中途停止，按放弃测定处理。

（2）测定前先给教练员示意，教练员接到信号后做好掐表准备。接头时间起止点：值车工手接触到筒纱，掐表开始，到第 10 个实头接完手离开纱条为止。

（3）测定中因教练造成失误，允许值车工重测。

（4）验头方法：取一块黑板，将接好的头分别拉在黑板上，教练进行标准对比。

（5）在测定前教练必须统一目光，做好样照，对比样照扣分，用标准棉条对比，对比时必须将样照放平，顺棉条直看，不得转动棉条。

（三）质量标准

1. 包卷

（1）通过手搓头，接头处比正常棉条粗一倍以上或细 1/2 以下扣 1 分；或拿到气流机同支数的机台上验头，断头的扣 1 分。

（2）在包卷接头处有明显的粗节，超过原纱直径一倍及以上或是正常纱条直径的 1/2 及其以下的细节，每个扣 1 分。

（3）包卷或接头处不光滑，每个扣 0.2 分。

（4）包卷或接头时动作不对（指撕条尾、撕条头，拔扦，包卷不平直或不是食指和中指剪刀式撕头，棉条下拔扦或上拔扦，接头不扫纺纱专件），每项扣 0.2 分。

（5）在测定过程中，将撕下的棉条或接头回丝掉在条筒内或地上不捡，每处扣 0.2 分（秒表停止前捡起不计入扣分）。

（6）包卷时间推后一秒完成扣 0.1 分，5 个包卷在无质量问题的基础上每少一秒加 0.1 分。

（7）包好的卷拿到气流同支数的机台上过头，脱头扣 2 分/个，粗细头扣 1 分/个。

2. 接头

（1）接头时间规定为 110s/10 个，每快慢 1s，±0.1 分/s。

（2）接头动作不正确，-0.2 分/个；纱线不放筒纱中间，-0.2 分/个。

（3）人为跨边纱，-0.5 分/个；工具不清洁，-0.2 分/次。

（4）回丝、白棉掉地，-0.2 分/处；回丝、白棉、油棉落入棉条筒内，-0.5 分/处。

（5）接好的 10 根实头统一拉在黑板上，有教练进行标准对比，接头处比正常纱线粗一倍以上或细 1/2 以下，扣 1 分/根。

二、半自动转杯纺全项巡回操作测定及技术标准

（一）测定内容（R35 立达机型）

（1）扫车头车尾（2 台车）。

（2）清洁断纱传感器磁口（一面）。

（3）清洁牵伸区（一面）。

（4）清洁纺纱箱（一面）。

（5）上条（20 筒）。

（6）倒筒（20 筒）。

（7）扫筒缝、扫地（一面）。

（8）掏风箱花（2 台车）。

（二）技术标准

全项巡回测定：巡回测定规定时间为 1h，将测定内容均衡安排在每个巡回中进行，巡回时间不得超过 8min30s。

巡回定额：2 台车，走凹字形路线（也可根据企业实际生产情况要求制定）。

（1）采用单线巡回，全面照顾。根据转杯纺纱正面和背面机型，采用凹字理回路线。在巡回中遇有特殊情况（如有断头、换筒等），可不受原巡回路线限制，最近的路线机动处理，处理完后回原路线。以车头或显示屏为巡回起止点。

（2）分清轻、重、缓、急，先易后难、先近后远、先急后缓、先处理疵点后接头。

（3）值车工在巡回过程中要执行"三看"，即进弄档全面看，出弄档口回头看，弄挡中全面看。

（4）值车工在巡回过程中，要有计划，机动灵活，认真操作，管好机台，保持现场整洁，道路通畅，认真做好防、查、看、捉，保证产品质量。

（三）质量标准（表 10-10）

（1）从上到下、从左到右、从里到外，结合清洁做好断头处理工作。漏灯/红灯未将切此纱条处理扣 0.5 分/处，每漏扫一项扣 0.2 分/处，四不落地（纺杯花、回丝、回条、筒纱）扣 0.2 分/处，清洁不干净扣 0.2 分/处，清洁顺序不对扣 0.1 分/处，油花杂质掉入筒内扣 0.5 分/处。

（2）做到预见性、灵活性、计划性，按"三先三后"方法处理断头，结合清洁做好断头处理工作。毛条、破边条不处理扣 0.5 分/处，不执行棉条包卷扣 0.5 分/处，包卷抽查不合格扣 0.5 分/处，空、满筒摆放不齐扣 0.2 分/处，路线走错扣 0.5 分/处，棉条不分段扣 0.5 分/处，巡回超时扣 0.5 分/次，不执行三先三后扣 0.2 分/次。

（3）结合巡回接头，磨筒未发现扣 0.5 分/次，操作过程中造成人为断头扣 0.5 分/次。

（4）包卷或换条造成断头扣 0.5 分/次，脱头扣 1 分/次，棉条跑空扣 0.5 分/次。

（5）不执行安全操作扣 1 分/次。

表 10-10　质量标准

项目	优级	一级	二级	三级	级外
单项	98	96	95	93	93 以下
全项	97	95	93	90	90 以下

三、全自动转杯纺全项操作测定及质量标准

1. 测定内容

全项巡回测定：巡回测定规定时间为 40min，将测定内容均衡安排在每个巡回中进行，巡回时间每慢 30s 扣 0.5 分（未满 30s 不扣）。

巡回定额：5 台车，走凹字形路线（也可根据企业实际生产情况要求制定）。

（1）测定前先向教练员示意，教练员接到信号后做好掐表准备，采用单线巡回、双面照顾的方法。在巡回中遇有特殊情况（设备异常、安全隐患等），可不受原巡回路线限制，以最短的路线机动处理，处理完后回原路线。以车头为巡回起止点，每次如此。熟悉巡回路线，按正确路线做巡回，快速、高效分清轻、重、缓、急，先易后难、先近后远、先急后缓、先处理疵点后接头。

（2）值车工在全巡回过程中要执行"三看"，即进弄档全面看，出弄档口回头看，弄挡中全面看。

（3）值车工在巡回过程中，要有计划，机动灵活，认真操作，管好机台，保持现场整洁，道路通畅，认真做好防、查、看、捉，保证产品质量。

①第一次巡回作业。查看标识牌、筒圈、纸管颜色，清洁 AC8 机头，管库，拷印车号，上纸管，处理红灯；清洁分梳辊罩壳，擦大吸嘴，零星换条。

掏风箱花、优先处理 DCU 小车故障：

a. 清洁工作动作要轻，不产生人为疵点。

b. 勤做清洁，清洁彻底。

c. 合理分配工作量。

②第二次巡回作业。扫筒缝、清扫地面，DCU 小车；保证牵伸正常，无瑕疵，无残次品；在巡回过程中注意检查设备的警示或异常情况，注意听异响和观察，时刻注意警示灯和屏幕的报警信息，保证设备的稳定。

AC8 机头顶部出现黄灯时，须按前面的步骤优先处理 DCU 小车：

a. 巡回中需优先处理断头，并注意条筒中的棉条喂入是否异常。

b. 保证生产效率。

c. 排除 DCU、锭位故障。

d. 换条筒。

e. 检查纱成形不良，槽筒，张力补偿装置；巡回时做好防疵、捉疵工作；注意听纺杯转声响是否异常。

f. 清理回丝、回花箱及送管带。

g. 补充空纸管。

h. 注意设备的其他异常并清洁机台及地面。

2. 质量标准（表10-11）

（1）从上到下、从左到右、从里到外、结合清洁做好断头处理工作。漏灯/红灯未处理扣0.5分/处，每漏扫一项扣0.2分/处，四不落地（纺杯花、回丝、回条、筒纱）扣0.2分/处，清洁不干净扣0.2分/处，清洁顺序不对扣0.2分/处，油花杂质掉入筒内扣0.5分/处；

（2）做到预见性、灵活性、计划性，按"三先三后"方法处理断头，结合清洁做好断头处理工作。毛条、破边条不处理扣0.5分/处，不执行棉条穿条扣0.5分/处，包卷抽查不合格扣0.5分/处，空、满筒摆放不齐扣0.2分/处，路线走错0.5分/处，棉条不分段扣0.5分/处，巡回超时30s扣0.5分/次，不执行三先三后扣0.2分/次。

（3）结合巡回接头，磨筒未发现扣0.5分/次，操作过程中造成人为断头扣0.5分/次。

（4）换条造成断头扣0.5分/次，棉条跑空扣5分/次。

（5）不执行安全操作扣5分/次。

表10-11　质量标准

项目	优级	一级	二级	三级	级外
全项	100	98	97	95	95以下

第四节　转杯纺纱设备维修工作标准

一、岗位职责

（1）严格遵守各项规章制度，服从领导工作安排和调动。

（2）对本车间各转杯纺机台运行状况了如指掌，保证其正常运行和使用，努力学习技术，熟练地掌握本单位设备的原理及实际操作与维修。

（3）严格执行各种设备的安全操作规程及巡检制度，做好各种运行参数的记录，定期对主要设备运行状况进行检查，保证其处于正常状态。

（4）对各机台的设备故障应及时检修，确保机台正常运行。

（5）按计划完成保养维修工作，熟悉揩车中所揩部位的先后次序。

（6）对设备进行修理后应做好记录，建立设备修理账本，完成状况台账。

（7）对修理使用的工具应妥善保管，禁止带出厂区。

（8）做好本区域环境卫生、设备工具规整摆放及安全工作。

（9）做好机台的润滑工作，做到按时，定量，无遗漏。

（10）维修设备原则上不影响正常经营，以预防为主、防患于未然作为工作重点。

（11）完成上级交办的其他工作。

二、转杯纺技术知识

（一）转杯纺纱的工艺特点

转杯纺纱因纺纱原理及设备机构完全不同于环锭纺纱，从而具有不同的工艺特点：

（1）产量高。新型纺纱采用了新的加捻方式，输出速度的提高可使产量成倍地增加。

（2）卷装大。由于加捻卷绕分开进行，可以直接卷绕成筒子，从而减少了因络筒次数多而造成的停车时间，使时间利用率得到很大提高。

（3）流程短。新型纺纱普遍采用条子喂入、筒子输出，一般可省去粗纱、络筒两道工序，使工艺流程缩短，劳动生产效率提高。

（4）改善了生产环境。由于微电子技术的应用，使新型纺纱机的机械化程度远比环锭细纱机高，且飞花少、噪声低，有利于降低工人的劳动强度，改善工作环境。

（5）采用握持分梳、气流输送的牵伸形式，避免了因罗拉牵伸装置状态不良造成的"机械波"和因纤维在牵伸区内的不规则运动造成的"牵伸波"，所以转杯纺纱机可适应大于 9mm、又小于纺杯直径的各类纤维，并适纺纤维粗细差异较大的纯纺与混纺。

（6）采用引纱罗拉握持、纺杯回转的加捻方式，可在轴承的允许限度内提高纺杯转速，如采用间接轴承或磁悬浮轴承，纺杯的转速可增加到 13 万转/分钟以上。

（7）在纺杯回转一定时间后，纺杯内凝聚槽中会聚积尘杂，影响成纱均匀度和纺纱断头率，尘杂积聚的多少与原料质量、前纺清梳的开松除杂效果有关。

（8）依靠气流输送并重新凝聚排列，使成纱中的纤维伸直平行度很差，加之分梳辊梳理时，紧贴于喂给板和分梳辊腔壁的须条层没有受到梳理，若喂入棉条中的纤维分离度较差时，不仅可能造成纤维损伤，还会因纤维束较多引起成纱条干恶化，断头增加。

（9）由于转杯纱中纤维排列的伸直平行度差，转杯纱要保证一定的强力，纱条截面内就必须具有一定的纤维根数，所以转杯纺纺高支纱较困难，故最低适纺特数高于环锭纺纱。

（二）转杯纺纱器一般故障

1. 半自动转杯纺故障

纺纱器是由大大小小近百个零部件组合而成的，每个零件的质量都应符合质量标准，否则组装成纺纱器后就不可能达到使用要求。虽然纺纱器在装配后都要经过试纺检验，但由于试纺时间短或受试纺条件限制，纺纱器存在的质量问题不可能充分暴露出来。所以纺纱器在转杯纺纱厂生产过程中，还会出现以下故障。

（1）不喂棉的原因。

①干簧开关质量存在问题，如两簧片接触不良。

②电气罩壳内线路板的位置未调好，探针上的永久磁铁失去对干簧开关的控制作用。

③给棉长蜗杆（慢轴）空心套管位置未调好（这种情况不属于纺纱器质量问题）。

④给棉电磁离合器导线有断路或导线的焊接质量不好。

⑤纺纱器电气线路间的插头与插座接触不良等。

（2）断续喂棉的原因。

①给棉蜗轮与给棉轴吸盘上的隔磁铜片之间有油渍、污垢，或隔磁铜片严重变形，两者吸合后有时产生打滑现象。

②给棉罗拉下面充塞杂物或棉纤维，使给棉罗拉转动时阻力增大。

③机身下面的螺旋保险芯子松动，造成供电不正常。

④给棉电磁离合器的电压不足，造成吸力不够，使给棉轴出现打滑现象。

（3）纺纱器产生振动和异响的原因。

　　纺纱器在纺纱过程中出现振动和异响，主要是因纺杯、分梳辊的动平衡出现了问题。纺杯和分梳辊动平衡出现问题的主要原因有：

　　①纺杯在生产和安装过程中产生严重变形。

　　②纺杯内有较大的积灰瘤或有较多异物。

　　③纺杯或分梳辊轴承内严重缺油或轴承已损坏。

　　④固定纺杯的顶头螺钉未旋紧，使纺杯发生窜动，杯口与输棉通道发生摩擦。

　　⑤分梳辊上、下端的间隙未调好，使其与上盖板或纺纱器底座发生摩擦。

　　⑥分梳辊龙带盘严重磨扁或变形。

　　（4）纺杯转速偏慢的原因。

　　纺纱过程中，某个纺纱器的纱条经常发生断头，断头后又很难接上头，即使能勉强把头接上，接头处纱条会出现大粗节。出现这种情况主要是因为纺杯的转速不够、纺杯内负压偏低。造成纺杯转速偏低的主要原因有：

　　①纺杯龙带压轮的位置未调好，或纺杯龙带压轮钢板簧变形，使传动纺杯龙带的压力不够，从而造成纺杯的转速偏低。

　　②纺杯进出位置未调好，使杯口凸出密封盖与输棉通道发生轻微摩擦，造成纺杯的转速偏低。

　　③纺杯轴承缺油或已损坏。

　　④纺杯头与轴承之间缠绕较多回丝。

　　（5）分梳辊经常被轧煞的原因。

　　①当把某个纺纱器打开并向下旋转90°时，即产生给棉现象，由于这时纺纱器不纺纱，喂入分梳腔的棉条即把分梳辊轧煞，当纺纱器合拢后，分梳辊已不能旋转。出现这种情况的原因是：给棉蜗杆空心套管上、下位置未调好，当把纺纱器向下倾斜90°时，整个纺纱器的重量全都压在给棉斜齿轮上，造成给棉斜齿轮和给棉罗拉轴连为一体而产生给棉现象。

　　②检修纺纱器或值车工清扫纺杯时，拨动探针即出现给棉现象，这时纺纱器不纺纱，喂入的棉条便聚在喇叭口，把分梳辊轧煞。

　　2. 全自动转杯纺故障

　　（1）全自动转杯纺整机故障。通常这些故障均可从车头显示屏幕进行查询，见表10-12。

表10-12　全自动转杯纺整机故障

故障名称	故障内容
Common（共同）	共同报告，适用于所有组件
Gms	一般指主机车头故障
Hmg	一般指筒管圆仓故障
Spn	一般指纱线定位
Wrw	一般指落纱装置和清洁小车
Bereich	一般指主轴范围

（2）全自动转杯纺常见的单锭故障性代码及维修方法（表10-13）。

表10-13 全自动转杯纺常见的单锭故障性代码及维修方法

单锭故障性代码	维修方法
出现 A144 电清锁定	1. 先清洁纺纱元件 2. 车头电脑上重新启动电清 3. 启动单锭开始接头
出现 E702 代码	1. 打开纺纱盒检查分梳辊的电源线是否接好 2. 打开分梳辊罩壳，取出分梳辊，先检查分梳辊，再检查分梳腔里是否有积花，取出积花再装回分梳辊
出现 E402 代码	1. 检查槽筒电动机的电源线是否松动 2. 更换槽筒电动机 3. 更换槽筒电动机无效后更换单锭控制板或电源
出现 143 红灯代码	说明单锭找不到纱头，可以人工干涉找纱头
出现 125 红灯代码	说明达到最大尝试接头，可以对单锭纺纱盒进行清洁后，重新喂棉，重新接头
出现 E254 代码	说明纺杯电动机出现故障，需更换单锭纺杯电动机，并对更换后的纺杯电动机进行升级

(三) 凝聚加捻机构及其作用

分梳辊将条子分解成单纤维（形成断裂）以后，为了满足连续纺纱的要求，又必须将分解后的纤维重新聚合成连续的须条，并加上一定的捻度，这就是凝聚加捻的任务。

凝聚加捻机构的主要结构如图10-33所示。被分梳辊分解后的单纤维，依靠下部开有排气孔的纺纱杯2高速回转而产生吸气作用，经输送管道1及隔离盘3，与壳体间的通道将纤维与气流吸入纺纱杯内，气流从排气孔7排出，纤维则沿纺纱杯壁滑移至凝聚槽5内，形成周向排列的须条。引纱从引纱管6吸入，即被甩至凝聚槽内与已凝聚的须条相接触。此时，纺纱杯的回转产生加捻作用，然后卷绕机构将凝聚槽内的须条连续剥取、加捻成纱，并卷绕成筒子。

纺纱杯一般采用铝合金制成，外观近似截锥形。纺纱杯的内壁称滑移面，直径最大处为凝聚槽，纺纱杯高速回转产生的离心力起到凝聚纤维的作用，所以又称为内离心式纺纱杯。纺纱杯每一个回转，纱条就得到一个捻回，所以纺纱杯是凝聚和加捻机构的主要部件。

纤维质量较轻，纺纱杯中气流和纤维的运动规律基本上是由气流运动规律决定的。因此，了解纺纱杯内气流的运动规律就可以控制纤维运动，以达到提高成纱质量和减少断头的目的。纺纱杯内气流的运动规律因排气方式不同而有差异。目前纺纱杯有两种：一种为自排风式，即在

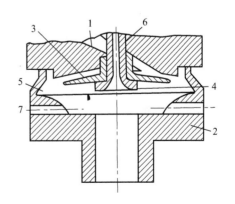

图10-33 凝聚加捻机构

1—输送管道 2—纺纱杯 3—隔离盘 4—阻捻盘

5—凝聚槽 6—引纱管 7—排气孔

纺纱杯下部开排气孔，空气由此排出；另一种为抽气式，即利用抽气机在外界集体吸风，空气从纺纱杯顶部与固定罩盖的间隙中被抽走（图10-34）。

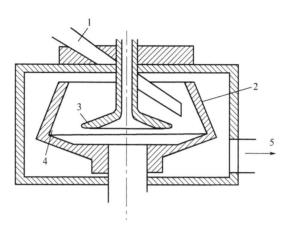

图 10-34 抽气式纺纱杯

1—输送管 2—纺纱杯 3—阻捻盘 4—凝聚槽 5—抽气管

由于自排风式或抽气式均使纺纱杯中产生一定的真空度，使之与外界大气产生一个压差，以便从输送管 1 和引纱管吸入气流，达到输送纤维和吸入引纱的目的。同时由于纺纱杯 2 的高速回转，带动这两股气流而形成回转气流场。在这两股气流汇合的过渡区中，气流运动很不稳定，易成涡流，通过这个区后，气流才按一定规律较为稳定地流动。回转气流随纺纱杯半径的增加逐步加速，因而产生径向的速度梯度。尤其是气流转动而产生的离心力，有助于纤维的运动。两种排气方式的纺纱杯，其气流运动又各有其特殊规律。

1. 自排风式纺纱杯

自排风式纺纱杯（图10-34）由于高速回转而产生真空度，其压力分布为在纺纱杯 2 的中心为最低，所以在阻捻盘 3 的中心区域为低压区。因此，气流有偏向这个低压区流动的趋势。离中心越远，其偏转程度越减弱。由于气流向这个方向流动，纤维也受这股气流影响而向中心区流动，如果输送管出口位置不当，会发生纤维绕阻捻盘的弊病。由于纺纱杯下部开有排气孔 7，气流还有自上而下的轴向流动，因此，自排风式纺纱杯中的气流流动是一个空间复合运动，随着纺纱杯的回转方向，呈空间螺旋线形状、自上而下的运动。气流的这一运动规律，直接影响纤维的运动。为了防止纤维自输送管 1 输出后未到达纺纱杯壁就冲到阻捻盘 4 至凝聚槽 5 一段纱条上而形成缠绕纤维，自排风式纺纱杯必须采用隔离盘 3，并要求正确安装隔离盘的位置，保证纤维在纺纱壁上的落点与凝聚槽有一定的距离。

2. 抽气式纺纱杯

抽气式与自排风式的主要区别在于气流轴向运动的方向不同，即其气流是自下（从引纱管、输送管出口）而上（纺纱杯顶部与固定罩盖之间）的流动，形成自下而上的复杂空间螺旋线运动。抽气式纺纱杯 2 的真空度决定于抽气速度，而与纺纱杯的转速无关，因而有利于提高纺纱杯及输送管的真空度。又因纤维受自下而上气流流动的影响，也有利于减少纤维冲到阻捻盘 3 至凝聚槽 4 一段的纱条上，可减少缠绕纤维。但是输送管 1 的出口位置不能离纺纱杯上口过近，否则纤维易被吸走，影响制成率。

3. 两种纺纱杯的不同之处

上述两种纺纱杯还有不同之处：自排风式各纺纱器间的气流流量、真空度的差异小，不需要外加抽气机等附属设备，但噪声大、造价高、加工量多，当断头后需要清除纺纱杯内的剩余纤维和尘杂时，操作麻烦，因而使用自动接头装置有困难。抽气式噪声小、纺纱杯薄而轻、造价低、省工时，断头后纺纱杯停转，离心力消失，利用抽气能吸掉纺纱杯内的剩余纤维和尘杂，操作方便，且有利于使用自动接头装置。

三、转杯纺揩车保养操作法

（一）半自动转杯纺维修保养工作

1. 停车前准备工作

（1）上车前所有人员将劳保用品佩戴齐全（图10-35）。

（2）工具准备：准备揩车用的工具和清洁揩布（图10-36）。

（3）听各传动部位是否有异响，检查计算机故障信息和质量信息。

图10-35　佩戴劳保用品

图10-36　准备揩车工具和清洁揩布

2. 停车、检查、清洁

（1）停机关闭电源（图10-37）、挂锁（图10-38）、挂检修牌（图10-39）；维修队长负责停机，断电，挂检修牌，上安全锁。

图10-37

图10-38

图10-39

（2）拔掉单锭的棉条（图10-40），将车身下的棉条筒拉到弄档中间（图10-41），用塑料布盖上棉条筒（图10-42），以免其他杂物落入棉条。

图 10-40　　　　　　　　　图 10-41　　　　　　　　　图 10-42

（3）维修队长打开车头车尾所有安全门，检查龙带（图 10-43）、齿形带（图 10-44）、润滑情况（图 10-45）。

图 10-43　　　　　　　　　图 10-44　　　　　　　　　图 10-45

（4）将车身的下盖板打开（图 10-46），打开每个纺纱箱（图 10-47）。

图 10-46　　　　　　　　　　　　图 10-47

（5）用湿布清理隔离盘的灰尘（图 10-48），擦分梳腔（图 10-49），清洁纺杯凝聚槽（图 10-50），清洁清洗引纱管。

图 10-48　　　　　　　　　图 10-49　　　　　　　　　图 10-50

（6）清理摇架回丝（图 10-51），槽筒回丝（图 10-52），引纱罗拉回丝（图 10-53），皮辊轴回丝，注意使用勾刀，小心伤手。

图 10-51   图 10-52   图 10-53

（7）清理槽筒连接套死花和引纱连接套死花，清洁皮辊帽（图 10-54）。

图 10-54

（8）用电捻枪清理纺纱箱回花（图 10-55）、车身下回花（图 10-56）。

（9）用揩布清理纺纱箱台板灰尘（图 10-57），以防开机后造成油丝纱、黑圈纱。

（10）检查每个单锭的负压管是否到位，检查纺杯隔距（图 10-58）。

（11）合纺纱箱，要求将分梳辊龙带、纺杯龙带压好，以防开机后龙带跑遍、拉断。

（12）清洁车头车尾内部，用揩布擦净油污灰尘。

（13）对所有加油点按周期适量加油（图 10-59）。

 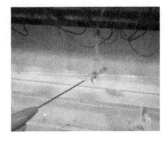 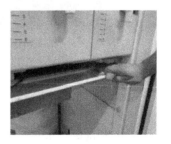

图 10-55   图 10-56   图 10-57

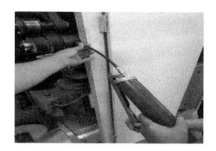

图 10-58　　　　　　　　　　　　　　　图 10-59

（14）清洁车顶部筒纱输送带和顶部护板。

（15）清洁揩车现场，关闭打开的所有安全门。

（16）维修队长负责去除电源挂锁，送电（图 10-60），开机空运行（图 10-61）。

（17）开机后，维修队长负责调龙带（图 10-62），检查面板工艺是否准确（图 10-63）。

（18）将棉条筒推进设备机架下，将棉条喂入纺纱箱（图 10-64）。

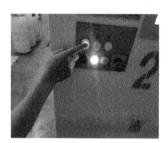

图 10-60　　　　　　　　图 10-61　　　　　　　　图 10-62

图 10-63　　　　　　　　　　　图 10-64

3. 交接验收

（1）联系试验工进行试验检验，试验合格开具开车通知单。

（2）由维修队长、生产班长、车间主任、设备检查员进行交接验收，交接验收结束交运转生产运行。

（3）揩车后清理现场。

4. 设备安全操作规程

（1）开车前应先发出信号，向机台周围的人打好招呼，在确认无危险时方可开车。

（2）停车时必须切断电源后才能进行工作或离去。

（3）发现机器有异响或闻到烟火味，应立即停车，查明原因并进行处理。

（4）做清洁工作时，必须使用专用工具。清扫纺纱杯时，要待杯子停止回转后方可进行，严禁用手去拿杯内的棉花或回丝。

（5）打开纺纱器壳体时，不要同时打开过多，一次只准连续打开五只，防止笼带脱落。

（6）引纱罗拉和卷绕罗拉缠纱，不许用手或用钩刀，应关车处理。

（7）发现探针失灵，应及时卡下条子，打开纺纱器壳体，联系维修工处理。

（8）打开纺纱器壳体时，要轻拉轻推，当心皮辊回转伤手。

（9）在隔离盘掉入纺纱杯内时，应立即使纺纱杯脱离笼带，待纺纱杯完全停止回转后再打开，防止隔离盘飞出伤人。

（10）禁止乱动电器元件，出现故障应由电气人员处理。

（二）全自动转杯纺揩车保养工作

1. 揩车保养操作法

（1）停车前准备工作。上车前所有人员将劳保用品，佩戴齐全。

（2）工具准备。准备揩车用工具和清洁揩布（图 10-65）。

（3）听各传动部位是否有异响，检查整机部件是否有损坏和缺失情况，检查是否有漏油部件，检查计算机故障信息和质量信息

2. 停车、检查、清洁

（1）停机关闭电源（图 10-66）、断开车尾整机电源供电（图 10-67）、挂检修牌（图 10-68），维修组长负责停机、断电、挂检修牌，带领大家揩车。

图 10-65

图 10-66

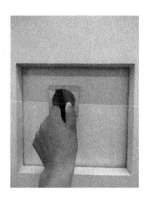

图 10-67

图 10-68

（2）从单锭喂棉板处拔掉供给单锭的棉条置于车身下条筒内（图10-69），将车身下的棉条筒全部拉到相邻两机台的弄档中间（图10-70），用布全部盖上棉条筒（图10-71），以免其他杂物落入棉条。

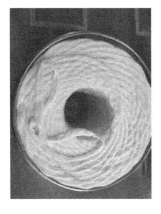  

图 10-69　　　　　　　　图 10-70　　　　　　　　图 10-71

（3）维修组长打开车头所有安全门，检查车头抓送管装置（图10-72），齿形带（图10-73），导轨润滑情况（图10-74），打开车头左右两侧排杂黑壳，清洁排杂辊、毛刷及车头箱体内（图10-75）。

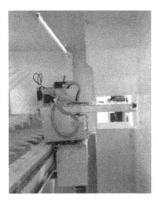  

图 10-72　　　　　　　　图 10-73　　　　　　　　图 10-74

（4）维修组长打开车尾所有安全门，检查车尾通风控制柜及散热装置（图10-76），打开车尾排杂、风花钢化玻璃门并用吹尘枪清洁滤网（图10-77），打开车尾左右两侧排杂黑壳，清洁排杂辊、毛刷及车尾箱体（图10-78），清洁车尾电器配置箱灰尘、飞花（图10-79），检查清洁车尾负压装置及负压电动机（图10-80）。

（5）将车身连接板拿下，打开机节下盖板（图10-81），半打开每个纺纱箱（图10-82）。

（6）拿下单锭分梳辊保护罩壳（图10-83），拿出分梳辊一并放在指定的泡沫盒子上（图10-84），从纺杯电动机上拿下纺杯（图10-85）放置在指定的容器内，并对纺杯凝聚槽进行清洁（图10-86），打开纺纱盒黄盖子（图10-87）。

图 10-75

图 10-76

图 10-77

图 10-78

图 10-79

图 10-80

图 10-81

图 10-82

图 10-83

图 10-84

图 10-85

图 10-86

图 10-87

（7）检查并清理喂棉罗拉飞花（图10-88）、皮辊飞花、回丝（图10-89）、大吸嘴回丝（图10-90），用浸湿的揩布清洁喂面板上的棉蜡（图10-91）。

图10-88　　　　　　　　　图10-89

图10-90　　　　　　　　　图10-91

（8）用吹尘枪对整机单锭进行逐个清洁，吹去灰尘及飞花（图10-92），将放在棉条筒上的分梳辊进行吹气清洁（图10-93）。

图10-92　　　　　　　　　图10-93

（9）用电捻枪清洁纺纱盒死角处的飞花（图10-94）、车身下盖板内的回花（图10-95）。

图 10-94   图 10-95

（10）用浸湿的烟斗通条对引纱通道内的棉蜡、灰尘进行清洁（图 10-96）。

（11）用揩布逐个单锭清理导纱组件遮盖板上的灰尘（图 10-97），以防开机后造成污纱。

（12）揩车组长用吹尘枪清洁机节上面落纱带及护板上的灰尘、飞花，清洁排杂带上的飞花及灰尘（图 10-98）。

图 10-96   图 10-97   图 10-98

（13）清洁四个 DCU 装置上的灰尘、飞花、回丝等（图 10-99）。

（14）对各润滑点适当进行油料补给（图 10-100）。

（15）逐个将纺杯安装在单锭的纺杯电动机上（图 10-101）。

图 10-99   图 10-100   图 10-101

（16）逐个将分梳辊装入纺纱盒的分梳辊腔内（图 10-102）并锁住，安装分梳辊保护罩（图 10-103）。

（17）合上纺纱盒，合上机节盖板并插上固定连接板，维修队长负责去除电源挂锁，送电，开机空运行。

（18）维修组长对整机进行通电（图 10-104），并补充坏件缺件的单锭及部件，并检查排杂带运转是否有偏差（图 10-105）。

   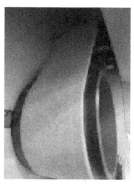

图 10-102   图 10-103   图 10-104   图 10-105

（19）清洁机节地面飞花及车头车尾裙板底下的飞花、杂质（图 10-106）。

（20）整理揩车现场及揩车工具和小车。

（21）将棉条筒推进机架下摆放整齐（图 10-107），将棉条喂入纺纱箱给棉板。

（22）维修组长进行检查工艺后开车，全体揩车员工进行单锭喂棉。

（23）留两个揩车员工处理单锭接头造成的红灯，保证整机效率达到 97% 以上（图 10-108）。

图 10-106

 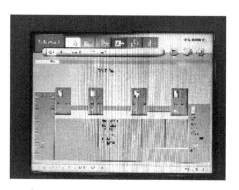

图 10-107   图 10-108

3. 交接验收

（1）由维修队长、生产班长、设备主管进行交接验收，交接验收结束交运转生产运行。

（2）明确有操作不当损坏和缺失的配件，并签字确认。

4. 设备安全操作规程

（1）~（4）步同半自动转杯纺的设备安全操作规程。

（5）打开纺纱器壳体时，不要同时打开过多，一次只准连续打开三只，避免影响效率。

（6）清洁分梳辊时，必须待分梳辊完全停止工作才可打开卡扣拿出，避免手受伤。

（7）维修时注意 DCU 的运动状况，避免被撞或者 DCU 轮子夹手。

（8）纺纱元件（如纺杯、阻捻头等）掉入排杂槽时应及时处理，避免磨伤排杂带或损坏纺纱元件。

（9）车头车尾排杂堵塞时，应该关闭运行的排杂带进行处理，一定不要用手直接进行处理。

（10）对于报警不工作或者卡死的 DCU，应该利用复位键或者 DCU 断电进行处理，禁止暴力操作。

（11）更换纺杯电动机及单锭控制板之前，应该对单锭进行断电处理，并在显示屏进行升级处理。

（12）禁止乱动电器元件，出现故障应由电气人员处理。

四、技能要求

（一）半自动转杯纱维修工技能要求

1. 初级工、中级工、高级工技能要求（按工艺、技术要求）（表 10-14）

表 10-14 半自动转杯纺纱机维修工技能要求

级别	测定内容	技术标准
初级工	1. 做纺杯隔距 10 个锭位 2. 揩 10 个锭位 3. 合一面纺纱箱 4. 开机、关机进行操作 5. 检查分梳辊是否倒齿 5 个锭位 6. 能协助中级工更换龙带	1. 时长 20min，用隔距规检查，不合格扣 1 分/锭 2. 时长 30min，上车检查，不合格扣 2 分/项 3. 时长 30min，转动分梳辊、纺杯导轮，不按要求扣 1 分/处。 4. 时长 10min，揩车时进行，不按技术要求扣 2 分/处 5. 时长 10min，现场检查验证，3 分/锭 6. 纺杯龙带 90min，分梳辊龙带 60min，更换龙带时测评，不熟悉流程扣 2 分/处
中级工	1. 维修高峰锭位 2. 车头面板改工艺 3. 导纱嘴隔距 4. 导纱动程的调整 5. 引纱罗拉轴头拆装 6. 更换分梳辊导轮、纺杯压轮	1. 时长 30min，现场验证（10 个锭位），1 分/锭 2. 时长 30min，上车检查（台），2 分/项 3. 时长 30min，用隔距规检查（10 个锭位），1 分/锭 4. 时长 20min，上车检查（5 个锭位），超出范围扣 2 分/锭 5. 时长 30min，上车检查（1 处），4 分/处 6. 时长 30min，上车检查（各 2 个），3 分/个
高级工	1. 熟知面板工艺参数 2. 车头齿形带的更换 3. 拆装引纱罗拉轴 4. 纺纱箱拆装 5. 槽筒轴轴头拆装 6. 调整分梳辊和纺杯龙带一面	1. 时长 5min，抽问 10 个参数，1 分/项 2. 时长 6min，上车检查（台），4 分/条 3. 时长 60min，上车检查（节），不按要求扣 2 分/次 4. 时长 30min，上车检查（5 锭位），2 分/锭 5. 时长 30min，上车检查（2 处），3 分/处 6. 时长 60min，上车检查（台），3 分/处

2. 测评评级

（1）应知测评。依据《棉纺织企业工人技术标准培训教材》内容，出测试考卷，百分制；初级工85分达标，中级工90分达标，高级工95分达标。占总分的30%。

（2）应会测评。应会测评内容由部门专业工程师、技术员、工段长负责，结合实际机台型号，存在的典型、突出问题制定测评内容，报测评组审批后执行。百分制，90分以上为达标，占总分的70%。

（3）安全操作测评。按安全操作规程、操作法执行，出现违章行为考核5分，出现轻伤、机配件损伤考核10分，在应会总分中扣除；出现事故，取消晋升资格。

（4）新员工转正晋级。

初级工：必须通过公司新员工培训考核及部门新员工课程培训，能够独立定岗。

中级工：必须通过公司中级工培训考核及部门中级工课程培训，应知、应会考核达到90分以上。

高级工：必须通过公司高级工培训考核及部门高级工课程培训，应知、应会考核达到95分以上。

（二）全自动转杯纺纱机维修工技能要求

1. 初级工、中级工、高级工技能要求（按工艺、技术要求）（表10-15）

表10-15　全自动转杯纺纱机维修工技能要求

级别	测定内容	技术标准
初级工	1. 处理代码125/143红灯单锭各一个 2. 揩12个锭位 3. 合一面纺纱箱 4. 开机、关机进行操作 5. 检查分梳辊是否倒齿12个锭位 6. 更换一台车4个DCU清洁刮片（每个DCU一个刮片）	1. 时长2min，不合格扣3分/锭（合计12分） 2. 时长15min，上车检查，不合格扣2分/项（合计24分） 3. 时长20min，分梳辊可转、纺杯和阻捻头装到位，不按要求扣1分/处（合计10分） 4. 时长8min，揩车时进行，不按技术要求扣2分/处（合计14分） 5. 时长10min，现场检查验证，2分/锭（合计24分） 6. 时长4min，更换龙带时现场检查验证，4分/个（合计16分）
中级工	1. 维修高峰锭位 2. 车头面板改工艺 3. 更换电清并对电清软件进行升级 4. 更换纺杯电动机并对纺杯电动机进行升级 5. DCU简单故障的复位及接头尾纱位置的调节 6. 机台润滑部件进行加油	1. 时长20min，现场验证（10个锭位），2分/锭（合计20分） 2. 时长10min，上车检查（1台），1分/项（合计10） 3. 时长10min，1分/项（合计10分） 4. 时长10min，2分/项（合计20分） 5. DCU简单故障的复位时长5min，2分/项（合计10分）；接头后尾纱位置调节时长10min，2分/项（合计10分） 6. 对整机润滑点进行加油，时长10min，2分/项（合计20分）
高级工	1. 熟知面板工艺参数 2. 更换单锭控制板，并进行升级 3. 拆装更换大吸嘴皮带 4. 拆装更换整个单锭 5. 调节机台单侧跑偏的排杂带位置 6. DCU服务模式的熟练操作	1. 时长5min，抽问10个参数，2分/项（合计20分） 2. 时长10min，2分/项（合计10分） 3. 时长10min，现场检查是否需运行，2分/项（合计20分） 4. 时长30min，2分/项（合计20分） 5. 时长10min，2分/项（合计10分） 6. 进入DCU的服务模式，进行电动机的驱动和气缸的驱动，并推出服务模式，时长15min，2分/项（合计20分）

2. 测评评级

同半自动技能要求中的测评评级。

五、质量要求

（一）加强前纺工序的工艺管理

转杯纺纱工艺流程短，并条熟条通过转杯纺纱机直接成纱，牵伸倍数一般都在 100 倍以上，因此棉条质量对最终的成纱质量影响很大。

（1）棉条重量不匀过大，造成成纱重量偏差增大，当棉条重量偏差超出 5% 以上时，直接造成纱线号数偏差，对纱线质量影响严重。

（2）棉条条干不匀，造成纱线中的长片段粗细节增加，断头次数增多，直接影响机台生产效率和棉纱强力。

（3）棉条结杂过多，造成纱线中的粗节、棉结数量增多，生产效率低。

（4）棉条发毛或破损，造成纱线长片段粗细不匀。

这些问题中对纱线质量影响最大的就是棉条重量不匀过大，为了控制好棉条重量不匀指标，主要采取以下办法：

①稳定梳棉生条的内不匀，严格控制梳棉台差重量不匀。为了弥补梳棉台差重量不匀，在并条单眼用条上，不能同时使用同一梳棉机台生产的棉条。

②在棉条质量控制上，要采取梳棉重点控制长片段不匀，头道并条重点控制短片段不匀，末道并条控制总不匀（重量不匀，条干不匀）的原则。一般熟条重量不匀率控制在 1.0% 以下，尤其在纺细号纱和针织纱时，棉条重量不匀率严格控制在 0.8% 以下，条干均匀度控制在 4.0% 以下，并且不能有明显的机械波。

（二）加强纺纱元件的管理和维护

各种纺纱元件使用一定周期以后，元件表面及其通道内积聚大量的粉尘和污垢，这时会严重危害成纱质量，直接造成棉纱条干 CV 值高，棉结、粗细节数量增加。因此加强纺纱元件的清洁工作特别关键。为此设立纺纱元件使用台账，根据生产时间定期清洁和维护。此外，还便于随时了解元件的使用时间和状态。纺纱元件在不使用时应有严格的保管制度，需要专用容器妥善保管，防止元件型号混放以及在搬运安装过程中出现碰撞、损坏、不同型号混用，造成再次使用时发生严重问题。从各机台落后单锭的原因分析可以看出，大约 38% 都是因为纺纱元件不良造成的。因此，加强对不良元件的处理和控制工作，确保上机元件规范准确，可有效降低此类落后单锭的出现频次，更大程度地保证生产质量。

（三）做好落后单锭的追查和处理

每台转杯纺纱机都存在各种原因造成的生产状态落后单锭，主要表现有：无法正常生产，质量指标异常，质量数据差，切纱、断头数量多，纱线的条干均匀度差。落后的原因主要有纺纱元件不良、纺杯定位偏差、棉条质量及其他问题。要控制好转杯纺纱的质量，应建立纺纱质量内控指标。在正常纱线质量水平上，以超出 10%~15% 作为内控指标，对超出范围的单锭进行记录和监控，建立报警封锭制度。

机台存在生产状态不良的单锭很正常，但反常的是持续不断地集中在某几个锭子上。因此，及时对落后单锭进行处理在质量控制过程中非常关键。每日对机台的单锭生产信息进行搜集整理，对异常的单锭及时反馈、有效处理，并追踪处理结果。这项工作在设备管理维护中也十分重要，有利于提高生产效率和保证纱线质量稳定。

通过长期观察和试验发现，传动系统运转状态不良会造成断头增加，粗细棉条切纱数量增加，并且会产生棉纱规律性条干不匀，严重影响棉纱质量。针对单锭传动配合不良的情况，对传动系统进行调节处理。

针对整个机台传动系统磨损严重，对机台单锭全部更换传动机件，并对传动机件定位调节，在同等工艺条件下，更换调整后，机台纺纱质量提高。

（四）加强管理

1. 加强过程工作质量控制

为了提升企业综合素质，保证产品质量的稳定，必须提高生产管理水平，加强各过程工作质量控制。控制就其一般含义而言，是指制订控制标准、衡量实绩，找出偏差并采取措施纠正偏差的过程。合理的质量内控指标和精确、可靠的检测数值，是精确控制产品质量的前提条件，因而，要重视对试验设备的维护、校准和更新，规范质量内控指标的设置，加强工艺执行和试验过程的管理以及检测数据分析工作，通过检测数据实现对产品质量的监控。

2. 实现全员质量管理

产品质量人人有责，人人关心产品质量和服务质量，人人做好本职工作，全体参加质量管理，才能生产出顾客满意的产品。主要做以下三个方面的工作。

（1）抓好全员质量教育和培训。教育和培训的目的有两个方面：加强职工的质量意识，牢固树立"质量第一"的思想。

（2）提高员工的技术能力和管理能力，增强参与意识。

（3）制订各部门、各级各类人员的质量责任制，明确任务和职权，各司其职，密切配合，形成一个高效、协调、严密的质量管理工作系统。

第十一章　涡流纺纱工和涡流纺纱机维修工操作指导

第一节　涡流纺工序的任务和设备

一、涡流纺工序的主要任务

涡流纺纱是一种新型纺纱方法，它利用固定不动的涡流纺锭，来代替高速回转的纺纱杯进行纺纱。在涡流纺纱过程中，纤维的凝聚、转移、包缠成纱全部借助气流完成。涡流纺纱器取消了高速回转的机件，结构简单，借助高速回转的气流对纤维束进行包缠，形成结构独特的涡流纺纱。

1. 涡流纺纱工序的任务

涡流纺工序的任务是将熟条通过牵伸部位纺成纱线，卷绕成后工序需要长度的筒纱，同时，按纱线的性能给予一定的张力，清除纱疵和杂质，络成张力均匀、符合规定标准的优质筒纱。

2. 涡流纺纱原理

在涡流纺纱过程中，三并后的棉条被直接喂入牵伸装置里，牵伸后的纤维束通过纺纱喷嘴及空心纺锭后形成纱线。成形后的纱线通过电子清纱器去除疵点后卷绕成筒纱。

源自前罗拉的纤维束被吸引进纤维导引器，纤维头端在导引器针座的导引下被吸进空心纺锭，纤维尾端经纺锭外围的喷嘴所产生的旋转气流，纤维被翻转，均匀地沿涡流方向排列在空心纺锭表面，同时后续纤维的头部源源不断地进入纺锭，纤维尾部又被旋转气流翻转在纺锭表面，通过纺锭的纤维束经过气流对纤维包缠后，形成中间是平行纤维、外层是包缠纤维的涡流纺纱。

二、涡流纺设备的主要机构和作用

1. 设备主要结构（图 11-1）

VORTEX870 型纺纱机是一种可以将并条后的棉条直接纺成筒纱的机器，并且是配有自动捻接小机及落纱机（AD）的全自动纺纱机。VORTEX870 型纺纱机上安装有 MSC 清纱器，以便在纺纱过程中实时监控纱线质量，由于质量等级因市场和织物类型不同而不同，需要灵活的纱线质量控制方法，根据最终用户的质量等级要求合理调整质量控制是至关重要的。

2. 设备功能及作用

（1）驱动端架部分。各罗拉的驱动电动机及 VOS、主操作面板均位于驱动端。

（2）控制箱部分。主控制箱是控制整个机器和为外围设备提供电源的装置。

（3）末端架部分。筒管库、负压风机和回花、回丝收集装置安装于末端架，筒管库最

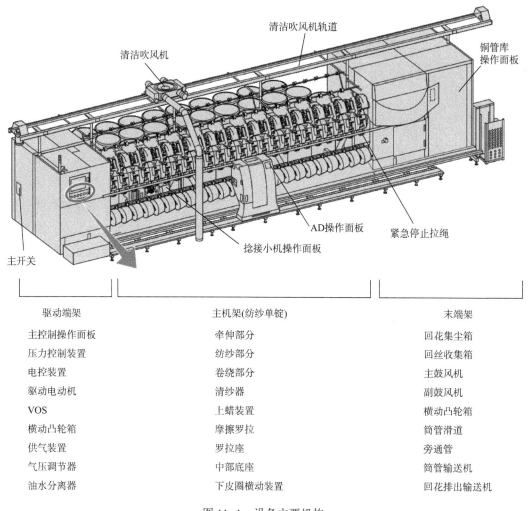

清洁吹风机轨道

清洁吹风机

铜管库
操作面板

AD操作面板

紧急停止拉绳

捻接小机操作面板

主开关

驱动端架	主机架(纺纱单锭)	末端架
主控制操作面板	牵伸部分	回花集尘箱
压力控制装置	纺纱部分	回丝收集箱
电控装置	卷绕部分	主鼓风机
驱动电动机	清纱器	副鼓风机
VOS	上蜡装置	横动凸轮箱
横动凸轮箱	摩擦罗拉	筒管滑道
供气装置	罗拉座	旁通管
气压调节器	中部底座	筒管输送机
油水分离器	下皮圈横动装置	回花排出输送机

图 11-1　设备主要机构

多可储存 160 个筒管，每次只能从储管库拔出一个筒管，通过筒管输送机、滑道输送机供给
AD 小机，废料排放装置分离回丝和回花，并将其排放。

（4）选配装置。

①清洁吹风机。在驱动端与末端之间循环往复，向机台正面吹风，吹走吸附在机器上的
纤维。

②满筒输送装置。落下的筒纱被输送至机台头或尾端。

③筒纱升降机。由满筒输送装置送至机台末端后，将筒纱提升到易于操作的高度。

3. 涡流纺的基本特点

工艺流程短；产量高；机器结构简单，无高速原件；自动化程度高；成纱风格独特；省
工；节省用地。

第二节　涡流纺工序的运转操作

一、岗位职责

（1）负责了解上一班的生产情况，做到心中有数，计划好接班后的工作。

（2）负责处理红灯、换条子、机台及机台周围的清洁工作。

（3）负责质量把关工作，发现突发性疵点，及时上报。

（4）严格执行工作法和安全操作规程，确保安全生产。

（5）具有初中及以上文化水平，具有较强的判断能力，经过三个月以上车上培训。

（6）能够正确判断半制品出现的质量问题，并及时反馈。

（7）严格执行交接班制度，做好交接班工作。

（8）能掌握本工种的安全操作规程。

（9）认真完成领导分配的其他各项工作任务。

二、交接班工作

1. 交接班工作要求

（1）交班者应做好交班准备工作，接班者要提前到岗，认真做好接班工作，按照交接班内容进行对口交接。

（2）交接班时要逐台、逐锭、逐项交接，公用生产工具要逐件交接，重要情况除口头交接外，要向有关负责人汇报，并详细填写交班记录，以备查考。

（3）交班以交清为主，为下一班创造条件，接班以检查为主，做好当班生产的准备工作。

2. 交接班主要内容

（1）交班工作。交班者要主动交清，为接班者创造良好的生产条件，做到交清、讲明、接齐、彻底。即交清公用工具；讲明本班生产情况；处理完报警灯，换完条子，整理好棉条分段；彻底做好清整洁工作。

（2）接班工作。接班者以检查为主，认真把好质量关，做到准备、了解、检查、清洁。

①提前20~30分钟到岗位，将工具放到指定的位置。

②了解上一班的生产情况，如温湿度变化、工艺调整、平扫车、品种翻改、调整皮辊、棉条供应及先纺先用、棉条分段情况。

③机前查错支管、牵伸部件有无缺损、机后查错支错筒及清洁工作。

④做好接班前的清洁工作。

三、清洁工作

做好清洁工作，是提高产品质量、减少红灯断头的重要环节，必须严格执行清洁进度，有计划地把清洁工作合理地安排在一轮班每个巡回中均匀地做。清洁工作应采取"六做""五定""五不落地""四要求"的方法。

1. 六做

（1）勤做、轻做、少做（根据品种决定）。清洁工作要勤做、轻做，防止飞花附入纱线。

（2）彻底做。清洁工作要做彻底，符合质量要求。

（3）分段做。把一项清洁工作分配在几个巡回内做，如皮辊皮圈、罗拉颈，车面等。

（4）随时结合做。利用点滴时间随时做，在巡回中随时清洁皮辊刮片，下销棒积花、锭翼挂花、车头车尾滤网。

（5）双手做。要双手使用工具进行清洁，如捻牵伸区皮辊、擦车面、擦摇架、擦传送带等。

（6）交叉结合做。在同一时间内，两手同时交叉进行几项工作，如捻皮辊的同时可擦车面。

以上第（5）（6）项，根据各工厂所使用的清洁工具不同，操作方法也略有不同。

2. 五定

（1）定内容。根据各厂具体情况，定出值车工清洁项目。

（2）定次数。根据不同号数、不同机型、不同要求、不同环境条件，制定清洁进度。

（3）定工具。选定工具既要不影响质量，又要使用灵活方便。

（4）定方法。以不同形式的工具，采用捻、擦、扫、掏、摘五种方法。

（5）定工具清洁。根据工具形式、清洁内容、清洁程度，来决定工具的清洁次数，不要吹、扇、拍、打，以防止工具上的飞花附入纱条。

3. 五不落地

做清洁时，要做到"五不落地"，即白花、回丝、回条、成团飞花、筒纱不落地。

4. 四要求

（1）要求做清洁工作时，不能造成人为疵点和断头。

（2）要求清洁工具经常保持清洁，定位放置。

（3）要求注意节约，做到"五不落地""四分清"，"四分清"即棉条、回花、回丝品种要分清，纸管色头要分清。

（4）要求机后棉条、空筒整齐，周围环境干净。

四、单项操作

机后棉条接头是涡流纺值车工的一项基本操作，也是执行全项操作法的基础。接头的好坏直接关系到产品质量和工作效率，为此必须在保证质量的同时提高基本操作效率，做到质量好、速度快。

机后棉条均采用竹扦接头上抽法，基本要点：撕条头、条尾时，纤维要平直、稀薄、均匀松散，搭头长度适当，竹扦粗细合适，包头里松外紧，不粗、不细、不脱头。

步骤：分撕条尾→分撕条头→搭头→包卷→抽扦

1. 撕条尾

取竹扦夹于右手虎口预备接头，右手拿起条尾，左手顺势托住，找出正面，右手小指、无名指托住棉条的尾端，将棉条平摊在左手四个手指上，保持纤维平直。右手小指、无名指弯向手心，将条尾握住，手背向上，左手拇指尖插入棉条缝内中指第二关节处，右手拇指、食指捏住另一边（图11-2）。手背外转90度，剥开棉条，中指在剥开的棉条底下弯向手掌，中指尖端顶在拇指根部，拇指、食指捏住棉条外边位于中指第二关节处，拇指平伸，与中指形成一直线钳口。剥开的棉条平摊在左手四个手指上，左手拇指按在中指、食指之间的棉条上，形成另一钳口，两对钳口必须平行，并与棉条垂直，距离8cm左右（图11-3）。

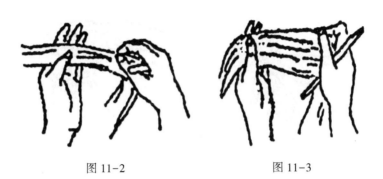

图11-2   图11-3

撕头前左手无名指、小指稍向后移，离开棉条，两手握持棉条处不要夹得太紧，并使棉条在一个水平面上，右手沿水平方向徐徐移动撕断棉条，使撕出的条尾松散、稀薄、均匀，纤维平直、须绒长。

2. 撕条头

右手拇、食、中三指拿起满筒的条头，中指、食指呈垂直方向。拿时要拿扁面，左手中指在外，食指、无名指、小指在内夹住棉条，右手拇指、食指捏住棉条一边（左边），中指顺拇指方向，拨棉条移动至拇指根处，剥开棉条，手背向上，拇指与中指夹住棉条头，形成另一直线钳口（图11-4）

两对钳口距离8cm左右为宜，使棉条在同一个平面上，夹住处（位置）与棉条垂直，然后右手按垂直方向徐徐向上移动，撕断棉条（图11-5），留在左手的棉条条头成平直、均匀、松散的形状，撕下的条头放在围裙口袋内。

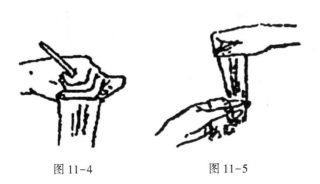

图11-4   图11-5

3. 搭头

左手无名指、小指弯曲，右手中指紧靠在左手中指下面，两手中指平行，棉条夹于右手中指、无名指之间，拇指按在左手中指处的棉条上，徐徐向下抽拉棉条（图11-6）。在抽条时，将右手食指放在原来左手中指处，用右手拇指、食指拿住条头脱开左手。

左手食指向上移，使条尾基本与小指平齐，右手将条头靠在左手指尖一边平搭在条尾上，搭头时右手拇指、食指拿住条尾右边，条尾右边比条头宽约0.3cm，左边宽约0.6cm，便于包卷。搭头长度5cm左右，一般不超过中指。搭头时纤维要平直，并用左手拇指抹一两下，抹平纤维，使条头与条尾黏附（图11-7）。左手食指移回，四指并拢。

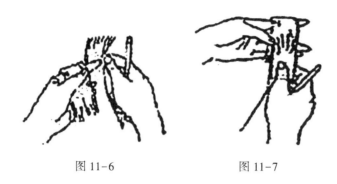

图11-6　　　　　　　　　　图11-7

4. 包卷

右手拿竹扦上端，将竹扦下端平压在左手靠近小指尖边的棉条头上，竹扦与棉条平行，下端与小指平齐或略长。左手拇指放在中指、无名指之间搭头处右侧，按住棉条包住竹扦，向左转动棉条宽度的三分之一（图11-8）。转动时竹扦必须紧靠四指，然后左手拇指离开棉条，右手拇、食、中三指继续转动竹扦到卷完为止。捻竹扦时左手小指、无名指、中指随竹扦转动自然弯向手掌，食指向后上方翘起（图11-9）。

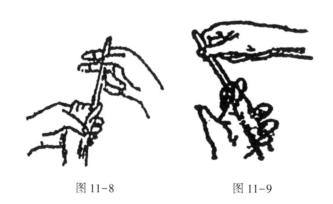

图11-8　　　　　　　　　　图11-9

5. 抽扦

包卷完毕，左手小指轻轻按住棉条，无名指起辅助作用，右手将竹扦向上抽出，抽出方向平行于棉条。注意：

①剥条时右手拿头方法：大把抓住棉条或夹于中指、无名指上均可。

②剥条时左手拇指位于中指或无名指均可。

③撕头时，左手无名指、小指后移或不移均可。

五、巡回工作

巡回工作是看管机台的重要方法，值车工应按规定的巡回路线和时间有计划地处理红绿灯、做清洁、防疵捉疵，做到随时掌握机器，充分发挥人的主观能动性，使工作减少忙乱。

1. 巡回路线

（1）巡回路线。采用走"8"字巡回路线（图11-10）。

终　　　　起

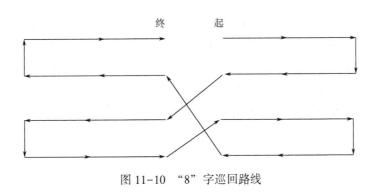

图11-10 "8"字巡回路线

（2）巡回起止点。同一车道车头起点也是终点（从右手边开始）。

2. 巡回时间

每个巡回10min，每个巡回处理灯的基数为10个，超一个加5s。

3. 巡回方法

（1）按照"8"字路线巡回，不能只管机前不管机后，在处理完红灯后及时走机后，巡回速度要快，目光运用要正确到位。在巡回中查错支，看棉条供给是否充足，不允许有空筒。

（2）机后储备纸管不少于一列。换机后棉条后，条筒上的小号随时擦掉。值车工要做到随时处理红灯、机后的毛条、破条、风箱花。

（3）值车工口袋里可装1~2块蜡块，有蜡块报警要及时换上，换蜡块时必须打断头，否则按违章考核。

（4）机后的断条在车头、车尾1/3处时，可以直接到机后搭头后认头接头，其他情况可以在下一个巡回接头。换条子时条头掐50cm，条尾掐3圈。换段时，条筒筒号应朝外，并按单、双眼换段。

（5）巡回中要做到三结合，即结合巡回要防疵捉疵，加强质量把关；结合巡回做好清洁工作，经常保持纱线通道的清洁；结合巡回合理处理红灯报警。

（6）值车工对每个巡回都要有计划性，做到心中有数，要机动灵活地处理各种断头，均匀劳动强度。

（7）掌握生产规律，主动安排工作，做到既不等待又不减少空锭，并有计划地做好清洁工作。

（8）巡回中清洁工作要有计划地进行，操作一般掌握好每排纱的落纱时间，及时写好锭号（有些厂是自动打包机包装，只要求机台号，不要求锭号），及时处理断头。

4. 巡回的计划性

加强巡回工作计划性，首先要有预见性、灵活性，计划性才有切实保证，每一个巡回是一个工作单位，要掌握断头规律，分清轻重缓急，将各项工作合理均衡地安排到每一个巡回中去做，减少巡回时间差异，均匀劳动强度，使工作由被动变为主动。

（1）掌握断头规律，主动安排各项工作。

①在红灯少的情况下多做清洁，如牵伸区、传送带、AD落纱小机、车头车尾清洁，写纸管责任号等。

②在红灯多的情况下尽量少做或不做清洁，集中处理红灯。

（2）分清轻重缓急，处理各种断头。三先三后的范围是值车工的工作重点。

①先易后难。先处理简单的断头，后处理复杂的断头，出现棉条跑空筒和断头时，应先处理断头，后换棉条。

②先紧急后一般。先处理 AD 小机和捻接小机报警断头，后处理一般的断头。

③先近后远。处理断头时，应遵循先近后远的原则。

5. 棉条宝塔式分段

棉条宝塔式分段是按照一定的顺序将棉条组成由大而小的宝塔形式，使换条工作均衡地分配在每个巡回中去完成，便于更好地组织，全面计划工作。

（1）棉条宝塔式分段的形式为两台异向式。

（2）棉条筒宝塔式分段的控制范围：80锭的机台，9筒为一段；96锭的机台，12筒为一段。在车尾处留1~2个锭子处理捡疵把关后合格的半筒棉条。

（3）根据棉条使用情况，合理掌握在巡回中换棉条，保证分段整齐。

（4）如遇宝塔分段不正常的情况，可运用捡补棉条的方法随时调整，防止空筒。

六、防疵捉疵

防疵捉疵是提高产品质量的有效措施，在操作中要树立质量第一的思想，结合基本操作和清洁工作，做好防疵捉疵工作。巡回中，应随时注意筒子疵点。

（1）巡回中注意每锭运转情况，预防缠皮辊皮圈。

（2）巡回中注意自停探纱杆是否工作，是否有松筒或成形不良的筒纱。

（3）换筒时应先捡掉纱尾后再接头。

（4）落下来的筒纱要及时装车打包，以免造成污染，同时还要检查筒纱质量。

（5）巡回时要捉错支，油污及机械造成的成形不良等坏纱，一锭多次断头时既要检查机械原因，又要检查纱的质量。

七、质量把关

（1）落下的筒子值车工要写上锭子号，机台纸管库内的纸管可写上机台号，锭号可取舍。值车工要检查筒纱外观，外观有不正常的挑拣出来，经过检测合格后才能放行。

（2）亮红灯报警的断头和含涤（T）的品种，必须做耐磨度。

（3）值车工要保持手的干净，不能因手脏造成筒子污染，在搬运、存放过程中要保持手部干净，严防人为污染。筒子表面不能接触任何物品，避免锈污染、土污染。

（4）在生产中随时捉机前筒纱成形不良，腰带纱，凹凸纱，蛛网，磨纱，色差，色线，松心，松皮，烂纱和杂物附入及筒纱头带回丝。

（5）预防人为疵点，做到机后防棉条打结、断条，换条接头后按圈条方向盘放在满筒上。

（6）预防人为疵点，做清洁工作，防止飞花附入纱条。

（7）翻改品种、调整工艺、平揩车、调换皮辊、开冷车时，要注意检查牵伸等部位，把好质量关。

八、主要疵点产生的原因及预防方法（表11-1）

表11-1　涡流纺纱工序疵点产生的原因及预防方法

疵点名称	产生的原因	预防方法
错管	放错纸管	认真检查色头与标识相符
蛛网纱	轴承坏，品种不同纸管光滑	停锭处理，反应纸管质量问题
油污纱	手沾油，传送带有油污	保持手、传送带清洁
腰带纱	导纱嘴堵塞	严格执行操作法
松纱	纸管表面光滑、坏纸管、卷取张力小	严格检查纸管的质量问题、调整锭翼张力
磨烂纱	纱线条干不均匀，电子清纱器失灵造成多次接头	发现一锭多次断头，查机械设备和纱线的条干

九、温湿度控制

1. 温湿度的控制范围（表11-2）

表11-2　温湿度的控制范围

夏季		冬季	
温度（℃）	相对湿度（%）	温度（℃）	相对湿度（%）
26~27	48~52	26~27	48~52

2. 相对湿度对生产的影响

相对湿度过高，机件表面易生锈，筒纱容易黏飞花，纱线紧实，会造成筒纱粘连。相对湿度过低，纱线强力降低，易出现毛羽纱，筒子松散，成型不良，纺纱时受静电影响，纤维缠皮辊皮圈。不同的原料对环境的相对湿度要求也不同。

十、安全操作规程

（1）开机注意事项。打开主电源开关和启动机台运转前，必须先确认机台上无人操作，然后再开机。

（2）停机作业注意事项。停机维修或清洁机台时，要关闭总电源开关，并在开关处挂上警示牌，避免发生意外开机，造成人员受伤。

（3）严禁手指进入前罗拉和喷嘴座之间。

（4）值车工不允许私自更换下皮圈，避免造成伤害。

（5）操作中发生意外时，870#机台马上拉动 AD 轨道下部的红色紧急停车线，861#机台马上按操作面板旁的红色紧急停车按钮，使机器马上停止。

（6）单锭部分要严禁随意碰触的高速旋转部件有前罗拉、输出罗拉、槽筒和导纱嘴、旋转中的筒纱。

（7）必须要停机清扫的部位有前罗拉缠花、下销棒下方积花、罗拉缠棉条、槽筒缠纱。

（8）必须停锭后清扫的部位有后皮辊后罗拉缠棉条、后罗拉吸风口堵塞、后罗拉同步皮带缠花毛。

（9）穿棉条时，不能从机器背后将棉条抛向操作面板，应该用手将棉条送到喇叭口，禁止抛甩。

（10）机台在运转中，如果要在机台的车肚里取东西，先把捻接小机关掉，避免小机意外撞击伤人。

（11）在纺纱单锭的前面作业时，先停掉该锭位，避免捻接小机过来动作时小吸嘴伤人。

（12）在使用机尾部回花收集箱的手动功能取回花时，注意不要在打开门的状态下按动按钮，防止门突然关闭伤人。

（13）取回丝后先关上回丝箱门，再把通路手柄返回正常运转位置（垂直状态），否则门会突然关闭。

（14）排花装置失灵，应找修机工处理。

（15）AD小机发生纸管堵塞卡住时，应先关闭压缩空气开关，再取出纸管。

（16）严禁在前罗拉上方位置抽取不良棉条，一旦手中棉条不慎掉下，被缠在前罗拉上，手指将被带入前罗拉，造成人身伤害，应该走到机后，在棉条筒内去除部分不良棉条。

第三节　涡流纺工序的操作测定与技术标准

操作测定是为了分析、总结、交流操作经验，在测定过程中，既要严格要求，认真帮教，又要互相学习，共同提高，通过测定分析，肯定成绩，总结经验，找出差距，指出方向，促进操作练兵交流活动的开展，不断提高生产与操作技术水平。同时，还应考查"应知"内容，使值车工努力学习有关的生产知识，更好地完成生产任务。

一、单项操作测定与技术标准

单项定级标准见表11-3。

表11-3　单项定级标准

级别	优级	一级	二级	三级
分数	99	97	96	95

1. 机后棉条接头

（1）棉条接头考核数量：测定2遍，每次测5个，取好的一次成绩考核。

（2）棉条接头起止点：从手触棉条开始计时，到接完第 5 个头手离开止表。

（3）在机后车上直接操作。

（4）每个接头动作必须完整，回花放入口袋内。

（5）时间标准：50s。

2. 质量评定方法

机前设备电清检测，不断头为合格。

3. 质量评定标准

在质量合格的基础上，速度比标准每块 1s 加 0.02 分，速度比标准每慢 1s 减 0.02 分，棉条接头质量一个不合格最多扣 1 分。

二、全项操作测定与技术标准

全项定级标准见表 11-4。

表 11-4　全项定级标准

优级	一级	二级	三级
98 分及以上	95	92	90

（1）巡回路线。4 台车，采用"8"字巡回路线。巡回起止点：同一车道车头起点也是终点（从右手边开始）。

（2）巡回测定扣分。一个锭子上出现两种扣分情况，以扣分重的一项考核，不双重扣分。

（3）路线走错、回头路。以进车道脚踩第一个锭子为准，每次扣 0.5 分。机后断棉条，红灯在车头、车尾三分之一处，机后递棉条，不算回头路。

（4）巡回时间。标准 40min，每个巡回 10min。每超标准 15s 扣 0.1 分，不足 15s 不扣分，以此类推。

（5）机前巡回目光运用。指进出车道执行四看，即：

进车道全面看：查看是否有 AD 落纱小机和捻接小机报警情况。

进了车道分段看：先右后左便于看清筒纱疵点。

做清洁工作周围看：注意周围断头。

出车道回头看：回头看清断头及紧急情况。

不执行四看每次扣 0.5 分。

（6）三先三后。其范围是值车工的工作重点。不执行三先三后操作原则的每次扣 0.2 分。

（7）接头。

①简单头。指所有正常接头。

②复杂头。指不正常的接头，如穿棉条、缠皮辊、缠罗拉（需掀摇架）、张力罗拉缠纱等。

③连续断头不找原因。连续断头 3 次及以上断头而不检查原因，第二巡回不示意裁判员的，每锭扣 0.2 分。

④人为断头。凡因值车工操作不良而造成的断头算人为断头，清洁不彻底而造成的断头，

计算人为断头每个扣0.2分，造成的纱疵计算人为纱疵，每个扣0.2分，以测定时看见为准。

⑤接头三查。查棉条、查纺纱通道（上下皮圈、后罗拉、后皮辊、锭翼）、查筒纱疵点。接头不查的，每次扣分0.1分。

（8）清洁工作要求及考核。

①清洁工作。测定时规定的清洁数量没做算漏项，每次扣0.5分，没做完按每个锭子的百分比扣分。

②值车工每做完一项清洁项目后，教练员应及时抽查，抽查后发现有问题的，每处扣0.2分。

③在清洁工作中，要做到六不落地，否则每次扣0.1分。

④车尾纸管库纸管不能少于1列，少1个扣0.01分。

⑤人为疵点。凡属值车工本人因工作不慎造成疵点，每个扣0.5分。

⑥漏疵点。指巡回时漏掉弱捻纱、松紧不一、花毛回丝附入等，每个扣0.3分。

（9）全项操作测定（表11-5）。

表11-5　涡流纺工作法测定表

日期：		班组：	姓名：		品种：			看台数：			全项评分：	
	项目	扣分标准	1	2	3	4	5	小计		单项	±分	
巡回工作	巡回时间	超10s，-0.1分								接头		
	回头路	-0.5分/次										
	路线走错	-0.5分/次								工作量		
	目光运用	-0.2分/次										
	三先三后	-0.2分/次										
接头	简单红灯	±0.2分/次								操作扣分		
	复杂红灯	±0.2分/次								工作法扣分		
换棉条	换棉条（16筒）	1分/筒								评语		
	分段超范围	-0.1分/次										
清洁工作	导条器	全部										
	喇叭口、小飞翼	一面										
	罗拉防护罩	1/3										
	传送带	1/2										
	查牵伸区	1/2										
	摇架	1/3										
	机后筒底、条筒歪弹簧	1/3										
	机后风筒、气压管	1/3										
	前后电机网	每巡回										
	风箱花、回丝箱	每巡回										
	AD小车	随时										
	书写锭子号	-0.2分/次										

续表

	项目	扣分标准	1	2	3	4	5	小计	单项	±分
其他	五不落地	-0.1分/次							评语	
	违规操作	-0.5分/次								
	人为疵点	-0.2分/次								
	脏筒纱	-0.2分/次								
	连续红灯不找原因	-0.1分/锭								
	处理红灯不及时	-0.2分/次							操作员：	
	错支	-1分/次								
	检查异常	-0.2分/次								

第四节 涡流纺纱机维修工作标准

涡流纺有一定的维修计划和维修周期（表11-6）。

表11-6 涡流纺维修计划和周期

计划维修	周期
A类维修	4个月
C类维修	10天

注 C类维修周期按照品种、清洁状况随时调整。

一、涡流纺A类维修顺序和检查标准
1.A类维修顺序（表11-7）

表11-7 A类维修顺序

序号	内容	要求
1	更换下皮圈	松开中罗拉连接轴处螺丝，两人抬下中罗拉放在制作好的罗拉座上，擦去罗拉上的油，去掉不要的皮圈，换上新的皮圈，将罗拉抬起装上，安装下销棒
2	更换清洗纺锭、N1、N2喷嘴	将清洗过的纺锭和喷嘴换上，把换下来的纺锭、喷嘴进行清洗；在超声波清洗器中倒入水，加入少量洗涤剂，将纺锭、喷嘴放入，接通电源，设置清洗15分钟，重复清洗两次，取出纺锭、喷嘴并吹干
3	卸下机台前后盖板	清理棉絮和灰尘
4	横动凸轮箱加油	将凸轮箱上的盖子打开，插入漏斗，将美孚牌油慢慢倒入漏斗中，直至油量达到红色刻度线停止加油，取下漏斗，盖上凸轮箱盖

序号	内容	要求
5	清洗清纱器	用干净浸湿的专用布擦拭清纱器，再用干的专用布擦拭一遍，切记，先关闭主电源开关，再进行操作
6	检查各传动轴皮带	检查是否松动或磨损

注 1. 电动机检查（免加油电动机）。

2. A类维修包含所有C类维修项目，标注"+"的表示所有电动机加油。

3. 凸轮箱加油，做配电柜清洁。

4. 头车尾皮带检查、车头牙轮轴承检查。

2. A类维修检查标准（表11-8）

表11-8 A类维修检查标准

序号	检修项目	允许限度 A类维修
1	摇架安装位置不正、不灵活	—
2	输出罗拉与皮辊支座间隙小	—
3	喷嘴到前罗拉距离不合格	不允许
4	罗拉、轴承缺油	不允许
5	喇叭口到后罗拉表面的距离	—
6	小车轨道隔距过大或过小	—
7	车头车尾油污、脏花	不允许
8	坦克连挂花	不允许
9	横动装置（车头车尾）油污脏花	不允许
10	轴承、凸轮脏花	不允许
11	齿轮缺油	不允许
12	电动机盖子脏	不允许
13	张力罗拉张力（根据在纺品种的张力）	±10cN
14	螺丝松动、缺螺丝	不允许
15	卷取摇架小端轴承生锈、油污	不允许
16	吹吸风轨道、龙带挂花、浮灰	不允许
17	张力轮及同步皮带清洁不到位	不允许
18	后罗拉、中罗拉、前罗拉、输出罗拉油污、挂花	不允许
19	上蜡装置蜡屑	不允许
20	下皮圈安装偏	不允许
21	张力罗拉、输出滚筒及端盖脏、缠回丝	不允许
22	吸棉眼、捕纱器灰尘	不允许
23	摇架吸风管灰尘	不允许

序号	检修项目	允许限度
		A 类维修
24	车身灰尘、脏花、油污	不允许
25	弹簧生锈、挂花	不允许
26	下销棒高度 3.38mm	±0.03mm
27	罗拉隔距允许偏差	±0.05mm
28	输出皮辊与前罗拉不平行	不允许
29	传送带跑偏	—
30	卷曲摇架、电磁阀脏花、油污	不允许

二、涡流纺 C 类维修顺序和检查标准

1. C 类维修顺序（表 11-9）

表 11-9　C 类维修顺序

序号	内容	要求
1	悬挂停车牌	张贴在醒目的位置或是电源开关位置
2	停车	按下剪切按钮，将所有摇架抬起，关闭捻接小机和落纱小机，再关车
3	拉棉条	将棉条从导条架取下，然后将棉条筒整齐地排放于备用棉条筒区域（以便悬挂防尘布）
4	取筒子	将机台前的筒子取下写上锭号，放在筒纱车上
5	悬挂防尘布	1 人悬挂机台后的防尘布 2 人悬挂机台前的防尘布
6	取皮辊	将前皮辊、三皮辊、四皮辊取下放到小车中，送往皮辊调换室清洗
7	取下销棒	松开下销棒两端螺丝，取下下销棒，清理下皮圈下的积花
8	吹机台	一人拿气枪吹摇架、牵伸部位、面板、摩擦罗拉、机后导条器、车头内的棉絮和灰尘，另一人拿气枪吹卷取摇架、传送带、车底、车尾凸轮箱、捻接小机、落纱小机、管仓内的棉絮和灰尘
9	罗拉加油	一人将油枪内加满油，然后从罗拉连接轴处的油嘴开始注入
10	前皮辊加油	一人将皮辊两端取下，在皮辊轴承上加油，然后套上皮辊
11	擦罗拉	一人用花包沾上酒精擦拭前罗拉、三罗拉、四罗拉
12	安装皮辊	将皮辊全部安装在摇架上
13	取防尘布	将机台前后的防尘布取下
14	放筒子	将一开始取下的筒子按锭号全部放到卷取摇架上
15	穿棉条	两人在机台后穿棉条，其他人在机台前穿棉条
16	运行机器	按下启动按钮，压下摇架，再按复位按钮，然后再按面板上的红色打开按钮，启动捻接小机和落纱小机

2. C 类维修检查标准（表 11-10）

表 11-10　C 类维修检查标准

序号	检修项目	允许限度
1	车头车尾油污、脏花	不允许
2	横动装置（车头车尾）油污脏花	不允许
3	坦克连挂花	不允许
4	轴承、凸轮脏花	不允许
5	电机盖子脏	不允许
6	张力罗拉张力（根据在纺品种的张力）	±10cN
7	螺丝松动、缺螺丝	不允许
8	卷取摇架小端轴承生锈、油污	不允许
9	吹吸风轨道、龙带挂花、浮灰	不允许
10	张力轮及同步皮带清洁不到位	不允许
11	后罗拉、中罗拉、前罗拉、输出罗拉油污、挂花	不允许
12	上蜡装置蜡屑	不允许
13	下皮圈安装偏	不允许
14	张力罗拉、输出滚筒及端盖脏、缠回丝	不允许
15	吸棉眼、捕纱器灰尘	不允许
16	摇架吸风管清洗不干净	不允许
17	车身灰尘、脏花、油污	不允许
18	弹簧生锈、挂花	不允许
19	罗拉隔距允许偏差	0.05mm
20	卷取摇架、电磁阀脏花、油污	不允许

三、涡流纺定期维护项目（表 11-11）

表 11-11　涡流纺定期维护项目

间隔	注油	清扫	检查
每天	—	1. 电动机风扇盖 2. 牵伸零件 3. 筒管夹头	1. 前皮辊及上皮圈 2. VOS SS 报警灯 3. 纺纱条件 4. 废纱/回花箱滤网
每周	—	1. 整机 2. 回花箱	1. 下皮圈

间隔	注油	清扫	检查
每月	1. 下罗拉轴承（润滑油脂） 2. 驱动箱内下罗拉轴承（润滑油脂） 3. 副鼓风机轴承（润滑油脂）	1. 后罗拉同步带及齿轮 2. 主鼓风机排气管道 3. 前下罗拉 4. 下销棒 5. 电清检测头	1. 上、下皮圈 2. 同步带 3. 喷嘴头 4. 锭子头 5. 筒管夹头轴承 6. 前皮辊轴承 7. 变频器
每三个月	—	1. 后罗拉 2. 纺纱喷嘴，辅助喷嘴（超声波清洁） 3. 锭子 4. 鼓风机叶轮 5. 飞翼（移除废棉）	1. 下销棒高度 2. 变频器 3. 油水分离器
每六个月	1. 横动凸轮箱（润滑油更换：在六个月后第一次更换润滑油，之后每年更换一次） 2. 摇架升降装置	1. 导条架和喇叭口 2. 摇架升降装置	1. 纱线通道及牵伸部分 2. 皮圈弹簧 3. 喷嘴到前罗拉的距离 4. 摇架升降装置
每年	—	—	1. 油水分离器滤网组件更换 2. 后皮辊 3. 后罗拉清洁刮片
每三年	—	—	1. 喷嘴和锭子 O 型密封圈 2. 后皮辊 3. 变频器

注　以上项目必须在机器停止之后再进行维护和调整。

四、涡流纺捻接器定期维护项目（表 11-12）

表 11-12　涡流纺捻接器定期维护项目

周期	项目	采取措施
每天一次	清理捻接器中的废纤维	用气枪清洁
每周一次	捻接检查	检查捻接外观和强度，检查剪刀的锋利度（目测）
更换加工过程中的纱线时	捻接检查（加捻压力，L_n）	检查捻接外观和强度（拉力计）
六个月一次	捻接器单元	拆除并清洁捻接单元
每年一次	清理解捻管道内的尘土和污点	用清洁刷清洁

五、涡流纺 AD 架定期维护项目（表11-13）

表11-13　涡流纺 AD 架定期维护项目

周期	维护部位	要领
每天	光电传感器	使用喷气枪清除光电管附近的飞花
每周	轨道毛刷	使用喷气枪清除毛刷上的废纤维与废纱，如果这样清除困难，将毛刷卸下清洁
	剪刀	1. 检查剪刀的截纱性能 2. 检查剪刀是否已损坏
	导轮	使用喷气枪清除辊子上的废纤维与废纱，如果难以清除拆下辊子清楚
每半年	AD 内部	拆下所有盖板，用喷气枪清除废纤维废纱或筒管上的粉末
每年	气缸轴（小吸嘴）	1. 确认是否漏气 2. 如填充材料有磨耗，请更换 3. 在轴表面涂抹黏度1~2号锂基脂
	各气缸	确认是否漏气

六、专件器材更换周期（表11-14）

表11-14　专件器材更换周期

器材名称	使用周期	备注
皮辊	15 天	1. 皮辊的直径在29~30mm范围内，超出这个范围就要进行更换 2. 根据纱线类型、支数及试验指标按要求进行更换
上下皮圈	3 个月	1. 根据纱线类型、支数及试验指标按要求进行更换 2. 发现皮圈带槽、损坏及时更换
纺锭	3 个月	1. 根据纱线类型、支数按要求进行更换 2. 发现有破损损耗及需要清洁时拆下进行更换
针座	3 个月	1. 发现针尖有磨损、损坏的，及时拆下更换 2. 按照使用周期进行更换

七、润滑油的选用

表11-15列出的是适用于各注油、润滑点的润滑油和润滑脂。

表11-15　适用于各注油、润滑点的润滑油和润滑脂

注油点	村田零件销售株式会社	润滑油供应商				黏稠度
		捷克斯能源株式会社	埃克森美孚公司	SHELL	BP 嘉实多股份有限公司	
1. 车头柜内的轴承 2. 鼓风机 3. 前下罗拉轴承	—	标准 EP2 润滑脂	Plex 48	爱万利润滑脂 S NO.3	安能脂 LS -3	NLGI 3 *[3]

续表

注油点	村田零件销售株式会社	润滑油供应商				黏稠度
		捷克斯能源株式会社	埃克森美孚公司	SHELL	BP 嘉实多股份有限公司	
T 横动凸轮箱	—	宝诺克 AX680	美孚齿轮 SCH 680	—	赛宝 1510 齿轮油 680	ISO VG 680
锭子开关气缸 卷取摇架气缸	白色润滑脂	Epnoc 润滑脂 AP 2 号	—	爱万利润滑脂 EP2	—	—

八、涡流纺维修工岗位职责（表 11-16）

表 11-16　涡流纺维修工岗位职责

工作领域	岗位职责
工作执行法	1. 严格遵守各项生产管理规章制度，努力完成各项生产指标 2. 认真执行扫车工作法，正确掌握各项操作要领 3. 负责做好设备的保养，检查工作发现问题及时上报维修 4. 负责按照扫车法进行工作，杜绝漏项 5. 做好专件器材的周期使用，杜绝超周期使用 6. 负责把质量放在首位，把好质量关
安全生产	1. 负责安全生产，防止人身事故和机械事故 2. 负责认真执行安全操作规程，不违章操作 3. 随时关注机械运转情况，发现坏车、异响、异味及时上报，并通知有关人员检查维修
其他	1. 积极参加各种竞赛活动 2. 服从工段长的管理工作 3. 负责完成工段、队长交给的临时性工作

九、维修操作

1. 标准检查

（1）按下操作面板上的红色按钮来打开或关闭锭子支架。

（2）检查每个纺纱单锭上的纱筒表面，确保没有不良纱线卷绕。如果纱筒上包含不良纱线，请彻底清除掉。

（3）检查纱筒的纱线端没有脱落或重叠。如果纱线端脱落或重叠，可能导致捻接失误。

（4）持续按下纺纱单锭上的黑色按钮约 1 秒，等纤维顺利从前罗拉中出来后，检查底部的吸风管道是否将其吸收。

（5）持续按下纺纱单锭上的灰色按钮约 1 秒，检查气体是否从锭子喷嘴中喷出。

（6）在每个纺纱单锭上，按红色按钮将锭子回复到纺纱位置，并且将捻接小机置于待机状态。

注意：操作时，检查喷嘴支架附近的锭子支架是否已经关闭，确保中间没有缝隙。

2. 棉条部分操作

（1）将棉条从条筒中拉到主机架上。确保棉条垂直向上拉出，并且没有碰到条筒的边缘。确保棉条在导条器内运行。

（2）将拉到机架上的棉条端捻细（约5cm），以便使它形成尖端。

（3）抬起牵伸摇架，将棉条穿过喇叭口再穿过集棉器。

（4）在将棉条导向皮圈的时候，将之前为了便于穿过喇叭口而预加捻的棉条去除。棉条穿过集棉器的长度控制在5mm左右。

（5）关闭牵伸摇架，向下压摇架并将其锁定。在锁定摇架前必须先把喷嘴打开，否则棉条前段纤维易堵在前皮辊与针座之间，损坏前皮辊。

（6）执行标准，检查并将捻接小机设置为待机状态。

3. 牵伸部分缠绕操作

（1）按下同一个摇架下的另一个单锭上的红色按钮，红灯亮起并停止纺纱。在做下面给出的步骤之前，保持红灯始终是打开的状态。如果在过程进行中红灯关闭，捻接小机将开始捻接工作，这将会非常危险。

（2）升起牵伸摇架。

（3）清理缠绕在罗拉和皮圈周围的纤维，注意不要被卷入转动的罗拉中。

（4）供应棉条时，将棉条插入集棉器并锁定牵伸摇架。

（5）完全清理掉纱筒表面的细纱。检查纱筒的纱线端没有跑到筒子两端侧面，否则捻接将不能正常进行。

（6）完全清理掉摩擦罗拉上的残余纱线。

（7）执行标准，检查并将捻接小机设置为待机状态。

4. 堵塞喷嘴、锭子操作

如果纺纱喷嘴被异物堵塞，例如纤维，则按照下面给出的步骤进行操作。当执行下面步骤的时候，确保远离前罗拉，防止受伤。

（1）打开喷嘴支架，把控制杆朝着自己的方向拉到最低位置。

（2）用刷子清理异物，例如纺纱喷嘴里的废纤维，如果用力过大可能会弄坏针座，如果堵塞严重，则从喷嘴出口下游侧清理出纤维。

（3）执行标准，检查并将捻接小机设置为待机状态。

5. 纺纱传感器操作

（1）因为可能会导致传感器破损，所以不要将竹扦和刷子插入纺纱传感器内部，甚至清洁时避免使用竹扦和刷子。导纱部分有时会出现污渍附着现象，但是不影响机器的功能，所以不需要立即清理。

（2）因为可能会导致传感器破损，所以不要给予纺纱传感器很大的冲击，如敲打、掉落、撞击、振动、压缩空气强吹等。

6. 纱线缠绕在摩擦罗拉上的正确操作

（1）按红色按钮，红色灯将亮起。

（2）按照纺纱方向旋转摩擦罗拉，将残余纱放入残余纱清除管道内进行清除。此外，可手动旋转摩擦罗拉。

（3）确保锭翼上没有残留纱。

（4）执行标准，检查并将捻接小机设置为待机状态。

7. 蜡的更换

上蜡装置和蜡块安装到机器上后，当剩余蜡块较少时，蜡块剩余报警就会被激活，橙色灯将显示。注意：进行这项工作时，注意小机的位置，小机碰撞是很危险的。

（1）拿住压杆，将其滑向右边。

（2）将蜡和蜡锁定板移向右侧。

（3）将剩余蜡从蜡锁定板中拉出，并将新蜡安装在轴上。

（4）安装锁定板并将压杆回复到先前位置。

8. 上罗拉隔距

（1）根据原料准备隔距块，参考表 11-17 的推荐值来确定隔距。

表 11-17　推荐值

隔距块类型	材质	隔距块类型	材质
A1	100%棉	C2	
A2		D1	
B1	棉混纺	D2	100%合成纤维
B2		E1	
C1		E2	

（2）对准隔距块刻度。

（3）安装板条，隔距块长形孔的上端和下端需接触螺丝头。

（4）松开第 3、第 4 上罗拉间距螺丝。

（5）将开闭杆挂在柄轴上，然后插入上罗拉隔距。

（6）将 4 个阻块完全嵌入第 3、第 4 上罗拉，使上罗拉隔距至弹簧的里侧。

（7）在第 3、第 4 上罗拉位置被固定的状态下，拧紧上罗拉间距的螺丝。

（8）从第 3、第 4 上罗拉上取下阻块。

（9）一边打开开闭杆，一边取下上罗拉隔距。

9. 上罗拉压力调整

使用 6mm 内六角扳手调整各罗拉顶部的压力调节器，向右转动增加压力，反之则减小压力。中途不能停止，直到完成为止。如图 11-11 所示。

10. 下罗拉隔距

使用隔距块将两个单锭同时调整，金属板有 2mm 和 3mm 两种，可通过组合不同厚度的金属板进行调整。见表 11-18。

隔距设定步骤如下：

（1）松开螺丝。

（2）将隔距块插入中罗拉及第 3 罗拉下的间隙中。

（3）向下推动下罗拉，使它们之间无间隙，然后拧紧螺丝。

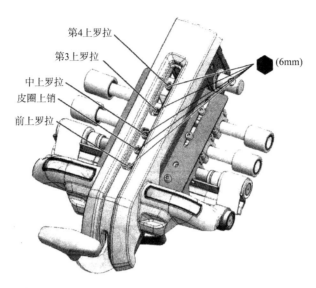

第4上罗拉
第3上罗拉
中上罗拉
皮圈上销
前上罗拉
(6mm)

图 11-11　上罗拉压力调整

表 11-18　使用不同厚度的金属板调整下罗拉隔距

项目	适用上罗拉隔距	金属板厚度（mm）	金属板结合方式（数量）	
			2mm	3mm
M-3	A1	没有	0	0
	A2/B1	2	1	0
	B2/C1	4	2	0
	C2/D1	6	3	0
	D2/E1	8	4	0
	E2	10	5	0
3-4	A1/A2	没有	0	0
	B1/B2	3	0	1
	C1/C2	5	1	1
	D1/D2	7	2	1
	E1/E2	9	3	1

（4）将隔距块插入第 3 和第 4 罗拉之间的间隙当中。

（5）从上面施加压力，然后拧紧螺丝，使它们之间无间隙。

注意：使用隔距块 A1 时，松开螺丝，然后移动罗拉，直到它们接触到底部，此时在不使用隔距块的情况下拧紧螺丝。

11. 喷嘴和纤维导管更换和调整

（1）降低停止器控制杆，然后固定它使锭子支架不要合上。

（2）松开螺丝然后拆除喷嘴支架。

（3）更换纺纱喷嘴和纤维导管。

（4）按照拆除时的反向顺序将喷嘴、O 型环及纤维导管装配好。

（5）安装喷嘴帽，注意 O 型环不要被卡住，用螺栓固定拧紧。

（6）根据原料，旋转转换板，设置转换板的颜色，松开螺丝即可旋转转换板，转换板颜色调节见表 11-19。

表 11-19　转换板颜色调节

材质	转换板颜色
100%棉	蓝色
棉混纺（富含棉）	白色
棉混纺（富含合纤纱）	
100%合成纤维	
粗支纱	无色

（7）装配好喷嘴架，然后拧紧螺丝。

12. 飞翼惯性调整

飞翼惯性调整，设定为表 11-20 列出的值。

表 11-20　飞翼惯性调整设定的值

纱线支数（英支）	15	20	30	40	50	60
惯性（mN）	140	140	120	100	80	80

（1）同时旋转惯性调整螺母和锭翼，调整惯性。

（2）使惯性测量装置对着上蜡装置导板正表面和右侧，放在上蜡装置顶端。

（3）确认测量装置的针头接触到锭翼，按下黑色按钮。

（4）读取测量值。

（5）重复上述步骤，直到读数达到规定值（±10mN）。

第十二章　整经工和整经机维修工操作指导

经纱经过络筒工序卷绕成筒子后，送入整经工序，大批筒子经过整经，按照工艺要求卷绕成经轴，这个过程称为整经。整经是准备工序的第二道工序，整经的目的在于改变纱线的卷装形式，由单根筒子纱变成多根纱平行排列的，具有织轴初步形态的卷装形式——经轴。

第一节　整经工序的任务和设备

一、整经工序的主要任务

整经工序的主要任务，是按工艺设计要求，将一定长度和根数的经纱，从筒纱上引出，组成一幅纱片，使经纱具有均匀的张力，相互平行地紧密卷绕在整经轴上，以满足后工序的要求。

二、整经工序的生产指标

整经工序生产指标是本工序生产管理的主要内容，各项工作都应围绕它进行，整经工序生产指标的来源和依据是保证供应，为后工序提高产量、质量创造条件，包括产量指标、质量控制、疵点把关、节约指标等。

1. 产量指标

小组、个人的产量指标，指计划期内个人和小组应完成的数量。台班产量，就是每台车一轮班整经米数，用米/（台·班）表示。

整经产量计算：

（1）滚筒表面线速度。

$$S = \frac{\pi \times d \times n}{1000}$$

式中：S——滚筒表面线速度，m/min；

　　　d——整经滚筒直径，mm；

　　　n——整经滚筒转速，r/min；

（2）整经轴表面线速度。

$$S_1 = S \times \phi$$

式中：S_1——整经轴表面线速度，m/min；

　　　ϕ——滚筒与经轴表面滑移系数（0.95~0.98）；

　　　S——滚筒表面线速度，m/min。

（3）整经机理论产量。

$$Q = S_1 \times n \times 60$$

式中：Q ——整经机理论产量，m/h；

　　　S_1 ——整经机表面线速度，m/min；

　　　n ——整经滚筒转速，r/min。

（4）整经机实际产量。

$$Q' = N \times Q$$

式中：Q' ——整经机实际产量；

　　　N ——有效时间系数；

　　　Q ——整经机理论产量。

2. 质量控制指标

（1）整经工序的技术要求。

①整经时经纱须具有适当的张力，同时尽可能保持经纱的弹性和张力。

②在整经过程中，全幅经纱张力应尽量均匀一致。

③整经轴上的经纱排列和卷绕密度要均匀（指经轴横向和内外层纱线，经轴表面要圆整，无凹凸不平现象）。

④整经根数、长度或色经排列循环必须符合织造工艺设计的规定。

⑤整经机生产效率要高，回丝要少。

（2）整经工序质量考核的主要指标（表12-1）。

表 12-1　整经工序质量考核的主要指标

项目名称	纱线线密度（tex）	技术要求	测试方法
万米百根整经断头 [根/（万米·百根）]	14.5 9.7	<1	常规测试 生产现场测试
卷绕密度（g/cm³）	14.5 9.7	0.5~0.6	专题测试
经轴好轴率（%）	14.5 9.7	>98	按经轴好轴率标准生产现场实查
回潮率（%）	14.5 9.7		专题测试 测湿烘箱

（3）主要指标解释及计算。

①万米百根断头。分品种分机台任意测定5000m，测定时不要在满筒和小筒纱时进行，以免影响正确性，因为整经断头率直接影响浆纱质量和布机经纱断头率。整经断头率高，会造成浆轴倒断头多，影响布机断头。

计算方法：

$$B_d = \frac{Z_d}{Z_s} \times 2 \times 100\%$$

式中：B_d ——整经万米百根断头次数，次；

　　　Z_d ——测试断头数，根；

　　　Z_s ——整经轴绕纱根数，根。

②卷绕密度。通过测试可以了解经轴卷绕松紧程度，从而知道经纱在卷绕时所受张力的大小均匀与否。若密度过大，则卷绕时纱线所受张力大，易损伤纱线弹性，在布面上的单纱细节会呈黑影；反之，密度过小，会造成经纱卷绕松紧不匀，经轴表面会呈高低不平，影响布面平整。

卷绕体积：

$$V = \frac{\pi w}{4}(D^2 - d_2)$$

式中：V——经轴容纱体积，cm^3；

W——经轴上盘片的距离，cm；

D——满轴直径，cm；

d——经轴的轴芯直径，cm。

经轴的卷绕密度：

$$r = \frac{G \times 1000}{V}$$

式中：r——卷绕密度，g/cm^3；

G——经轴绕纱净重，g；

V——经轴容纱体积，cm^3。

③疵轴及经轴好轴率。考核标准见表 12-2。

疵轴数以轴为单位，若一个轴上有几处疵点，仍作一个疵轴计。

$$好轴率 = \frac{每月实际产轴数 - 疵轴数}{每月实际产轴数} \times 100\%$$

表 12-2　经轴好轴率考核标准与造成疵点原因

疵点名称	考核标准	造成原因
浪纱	下垂 3cm、4 根以上作一只疵轴；下垂 5cm、1 根以上作一只疵轴，超过 5cm 作经轴质量事故处理	1. 操作不良，两边未校对整齐，造成经轴边纱部分不平，低于或高于其他部分 2. 伸缩箱与经轴幅宽的位置不适当 3. 经轴两端加压不一致，轴承磨损过大等机械原因，造成经轴卷绕直径不一 4. 经轴轴管变形及盘片歪斜或运转时左右窜动，造成经轴卷绕直径有差异 5. 滚筒两边磨损
绞头	有两根以上作疵轴（包括吊绞头在内）	1. 断头后刹车过长，造成寻头未寻清 2. 落轴时，穿绞线不清
长短码	一组经轴最长最短相差大于 1 匹纱长度作疵轴，满 100m 作质量事故	1. 操作不良，码表未对准 2. 整经机测长机构失灵
错支	经纱（轴）上发现错支作前工序质量事故；及时调整处理未造成经济损失和未造成后道坯布质量损失者不作疵轴；有经济损失，但未影响后道坯布质量作疵轴；经纱（轴）上未发现或发现未认真处理好，作质量事故	1. 换筒工操作不认真，筒子用错 2. 筒子内有错支或错纤维纱，未能发现

续表

疵点名称	考核标准	造成原因
错头份（根数）	经纱头份未按工艺规定根数，未造成后道工序质量影响作疵轴，影响质量作质量事故	翻改品种时，值车工没检查头份或筒子数字点错
油污渍	影响后道工序的深色油污疵点作疵轴	1. 清洁工作不良，将油飞花掉落在经轴内 2. 加油不当，油飞溅在经轴上
大小边	经轴边纱部分平面凸出或凹下，作疵轴处理	值车工操作不当，经轴盘片严重歪斜
标记用错	封头布、轴票用错作疵轴	值车工操作不良
杂物带入	有脱圈回丝及硬性杂物卷入作疵轴	1. 做清洁工作时，飞花等落入经纱层上，未及时清除 2. 换筒子时，回丝没有放好而吹入纱层上 3. 筒子结头带回丝未及时摘掉 4. 筒子堆放时间长，上面附有飞花

④经轴回潮率。通过试验计算每轴的干经纱重，以保证经纱质量，以提高织机的生产效率。计算方法：

$$回潮率 = \frac{样纱湿重 - 样纱干重}{样纱干重} \times 100\%$$

3. 捉疵点

为了提高经纱质量，减少原纱疵点，整经值车工还要将原纱上的疵点、羽毛纱、竹节纱、粗支、错支、脱圈纱、油污纱、松心和筒子纱疵点、飞花、回丝、小辫子、结头不良等处理掉。整经值车工必须严格把关，不漏任何疵点。

4. 节约指标

（1）节约用纱。主要是对好码表，勿出差错，对好头份，勿多勿少，随好千码纸条，翻改品种，应该分段拉头，拉到结头为止，节日关车或大扫除要用塑料布盖好，防止飞花附入，以免浪费经纱，造成回丝。

（2）节约用电。停车时随手关电机，关日光灯和风扇。

5. 温湿度与生产的关系

整经车间内的温湿度稳定，可降低断头、保证质量、提高生产效率。

如湿度太大，会产生下列情况：筒子变重，纱线伸长，增加筒脚，不易除杂，机件表面黏附飞花且易生锈，在整经车间造成经轴或织轴卷绕过紧，码份过长，使浆纱回丝增多。

如湿度过小，又会造成强力降低，断头多，做成的筒子轻而松，对于经轴也因卷绕经纱松弛而出现浪纹，张力不均；棉纱产生毛羽现象，造成表面不光滑，质量下降，车间飞花增多。

天然纤维如棉纤维等，温度在20~27℃，相对湿度控制在60%~70%范围内，受机械处理效果最佳。化学纤维如涤纶、锦纶等，由于回潮小，易产生静电，所以相对湿度易偏大掌握，以消除静电影响。

温度低于18℃，棉纤维表面蜡质硬化，纤维发脆，易断头；温度过高，蜡质软化，会影响生产。湿度高，纤维吸湿回潮率高；湿度低，纤维放湿回潮率低。湿度对不同纤维影响很大，天然棉纤维湿度不易过大，否则强力下降。

三、整经设备的主要结构和作用

1. 筒子架

一般多用复式筒子架，架上装有工艺规定数量的工作筒子和预备筒子。换筒时不停车，可提高效率，减少回丝，张力均匀。

2. 传动机构

有摩擦传动和直接传动，现多采用直接传动，结构简单，起动时由慢到快，张力由小到大，刹车灵敏度高。

3. 电气断头自停装置

目前多采用光电管，结构简单，光线对得准，断头灵敏度高。如因机械振动光线对不准则失灵，要注意维护，使之准确。

4. 调幅装置

主要是伸缩调节轴面宽窄，应灵活，注意不要造成软硬边。

5. 测长装置

采用数字式或表盘式。

6. 张力装置

（1）采用张力盘重量来调解张力，要转动灵活；盘的重量分配是前重后轻，上下轻中间重，按工艺要求配置。

（2）采用张力杆绕纱角度来调解张力，要求张力杆表面光滑无毛刺，动作、角度符合要求。

7. 除尘装置

一般采用电扇吹风，但风力要均匀，大小适当，以免飞花附入。

四、整经工序的主要工艺项目

整经工艺设计表是整经工作的依据。整经前，必须根据工艺设计表的要求进行整经。

1. 主要工艺项目

有生产品种、整经车速、整经头份、整经轴的轴数，整经长度、张力要求、分段要求、运转率要求、穿筘法等。

2. 主要工艺项目解释及计算

（1）整经车速。即整经滚筒的转速，其速度根据生产需要可高可低，车速越高，张力越大，车速越低，张力越小。

（2）一缸经轴个数的计算。为了提高整经机的生产效率，整经根数适当多些，但不能超过筒子架的最大容量。

一缸经轴个数 n，可按下式计算：

$$n = \frac{M}{K}$$

式中：M——织物总经根数；

K——筒子架最大容量。

当一缸经轴个数 n 确定后，各个经轴上的经纱根数可按下式计算：

$$m = \frac{M}{n}$$

式中：m——一个经轴上的经纱根数。

（3）整经绕纱长度的计算。

①整经轴上纱线最大的卷绕体积。

$$V = \frac{h \times n}{4} \times (D^2 - d^2)$$

式中：V——整经轴上纱线的最大卷绕体积，cm^2；

　　　h——整经轴边盘间距离，cm；

　　　D——整经轴上纱线最大卷绕直径，cm；

　　　d——整经轴轴心直径，cm。

②整经轴上经纱实际卷绕重量。

$$G = \frac{L' \times m \times Tt}{1000 \times 1000}$$

式中：G——整经轴上经纱实际卷绕重量（在公定回潮率8.5%），kg；

　　　L'——整经轴上经纱实际卷绕长度，米；

　　　m——整经轴上经纱根数；

　　　Tt——经纱线密度，tex。

③整经轴上纱线卷绕密度。

$$V_1 = \frac{G \times 1000}{V}$$

式中：G——整经轴上纱线最大卷绕重量，kg；

　　　V_1——整经轴的卷绕密度，g/cm^3；

　　　V——整经轴上的纱线最大卷绕体积，cm^3。

④整经轴经纱最大卷绕长度：

$$L = \frac{G \times 1000 \times 1000}{Tt \times M}$$

式中：L——整经轴上经纱最大卷绕长度，m；

　　　G——整经轴上经纱最大卷绕重量，kg；

　　　M——整经轴经纱根数；

　　　Tt——经纱线密度，tex。

⑤整经轴上经纱的实际卷绕长度。

$$L' = LB \times n + L + L'$$

式中：L'——整经轴上经纱实际卷绕长度，m；

　　　LB——织轴上经纱的实际卷绕长度，m；

　　　n——一批经轴浆出织轴数；

$L + L'$ ——浆纱时浆回丝和白回丝长度，m。

（4）每个筒子纱可纺整经轴数。按不同纱线的粗细（tex）和整经轴大小来决定每个筒子纱纺整经轴数。计算公式：

$$每筒纱可纺整经轴数（个）= \frac{每筒纱长度（m）}{每整经轴卷绕长度（m）}$$

第二节　整经工序的运转操作

一、岗位职责

（1）全面均衡地完成各项生产指标和生产计划。

（2）服从班组岗位调动，支持班组开展工作，严格执行各项工艺和操作管理规定。

（3）工作中精神集中，操作做到轻、快、稳、准、短、好。

（4）坚守工作岗位，积极参加技术学习，坚持岗位技术练兵，达到各工种应知、应会标准。

（5）严格遵守安全操作规程，遵守劳动纪律，对原材料、机器、工具、车辆、容器具等按规定使用。

（6）认真执行交接班制度，进行对口交接。

二、交接班工作

1. 值车工

（1）提前15分钟上岗，了解上一个班的生产情况。检查工艺变更、管的颜色、根数、码长、轴票与实际是否相符，查机器状态、纱线通路、绞、并、错穿、经轴平整度及后部供应情况。

（2）交班者应主动交接，抢困难让方便，发扬协作风格；下班前一个小时做好机台大清洁；主动交清本班生产情况及工艺变更、机器运转情况；主动处理好绞、并、错穿；交清清洁工具。

红灯亮后发现任何问题应由接班者负责。

2. 帮车工

（1）提前15分钟进入工作场地，做好班前检查工作，了解上一班生产情况及供应情况，做到以下三项检查。

①查有无错支、错管、色差，是否按规定上筒子，分段情况，筒子上有无飞花和接头质量。

②查张力器是否齐全、动作是否灵活。

③查机台清洁、工具齐全情况及空管、小筒脚是否处理得当。

（2）交班者提前1~1.5小时做好准备，做好所管区域清洁，将工具、筒脚、空管放于规定地点，上好筒子，接好头，交班者应交清工艺变更及生产情况，做到抢困难让方便，发扬协作风格。交接班红灯亮后，发现任何问题由接班者负责。

三、清洁工作

清洁工作项目及周期见表12-3。做好清洁工作是提高产品质量、减少疵点的不可缺少的环节，必须按规定认真做好。做到先上后下，先里后外，轻拖轻揩，彻底清扫，保证机台无挂花、无飞花附着。

表 12-3　清洁工作项目及周期

工种	项目	周期	备注
值车工	伸缩筘	每落轴做一次	
	经轴臂	每落轴做一次	
	自停装置	落轴时清扫一次	
	车底	下班前做一次	
	筘齿落片	每轴清洁一次	无车头风扇，可适当增加清洁次数
	墙板	下班前做一次	
	下班前用气管做一次机台大清洁		
帮车工	锭角	每班刷一次	
	大架子	下班前一次	
	张力圈	按班分段清洁一次	
	地面	随时拖清，交班前彻底拖清	可根据本厂情况自定
	全车每班扇四次，保持干净		可根据本厂情况自定
落轴工	空经轴	上班前清洁一次，存放定点整齐	
	经轴	分品种定点存放整齐	

四、基本操作

1. 开车前的准备工作

（1）做好清洁后，按工艺设计要求在V形筒子架上安好筒子。

（2）按工艺要求将可调张力盘定位，穿上纱线。

（3）伸缩筘每8个筘齿为一组，与筒子架左、右、高、低的筒子相应装车。

（4）先将气阀打开，然后接通电源并观察气压及各表数值是否符合工艺要求。

（5）根据品种设定线速度，按工艺核对码表。

（6）将经轴盘推入规定位置，按升落轴转换开关，使经轴盘由两个升降臂举起升到预定位置，以顶紧头的锥面与经轴盘的锥面定位，按顶紧用转换开关，顶紧经轴，升降臂自动落下，按压辊加压转换开关至加压位置，锁紧用转换开关至锁进位置，准备完毕，指示灯亮。

（7）开车前按复位按钮，此时计长显示全部为零。

（8）手轮调节经轴盘位置，使经轴边盘处于正确位置。

（9）调节伸缩筘，对好轴边，开车。

2. 整经值车工操作法

（1）值车工应在码表一侧，看车精神集中。做到预防为主，严把疵点（飞花、回丝、油残、错支等），随时摸边，防止大小边（千码摸边一次），值车工要做到"前车不离人，勤看伸缩筘，重点是两边，张力要均匀"。

①前车不离人。能够及时发现、处理开车过程中的突发、异常状况，预防疵轴、质量事故的发生；经常核对码表，发现问题及时停车处理。

②勤看伸缩筘。时刻关注伸缩筘出纱线状况，防止断线不停车现象造成疵轴，注意伸缩筘上、下、左、右衡动量，确保轴面平整。

③重点是两边。正常开车后，值车工仍要时刻关注经轴两边部纱线，保证经轴两边纱线匀实，严禁凹凸不平。

④张力要均匀。关注轴面平整度，随时用手感受轴面平整度，轴面一旦出现硬度不一、凹凸不平，必须立即停车，采取相应措施或通知维修人员查看确认。

（2）断头处理。及时处理断头，做到找头顺、接头牢、补头准。

①一根断头处理。

a. 断头停车后，右手先拿两根预备纱，一根穿入停经片，然后慢慢开车找头。

b. 将断头纱找出后，放于纱的背面，找顺头后接上另一根预备纱。

c. 右手用剪子劈缝，将穿入停经片的纱线团成小球，将小球压在缝隙中间打慢车补线。

d. 左手拿出线球，把纱剪断，右手拿预备纱进行轴上打结（打结时手不宜抬得过高，防止出小辫），开车。

e. 去车后找头，停车进行接头，开车。

②多根断头（四根）处理。

a. 整经时遇有断头自行停车，去车后找出筒子纱，穿后筘，穿好停经片。

b. 打慢车找轴上断头（找头方法同单根）。

c. 找顺后，左手四指将纱分开，顺着卷绕方向拿好或放在轴上。

d. 右手四指分好纱（自左向右），将预备纱放在第一根，其余四根为筒子纱。

e. 左手纱和右手纱合并在右手上接头，预备纱和轴上第一根纱接好（自左向右），最后剩一根筒子纱。

f. 将最后一根团成线球，右手拿剪子劈缝，将线球放于缝隙中间进行补线，依次类推，补完四根为止（补齐圈数后，轴上接头方法同单根）。

注意：如用两根预备纱补头，由两侧往中间或从中间往外补齐为止。

③补头。

a. 断头停车，找头（方法同单根断头）。

b. 找出筒子纱，穿好伸缩筘再将纱头团成小球，将分纱板拉出（或用右手拿剪子劈缝），把纱球放于缝隙中间，开慢车。

c. 补的圈数应该是找头开车圈数加断头停车滑转圈数。开够圈数后停车，左手将纱球拉出找顺，掐断或剪断。

d. 右手拿预备纱，掐断后在轴上接头开车。

多根断头补头法同单根一样，用预备纱（1~2根）依次类推补完为止。

（3）对码表。对码表必须细心，以防错码事故。高速整经机规定多少就对多少码。

（4）夹菲子。为了使浆纱伸长一致，在整经时应定长加入记码纸，夹纸条位置严格一致。

3. 整经帮车工操作法

（1）上筒子。上筒子不倒手，拿筒子不抠眼，防止油污。

（2）机上接头。织布结、自紧结，上筒子后先找出小筒脚（工作筒子）尾线，再找预备筒子上的纱头进行打结，接好后将筒子推入架内放正。

（3）拔管办法。拔管时锭角扳出来用手托住下筒管。

4. 落轴工操作法

要做到配合默契，传票严格分清，码表细心核对，头份核对无误，经轴过磅正确。

（1）上轴。把预备好的经轴放在经轴臂上，根据先后动作顺序按动按钮，完成上轴动作。

①由值车工协助，先开空车试轴，如轴有问题（轴盘破裂，轴心弯曲，轴盘严重偏、跳），严禁使用。

②试完轴，帮车工把纱线活把卷在轴上，值车工对好码表。

③帮车工检查码表，不经检查严禁开车，先开慢车 150~200m，对好边，接齐头，然后开车。

（2）落轴。

①落轴前由落轴工预备好空轴（1~2 个）。

②在满轴差 500~700m 时，由帮车工准备好浆条、外衣布，满轴后立即停车，核对码表。

③帮车工、值车工配合将浆条粘好。

④用剪子剪断数把（10~16 把），将各股压入轴上纱线下面，轴上纱尾长 20~25cm。

⑤包好外衣布，由落轴工落下，用专用车辆推于规定地点。

注意：落轴时遇有几台同时落轴时，两个落轴工应分开，由帮车工协助落轴。

5. 单项操作

主要分接头（接头分织布结和自紧结）、处理断头两项。

结的标准：高支纱，0.2~0.5cm；中支纱，0.3~0.6cm。

（1）织布结。左手的拇指、食指捏住经纱，右手拇指和食指拿预备纱并将左手经纱压住，用右手中指绕线，并钩住预备纱头，右手拇指、食指将预备纱拉紧（锁扣），右手将预备纱头高于左手拇指、食指并齐，按照接头长度，右手用剪子将回丝剪掉进行验结，左手送线，右手拿回丝。

（2）自紧结。

①左手找顺头后递给右手，拇食指捏住。

②左手拿筒子纱，拇指、食指捏住。

③右手拇指、中指捏经纱，食指挑起如"?"状压在左手食指及筒子纱上面。

④右手食指从筒子纱下面掏出经轴纱头。

⑤左手拇指、食指捏住筒子纱头和经轴纱，右手拇指、食指捏住经轴纱头，顺着筒子纱的方向用力拉紧。

⑥右手拇指、食指捏住结，左手拇指、食指捏住筒子纱头，并以中指将纱头绕成"e"

状与经纱并在一起。

⑦两纱并在一起，用左手拇指、食指将预备纱从经轴纱上绕一圈。

⑧右手拇指、食指捏住结，左手捏住筒子纱头用力拉紧。

⑨左手拇指、食指捏住结上端的筒子纱，中指、无名指夹住经轴纱头，左手拇指、食指捏住经轴纱，中指无名指夹住筒子纱反向拉紧。

⑩左手拇指、食指捏住筒子纱头，右手将经轴纱头递给左手拇指、食指捏住，右手用剪子将纱头在左手和结中剪断。

注意：若补线或轴上摘疵点打自紧结，当第一个结打成后，用左手将其纱向下方用力一拉，然后进行第二个结。拉的目的为了整个自紧结打成后，该根经纱在经轴上不过于松弛，不易造成小辫。

（3）处理断头。详见操作法中的断头处理。

6. 操作注意事项

（1）整经机在运转中，不准动复位开关，如果断电要记下计长表内数字。

（2）轴盘顶紧动作：扭动顶紧开关到顶紧位置并锁紧，松轴时，先将锁紧开关到松轴位置，再扭动顶紧开关到松轴位置。

（3）压辊起平纱作用，压辊的加压、卸压动作由机前控制板上的手柄开关控制，如果压辊位置不对，查看系统压力表数值是否达6公斤。

（4）满轴指示灯亮，落轴后需要停车，仍按开车准备做好，准备完毕指示灯亮后，先切断电源，再关气门，使系统压力表恢复零位。

（5）交班前落的最后一个轴，用高压气管彻底做车头清洁。

（6）V形筒子架的前排磁牙（即断经自停钩的一排），每小时做一次清洁，以减少断头。

7. 质量把关

质量把关工作是减少纱疵、消灭质量事故的有效措施，同时也是提高经轴质量的重要环节。

（1）值车工应把好四关。质量标准见表12-4。

①松经关。上轴后开车，先开空车运转，校正两边经纱位置，做到经轴不激烈跳动，经轴与滚筒全幅密接。

②纱疵关。运用目光时刻注意纱片质量，发现纱疵及时摘除。

③工艺关。遇品种翻改或头份增减时，应认真检查筒管颜色和头份，核对无误才能开车，做到支数、头份、传票三正确。

④码表关。将要满轴时要守好码表，上轴后要核对码表正确才能开车。

表 12-4　值车工质量标准

项目	项数	造成原因	备注
单根断头	中支、高支，0.2项	接头不良	
绞断	2根以上1项	找头补线不顺	

续表

项目	项数	造成原因	备注
崩线	中支1根，0.2项 高支0.1项	补线不足	
大小边	1项	不注意对边	边大下垂4cm为准 边小影响浆纱开车为准
断边	0.2项	检查不到位，轴盘毛刺	
错支	事故	不注意检查	
长短码	事故	提前、错后落轴	30~99m算1项，100m以上算事故
油污	1项	放过	
小辫	1项	轴上接头手抬过高	
坏结	1项	平时接头	松结、一把结、疙瘩结、长短腿
多根少根	事故	应加减根的没加减	自己发现弥补不算，对班查出算

（2）帮车工应守好三关。质量标准见表12-5。

①工艺关。换筒前应认真检查，筒管颜色、经纱支数不得用错。

②筒子质量关。遇油污筒子、坏筒子拿出，另行处理，并做好记录。

③张力关。经常检查张力圈回转情况，张力圈重量符合工艺规定，不可缺少。

表12-5 帮车工质量标准

项目	项数	造成原因
油筒	1项	没查出来、外卷、挂断
坏筒	0.5项	没查出来
错支	事故	没查出来
错管	事故	没查出来
自抖花边（外卷）	0.5项	接完头后，没把线放好

（3）落轴工应把好两关。

①经轴运走前，应认真核对传票支数、头份和经轴相符合，认真过磅（轴重）。

②把好空轴使用关：空轴排列整齐，严格分品种，不得碰伤轴片和轴芯。

（4）预防整经轴张力不匀的疵点产生。有的整经轴在摇制时，由于经轴两端加压不一致；经轴轴芯弯曲，运转时经轴上下跳动；经轴臂长短不一，轴承磨损过大；伸缩箱两边尺寸不一；整经机架温湿度调节不当，差异过大等原因，造成纱片张力不匀的疵点，在浆纱上浆过程中会产生大片松纱的现象，直接影响浆轴质量。操作中的预防办法如下。

①在上空经轴时，要注意检查空经轴是否与滚筒全部接近，若发现一头靠滚筒，一头未接触滚筒，则说明经轴臂两端加压不一致，会产生经轴松经，应通知维修工及时修理。

②每上一轴，都要先试验空经轴是否跳动，卷轴时要将纱分为两股，两人的动作要一致。初卷纱线要均匀，避免初卷时打底疙瘩。

③在操作中要注意检查机械运转情况，要经常站在经轴中心点认真观察纱片运行情况和

经轴两端是否平行。

④理断头时发现连续断头，应分析追查原因。如果在经轴上出现少数经纱有松有紧，可用汽油布将瓷眼、磁牙擦一擦。如果出现多处经纱有松有紧，则应该通知有关人员及时调整整经机架温、湿度。

五、安全生产

1. 整经工安全操作规程

（1）看管整经机，必须按要求穿戴工作服、工作帽，身体不要贴近经轴，不要摸轴盘。

（2）推筒子纱不要装得太高，要慢行。

（3）登高操作要注意防止跌倒摔伤。

（4）换筒时，要把筒子插到底，空筒管不要乱丢。

（5）上轴、落轴时，一定要两人专心一致，互相配合。

（6）上轴前应先行检查，发现盘板歪斜、裂缝、起刺及弯轴等，不得使用。

（7）空轴上车时，应先开空车校正两边位置。

（8）卷引头纱必须开慢车进行，断头、找头要打慢车。

（9）滚筒上粘花毛、回丝或导纱辊绕纱等，要关车处理。

（10）清扫牙轮、皮带等转动部分，要关车进行。

（11）挂、卸重锤时，要注意防止重锤砸脚。

2. 有关电器、电子的一般常识

电灯、电扇、电动机一般都是交流电，电压在 220 伏或 380 伏，湿手不要触摸这些机件，如电器机件有故障，不要乱动，而应通知电器维修人员修理。发现触电者，一定尽快切断电源，再进行抢救。

第三节　整经工的操作测定与技术标准

一、整经工操作测定与技术标准

综合定级半年测定一次，生产指标（产量、质量）按六个月计算（各厂自行考核）。

操作法测定项目说明：

（1）机下打结测两次，取成绩最好的一次，每分钟打正结数（坏结不算），高支纱可用中支纱测，自紧结以两头拉开为准，拉不开算坏结。

单打结起点：

①织布结。将手前后分开，左前右后拿好纱线，卡表开始绕头打结。

②自紧结。将纱线拉好揪断，卡表开始绕头打结。

（2）单根、多根断头处理测两次，取成绩最好的一次。单根、多根断头处理起止点：

①半高速。在后筘处用剪子剪断头，剪断头后缠在车后（距后 30cm 剪头），值车工自拿线开始卡表，穿后倒轴找顺头后接好头，开车卡表为止（有停经片的先不穿，卡表后再穿）。

②高速。在后筘处用剪子剪断头，剪断头缠在车后（距后 15cm 剪头），值车工自拿线开始卡表，穿后找顺头后补齐线接好断纱开车，卡表为止。

（3）高速单根，补线最少不能少于 5~6 圈，但必须做到找头顺、接头牢、补头准、轴上结不出小辫为准，补线不绞，有一项不合格扣 1 分，补线圈数多者不扣，少者扣，一根扣 0.25 分。

（4）多根断头、单根断头不允许有绞线、穿绞。结头合乎标准，高支纱 0.2~05cm，中支纱 0.3~0.6cm，有一项不合格扣 1 分（松结、大小结、疙瘩线、回丝代入等）。

（5）测四根断头时，半高速的找出断头，应拿在手上，不应放在轴上，不合格扣 1 分，高速的可以放在轴上。

（6）如操作、生产指标都是满分，而有质量事故降一级，只影响半年，不影响全年。

（7）测定轴记码数，后去浆纱查质量，出质量考核个人成绩。

（8）半高速大轴测，高速中轴测。

（9）所有测定项目一律以本车为主，不准换其他品种。

（10）凡属测定项目只测两次，如测失败，自行停测算作废，不再增加次数。

整经工操作技术分级标准见表 12-6。

表 12-6 整经工操作技术分级标准

项目			能手		一级手		二级手		三级手	
			成绩	得分	成绩	得分	成绩	得分	成绩	得分
生产指标（60分）	产量		半年完成国家计划	25	半年平均完成（两个月未完成）	20	半年平均完成（两月以上未完成）	15	半年平均完不成（两个月以上未完成）	10
	质量		—	35	—	30	—	25	—	20
操作部分（40分）	机下打结	织布结（个/分）	19	10	16	9	14	8	12	7
		自紧结（个/分）	17	10	14	9	12	8	10	7
	断头处理	半高速 中支（单根）	40s	5	55s	4	1min	3	1min5s	2
		半高速 高支（单根）	45s	5	1min	4	1min5s	3	1min10s	2
		半高速 中支（多根）	3min35s	15	3min50s	14	3min55s	13	4min	12
		半高速 高支（多根）	3min	15	3min55s	14	4min	13	4min5s	12
		高速 中支（单根）	15s	5	30s	4	40s	3	50s	2
		高速 高支（多根）	1min	5	1min15s	4	1min20s	3	1min25s	2
		高速 中支（单根）	1min	15	1min15s	14	1min25s	13	1min35s	12
		高速 高支（多根）	5min	15	5min15s	14	5min20s	13	5min25s	12
	操作扣分		半年平均扣分不满1分	5	半年平均扣分不满2分	4	半年平均扣分不满3分	3	半年平均扣分不满4分	2
	应知考试		100~96	5	95~80	4	79~65	3	64及以下	2
综合定级			100~98		97~82		81~67		66及以下	

二、帮车工操作测定与技术标准

综合定级半年测定一次，生产指标（产量、质量）按六个月计算（各厂自行考核）。

测定项目几点说明：

（1）机下打结测两次，取成绩最好的一次。每分钟正结数（坏结不算）高支纱可用中支纱测。自紧结以两头拉开为准，拉不开算坏结。

织布结、自紧结、单打结起点同整经工。

（2）上筒子起止点。帮车工手摸筒子卡表，最上一排不上不结，40个锭脚必须上齐，不准缺少（8排5行），插上最后一个筒子止卡表。

（3）测定时车头停车，筒子碰掉扣0.5分（掉的个数不计算），从锭子上掉下筒子拾起来继续上的不扣分，不拾扣0.1分。

（4）上筒子时查有无错支、错管、油筒、坏筒、大小头外卷筒子、挂断，有一项扣1分。

（5）停车测定机上结头，查好尾线，结好头后筒子推入架内放正，有一个筒子放不正扣0.1分，接头合乎标准，无小辫、松结、大小结、长短腿、三条腿、疙瘩结，有一项扣1分（尾线倒断、自己挑头，不准换筒子）。

（6）尾线应倒彻底，有一个不彻底扣0.1分。

（7）接头时，如掉回丝自己拾起不算，自己未发现掉地上够10cm长，有一处扣0.1分，掉筒子上有一根算一根，不计长度，扣0.5分。

整经帮车工操作技术分级标准见表12-7。

表12-7　整经帮车工操作技术分级标准

级别			能手		一级手		二级手		三级手	
项目（标准）			成绩	得分	成绩	得分	成绩	得分	成绩	得分
生产指标（60分）	产量		同整经工	20	同整经工	15	同整经工	10	同整经工	5
	质量		半年完成国家计划	40	半年平均完成（两个月未完成）	35	半年平均完成（两个月以上未完成）	30	平均半年完不成	25
操作部分（40分）	机下打结	织布结（个/分）	19	10	16	8	14	6	12	4
		自紧结（个/分）	17	10	14	8	12	6	10	4
	机上部分	手打结　中支（分/40个）	5min	15	5min15s	14	5min25s	13	5min35s	12
		手打结　高支（分/40个）	9min	15	9min30s	14	9min45s	13	10min	12
		刀打结　中支（分/40个）	6min30s	15	7min	14	7min15s	13	7min30s	12
		刀打结　高支（分/40个）	7min30s	15	8min	14	8min15s	13	8min30s	12

续表

级别			能手		一级手		二级手		三级手	
项目（标准）			成绩	得分	成绩	得分	成绩	得分	成绩	得分
操作部分（40分）	机上部分	机器打结 中支（分/40个）	6min30s	15	7min	14	7min15s	13	7min30s	12
		机器打结 高支（分/40个）	7min30s	15	8min	14	8min15s	13	8min30s	12
		上筒子40个	1min30s	5	1min15s	4	1min55s	3	2min5s	2
	操作法扣分		半年平均扣分不满1分	5	半年平均扣分不满2分	4	半年平均扣分不满3分	3	半年平均扣分不满4分	2
	应知考试		100~96	5	95~80	4	79~65	3	64及以下	2
综合定级			100~98		97~82		81~67		66及以下	

第四节　整经机维修工作标准

一、维修保养工作任务

必须严格按规定的周期加油、检修和保养，以保持设备高速下的良好工作状态，通常应安排每月一次擦车、半年一次小平车、三年一次大平车，同时辅助以部分保养、重点检修等措施，使设备经常处于完好状态，达到提高产品质量、安全生产的目的。

二、岗位职责

1. 岗位责任制

（1）按平车、揩车计划对整经机进行维护，使设备经常处于完好状态。

（2）严格执行企业制定的技术质量标准，保证完成各项工作要求和技术指标。

（3）认真执行本工序的维修工作法，熟练掌握本工序的专用工具及辅助设备的使用与维修。

（4）遵守劳动纪律，执行安全操作规程及各项规章制度。

2. 安全操作规程

（1）认真执行岗位责任制，电气、电动装置不准乱动乱用。

（2）开车时思想集中，观察机台上有无其他人操作。

（3）凡两人以上共同操作时要互相配合，尤其转车时互相招呼。

（4）发现机器异响、异味，立即停车，等待查明原因后方可开机。

（5）机器未停止前，不准拆卸机件。

（6）不得随便拆卸电气元件、线路。

3. 应知、应会及考核内容

（1）熟悉设备维修工作的意义和设备维修管理制度的主要内容及本岗位质量检查标准和技术条件。

（2）了解整经机的型号及主要组成部分作用，主要机件名称。

（3）了解机械传动的主要形式和特点。

（4）掌握整经机润滑部位及周期。

（5）掌握一般的机械故障产生原因及其检修方法。

（6）熟悉长度、重量的公英制计量单位及其换算。

（7）掌握砂轮、电钻、台钻的使用方法。

（8）熟知电气控制在本工序中的应用。

（9）掌握安全操作规程及消防知识。

三、技术知识和技能要求

1. 整经工序一般知识

根据工艺设计的规定，将一定根数的经纱从筒子架上同时引出，形成张力均匀、互相平行排列的经纱片，按规定的长度和宽度平行卷绕到经轴上，形成正圆柱体经轴，经轴表面要圆正，无凹凸不平现象，以供浆纱机制作织轴用。根据纱线的类型和所采取的生产工艺，整经方式可分为分批整经和分条整经。

分批整经法是将织物所需的总经根数分成根数相等的几批，每批约 540~810 根，按工艺规定的长度将它们分别卷绕到几个整经轴上。

分条整经法是根据配列循环和筒子架的容量，将织物所需的总经根数分成根数相等的若干条带，并按工艺规定的幅宽和长度一条挨一条平行卷绕到整经滚筒上，待所有条带卷完后，再将全部条带倒卷到织轴上。

2. 整经设备的构造

（1）整经机车头。主要由机架、测长、伸缩筘、贮纱、脚踏板、主轴、压辊，经轴升降、气动、后罩、挡风板及电气控制等部件组成。

①机架部件。主要由左、右墙板，横向支撑及必要的罩壳、门等组成，特点是稳固、封闭性好、振动小、适应高速。

②测长部件。由测长辊和主轴通过传感器将长度和速度信号传递到显示器上，实现同步记长，可预选长度、满轴自停。

③伸缩筘部件。整经机采用"一"或"W"形铰链式伸缩筘，通过电动机带动凸轮可使筘箱上下、左右移动。

④贮纱部分。CGGA114 型整经机采用下移贮纱辊的贮纱方式，特点是降低了主机高度，贮纱辊在导轨内滑动，达到贮纱的目的。

⑤脚踏板部分。在主机前下部，安装有脚踏板部分，该部分整体埋在地脚坑中，外露脚踏横杆。在正常运转时，脚踩该横杆，起制动（同时兼有安全）作用。脚踩第二次时，为慢速运行。

⑥主轴传动和顶紧部分。CGGA114 型整经机由 11kW 交流异步电动机通过五根 V 形带

直接传动主轴（包括经轴），由交流变频器无级调速，自动保持恒线速。在左墙板内侧安装有两个制动器，传动轴上安装有圆盘形制动盘，停车时经轴、压辊、测长同步制动，以保证高速运转时纱线的断头不卷入经轴和计长准确。

⑦压辊部分。整经时压辊压贴在经轴纱线表面被动旋转，起平纱和加压作用，使经轴卷绕平整、紧密、均匀，达到工艺要求的卷绕密度。

⑧升落轴部分。经轴由两个升降臂举起和落下，两升降臂机械式同步，由气缸驱动。

⑨气动系统。CGGA114型整经机采用气压传动，以实现整经机的一系列动作，包括经轴的升降，顶紧松开，加压卸压和主轴的锁紧及制动等。

⑩后罩部件。采用Q235A冷轧钢板焊接连接而成，与墙板弧线衔接，防止飞花落入压辊刹车、齿轮齿条导轨等部位。

⑪挡风板部件。CGGA114型整经机设计有自动挡风板部件，停车时自动上升，开车时自动降落，可防止机器运转过程中气流和飞花挡住操作工人的眼睛。

（2）筒子架。主要由机架部分、预张力部分、夹纱器部分，夹纱吹风部分、自停部分、气动部分及电器部分组成。

①纱架部分。是本机的主体，其他部分都由它来支撑。两翼纱架排成小"V"字形，立柱由方管钢板结合而成，中间连接用槽钢、矩管及方管制成的各种焊接件，保证整体框架垂直。

②预张力部分。安装于整体摇架上，由三根预张力杆控制一列筒子纱，整经机在正常运行状态下，活动预张力杆处于中间位置，使纱线与预张力杆之间不形成包围角，当断头停车时，活动预张力杆由气缸控制向前移动，使纱线与预张力杆之间形成较大包围角，防止筒子与夹纱器之间的纱线由于惯性松弛打捻。重新开车启动时，仍应对纱线施加一定的预张力，待车速正常时，活动预张力杆完全打开至运行位置，此时预张力杆形成较小的包围角，形成对纱线较合适的张力。当换筒时，活动预张力杆处于最大位置，以方便换筒穿纱。

③夹纱器及吹风部分。由夹纱器、夹纱提拉杆及内吹风部件组成，同张力部件安装于同一摇架上，夹纱器的作用是断头停车瞬间夹纱器夹紧纱线，防止夹纱器至主机间的纱线下垂打结，保持纱线的张力，夹纱器由提拉杆通过电磁阀气缸控制自动地夹紧纱线。在此同时，预张力杆也动作形成较大的包围角来抵消夹纱器与筒子间松弛的纱线。本机为内部吹风方式，吹风管安装在夹纱立柱内，吹风口直吹夹纱器根部，以避免此处集飞花，保证夹纱器灵活地夹紧纱线。

④自停器部分。自停器为光电自停器，当纱线出现断头时，自停器发出断头信号，实现停车。自停器为左右配置，应使指示灯位于两侧，便于观察。

⑤气动部分。本机的气源工作压力为0.6~0.7MPa。流量为0.2m³/min，使用厂采用的集体供气或自选的空压机，也须符合该工作条件。本机的各部分动作都由电磁阀、气缸等执行部件来完成，具体动作原理详见其气动原理图。

⑥电器部分。本机电器元件与主机在同一电器柜内，通过主机触摸屏内的软按键手动控制各动作，当开车后各部动作按预定编制好的程序来执行。

3. 制订工艺的原则与要求

（1）制订工艺参数的原则。合理选择滚筒速度、卷绕密度、张力圈重量、每轴重量、头份、回潮率等参数，提高整经轴质量，为浆纱提供成形良好高质量的经轴。整经工艺路线：张力适中、排列紧密、卷绕圆实、减少羽毛、防止扭结。

（2）对整经轴的工艺要求。

①在整经过程中，整片经纱的张力应均匀一致，保持不变，否则将会在织造时断头率增加，并影响织物品质。

②经纱张力大小应适当，既能保持经轴卷绕有适当的密度，又不损伤纱线的弹性等物理性能。

③整经轴上纱层应分布均匀，平整度要好。

④每一批轴中各经轴整经长度必须符合工艺规定，减少回丝，避免浪费。

4. 整经机的机型及主要技术特征（表 12-8~表 12-11）

表 12-8　CGGA114B 型整经机的主要技术特征

项目		技术特征
整经线速度（m/min）		100~1000，无级变速，恒线速卷绕
整经幅宽（mm）		1600，1800，2000
整经头份（根）		540~810
经纱水平高度（mm）		1087.5
经轴规格（mm）	边盘直径	800
	轴芯直径	215.2
	幅宽	1600，1800，2000
整经加压	加压辊	直径为 407.5mm；长度为 1574mm，1794mm，1944mm
	加压力	气动加压 0.3~0.4MPa，加高压 0.45~0.5MPa
伸缩筘		"一"形或"W"形铰链式，可调节左右位置和筘针疏密，可上下移动
传动方式		交流异步电动机+无级变频调速
制动方式		液压圆盘钳式制动器制动
筒子架		CGGT332 系列筒子架，集体换筒
适应品种		97.2~5.83tex 棉、化纤及混纺纤维纱线
机器净重（t）		4.3
外形尺寸（mm）		3550×1560×1103

表 12-9　本宁格整经机型号及主要技术特征

项目	ZDA/ZDAK 型	ZC 型	ZC-L 型	ZC-R 型
整经速度（m/min）	215~1000	200~1000	1000	1200
恒定慢速（m/min）	50	50	50	50
经轴盘片直径（mm）	1000	815	815	1016
经轴轴芯（mm）	330	250	230	330
工作幅宽（mm）	1200~2800	1200~2000	1200~2000	1200~2200

续表

项目	ZDA/ZDAK 型	ZC 型	ZC-L 型	ZC-R 型
压辊压力（N）	最大 500	100~4000	100~5500	紧轴：1000~5500 松轴：180~590
电动机功率（kW）	15	11	11	18.5
制动装置	液压鼓式制动器			液压重型鼓式制动
测长装置	压辊测长，通过齿轮及接近开关发出脉冲信号计长			
传动方式	油、电动机直接传动经轴（也称静液压传动）			
适用范围	一般采用紧式经轴，染色用松式经轴			
适应筒子架	平行式及 V 形筒子架（当线速度在 600m/min 以上时采用 V 形架）			
结构特点	重型高性能型	经济型		高性能型

表 12-10　本宁格 V 形经纱架的技术特征

类型		GE	GE	GE	GE	GE	要求空间		
节距（mm）	横向	229	229	229	229	305	全宽 （mm）	全长 （mm）	全高 （mm）
	纵向	240	270	350	350	435			
筒子直径（mm）		230	255	280	340	365			
筒子数（只）		504	448				7040	7790	3070
		576	512	384			7590	8660	
		648	576	432	324		8140	9530	
		720	640	480	360	300	8690	10400	
		792	704	528	396	330	9240	11280	
		864	768	576	432	360	9790	12150	
		936	832	624	468	390	10340	13030	
		1008	896	672	504	420	10890	13900	
		1080	960	720	540	450	11440	14770	
		1152	1024	768	576	480	11990	15650	

表 12-11　本宁格 SC-perfect 型与 Supertronic 型分条整经机主要技术特征

项目		机型	
		本宁格 SC-perfect	Supertronic
工作幅宽（mm）		1800~3500	2200~4200
整经速度 （m/min）	最大	800	800
	实开	300~400	400
倒轴速度 （m/min）	最大	200	300
	实开	60~70	60~80
滚筒直径（mm）		800	1000
斜度板（圆锥角）		集体可调式	固定，锥度 210/160

续表

项目	机型	
	本宁格 SC-perfect	Supertronic
导条器爬坡控制	由 11 级塔轮调节	电子计算机控制
传动方式	交流电动机+无级变速器	可控硅直流电动机
制动方式	外包皮带制动	液压圆盘式制动器
滚筒结构	圆柱体（夹心结构）	金属框架外包金属板
分绞箱	固定	固定 BEN-splittronic
断头自停	电气接触式+防跳	BEN—CARD 电气接触式+防跳
筒子架容量（个）	640	800
张力装置	GZB 直立双圆盘式	LR 型双罗拉式，BEN—TENS
筒子架型号	GAAs 集体换筒	CAAb 推车式，GM—W 推车式

5. 新型整经机

目前整经机正向着高速、高效、大卷装、自动化、通用化以及阔幅化方向发展，整经机速度高达 900~1200m/min，经轴边盘直径最大为 1000mm，最大整经宽度可达 3m。

为了保持每根经纱的张力一致，趋向采用整批换筒方式，在整经过程中，筒子直径和张力大体一致，避免了复式筒子架纱线调筒时的张力突变，同时筒子架上设有夹纱装置，在停车时，将所有纱线迅速夹住，以保持纱线的紧张状态，防止在高速情况下因突然刹车，使纱线退绕下垂而相互缠绕。

整经架设置可调动张力器，初次把筒子架上前、后、上、下各筒子的张力调整一致，而后，由于经纱粗细不同，调正经纱张力时，可在筒子架两侧集体调节，操作方便可靠。筒子架两侧设有两排电动剪刀，以便换筒时剪断纱尾。

筒子架有多种类型，一台整经机头配两套筒子架，一套筒子架在整经，一套作为预备架子，当一套架的筒纱用完时，将整经机头沿轨道移到预备筒子架前，继续整经。

为了适应整经机的高速化，采用直接传动经轴的方式，经轴的卷绕密度用一根压纱辊对经轴进行加压控制，可以避免摩擦滚筒的惯性回转，便于制动，提高经轴的圆整度。其直接传动的形式有：可控硅直流以电动机变速传动、液压电动机变速传动。其特点是，调速范围大，运转平稳，能达到恒速卷绕的目的。

经轴制动采用液压闸制动。它是由筒子架上断头电气自停装置输出电信号，通过继电器带动电磁阀来控制液压闸制动，经纱在断头后的 0.16 秒内完全停车，经纱滑移长度在 2.7m 左右。

高速整经机都装有光电自停安全装置，能保证整经工的人身安全。光电断头自停装置作用灵敏可靠。

6. 整经机大小修理、揩车工作范围及故障校正方法

（1）CGGA114 型整经机小修理工作范围。

①车头机架不拆，筒子架部分和附件不拆。

②拆卸、检查大滚筒的表面圆整度和静平衡。

③拆卸滚筒、主轴刹车部分，清洗、检查、加油，调整刹车间隙。

④拆卸测长辊部分，检查刹车是否失效并调整其间距，对测长辊轴承检查、清洗、调换润滑脂。

⑤拆卸主轴传动系统，清洗全部轴承，调换润滑油脂，清除各油孔内的阻塞物，疏通油道，按型号加油。

⑥拆卸伸缩筘，清洁、检查、调整，并检查调整挡风板升降灵活。

⑦筒子架部分，校正张力器和锭脚位置，检查、调换张力圈、张力器、瓷座缺损部分。

⑧拆卸断头自停部分，清洁、检查并校正其灵活性。

⑨由电气部门检查主、副电动机和风扇的电气部分以及电器线路的安全状态，并加油。

⑩检查各部分螺丝松动及机件缺损；检查安全装置是否失效，对小修后的设备进行试车检查，当机器正常运转后，交付运转使用。

（2）CGGA114型整经机揩车工作范围。

①检查和清洁空气压缩机，1000小时更换一次压增机油。

②检查油雾器和空气过滤器，油雾器每周要加一次油。

③检查和清洁气缸、管接头，将漏气处的管接头及时调换，注意各种阀类的功能是否正常。

④检查和清洁全机制动系统，注意观察增压器内油的高度，每周要加油一次。

⑤压辊部分的滑块和油杯至少每月清洁一次并加一次油。

⑥每周要检查一次压辊左右的齿条上面是否有飞花，要及时清理掉，并要每月加油一次。

⑦检查压辊表面和边缘有无损伤，如有，应予修补。

⑧检查和清洁主传动系统（包括电动机），V形带应适当调节张紧程度。检查开关车的灵敏度、断头自停装置是否失效，并清洁。

（3）使用的油类牌号及性能。

①油雾器、增压器用油，按表12-12规定。

表12-12 油雾器、增压器用油

名称	牌号	运动黏度（50°）	闪点（开口）	凝点
无添加剂汽轮机油	N32（20号汽轮机油）	$18\sim22mm^2/s$	≥180℃	≤-15℃

②齿轮齿条用润滑脂，按表12-13规定。

表12-13 齿轮齿条用润滑脂

名称	牌号	滴点	针八度（1/10mm）25℃
通用锂基润滑脂	ZL-3	≥180℃	265~295

③导轨与滑动板、升降臂回转部、各气缸回转部、主轴进出部用润滑油，按表12-14规定。

表 12-14　导轨与滑动板、升降臂回转部、各气缸回转部、主轴进出部用润滑油

名称	牌号	运动黏度（150°）	凝点	闪点（开口）
机械油	40	37~43mm²/s	≤-10℃	≥190℃

④气压缩机用油，按表 12-15 规定。

表 12-15　气压缩机用油

名称	牌号	运动黏度（150°）	闪点（开口）
压缩机油	13	11~14mm²/s	≥215℃

（4）常见故障及排除方法（表 12-16）。

表 12-16　常见故障及排除方法

故障现象	产生故障可能的原因	故障排除方法
油雾器中空气虽然流动但没有油滴下	没有按标记的方法接气管	以正确的方向安装
	油在标线下限以下	按标线的上限补注油
	过滤部件孔堵塞	更换节流阀的控制 ASSY
	节流阀损伤	换节流阀
	空气的使用流量不足	油雾器选定适当流量
	吸油管不通	松一下吸油管
	储油杯的加油螺塞漏气	换 O 形密封圈
油雾器油滴内混有空气	吸油管导管下部的 O 形密封圈损伤	更换 O 形密封圈
	导油管破损	更换气流调节阀控制 ASSY
	油在标线下限以下	按标线的上限补注油
油雾器吸油管空气泄漏	吸油管用 O 形密封圈破损	拔下吸油管的把柄更换 O 形密封圈
油雾器储油杯空气泄漏	O 形密封圈扭曲	把 O 形密封圈捋直然后安装上
	储油杯破损	更换储油杯
过滤器空气阻力大、流量小	空气过滤器的滤芯孔堵塞	滤芯洗净或更换
过滤器滤杯安装部空气泄漏	O 形密封圈损伤	更换 O 形密封圈
	滤杯破损	更换贮气罐
过滤器次要侧的气管冷凝水异常流出	空气过滤器滤芯被冷水浸没	打开冷凝水放水阀放出冷凝水
过滤器冷凝水放水阀打开，但冷凝水排不出来	冷凝水放水阀的排出孔有固体物质堵塞	洗净冷凝水放水旋塞取出异物
过滤器冷凝水放水阀处空气泄漏	冷凝水放水阀被异物堵塞	冷凝水放水阀打开一段时间
	冷凝水放水阀的底座损伤	更换冷凝水放水阀

（5）经轴两端边纱凹凸松紧不匀的原因及校正方法。

①由于滚筒两端摩擦严重，可采用镶边方法补救。

②边纱纱线张力圈重量不合适，可加大边纱张力 1~2g。

③伸缩梳齿边纱分布不匀，可调整均匀。

④经轴盘偏斜，可检查内侧偏斜不大于 3mm。

（6）经轴卷绕出现一头粗一头细的原因及校正方法。

①经轴加压不一致，两端升降导架与滑块滑动不一，顶针弹簧背轮等加压不一致。

②经轴弯曲或轴头弯曲，要校直。

③值车工调节伸缩梳不注意中心，要注意滚筒、经轴、伸缩梳的中心要一致。

④经轴臂长短不一致，检查滚筒水平线与经轴平行线要一致。

⑤筒松动，纱卷绕朝一个方向移动，要紧固滚筒，防止窜动。

（7）整经张力不匀，有松纱、浪纱、吊头等的原因及校正方法。

①张力圈配置不当，转动不灵活，纱线不在张力圈内。

②滚筒表面有损伤，毛刺等，可打磨光洁。

③梳齿稀密不均，两梳片连接间隙过大，梳片之间间隙不大于 1.5 个齿距。

④纱辊不光洁，不平行，表面有凹凸现象。

四、质量责任

1. 设备主要经济技术指标

（1）设备完好率。

$$设备完好率 = \frac{完好台数}{检查台数} \times 100\%$$

（2）大小修理一等一级车率。

$$大小修理一等一级车率 = \frac{一等一级台数}{同期修理台数} \times 100\%$$

全部达到"接交技术条件"的允许限度者为一等，有一项达不到者为二等；全部达到"接交技术条件"工艺要求者为一级，有一项不能达到者为二级。

（3）大小修理计划完成率。

$$大小修理计划完成率 = \frac{实际完成台数}{计划台数} \times 100\%$$

（4）设备修理准期率。

$$设备修理准期率 = \frac{准期完成台数}{计划台数} \times 100\%$$

（5）设备故障率。

$$设备故障率 = \frac{故障停台台班数（或台时数）}{计划运转台班数（或台时数）} \times 100\%$$

2. 质量事故

（1）企业应制定质量事故管理制度，按损失大小落实责任。

（2）分析事故产生的原因，制定措施，及时采取纠正措施。

（3）利用各种形式进行质量教育，提高每名维修工质量责任意识。

（4）对出现的质量问题与责任者，将质量责任真正落到实处。

3. 质量把关

整经维修工应做到：

（1）认真执行操作法及安全操作规程。

（2）保证大小修理、保养等设备维修质量。

（3）预防因机械原因造成质量事故。

（4）杜绝油污纱、错支等质量问题的发生。

（5）熟悉整经各种成形不良的原因及校正方法。

4. 接交验收技术条件

（1）CGGA114 型整经机小修理检查标准（表 12-17）。

表 12-17　CGGA114 型整经机小修理检查标准

项次	项目	允许限度	检查方法及说明
1	滚筒表面粗糙、不平整	不允许	目视、手感
2	导纱辊回转不灵活、表面不光滑	不允许	手感
3	各部轴承发热、振动、异响	不允许	目视、手感、耳听
4	伸缩筘稀密不匀、表面有纱痕	不允许	目视、手感
5	各部开关作用不灵敏	不允许	开车试验
6	刹车作用不良	不允许	开车试验
7	断头自停失效	不允许	开车试验
8	测长表及满轴自停失效	不允许	目视
9	织轴显著跳动	不允许	目视
10	液压系统漏油	不允许	目视、手感
11	上落轴作用不良	不允许	上下空轴试验
12	插纱锭与瓷眼相对位置有显著差异	不允许	专用工具检查
13	经轴顶紧装置不良	不允许	上轴试验
14	经轴横向调节装置作用不良	不允许	目视、手感
15	齿轮、齿条啮合不良	不允许	目视、手感
16	主轴制动盘与制动器之间两侧间隙	1mm	测微片
17	压辊制动盘与制动器之间两侧间隙	1.25mm	测微片
18	测长辊制动器的转子和定子之间的间隙	0.5mm	测微片
19	压辊对经轴母线的平行度	≤0.2mm	硬纸片
20	经轴母线对主轴母线的同轴度	≤0.02mm	百分表
21	安全装置作用不良或缺损	不允许	目视
22	电器装置安全不良或缺损	不允许	目视
23	各部机件、螺丝缺少松动	不允许	目视、手感

（2）CGGA114 型整经机揩车检查标准（表 12-18）。

表 12-18　CGGA114 型整经机揩车检查标准

项次	项目	允许限度	检查方法及说明
1	滚筒表面不光滑，回转有振动，造成经轴有显著跳动	不允许	目视、手感
2	齿轮、齿条啮合不良异响	不允许	耳听、手感
3	轴承发热、振动、异响	不允许	耳听、手感
4	刹车作用不良	不允许	开车试验
5	伸缩筘不灵活，筘齿弯曲、不匀、挂线	不允许	目视、手感
6	导辊纱线通路部分不光滑，回转不灵活	不允许	手感
7	插纱锭与瓷眼相对位置有显著差异	不允许	目视专用工具
8	上落轴作用不良	不允许	上下空轴试验
9	测长表不准确	不允许	目视
10	断头自停失效	不允许	开车试验
11	安全装置作用不良或缺损	不允许	目视
12	电器装置安全不良或缺损	不允许	目视
13	导纱通道不光滑有纱痕	不允许	目视、手感
14	张力器、导纱瓷板等缺损	不允许	目视
15	插纱锭不平齐，显著歪斜	不允许	目视
16	螺丝、垫圈、销子缺损或松动	不允许	目视、手感
17	各部油眼堵塞、缺油、漏油	不允许	目视
18	机件缺损	不允许	目视

（3）CGGA114 型整经机运转巡回检查标准（表 12-19）。

表 12-19　CGGA114 型整经机运转巡回检查标准

项次	项目	允许限度	检查方法及说明
1	断头自停、刹车作用不良	不允许	目视
2	轴承发热异响或振动	不允许	耳听、手感
3	开车过重、作用不良	不允许	开车测试
4	前后筘齿不匀，有并靠	不允许	目视、手感
5	导纱辊、测长辊回转不灵活	不允许	目视
6	插纱锭和瓷眼位置显著歪斜	不允许	目视
7	测长表不准	不允许	目视
8	油眼堵塞、缺油	不允许	目视
9	机件、螺丝缺损或松动	不允许	目视、手感
10	安全装置不良或缺损	不允许	目视、手感

（4）CGGA114 型整经机完好检查标准（表 12-20）。

表 12-20　CGGA114 型整经机完好检查标准

项次	项目	允许限度	检查方法及说明
1	测长表作用不良	不允许	目视
2	断头自停作用不良	不允许	开车检查
3	伸缩筘稀密不匀、调节不良	不允许	目视
4	刹车作用不良	不允许	目视、手感
5	纱线通道不光滑、有明显纱痕	不允许	目视、手感
6	机台显著振动	不允许	目视、手感
7	各部轴承发热、振动、异响	不允许	目视、手感
8	经轴显著跳动	不允许	目视
9	插纱锭与瓷眼相对位置有明显差异	不允许	目视或专用工具
10	液压系统漏油	不允许	目视、手感
11	传动带缺少或松紧不当	不允许	目视、手感
12	机件、螺丝缺损松动	不允许	目视、手感
13	瓷眼、瓷座、瓷梳缺损松动	不允许	目视、手感
14	安全装置作用不良或缺损	不允许	目视、手感
15	电器装置安全不良或缺损	不允许	目视、手感

第十三章　浆纱工和浆纱机维修工操作指导

第一节　浆纱工序的任务和设备

一、浆纱工序的主要任务

由于原纱存在较多毛羽（3mm以上），强力和耐磨性能达不到高速织机织造的要求，因此要对经纱进行上浆，使纱线强力增加，耐磨和保伸性能提高，毛羽帖服性大幅提升，从而满足高速织造要求。

（一）浆纱工序的主要任务

浆纱工序主要通过工艺设计、调浆、上浆、烘燥、卷绕等工艺流程，完成对经纱的上浆，并卷绕成合格的织轴供应后道工序。

调浆工的主要工作是按照操作规程，运用调浆设备调制好均匀、稳定、符合工艺要求的浆液，供应浆纱机使用。

浆纱值车工的主要任务，是按照工艺要求，通过并轴将若干个经轴上的纱线并合（同时穿绞线分绞），通过上浆、烘燥、分绞、卷绕到一根织轴上，供应后道工序。

（二）浆纱工序的重要性

"浆纱一分钟，布机一个班"。浆纱工序的质量是织造车间优质、高效、低耗生产的重要保证。因此对浆纱工序的技术要求是：浆料要选择绿色环保型浆料，易退浆，可降解。浆料配方及浆纱的工艺参数科学、合理、低耗、环保。

浆液的调制符合工艺要求，一般来讲浆料的种类越简单越好，浆液要求流动性好，不结皮，黏度稳定。

浆纱机各区张力、压力、黏度、温度以及上蜡/油量符合工艺要求。

值车工按照作业指导书规范作业，以安全和质量作为首要工作要求。

二、纺织浆料的基础知识

调制浆液的各种材料，统称浆料。浆料可分为黏着剂和助剂。黏着剂是调制浆液的基本材料，称为主浆料，是提高经纱织造性能的主要黏附材料。目前常用的三大主浆料是：变性淀粉、聚乙烯醇（PVA）和聚丙烯。

助剂是为改善或弥补黏着剂某些方面性能的不足所使用的辅助材料。经纱上浆工程不仅要求提高纱线的耐磨性、强力以及毛羽贴伏，还要保持纱线良好的弹性与伸长。单独使用一种或几种浆料，有时难以达到效果，需要各种辅助材料提高上浆质量。

助剂有很多种类，一般用量很少，选用时要考虑其相溶性、安全性以及调浆操作方便。常用的有表面活性剂、油剂、柔软剂、防腐剂等。

（一）主浆料的性能

1. 淀粉

淀粉作为上浆用黏着剂的历史悠久，使用广泛。它的优点是对天然纤维有较好的黏附性、来源丰富、价格低廉，退浆废液对环境的污染程度小等。但天然淀粉浆液的黏度高（同等浓度），黏度不够稳定，浆膜脆硬弹性差。对疏水性纤维，如涤纶的黏着性能差，要通过物化作用改善其上浆性能。

淀粉是一种高聚糖，它的分子式为 $(C_6H_{10}O_5)_n$，根据缩聚方式可分为直链淀粉和支链淀粉两种不同结构。直链淀粉能溶解于热水，溶液不是很黏稠，形成的浆膜具有良好的机械性能，浆膜坚韧，富有弹性。支链淀粉不溶于水，在热水中膨胀，水溶液极其黏稠，形成的浆膜比较脆弱。淀粉浆的黏度主要由支链淀粉决定。

变性淀粉是原淀粉经过加工处理后，不同程度地改变原有的化学、物理特性所生产的淀粉。纺织上浆常用的变性淀粉有酸解淀粉、氧化淀粉、交联淀粉、淀粉酯、淀粉醚、接枝共聚淀粉、多重变性淀粉、复合变性淀粉等。

2. 聚乙烯醇（PVA）

聚乙烯醇是水溶性高分子化合物，具有优良的成膜性、黏附性、相溶性等特点，是较理想的黏着剂。但是PVA也存在易结皮、易起泡、分纱困难、退浆不易退净等缺点。因其大分子难以降解的特性，给污水处理带来困难，故不推荐使用或者逐步减少使用量。

PVA的性质主要是由其聚合度和醇解度来决定的。PVA按聚合度分为低（500左右）、中（1000左右）、高（1700）三种类型；PVA按醇解度分为完全和部分醇解型两种，如1788PVA、205PVA均为部分醇解型PVA。

3. 丙烯类浆料

丙烯类浆料是丙烯酸类单体的均聚物、共聚物或共混物的总称。具有良好的黏附性、成膜性，且浆膜柔软、易降解。丙烯类浆料的吸湿性对提高织造效率有重要意义。丙烯酸类浆料特性见表13-1。

表13-1 丙烯酸类浆料特性

种类	黏附性	成膜性	吸湿再黏性
聚丙烯酸酯类	对疏水纤维好	强度低、易变形	低吸湿再粘
聚丙烯酰胺类	对天然纤维好	强度高、不易变形	难以解决吸湿再粘
聚丙烯酸及其盐类		介于两者之间	

（二）上浆用助剂及性能

各种上浆助剂及性能见表13-2。

三、浆纱工序的工艺设定

（一）制订工艺参数的原则

设定工艺参数的原则：改善并提高纱线的物理性能，减少浆纱断头，满足织造的要求。充分发挥浆纱机性能，提高织轴质量和生产效率，降低水、蒸汽、浆料、回丝的消耗。

表 13-2　各种上浆助剂及其性能

序号	分类	浆料名称	性能
1	表面活性剂	浸透剂	浸透剂即润湿制,是一种以润湿浸透为主的表面活性剂。浆液向纱线内部的浸透扩散程度与浆液的表面张力有关。表面张力越小,浸透扩散能力越强。在浆液中加入少量渗透剂的作用是使浆液表面张力降低,增加浆液的润湿浸透能力 浸透剂一般为阴离子型和非离子型表面活性剂。阴离子型表面活性剂在中性及弱碱性浆液中使用,非离子型表面活性剂在酸性浆液中使用 浸透剂一般用于疏水性合成纤维上浆。在棉纤维的细特号,高捻度或精梳纱上浆时也有使用,其用量是黏着剂的 1% 以下
2		柔软润滑剂	浆液中加入柔软润滑剂的目的是改善浆膜性能,使浆膜具有良好的柔软,平滑性,降低摩擦系数,赋予浆膜更好的弹性,以减少织造时的经纱断头,提高织机效率。柔软润滑剂可分为浆纱油脂、固体浆纱蜡片和浆纱油剂
3		抗静电剂	疏水性合成纤维吸湿性差,是电的不良导体。在浆纱和织造过程中容易形成静电聚积,纱线毛羽多,开口不清,影响织造。为克服这一缺点,在浆液中加入少量抗静电剂,不仅能起到良好的抗静电效果,而且还使浆膜平滑
4		吸湿剂	吸湿剂的作用是提高浆膜的吸湿能力,使浆膜的弹性、柔软性得到改善。合成浆料的浆膜具有良好的弹性和柔软性,因此浆料配方中不必使用吸湿剂。淀粉浆膜的缺点是脆硬,过于干燥时会脆裂、落浆。在冬季干燥的条件下,当淀粉使用比例较大时,可以考虑在浆液中加入适量的吸湿剂,以减少织造过程中经纱的脆断现象
5	油剂	蜡片/后上蜡(油)	油剂是天然或合成的油脂类物质、平滑剂、表面活性剂组成的混合物,可以直接加入浆液中。可溶性油脂主要起柔软作用,不混溶性油脂主要起平滑作用(后上蜡/油)
6	防腐剂	防霉剂	淀粉、胶类及各种多糖类浆料,都是微生物繁殖的良好营养剂,很容易腐败。放置时间长,浆液就会变质。坯布长期储存过程中,在一定的温度、湿度条件下容易发霉。在浆料配方中加入一定量的防腐剂,可以抑制霉菌的生长,防止坯布在储存过程中霉变。浆液中所用的防腐剂不仅要有良好的防腐性能,而且对浆液、纱线以及对工作环境等都不应有不良反应

(二) 主要工艺项目及要求

1. 主要工艺项目

主要工艺项目包括产品规格、浆料配方、pH 值、浆液黏度及浓度(固含量)、浆纱机型号、经轴个数及排列方式、压辊形式及压辊压力、浆槽温度和浆液黏度、卷绕线速度、各区张力、烘筒温度、墨印长度、颜色及每个轴的卷绕长度、织轴门幅等。

(1) 浆纱机型号。双浆槽、单浆槽、预湿上浆。

(2) 各段张力包括经轴退绕张力、浸浆张力、烘房张力、分纱张力、卷绕张力、托纱压力等。

(3) 压辊形式。双浸四压、双浸双压、单浸双压。

(4) 压辊压力。压浆辊、浸没辊压力的大小。

(5) 烘筒温度。预烘温度、并烘温度。

(6) 后上蜡。蜡液温度、液面高度及蜡辊转速。

(7) 墨印长度。计算公式如下:

$$墨印长度 = \frac{规定匹长}{1-经纱织缩率}$$

2. 主要工艺要求

浆纱工序的主要指标包括：上浆率（标准回潮率条件下）、回潮率、伸长率、增强率、减伸率、增磨率、浆纱毛羽降低率、浸透率、被覆率和浆膜完整率等。

（1）上浆率。它是反映经纱上浆量的指标。

$$上浆率 = \frac{浆后经纱干重-浆前经纱干重}{浆前经纱干重} \times 100\%$$

上浆率偏高既浪费浆料，又增加成本，同时在织造时容易引起脆断，布面粗糙，影响外观质量；上浆率偏低，纱线的增强和耐磨性能降低，织造时容易起毛，断头增加，影响生产效率。

（2）回潮率。纱线所含的水分对浆纱干重之比的百分率称为回期率，反映浆纱烘干程度。

$$回潮率 = \frac{烘前浆纱重量-烘后浆纱干重}{烘前浆纱重量} \times 100\%$$

回潮率过大，浆膜发黏，纱线易粘连在一起，织造时开口不清、断头增加，浆纱易发霉，还会造成布幅偏窄。回潮过小，浆膜粗糙，易产生脆断头。落浆率大，耐磨性差。

（3）伸长率。是指浆纱增加长度与经轴原纱长度之比的百分率。影响生长率的因素主要是浆纱机各区的张力设定。

$$伸长率 = \frac{浆纱长度-整经长度}{整经长度} \times 100\%$$

（4）增强率。上浆后所增加的强力和原纱强力之比称为浆纱增强率。一般的上浆率越大，增强率越大。

$$增强率 = \frac{浆纱强力-原纱强力}{原纱强力} \times 100\%$$

（5）减伸率。上浆后的纱线断裂伸长率的降低值，与原纱的断裂伸长率之比称为减伸率。

$$减伸率 = \frac{原纱断裂伸长率-浆纱断裂伸长率}{原纱断伸长率} \times 100\%$$

（6）增磨率。是反应浆纱后纱线的耐磨次数增加程度的指标。

$$增磨率 = \frac{浆纱耐磨次数-原纱耐磨次数}{原纱耐磨次数} \times 100\%$$

（7）毛羽降低率。1m 长度纱线内 3mm 以上毛羽的根数称为毛羽指数。浆纱毛羽指数的降低数对原纱毛羽指数之比的百分率称为浆纱的毛羽降低率。浆纱的毛羽降低率反映了浆纱贴伏毛羽的效果。

$$毛羽降低率 = \frac{原纱的毛羽指数-浆纱的毛羽指数}{原纱的毛羽指数} \times 100\%$$

（8）浸透率和被覆率。分别表示浆液浸透到纱线内部和被覆在纱线表面的程度。

（9）浆膜完整率。浆膜包覆于纱线的程度与全包覆的比值称为浆膜完整率。浆膜完整率大，有利于耐磨。

3. 浆液的要求

（1）浆液对纤维要有良好的黏附性，对纱线要有一定比例的被覆和浸透，浆膜要柔韧、坚实、光滑、有适当的吸湿性。

（2）浆液的物理、化学性能稳定，不易沉淀生成絮状物、不起泡、发霉等。

（3）浆料配方组分不宜繁多，调浆操作简便，退浆容易，不污染环境。

4. 浆料配方优选的依据

（1）根据纱线的物化性能选择浆料。

（2）根据纱线的种类和品质选择浆料。

（3）根据织物组织结构选择浆料。高密织物，由于单位长度纱线所受到的机械作用次数多，上浆率要高些，浆膜耐磨性、抗屈曲性要好。织物组织可反映经纬纱交织点的多少，平纹织物经纬纱的交织点最多，纱线运动及受摩擦次数最多，因此对上浆的要求比斜纹、缎纹要高。

（4）根据织造设备选择浆料。

（5）根据车间的温湿度条件选择浆料。浆料配方应随气候条件和车间相对湿度做相应的调整。织造车间温湿度条件，会直接影响到浆料的实际使用，例如聚丙烯酸盐，在相对湿度较低的环境中，与淀粉共用是良好的浆料，但在相对湿度大于70%时，会产生严重黏并，甚至无法使用。

（6）根据织物用途选择浆料。浆料的选择还必须考虑织物的后处理方法和用途，若织物以坯布供应市场，则浆料的选择主要考虑坯布的光泽与手感。若织物用于印染加工，则浆料的选择不仅要退浆方便，还要考虑印染加工后的布面效果。

四、浆纱设备的主要机构和作用

（一）浆纱机的分类（表13-3）

表13-3 浆纱机的分类

浆纱机分类	按烘燥方式	热风式	
		烘筒式	
		联合式	
	按浸压方式	单浆槽	单浸单压
		多浆槽	双浸双压
			双浸四压
	多浆槽预湿上浆		双浸双压
			双浸四压

不同浆纱机如图13-1~图13-3所示。

（二）浆纱机的技术要求

1. 传动系统

（1）运转平稳，无异常振动，无异响，各传动系统润滑良好。

图 13-1　贝林格浆纱机

图 13-2　祖克 S432 型浆纱机

图 13-3　国产浆纱机

（2）空车运转时各部轴承温升不大于20℃。

（3）各轴类零件转动灵活，各调节手轮、手柄操作灵活。

（4）配套的无级变速器的调速范围、输入/输出轴的转速及传递功率/力矩符合浆纱机工作需要。

2. 经轴架

（1）经轴架能适应配套的整经轴。

（2）经轴退绕均匀，张力差异率小于15%。

3. 上浆装置

（1）浆槽边轴与引纱辊/上浆辊离合器啮合、脱开动作可靠。

（2）浸没辊升降灵活、平稳、无停滞现象。当浸没辊起侧压作用时，辊体摆动灵活，在宽度方向上压力均匀一致。

（3）压浆辊宽度方向上压力均匀一致，对于无级调压的浆纱机，其压力能随车速自动调节，动作灵活可靠。

（4）上浆辊、浸没辊与浆液接触的部位作用良好，镀铬辊无锈蚀和镀层脱落现象，橡胶包覆辊无起泡、龟裂、脱胶和熔涨现象。

（5）压浆辊在正常工作条件下，寿命不低于两年（包括磨削使用）。

（6）循环泵密封装置可靠，无泄漏现象。

（7）浆槽内浆液流动良好，在正常工作条件下，四角温差不大于2℃。预热浆箱液面控制灵活可靠。

4. 烘燥装置

（1）烘筒的技术参数符合使用要求。

（2）烘筒表面涂层均匀，在正常工作条件下，寿命不低于三年。

（3）烘筒实际温度应控制在设定温度的±3℃的范围内。

5. 卷绕车头

（1）测长装置正确、灵敏、可靠，墨印间隔误差不超过5cm。

（2）伸缩筘左右、上下调节灵活，筘齿排列均匀。

（3）织轴上轴、落轴和脱开、啮合动作以及压纱辊动作准确、可靠。

（4）织轴传动装置工作可靠，张力稳定，卷绕的张力差异率小于15%。

6. 电气系统

（1）各电气设备的功能应符合设计要求，手动和自动控制准确可靠。

（2）所有电气控制及在线监测（如压力、温度、伸长率等）满足所需工艺要求，显示数据可靠、准确。

（3）全部电气设备和控制设备的安全保护措施应符合安全管理规定。

（4）全机可能带电的金属件与主接地端子之间的电阻应小于0.1Ω。

7. 能耗

（1）汽耗。每千克浆纱耗汽小于2.0kg。

（2）电耗。每吨浆纱耗电小于80kW·h。

（3）蒸发能力。在规定蒸汽压力条件下，最大蒸发水分500～700kg/h。

8. 浆纱质量

（1）回潮率。回潮率横向极差不大于0.5%，双浆槽或多浆槽的两片纱或多片纱的回潮率差异不大于0.4%。

（2）上浆率。上浆率横向极差不大于1.0%，双浆槽或多浆槽的两片纱或多片纱的上浆率差异不大于0.6%。

（3）伸长率。

①总伸长率应能满足工艺设定范围，实际总伸长率与工艺设定值的误差范围不大于±0.25%。

②横向伸长极差不大于3cm。

③双浆槽或多浆槽的两片纱或多片纱的伸长率差异不大于0.3%。

（4）浆膜完整率>80%。

（5）毛羽下降率。

①热风烘筒联合式>70%。

②全烘筒式>60%。

（三）浆纱机结构

浆纱机结构如图13-4所示。

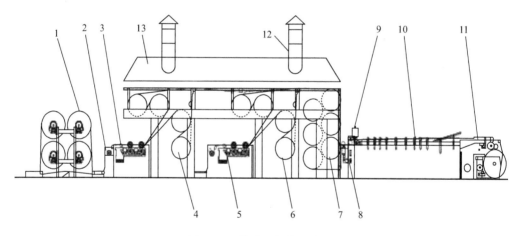

图13-4　浆纱机结构示意图

1—经轴架　2—退绕张力自控　3—后浆槽　4—后预烘　5—前浆槽　6—前预烘　7—合并烘干
8—张力架　9—单面上蜡　10—干分绞　11—车头　12—排气风机　13—排气罩

（四）浆纱机主要机构

浆纱机的主要机构包括经轴架、上浆装置、湿分绞部分和烘房部分、车头部分、全机传动、蒸汽及管路系统等（本节主要以GA308浆纱机为例介绍）。

1. 经轴架

经轴架结构如图13-5所示。

（1）经轴架部分采用H形框架结构，为高低双层，4个经轴为一组，可根据不同品种的需要配置经轴架的数量。

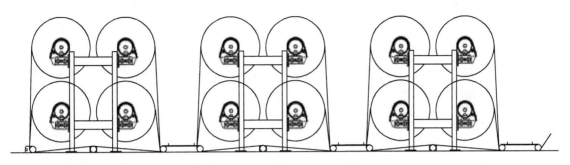

图 13-5　经轴架结构示意图

（2）经轴退卷张力采用气动分组控制，每个轴采用一套恒张力退绕自动控制系统，不仅可实现退绕张力的稳定，对于异经品种也有很好的控制能力。

（3）经轴架上的经轴可左右调节，使经轴与经轴之间对齐。

2. 上浆装置

上浆装置的浆槽部分如图 13-6 所示。

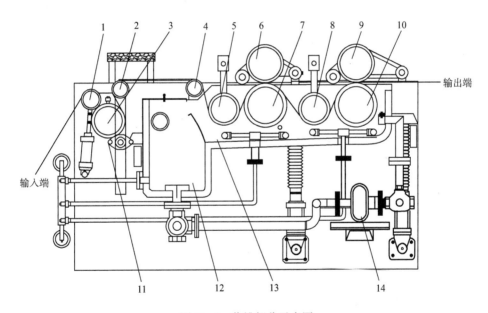

图 13-6　浆槽部分示意图

1—压纱辊　2—张力辊　3—引纱辊　4—导纱辊　5—浸没辊　6—第一压浆辊　7—上浆辊　8—浸没辊
9—第二压浆辊　10—上浆辊　11—引纱装置　12—预热浆槽　13—浆槽　14—浆泵

浆槽采用多根鱼鳞管加热，双浸四压，主辅浆槽分开，大流量浆泵实现浆液循环。两浆槽结构完全相同。经纱分别经浆槽的引纱辊、张力辊、导纱辊、低压上浆辊、浸没辊、高压上浆辊然后进入烘房。

（1）引纱辊。浆槽引纱装置是三根轧辊结构，引纱辊为橡胶辊，由变频调速电动机控制，纱线经压纱辊、引纱辊、张力辊，对引纱辊形成较大包覆角，确保纱线不滑移。同时保证两浆槽的纱线喂入量、喂入张力一致。

461

（2）浸没辊及开降机构。浸没辊为丁腈橡胶辊，浸没辊的升降机构可自动和手动。根据品种和工艺要求加侧压，满足经纱上浆时反复浸压，排除经纱内部空气，利于浆液向纱线内部转移。

（3）上浆辊。上浆辊采用钢辊结构，两上浆辊之间由齿型带传动，上浆辊的转速由变频调速电动机单独控制，能使两浆槽的两对上浆辊保持同步。

（4）压浆辊。压浆辊表面包覆丁腈橡胶，低压辊最大压力为10kN，高压辊最大压力为40kN，第一压浆辊（低压辊）为普通结构轧辊，第二压浆辊（高压辊）为橄榄形加强辊。压浆辊采用中固结构，与上浆辊成对设计，其压浆力可达到40kN，无论在何种压力状态，保证压浆辊和上浆辊变形量一致，从而使上浆均匀。

压浆辊加压采用气动加压，第一压浆辊（低压辊）可手动调节，压力曲线恒定，不随车速变化。第二压浆辊（高压辊）压力随车速线性变化，从而实现在不同车速下稳定的上浆率。

（5）预热浆箱与循环浆泵。预热浆箱与浆槽为整体结构，预热浆箱的液面控制采用浮球液位控制器。浆槽内浆液的加热采用鱼鳞管直接加热，最高温度可达100℃。通过循环浆泵将浆液打入浆槽，然后浆液通过液位板，以瀑布形式再次流入预热浆箱，从而实现浆液一直处在循环流动状态。

3. 湿分绞部分和烘房部分

浆槽、烘房部分结构如图13-7所示。

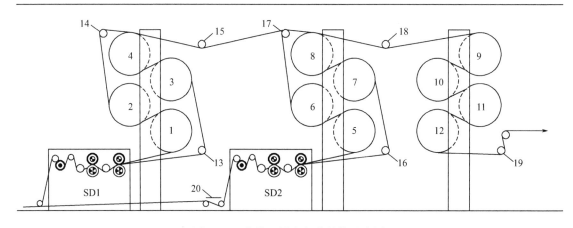

图13-7　浆槽、烘房部分结构示意图

1, 2, 3, 4—第一组预烘烘筒　5, 6, 7, 8—第二组预烘烘筒　9, 10, 11, 12—后烘烘筒
13, 14, 15, 16, 17, 18—导纱辊　19—张力辊　10, 20—通道踏板

（1）湿分绞部分（选配件）。每个浆槽与烘房之间配置一套湿分绞机构，湿分绞棒由链条传动。分绞棒转动与主机同步，转速随车速变化而变化。在分绞棒内通入冷水，由于冷水和环境温度的差异，从而使分绞棒表面处在"水雾"的工作状态下，这样湿分绞棒表面不会粘浆起皮，又能保持纱线表面浆膜完整光滑。

（2）烘房部分。烘房采用12只直径800mm的不锈钢烘筒进行烘燥，全机烘燥能力为

800kg/h，其中 8 个预烘筒表面涂有聚四氟乙烯防粘层。每个浆槽中的纱线出浆槽后分两层烘燥，可降低纱线在烘筒上的覆盖系数，保持纱线浆膜的完整。纱线上浆后先进行预烘，然后两个浆槽的纱线合并进入主烘房烘燥。

①气罩与排气风机。浆槽上方设有气罩，气罩侧面装有风机，每个风机排气量为 1200m³/h，每个风机装有排往室外的风道，这样浆槽和烘筒产生的蒸汽可通过风机排出室外，减少了室内冷凝水的产生。

②烘筒传动。整个烘房内的烘筒用一个 7.5kW 的伺服变频电动机拖动，由 PLC 精确控制，可使张力保持稳定。烘筒与车头拖引辊之间的张力可调节设定。烘筒传动分为两组预烘和一组主烘。预烘传动为半积极式传动。合并烘筒传动为积极式传动，由链轮、链条实现传动。

4. 车头部分

车头部分结构如图 13-8 所示。

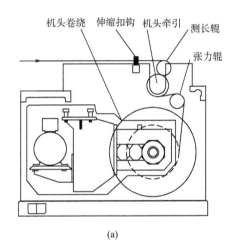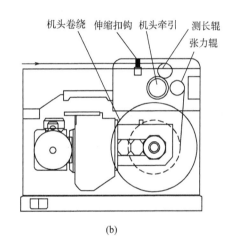

(a)　　　　　　　　　　　　　　　(b)

图 13-8　车头部分结构示意图

（1）拖引辊。拖引纱线，控制纱线无相对滑移，实现全机各单元同步，保证各区伸长率的恒定。

（2）车头卷绕张力装置。织轴卷绕张力控制与调节，织轴的卷绕张力可通过调压阀无级设定，最大卷绕张力 5000N/7000N。

（3）伸缩筘。伸缩筘由两个电动机分别控制，筘齿可伸缩也可整体左/右移动，以利于不同品种和不同筘幅。伸缩筘座可上下、左右微动，有利于纱线在织轴上均匀卷绕，同时减缓了筘齿的磨损。

（4）上蜡装置。实现纱线表面的上蜡/油，提高浆纱的柔软性、光滑性，改善毛羽贴伏。

（5）打印装置。一般有喷墨印和打墨印两种装置，根据工艺要求设定每次打印长度。

（6）测长机构。测长机构是为了准确测量浆纱长度，当长度达到设定值时，自动打印，同时车速自动减速至爬行速度，准备落轴。

（7）回潮装置。根据回潮率的设定值而控制全机车速，保证浆出纱线满足回潮要求。

（8）织轴加压。为保证纱线卷绕密度一致，增设了加压装置，包括调压阀、气缸和压纱辊。

5. 浆纱机的传动系统

新型浆纱机的七单元传动：车头织轴卷绕单元、拖引单元、烘房传动单元、上浆辊单元、引纱辊单元（双浆槽），七单元机构传动如图13-9所示。

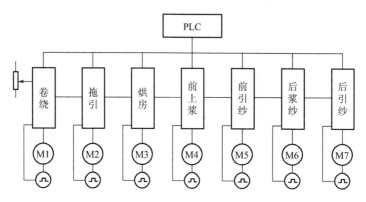

图13-9　七单元机构传动示意图

6. 蒸汽及管路系统

主管道蒸汽经调压阀调压后，进入薄膜阀，然后流经浆槽、烘筒起到升温的作用，冷凝水经疏水器回流收集池。各浆槽、烘筒温度由薄膜阀来控制。

第二节　浆纱工序的运转操作

一、浆纱调浆工作业指导书

（一）目的

按浆纱工艺要求调出合格浆液，保证浆纱机正常使用。

（二）范围

适用于织布厂浆纱工序调浆工。

（三）职责

为浆纱提供合格的浆液，辅助完成浆纱工作，保证浆轴质量，为织造提供合格的织轴做准备。

（四）工作流程

调浆工工作流程如图13-10所示。

1. 参加班前会

提前40分钟到达指定地点参加班前会，班长强调班中生产、安全注意事项及下达工段、工厂通知。

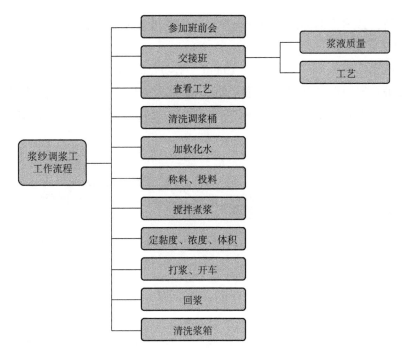

图 13-10　调浆工工作流程图

2. 交接班工作

（1）交清浆料数量及品种。

（2）交清现存浆液质量及工艺情况。

（3）交清车上工艺及使用情况。

（4）检查糖量仪是否完好。

（5）交接 6S 工作。

3. 查看工艺

首先到机台上了解浆纱品种、纱支，然后根据工艺标准参数来配方。

4. 清洗调浆桶

（1）首先选择一个空调浆桶，将里面的余浆冲刷干净。

（2）打开自来水管，右手握住水管后对调浆桶内壁、高/低速转速器进行冲刷，冲刷要干净、彻底。

（3）将调浆桶冲刷干净后，打开调浆桶三通放浆阀门，将余水放出。

5. 加软化水

将调浆桶冲刷干净后，打开软化水阀门，放水调浆，一般放水量在 500~600L。

6. 称料

调浆工按照工艺进行调浆，将所使用的浆料放到运料车上，然后按比例进行称重。

7. 投料

（1）首先将低速搅拌器开关打开，然后打开高速搅拌器开关。

（2）在投料时先放准备好的 PVA，为了防止浆料结块，放料要缓慢、徐徐投入。在将 PVA 全部投放后，再将淀粉依次投入调浆桶，投放时同样要动作缓慢、徐徐投放。将所有淀粉全部投放后，必须将桶上的余料冲干净，并且要将各种袋子放整齐。

8. 搅拌煮浆

当所有浆料全部投放完毕后，搅拌 10min，手动打开蒸汽阀门。当浆液温度达到 60～70℃时，将准备好的助剂（蜡片、抗静电剂、丙烯酸等）加入。待所有助剂全部投入后，升温到 98℃，开微量蒸汽，一般浆液闷浆时间为 20min，调浆过程完成。调浆操作示意如图 13-11 所示。

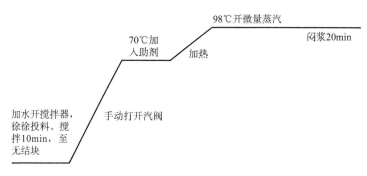

图 13-11　调浆操作示意图

9. 定黏度、浓度、体积

为保证调浆合格，调浆工要严格按工艺要求做到"五定二准"：定体积、定温度、定浓度、定黏度、定时间；配方准确、配料准确。

根据织物品种确定所用的调浆工艺，调浆浓度比车上所需浓度高 1 个百分点。

10. 打浆

根据浆纱机台，将煮好的浆，通过三通管路输入供应桶中。

11. 开车

浆纱后帮车工要每隔 500m 测量一次车上浆液浓度，并向组长汇报，以调整相应的压浆工艺参数，必要时要及时补充新的浆液，保证浆液质量稳定。

12. 回浆

浆纱机每缸了机后，浆槽中的剩余浆液要抽回到供应桶内。为了保证质量，回浆要在保证浆液黏度的基础上继续使用。

13. 清洗浆箱

回浆完毕后，应及时用清水冲洗管路，以防止淤浆堵塞。清洁调浆桶、储浆槽时，必须注入适量清水，并开蒸汽煮锅，彻底清理余浆及杂物，防止调浆时浆液起泡沫。

注意：做好调浆记录，题写交接班簿。

二、浆纱前车操作工作业指导书

（一）目的

按照工艺要求提供符合机型的织轴。

（二）范围

适用于织布厂浆纱工序前车操作工。

（三）职责

配合组长完成浆纱工作，保证织轴的类型、幅宽符合工艺要求，并确保浆轴的外观质量符合要求，为织布提供合格的织轴。

（四）工作流程

浆纱前帮车工工作流程如图13-12所示。

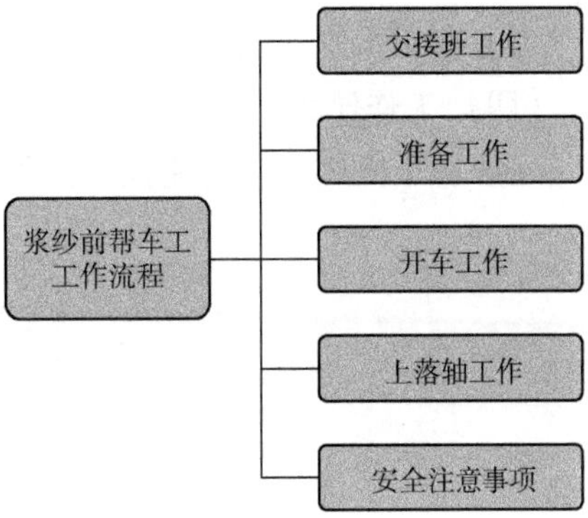

1. 交接班工作

（1）交接清车上所浆织轴类型、幅宽。

（2）检查空轴运输车是否正常使用。

（3）交接清所负责机台待用织轴是否与工艺卡要求一致。

（4）交清责任区域卫生情况，并对所用物品定置存放。

图 13-12　浆纱前帮车工工作流程图

2. 准备工作

（1）前帮车工在启机正常后，根据下一批品种工艺及机型要求，挑选出相对应的空织轴。

（2）保证所选织轴齿轮、轴盘、轴箍无损坏，螺丝无缺少。

（3）根据工艺要求调整织轴幅宽（范围是筘幅±0.5cm），包好包轴布，以备待用。

3. 开车工作

（1）开车过程中将上批织轴落下，将准备好的织轴推入浆纱机车头下，按上轴按钮，将织轴托起夹紧。

（2）浆纱机开车后，拉紧起机回丝。待纱线穿完小绞，将胶带纸紧贴到纱线上。

（3）用剪刀剪下回丝，迅速将纱线缠绕到织轴上，并将回丝入袋。

4. 上落轴工作

（1）上轴前将准备好的织轴按好轴头，将织轴推到地轨上运到浆纱机前。等上一织轴缠绕完毕后，开慢车将胶带纸贴到纱线上，用剪刀剪下，用胶带纸将织轴纱线固定好（横向一道，竖向四道）。

（2）待上一轴织落下后，迅速将准备好的织轴推入浆纱机内，将纱线缠绕织轴，继续进行开车工作。

5. 安全注意事项

（1）轴头安装好，防止掉落、砸伤脚。

（2）用剪刀时，小心谨慎，防止伤手。

（3）拉回丝时，注意纱线倒缠，防止伤手，待结头全部过压纱辊方可闭合。

（4）清洁卫生时，防止路面滑，跌倒。

三、浆纱后车操作工作业指导书

（一）目的

协助浆纱组长做好开车以及开车过程中的质量把关工作。

（二）范围

适用于织布厂浆纱后车操作工。

（三）职责

（1）做好开车前准备工作。

（2）做好开车过程中巡回检查工作，保证浆纱质量。

（四）工作流程

浆纱后车操作工工作流程示意如图 13-13 所示。

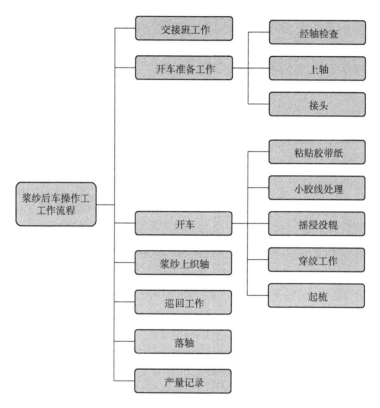

图 13-13　浆纱后车操作工工作流程图

1. 交接班工作

（1）交班。交班者要做到"三交清"：交清本机台工艺及生产情况，交清机台的清洁工作及公用工具，交清机械设备运行情况。

（2）接班。

①接班者要确认工艺卡经轴轴号与浆纱机上的经轴进行核对，并且要有核对人签字。

②接班者要做到检查所浆品种的工艺参数、浆液浓度情况。

③检查压浆辊要用湿回丝边擦拭、边用手转动压浆辊进行检查，检查要仔细，发现有划伤或起泡现象及时汇报工段。开车过程中，发现压浆辊粘有杂物时，要及时用湿回丝进行擦拭。

④钢丝绳必须挂在转轮上，以便及时监测浆液黏度的变化。黏度杯有堵塞或者转轮上有浆皮时，后帮车工应及时对其进行清洁。

⑤检查储浆槽浆液位是否合格及各管路开关是否正常。

⑥检查经轴架螺丝有无松动或缺少现象，经轴架各导辊运转是否正常，两侧有无回丝缠绕。

⑦检查电动葫芦上下左右按钮是否正常操作，检查安全锁扣装置和个人防护用品是否安全有效。

2. 开车准备工作

（1）经轴检查。运到浆纱的每一根经轴，浆纱后值车工要逐一进行检查，要求无沾污、碰损、纱线不绞、乱。要认真复核，确保每一根经轴的轴面标识内容与工艺卡一致。包括订单号、经纱批号、整经轴号、经轴头份、经轴个数、长度、纱支等。确认无误后，在工艺卡经轴一栏内签名。

（2）上轴。上轴时首先要检查电动葫芦是否正常，操作时严格按操作规程执行。佩戴安全帽、防护手套。电动葫芦下严禁站人。

上轴时要求两人配合密切、左右协调，上轴时不要碰到经轴纱线，（防止在纱线退绕时因经轴断线造成纱线不在同一层，退绕时经纱绞线；经轴内整经小绞线被刮，造成起机困难）。不要沾污经轴，（防止因经轴沾污造成织造布面出现沾污）。左右各一人，钢丝绳轴头一定要放牢，并用手扶牢，起吊后方可离开。

按照整经轴的先后顺序一人操纵行车，由前到后顺次放轴，放轴时要求最后下落时要改用行车慢速，以免撞击过大损伤轴头轴承，经轴放妥后要挂好张力带，并检查张力螺丝是否有效，及时调整气缸动程。

（3）接头。经轴接头如图13-14所示。

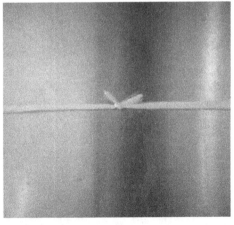

图13-14　经轴结头示意图

结头严格按要求系8把，各把纱线间张力要一致。注意：结头必须接牢，大小合适，防止开车过程中脱结或因结头太大挤伤拖引辊、压浆辊。

3. 开车

（1）粘贴胶带纸。

①结头完毕后，开慢车进行压绞线。由后向前一次性拉直，放平绞线，绞线要比经轴宽

10cm 为宜。放好浆纱绞线后，两人分别站立经轴架两边，将胶带纸平直粘贴在经轴纱线上，上下两层胶带必须完全重合在一起粘牢，防止脱落，影响开车。

注意：此准备工作要节约胶带纸和回丝。各经轴胶带纸在到达前车时必须重合在一起，以便于起梳匀纱。要求：黏胶带纸时，纱线不准褶皱，以防起机时纱线断头、并头、绞头，造成起机不良。

②胶带纸粘完后，后帮车不准离开经轴架，整经小绞线快开出时必须开慢车或极慢速，防止产生断头，造成纱线不在同一层，影响起机质量。

（2）小绞线的处理。整经小绞线快开出时必须开慢车或极慢速，防止整经小绞线刮线，造成小绞线无法穿绞。

注意：绞线过长会造成绞线在运行过程中被刮掉，过短会缩到纱片里面，造成前车无法分绞，产生并头，影响织轴质量。

（3）摇浸没辊。等大绞线通过浆槽后，必须将所有压浆辊打到运转状态，然后将浸没辊摇下。

胶带纸过浆槽纱线时，浆纱后值车工在浆槽处检查有无刮线现象，并及时纠正，以免造成起梳不良。

注意：当摇完辊子后，帮车工应马上对压浆辊上粘贴的棉结及小浆皮进行擦拭。

（4）穿绞工作。穿绞工作示意图如图 13-15 所示。

图 13-15　穿绞工作示意图

车长、后车工分立两侧，动作协调一致，两人勾紧绞线，前后拉动绞线，摆幅约 50cm，然后上下分开纱片，绞棒从绞线中间穿过，防止穿绞断头、漏穿、错穿。依次将其他绞线穿完，并将绞线抽出，然后把绞棒顺次放到各自的位置上，并检查绞棒是否齐全，有无少穿绞棒, 如果出现绞线在行进过程中被刮或缺少, 要立即补打绞线, 以免造成纱线全幅并头。

(5) 起梳。组长在匀纱结束后, 由帮车工迅速摇起手柄, 将伸缩箱摇起。

4. 浆纱上织轴

浆纱上织轴的操作步骤:

(1) 打爬行速度, 上空织轴。帮车工用手抓住机头纱, 引纱至轴芯, 用包轴布将机头纱紧裹在轴芯上, 纱片距盘边小于 5cm, 纱尾折叠不大于 3cm, 用手稍转织轴。

(2) 抬起压纱辊开慢车, 校正箱幅。

5. 巡回工作

巡回路线示意图如图 13-16 所示。

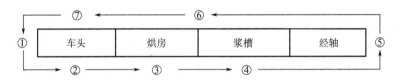

图 13-16 巡回检查路线图

(1) 浆纱后值车工从 "④站" 开始检查。

①查蒸汽阀门是否正常。

②查压浆辊气压表与空压气表是否正常。

③查打浆装置是否正常, 检查浸没辊位置高低是否合格。

④看浆液面是否合格, 如有浆皮应使用塑料条进行清理。

(2) "⑤站" 检查内容。

①查经轴纱线张力大小。

②查张力带是否正常有效。

③查经轴盘片有无毛刺。

④查经轴是否需要开刀处理。

(3) "⑥站" 检查内容。

①检查经轴架张力综合控制操作盘显示有无异常。

②检查烘筒链条部位有无松动、异响。

6. 落轴

织轴缠绕长度达到工艺要求时进行落轴。浆纱落轴的操作步骤如下:

①落轴前做好准备工作, 先挂好胶带纸。

②挂好胶带纸后, 按动封条移动的按钮开关将胶带纸开出。

③胶带纸开到落轴处, 值车工打开压纱辊、沿胶带纸处用剪刀剪断, 动作要迅速, 帮车工粘好胶带纸后, 车长按自动按钮用托臂将织轴放下。

④按照工艺要求记录产量。输入 ERP 表单。

(五) 相关质量记录

(1) 记录经轴质量反馈单。

（2）填写浆轴质量记录织轴卡。

四、浆纱生产组长作业指导书

（一）目的
按照工艺要求将所需经轴浆成合格的织轴。

（二）范围
适用于织布厂准备工段浆纱组长。

（三）职责
保证浆纱工序产质量，为织布提供合格的织轴。

（四）工作内容
浆纱组长工作流程如图13-17所示。

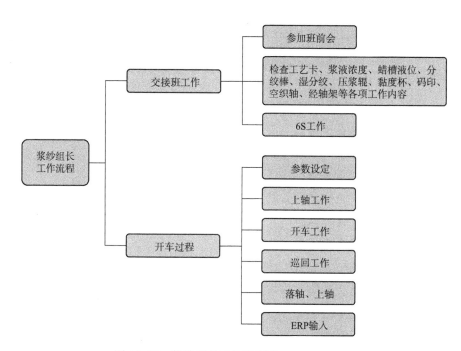

图 13-17　浆纱组长工作流程图

1. 班前会

强调班中生产指标、安全注意事项及传达上级通知。

2. 接班工作

接班者要做到"四查""一听"。四查：一查所浆品种工艺参数、查浆液质量情况，并核对经轴是否正确；二查机械运转是否正常；三查责任区清洁情况及公用工具是否齐全；四查各点质量情况。一听：指认真听交班者介绍工艺变更生产运转情况。

（1）组长拿到工艺卡后，要对工艺卡与整经生产记录本进行检查核对，主要核对纱支、产地、批号、坯布代号、流程卡号是否一致。

（2）确认纱支、头份、轴号与整经生产记录本记录一致后，要有核对人及复查人签字。

（3）组长要密切关注浆液黏度变化。勤巡回、勤检测，发现浓度与工艺要求偏差超过

1%时，及时找调浆工调整。监测浓度时，目光要与折射仪呈水平状态进行测量。检测合格后，将折射仪水平放置于护罩上。浓度仪严禁用水冲刷。

（4）及时检查蜡槽液位，保证液位达到标尺指示线。防止因液面过高或过低造成的蜡痕或蜡斑疵点。

（5）检查每根分绞棒有无弯曲变形、毛刺。如有弯曲变形及时找交班者确认，并立即通知工段。

（6）检查压浆辊时，要用湿回丝边擦拭、边用手转动压浆辊进行检查，检查要仔细，发现有划伤、掉色或起泡现象及时汇报工段。

（7）检查织轴螺丝有无缺少现象。防止轴盘松动，造成纱线边部不良。

（8）检查经轴架尼龙轮转动是否灵活顺畅及张力带螺丝有无松动，防止经轴掉落。

（9）6S现场交接检查，交清车头、分绞区、主烘筒底部、蜡槽处清洁卫生。

3. 开车过程

（1）参数设定。组长在开车前，要根据所需浆纱的品种设定基本参数，如车速、退绕张力、卷曲张力、伸长部分。

（2）上轴工作复查。吊轴安全复查—经轴标识复查—工艺卡复查。

（3）开车工作。系接头—压绞线—处理整经小绞线—摇浸没辊—放压浆辊—穿绞—匀纱起梳—上轴卷绕—对边—升速开车。

所有小绞线全部通过浆槽后，必须将所有压浆罗拉打到运转状态，然后将浸没辊摇下。摇完压浆辊后注意事项：当摇完辊子后，帮车工应马上对压浆辊上粘贴的棉结及小浆皮进行擦拭。

组长在穿绞时，手不允许伸入纱线内，防止纱线断头，造成并头影响质量。

匀纱全幅纱片厚、薄一致，边部纱片要比中间纱片稍薄，以少2根纱线为宜。匀纱结束后，由帮车工迅速将伸缩筘摇起。

4. 巡回工作

（1）巡回工作要做到"三性""七稳定"。

三性：其一指主动性，就是要巡回过程中主动掌握气压、浆槽温度、浆液浓度、黏度、浸没辊深度、回潮、车速，并合理调节张力，使纱片渗透良好，被覆适中；其二指计划性，就是在正常运转情况下，进行有计划的巡回，与值、帮车工密切配合，相互呼应，交替进行，均匀巡回时间。并有机地结合做好清洁、放绞、穿绞、上落轴及上了机的准备工作；其三指灵活性，就是在巡回中不受路线的限制，应分轻、重、缓、急，机动灵活地处理问题，待处理好后应回原处继续巡回。

七稳定：指在"三性"的前提下要求车速、气压、浆槽温度、浆液浓度、黏度、浸没辊深度及压浆辊压力七个方面在整个浆纱过程中做到相对稳定。

（2）巡回时间。起机正常后做一次大巡回。根据不同品种，一般做如下规定：每轴卷绕时间在20min左右的（长度在1500m左右）可做二次大巡回，一次小巡回；每轴卷绕时间在40min左右的（长度在2500m左右）可做二次大巡回，两次小巡回；每轴卷绕时间在1h左右的（长度在3000m左右）可做三次大巡回，两次小巡回；1h以上可根据实际情况增加次数，了机前300m做一次大巡回。

（3）巡回路线。具体巡回路线如图13-7所示。

①说明。大巡回是指①→⑦全面检查。

小巡回是指①→⑤站或①→⑦→⑥站，单程往返检查。

组长除在起机、了机时各做一次大巡回，其他巡回重点侧重于①→③站。

②巡回检查的内容与方法。

车头①站：目测回潮仪的回潮大小，烘房出纱是否平直均匀；目测伸缩筘处有无损伤及飞花、回丝、杂物附着，拖引辊、导纱辊有无缠纱、胶带纸粘贴；手感导纱辊与浆轴之间纱片的上浆、回潮、张力及浆轴两边有无空叠边、软硬边现象；目测托纱辊转动是否正常，压出轴面是否平整及是否灵活到边；检查托纱辊气压是否符合规定，换批时检查，手感托纱辊表面有无毛刺、损伤，上轴时检查轴盘是否变形、起毛刺。

车头②站：看码表记录是否正常；耳听目测传动部位运转是否正常、有无异响；目测手查分绞有无错绞、并绞现象，并及时纠正；目测上蜡装置运转是否正常，蜡液温度、蜡面高低是否合格，并检查蜡槽清洁情况，有问题及时清理；手感烘房出纱、上浆、回潮及张力，并与各仪器仪表检测数据相吻合。

烘房③站：目测烘筒及各导纱辊有无缠纱，运转是否良好；目测烘房温度表、气压表是否正常。检查回水是否通畅，有无滴漏现象。

浆槽④站右侧：目测各导纱辊有无缠纱；目测湿分绞棒是否正常，有无缠纱、漏水，两边有无浆垢；查看储浆槽存浆，自动阀的作用是否良好；目测上浆辊、压浆辊、浸没辊、喂入辊、接触辊、导纱辊有无缠纱，压浆辊有无过浆、甩浆现象；目测浆液面和浸没辊位置高低，黏度杯工作是否正常；并注意检查浆液的流动性。

经轴架⑤站：目测经轴有无倒断头、绞头、松经、擦边纱等情况。目测边盘是否一致、轴盘螺栓是否松动，手感每轴之间张力是否一致，耳听轴架轴承有无异响，及时调节处理。

处理经轴绕纱，刀具锋锐、平薄。用刀要做到思想集中，目测准确动作敏捷。处理断头掌握不扩大的原则，处理缠纱一律打慢车或停车进行。做到干净、不绞、不乱。理顺后断头捻在左右邻纱上。

浆槽⑥站左侧：检查浆槽部分有无缠纱，经轴架张力综合控制操作盘显示有无异常。检查烘筒链条部位有无松动、异响。

烘房与前车⑦站左侧：目测手感分绞情况，稍转动分绞棒；目测、耳听传动各部件运转是否正常。

5. 浆纱落轴的操作步骤

（1）落轴前做好准备工作，先挂好胶带纸。

（2）挂好胶带纸后，按动封条移动的按钮开关将胶带纸开出。

（3）胶带纸开到落轴处，值车工打开压纱辊、沿胶带纸处用剪刀剪断，动作要迅速，帮车工粘好胶带纸后，车长按自动按钮用托臂将织轴放下。

6. 浆纱上轴的操作步骤

（1）打慢车上空织轴，帮车工用手抓住机头纱，引纱至轴芯，用包轴布将机头纱紧裹在轴芯上，纱片距盘边小于5cm，纱尾折叠不大于3cm，稍转织轴。

（2）打下压纱辊开慢车，校正筘幅。

（3）如因换批上空织轴，车长检查好机型及筘幅后可直接按步骤上轴。

7. 核对轴号与记录产量

落下织轴后，车长应认真记录好织轴。轴盘两边轴号都要核对，确认无误后，将工艺卡填写好织轴号、班别、日期、长度等，字迹要工整、清晰。

8. 了机工作

（1）在保证安全的状态下抽去绞棒。

（2）抬起、擦拭、清洁所有压浆辊、上浆辊、浸没辊。

（3）了机纱线处理与收集。

（五）相关质量记录

（1）填写浆纱生产记录本。

（2）填写浆纱机日常检修表。

（3）填写交接班记录本。

五、质量责任分析

具体质量责任分析类型见表13-4。

表13-4 运转操作质量问题分析表

序号	质量问题描述	产生原因处理方法	责任人	备注
1	织轴轴面偏硬/软	卷绕张力设置不正确	前车值车工	
2	边部偏硬/软	对边不齐	前车值车工	
		边部筘齿排列不匀	前车值车工	
		边部经纱上浆不匀	前车值车工	
		织轴盘片不平整	前车值车工	
3	轴面不平整	全幅分纱不匀	前车值车工	
		筘齿老化松动	前车值车工	
		筘齿数与纱支、头份不匹配	前车值车工	
4	浆纱手感偏硬	浆液浓度大，上浆率偏高	浆纱组长	
		浆槽温度低，黏度偏大	浆纱组长	
		烘燥温度偏高，回潮率偏小	浆纱组长	
		浆液中柔软剂不足	浆纱组长	
		后上油量不足	浆纱组长	
5	浆纱手感偏软	浆液固含量不足，上浆率低	浆纱组长	
		浸浆长度偏短，上浆不足	浆纱组长	
		车速过快，浸浆不足	浆纱组长	
6	浆斑	浆液中有小浆块，煮浆未透	后车值车工	
		浆槽温度低，结浆皮	后车值车工	
		压降辊起泡或有异物	后车值车工	
		烘筒表面起皮	后车值车工	
		机器慢速压浆，作用不良	浆纱组长	全幅浆斑
		汽罩滴水	后车值车工	

序号	质量问题描述	产生原因处理方法	责任人	备注
7	倒断头/撞头	黏度偏高，干分纱断头	后车值车工	
		纱线质量不良，经轴或浆槽绕纱	后车值车工	
		车速过快，纱线撞筘	后车值车工	
		小回丝夹入导致撞筘齿	后车值车工	
		干区张力偏小导致撞筘	后车值车工	
		上浆率高回潮率低导致撞筘	后车值车工	
8	并纱	分绞棒穿法不良	后车值车工	
		没有及时放绞线	后车值车工	
		经轴边部没有对齐	后车值车工	
		回潮偏大	浆纱组长	
9	浆油	浆槽清洁不良	后车值车工	
		烘筒边部油污聚集	后车值车工	
		烘房污物掉落	后车值车工	
10	错纱支/头份	未按照工艺，吊错轴	后车值车工	
		没有认真检查并轴数	后车值车工	
		经轴头份不正确	整经值车工	

第三节　浆纱工的操作测定与技术标准

浆纱生产的质量是织造车间优质高效的保证。所以提高浆纱操作工的操作技能、工作责任心，规范他们的工作要求是企业的重要工作。

一、浆纱值车工、帮车工操作技术测定表（小组）

操作技术测定项目、加/扣分、标准等内容见表13-5。

表13-5　操作技术测定表

项目	加/扣分内容	标准	实际得分
值车技能	测定上浆率	±1%/-1分	
后车技能	测定浆液黏度	±1秒/-1分	
前车技能	测定调整轴幅	±1厘米/-1分	
时间	每比标准±1分钟±1分	分	
了机	1. 各压浆辊打开顺序不对	1分/处	
	2. 经轴碰撞、沾污	0.5分/处	
	3. 空经轴回丝未处理、经轴架空轴	0.5分/处	
	4. 拉轴不及时，超30秒	0.5分/处	
	5. 轴头两侧铁销未清理	0.2分/处	
	6. 回浆后浆槽未冲刷	1分/处	

项目	加/扣分内容	标准	实际得分
经轴区	1. 对边不齐	0.1分/轴	
	2. 未按规定系8把，接头不牢	0.1分/处	
	3. 胶带纸粘贴不规范（包括上下层之间距离，不能超过15厘米）	0.2分/轴	
		0.5分/次	
	4. 绞线不合格	0.1分/根	
	5. 轴盘有毛刺、沾污、有胶带纸	0.3分/轴	
	6. 经轴张力松弛	0.2分/轴	
	7. 开车刮小绞线	0.3分/轴	
	8. 未按规定进行经轴核对	2分/处	
	9. 导纱辊缠纱、乱线	0.1分/处	
	10. 纱线路线不对	1分/处	
	11. 未按工艺进行张力设定	0.5分/次	
	12. 经轴出现断、多头	0.2分/轴	
	13. 经轴架下花毛、经轴沾污	0.2分/轴	
	14. 经轴质量问题未反馈	0.2分/轴	
浆槽区	1. 中途刮绞线	2分/根	
	2. 浆槽温度不合格开车	1分/处	
	3. 浆液浓度、黏度未达到工艺要求	2分/处	
	4. 浆槽清洁不合格	0.5分/处	
	5. 湿分绞杂物、浆垢、缠回丝	0.1分/处	
	6. 浆槽缠纱、断线	0.2分/处	
	7. 出现浆皮、浆斑	1分/处	
	8. 蒸汽量不合格，溅浆严重	0.5分/次	
	9. 压力参数不统一	0.5分/条	
	10. 黏度杯使用不正常	0.5分/个	
	11. 打辊造成异常	2分/根	
	12. 浆槽下浆皮	0.2分/处	
烘燥分绞区	1. 烘筒内导辊缠纱、杂物	0.1分/处	
	2. 胶棒放置位置错误	0.3分/根	
	3. 穿绞完毕绞线整理不良	0.1分/处	
	4. 穿绞断头	1分/处	
	5. 未抽出绞线	0.1分/根	
	6. 荡绞越绞棒	0.5分/根	
	7. 穿绞不及时	0.5分/根	
	8. 穿错、漏穿、错层、少绞线	1分/处	
	9. 蜡液位达不到要求	1分/次	
	10. 未及时打开压纱辊	1分/次	

项目	加/扣分内容	标准	实际得分
烘燥分绞区	11. 匀纱不良	1分/次	
	12. 穿绞刮小绞线		
车头区	1. 回丝长度超标±1米±0.1分	0.1分/米	
	2. 回潮未及时调整到位	1分/次	
	3. 准备织轴质量不合格	0.1分/项	
	4. 调边不良（10米以内）	0.5分/次	
	5. 卷取处处理不良，纱线倒缠	1分/次	
	6. 未按工艺进行卷取张力设定	0.5分/处	
	7. 工艺参数设定不合理	0.2分/处	
	8. 拖纱辊毛刺未检查	1分/次	
	9. 粘贴不牢	0.5分/次	
	10. 未按要求打码印	1分/次	
	11. 各导辊乱回丝、胶带纸	0.2分/处	
	12. 缠纱造成断头、崩头	0.5分/次	
	13. 长度复位不及时	0.5分/次	
	14. 违反操作规程	1分/次	
备注	1. 自手触摇辊开车开始计时至浆够500m计时结束，（车速不允许超过50m/min）每比标准±1分钟±1分 2. 浆槽和经轴断头时处理每次按（浆槽）上浆辊20s/次，压浆辊15s/次，（经轴）15s/次		

二、浆纱值车工、帮车工操作技术测定表（个人）

浆纱值车工、帮车工操作技能测定见表13-6。

表13-6　浆纱值车工、帮车工操作技术测定表

姓名		工种		穿绞	巡回	处理断头	技能	调浆	总成绩	级别
穿绞时间（s）	成绩		巡回时间（秒）		成绩		处理断头（时间）	成绩		
标准	1min40s	扣分	标准		扣分		30秒	扣分		
实际		加分	实际		加分			加分		
项目	扣分项目		标准		实际得分					
穿绞	1. 未抽出绞线		0.3分/根							
	2. 荡绞越绞棒		0.5分/根							
	3. 穿绞不及时		0.5分/根							
	4. 穿绞断头		0.5分/根							
	5. 穿错、漏穿		1分/根							
	6. 绞棒未放到位		0.3分/根							
其他	违反安全操作规程		1分/（人·次）							

标准	穿绞：从扔出第一根绞线开始至全部穿完绞线，放好最后一根绞棒结束。每比标准±1秒，±0.2分		
巡回	1. 巡回漏项	0.2分/项	
	2. 巡回路线不对	0.5分/项	
	3. 回答浆纱参数不准确	0.2分/项	
	4. 巡回超时	0.2分/秒	
备注	巡回：在规定时间7min内按照"①~⑦"站走一次大巡回		
处理断头	1. 绞线-0.5分/次	-0.5分/次	
	2. 接头不牢-0.5分/次	-0.5分/次	
	3. 接错-1分/次	-1分/次	
备注	浆槽或经轴断头时处理每次按上浆辊30秒/次，每±1s∓0.2分		
	操作者：	操作质量员：	

	调浆测定表		
调浆	违反操作规程	5分/次	实际得分
	投料不准确	2分/次	
	调后浆液浓度±1%	1分	
	调后浆液黏度±1s	1分	
	浆液溶化不良	5分/次	
	浆液起沫	1分/次	
	串浆、沸浆	5分/次	
	违反安全操作规程	10分/次	
	累计扣分	1分	
	实际得分		
	操作者		
技能	项目	预测	实际
	预测上浆		
	预测黏度		
	预测轴幅		
	操作者		

第四节　浆纱机维修工作标准

一、维修保养工作任务

(一) 维修工作任务

做好定期修理和日常维护工作，做到正确使用、精心维护、科学检修、适时改造更新，使设备一直处于完好状态，保证质量、提高产量、节能降耗，保证安全生产和延长设备使用寿命，增加经济效益。

（二）维修工作原则

设备维修必须密切结合生产，贯彻预防为主，日常维护与专业维修并重。充分发挥设备的效能，严禁设备带病运行。

（三）维修工作要求

1. 维修工作要求

（1）做到周期管理。根据预防为主的原则，各部件必须按规定周期进行维护保养。

（2）做好质量检查工作。为了保证维修质量，各项设备维修工作必须按标准由专职人员进行质量检查，对查出的问题要分析原因、及时修复并做好记录。

（3）完善考核办法。考核设备完好率，符合《完好技术条件》的机台为完好设备。

2. 制订质量检查及交接验收办法

维修人员应按维修技术条件做好各项维护/修理工作。各级设备管理人员必须对维护/修理工作进行质量检查。维护/修理工作完成后，必须根据《维修技术条件》办理交接验收，评定维修质量或等级。

（四）设备维修工作内容

设备维修可根据生产供应、设备的运行状态和设备的技术要求，用动态检修和周期修理两种不同的修理方式。

1. 设备维修主要内容

（1）大修理。每三年一次，对机器进行彻底检查，将所有损坏的机件、部件进行修理或调换。

（2）小修理。每年一次，对机器部分机件进行拆卸检查，并进行校正，调换主要磨损件。

（3）揩车。以清洁加油为主，揩擦全机和抢修机械缺点，保证设备完好。

（4）重点检修。检查和纠正与产品质量关系密切的部件及影响设备正常运转的项目，保证设备处于完好状态。

（5）巡回检修。以耳听、目视、手感、鼻闻来发现设备在运行中的异常状态，或结合值车工的反映，对设备进行检修，保证设备处于完好状态。

（6）了机检修。在生产过程中值车工发现的设备问题，了机后由维修工及时修理。

（7）状态维修。根据设备运转情况，对影响质量的关键部位，对诊断出的问题进行维修。

（8）加油工作。为了使机器在正常润滑条件下运转，须进行定期加油工作，以消除机件的不正常磨损。

2. 维修保养周期

（1）浆纱机维修周期表见表13-7。

表13-7　浆纱机维修周期表

项次	1	2	3	4	5	6	7	8
项目	大修理	小修理	揩车	重点检修	巡回检修	了机检修	状态维修	加油
周期	3年	12个月	1个月	1~2周	1次/班	了机后	根据需要	根据作业周期

（2）设备润滑周期表见表13-8。

表13-8　设备润滑周期表

序号	润滑部位	润滑周期	润滑材料	责任人
1	各电动机	1年	润滑脂	保养工
2	风机轴承	3个月	润滑油	保养工
3	调浆桶电动机齿轮	3个月	润滑油	保养工
4	锡林轴承	3个月	润滑油	保养工
5	伸缩筘传动链条	3个月	润滑油	保养工
6	测速计传动装置	3个月	润滑油	保养工
7	直径选择传动器	3个月	润滑油	保养工
8	锥轮传动调节器	3个月	润滑油	保养工
9	无级变速器传动链条	3个月	润滑油	保养工
10	槽板调节器	3个月	润滑油	保养工
11	斜齿轮	3个月	润滑油	保养工
12	无级变速器换挡齿轮	3个月	润滑油	保养工
13	分配器齿轮	3个月	润滑油	保养工
14	阻尼油缸	3个月	润滑油	保养工
15	各万向节	半个月	润滑脂	保养工
16	拖引辊轴承	半个月	润滑脂	保养工
17	压纱辊轴承	半个月	润滑脂	保养工
18	调节辊轴承	半个月	润滑脂	保养工
19	压力轴承	半个月	润滑脂	保养工
20	扭转轴轴承	半个月	润滑脂	保养工
21	传动轴轴承	半个月	润滑脂	保养工
22	锥轮传动轴	半个月	润滑脂	保养工
23	上浆辊轴承	半个月	润滑脂	保养工
24	压浆辊轴承	半个月	润滑脂	保养工
25	浸没辊轴承	半个月	润滑脂	保养工
26	导纱辊轴承	半个月	润滑脂	保养工
27	测长辊轴承	半个月	润滑脂	保养工
28	压辊轴承	半个月	润滑脂	保养工
29	压辊导杆	半个月	润滑脂	保养工
30	浸没辊支架	半个月	润滑脂	保养工
31	链和链传动装置	半个月	润滑油	保养工
32	锡林链条	半个月	润滑油	保养工
33	传动轴	半个月	润滑油	保养工
34	磁体过滤器	半个月	润滑脂	保养工
35	气动加油器	半个月	润滑脂	保养工

二、岗位职责

（一）维修队长（设备工段长）岗位责任制

1. 岗位要求

应具备高中文化程度或四级以上维修工业务知识和技术能力，熟知设备维修管理内容。认真贯彻平车工作法，工作认真负责。

2. 岗位责任

（1）在维修工段长的领导下，根据月度计划组织全队按时完成平车任务。对工段长负责。

（2）全面负责本队的平修车质量，完成平修内容，降低消耗，节约成本。

（3）认真做好内部检查，并做好记录，做好平修机台的交接。

（4）组织解决平修过程中的疑难问题，检查指导队员认真执行安全操作规程，保证安全、文明生产。

（5）认真贯彻执行企业和车间制定的各项制度，检查队员执行岗位责任制和遵守劳动纪律情况。

（6）组织全队开展岗位练兵活动，努力提高操作技术水平。

（7）认真完成工段交办的其他任务。

（二）维修队员岗位责任制

1. 岗位标准

应具备高中以上文化程度，了解设备性能，熟悉平装质量要求及标准，能独立完成工作，工作认真负责。

2. 岗位责任

（1）在队长的领导下，按时完成自己的工作，对平修质量要高标准严要求，服从各级质量检查。

（2）合理利用工时，力争缩短平修工时，做到各项平修指标达到技术要求。平修现场整洁有序，无油污。

（3）严格执行自查、互查、队长抽查，查出问题及时修复，认真完成试车和交车查看期的修复工作。

（4）严格执行厂级、车间、工段制定的制度，积极参加各种练兵活动，努力学习业务，不断提高技术水平。

（5）严格执行安全操作规程，佩戴劳保防护用品。

（6）服从分配，保证完成分配的其他各项工作。

（三）安全操作规程

1. 一般操作规程

（1）进车间必须戴好工作帽，不准赤脚，不准穿拖鞋、高跟鞋。

（2）应坚守工作岗位，工作时间不准打闹、追跑，电气、电动装置不准乱动、乱用。

（3）检修前，关总电源并挂好检修停车标志牌。开车前看车上有无停车标志，有无工作人员，严禁两人同台操作。

（4）使用按钮时，禁止手放在按钮控制板上，防止无意开车。

（5）开车时思想必须集中，按动按钮时需按要求操作。

（6）经轴张力松动时禁止开车，防止损坏机器。

（7）开车前检查物件，一切有损机件的工具在车头上丢失，必须停车检查，直至找到方能开车。

（8）维修中必须注意来往车辆、机件、杂物，确保安全生产。

2. 维修操作规程

（1）凡能用呆扳手的一律用呆扳手。

（2）用水平尺校正机件时，须先将水平尺拿下后，再敲打机件。

（3）机器未完全停止转动时，不得拆卸安全罩、皮带等。

（4）维修保养后，应立即装好安全罩。

（5）抬笨重机件时，要检查绳子、杠棒等工具是否牢固，人要站稳，互相配合，动作一致。

（6）机器转动加油时，不得用揩布揩轴承、齿轮等处的油污，以免伤手。

（7）拆装及转动齿轮时，手不应该放在齿轮间，以防伤手。

（8）开车或盘车时，由专人负责监护，开车前必须机台上无人在操作。

（9）登高作业必须搭好脚手架，底下必须有专人监护。

三、技术知识和技能要求

（一）初级维修工

1. 知识要求

（1）熟悉企业设备管理的力针、原则、基本任务，了解本岗位设备使用、维护、修理工作的有关要求。

（2）了解浆纱机的型号、规格，主要组成部分及作用，主要机件的名称、安装部位、速度及其所配电动机的功率和转速，

（3）了解浆纱机所用轴承、螺丝、常用机物料的名称、型号、规格、使用部位及变换齿轮的名称、作用和调换方法。

（4）了解浆纱机润滑的部位及其"五定"内容（定点、定质、定量、定时、定人）。

（5）了解浆纱机的机械传动形式、特点和作用，传动带的规格及张力调节不当对生产的影响。

（6）了解纺织原料的一般知识，织造生产工艺流程及本工序主要产品规格和质量标准。

（7）浆纱机卷绕装置的保养周期和方法。

（8）浆纱机卷绕装置和压纱装置的相互关系。

（9）测长装置的作用和调节方法。

（10）工具、量具、仪表的名称、规格和使用、保养方法。

（11）长度、重量、容积的常用法定计量单位及换算。

（12）常用金属材料和非金属材料的一般性能、特点及用途。

（13）电的基本知识。如电流、电压、电阻、电磁、绝缘、简单线路等的基本知识。

（14）机械制图的基本知识。

（15）正（斜）齿轮齿数、外径、模数的计算及齿轮啮合不当对齿轮寿命和生产的影响。

（16）具有钳工操作的基本知识。如锉削、割据、凿削、攻丝、套丝等。掌握台钻、手电钻、砂轮等的使用、维护方法。

（17）全面质量管理的基本知识。

（18）安全操作规程及防火、防爆、安全用电、消防知识。

2. 技能要求

（1）按照浆纱机维修工作标准，独立完成本岗位的维修工作。

（2）平装浆纱机机件。包括：输浆泵及变速装置，预热浆箱部分，伸缩箱，前车分纱部分，压纱装置，卷绕装置，慢车装置，压浆辊、经轴架，测长打印装置，编制及调换填料。

（3）检修各种运输车辆。

（4）浆纱机的揩车工作。

（5）浆纱机的加油工作。

（6）检修简单的机械故障。

（7）正确使用常用工具、量具、仪表及修磨凿子、钻头。

（8）会看较复杂的零部件图。如托脚、轴承座等。会画简单易损零件。

（二）中级维修工

1. 知识要求

（1）本工序设备维修工作的有关制度和质量检查标准、保养技术条件及完好技术条件。

（2）准备工序各机器的传动系统及其计算。

（3）浆纱机的一般知识。

（4）浆纱机调速装置的原理。

（5）上浆辊、拖引辊及引纱辊之间的速度关系。

（6）浆纱机汽管、水管、浆管的合理排列形式。

（7）压浆辊质量与浆纱质量的关系。

（8）引起机件不平衡的原因及静平衡的校正方法。

（9）主要浆料的一般知识。

（10）翻改品种时，所改品种规格及相应调节更换的部件。

（11）造成浆纱机纱线跑偏的原因及改进措施。

（12）易损机件的名称及其易损原因和修理方法。

（13）温湿度对生产的影响和本工序的调整范围。

（14）本工序新设备、新技术、新工艺、新材料的基本知识。

（15）电器控制、液压控制、气动控制的基本知识及其在本工序设备上的应用。

（16）电焊、气焊、锡焊、电刷镀、电喷涂、粘接等应用范围。

（17）表面粗糙度、公差、公差与配合的基本知识。

2. 技能要求

（1）按维修工作标准，熟练完成本岗位的维修工作。

（2）平装浆纱机。包括：

①各轴辊、烘筒并校静平衡。

②半头托脚及自动上落轴装置。

③车头调速装置。

④上浆辊、拖引辊、引纱辊。

⑤拖引辊与车头传动部分。

⑥边轴及差微变速装置。

⑦浆槽。

⑧循环风机、排汽风机。

⑨装接全部气管、水管、浆管。

（3）检修复杂的机械故障。

（4）按专业装配图装配部件。

（5）改进本工序的零部件，并绘制图样。

（6）具有下列钳工技术：

①校直径 32～40mm 的轴。要求：每米长度内弯曲不超过 0.1mm。

②修刮轴瓦或刮研 150mm×150mm 平面。要求：每 25mm×25mm 内达到 15 个研点以上。

③在轴径 40mm、长 50mm 的圆钢上，开凿 9.5mm×50mm×4.5mm 的键槽，并配键，达到紧配合。

（三）高级维修工

1. 知识要求

（1）本工序设备维护、修理周期计划、机配件、机料计划和消耗台额的编制依据、方法及完成措施。

（2）浆纱机烘于形式和原理，影响烘干的因素及提高烘干效率的方法、浆纱差微装置的原理。

（3）各种测长装置的计算方法。

（4）按厂房条件、设计绘制机台排列图。按排列图装机台的划线方法，机台排装部位的地基要求，车脚螺丝的选择及安装方法。

（5）设备、工艺与产品质量的关系以及工艺设计的一般知识和主要工艺参数的计算。

（6）设备管理的基本知识。

（7）本工序新设备的结构、特点、原理及新技术、新工艺、新材料的应用。

（8）电气、电子、微机检测、监控装置及其在本工序设备上应用的作用和原理。

（9）设备事故产生的原因和预防措施。

2. 技能要求

（1）精通本工序设备修理技术及修理工作法、保养工作法，并能进行技术指导和技术培训。

（2）平装浆纱机。包括：

①机架。

②校正全机水平及中心。

（3）具有从提高产品质量方面改进设备的技术经验。

（4）按排列图进行机台划线，按装配总图安装设备并进行调试，达到设计使用和产品质量要求。

（5）具有解决设备维修质量、产品质量、机配件物料、能源消耗等存在的疑难问题的技术经验。

（6）具有鉴别机物料规格、质量的技术经验和提出主要机配件修制的加工技术要求。

（7）各项维修工作的估工/估料。

（8）运用故障诊断技术和听、看、嗅、触等多种检测手段收集、分析处理设备状态变化的信息，及时发现故障，提出整改措施。

（9）按产品质量要求分析设备、工艺、操作等因素引起的产品质量问题，并提出调试、改进和检修方法。

（10）正确使用和维护本工序新设备。

（11）绘制本工序较复杂的零件图。

四、维护技术条件与质量责任分析

（一）维护技术条件

浆纱机完好技术条件和巡回检修检查见表13-9、表13-10。

表13-9　浆纱机完好技术条件

序号	检查项目	允许限度	扣分标准		车台号
			单位	扣分	
1	车头上落轴拍合不灵活	不允许	1处	2分	
2	压纱辊上落不灵活	不允许	1处	1分	
3	伸缩筘不灵活	不允许	1处	1分	
4	边轴传动不灵活	不允许	1处	1分	
5	无极变速器变速异常	不允许	1处	2分	
6	压浆辊升降不灵活	不允许	1处	2分	
7	循环浆泵工作不良	不允许	1处	2分	
8	锡林传动不良	不允许	1处	1分	
9	链条张力不当，机件缺损	不允许	1处	1分	
10	传动皮带作用不良	不允许	1处	1分	
11	漏水、漏汽、漏浆	不允许	1处	0.5分	
12	纱线通道磨痕	不允许	1处	0.5分	
13	湿分绞传动不良	三根同步	1处	1分	
14	压浆辊、侧压辊压力失常，表面划痕	不允许	1处	2分	
15	经轴退绕装置作用不良	不允许	1处	1分	

续表

序号	检查项目	允许限度	扣分标准		车台号
			单位	扣分	
16	机件、螺丝缺损、松动	不允许	1处	1分	
17	油浴箱漏油、缺油，油料变色	不允许	1处	1分	
18	各轴承、轴套异响、发热	不允许	1处	1分	
19	安全联锁装置不良	不允许	1处	1分	
20	电气装置固定不良	不允许	1处	1分	
21	打印装置作用不良	不允许	1处	1分	
22	上蜡装置作用不良	不允许	1处	1分	
23	回潮装置作用不良	不允许	1处	1分	
24	各仪表、指示灯信号缺损	不允许	1处	1分	
25	安全装置作用不良	不允许	1处	5分	
26	清洁不良	不允许	1处	2分	
检查人			合计扣分		

表 13-10　巡回检修检查表

序号	项目	质量标准	检查结果	修复情况	修复期限
1	供浆系统是否正常	作用良好			
2	浆箱液面控制是否正常	控制有效			
3	锡林、分汽包、疏水阀	作用良好			
4	上浆辊、拖引辊、导纱辊轴承	无异响			
5	计长装置准确	作用良好			
6	传动链条松紧正常，作用有效	作用良好			
7	电动机、排风机作用良好	作用良好			
8	上落轴、托纱辊作用良好	作用良好			
9	锡林表面无破损	无破损			
10	蒸汽管道无泄漏	无泄漏			
11	整机传动无异响	无异响			
12	无漏浆、无漏油	无泄漏			
13	安全联锁装置有效	作用良好			

（二）常见设备疵点的责任分析

由于浆纱机械不良造成的机械疵点有：上浆不匀、回潮不匀、轻浆、张力不匀、浆斑、油污、软硬边、打印不良等。见表 13-11。

表 13-11　常见设备疵点的责任分析

常见疵点		责任分析
上浆不匀	浆液温度不稳定	1. 蒸汽压力忽高忽低 2. 浆槽进汽阀及鱼鳞管堵塞 3. 温控装置作用不良
	浆液液面不稳定	①输浆电磁阀故障。 ②浆泵作用不良。 ③浮球失灵或定位太低。 ④溢流板连接胶板破损。
	压浆力不当（除操作不良外的原因）	1. 压浆力工艺设置不合理，压浆辊硬度不合要求 2. 压力不正常，连接头或气管漏气造成压力不准确 3. 压浆力与车速联动调节装置发生故障 4. 压浆辊两端加压不一致 5. 压浆辊表面磨灭，不圆整，横向压浆力不一致，出现局部过浆现象
	浆纱车速忽快忽慢	车速忽快忽慢，压浆辊压力跟踪不到位，造成片段上浆不匀。
回潮不匀		1. 蒸汽压力不稳定 2. 凝结水过多，疏水器不灵或疏水管道不畅，造成烘筒虹吸管排水不正常，影响烘燥效果 3. 烘房排汽罩风机作用不良，排湿不畅 4. 烘筒温度控制器作用不良，直接造成烘干效率降低，回潮率不均匀 5. 压力不合适，压力两端不一致以及压浆辊磨损或者损坏，影响浆槽压出回潮率，造成回潮不匀 6. 回潮率测量仪作用不良 7. 浆纱车速不稳定
轻浆（除工艺不良、操作不良外）	上浆偏轻	1. 浆液液面不稳定，由于电磁阀故障，循环浆泵作用不良以及浮球失灵或溢流板漏浆等原因，造成浆槽浆液液面偏低，纱线浸浆长度偏短 2. 打慢车时间过长，压浆辊压力偏大 3. 浆液黏度大，造成表面上浆，浸透不足 4. 压辊未进行研磨，微孔消失
	回潮偏大，浆膜偏软	1. 蒸汽压力忽高忽低，不稳定 2. 疏水阀作用不良，烘筒排水不畅，烘效不足 3. 车速过高，与回潮仪联动失效 4. 回潮仪出现故障 5. 烘房排汽风机出现故障
张力不匀	经轴合并张力不匀	1. 经轴制动带松紧不一致 2. 气缸漏气 3. 压缩气气管或接头漏气
	双浆槽张力不一致	1. 退绕张力调节辊张力不一致 2. 浆槽张力调节辊张力不一致 3. 烘房内链条张力调节不一致 4. 湿区张力调节不一致 5. 上浆辊线速调节有差异

常见疵点	责任分析	
张力不匀	分绞张力偏小	机后的张力不匀，会造成干分绞区开口不一致和松紧不匀。分绞张力适当增大，可以平衡这种不匀性
	卷绕张力和压纱辊压力偏小	通常必须增加卷绕张力和压辊压力来减小纱片张力差异，提高浆轴的平整度。张力和压力偏小主要是因为设定值偏小
浆斑	1. 压浆辊跳动或表面不平整会形成浆斑 2. 烘筒表面异物或起皮会形成浆斑 3. 湿分绞棒转动不良、表面结浆皮 4. 浆液温度偏低或调浆不良会有小浆块	
油污	1. 调浆桶传送装置齿轮油污掉入浆液内 2. 排汽罩不清洁，杂物、污水滴入浆槽 3. 各导辊或烘筒轴承油污沾到纱片上 4. 经轴轴承、浆轴边盘油污或油飞花污染	
软硬边	1. 大经轴位置走动 2. 压浆辊边部带浆造成上浆率偏大 3. 箔齿横动作用不良，边部没有对准 4. 织轴盘片不平整	

第十四章 穿经工和穿经机维修工操作指导

第一节 穿经工序的任务和设备

一、穿经工序的主要任务

根据织物的要求，将织轴上的经纱按一定的规律穿过停经片、综丝和钢筘，以便织造时形成梭口，为引入纬纱织成所需的织物做准备。

二、穿经工序的一般知识

1. 穿经方法

（1）手工穿经。手工穿经在穿经架上进行，由人工分经纱、综丝和停经片，再用穿综钩将经纱穿过停经片、综丝，用插筘刀将经纱穿过钢筘。特点是劳动强度大，效率低，质量高。

（2）半自动穿经。半自动穿经是采用自动分经纱、自动分停经片、自动插筘的三自动穿经机进行穿经，代替部分手工操作。特点是劳动强度下降，效率提高，质量高，生产中广泛使用。

（3）全自动穿经。全自动穿经是根据工艺要求，自动地将浆轴上的经纱依次穿过停经片、综丝和钢筘。特点是劳动强度下降，效率高，设备价格贵。

2. 穿经设备的分类

穿经设备主要包括分绞机（史陶比尔）、穿筘机 S60。

3. 织物上机图

织物上机图是表示织物上机织造工艺条件的图解。生产、仿造或创新织物时均需绘制与编制上机图。织物上机图是由组织图、穿筘图、穿综图、纹板图四个部分排列成一定的位置而成。上机图中各组成部分排列的位置，随各个工厂的习惯不同而有所差异。

（1）上机图的布置。上机图的布置一般有以下两种形式。

①组织图在下方，穿综图在上方，穿筘图在两者中间，而纹板图在组织图的右侧，如图 14-1（a）所示。

②组织图在下方，穿综图在上方，穿筘图在两者中间，而纹板图在穿综图的右侧（或左侧），如图 14-1（b）所示。

实际生产中，一般不把四个图全画出来，只画纹板图或只画穿综图与纹板图，其他各部分（除组织图以外）用文字说明即可。

（2）穿综法。穿综图是表示组织图中各根经纱穿入各页综片上综丝顺序的图解。穿综方法由织物的组织、原料、密度确定。

穿综图位于组织图的上方，每一横行表示一页综片（或一列综丝），综片的顺序在图中

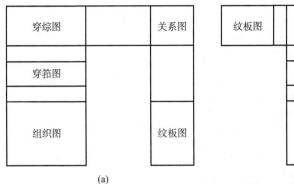
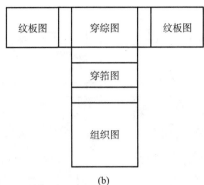

图 14-1　织物组织上机图

自下而上排列；每一纵行表示与组织图相对应的一根经纱。如根据组织图已定的某一根经纱穿入某一页（列）的综丝上，可在其经纱纵行与综页（列）横行的相交叉的方格处用符号表示。

穿综的原则是浮沉交织规律相同的经纱一般穿入同一页综片中，也可穿入不同综页（列）中；不同交织规律的经纱必须分穿在不同综页（列）内。

①顺穿法。这种方法是把一个组织循环中的各根经纱逐一地顺次穿在每一页综片的综丝上，一个组织循环的经纱数（R_j）等于所需的综片页数（Z）。此种方法的穿综循环经纱数（r）也与 R_j、Z 相等，即 $R_j = Z = r$，如图 14-2 所示。

对于密度较小的简单织物的组织和某些小花纹组织都可采用顺穿法。这种方法操作简单，便于记忆，不易穿错。但是，当组织循环经纱根数过多时，会过多地占用综片，给上机和织造带来很大困难。

②飞穿法。当遇到织物密度较大而经纱组织循环较小的情况时，如采用顺穿法，则每片综页上由于综丝密度过大，织造时经纱与综丝过多地摩擦，会引起断头或开口不清，以致造成织疵而影响生产质量。为了使织造顺利地进行，工厂常使用复列式综框（一页综框上有 2~4 列综丝）或成倍增加单列式综框的页数，这样就可减少每页综上的综丝数，减少经纱与综丝的摩擦，使织造能够顺利进行。在这种情况下，$R_j < Z = r$，如图 14-3 所示。

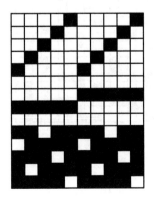

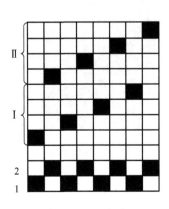

图 14-2　顺穿法　　　　　图 14-3　飞穿法

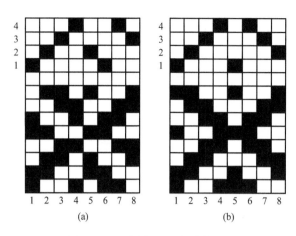

图 14-4 照图穿法（省综穿法）

③照图穿法。在织物的组织循环较大或组织比较复杂，但织物中有部分经纱的浮沉规律相同的情况下，可以将运动规律相同的经纱穿入同一页综页中，这样可以减少使用综页的数目。因此这种穿综方法又称省综穿法，此时 $r = R_j > Z$。此法在小花纹织物中广泛采用，如图 14-4 所示。

如果组织图存在对称性，则照图穿法穿综图也相应对称，因而把这种穿综方法称为山形穿法或对称穿法。采用这种方法，虽然可以减少综片页数，但也有不足之处：因各页综片上综丝数不同，使每页综片的负荷不等，综片磨损也就不一样；穿综和织布操作比较复杂，不易记忆。

④间断穿法。穿综顺序按区段进行，适用于由两种或两种以上组织左右并合的纵条或格子花纹。穿综时，根据纵条格的特点，将第一种组织按其经纱运动规律穿若干个循环后，再根据另一组织的经纱运动规律进行穿综，直到一个花纹循环穿完为止。如图 14-5 所示。

⑤分区穿法。当织物组织中包含两个或两个以上组织，或用不同性质的经纱织造时，多数采用分区穿法。织物组织中包含两个不同的组织，同时它们是间隔排列，如图 14-6 所示，该穿综方法称为分区穿法。即把综分为前后两个区，各区的综页数目，根据织物组织而定。

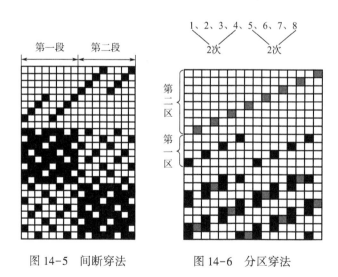

图 14-5 间断穿法　　图 14-6 分区穿法

穿综方法是多样的，要确定穿综方法可以从织物组织、经纱密度、经纱性质和操作等几个方面综合考虑。操作便利的穿综方法可提高劳动生产率和减少穿错的可能性。

（3）边组织。由于无梭织机应用较为广泛，是织布机发展的趋势。这里仅就无梭织物常规布边进行介绍。

无梭织物常规布边（真边）设计原则：

①解决松边、边纬缩问题，提高布边结构相，因此，要增大边经屈曲，减小边经刚度，提高纬纱抵抗屈曲的能力。

②应有利于提高经纱密度，采用经纱交织次数较多、纬纱为双纬或多纬合并的边组织，布边要平整、均匀。

③采用同面组织，由于单向引纬，边组织经浮长线可大于 2，可采用平纹、$\frac{2}{2}$ 经重平或 $\frac{1}{2}$ 等各种变化经重平组织。

（4）穿筘图。在上机图中，穿筘图位于组织图与穿综图之间。用方格纸上两个横行表示。在穿筘图中，经纱在筘片间的穿法是以连续符号于一横行的方格内表示穿入同一筘齿中的经纱根数，而穿入相邻筘齿中的经纱，则在穿筘图中的另一横行内连续涂绘符号。

（5）纹板图。纹板图是控制综框运动规律的图解。它是多臂开口机构植纹钉的依据。一般企业大都采用纹板图绘制在组织图右侧的方法，如图 14-7（a）所示。纹板图绘制在穿综图右侧的方法绘图方便、校对简捷，所以色织厂经常采用此法，如图 14-7（b）所示。

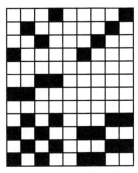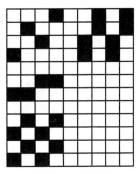

(a) 纹板图在组织图右侧　　　　(b) 纹板图在穿综图右侧

图 14-7　纹板图

纹板图中每一纵行表示对应的一页（列）综片，其顺序是自左向右，其纵行数等于综页（列）数。每一横行表示一块纹板（单动式多臂织机）或一排纹钉孔（复列式多臂织机）。其横行数等于组织图中的纬纱根数。纹板图的画法是：根据组织图中经纱穿入综片的次序依次按该经纱组织点交错规律填入纹板图对应的纵行中。

三、穿经机的构成

穿经工序使用的主要器材有停经片、综框、综丝和钢筘。

1. 停经片

停经片是织机经停装置的断经感知件，织机上的每一根经纱都穿入一片停经片。当经纱断头时，停经片依靠自重落下，通过机械或电气装置，使织机迅速停车。

停经片由钢片冲压而成，有开口式和闭口式两种。大批量生产的织物品种一般用闭口式停经片，品种经常翻改的织物采用开口式停经片。停经片的尺寸、形式和重量与纤维种类、纱线线密度、织机形式、织机车速等因素有关。一般纱线密度大、车速高，选用较重的停经片。毛织用停经片较重，丝织用停经片较轻。

2. 综框

综框是织机开口机构的重要组成部分。综框的升降带动经纱上下运动形成梭口，纬纱引入梭口后，与经纱交织成织物。常见的综框有木综框和金属综框，也有单列式综框和复列式综框。

3. 综丝

综丝主要有钢丝综和钢片综。有梭织机通常使用钢丝综，无梭织机都使用钢片综。钢丝综由两根细钢丝焊合而成，两端呈环形，称为综耳，中间有综眼，经纱就穿在综眼里。

为了减少综眼与经纱的摩擦，同时便于穿经，综眼所在平面和综耳所在平面有45°夹角。无梭织机使用的钢片综有单眼式和复眼式两种。钢片综由薄钢片制成，比钢丝综耐用，综眼形状为四角圆滑过渡的长方形，对经纱的磨损较小。综眼及综眼附近的部位，每次开口都要和经纱摩擦，因而这个部位是否光滑是综丝质量高低的重要标志。

综丝的主要规格指长度和直径。综丝的直径取决于经纱的粗细，经纱细，综丝直径小。综丝的长度可根据织物种类及开口大小选择，棉织综丝长度可用公式计算：

$$L = 2.7H + E$$

式中：L——综丝长度，mm；

H——后综的梭口高度，mm；

E——综眼长度，mm。

综丝在丝杆上的排列密度不可超过允许范围，否则会加剧综丝对经纱的摩擦，从而增加断头。为了降低综丝密度，可增加综框数目或采用复列式综框。

4. 钢筘

钢筘是由特制的直钢片排列而成，这些直钢片称筘齿，筘齿之间有间隙供经纱通过。钢筘的作用是确定经纱的分布密度和织物幅宽，打纬时把梭口里的纬纱打向织口。在有梭织机上，钢筘和走梭板形成了梭子飞行的通道。在喷气织机上采用异形钢筘，这种筘起到减少气流扩散和纬纱通道的作用。

钢筘根据外形可分为普通筘和异形筘，普通筘使用广泛，而异形筘仅在喷气织机上使用。钢筘根据制作方式可分为胶合筘和焊接筘。

以棉织钢筘4009-1、4009-2、4009-3为例进行介绍。这三种钢筘片面形状分别为扁平形、半菱形（大三角）、菱形（图14-8）。

钢筘的主要规格是筘齿密度，称为筘号。筘号有公制和英制两种，公制筘号是指10cm钢筘长度内的筘齿数，英制筘号是以2英寸钢筘长度内的筘齿数来表示。

经纱在每筘齿中的穿入数与布面丰满程度、经纱断头率等密切相关，高经密织物受到的影响就更大。一般织造平纹织物，每筘齿穿入2~4根经纱，斜纹、缎纹织物可根据经纱循环数合理确定，如三枚斜纹每筘齿穿3根，四枚斜纹每筘齿穿4根。每筘齿中穿入经纱数少，织物外观匀整，但必然采用较大的筘号，从而筘齿密，经纱可能因为摩擦而断头。钢筘两端部分的筘齿称为边筘，边筘的密度有时与中间的密度不相同。边经纱穿入边筘，其穿入

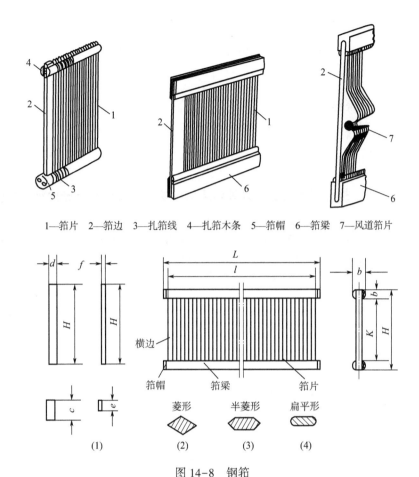

1—筘片　2—筘边　3—扎筘线　4—扎筘木条　5—筘帽　6—筘梁　7—风道筘片

图 14-8　钢筘

数要结合边组织来考虑，一般为地经纱穿入数的倍数。

用作筘齿的直钢片应富有弹性，无棱角，光滑平整。筘齿厚度随筘号而定，筘号大、筘齿密，则厚度小，反之则厚度大。筘齿宽度，棉织生产中通常有 2.5mm 和 2.7mm 两种，丝织生产中常用 2.0mm。

四、穿经工序的主要工艺项目

穿经工序的主要工艺项目包括综框宽度、综框高度、综丝长度、综丝列数等。

（1）综框宽度。指左、右综横头外缘的间距，由织机的筘幅确定。

（2）综框高度。指上、下两根金属管的外侧间距，它取决于综丝长度。

（3）综丝长度。为满足开口需要，综丝长度应与梭口高度相适应。

（4）综丝列数。综丝排列密度超过最大允许值时，应增加综框页数或综丝列数。

（5）钢筘内侧高度。由梭口高度决定，必须比经纱在筘齿处的开口高度大。棉织生产中常用 115mm 高的钢筘，双踏盘开口采用 120mm 高的钢筘。

（6）筘片宽度。在棉织生产中，普通钢筘的筘片宽度采用 2.5mm 和 2.7mm 两种。

（7）筘片厚度。随筘号而异，筘号越大，筘齿越密，筘片越薄，反之则筘片较厚。

第二节　穿经工的工作内容

一、穿经工作业流程

上轴→穿综→穿停经片→打筘→落轴→清整洁

二、交接班工作

交班以交清为主，接班者要提前十分钟到达工作场地，交接双方进行对口交接。

1. 交班工作

（1）要提前 15 分钟检查交班织轴质量，数好所穿循环数并按一定的规律系好，记录好个人产量情况，不让疵点遗漏到下班。

（2）交清品种工艺是否有翻改等生产情况（对于工艺有改动及织轴穿轴有特殊要求时，务必做好对口交接）。

（3）交清器材的使用及清洁、机台的卫生及责任区域卫生情况。

（4）为下班准备好备用的综丝、停经片。

2. 接班工作

（1）核对织轴轴号，检查织轴外观质量。

（2）检查穿综工艺是否明确（接班往前查一至两个循环），防工艺错，并交接产、质量情况。

（3）检查所用器材是否与工艺卡要求相符有无错用、混用现象，是否符合卫生清洁标准。

（4）检查责任区域卫生及机台卫生。

三、手工穿经的操作规程（图14-9）

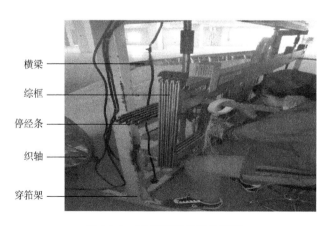

图 14-9　手工穿经的操作规程

1. 上轴前的准备工作

（1）将台位上所用的器材备齐，拧开涨力螺丝，拧好连杆螺丝。

（2）将夹纱板、分绞棒、梳子等备好。

（3）按工艺要求准备好综丝、停经片并清洁干净。

（4）检查所用器材是否与工艺卡要求相符，有无错用、混用现象。

（5）器材必须清洁干净，无花毛、无白粉末，停经杆、停经片不能贴有胶带纸。

（6）无弯曲综丝、坏综丝（变形综丝、绞综），停经片无活动及弯曲变形现象。

（7）所用停经杆无变形现象，检查所用综框有无滑丝、严重磨损等现象，综框挡板无磨损现象，清洁干净无油污。

2. 上轴时的注意事项

（1）上轴时必须做到"三要""三无""三检查"。"三要"指轴要放平整、纱层要绷紧、纱线排列要整齐；"三无"指无绞头、无油污、无断头；"三检查"指检查浆轴有无分绞线、检查穿综工艺是否明确、检查轴号是否与工艺卡相符（需结合工艺卡背面的浆纱做轴记录，查看分绞线是否有漏放现象；一色品种务必做好轴号核对工作）。

（2）双织轴的正确上法，剑杆的下轴正上，上轴反上（轴头对齐）。

（3）在轴后按规定打好胶带纸，放绞线，具体规定如下。

①60英支以下单织轴，共贴三道胶带纸：第一道在横梁处（透明胶带纸）；第二道在距第一道120cm处，贴双层胶带纸，上层下层都是透明，不可打绞，浆纱对贴；第三道在轴面偏下方，贴透明胶带纸。

②60英支以下双织轴，下轴同单织轴胶带纸粘贴方法，上轴同下轴第一、第二、第三道。

③高支纱（包括60英支）：横梁处粘贴透明胶带纸，其余也全部粘贴透明胶带纸，手工穿轴需将横梁处透明胶带纸边穿边揭掉。

④以上所粘贴胶带纸必须用双手将其拍打牢固，不可有脱落现象。

（4）将纱线梳顺，调整好张力，不能太松（头份多及多色品种，先在轴前将纱线缕顺，使各色纱线涨力基本一致，再从轴后梳线，使纱线更加理顺）。

（5）将织轴绞线前后系好，穿好分绞线。

（6）检查综框和停经片是否按要求使用，调整好综丝或综框、停经片的距离。

（7）穿综时注意核对边纱和地组织穿法，两色以上循环注意寻找规律记清循环。

3. 穿综、穿停经片操作法

（1）将左手大拇指、食指、中指和无名指略微弯曲，自然分开，轻轻握住综丝中间部位（综眼处），四指同时将综丝划出。与此同时，向上翻四指（或五指），将综丝轻轻捏住，但不要捏得太紧。

（2）穿综丝时，四根综丝间距要均匀相等，目光要对准综眼，以便钩子一次顺利穿过综眼。

（3）当穿纱钩入综眼后，左手将四页停经片的下端均匀地握住，并将停经片偏60°左右，然后将穿综钩顺利地一次穿过停经片。

（4）综丝、停经片穿好后，轻翻钩背，将停经片打好，进行下一次穿综。

（5）穿综时要穿一段，查一段，穿完后按工艺检查一遍，再用数循环综丝的方法查一遍，以防出错。

（6）最后穿综人员要将所穿纱线按循环系起，以便于打筘时查找疵点。

4. 打筘操作法

（1）综穿完后，根据工艺要求选用合适的钢筘；核对钢筘类型及筘号，检查钢筘质量是否适用于该品种（幅宽较宽的品种，应注意筘槽内划伤）。

（2）按好打筘架，放好钢筘，用毛刷将纱线梳顺，分成小股（或按循环），用右手五指依次分纱（根据工艺情况可分4入或5入）。注意打筘刀要在钢筘的上部（离顶线约10mm处）打筘，打筘时要注意轻、快、稳，注意空筘、死筘；打筘刀不能上下或左右移动，否则容易打伤钢筘。

（3）分析工艺，从中寻找分线的规律（4入或5入），并检查穿轴中有无穿错工艺的现象。

（4）分线时分准，并注意检查穿综过程中的各种疵点，如综错、双经、漏穿、穿错色线等，按照规律或边分边数，查出多穿少穿现象。

（5）打一段，查一段，查空筘、死筘及筘穿错等。

（6）压着线，全幅查看花纹（对于综页、多花纹长的品种，用筘刀检查）。

5. 落轴、清整洁

（1）穿综工检查已穿好轴的质量，并将织轴的质量问题详细记录于工艺卡后，系好交接班线，并将多余综丝、停经片拿走，将综框挡板安好。

（2）打筘人员将钢筘用回丝系起，再查看一遍筘号、型号是否正确，并在工艺卡上记录好钢筘质量、钢筘编号及穿轴质量等。

（3）把打筘器材放到规定地点，并将台位上其他杂物统一处理完毕。

（4）重新将工艺卡轴号与织轴轴号进行再次核对。

四、穿筘分绞机工的操作规程

1. 穿筘工序操作流程

上轴→使用分绞机分绞→落轴→设备清整洁

2. 分绞机工、穿筘机工交接班工作

（1）交班工作。要求做到"一清一处理"。

一清：主动交清本班机台运转情况、分绞、穿经品种、工艺变化及应交工具。

一处理：下班前处理好本班遗留的一切问题，不得影响他人工作。

（2）接班工作。

①接班要求提前20分钟到达工作岗位。

②接班做好问、查、清洁、准备四项工作。

问：主动询问上一班生产情况。

查：检查品种、工艺变化、停经片、综丝、钢筘、经轴质量及使用工具情况。

清洁：做好机台及其他清洁工作。

准备：将一切生产用具准备齐全。

3. 分绞机工操作规程

（1）分绞机上轴。

①按照"三要、三无、三检查"的标准对织轴进行检查。

②用夹板夹紧纱线并对纱线张力进行调整，在轴后选择无绞线、乱线处打好双层全幅胶

带纸，将胶带纸拉至横梁处，将分绞线一分为二，一根向上拉至横梁处的胶带纸处，另一根在头部打个小结，穿入 0.7mm 的分绞线，往右拉动分绞线使 0.7mm 的分绞线穿入分层中。

③将梳子放在横梁处胶带纸处的下缘进行梳线，注意梳线时梳子要上下摆动着向下移动，同时梳子要保持水平，梳子移至下方时，压动毛刷进行纱线理顺，然后压上夹板压条，压入上夹板压条后梳线时梳子往下移动的同时应左右调整以便于将纱线边缘调整到垂直位置，压入下压条，在横梁后 60cm 贴第二道胶带纸，间隔 60cm 贴第三道胶带纸。

④多余的纱线用夹板进行卷绕入毛刷与下夹板的间隙中，将所有梳子归位。

⑤调整张力把手加大纱线张力，进行梳线，每个范围梳 10 次，长丝品种不允许梳线。

⑥将右侧分绞线从上分绞线夹中取出，放入下分绞线夹中，左侧的分绞线穿入梭子后放入下分绞线夹层中，按纱层从上到下的顺序依次穿入 1~7 个梭孔中。分绞过程中如偏差大，超过 2.5cm 才能用伸缩梳，为避免绞线，正常品种不能用伸缩箱。

（2）分绞、落轴。

①将穿综工艺输入主控计算机，核对工艺无误后准备开车。

②开车过程中，随时调整 0.25mm 分绞线的松紧，防止因张力紧造成未分绞现象，并间断性地检查穿综工艺是否正确，及时将分绞过程中的断线接入，保证分绞质量，注意查看分绞机的吸线情况，有无吸绞情况，如遇到故障时，及时找维修工检修。

③分绞完毕后抽出 0.7mm 分绞线，用梳子在分绞线下将纱线稍微梳理一下，防止斜拉、乱线等，并紧贴下夹板压条的上边贴一道胶带纸，并进行对贴。

④分绞完后，检查有无少线现象，并将断线接入。最后将多余纱线全部分绞进去。

⑤落轴：将纱线张力把手调到 0 位置，将两根 0.25mm 分绞线从两侧剪断并打个小结将胶带纸黏贴在纱线上，分别打开上下夹板拿出放在器材架上，对分绞质量进行复查，检查绞线是否完整，确认无误后将纱线绕回于织轴，并将分绞完的织轴放于穿箱机指定台位。

（3）设备清整洁。分绞完毕后，对机台卫生及相应的运转部件用气管进行吹车，清理完毕后，分绞下一个织轴。

4. 穿筘机工操作规程

穿筘机工操作规程：

上轴→使用穿筘机穿轴→落轴→设备清整洁

（1）清洁工作（表 14-1）。

表 14-1　清洁工作

清洁工作	清洁项目	清洁周期	清洁方法
班前清洁	钢筘运行轨道、自动穿机架、综丝输送皮带、综丝库、夹钳走车、综条连接座、综框固定座、综框连接器、综丝钩、分纱部门、纱线传输钩、停经片滑道、键盘、纱架、穿综车等	每天	用气枪、擦布从上到下，从左到右，先吹后擦。 1. 吹：分纱部门、综框连接器、综条连接座、综丝钩、综框连接器、综眼夹处的光纤处、停经片的高低检测处 2. 吹：综丝库、综丝输送皮带、停经片入口处及旋转头 3. 擦：用酒精擦停经片滑道、综丝库滑道、综框连接器、键盘、钢筘运行轨道、自动穿机架、纱架、穿综车、综框固定座、停经片轨道。 相机镜头和闪光灯用棉签或眼镜布擦拭一下即可

续表

清洁工作	清洁项目	清洁周期	清洁方法
班中清洁	分纱部门、分纱摆动臂、综框连接器、综条连接座、综丝钩、综框连接器、综丝库、综丝输送皮带、停经片轨道及入口处	每做一个盘头	采用吹擦结合的方法 1. 吹：分纱部门、分纱指、综框连接器、综条连接座、综丝钩、综框连接器 2. 吹：综丝库、综丝输送皮带 3. 擦：重点擦停经片仓库轨滑道、综丝库轨道、综框连接器 4. 一清理：每做一个盘头，必须将掉在停经片盒内的坏停经片或不符合要求的停经片清理干净
辅助工清洁	上轴车、穿综车、简易臂、综框、经停杆、工作台、筘箱、停经片支架、地面清洁等	每天接班前	1. 上轴车拉进自动穿筘室前，必须先清洁干净，车上不允许有飞花、杂物等。穿综车上电源按钮、纱架框、外罩等要用擦布沾酒精擦拭，要求无尘土、飞花 2. 综框、经停杆摆放整齐，无飞花 3. 筘箱上下周围干净、无杂物 4. 简易臂摆放整齐，并放在规定位置 经停片架上无杂物、干净整齐，穿片杆按规定存放在停经片支架上 5. 工作台干净无杂物（包括：停经片、综丝、胶带、铁丝、纸屑、塑料袋、绑绳、回丝等） 6. 地面无杂物、飞花、回丝、胶带、经停片、综丝、绑绳等

（2）各项准备工作。

①穿综车准备工作。

第1步：按穿综车上起重臂向上移动按钮，先将穿综车起重臂放到最高点。

第2步：按穿综车上的纱架向下移动按钮，将穿综车纱架放到最低点。

第3步：手摇摇把将下压纱杆的左侧移动到起始点。（水平梳纱可放倒纱架）

第4步：取准备好的织轴，将纱线末端双胶带后20cm左右的位置放到夹板上，先适当夹住纱线，不要夹紧，两人同时粘向胶带处移动夹板，待夹板移动到双胶带处时，将夹板夹紧。

第5步：剪断夹板前较长的回丝。

第6步：一人转动经轴，另一人将夹板拉过纱线支撑横梁大约20cm时，转动经轴的人员，在经轴顶部贴上胶带（注：胶带贴好后，用手拍打胶带，使胶带贴牢）。

第7步：转动经轴使纱线长度达到可以经过毛刷滚筒上面时停止，两人同时将夹板绕过毛刷滚筒，并用挂锤将夹板固定。

第8步：转动毛刷滚筒，将经纱拉紧。

第9步：从底部贴胶带处，两人分别用一只手拉住两头胶带，另一只手用铁梳从胶带自上往下梳理到固定铁梳钩处，将铁梳固定（注：梳理时避免手指触碰到纱线，影响其张力）。

第10步：将带钢丝的压梳条夹在夹梳槽内。取下夹梳座和铁梳。同时将另一根夹梳条放入夹梳座中备用。

第11步：将经纱上的胶带取下，粘在经轴上。

第12步：一人用铁梳从下向上梳理经纱，另一人协助滚动毛刷滚筒张紧经纱张力。梳理时，要注意看经纱左侧纱线位置是否对齐。边梳理，边调整纱线位置。纱线位置基本合适时，滚动毛刷滚筒增加纱线张力，再将不带钢丝的压梳条夹在压梳槽内，扳手，固定好压梳条后将压梳器和铁梳取下，放回原位。注：280 机型和 340 机型的穿综车、压梳条均为带钢丝的。

第 13 步：取下挂锤，用剪刀将经纱在毛刷滚筒下剪断，并将毛刷滚筒上的纱线和夹板取下放到规定位置。

第 14 步：按纱架向上移动按钮，使纱架移动到中间位置，即按着按钮不放，直至它自动停止。

第 15 步：用钢刷梳理经纱（上过浆的棉纱），要求每根经纱梳理 5 次左右。梳理时不要将钢丝刷触碰到纱架上的金属部分，造成断纱。最后用铁梳上下再次梳理经纱后，用铁梳背将经纱压平。

②钢筘准备工作。

第 1 步：将空的钢筘座小滑车推向自动穿经机的右侧。

第 2 步：将所穿品种钢筘放到钢筘架上，同时要保证钢筘推到最左边，直到接触到止动器为止，然后要保证右端有一个手指的间隙（约 5mm）。

第 3 步：用钢筘高度规检查钢筘的水平和高度是否正确，如需调整，则松开左侧钢筘架上的螺丝，使钢筘高度规与筘羽的上沿内壁平齐，从左到右调整好后，紧固所有螺丝。

第 4 步：将钢筘承载小车连同钢筘一起，向左移，但是要保证钢筘的最左端筘夹 1/2 处，不能遮住相机。

③综丝准备工作。

第 1 步：首先将复式综丝根据方向，分成单排综丝，穿在已准备好的铁丝上。

第 2 步：清洁综丝，并将受损的综丝去掉或修正。

第 3 步：将分好的单综丝分别存放。

第 4 步：根据上车品种选用不同的综丝，必要时，还要根据综丝长短来调整，按照定规检查。

第 5 步：以机前为准，将综丝弯头处朝上，钩向里，按照现在最新的原则是，要求将复式综平气的一侧相对放在两个导轨的内侧。

④停经片准备工作。

第 1 步：将停经片清洗干净，并穿入架片板，挂在专用的挂片小车的架上备用。

第 2 步：用酒精将自动穿停经片支架擦干净。

第 3 步：从备好的停经片小车上取适量的停经片，将其插入停经片仓库导轨上，检查停经片的朝向是否正确。

第 4 步：打开自动穿经机上停经片储存开关，使停经片顺利落到停经片仓库内。

注意，停经片开关三个位置的作用：开关在右位置，工作位置，停经片通道关闭；开关在中位置，停经片压力车打开，通道打开；开关在左位置，停经片中间第二、第三锁打开，第一、第四锁关闭。

⑤综框准备工作。

第 1 步：将备好的综框清洁。

第 2 步：将架综框小车推向穿综机右侧，并将架综框支架安装好。

第3步：根据所穿品种选择综框和综框页数，卸下右侧综框立柱，并将立柱放到规定位置。

第4步：将综框架到综框支架上，并将综框插入自动穿连接器。同时将左侧固定综框小车推向综框，锁紧小车旋转手轮和手柄。

第5步：检查所上综框是否安装到位。

注意，综框高度和水平的调节方法（4m的机台）如下：

综框与自动穿筘机连接时：综框综丝轨道的高低，通过综框小车支架下面前面的调节手轮调节。顺时针方向旋转（向前），综框综丝轨道下移，逆时针方向旋转（向后），综框综丝轨道上移；综框的水平，通过综框小车支架下面后面的螺杆调节。

⑥停经杆准备工作。

第1步：将经停杆清洁备用。

第2步：将分片杆分别放入每根经停杆下端的支撑架，两边外侧的分别挂在停经片运动托架的挂钩内。

第3步：先将停经片仓库开关置于中间位置，将经停杆定规插在自动穿筘机连接处。

第4步：取六根所穿品种的经停杆，分别插在经停杆支架上，右侧顶住样板规，左端用经停杆托架固定。

第5步：将一根方棍放在固定好的经停杆分片杆的下侧，防止因停经片过少时倾斜滑落，开车后待打进1cm左右的停经片后取下。

第6步：将经停杆支架推向右侧。

第7步：取下插在自动穿经机上的经停杆的定规。

（3）穿综车与自动穿的连接工作。

第1步：将穿综车按位置推向自动穿衔接轨道，注意黄色标记处。

第2步：落下穿综车两侧衔接槽，使之与自动穿链条完好衔接。

第3步：按穿综车纱架向下移动按钮，使纱架车轱辘落在自动穿纱架轨道，并尽可能靠近机头。

（4）穿综前的各项检查工作。

第1步：检查穿综车与自动穿连接处，看穿综车是否与自动穿相连接。

第2步：检查气阀是否打开。

第3步：检查停经片仓库开关是否打开。

第4步：检查综框是否与自动穿排综连接处衔接入槽。

第5步：检查停经片仓库是否准备好备用停经片。

第6步：检查综丝是否上好，综丝方向是否正确。检查所用综丝是否所穿品种使用的综丝。

第7步：检查钢筘是否调好钢筘高度，并放在正确位置。

第8步：检查钢筘及分纱镜头是否清洁干净。

（5）准备开车。

第1步：调出所穿工艺布号，按下操作屏右下方的"√"，再按下一页面的右下方的小车图标，将出现一个纱车向左的红色图标。

第2步：按开车键，钢筘系统会检测钢筘，穿综链条自动运行向前并带动纱架车自动向前，直到穿综车的前卡脚被位置传感器探测到，同时纱架车的压纱座前端被传感器探测到，则穿综车自动停下来，如果不停的话，必须及时按急停开关，否则会撞坏东西，可能是因为传感器的灵敏度太低所致。

第3步：将筘刀插入钢筘的正确起始位置，按开车键，综丝、停经片及分纱系统会还原自检并准备，纱架车和纱架会自动配合向前移动，直至分出第一根纱线，并在计算机上显示分纱相机所拍的这根纱线图像——确认单双纱，确认过后直接按开车键开始穿经。穿纱过程中根据具体情况加减纱线张力及夹纱张力。

（6）落轴方法。

第1步：穿经结束后，有绞线先拉出绞线，按开车键退出筘刀，穿综车自动向前运行一段距离。

第2步：将右侧边部的停经片整理到经停杆上，同时将综框上的综丝向综框左侧移动。

第3步：用挂钩将钢筘挂到综框上，将钢筘小车推回轨道右端。

第4步：上好综框支架。打开综框压紧小车，将小车推离综框至左端，脱开综框右侧与机头的连接。

第5步：打开停经杆的锁止手柄。

第6步：穿综车给电，按穿综车纱架上升按钮，直至穿综车自动停止（绿灯亮），将纱架轮子升起。

第7步：将筘前经纱适当拉紧。

第8步：按开车键，穿综车自动向前运行，一只手提经停杆支架固定杆，另一只手协助移动综框，随穿综车前进，移动综框和经停杆，并注意防止经纱断头，移动停经片分片杆，直到穿综车移动停止。

第9步：按穿综车起重臂下降按钮，使横梁下降到适当位置。将大挂钩、托综杆、挂片钩、防绞杆分别安装好。

第10步：一人操作穿综车上纱架和起重臂上升按钮，先升高起重臂3~4cm，卸下所有停经片支撑及综框支撑，然后继续将纱架和挂综片横梁上升到适当位置。（注意：纱架和起重臂上升应相互配合，保护经纱）

第11步：两人同时踩下穿综车与自动穿的连接，将穿综车推离自动穿。

（7）穿综结束后的整理工作。

第1步：将纱架降到适当的高度，以便检查穿综质量。

第2步：将筘前纱头整理好。

第3步：用绳子将钢筘吊起，将挂筘钩取下，放回规定的支架上。

第4步：将穿综时出现的双纱、断头全部改好穿回。

第5步：根据所穿品种，提起某页综框，检查是否有穿综，无误后将综框放回原处。

第6步：将筘前纱头梳理整齐，并将纱线拉直，将其绑好。

第7步：根据所穿机型，换下自动穿上停经条。

第8步：将停经片杆条及钢丝撤出。

第9步：将经停杆适当拢在一起，并分成把，用准备好的绳子将停经片绑好。

第 10 步：将经停杆与综框绑在一起，并将经停杆挂钩取下，放到规定支架上。

第 11 步：取下纱架上的夹梳条。

第 12 步：将纱架升起，同时将挂综升起到适当高度。将盘头推到综框支架下方。

第 13 步：将托综框支架插入上轴车上套筒内，并将挂综支架下移到托综支架上。

第 14 步：将上轴车推出，完成穿综工作。

（8）更换停经片分离刀。

第 1 步：拔掉停经片分离刀气缸上的气管。

第 2 步：打开停经片分离刀上的黑色开关手柄。

第 3 步：将停经片分离刀取出。

第 4 步：按要求更换停经片分离刀，并将其安装好。注意检查间隙量，不能太大或太小，可以适当放一点黄油。

（9）综丝高度的调节

第 1 步：将综丝挂在综丝标准尺上。

第 2 步：通过调节轮调节综丝库上综丝的高度。

注意：在调节综丝高度设定之前，一定要保证综丝库内无综丝，否则会拉弯或拉断综丝库轨道。

①调节至综丝标记红线与铁板面平行为最好。

②顺时针方向旋转（向后），综丝库上下综丝轨道间距缩短。

③逆时针方向旋转（向前），综丝库上下综丝轨道间距伸长。

（10）综框上综丝高度的调节。当综框上综丝高度不合适，影响综丝向前移动时，可通过自动穿筘机的调节手轮进行调节：顺时针方向旋转（向后），综丝眼位置下移；逆时针方向旋转（向前），综丝眼位置上移。

具体需要对照剑带和综眼来调节，但首先要保证综丝模组已经初始化。

（11）停经片高度的调节。

①在调节停经片高度时，停经片整体的前端处不应该有大的缝隙，应该正好使大缝隙变小到没有时为好。不同质量的停经片的高低调整不一样，按照实际情况来。

②调节完停经片分离高度后，一定要检查停经杆上停经片的斜度（是控制穿好停经片在停经杆上的运行速度），使其跟标尺平行，否则应调节手轮。

（12）工艺输入。

第 1 步：在操作屏首页点击"新工艺"。

第 2 步：输入工艺名称、是否分绞、停经杆数、停经片厚度、综丝类型（单式或复式）、综框数、钢筘密度（注意单位）。

第 3 步：钢筘筘入循环的编辑。总循环数一定要核查（注意：如需要空筘，要按一入一筘来输入）

第 4 步：综丝循环的编辑。可输入循环次数或循环总数。也可输入有无纱、有无停经片、有无综丝及多纱同综。总循环数一定要核查（注意：如有空筘，相应地方应设无纱无片无综丝）

第 5 步：停经片循环编辑。顺穿花穿均可。总循环数一定要核查。

第6步：返回工艺名称页，一定要点击操作屏右下方的"保存"图标。

5. 自动穿综机穿综中的操作注意事项

随着自动穿综根数的增加，筘前纱头要在穿出10cm左右时，将筘前部5cm左右的纱头捆绑好，同时要注意，不要拉得太紧，防止钢筘移位而造成穿错筘齿。

随着自动穿综根数的增加，综框上已穿入纱线的综丝也随之增加，为了防止综丝在综框穿综处积聚太多，造成脱综。要求随综框上综丝的增加，随时用手轻轻将综框右侧的综丝往综框左侧移动。移动时要注意，防止移动的纱线过紧，使钢筘移位而造成穿错筘齿。

随着自动穿综根数的增加，根据键盘提示，插入停经片支架。插支架要求：将插支架处的经纱适当移出空隙，将支架放入支架座内，固定支架时要轻，防止支架移动量过大，造成停经片支架传感器出现故障。

随着自动穿综根数的增加，及时添加综丝和停经片。添加综丝和停经片时要注意，看好综丝方向和所使用的综丝规格，防止加错综丝轨道和用错综丝；要看好停经片方向，防止上错方向。

自动穿综机在运行中，常出现停车的原因有：纱不能分出、双纱、纱未穿入、无停经片（停经片太薄或太厚）、综丝轨道1（或2）的综丝不在皮带上、钢筘前进错误等。要根据不同的停车原因处理好停台，确保机台所穿品种效率的提高。

五、穿经疵点的产生原因及预防方法

穿经疵点的产生原因、预防方法及对产品质量的影响见表14-2。

表14-2　穿经疵点的产生原因、预防方法及对产品质量的影响

疵点名称	产生原因	预防方法	对产品质量的影响
绞头	1. 经纱没按浆纱排列顺序进行分纱穿经 2. 上轴时，胶带纸没有粘贴牢固，造成经纱绞乱	加强管理，认真执行操作法，防止绞头产生	1. 造成松紧经疵布 2. 造成经停或纬停，影响开车效率
综穿错	1. 经纱穿入不应穿的综丝内 2. 不符合工艺穿综顺序	1. 认真执行操作法 2. 穿综时思想集中 3. 织轴穿好后进行检查	造成布面穿错疵点
双经	1. 浆纱并头 2. 穿经时分头不清，一个综丝眼穿入两根经纱	1. 减少浆纱并头 2. 织轴穿好后，检查穿轴质量	造成多头和布面双经疵点
空、重筘	1. 插筘时插筘刀没有跳过筘齿，原筘齿内重复插筘 2. 插筘时插筘刀跳过一个筘齿造成空筘	1. 经常检查插筘刀是否符合要求，磨损严重的筘刀要及时更换 2. 织轴穿好后要检查插筘质量	1. 造成织轴多头、少头，影响好轴率 2. 造成筘路和条影疵布
多、少头	1. 浆轴上有倒断头 2. 浆轴封头附近断经未接好 3. 上轴时漏夹经纱	1. 浆纱时勤巡回减少断经 2. 封头附近断经应先接好再上轴穿经 3. 织轴上好后要检查有无漏头	1. 造成织轴多、少头，影响好轴率 2. 造成布面疵点

疵点名称	产生原因	预防方法	对产品质量的影响
油污渍、硬伤断经	1. 织轴上有油污、水渍 2. 综、钢筘、停经片了机清洁不良 3. 织轴相撞，造成油渍及断经 4. 上落轴时碰断或挂断经纱	1. 做好车间清洁工作 2. 加强半成品、工作场地及防护设施的管理 3. 认真执行上落轴操作法	1. 造成布面油污渍疵点 2. 断经多时造成割轴
用错筘	筘号与所穿品种工艺要求不符	按工艺要求用筘	造成宽、窄幅疵布

第三节 穿经工序操作测评标准

穿综、打筘单项操作是整个引综中的基本操作，因此在拿综丝、穿综眼、钩纱、打筘等几个主要动作中要掌握稳、准、轻、快的原则，并且思想集中，才能做到产量高、质量好。

稳：坐得稳，钩子拿得稳，各项动作要紧密配合，无多余小动作，要在稳的前提下求快。

准：穿综眼拉纱要一次穿准挂准，打筘要看准筘刀，做到手眼一致，双手并用。

轻：拿综丝、挂线动作要轻、避免纱线起毛。

快：思想集中，每一个动作连接要快，做到双手并用，快而不乱，快中求好。

一、穿经工操作测评标准（表14-3）

表14-3　穿经工操作测评标准

工种	考试内容	评判标准	扣分项	扣分标准	评级标准
穿经工	手工穿轴一色1∶1工艺100根	以最快用时为满分，每±2s∓1分	漏穿停经片	2分/根	4min 以下为优级
			漏穿综丝	3分/根	4min 至 4min30s 为一级
			多穿、少穿	2分/根	4min31s 至 5 分为二级
			绞线	1分/根	5min1s 至 5 分 30s 为三级
			穿错	2分/根	5min30s 以上为级外

二、打筘工操作测评标准（表14-4）

表14-4　打筘工操作测评标准

工种	考试内容	评判标准	扣分项	扣分标准	评级标准
打筘工	四列顺穿打筘500根	以2min55s为满分，每±2s∓1分	空筘	2分/个	3min 以下为优级
			死筘	2分/个	3min 至 3min30s 为一级
			断线	1分/根	3min31s 至 4min 为二级
			筘错	1分/处	4min1s 至 4min30s 为三级
			线未打入筘齿内	1分/根	4min30s 以上为级外

三、分绞机工操作测评标准（表14-5）

表14-5　分绞机工操作测评标准

工种	考试内容	评判标准	扣分项	扣分标准	评级标准
分绞机工	一色品种工艺开车	以平均用时为满分，每±5s∓1分	上轴绞线	2分/根	5min30s 以下为优级
			断线	2分/根	5min31s 至 5min50s 为一级
					5min51s 至 6min10s 为二级
			胶带纸贴绞	2分/处	6min11s 至 6min30s 为三级
					6min31s 以下为级外

四、穿筘工操作测评标准

操作要点：做到稳、准、轻、快、连、查。

稳：插经停杆支架、处理经纱未穿入要稳。

准：双纱处理要准。

轻：拨动综丝前移要轻。

快：处理停经片仓库等待中、综丝库加综丝及停车信息要快。

连：综丝库加综丝、停经片推入仓库动作要连贯。

查：随时检查机器运转及穿经质量。

测试评判标准：以从前织轴结束剪断鱼线开始到后织轴开车打出第一根线所用时间为依据，见表14-6。

表14-6　穿筘工操作测评标准

工种	考试内容	评判标准	扣分项	扣分标准	评级标准
穿筘机车长	落轴并开起车	以平均用时为满分，每±2s∓1分	配件未定置	2分	4min 以下为优级
			支撑架未按	2分	4min1s 至 4min20s 为一级
			野蛮操作	2分	4min21s 至 4min40s 为二级
			未插筘刀	2分	
穿筘机辅助工	落轴并开车	以平均用时为满分，每±2s∓1分	配件未定置	2分	4min41s 至 5min 为三级
			支撑架未按	2分	
			野蛮操作	2分	5min 以下为级外
			未插筘刀	2分	

第四节　穿经设备的结构与保养

一、穿经设备的结构和作用

(一) 分绞机的结构和作用（图14-10）

分绞多色品种需要分层，再通过选梭进行分层时，选梭电动机通过计算机给出拍花图信

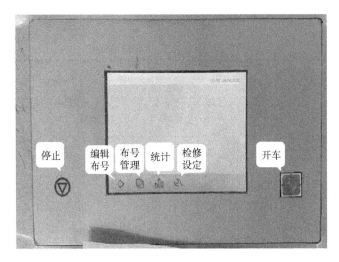

图 14-10　分绞机结构和作用

号进行选梭分层，并由推梭电动机驱动推梭杆将梭子上下推开，保留需要进行分绞的一层纱线（图 14-11）。

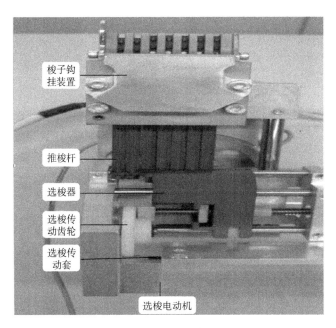

图 14-11　分绞多色品种

　　磁铁穿入分绞时，只能选择 1#和 2#或 2#和 3#，当选用 1#和 2#磁铁时，1#顺时针穿入，2#逆时针穿入；当选用 2#和 3#磁铁时，2#顺时针穿入，3#逆时针穿入（图 14-12）。

　　分绞机在进行单双经确认时，通过黑白和彩色相机进行识别；彩色相机在进行颜色识别时，所拍到相片是纱线的反射图片。

　　吸嘴起纱线由黑白和彩色检测是否是双经，无问题由传纱钩驱动杆带动传纱钩拨入分绞线中（图 14-13）。

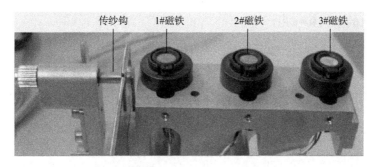

图 14-12　磁铁穿入分绞

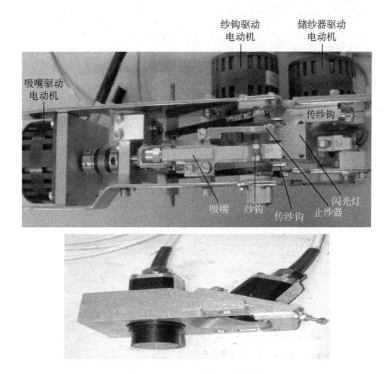

图 14-13　分绞机检测系统

分绞机分为吸纱模块、选梭模块、分纱模块及控制模块（图 14-14）。

图 14-14　分绞机的模块

（二）穿筘机的结构和作用

以 S60 型穿筘机为例介绍穿筘机的结构和作用。

1. 综丝模组

综丝模组如图 14-15 所示。

(a) 综丝库存放综丝

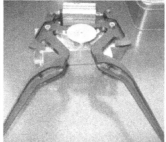

(b) 分离出综丝

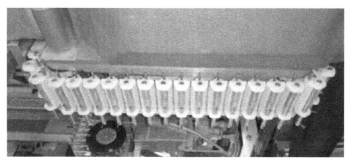

(c) 综丝输送

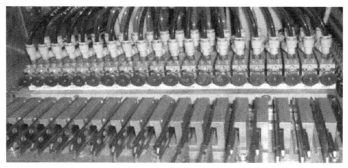

(d) 排出综丝

图 14-15　综丝模组

2. 停经片模组

停经片模组如图 14-16 所示。

(a) 存放停经片

(b) 分离出停经片

(c) 停经片旋转至分配器

(d) 根据工艺分配至停经杆

(e) 将停经片推入停经杆

图 14-16　停经片模组

二、穿经设备的保养

（一）分绞机保养点检表（表14-7）

表14-7　分绞机保养点检表

	序号	清扫部位	清扫标准	清扫方法	清扫工具	用时（min）	周期			责任人
							日	周	月	
清扫	1	分绞机表面	无灰尘、无油污	擦拭	抹布	1	1			操作工
	2	空气	负压值<-40kPa	用	气捻	2	1			操作工
	3	照相机	无花毛、油污	擦拭	镜头纸	0.5			1	维修工
	4	机头内部	无灰尘、纱线头	用空压气清洁	气枪	1	1			操作工

	序号	点检部位	正常标准	点检状态 开机/停机	点检方法 看触听嗅	异常处置	检查用时（min）	周期			责任人
								日	周	月	
点检	1	压条	无弯曲、头端距离垂直面不允许大于3cm	停机	目测	立即维修	1		1		维修工
	2	摇把	各部件无缺失且紧固良好	停机	目测、手感	立即维修	1		1		维修工
	3	磁铁座	各部件无缺失且紧固良好	停机	目测、手感	立即维修	2		1		维修工
	4	伸缩梳	润滑良好，无花毛	停机	目测、手感	立即维修	2		1		维修工
	5	急停开关	实验停车正常	开机	目测、手感	立即维修	0.5	1			维修工

	序号	加油部位	加油标准	质量 油脂品牌	规格型号	加油方法	数量（脂：g）	用时（min）	周期			负责人
									日	周	月	
润滑	1	伸缩扣	动丝杆表面油脂均匀涂敷	长城	2#锂基脂	人工涂敷		5			1	维修工
	2	张力器	动丝杆表面油脂均匀涂敷	长城	2#锂基脂	人工涂敷		5			1	维修工

	序号	部位	紧固标准	紧固方法	紧固工具	用时（min）	周期			负责人
							日	周	月	
紧固	1	机头螺栓	40NM	锁紧为止	8mm内六角扳手	1			1	维修工

（二）穿筘机保养点检表（表14-8）

表14-8　穿筘机保养点检表

	序号	清扫部位	清扫标准	清扫方法	清扫工具	用时（min）	周期			负责人
							日	周	月	
清扫	1	穿筘机表面	无灰尘，无油污	擦拭	抹布	20	1			穿筘机车长
	2	纱架车	无花毛，车轮无回丝	擦拭	抹布，剪刀	10	1			穿筘机车长
	3	综丝针	无花毛，无油污	擦拭	牙刷	60			1	穿筘机辅助工
	4	钢筘夹手	无花毛，无油污	擦拭	抹布	10			1	维修工

续表

	序号	清扫部位	清扫标准	清扫方法	清扫工具	用时(min)	周期			负责人
							日	周	月	
清扫	5	综眼夹	无花毛	擦拭	牙刷	5		1		维修工
	6	停经片旋转头	无花毛，无灰尘	擦拭	牙刷	20			1	维修工
	7	停经片分离刀	无花毛	擦拭	牙刷	5	1			穿筘机车长
	8	综丝分离刀	无花毛，无油污	擦拭	牙刷	5			1	穿筘机车长
	9	停经片夹锁	无花毛，无油污	擦拭	抹布	10		1		维修工

	序号	点检部位	正常标准	点检状态 开机/停机	点检方法 看、触	异常处置	检查用时(min)	周期			负责人
								日	周	月	
点检	1	纱架车	护罩螺丝紧固良好无缺失	开机/停机	看、触	停机，调整	5			1	维修工
	2	剑钩	箭头钩磨损≥1mm，必须更换	停机	看、触	停机	1			1	维修工
	3	剑带孔径	2mm≤剑带孔≤2.2mm	停机	看、触	停机	1		1		维修工
	4	筘刀	筘刀厚度≤1.6mm	停机	看、触	停机，更换	2			1	维修工
	5	夹纱器	夹纱器无磨损	停机	看、触	停机，更换	20			1	维修工
	6	分纱指气缸	动作灵活	停机	看、触	停机，更换	20			1	维修工
	7	排纱器气缸	动作灵活	停机	看、触	停机，更换	20			1	维修工
	8	分配器皮带	无断裂毛刺	停机	看、触	停机，更换	20			1	维修工
	9	上综丝分离器	无磨损	停机	看	停机，更换	20			1	维修工
	10	呈纱指	无磨损	停机	看	停机，更换	10			1	维修工
	11	排综器气缸	无弯曲变形，动作灵活	停机	看，触	停机，更换	20			1	维修工

	序号	加油部位	加油标准	油品	加油方法	用时(min)	周期			负责人
							日	周	月	
加油	1	分纱模组	泡油	抗磨液压油(美孚DTE-25)	人工加油	30			1	维修工
	2	停经片分配器轨道	泡油	抗磨液压油(美孚DTE-25)	人工加油	10			1	维修工

	序号	部位	紧固标准	状态	紧固方法	紧固工具	用时(min)	日	周	月	负责人
紧固	1	分纱模组	标准力矩5Nm	停机	到达扭力值	手紧	1				维修工
	2	停经片支撑架	标准力矩5Nm	停机	到达扭力值	3mm内六角	10			1	维修工
	3	纱架车	标准力矩10Nm	停机	到达扭力值	5mm内六角	10		1		维修工

（三）保养内容（表14-9）

表14-9　保养内容

周保养	目的	每周的保养工作可使穿综机免于正常生产所造成的污染。保养计划除重点关注严重脏污会使功能发生问题的地方。此外，也检查零件磨损和破坏，以及必要时要替换这些零件
	项目	下综丝滚轮/综丝轨道、分纱组、荧屏、清洗机械零件、综丝库（综丝轨道）、更换筘刀、照相机光源、综眼夹、穿综钩、纱架的夹梳条与纱夹、穿综车、纱架
	内容	1. 下综丝滚轮/综丝轨道：吸除下综丝滚轮及周边的杂物与缠丝，吸除穿综轨道和排纱器以及感应器的杂物与缠丝 2. 分纱模组：吸除分纱组及剪刀的杂物及飞花 3. 操作屏：用干净软布沾酒精轻轻擦拭键盘及操作屏 4. 清洗机械零件：关闭压缩空气容易移动或转动机件更方便清洗，关闭电源防止误触动机器，使用碎布与酒精清洗刷或刮刀清洗钢筘座、钢筘轨道与转轮 5. 综丝库：清洗轨道。用工具刮除综丝库轨道上的浆料及脏污 6. 更换筘刀：筘刀尖端磨损或厚度小于1.2mm须更换 7. 照相机光源：在穿下一个盘头前，用棉棒清洁 8. 综眼夹：以小刷子沾酒精清洗综眼叉浆粉及脏物 9. 穿综钩：下列情况必须更换穿综钩 （1）手动来回拉动经纱数次，经纱断裂必须更换穿综钩 （2）穿综钩弯曲 （3）穿综钩如有磨损的沟痕必须更换 10. 纱架的夹梳条与纱夹：擦拭清洗纱夹与夹梳条的脏物与浆粉和缠丝 11. 穿综车、纱架：检查钢缆是否受损，受损钢缆必须立即更换
月保养	目的	可检查机件磨耗程度，并对重要部位给予适当润滑
	项目	分纱组、分综刀、排综轮、综丝皮带与综丝针
	内容	1. 检查前一次记号处是否有任何明显的改变或损坏 2. 检查手动机件是否正常运动与运作 3. 分纱模组 （1）在操作屏上选择进入服务模式，按"更换模组"图标，然后按开车按钮。当箭头变绿后，即可松开塑料螺丝手柄，取出分纱模组 （2）吹掉分纱器上的脏物，并用随机机油少量润滑活动部位 （3）装回分纱模组及螺丝手柄，然后按开车按钮，屏幕自动返回主页面即可

（四）分综刀

拆下分综刀，清洗并涂些261黄油，安装时第一道与第二道切不可装反。

（五）综丝皮带与综丝针

（1）检查皮带张力。

（2）检查综丝针弹簧张力。

（3）检查综丝针的挂钩磨损或弯曲变形。

（4）服务页面中，启动皮带转动功能可检查并更换不良的综丝针。

注意：更换综丝针应先拔出固定销，取出综丝针。放入新综丝针后将固定销插好即可。上综丝针与下综丝针不一样，安装时要看好后再装。

(六) 停经片旋转头

(1) 先关急停及压缩空气，然后再做保养。

(2) 用一块毛巾垫在停经片旋转头下面，然后将旋转头上每个抓手的三个螺丝打开，取下抓手。

(3) 用气管将旋转头吹干净。

(4) 打开抓手上面的两个螺丝，取下上面小压片与黑色板块，并擦拭干净。

(5) 打开铜圈，里面有弹簧，取出弹簧下面的垫片，擦拭其外壳及铜套内部。

(6) 旋转头上有个零位插孔，对上零位红色传感器灯熄。调零位时，旋转头上面有四个螺丝，松开螺丝，用手转动旋转头到凹槽内，灯熄后为零位，最后将螺丝上好固定。

注意：旋转头内的夹手最好不要分解，否则会大幅缩短使用寿命，一旦分解就会改变其与孔洞的配合位置，导致重新再磨损，同时只需软布擦拭，不要加任何黄油。

第十五章　喷气织机织布工和维修工操作指导

第一节　喷气织机织造工序的任务和设备

一、喷气织机织造工序的主要任务

1. 织造工序的主要任务

将前工序提供的织轴与纬纱（筒纱）按照织物组织的规格要求及工艺规定，在织机上织造各类织物。

2. 值车工的主要任务

织布值车工的主要任务，就是将所看管的机台设备合理使用好，严格执行工作法标准，把好质量关，按照品种的规格要求，保质保量地织出符合质量标准和消费者要求的高品质织物。掌握机械性能和值车工应知内容。

二、喷气织机织造工序的一般知识

1. 生产指标

生产指标是指生产经营活动中要求完成的预期目标，主要分产量和质量两大部分。

（1）产量。是指在计划期内应该生产出的产品数量。

①单位产量。简称单产，是指单位时间内单位机台所生产的产量，织机的单产用 m/（台·时）来表示。单产可分为理论单产和实际单产两种。

$$实际单产=理论单产×生产效率$$

②个人产量。是指一个值车工在一轮班工作时间内所看管机台的产量。

$$个人轮班产量［m/（人·班）］=单产×管辖机台×工作时间$$

③小组产量。是指小组在一轮班工作时间内所管辖各个机台的产量总和。

$$小组轮班产量（m/组）=单产×管辖机台数×工作时间$$

④轮班产量。是指一轮班工作时间内所有运转机台的总产量。

$$轮班产量（m/班）=单产×运转机台数×工作时间$$

（2）质量。是指在计划期内，应该达到符合标准的产品数量的具体目标。主要质量指标包括：下机一等品率、疵布率、下机匹（m）扯分。

①下机一等品。是指织机落下的布匹，未经修织，其质量符合国家质量标准所规定的一等品要求。下机一等品率的计算公式如下：

$$下机一等品率=\frac{下机一等品匹数}{下机抽查总匹数}×100\%$$

②疵布率。计算公式如下：

$$疵布率 = \frac{降等疵布匹数}{生产总匹数} \times 100\%$$

③降等疵布。指在织造过程中由于各种因素所造成的一处性或连续性降等疵点。

④下机匹（m）扯分。是将织机上落下的、未经修织的织物，在验布机上进行检验，按国家棉布质量标准进行评分，以平均每匹（m）布统扯疵点分的多少（单位：分/匹或分/m）作为指标考核。其中纱疵评分的称为纱疵匹（m）扯分，织疵评分的称为织疵匹（m）扯分。

$$下机匹（m）扯分 = \frac{下机疵点分总和}{下机抽查总匹（m）数}$$

2. 织部主要工序的作用

（1）络筒。将细纱的管纱逐个连接起来，卷绕成一定形状和长度的筒子，同时要清除纱线上的若干疵点及棉结杂质，以适合后道工序的需要。

（2）整经。按工艺规定的经纱根数和长度，从筒子上引出经纱，整片地、均匀地卷绕在整经轴上。

（3）浆纱。把若干经轴上引出的整个纱片，浸入按规定比例调制的浆液中，然后烘干，按规定匹数和长度，再卷绕成若干织轴，以备织造使用。

（4）穿经。按照织物组织结构图，把经纱分别穿入停经片、综丝和钢筘（穿经的方法有两种：一是使用结经机在织机上接经，二是在机下穿经架上穿经）。

（5）供纬。将细纱纺成的管纱络成筒子，供织造用，为了防止织造时产生纬缩等疵布，通常对捻度不稳定的化纤混纺纱要进行纬纱定捻处理，使纬纱捻度稳定。定捻一般采用自然吸湿和加温给湿等方法。

（6）织造。把织轴装在织机上，引出经纱，按织物结构要求与纬纱交织成布。

（7）整理。布机上落下来的布卷，在整理车间进行验布、定等，并根据规定的修、织、洗范围进行修整，然后把坯布根据不同的用途打包入库供市销或出口。

3. 织部工艺要求

（1）绞边纱和废边纱的穿法。

①绞边纱的穿法。按寸动操作键，把要更换的绞边纱转至绞边装置的外侧，使轴芯能抽出为准，绞边齿轮朝上，按好后一定要把轴芯别好卡紧，绞边纱装好后，拉纱有声即可。

绞边纱的运行路线是由左右绞边装置拉出，不穿综丝直接穿入经纱邻近的筘齿，穿筘后与2~3根边纱结在一起，压在边撑盒下，拉纱开车。穿筘时要细心操作，防止穿错造成烂边疵布（企业也可按品种工艺要求分别穿入）。

②废边纱的穿法。根据品种工艺的要求，废边纱的根数在相应变化，一般为六根或八根，穿法相同，由废边纱架引出穿入挂钩，经罗拉、导纱眼、导纱轴穿入综丝。综丝穿法3.4，3.4……距H1探纬器0.3~0.5cm，两根一组穿入筘齿，不得距探纬器H1太近，以免损坏机件。经常检查废边纱落入筒内情况，不准废边纱掉入筒外或落地（企业也可按品种工艺要求分别穿入）。

（2）综穿法。根据品种工艺要求确定。

（3）筘穿法。根据经纱密度和织物组织的不同，一般为2入或4入。

517

（4）停经片的穿法。一般为 1，2，3，4，5，6 顺穿或 1，3，5，2，4，6 飞穿。

（5）边组织的穿法。

①折边织物，一般左右各为 1，2；1，2；1，2……共 48 根边纱。

②毛边织物，根据品种工艺要求穿入。

4. 织部工序的温湿度

（1）本工序车间温湿度标准（表 15-1）。

表 15-1　本工序车间温、湿度标准

季节	温度（℃）	相对湿度（%）
冬季	22~26	70~76
夏季	25~31	68~74

注　企业可根据季节和品种的不同，合理调整温湿度标准。

（2）温湿度对生产的影响。

①温湿度过高时，经纱粘连，易造成开口不清；布面变狭，匹长变长；布匹回潮高，不宜久放，否则易发霉；车间内易结露、滴水；机件易生锈。

②温湿度过低时，纬纱容易扭曲、崩脱，使纬缩、脱纬增加；布幅偏阔而布长不足；经纱容易脆断头，影响生产效率；布面毛糙不平整，影响实物质量；飞花增加。

5. 喷气织机工作法的特点

（1）巡回有规律，工作主动有计划。喷气织机的值车工是多机台管理工种，并要按照一定的巡回路线，有规律地巡回。主要工作是检查布面、经纱、机械状态和处理停台，做到预防为主和主动有计划的处理各项工作。

（2）加强预防检查减少疵点和停台。加强预防检查，是减少疵点和停台的主要环节。检查布面主要是发现疵点，找出原因，防止扩大和延伸。检查经纱主要是发现不良经纱，并及时处理，预防断经停台。检查机械主要是及时发现故障，追踪修理。

（3）合理组织工作，善于运用时间，省时省力。值车工的各项工作，要合理地组织在每个巡回中进行，巡回中以掌握时间和预防疵点产生为原则，分清轻、重、缓、急，有计划地进行各项工作。

（4）单项操作又快又好又安全。值车工的各项基本操作，是由几个基本动作组成的，这些基本操作的动作，在生产中要重复多次，因此，合理组织，减少不必要的动作，是提高产品质量和产量的重要环节之一。

6. 劳动看台定额

劳动看台定额是指值车工看管机台的能力，应根据织物品种规格、织机类型、车速高低、质量要求、制织难易、机器排列等因素来确定。

7. 节约原料和能耗

（1）节约用纱。减少回丝，减少疵布。

（2）节约用料。减少因坏车或操作不良造成轧坏机件。

（3）节约用电。需停车机台（包括了机、结经、改品种、停电等）随时关闭电源，车间照明符合亮度或关车吃饭时，要关灯。

（4）节约用气。需停车机台（包括了机、结经、改品种、停电等）随时关闭气阀。

8. 安全操作规程

（1）进车间必须戴好工作帽，不准赤脚，不准穿拖鞋、高跟鞋。

（2）应坚守工作岗位，认真执行岗位责任制，工作时间不准说笑、打闹、吵架或追跑，电气、电动装置不准乱动乱用，任何物品（杂物）不准在布机上乱放乱挂。

（3）开车前必须查看车上有无停车标记，有无工作人员，在确认无危险情况时方可进行操作。

（4）开车时思想必须集中，按动按钮时必须按要求操作，手禁止放在按钮控制板上，防止无意开车。按倒转按钮时，机器没停稳不得抽纱。

（5）严禁两人同时操作开关按钮，如需两人同时操作一台机器时，一定要锁住红按钮（运转按钮），避免他人误开车伤人。

（6）加强钢筘保护，禁止用锐利器具靠近钢筘及纬纱通道，按动按钮时，手不准拿任何器具，防止不慎损坏钢筘。

（7）经轴张力松动时禁止开车，防止损坏机器。

（8）如剪刀、穿综钩等及维修的一切有损机件的工具在车上丢失，必须停车检查，待布机停稳以后方可拿取，有自锁停车按钮键的要把自锁按钮键按下。

（9）巡回中必须注意来往车辆和落地机件、杂物等，防止绊倒、撞伤。（也可根据企业情况自定）

9. 消防知识

（1）会报警，会使用灭火器材，会扑救初起火灾，会逃生。

（2）巡回过程中，闻到异味、听到异响，立即停车，找出异味异响的起因，并报告修理。

（3）发现火警首先切断电源，移开易燃物品，并及时报警。

（4）利用器材扑灭初起火灾，小火用滑石粉，大火用灭火器。

（5）消防设施、消防器材不得乱动，周围不得堆放杂物并保持整洁，不得堵塞消防通道。

三、喷气织机的主要机构和作用

喷气织机主要机构包括开口机构、引纬机构、打纬机构、送经机构、卷取机构、织边装置、断经断纬自停装置、多色选纬及混纬装置、传动装置等。

1. 开口机构

喷气织机的开口机构形式主要有曲柄式、踏盘式、多臂式、电子开口、提花装置。运动原理和作用是这些机构部件通过与综框间的连接，按织物组织的要求做规律的升降运动，使经纱产生上下两层梭口，即开口运动。

开口运动主要部件包括：曲柄、凸轮、多臂机、提花装置、开口臂（摆臂）、连接杆、综框、回综弹簧、钢丝绳、开口电动机等。

2. 引纬机构

开口机构形成梭口之后，将纬纱引入梭口的运动称为引纬运动。喷气织机的引纬机构选用压缩空气气流引纬、异形筘导纱的引纬方式，将筒子上的纬纱连续不断地引入织口。

喷气织机引纬机构的主要部件包括：储纬器、主喷嘴、辅助喷嘴、电磁阀、探纬器、异形钢箍等。

3. 打纬机构

喷气织机打纬机构形式主要有两种：曲柄式和凸轮式。曲柄式一般采用四连杆、六连杆等曲柄打纬形式。其原理和作用是将引入织口的纬纱推至织口处，使其前后纬纱相互紧密形成织物。

打纬运动主要部件有曲柄（曲轴）、连杆、筘座、摇轴、凸轮、钢箍等。

4. 送经机构

喷气织机送经机构有两种形式：机械式和电子控制式。其原理和作用是随着织物引离织口，从织轴相应地送出一定量的经纱，并使之保持均衡的张力，满足织造要求。

送经机构的主要部件包括：机械式送经机构有织轴齿轮、送经变速箱（蜗轮、蜗杆）、传送（动）轴、摩擦器（离合器）、差微调速器、张力弹簧、液压缓冲器、后梁、张力辊等；电子式控制送经机构有伺服电动机、调速器、张力感应器、微机调控编码系统等。

5. 卷取机构

喷气织机的卷取机构有两种形式：机械式和电子控制式。其原理和作用是把织物引离织口，并卷绕在布辊上，以保证织造生产连续进行。

卷取机构的主要部件包括：机械式卷取机构有卷取主轴与齿轮、卷取张力辊、布辊、变速齿轮、变速箱等；电子式控制卷取机构有定时皮带、微调调控编码系统等。

6. 织边装置

布边是织物的组成部分，其作用是防止边经松散脱落，增加织物边部对外力的抵抗能力，满足后道工序的要求。喷气织机常用的织边装置有：纱罗边装置、绳状绞边装置、折入边装置。

7. 断纬自停装置

断纬自停装置作用是防止纬纱断头时在织物上形成织疵，当纬纱断头或用完而未补时，会使织机停止正常运转。无梭织机通常采用电气式断纬自停装置。电气式断纬自停装置有三种，即压电式电气断纬自停装置、光电式电气断纬自停装置、电阻式电气断纬自停装置。

8. 断经自停装置

在织机运转中，当任何一根经纱断头时，使织机立即停车的装置称为断经自停装置，简称经停装置，其作用是防止织物断经、吊松经及跳花等疵点的产生，提高织物质量，同时可以降低织布工的劳动强度，增强看台能力，提高组机的生产效率。

9. 多色选纬、混纬装置

（1）多色选纬机构。其作用是织造不同纬纱构成的织物，使同织物中纬纱的颜色、粗细、捻向、结构乃至原料做有规则的变化，从而满足服装设计师对服装面料的外观、色泽、风格等方面的要求。

（2）混纬在单色纬织物加工时，为提高织物产品质量，减少因纬纱粗细不匀而造成的纬档疵点，提高产品质量，通常由混纬装置从两只相同的纱线筒子中将纬纱交替地引入梭口与经纱交织，这种加工技术称为混纬。

10. 传动装置

织机的传动方式可分为两大类：直接传动和间接传动。织机的传动装置包括：启动、制动装置以及从织机主轴到各运动机件之间的连接。大部分织机上设有慢车及倒车装置。织机的传动装置与织机运动的运转性能及产品质量有着密切的关系。

四、喷气织机织造工序的主要工艺项目

制订工艺参数的原则是改善织物的力学性能；提高织物的外观效应，体现织物的风格特征；减少织疵，提高下机质量；减少纱线断头，提高生产效率；降低消耗。同时，还要兼顾纱线性能（原料、特数、强力等）、织物结构（组织、密度等）、织机形式以及准备工序的半制品质量等因素。

1. 机上主要工艺项目

机上主要工艺项目包括开口时间、引纬时间、引纬工艺、上机张力、经位置线、后梁的高低及前后位置、停经架的高低及前后位置、综框高度、筘幅、筘号、车速、入纬率等。

（1）开口时间。上下交替运动的综框平齐的瞬间称为开口时间，又称综平时间。通常开口时间用综平时主轴转动的角度（刻度）来表示。

（2）引纬工艺。包含投纬时间、到达时间、气压、电磁针开关时间、主喷开关时间、辅喷开关时间等。

（3）引纬时间。是指载纬器带动纬纱开始进入梭口的时间。常用载纬器进入梭口时的主轴转角来表示。

（4）上机张力。是指综平时经纱在静态条件下所受到的张力，它是决定织机在正常运转时经纱张力大小的基础。

（5）经位置线。综平时织口、综眼、停经架中导棒及后梁的四点连线称经位置线。调节经位置线时应调节后梁高低位置，同时应调节停经架的高低位置。

（6）后梁的高低及前后位置。后梁是经纱由织轴引出后的第一个导向机件，用以改变经纱运动方向，保持经纱片在一定水平线上，配合梭口开闭，调节张力差异，与送经机构一起保持与调节张力，其位置高低是决定经位置线的关键。

（7）停经架的高低及前后位置。是指停经架在织机上的安装位置，用尺寸或刻度表示。

（8）综框高度。是指综框在最低点时，综框上沿到综框导槽之间的距离。

（9）筘幅。经纱的穿筘幅度称为筘幅，筘幅根据纬向缩率确定。公制筘幅用厘米表示，英制筘幅用英寸表示。其换算方法为：公制筘幅（cm）＝英制筘幅（英寸）×2.54。

（10）筘号。是指钢筘单位长度内的筘齿数，表示筘齿的稀密程度，有公制和英制两种表示方法。公制筘号用齿/10cm 表示，英制筘号用齿/英寸表示。

（11）车速。是表示织机每分钟打纬次数的数值，用转/分钟表示。

（12）入纬率。是指纬向纱线在每分钟内进入织物交织的长度，单位为米/分钟。它是衡量喷气织机生产能力的重要指标，高低由车速与筘幅决定。入纬率的计算公式如下：

$$入纬率＝车速×筘幅$$

2. 产品工艺项目

产品工艺项目包括：织物总经根数、经纬纱特数（支数）、经纬向密度、颜色、织物紧

度、幅宽、匹长、落布长度、地组织、边组织以及废边组织的穿综方法等。

（1）经纬向密度。沿织物宽度方向单位长度内的经纱根数称为经向密度。沿织物长度方向单位长度内的纬纱根数称为纬向密度。织物密度有公制和英制两种表示方法。公制密度的表示方法为根/10cm；英制密度的表示方法为根/英寸。其换算公式如下。

$$公制经（纬）密度=\frac{英制经（纬）密度}{2.54}\times10$$

（2）织物紧度。表示包括纱线粗细因素在内的织物的紧密程度。织物紧度可分为经向紧度、纬向紧度和织物总紧度三种，不同特征的织物有不同的紧度。

（3）幅宽。是指织物沿横向（纬向）的宽窄，主要根据织物用途、加工设备的宽窄及印染加工幅度系数而确定。织物的幅宽用公制厘米或英制英寸表示。

（4）匹长。匹长根据织物的用途、厚度、重量、织机的卷装容量等因素而确定，过长或过短会在使用过程中产生过多的零布而造成浪费。在织机卷装容量允许的情况下，应尽量采用大卷装。一般织物的匹长在40码（36.6米），并采用联匹形式。通常织物采用2~3联匹、3~4联匹、4~6联匹。

（5）落布长度。是指在键盘设定中对不同织物品种规定的长度值。以前工序（浆纱）墨印为记号，织布工见到墨印或到设定落布长度后应及时通知有关人员落布。

五、喷气织机的基础知识

1. 喷气织机的特点

喷气织机耗电与耗气量较大，纬纱在引纬过程中由于气流的作用有时易产生退捻，且纬纱头端在穿越织口时稍受阻挡即形成疵布或造成停台。

2. 纬纱经过的路线

纬纱架→导纱架→储纬器→主喷嘴→织口

3. 储纬器

储存纬纱并把纬纱按一定长度及时供给织机使用。储纬器由储纬电动机和电磁停纬、引纱装置等组成，气压太高或太低都会造成储纬量不足而停车，按动预绕和解舒按钮时，动作要轻，否则会损坏机件。

4. 异形筘

异形筘不仅是保证纬纱顺利通过织口的通道，并且不使辅助喷嘴喷出的高速气体减少或扩散而影响引纬质量。

辅喷嘴是织机主控制根据纬纱到达每组喷嘴的先后顺序而设定它们的喷气时间，实现接力引纬或喷气设定的。

5. 气压与引纬的关系

气压分主喷嘴气压、辅喷嘴气压、剪刀气压和常压四种。

主喷嘴气压是指织机正常开动时主喷嘴所喷气体的压力，辅喷嘴气压是指辅喷嘴所喷气体的压力，剪刀气压是当左边剪纱时防止纬纱反弹而加在主喷嘴上的气压，常压是为了便于用手把纬纱穿入主喷嘴而加在主喷嘴上的气压。

6. 探纬器 H1、H2

正常开车时,纬纱每到 H1 探纬器一次,显示灯就闪亮一下,H1 探测不到纬纱时就停车,如短纬。H2 探到纬纱即停车,如长纬等。探纬器的设置可防止纬向疵点。

7. 绞边纱的作用

绞边纱常用的是涤纶长丝,通过绞边装置进行绞边把边锁住,防止脱边。在换上绞边纱时,必须用弹簧按要求把轴芯别好,否则,高速旋转的轴销脱出后会把绞边装置打坏。

8. 废边纱的作用

废边纱把纬纱尾端固定,有利于右边剪进行剪纱,使布边整齐美观。

废边纱距 H1 探纬器左侧或右侧 0.3~0.5cm,不能紧靠住 H1 探纬器,否则会造成 H1 探纬器磨损,但也不能离 H1 太远,容易造成绞不住纬纱尾。

第二节 喷气织机织造工序的运转操作

一、岗位职责

(1) 提前 45 分钟上岗,做好接班检查及品种翻新情况、运转效率和清洁工作。

(2) 认真学习操作技术,努力提高操作水平,严格执行操作法,减少因操作造成的人为疵布。

(3) 提高质量意识,增强责任心,避免错支、连续性疵点等质量事故的发生。

(4) 严格按操作法规定做清洁,保持本台位机台干净无浮花,无卫生死角。

(5) 严格按巡回路线检查布面,处理好织轴,同时把关纬纱使用是否正确,是否有疵点。

(6) 做好卡疵、提疵工作,对上下工序疵点要及时反应,严格把关。

(7) 工作中的回丝要随时放入袋中,禁止扔在地面、布面和回丝筒外边。

(8) 了解设备机械性能和安全生产的有关规定,增强安全意识,严禁违章操作,爱护机器设备,做好工具容器的定置定位,防止机械和人身事故的发生。

(9) 服从轮班长安排,保证生产的稳定、高效运行。

(10) 按照车间要求,努力完成各项生产质量指标。

二、交接班工作

交接班工作是保证一轮班工作正常进行的重要环节,也是加强预防检查,提高产品质量的一项重要措施。交接班工作既要发扬团结协作的精神,树立上一班为下一班服务的思想,又要认真严格分清责任,交班者做到以交清为主,接班者做到以检查预防为主。

1. 接班工作

(1) 接班前细查布面。值车工对自己看管的机台,要全面检查一遍,以杜绝连续性疵点的产生。负责毛边装置要查看左右两边纱是否良好和废边纱是否正常;负责折边装置的要查看布边是否起圈、露边、双纬、毛边和边纬缩等。

(2) 接班前机后经轴巡视。值车工为了使一个班中工作主动,对所看管的机台要巡视一遍，整理好织轴，摘净经片下花毛等。

（3）问清上一班生产情况，并逐台查看筒子纱标记，预防错支。

2. 交班工作

（1）交清当班的生产情况。包括织机运转情况、连续性疵点、品种翻改、半成品质量、前后供应等情况和班中存在的关键问题。

（2）整理好织轴。对两根及以下的多头、叉头、倒断头，值车工下班前要处理好，不准纱线绕过后杆（粘并除外），处理不好不准交班，三根及以上的由帮接工交接处理。

（3）保持废边纱筒内清洁，无杂物，摘净导布轴和布轴两头回丝。

（4）交班前半小时必须坚守工作岗位，认真检查布面和经纱，将车开齐，交接班盖印时，停台不得超过看台面的 20%（特殊情况例外），方可交班。

三、清洁工作

1. 接班前的机械清扫

（1）清扫工具。大毛刷、小毛刷、软布、海绵、吹管等。

（2）清扫范围。右侧车面→信号灯→防护罩、吊综绳→废边纱筒→右边撑→按钮控制板→顶梁→钢筘→左边撑→按钮控制板、显示器→左侧车面→储纬器→纬纱架→停经托架→后杆→绞边纱装置→废边纱罩→电控箱等（可根据企业情况适当调整）。

（3）清扫周期。值车工对所看管的机台每班清扫 2~4 遍，具体规定由各企业自定。

（4）清扫方法。轻扫、轻抹、不准扑打，防止花毛飞扬和沾污纱布。

（5）清扫顺序。掌握从上到下、从里到外、从右到左或从左倒右、先扫后擦的顺序，具体部位的顺序可根据企业实际情况自定。

2. 接班清扫部位结合机械检查

（1）查看探头是否有油污、缠回丝，废边纱、边剪作用是否良好。

（2）查看主喷嘴是否有花毛堵塞。

（3）查看弹簧、综丝跳动是否正常，有无脱落、松弛现象。

（4）查看储纬器上气管是否有漏气现象。

（5）查看钢筘是否松动、起刺，有无损坏现象。

四、基本操作

1. 机下打结

打结要领是捛头快、搭头准、绕圈稳、塞头准、抽头紧。

（1）搭头。左、右手大拇指、食指各捏住一根纱头，左手纱压在右手纱上，两纱交叉角度为 70°~80°，捏纱头的左手食指比拇指多伸出 0.5cm（图 15-1、图 15-2）。

（2）绕圈。左手自下而上，右手自上而下，两手迅速反向运动将纱线绕在左手拇指指甲盖五分之二处，并从拇、食指中间两手交叉绕圈，两手绕圈基本同时完成（图 15-3）。

（3）压纱头。双手完成绕圈后，右手拇指将左手纱头压入圈内，同时左手拇指头稍抬起，将右手纱头压住，右手中、食指勾住纱线往后拉紧，完成打结（图 15-4）。

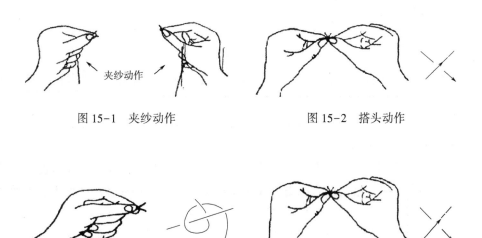

图 15-1　夹纱动作　　　　　　　　　　图 15-2　搭头动作

图 15-3　绕圈方法　　　　　　　　　　图 15-4　压纱头方法

（4）打头。完成打结后，右手中指紧靠食指拉纱线，拇、食指稍向上，中指距左手食指约 1cm 左右，中指从食指指甲滑下，打断纱线，左手同时向下拉，开始打下一个结。

2. 蚊子结（平结）

打蚊子结（平结）动作分解如图 15-5 所示。

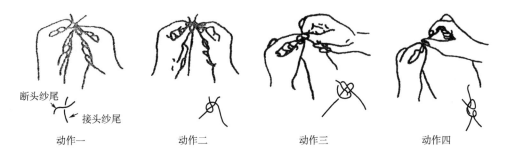

断头纱尾　　接头纱尾

动作一　　　　　　动作二　　　　　　动作三　　　　　　动作四

图 15-5　蚊子结打结方法

3. 断经处理

处理断经的一般有找头、掐纱尾、打结、穿综、穿筘、开车、剪纱尾等步骤。

4. 机前断经处理

（1）找头。根据断经的位置与邻纱相绞情况，可分别采用以下四种方法。

一步找头法：断在综丝后，不与邻纱相绞，可用左右手直接伸向综后，把断头经纱提起。

二步找头法：断经在综前，左右手交叉进行，分开综丝找出断头。

三步找头法：断经在综后与邻纱相绞，左手或右手在织口处用食指找出断经位置，将右面或左面的经纱挑起，中指压在左面或右面经纱上，使其分为上、下两层，右手或左手即到筘后用中、食指把纱左右分开，左手或右手伸向综后找出断头经纱，用拇、食指把断经提起，右手掐去纱尾打结。

特殊情况：因开口不清，纬纱与经纱缠绕在一起而产生的断经，先处理纬纱，使其恢复正常状态，再按上述三种方法进行找头。

（2）掐纱尾。右手拇、食指拿起纱尾，在食、中指间，用拇指或中指将不良纱尾掐断或打断。

（3）打结。当右手掐断不良纱尾后，紧接抽取接头纱进行打结，打结时要求纱线绕圈要小，挽扣要牢（打结小而牢）。

（4）穿综。左手拇、食指捏住接好的经纱，绕过无名指与小指间，再用食、中指夹持综眼下端，右手拿穿综钩略斜插入综眼，左手将纱上抬，右手钩住经纱往回返，左手随即到综前捏住经纱。

（5）穿筘。喷气织机为异形筘，穿筘时用穿综钩在异形筘上端穿入，动作要轻，不准滑筘，采用逼筘的方法。左手在筘后拉住接好的经纱，用食指挑起左侧或右侧的经纱，使与断头在同一筘齿的经纱高于其他经纱，右手拿穿综钩轻贴在左或右抬高的经纱左面或右面，沿着抬高的经纱插入同一筘眼，将断头经纱钩出。

（6）开车。把断头经纱钩出后，可采用把经纱钩在钩子上垂在盖板（棍）下等方法，按动启动按钮开车，开车后剪去纱尾，纱尾放入口袋或废边纱筒内，如果断经在两侧边撑处钩出断经纱尾，可以随即压入边撑盒下开车。剪纱尾时剪刀要平行于钢筘。

5. 机后断经处理的三种状态

（1）断经纱头在停经片与综丝之间，断经纱头与布面相接，用手触到落片，可抽出接头纱与断经纱尾接好，再与连接布面的经纱接好，转至车前，把纱拉直、开车。

（2）断经纱头与布面相接，断经在综丝后与后梁之间，可抽出接头纱与断经纱尾接好，用钩子穿过停经片，与织轴上经纱对接好，转至车前开车。

（3）几个停经片挤在一起或个别停经片有扭别现象，是绞头造成停台的原因，用纱剪把此处的绞头处理干净，转至车前开车。

6. 处理机后断经对接的方法

（1）左手拿下线，右手拿上线，形成圈状，右手中指钩住圈状经纱纱尾，压在左手的头端挽圈，将左手纱头掖入圈内，右手拉紧即可。

（2）右手拿上线，左手拿下线，压在右手纱上面，右手纱尾在左手拇指上挽成圈状，右手中指钩出上线，压在左手头端，然后右手拇指将左手纱头掖入圈内，拉紧即可。

7. 经向停台的几种常见原因及其预防方法

（1）大结头、回头鼻带断。检查经纱时应及时剪短或摘除。

（2）脱结。由于前工序与本工序结头不符合要求造成，因而要求结头小而牢，符合要求。

（3）羽毛纱碰断或绞断经纱。发现有羽毛纱应及时摘除。

（4）绞头造成停台。应及时处理绞头，梳理对接。

8. 断纬处理

喷气织机造成纬停的因素较多，因此发现纬停要注意分析原因，以便较快地处理停台，减少重复开停台。

（1）在巡回中发现纬停信号灯亮，首先目光应先检查织口，查看断纬部位。如在织口处，必须查看综前筘后的织口是否有大结、绞头、棉球、纱疵，处理好后，抽出不良纬纱。如断纬部位在筒子纱或储纬器处，则要查看筒纱的成形、退绕等，发现问题及时更换新筒纱。

（2）按解舒按钮，将鼓筒上的纬纱全部拉掉，右手把纬纱拉直。

（3）引出纬纱，长度到边撑位置时，左手按压预绕按钮，将纬纱引入卷绕臂进行预卷。

（4）右手将纬纱在主喷嘴处掐断，左手拿住纱头送入主喷嘴，右手拿住纱线中段，以防起圈影响纬纱伸直而造成疵点。

（5）按逆转操作键，抽出织口中活线，按要求开车，开车后检查织口有无疵点，并清除布面回丝。

（6）断纬停台倒线 1~4 根时，按逆转操作键，转一圈抽出一根纱线，逆转的圈数与抽出纱线根数相等，织口自动对好，预防出现横档疵点。

（7）织口有疵点，需要倒线 5 根及以上，不要破坏织口，按逆转操作键，转一圈抽出一根纱线，开车前必须拍打综前筘后边撑处的经纱，预防边撑处横档疵点的产生。

9. 纬向停台的几种常见原因及其处理方法

（1）纬纱在进口侧布边形成双纬。检查绞边纱开口是否正常、剪刀是否正常。

（2）纬纱在织口内形成无规律双纬。应顺着双纬的起源查看经纱是否有大结头、小辫子、羽毛纱等，如发现有，应及时处理。

（3）纬纱是否弱捻或粗细不匀。检查纬纱，发现弱捻或粗细不匀，应及时更换。

（4）H2 探纬器有污渍或积花。织机显示长纬，而纬纱正常，查看探纬器 H2 是否有污渍或积花。

（5）机械故障。纬纱吹出主喷嘴后未到头，连续几次在同一位置，属机械故障，应让修机工修理。

五、巡回工作

巡回工作是看管好机台、减少停台和疵点产生的有效方法。它的主要工作是检查布面、经纱、机械和处理停台四项工作，合理地掌握巡回时间，执行巡回路线，做到巡回有规律，工作主动有计划，做好预防检查，防疵捉疵，实行不拆布，有效提高产量和质量。

1. 巡回路线

巡回路线的制订，根据喷气织机不拆布的原则，检查织轴的范围大于布面范围。

2. 巡回比例

根据喷气织机速度快、产量高，布面纬向疵点少的特点，以及不同品种和经纬纱密度，机台排列等，可采用 1:1、1:2 的巡回路线（以 8 台车为例，如图 15-6、图 15-7 所示）。

3. 巡回的计划性和机动性

巡回的计划性和机动性是指值车工在巡回过程中，采用机动灵活的方法，有计划地处理好各项工作，争取工作主动，分清轻、重、缓、急，处理各种停台要本着先易后难、先近后远的原则，达到优质高产的目的。

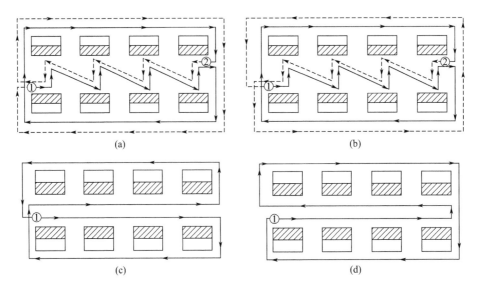

图 15-6   1 : 1 巡回路线

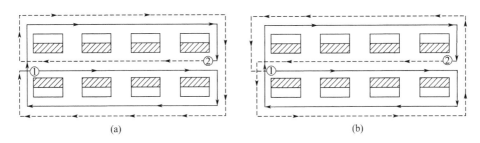

图 15-7   1 : 2 巡回路线

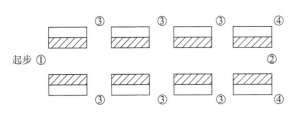

图 15-8   巡回路线目光运用说明

4. 目光运用

值车工在巡回中运用目光，经常注意到前后和临近机台的运转情况，便于有计划地安排巡回中的各项工作。巡回路线目光运用说明如图 15-8 所示。说明：

巡回在①处，目光照顾车档。

巡回在②处，目光回顾车档。

巡回在③处，目光运用左、右方四台车。

巡回在④处，侧身照顾全部机台（即大目光）。

进布面车档前照顾，出布面车档时回顾，检查完经轴转向经轴时，侧身照顾全部机台（即大目光）就是一个小巡回中，一次车档照顾，一次回顾车档，一次侧身照顾全部机台。

5. 处理停台的机动性

按照上述目光运用的方法，发现停台一定要掌握巡回时间，本着先近后远，先处理断纬后处理断经的原则，离开原来巡回路线前往处理，处理后返回原路线，继续巡回。

6. 停台的判断方法

巡回中发现停台，先看彩灯显示，确定停台原因，是纬向停台，随时处理。

确定是经向停台，先查看控制面板上的图像显示，确定停台原因，再找出导致经停的部位进行处理。

7. 巡回中的机动性

（1）巡回在机前时，处理停台的机动范围，一般按照巡回路线前进方向处理，靠近身后机台，以自己周围先后两台车为准，如查完布面临走时，身后有停台，在不影响巡回时间的前提下可以进行处理。对2根的断头、3根的绞头、1根的倒断头可放在2~3个巡回中处理，断纬要先处理，断经后处理。

（2）巡回在机后时，发现停台及时处理。

（3）巡回中的机械检查，每个巡回中查一台，每班对所看管的机台要全部检查一遍。

8. 巡回中的检查工作

（1）布面检查。

①布面检查的目的。为了发现疵点，防止疵点的扩大和产生，同时查看左右绞边纱边剪的作用，布边纱尾长短，废边纱运行是否正常，及时剪除布面拖纱，发现机械原因造成的疵点，随时打开呼叫开关。

②布面检查的范围。共分三段：第一段，前综到织口间的经纱；第二段，织口到胸梁盖板（棍）前边沿的布面；第三段，胸梁盖板（棍）后边沿到布轴间的布面。

③布面检查的方法。分平行（弧形）二段或平行（弧形）三段看手后检查布面的方法。

a. 采用1：2的平行二段看手后，即进入布面车档三分之二处，目光先由近而远看左侧车第一段，再由远而近看右侧车第一段，脚随目光后退，留布边3~5cm处搭手，眼看手后，平行检查布面到对侧布边。

采用1：1的平行二段看手后，即进入车档后目光由远而近看左或右侧车的第一段布面，眼看手后平行检查左或右侧车第二段布面到对侧布边。

b. 采用1：2的平行三段看手后，即进入车档后，目光由近而远看右侧第三段，再由远而近看左侧车第三段。然后目光再由近而远看第二段布面到对侧布边。

采用1：1的平行三段看手后，即进车档时，目光先看第三段布面，即进入车档三分之二处，目光先由近而远看左侧车第三段布面，再由近而远看右侧车第三段布面，再由远而近看右侧车第一段，然后留布边3~5cm处搭手，眼看手后平行检查布面，用同样的布面检查方法检查左侧车布面。

④布面检查的顺序。

采用1：2的以右侧为主，目光看左侧机台，平行检查右侧机台第二段布面。

采用1：1的可选用一顺式、交叉式，平行检查第二段布面，左手查左侧机台，右手查右侧机台。

⑤重点检查布面的方法。一手在胸梁盖板（棍）上平行检查布面，同时另一只手在胸梁盖板（棍）下卷布导杆处，手触或眼看布面连续性疵点，然后向下检查对侧布边质量，再从左到右检查胸梁到布轴上方布面，再由右到左检查布轴上布的反面质量。

⑥重点检查布面的次数。每班不得少于四次，即接班前重点检查一次，接班后每隔两小时重点检查一次（企业可根据机型、品种自定）。

⑦重点检查布面应用的范围。接班检查布面时，采用重点检查布面的方法。正常工作中遇有挂机、检修、结经、坏车、吹车、扫车等机台，都必须采用重点检查布面的方法。

⑧重点检查布面的部位及顺序。

执行1：2巡回路线的：捕边纱的运行→导布轴外侧卷取→对面车导布轴外侧卷取→对面车布面→对面车导布轴卷取（右）→导布轴卷取（左）→织口→布面（有分幅装置的按两台车布面检查）。

执行1：1巡回路线的：从右侧车开始，捕边纱运行→导布轴（右）→织口→布面→导布轴（左）→左侧车织口→导布轴（左）→布面→导布轴（右）→右捕边纱运行。

（2）经纱检查。

①经纱检查的目的。为了及时发现并清除经纱上的各种纱疵，预防经纱绞头，防止由于经纱不良而造成的布面疵点。

②经纱检查的范围。共分三段：第一段，后片综到停经片间的经纱；第二段，停经片到后梁间的经纱；第三段，后梁到织轴间的经纱。

③经纱检查的方法。采用一拨三看，眼看手后检查经纱的方法。

一拨三看，进入经纱车档时先看织轴的第三段经纱，脚随目光前移，进入织轴三分之二处，目光上至左侧绞边纱由远而近看第一段经纱，脚随目光后退到织轴边，用中、食指在后梁前5~10cm之间轻拨第二段经纱，目光看手后，要求全幅直线拨动。

④经纱检查中发现纱疵，采用摘、剪、拈、劈、掐、换六种方法进行处理。

经纱上有花毛、回丝缠绕时用摘的方法处理。

经纱上有棉球、大结头、长纱尾时用剪的方法处理。

经纱上有小羽毛纱时用拈的方法处理。

经纱上有棉杂片、大肚纱时用劈的方法处理。

经纱上有大羽毛纱、回头鼻时用掐的方法处理。

经纱上有粗经、多股经、油经、色经时用换的方法处理。

⑤处理经轴疵点的方法。巡回中发现断头、倒断头，可采用挂、借的方法处理。

挂的方法：在倒断纱尾上接1~2根接头纱绕在铁梳子上挂在经轴下面，这种方法适用于即将出来的倒断头。

借的方法：只准借用主喷对侧的边纱，将倒断头通过导纱杆上的导纱夹，用直角引直（不准从导纱杆外引纱）发现倒断头出来后，必须及时还原到原来位置。如遇多头同样通过导纱夹拐直角与导纱杆平行引入废边筒中。

（3）机械检查。

①机械检查的目的和方法。机械检查的目的是为了预防机械故障，避免织疵。机械检查采用眼看、耳听、鼻闻、手感的方法，发现问题及时处理。

②机械检查的周期与数量。每班重点检查两遍：接班时检查一遍，正常工作中对车位的全部机台结合每个巡回重点检查一遍。

③重点机械检查的四个部位。

第一部位（废边纱侧）：废边纱罗拉、废边纱穿法、探纬器、剪刀、右折边器、右边撑。

第二部位（中间部位）：综框、综框夹板螺丝、钢筘。

第三部位（纱架部位）：主喷嘴、左边撑、左折边器、导布手轮、储纬器、纬纱架。

第四部位（机后部位）：织轴、绞边纱装置、停经片杆、分纱板、机台异常振动、异响、异味、经停探测器。

④重点机械检查部位的有关检查内容及方法（表15-2）。

表15-2　重点机械检查部位的有关检查内容及方法

序号	机件名称	检查内容及提要	检查方法	设备状态
1	废边纱罗拉	无回丝缠绕、引入不良，不松动、歪斜，作用良好	眼看、手感	开车检查
2	废边纱穿法	正确（距H1探纬器0.3~0.5cm）	眼看	开车检查
3	探纬器	无螺丝松动，缠回丝、污渍、位置正确，无缺损	眼看、手摸	关车检查
4	剪刀	毛须长度符合要求，剪刀无松动，作用正常	眼看、手摸	开车检查
5	边撑	边撑无松动、张力作用及刺环回转正常	眼看、手摸	开车检查
6	综框夹板螺丝	机件无磨损、碰撞，综框不歪斜、抖动	眼看、手摸	开车或关车检查
7	钢筘	筘齿无松动、起刺，异形筘槽内无积花	眼看、手摸	关车检查
8	主喷嘴	无弯曲、起刺、螺丝松动	眼看、手摸	关车检查
9	导布手轮	无回丝缠绕	眼看、手摸	开车检查
10	储纬器	无瓷眼缺损、引纬正常，导纱孔无起刺或堵花毛	眼看	关车检查
11	纬纱架	纬纱架位置、导纱路线正常，张力片、张力夹无缺损	眼看	开车检查
12	织轴	无螺丝松动、织轴跳动	眼看、手摸	开车检查
13	绞边纱装置	齿轮无回丝缠绕、盖子松动，绞边纱线畅通	眼看、手摸	开车检查
14	停经片杆	无弯曲不良	眼看	开车检查
15	分纱板	分纱均匀、位置正确	眼看	开车检查

注　检查时的设备状态，企业可根据情况自定。

六、质量把关

质量把关是提高产品质量的重要方面，在一切操作中贯彻"质量第一"的思想，积极预防人为织疵。在巡回中应合理运用目光，利用空隙时间进行防疵、捉疵。做到以防为主，查捉结合，保证产品质量。

1. 原纱质量要素控制

（1）原纱条件。

①粗节、棉结杂质应少，条干均匀，无竹节、粗细节纱疵。

②纱线捻度不均匀率应低，无弱捻纱和松纱。

③毛羽应少而短。

④选用无结纱，采用气捻接，气捻接头无二头毛，结头无松脱。

⑤原纱指标重点控制单强不匀率、条干不匀率及重量不匀率。

（2）经纱条件。经纱条件一般重点控制络筒工序的筒子十万米纱疵与气捻接强力、整经工序的万米百根断头率（≤1%）、浆纱工序的浆纱增强率、减损率、卷绕密度和浆轴好轴率指标。

（3）纬纱条件。筒子的强力不匀率应低，细节应少，捻度应均匀，纬纱断头脱结少，筒子卷绕松紧度适中。

2. 半制品质量

半制品是指经向浆纱织轴、纬向筒子、边部绞边纱筒子、废边纱筒子或小经轴。

（1）织轴条件。提供给织造工序生产的织轴必须符合织轴好轴率标准，达到卷绕平整、排列均匀。

（2）筒子条件。提供给织造工序生产的筒子必须符合筒子质量标准。筒子的外观质量包括：筒子成形、色泽（黄白）、表面无磨损、无油污渍、筒管光滑无破损等；筒子的内在质量包括卷绕密度、结头捻接质量、小辫子、捻度、疵点等。

（3）绞边纱筒子条件。

①绞边纱必须从有利于张紧布边和适应边组织大张力交织两方面考虑选用。一般，绞边纱的强力应高于地组织纱线，大多选用合成纤维或长丝等原料的纱线。

②绞边筒子必须满足卷绕均匀、无松紧。

③绞边纱纱支要与经纱纱支基本一致。

（4）废边纱筒子条件。

①喷气织机废边纱的构成种类：一种是由浆轴直接提供废边纱，另一种是由专用废边筒子架上的废边纱筒子提供。

②废边纱筒子或小经轴质量：大多采用粗于地组织的纱线，高紧度织物亦可用股线，卷绕均匀，强力不匀率应低，注意成形质量，便于退绕。小经轴表面平整，纱线平行排列，张力均匀。

3. 人为疵点的预防

预防人为疵点，应做到"五防"。

（1）防清洁工作疵点。应手到、眼到。严格执行清洁操作方法，严禁飞花附入织口，造成织疵。

（2）防操作穿错疵点。织布工应严格按照品种工艺、组织要求进行穿综和穿筘，防止穿错疵点。班中应细查布面，发现穿错及时纠正。

（3）防织轴疵点。巡回中发现倒断头、叉头、绞头应及时处理，待倒断的纱线出来后，应顺经纱方向还原，防止双经疵点。

（4）防开车疵点。织布工处理完断经、断纬疵点开车时，应注意织口是否正常，不良纬纱是否抽出，保证一次开车成功，防止因重复开车造成横档疵点。

（5）防油污疵点。织布工在接头时，注意双手保持清洁，油污手不得接头。

4. 突发性疵点的预防

预防突发性疵点，应严把"五关"。

（1）检修平车关。平车或检修机台后，开车时应注意质量变化，如云织、纬缩、稀密路、油渍、断头等。发现异常情况，立即报告。

（2）工艺翻改关。按工艺要求，掌握好翻改后品种的纬密齿轮、筒管颜色记号、纱支、花型等是否正确，防止错织。

（3）新品种上机关。新品种上机，应密切注意质量情况，细查布面，检查是否有纬缩、稀密路、缺纬、百脚、边撑疵、跳纱等疵点，同时找出最佳开车方法进行操作，提高产品质量。

（4）挂机、结经关。由于喷气织机车速快，改品种频繁，结经、挂机次数较多，因此，织布工逢有结经、挂机时应细查布面，注意品种质量变化，发现问题及时处理。

（5）开冷车关。做好开车前的准备工作，注意开关车顺序，同时每台车开车时要手感边剪处布边，检查剪边情况，防止关车时由于边撑处张力加大，造成剪边疵布。

5. 机械疵点的预防

为了提高产品质量，织布工不仅应熟练掌握操作技术，还必须熟悉机械性能，做机器的主人。做到掌握"一个重点"，运用"三个结合"，以达到提高质量、降低机械故障的目的。

（1）一个重点。预防机械检查，掌握一个重点，应在加强巡回计划性的基础上，针对布面疵点进行重点把关。

（2）三个结合。结合巡回、结合操作、结合清洁，预防机械疵点。

①发现纬缩疵点查经纱开口、纬纱成形、气压大小等。

②发现双缺纬、百脚查探纬器探头是否失灵，气压大小等。

③发现毛边、边不良查剪刀作用、气压大小、开口状态、边组织穿法等。

④发现经缩浪纹查张力大小、开口时间等。

七、操作注意事项

在操作过程中，织布工不但应有较高的质量意识、技术水平，还应严格执行各项操作规程，工作时保持思想集中，防止机械、质量等事故的发生。

（1）结头纱尾必须控制在 0.1~0.5cm，若接得太长可用纱剪剪去长纱尾。

（2）经纱断在停经片后，用右手食指顺着经纱方向在后梁或经轴处找出断头进行对接，不允许左右拨动经纱横向找头，以免出叉、绞头。

（3）穿筘时，必须将相邻筘齿内的经纱挑起到异形筘槽的上面，再按顺序穿入该筘眼，以防穿错。

（4）断经后结头前，必须将综丝、停经片和经纱全部理顺到同一条直线上，保证接头开车后经纱排列整齐，不出现叉头、绞头。

（5）出现倒断头、绞头现象，需要借头，不准在主喷嘴处借。

（6）开车后要查看布面有无穿错，剪布面拖纱必须离开织口2cm，剪刀要平行于钢筘。

（7）加强钢筘保护，穿筘时动作要轻、不准滑筘，必须使用专用穿综钩。

八、主要疵点产生的原因及预防方法（表15-3）

表15-3　主要疵点产生的原因及预防方法

疵点名称	产生原因	预防与处理方法
纬缩	1. 经纱开口不良 2. 气压过低 3. 纬纱成形不良 4. 钢筘太脏，筘片不良、磨损等 5. 废边纱穿错或少纱	1. 调整综框高度、开口等，使经纱开口清晰 2. 调整气压和喷气时间 3. 清洗钢筘或换筘 4. 查看废边纱，使其作用良好
双缺纬 （百脚）	1. H1、H2探纬器探测失灵 2. 开车时操作不当 3. 气压太高 4. 纬纱不良	1. 清洗H1、H2探纬器 2. 调整H1、H2探纬器灵敏度 3. 开车时注意 4. 调整气压 5. 查看纬纱
毛边	1. 右侧剪刀不良 2. 废边纱张力不足，穿筘位置不当，不能捕住纬纱 3. 气压低	1. 更换右侧剪刀 2. 调整储纬器的鼓筒，但要保持废边纱不超长 3. 调整辅喷气压
稀纬密路	1. 工艺参数不当 2. 开、关车造成 3. 送经、卷取不良	1. 调整后梁、停经架位置 2. 调整功能盘的正转量和反转量 3. 检查送经及卷取机构
破洞	1. 钢筘打断 2. 经纱断一绺，不对接、对捻 3. 掉入异物、造成硬伤破洞	1. 降低拖布杆高度 2. 降低综框高度 3. 值车工要加强巡回检查，及时处理好断经机台 4. 仔细查第三段布面
波浪纹 （横经缩）	1. 停台时间过长、经纱长时间处于拉伸状态 2. 开车时，经纱处于松弛状态，造成波浪纹（横经缩）	1. 可以适当调整工艺参数 2. 将开口量变小 3. 将张力加大 4. 缩短处理停台的时间
边撑疵	1. 边撑小刺辊转动不灵活 2. 刺辊的针刺弯曲，毛糙等 3. 边撑位置不当 4. 布面张力过大	1. 上机前必须检查边撑刺辊的转动情况和针刺有无弯曲等 2. 发现刺辊有异常应及时更换 3. 调整边撑 4. 随时查看布面张力

第三节　喷气织机织布工的操作测定与技术标准

操作测定的目的是总结、分析、交流操作技术经验，推广先进技术，以相互学习，取长补短，共同提高操作水平。操作测定的主要内容有巡回操作、断经处理、断纬处理、机下打结四项。

一、巡回操作测定

1. 巡回路线

执行1∶2的巡回路线，测定四个小巡回。执行1∶1的巡回路线，测定三个大巡回。

（1）巡回路线走错每次扣1分。走错路线是指离开正常路线，布面走过一组车（两台）及以上，经纱走过一台车及以上仍未发现者（走过布面、经纱机台均以地脚螺丝为界）。

由测定人员及时通知返回重走。根据喷气织机幅宽特点，处理停台时允许走小车挡。

（2）巡回时间。巡回看台时间、路线的确定，根据不同品种、经纬纱质量情况而定。应以有效控制全部经、布长度为准，便于掌握做到统一，规定以下时间（表15-4）。

表15-4　一台车的巡回时间表　　　　　　　　　　　　　　　单位：s

巡回路线	幅宽（cm）		
	190，230	280	340
1∶1巡回	50	60	65
1∶2巡回	45	50	55

注　1. 不足30s进为30s，超过30s进为1min。
　　2. 高密织物［指经密加纬密大于79根/cm（200根/英寸）］、提花、斜纹、缎纹另加1min，每项不重复加时间。
　　3. 机械检查顺加1min30s，企业可根据情况自定。

巡回时间计算公式如下：

$$巡回时间＝一台车巡回时间×看台数$$

巡回时间以小巡回计时。巡回起止点以进入控制面板处或地脚螺丝为准，走完到达起点为止，如巡回到最后一台车，在停台没开足的情况下，或遇车后捉疵造成的停台，必须将停台开出后停表。巡回时间每超过10s扣0.1分，以秒为单位。秒后小数不计。

（3）目光运用。目光运用应按工作法要求执行，目光一次不用扣0.1分，在测定全过程中，本项最多扣1分（目光运用以查实效为准）。

（4）机动处理。值车工应按照先近后远，先易后难的原则机动处理停台，违反此原则扣0.5分，在有停台的情况下，每个巡回必须开出规定的停台数，每少开1台扣0.5分，不能只开纬停，不处理经停。未走出地脚螺丝，停台一定要开出，如已走出控制面板，停台可开可不开。在未开够自然停台的情况下，如遇到一根的多头，两根及以内的断头，三根及以内的绞头和三根及以内的纬向疵点必须开出，否则按此项扣分。每个巡回按规定开台不得少于三台。在时间不超过的情况下，每多开一台纬停加0.1分，多开一台单断经停台加0.2分，多开一台双根断经、绞边纱及废边纱停台加0.3分，人为关车处理露底小筒，作为自然停台数，如果因处理不当造成停车，作为开车后停台，自己处理好不扣分。目光范围内的露底被动换筒，不及时处理每次扣0.2分，筒脚过大每次扣0.1分。不属于值车工处理的停台，可按灯显示由帮接工处理。

2. 布面检查

（1）布面疵点评分按照GB/T 406—2018《棉本色布》布面疵点检验方法、企业自定标准等执行。

（2）检查布面时要求手眼一致，眼看手后，手眼不一致，有一台车扣 0.1 分，最多扣 0.5 分。

（3）检查布面搭手必须留 3~5cm 布边，测定过程中留布边不够或不留布边，一台车扣 0.1 分，最多扣 0.5 分。

（4）发现 3 分及以上的疵点，要在疵点处划标记，否则按漏疵扣 1 分。布面粗经、油（锈）经、双经、断经或穿错，属连续性疵点，必须改过来，否则按漏疵扣 1 分。

（5）由于经纱缠绕、绞头造成的疵点，不够评 3 分的，也按织口疵点或绞头每处扣 0.5 分。

（6）在布面巡回中，每台车的布面不得漏查，漏查布面一台扣 0.5 分，有几台扣几台。（在测定时，第一个巡回所有机台布面必须全部检查，包括坏车停台在内。）

（7）不剪或漏查布面拖纱，1cm 长及以上长度的，断疵不分长短，每根扣 0.5 分，废边纱外露或计数器齿轮缠回丝每处扣 0.2 分。

（8）开车疵点够评分起点的双纬、缺纬、稀纬、综穿错等扣 1 分，筘穿错扣 0.5 分。

（9）断经处理要求：掏找头方法不对扣 0.2 分，碰坏钢筘扣 3 分。

（10）回丝不入袋（指 5cm 及以上长度的回丝），每次扣 0.2 分。

（11）测定人员必须紧跟值车工复查布面，只能和值车工隔开一台车，复查顺序和值车工一样，发现布面和织口有疵点必须先关车再进行考核。

3. 经纱检查

（1）采用一拨三看的方法进行。检查经纱要求手眼一致，手眼不一致，一台车扣 0.1 分，最多扣 1 分。

（2）经纱检查时，每台车都不得漏查，漏查一台扣 1 分。（在测定时，第一个巡回所有机台经纱必须全部检查，包括坏车停台在内）。

（3）拨动经纱的位置在后梁前 5~10cm 之间，拨动经纱要直线全幅。位置不对经纱不翻动，一台车扣 0.1 分，最多扣 1 分。

（4）检查经纱时，发现纱疵、回丝、深色油渍、锈渍等必须摘除或关车处理，不处理每处扣 0.5 分，处理纱疵造成的停台必须开出，否则扣 0.5 分。经纱绞头 3 根及以上，回头鼻不分长短每处扣 0.5 分。

（5）巡回中发现倒断头、多头 3 根以内必须处理好，记一个断经开台数，不处理按漏疵每个扣 0.5 分。

（6）测定人员必须按值车工检查经纱方法进行复查，只能和值车工隔开一台车，复查有疵点应先关车后考核。

（7）在巡回中，发现废边纱运行不良，计数器齿轮缠回丝，废边纱筒外有回丝等必须随时处理，否则每台扣 0.2 分。

4. 重点检查

（1）巡回测定中，必须每个大巡回重点检查一台车，少查一台扣 1 分，漏查一项扣 0.2 分，漏查机械故障一处扣 0.5 分，本项最多扣 2 分。

（2）测定人员在测定前用大红花标出重点检查的机台，按顺序进行检查。

（3）重点检查机台要仔细查看布面，漏查够评分的疵点，按巡回测定中扣分标准扣分，如果不查布面加扣 0.5 分。

二、单项操作测定

1. 断经处理

测定机台，在一台车上测两次，两次时间加和计算。

（1）两次断经停台状态。

第一次：分两种（企业可根据机型、品种任选一种）：第一种：储纬器侧，第三片综，布面位置离边撑 10cm 左右，两辅喷嘴中间，避开分纱板 3cm，断头在综丝与停经片中间左右掫头、三步找头，在前列综丝处将头掐断，拉出断头拖在布面上；第二种，储纬器侧，第三片综，布面位置离边撑 10cm 左右，两辅喷嘴中间，避开分纱板 3cm，断头在综丝与停经片中间自然垂下，在前列综丝处将头掐断，拉出断头拖在布面上。

第二次：废边纱侧，二步找头法，第四片综离边撑 10cm 左右，两辅喷嘴中间，断头在综丝前自然下垂，在织口 2~3cm 处掐断头，拉出断头拖在布面上。

（2）处理方法。

①站在控制面板或地脚螺丝处，采用三步找头法。

②站在车后引纬侧地脚螺丝处，采用掀片或摇杆找头法。

③站在废边纱侧地脚螺丝处，采用二步找头法，可不掐纱尾。

（3）测定起止点。起点：起步掐表（起步时，值车工身子不能超过控制面板或地脚螺丝）。止点：值车工做完最后一个动作举手停表，计时秒后保留两位小数。

（4）质量考核要求。

①举错手每次扣 0.2 分，出车弄前不剪拖纱，每根扣 0.5 分。

②处理停台造成的断头每根扣 0.2 分，一处最多扣 1 分。

③接头前不掐纱尾每次扣 0.2 分（二步找头除外）。

④结头质量不合格每个扣 0.2 分。

⑤开车后停台扣 0.2 分（指车开不起来停表后再开）。

⑥动作没做完扣 1 分（指由于值车工在单项测定中操作失误中途停止）。

⑦回丝不入袋（指 5cm 及以上长度的回丝），每次扣 0.2 分（此项不影响速度加分）。

⑧开车疵点、穿错等扣分标准同巡回扣分。

⑨断经处理速度标准及评分规定（表 15-5）。

表 15-5　断经处理速度标准及评分规定

机型	织物	时间指标（s）
ZA-190 JAT600A-190	粗、中支平纹	40
	细支平纹	42
ZAX-e-230	粗、中支平纹	41
	细支平纹	43
OmNi-280 ZA-203-280	粗、中支平纹	42
	细支平纹	44

机型	织物	时间指标（s）
PAT-A-190 PAT-A-280	粗、中支平纹	38
	细支平纹	40
Zex-340 OmNi-340	粗、中支平纹	50
	细支平纹	52

注　1. 经纱线在 9.7tex 及以下（60 英支及以上），每增加 20 英支，时间增加 1 秒。

　　2. 高密织物［经密加纬密大于 79 根/cm（200 根/英寸）］、斜纹、缎纹、提花织物加 2 秒。

　　3. 双手开车的织机加 2 秒。

　　4. 速度在质量无扣分的情况下，比标准每快 1 秒加 0.05 分，比标准每慢 1 秒减 0.05 分（特殊机型、品种企业可根据情况自定）。

2. 断纬处理

测定机台，在一台车上测两次，两次时间加和计算。

（1）两次断纬停台状态。

第一次：储纬器正常，自然停台。

第二次：断头在筒子处，留纱头 20cm 左右下垂，综平位置。

（2）处理方法。

①站在地脚螺丝处，手脚齐动，打开织口，抽出一纬开车。

②站在储纬器前，双脚不超过地脚螺丝，按引纬路线引纬，打开织口，抽出一纬开车。测定起止点，同断经处理。

（3）质量考核要求。

①开车疵点、稀密路、开车双纬等够评分起点的扣 1 分；处理纬停时，如不抽纱按动作没做完扣 1 分。

②回丝不入袋（指长在 5cm 及以上的回丝），每次扣 0.2 分（此项不影响速度加分）。

③开车后停台扣 0.2 分（指车开不起来停表后再开）。

④断纬处理速度标准及评分规定（表 15-6）。

表 15-6　断纬处理速度标准及评分规定

机型	速度标准（s）	机型	速度标准（s）
ZA-190	22	JAT600A-190	24
ZAX-e-230			
ZA-203-280	24	OmNi-280	38
PAT-A-190	36	OmNi-340	40
PAT-A-280	38	Zex-340	40

注　1. 纬向弹力织顺加 1s。

　　2. 纬纱线在 9.7tex 及以下（60 英支及以上），加 1s；纬纱线在 19.4tex 及以上（30 英支及以下），减 1s。

　　3. 在质量无扣分的前提下，比标准每快 1s 加 0.05 分，比标准每慢 1s 减 0.05 分。特殊机型、品种企业可根据情况自定。

3. 机下打结

（1）结头类型。织布结、平结两种。

（2）测定次数。测两次，每次 1 分钟，取最好一次成绩考核。

（3）测定起止点。起点：搭头做好准备，手动起绕，开始掐表。止点：由测定人员示意停止并同时停表，停表后再抢打的结不计。

（4）质量要求。结头个数以合格为准，检查时用拇食指将纱线轻轻捋一下，脱结及不合格结均剔除不计，不合格结包括：起圈结、并尾结（不易判断时，用手拉纱尾，如结脱开即算）、长短尾结（纱尾长短在 0.1~0.5cm 之间的结头为合格结）、无尾结（单根或双根没有纱尾的结头）。

（5）打结用纱。用值车工所看品种的纱线打结。

（6）机下打结评定标准（表 15-7）。

表 15-7　机下打结评定标准

纱线类别	织布结（个/分）	平结（个/分）	纱线类别	织布结（个/分）	平结（个/分）
纯棉纱	26	20	化纤纱	24	16
纯棉线	24	18	化纤线	20	14

注　超过指标每个加 0.05 分，比标准少一个扣 0.5 分。

三、考核定级标准

1. 单项操作评级标准（表 15-8）

表 15-8　单项操作评级标准

级别	优级	一级	二级	三级
分数	99	97	96	95

注　1. 单项操作包括：处理断经、断纬停台和机下打结三项。
　　2. 单项总得分 = 100+各单项加分-各单项扣分。

2. 全项操作评级标准（表 15-9）

表 15-9　全项操作评级标准

级别	优级	一级	二级	三级
分数	97	94	90	85

注　1. 全项总得分 = 100+各项加分-各项扣分。
　　2. 产量、质量均未完成计划指标，在总分定级基础上顺降两级，有一项完不成降一级。

四、喷气织机的机型及技术特征

由于电子计算机技术、传感技术、变频调速技术、射流技术与织机机械的完美结合加快了喷气织机的发展，出现了速度高、效率高、产品质量高、自动化监控水平高的现代化喷气织机，更由于电子多色、多品种选纬、电子提花、电子多臂等高新技术的应用，使喷气织机的品种适应性大幅提高，成为当代无梭织机发展最快、最先进的机型之一。

喷气织机采用微计算机技术以及其他电子检测技术，对全机的运动进行控制，尤其对产品质量的自动监控，使喷气织机生产效率大大提高，产品质量得到保障，机上安装了许多监控传感器，使织机本身具有自动运行及程序控制功能，形成许多转动连接的微电子自动控制体系，机上装有主控制板，经微机进行程序控制及质量控制，经过电子计算机形成喷气织机自动控制及通信网络系统，主要功能如下：

（1）电子送经。在后梁上设立传感器，可精确通过电子送经系统调节经纱张力，为避免开、关车造成的稀密弄疵点，专门配有开关车稀密弄防止系统。

（2）电子自动落布的程序控制。可以适于各种纬密织物及大直径布轴的落布。

（3）电子控制纬纱张力及经纱张力。在完成引纬的条件下，尽量选择较低的喷射张力，进行柔和引纬以减少纬纱断头和压缩空气消耗。

（4）经纬纱断头自动检测系统。一般纬向断头传感器沿整个筘幅设置两个或两个以上用以监测纬纱引纱失败（包括断纬）造成的停台。

（5）经纬纱密度及织机速度的自动控制，并在运行中按照有关信息进行在机调整。

（6）自动纬纱修复及自动卷绕检测系统，以消除无故停车，保障织机正常运行。

（7）电子选纬选色。按照计算机软件要求选择不同的品种或颜色的纬纱进行引纬。

（8）机器的全部信息由自动荧屏显示，并记忆储存各种生产数据，数字传递功能可与中央计算机数据库连接，实现网络信息存储。

（9）电子自动维修体系：自动修复故障后可自动开车。

（10）自动工艺变更系统：纬密变化不必调换齿轮，新品种改变可以简化，像纬纱颜色选择及纬密变更都可借助于电子控制系统完成。

（11）人机对话：高度发展的电子技术使喷气织机准备运转，操作简化。电子多臂与电子提花系统的设立，使喷气织机花色品种的适应性有很大提高。

各种喷气织机主要技术特征见表15-10～表15-14。

表15-10　ZAX 9100津田驹织机主要技术特征

机型	ZA×9100
生产企业	津田驹工业株式会社
筘幅（cm）	150，170，190，210，230，250，280，340，360，390
纬密范围（根/10cm）	标准密度98～1181，疏密度59～1181
线密度范围（tex）	短纤5.83～233.24tex，长丝2.2～135tex
纱线选择	双喷固定选纬、双喷自由选择、4喷、6喷
综框页数	曲柄式4页，消极凸轮式8页，积极凸轮式10页，多臂16页
织轴盘片直径（mm）	800，914，1000，1100
最大卷布直径（mm）	凸轮、多臂、提花开口600，曲柄开口520
传动方式	超启动电动机、电动机驱动直接启动，PSS可编程序启动，PSC可编程序调速
开口机构	曲柄式开口，消极、积极式凸轮开口，多臂开口（机械式/电子式、消极/积极、下置/上置）；大提花式开口，ESS电子开口，布边商标提花开口

机型	ZA×9100
引纬机构	辅助主喷嘴、主喷嘴、辅喷嘴、拉伸喷嘴并用方式，使用异形钢筘；新集流腔一体型电磁阀，辅喷嘴各色分别控制和支援控制，AJC 引纬自动控制和 FIC 引纬模糊控制，第一纬控制，多级 WBS 引纬制动
送经装置	双辊电控送经带自动反转功能；消极或积极送经，双经轴双层送经
卷取装置	ETU 电控卷取，带密度自动变换功能
打纬机构	4 连杆打纬，6 连杆打纬
布边形式	行星齿轮绞边方式，2/2 布边纱专用装置（选购），Z TN 无针式织边装置（选购），中间绞边装置（选购），电动纱罗装置（选购）
经停装置	电气式六列接触杆方式，旋转式传感器（选购），断经分区/左右分别显示
纬停装置	反射式探纬器，单头式、双头式；纱筒传感器（选购）三眼探纬器（选购）
润滑系统	主要传动为油浴方式，集中自动加油
制动装置	电磁制动
控制系统	超高速大容量 6 型计算机系统；织造导航系统；织机监控系统；带导航键盘，自动条件设定，显示推荐值，具有引导最佳运转条件、故障排除、自我诊断功能，且显示运转信息、维修信息

表 15-11　JAT810 丰田织机主要技术特征

机型	JAT810
生产企业	丰田自动织机株式会社
筘幅（cm）	190，340
纬密范围（根/10cm）	标准密度 94.48~1181，疏密度 59~1181
线密度范围（tex）	短纤 5.83~233.24，长丝 2.2~135
纱线选择	双喷固定选择、双喷自由选择、四喷固定选择、四喷自由选择
综框页数	积极凸轮式 8 页，多臂 16 页
织轴盘片直径（mm）	800
最大卷布直径（mm）	600，曲柄 520
传动方式	主电动机变频，启动方式、角度可选择，星形启动，三角启动，可调整送经量
开口机构	积极凸轮开口，多臂开口（电子式积极），大提花开口
引纬机构	辅助主喷嘴、主喷嘴、辅喷嘴、拉伸喷嘴并用方式，使用异形钢筘；新集流腔一体型电磁阀，辅喷嘴各色分别控制和支援控制，AJC 引纬自动控制和 FIC 引纬模糊控制，第一纬控制，多级 WBS 引纬制动
送经装置	双辊电控送经带自动反转功能；消极或积极送经，双经轴双层送经
卷取装置	ETU 电控卷取，带密度自动变换功能
打纬机构	4 连杆打纬，6 连杆打纬

续表

机型	JAT810
布边形式	行星齿轮绞边方式，电动纱罗装置
经停装置	电气式六列接触杆方式，断经分区/左右分别显示
纬停装置	反射式传感器，双头式；纱筒传感器
润滑系统	主要传动为油浴式，集中全自动加油
制动装置	电磁制动
控制系统	超高速大容量6型计算机系统，织造导航系统，织机监控系统；带导航键盘，自动条件设定，显示推荐值，具有引导最佳运转条件、故障排除、自我诊断功能，且显示运转信息、维修信息，自动抽纬

表 15-12　JAT710 丰田织机主要技术特征

机型	JAT710
生产企业	丰田自动织机株式会社
筘幅（cm）	140，150，170，190，210，230，250，280，340，360，390
纬密范围（根/10cm）	35.4~1181.1
纬纱选择（色）	2，4，6
综框页数	曲柄6页，凸轮8~10页，多臂16页
织轴盘片直径（mm）	800，930，1000
最大卷布直径（mm）	600，曲柄520
传动装置	主电动机的启动方式可选择；机台的停止、启动角度可选择；可调整送经量、一次性投纬织口紧随
开口形式	消极式凸轮开口、积极式凸轮开口、曲柄开口、电子开口、大提花开口
打纬	油浴式曲柄两侧驱动，多个短筘座脚
送经	电子控制送经装置，积极平稳式2根后罗拉（前后位置可调节式）
卷绕	机械式卷绕装置，电子式卷取装置
投纬	高推进式主喷嘴、喇叭型串联喷嘴，锤型辅助喷嘴、牵伸喷嘴，新型高灵敏度电磁阀、辅助气罐与电磁阀直接连接自动对织口装置，投纬时间自动控制装置（ATC）
绞边装置	左右不对称旋转器毛边装置，左右独立电子绞边装置
废边	采用捕纱方式握持住单侧纱端
经停装置	电子式经停装置，布边、废边纱切断停止装置，断经位置显示装置
纬停装置	反射式纬纱检测器（双探纬针），LED4色信号灯
润滑系统	主要部位油浴润滑方式、润滑油加油，全自动统一加油装置
控制系统	触摸式对话型新型彩色多功能操作盘；32位CPU和多功能操作盘；由光缆和区域网构成通信网；24小时及1周效率图表、经轴放空及布辊满卷时间的预测时间校正器，标准条件自动设定装置（ICS），智能型投纬控制器（IFC）故障排除、停台原因分别显示
其他	集中调节装置，异常时的自动警告机能

表 15-13 LA622 喷气织机主要技术特征

机型	LA622
制造企业	沈阳宏大纺织机械有限责任公司
产品型号	LA622
产品名称	喷气织机
用途及适用范围	适用于棉、毛、丝、麻、化纤等各种织物
公称筘幅调节范围	0~600mm
筘幅（cm）/转速（r/min）	190，230/500~700，280/450~650
纱线线密度范围	棉纱 6~100 英支，长丝 30~500 旦
经轴盘片直径（mm）	800
纬密范围（根/10cm）	87~866
最大卷布直径（mm）	600
停经装置	电气接触六排杆式
自动寻纬功能	无
开口形式	凸轮、多臂
电气控制系统	贝加莱电控系统或新技术电控系统
打纬机构	双侧六连杆打纬
引纬机构	主喷嘴+增压喷嘴+辅助喷嘴+异形筘
纬停装置	双光电探纬
绞边形式	行星轮式绳状绞边
送经装置	电子送经
卷取装置	机械卷取，电子卷取（选用）
综框最多页数	凸轮 8 页，多臂 16 页
纬纱选择	双色、四色
润滑系统	主要传动部件箱式油浴，其他部件定期润滑
筘幅（cm）/主电机功率（kW）	190 凸轮/26，230、280 凸轮/3.0，190、230 多臂/3.7

表 15-14 G1751 型喷气织机主要技术特征

机型	G1751
制造企业	经纬纺织机械股份有限公司榆次分公司
用途及适用范围	它以高速、高质量生产轻型和中厚型织物为目的，广泛用于织造从稀疏的纱布到密实的府绸织物，精纺呢绒织物、印花布、衬衫布、麻单布、灯芯绒、劳动布
公称筘幅（cm）	190，210，230
筘幅（cm）/转速（r/min）	190/800
纱线线密度范围（tex）	8.3~100
经轴盘片直径（mm）	800
纬密范围（根/10cm）	50~1200
最大卷布直径（mm）	550
停经装置	六列电控式
自动寻纬功能	自动寻纬
开口形式	凸轮开口或电子多臂

机型	G1751
电气控制系统	可偏移控制器
打纬机构	共轭凸轮
引纬机构	喷气引纬
纬停装置	电子自停装置
绞边形式	行星绞边
送经装置	电子卷取
综框最多页数	多臂机16页，凸轮开口8页
纬纱选择	双色
润滑系统	集中润滑
主电机功率（kW）	4.5

第四节　喷气织机维修工作标准

一、维修保养工作任务

做好定期修理和正常维护工作，做到正确使用、精心维护、科学检修、适时改造更新，使设备经常处于完好状态，达到提高生产技术水平和产品质量、增加产量、节能降耗、保证安全生产和延长设备使用寿命、增加经济效益的目的。设备维修主要包括对设备的平车维修、保养维修、加油等项目内容。其中平车维修是检查和纠正与产品质量关系密切的部件及影响设备正常运转的项目，保证设备处于完好状态。保养维修是以清洁为主，揩擦全机和检修一些小的机械缺点及保证设备完好的项目。

1. 平车维修

主要部件有凸轮箱、连杆部件、绞边部位、引纬部件、后梁部件及曲轴部件。

（1）将了机回丝剪下送入回丝房，将了机布落到布房，将取下的综框、停经条、停经片、钢筘等一同送往准备车间。

（2）清洁整机卫生。用毛刷把花毛清扫一遍，然后用气管吹掉粘花及细小的粉尘，用包布清理各处油污。

（3）检查各处气管、电磁阀、气管插头是否存在漏气现象，关闭主气管道，从车上拆下所有电磁阀，送配套室，更换后重新安装。

（4）检修主喷嘴、辅助主喷嘴，用副喷嘴定规检查、调整副喷嘴角度及距离，并更换磨损的辅喷嘴。调整探纬器距离。

（5）检查油杯加油系统及各处油镜，油管是否有堵塞、进气、弯折、漏油现象，油嘴是否损坏，对损坏的及时修复，确保各处油路畅通。

（6）准备好内内径为26（负荷侧用）和21（反负荷侧用）的管子各一根，用于拆卸绞边器转轴轴承。将储纬器拆开，彻底清理里面的粉尘及花毛、回丝。对轴承进行保养加油。同时调整储纬器及纬纱架位置。

（7）拆下边撑送配套室配套使用。注意：一定要避免刺环与硬物接触，以免损坏刺针。

（8）刹车盘部位清理干净花毛、粉尘。重新调整刹车盘间隙，使其整个圆周的间隙均为 0.4mm。检查墙板油位及曲轴是否正常。

（9）检查同步皮带、卷取电动机皮带、电动机是否损伤。注意：电动机皮带更换时要统一更换新的，新旧皮带不能混用。

（10）将卷取压布辊拆下，检查卷取辊上的刺皮和毛毡是否存在损坏现象，损坏的及时修理和更换。调整压布杆与螺丝垫圈之间的距离为 23mm。检查各轴承转动情况，并彻底清理两端轴承及衬套内的油污及回丝，加上新的润滑脂。更换转动不灵活的轴承，衬套磨损大的更换衬套。

（11）检查卷取链条是否存在损伤，给链条加油保养，并给卷取辊两端的齿轮加油保养。清理卷取摩擦片处的回丝、花毛，对损坏的进行更换。

（12）同时检查废边纱手柄是否正常工作，清理花毛、回丝，除去锈迹，保证废边纱手柄能正常工作。

（13）检查综框导轨是否发生磨损，综框导轨磨损严重的应更换。综框横动间隙为 0.5~1.0mm。检查上下导板是否安装正确，保证上下导板与综框之间前后间隙均为 2mm。

（14）拆下绞边器送配套室配套后使用，检查轴承及轴承座是否发生磨损，磨损有间隙的更换轴承或轴承座，并清理、加油。安装取回绞边器，纯棉品种一般为：绞边时间喂纱侧 280°，动力侧 10°（津田驹喂纱侧 290°，动力侧 0°）。

（15）将后梁各轴拆下，清理干净油污，检查轴与衬套有无磨损，发生磨损的应及时更换。检查后梁轴承是否转动灵活，不灵活的应更换轴承。重新加油保养。

（16）同时检查送经臂偏心毂内各部件是否有磨损，磨损的应更换，清理油泥后加油，检查确保各处顶丝无松动现象。注意：保证两侧运动送经量、送经角度保持统一。

（17）将连杆连接在两端墙板上及连接在织机下梁上的连杆座全部拆下。拖出整套连杆检查各部位轴承是否有磨损，连杆轴承存在间隙的应更换轴承，连杆弯曲变形的应更换连杆。注意：维修连杆一定要用专用力拒扳手，保证计划维修质量。

（18）将综框挂钩拆下，送配套室更换安装。

（19）将凸轮机内润滑油抽出，彻底清理凸轮箱内各部分花毛及油泥。

（20）检查摇臂、内轴、轴承，确保各连接部件无间隙，安装凸轮机说明书上的拆卸、安装和更换。重新调整接、修复平综装置。注意：一定要使用专用扭矩扳手和调整转子啮合力专用测力扳手及定规。平车维修检查标准见表 15-15。

表 15-15　平车维修检查标准

项次	检查及更换部位	要求	扣分
1	连杆是否有磨损、缺油、弯曲变形	不允许	4
2	综框挂钩、挂钩盒是否磨损大、缺油	不允许	3
3	摇臂轴承、转子是否发生磨损	不允许	3
4	电动机皮带、同步皮带是否松弛、缺损现象	不允许	3
5	摇臂内轴是否发生磨损	不允许	4

项次	检查及更换部位	要求	扣分
6	三孔连杆、四孔连杆轴承是否磨损、有间隙	不允许	3
7	综框间隙是否正确、缺油	2mm	3
8	平综装置是否磨损、杠杆是否磨损大、是否不平综	不允许	2
9	凸轮箱传动轴轴承是否缺油、转动是否不灵活	不允许	2
10	各处油位是否准确、漏油	不允许	3
11	松经齿轮是否发生磨损	不允许	3
12	松经臂偏心毂是否发生磨损、是否缺油	不允许	3
13	后梁轴承转动是否灵活、衬套（轴承）是否有磨损	不允许	3
14	主喷嘴、辅助主喷嘴是否弯曲、变形	不允许	2
15	纬纱制动器（ABS、WBS）是否缺少损坏	不允许	3
16	各处气管、调压阀是否漏气、不作用	不允许	3
17	副喷嘴高度、角度是否正确	不允许	2
18	电磁阀常喷	不允许	3
19	探纬器损坏、探纬线松弛	不允许	2
20	废边装置作用不良	不允许	2
21	清理储纬器内部花毛、检查电动机正常	不允许	2
22	清理卷取摩擦片	不允许	2
23	卷布辊轴承是否转动灵活	不允许	3
24	卷取链条是否松弛、有损坏	不允许	3
25	卷取压布辊各轴承是否损坏、缺油	不允许	3
26	卷布辊不完好	不允许	1
27	绞边器齿轮是否磨损	不允许	3
28	绞边器传感线路是否有效	不允许	3
29	绞边器框架是否变形、损坏	不允许	3
30	刺环针是否发生弯曲、转动是否灵活	不允许	2
31	刹车盘间隙是否正确	（0.4mm）	2
32	筘座是否松动	不允许	4
33	绞边器卫生不合格、传动轴缠回丝	不允许	3
34	织机有显著振动、异响、地脚活	不允许	5
35	车底布条、回丝，筒内有杂物，车上放零件	不允许	2
36	油路不通、油管断掉	不允许	5
37	织轴跳动、压块松动	不允许	3
38	各处有绳捆索绑现象	不允许	2
39	护罩损坏、严重变形	不允许	2
40	凸轮箱异响	不允许	3
41	副喷嘴角度、高度不正确、喷气管弯折	不允许	3
42	刺毛辊刺皮、毛毡损坏	5cm 以上	3

续表

项次	检查及更换部位	要求	扣分
43	板簧张力座、废边纱张力片损坏	不允许	2
44	单喷、传感器不作用	不允许	3
45	机件、油嘴缺少、松动	不允许	3

2. 保养维修

保养维修包括整机清洁、润滑加油、卷取部位、引纬部件。

（1）打开主电动机护罩，清理花毛及粉尘，检查电动机皮带是否缺少、松弛，及时进行更换和维修，清理电机风扇上缠绕的回丝，检查电动机轴承是否断裂或发热，及时更换。

（2）彻底清理制动器附着的花毛及粉尘，检查刹车盘间隙是否正确，同时清理编码器齿轮上的油泥及粉尘，并加油，确保编码器齿轮无缺损现象。

（3）打开开口护罩，清洁花毛及粉尘，特别是斜连杆底部花毛彻底清理；检查定时皮带是否有松弛、缺齿现象，及时调整和更换。

（4）踏盘护罩，检查油位是否正确及油质情况；清理摇臂后毛刷油泥，使油路循环正常；对缺油的进行添加，对油质不良的进行更换，并做好记录。

（5）将布辊抬到织机上，检查长连杆、斜连杆、三孔、四孔拉刀情况，彻底清理连杆上花毛、油泥并对其加油。

（6）检查综框上下导板间隙，不正确的按标准调节；并对左右横动间隙检查调整，两侧导轨必须加油。

（7）拆开织机左侧墙板护罩，查看墙板油位是否正确，清理护罩内花毛及粉尘，特别是清理储纬器连接插头内的花毛、粉尘。

（8）检查储纬器气管是否漏气，护罩是否松动，用气管清理储纬器内的粉尘。检查纬纱架、储纬器、主喷嘴、辅助喷嘴、张力器位置是否正确，按照说明书标准要求调节。

（9）检查副喷嘴角度、高度、距离是否准确，不准确的用副喷嘴定规调节。检查探纬器位置是否正确，探纬线是否松弛、破损，探纬器是否干净，并按照要求进行调整。

（10）电磁阀、停纬销、边撑拆卸后送配套室配套后安装，副喷气管是否磨摇轴，并对其进行维修。

（11）对卷取辊两端轴承、卷取链条进行清理回丝，加油。检查卷取辊上的刺皮和毛毡是否存在损坏现象，损坏的及时修理和更换。

（12）机件保养完毕后，检查整机螺丝、护罩是否出现松动现象。各处机件无绳捆索捆现象。检查地脚螺丝是否有松动，断掉现象。保养维修检查标准见表15-16。

表15-16　平车维修检查标准

项次	检查项目	允许限度	扣分标准	
			单位	扣分
1	综框各处间隙不正确、加油不到位	2mm	处	3
2	停经架、后梁位置不正确	不允许	处	3

项次	检查项目	允许限度	扣分标准	
			单位	扣分
3	绞边器卫生不合格、传动轴缠回丝	不允许	处	2
4	织机有显著振动、异响、地脚活	不允许	台	5
5	车底布条、回丝，筒内有杂物，车上放零件	不允许	台	2
6	连杆花毛多、未清理、油污严重	不允许	处	2
7	油路不通、油管断掉	不允许	根	5
8	钢筘螺丝松动、后梁螺丝松动	不允许	处	5
9	经轴螺丝松动、压块松动	不允许	处	2
10	分纱不匀	不允许	处	1
11	左右边剪位置不准确（毛边≤5mm）	不允许	台	2
12	停经架底花毛多、未清理	不允许	台	2
13	织轴跳动、压块松动	不允许	台	2
14	一般螺丝松动、缺少	不允许	台	2
15	各处有绳捆索绑现象	不允许	处	3
16	卷布辊衬套、织轴衬套缺少、损坏	不允许	处	2
17	墙板、凸轮箱油位不准确、漏油	不允许	台	3
18	护罩损坏、严重变形	不允许	处	2
19	综丝夹底座松动（消极开口）	不允许	处	1
20	连杆弯曲变形	不允许	根	3
21	同步皮带松弛	不允许	根	2
22	凸轮箱异响	不允许	台	3
23	副喷嘴角度、高度不正确，纬纱架调整不准	不允许	处	3
24	同步皮带传动轴缠回丝	不允许	处	2
25	探纬器电缆线松弛、少线卡	按说明书规定	处	2
26	后梁各处油污严重	不允许	处	2
27	刺毛辊刺皮毛毡损坏、开胶	5cm	处	3
28	电气装置安全不良	不允许	处	3
29	电动机皮带缺少、损坏	不允许	根	2
30	主电动机清洁不良	不允许	台	2
31	板簧张力座、废边纱张力片损坏	不允许	件	2
32	单喷、传感器不作用	不允许	台	3
33	机件、油嘴缺少、松动	不允许	件	3
34	主喷嘴、辅助主喷嘴弯曲变形	不允许	台	2
35	边撑螺丝缺少、刺环缺少	不允许	处	3
36	各处气管弯折、摩擦、漏气	不允许	处	3

注 1. 分纱板配备标准：190丰田不少于2件，津田驹190、230织机不少于3件，280织机不少于5件，360织机不少于6件。

2. 此表中没有的按每项2分扣除。

二、岗位职责

1. 维修工的岗位职责

（1）设备的维修工作是保证产品质量、提高设备生产率的一个重要环节，为此设备维修要树立为运转服务的思想，配合轮班做好定期维修工作，使设备经常处于完好状态，达到保证产品质量、提高生产效率、降低消耗和延长设备使用寿命的目的。

（2）维修工作必须结合生产实际，做到预防为主，认真执行安装规格及操作要求，按周期和质量要求完成维修工作。

（3）在维修工作中，必须注意安全操作，严格执行各项安全操作规程，维修时拆下的部件，要整齐摆放，维修完后要检查机台是否留有工具、螺丝、揩布，并将油污揩干净，避免发生安全事故。

2. 保养工的岗位职责

在设备管理员的领导下，认真做好设备维修工作，使设备经常处于完好状态，达到提高产品质量、提高效率、降低消耗、安全生产、吸收消化和使用好引进设备的目的，树立为运转服务的思想，做到运转满意。

（1）每天提前上岗，做好保养前的准备工作。

（2）认真执行保养工作法，对质量检查员查出的问题及时修复。

（3）严格执行安全操作规程，绝不违章操作，保证工作地点周围干净。

（4）积极参加技术练兵，不断提高操作水平。

（5）树立为运转服务的思想，做到一切为一线着想。

（6）积极参加设备更新改造及合理化建议活动。

（7）自觉遵守各项规章制度，充分利用工时。

（8）服从设备管理员和队长的工作分配，按时完成任务。

3. 运转技工的岗位职责

（1）负责坏车维修工作和产、质量攻关。

（2）负责上轴和翻改机台的验收工作。

（3）做本班负责区域的巡回检修工作。

（4）负责了机结经，了框挂机的过头开车工作。

（5）负责日班维修、保养后的交接验收工作。

4. 设备维修各工种安全操作规程

（1）维修和拆车前要关闭主电源，才能进行工作。

（2）无电气人员的配合，不得随意更换与触动电气元件与电路板。

（3）拆装搬运较重机件，必须由专人指挥配合，互相呼应，抬稳轻放。

（4）拆卸机件必须按工作法规定使用工具，不准硬敲硬砸。

（5）拆下的机件应按规定妥善放置。

（6）维护过程中丢失的机件、螺丝、垫片、工具必须及时找到方可开车，未找到不可开车运转。

（7）织机前盖板、电控箱及各防护罩上一律不准放任何物品。

（8）试车前必须清点工具和检查车上有无杂物，装好安全防护罩，确认无危险时才能试车。

(9) 换油期间不允许转车。

(10) 工作时落在地上的油污要立即揩擦干净，蹲下起立要防止碰伤和磕伤。

(11) 严格执行一般安全技术规程和常用工具安全操作规程。

(12) 认真执行《喷气织机操作手册》中的安全规定和各项要求。

三、技术知识和技能要求

1. 初级工知识和技能要求

(1) 知识要求。

①企业设备管理的方针、原则、基本任务及本岗位设备使用、维护、修理工作的有关内容和要求。

②织布机的型号、规格，主要组成部分的作用，主要机件的名称、安装部位、速度及其所配电动机的功率和转速。

③织布机所用滚动轴承、螺丝、常用机物料的名称、型号、规格、使用部位及变换齿轮的名称、作用和调换方法。

④织布机润滑的部位及其"六定"内容（定点、定质、定量、定时、定人、定法）。

⑤织布机的机械传动形式、特点和作用，传动带（包括齿形带及链条）的规格及张力调节不当对生产的影响。

⑥纺织原料的一般知识和线密度（支数）的定义、生产工艺流程及本工序主要产品规格和质量标准。

⑦主要配件的型号、规格及安装要求，各部件的工作原理及对织物质量的影响。

⑧变换齿轮和纬密的关系及其计算。

⑨常用易损机件的名称（代号）及磨损限度。

⑩工具、量具、仪表的名称、规格和使用、保养方法。

⑪长度、重量、容积的常用法定计量单位及换算。

⑫常用金属材料和非金属材料的一般性能、特点及用途。

⑬电的基本知识。如电流、电压、电阻、电磁、绝缘、简单线路等的基本知识。

⑭机械制图的基本知识。

⑮正（斜）齿轮齿数、外径、模数（径节）的计算及齿轮啮合不当对齿轮寿命和生产的影响。

⑯具有钳工操作的基本知识。如锉削、锯割、凿削、钻孔与攻丝、套丝的方法要求。台钻、手电钻、砂轮等的使用、维护方法。

⑰全面质量管理的基本知识。

⑱安全操作规程及防火、防爆、安全用电、消防知识。

(2) 技能要求。

①按照织布机维修工作法，独立完成本岗位的工作。

②调换变换齿轮。

③维修后的加油工作。

④检修简单机械故障。

⑤正确使用常用工具、量具、仪表及修磨凿子、钻头。

⑥会画简单零件图。

⑦具有初级的锉削、锯钳工技术水平。

2. 中级工知识和技能要求

除掌握初级工的内容外，还应掌握以下内容：

（1）知识要求。

①本工序设备维护、修理工作的有关制度和质量检查标准等相关技术条件。

②翻改产品时，布机应调整的工艺参变数及调整的原因。

③各机构的相互关系不正常对生产的影响。

④易损机件的名称及其易损原因和修理方法。

⑤复杂机械故障的产生原因和造成产品质量低劣的机械原因及其检修方法。

⑥温湿度对生产的影响和本工序的调整范围。

⑦本工序新设备、新技术、新工艺、新材料的基本知识。

⑧电器控制、液压控制、气动控制的基本知识及其在本工序设备上的应用。

⑨电气、电子、微机检测、监控装置在本工序设备上应用一般知识。

⑩电焊、气焊、锡焊、电刷镀、电喷涂、粘接等的应用范围。

⑪表面粗糙度、形位公差、公差与配合。

（2）技能要求。

①按织布机的维修工作法，熟练完成本岗位的修理工作。

②具有翻改品种、试车及调整的能力。

③检修复杂的机械故障。

④按本专业装配图装配部件。

⑤改进本工序的零部件，并绘制图样。

⑥具备钳工技术：校直轴径 32~40mm 的轴。要求：每米长度内弯曲不超过 0.1mm；修刮轴瓦或刮研 150mm×150mm 平面要求：每 25mm×25mm 内达到 15 个研点以上；在轴径 40mm、长 50mm 圆钢上，开凿 9.5mm×50mm×4.5mm 键槽，并配键，达到紧配合。

3. 高级工知识和技能要求

除掌握初、中级工应掌握的内容外，还应掌握以下内容。

（1）知识要求。

①本工序设备维护、维修周期计划，机配件、物料计划和消耗定额的编制依据、方法及完成措施。

②织机运动间的配合与速度关系。

③各种不同织机的制织要求和新品种制织工艺设计的基本知识。

④解决机台修理中疑难问题的技术措施。

⑤设备管理现代化的基本知识。

⑥本工序新设备的结构、特点原理及新技术、新工艺、新材料的应用。

⑦电气、电子、微机检测、监控装置及其在本工序设备上应用的作用和原理。

⑧设备事故产生的原因及预防措施。

⑨按厂房条件、设计绘制机台排列图。按排列图装机台的划线方法，机台安装部位的地基要求，车脚螺丝的选择及安装方法。

⑩设备、工艺与产品质量的关系以及工艺设计的一般知识和主要工艺参数的计算。

（2）技能要求。

①精通本工序设备维修技术及维修工作法，并能进行技术指导和技术培训。

②平装机架及全机的检查调试。

③设备专用器材的型号、规格、特征、使用范围、验收质量标准和报废条件。

④按排列图进行机台划线。按装配总图安装设备并进行调试，达到设计、使用和产品质量要求。

⑤具有解决设备维修质量、产品质量、机配件物料、能源消耗等存在的疑难问题的技术水平。

⑥具有鉴别机物料规格、质量的技术经验和提出主要机配件修制的加工技术要求。

⑦各项维修工作的估工、估料。

⑧运用故障诊断技术和听、看、嗅、触等多种检测手段收集、分析处理设备状态变化的信息，及时发现故障，提出措施，并在维修工作中正确运用现代管理方法。

⑨按产品质量要求分析设备、工艺、操作等因素引起的产品质量问题，并提出调试、改进和检修方法。

⑩正确使用、维护本工序的设备，掌握新技术、新工艺、新材料的应用。

⑪绘制本工序较复杂的零件图。

四、质量责任

各工种疵布责任的划分如下。

1. 运转技工

（1）凡是值车工查到机械上有问题，没有产生降等疵布，技工如不修或没有修好，造成疵布应负全部责任。值车工检查到降等疵布，技工没有修好又继续降等，负 1/2 的责任。

（2）上轴后连续性疵布，如云织、三跳、拖坏、边剪坏、边不良、针路等 1.5 米内负 1/3 的责任；1.5~5m 内负 1/2 的责任（上轴后应检查验收）。

（3）机械问题，坏机件产生的轧断等疵布负全部责任。

（4）硬性杂物负全部责任（不论硬、软杂物，挑除后成洞状，仍与杂物落实方法相同）按信息反馈单为准。

（5）因修坏车，造成油污、破洞、豁边负全部责任。

2. 上轴工

（1）上轴后3m内的油污、渍疵布负全部责任。

（2）因清洁工作不良造成油污或因加油过量造成甩油负全部责任（包本班半个班）。

（3）对所用穿轴要检查，发现穿轴有断头、绞头、油污、坏综框、坏筘、绞边、水渍、盘片松动、无墨印应通知准备车间处理，否则造成疵布负全部责任。

（4）凡是上轴后墨印织不到（长度达到25cm）造成无墨印，负全部责任。

（5）上轴后，所动部件走动及螺丝松动造成疵布负全部责任（包本班半个班）。

（6）上轴后的连续性疵布，如云织、星跳、拖坏、边剪坏、边不良、极光、针路等，1.5 米内负 2/5 的责任，1.5~5m 内负 1/2 的责任。

（7）凡上轴机台，经帮接工验收不符合要求的地方要复校复修，如上轴工不复校复修，产生上机打结不良，卷布辊弯曲或其他原因造成的破洞、豁边、撕坏、稀弄等负全部责任。

3. 加油工

（1）加油时造成甩油疵布负全部责任。

（2）加油时不注意，把油滴在布上或经纱上造成的油污疵布负全部责任。

（3）因加油时操作不良造成的人为疵布负全部责任。

4. 维修工

（1）维修前 1.5m 的破洞、豁边、油污及平车后 3 米的油污负全部责任。

（2）维修后开车的稀密路、折痕、经缩，与开车者各负一半的责任，维修工自己开的车负全部责任。

（3）维修后造成的机械疵布：24 小时内维修工负全部责任（百脚、连续性双纬、毛边、星跳、云织、边撑疵、边剪坏、边不良、针路、极光等）。

5. 揩车工

（1）擦车印前 1m，印后 3m 内的油污负全部责任。

（2）擦车印前 1.5m，印后 20cm 内的破洞负全部责任。

（3）不打责任印，只要是擦车造成的坏布，不论长度，负全部责任。

（4）开车后 50cm 内的杂物、坏布揩车工与值车工各负一半责任。

五、喷气织机维修质量检查考核标准

以设备维修说明书为基准，结合各厂生产与设备管理的实际生产情况，本着"勤检查、多保养、加足油、少拆装"的原则，发挥设备的最大经济效益，延长使用寿命，制订如下检查考核标准供参考。喷气织机完好技术条件见表 15-17。

表 15-17 喷气织机完好技术条件

序号	检查项目		允许限度	检查方法及说明	扣分标准	
					单位	扣分
1	织机异响	振动	不允许	目视、手感、嗅觉、耳听邻近机台，比较温度超过 20℃ 为发热机台	台	3
		异味			处	2
		发热				2
		异响			台	3
	主轴轴承、电动机轴承异响					4
2	油浴箱油位		游标上下限之间	目视，关车 3 分钟，油位应在观察孔上下限之间	处	4
3	漏油	漏	不允许	目视、手感明显地有为漏油用擦布将油擦净，运行 15 分钟后又有油为渗油	处	4
		渗				2

553

序号	检查项目		允许限度	检查方法及说明	扣分标准	
					单位	扣分
4	集中（循环）供油泵	润滑故障显示	不允许	目视润滑故障灯显示，终端润滑故障信息，油管有空气，供油泵不工作，油嘴堵塞均为不良	台	2
		油管有空气混入油管断损				
		不工作				
5	漏气	阀漏气	不允许	目视、手感、耳听	件	2
		气管漏气			处	2
6	刹车、定位	经停	±2°	按上项工艺分别进行经停、纬停、手停操作，观察刻度盘角度	项	2
		纬停				
		手停				
7	断经不关车		不允许	停经片逐列测试，每列测试3处，有一处3秒内不关车为不良，废边纱绞边测试可将纱分别拉松检查	台	4
					侧	
8	断纬不关车		不允许	两探纬器分别检查	台	4
9	主喷嘴	磨损、堵塞变形	不允许	目视、手感必要时用定规，辅喷嘴挂纱或有明显的磨痕为磨损	只	2
	副喷嘴					
10	开口时间	调节柄不良	±5°	将主轴转到工艺位置，观察综框与相应调节柄是否平齐，观察刻度盘角度	台	3
	综框平齐		2mm		台	2
	边剪不良	毛边长度	3~5mm	目视、尺量，毛边长度不符合企业规定为不良		1
		毛边不良	不允许			1
11	慢速运动	不正常	不允许	按压寻断纬按钮，观察综框运动	台	3
	寻断纬运动		不允许		台	3
12	传动带	掉齿	不允许	目视、尺量，主传动带缺损二联及以上，同步带裂损超过1/3带宽，三角带齿到齿底裂损，超过2/3带齿高	只	2
		裂损				
13	传动齿轮	齿顶磨损	1/3齿顶厚	目视、尺量		2
		缺单齿	1/4齿宽			
14	机件松动、缺损、失效		不允许	目视、手感		2
15	主要螺丝、垫圈松动、缺损		不允许	目视、手感，主要螺丝钢箱，探纬器、筘座、地脚机架、边撑、剪刀及储纬器、工艺部件、游星、喷嘴上的固定螺丝、传动部位固定螺丝		2
	一般螺丝、垫圈松动、缺损		不允许			0.5
16	机械连疵		不允许	目视，织口到布辊间布面质量	台	4
17	安全装置作用不良		不允许	目视、手感，传动部分防护罩缺损、松动、摩擦或其他原因致使其不起安全作用为不良	件	4

续表

序号	检查项目		允许限度	检查方法及说明	扣分标准	
					单位	扣分
18	电气控制装置		不允许	目视，绝缘不良、位置不固定、电源开关失效，按钮缺损、作用不良、36V 以上导线防护套脱落、缺少，36V 及以下导线脱落	台	4
			不允许	目视，36V 及以下导线脱落	台	11
19	游星开口角度		±2°	将主轴转到工艺要求位置，观看角度盘角度是否符合工艺	侧	2
20	送经时间		±2°	目视	台	2
21	储纬器	停纬销	居中	目视，电磁针是否居中、圆整、间隙符合要求	台	2
		鼓筒直径	圆整			
		间隙	符合机型规则			
22	编码器		齿隙为0.2~0.3mm	目视，齿隙是否在允许范围内，刻度盘角度是否与计算机控制面板角度一致	台	4
			角度±2°		台	2
23	纬纱制动器		居中	目视，导纱器在 ABS 叉中间，动作良好	台	2
24	两侧经位置线一致		不允许	目视，尺量	台	2
25	经纱张力差异		±10kg	目视，与其他车比较	台	2
26	零张力偏差		±2kg	将主轴转到综平位置，放松经纱，观察张力显示	台	2
27	纬纱架	定位	按划线摆放		台	2
		瓷眼	完好			
		插纱杆	与瓷眼中心成一直线			
		张力弹簧片	完好			
		底座	不松动、歪斜			
28	绞边机构	圆盘绞边 定位不良	不允许		台	2
		圆盘绞边 碰综框				
		圆盘绞边 定时（左/右）	±5°			
		行星绞边 传感器间隙	±0.1mm			
		行星绞边 张力弹簧松或缺损	不允许			
		行星绞边 各传动齿轮不平齐	不允许			
		行星绞边 定时	±2°			

第十六章　剑杆织机织布工和维修工操作指导

第一节　剑杆织机织造工序的任务和设备

一、剑杆织机织造工序的主要任务

1. 主要任务

将前工序提供的织轴与纬纱（筒纱）按照织物组织的规格要求及工艺规定，在织机上织造成各类织物。

2. 主要职责

有效地开展质量控制活动，提高操作人员的工作质量，以保证长期稳定地提供符合产品质量标准和消费者要求的高品质织物。

二、剑杆织机织造工序的一般知识

1. 织造基本运动

（1）开口。按照经纬纱交织规律，把经纱分成上下两片，形成梭口的开口运动

（2）引纬。把纬纱引入梭口的引纬运动

（3）打纬。把引入梭口的纬纱推向织口的打纬运动

（4）卷取。把织物引离织物形成区的卷取运动

（5）送经。把经纱从织轴上放出输入工作区的送经运动

2. 织造经纬纱路线

（1）经纱经过的路线。

织轴→后梁→停经片→综丝（综框）→钢箱→织口→胸梁→卷布辊→布卷

（2）纬纱经过的路线。

纬纱筒子架→导纱器→储纬器→张力器→纬纱检测器→选纬指→送纬剑→进入梭口→接纬剑→引出梭口

3. 储纬器的作用

储纬器的作用是储存适量纬纱并使引入梭口的纬纱张力均匀，减少纬纱断头及断头造成的疵点和停台。

4. 绞边纱的作用

绞边纱常用 14.6tex×2（40 英支/2）合股纱（企业可根据实际需求变换纱支范围和材质），通过纱罗边装置进行绞边，把边锁住，防止脱边。

绞边穿法：分别将左右两侧的两根绞边纱纱头拉出，通过张力弹簧、绞边张力补偿装置，穿入绞边马蹄综内，再穿入与边组织相邻的钢箱。

绞边纱注意事项：

（1）绞边纱弹簧要拧紧，同时注意弹簧端头不要露出，保持绞边张力平衡。

（2）绞边纱穿马蹄综时，用手直接穿，不要用牵引钩，以防刮起毛刺。

5. 废边纱的作用

废边纱一般由左右各 6~16 根 36.4tex×2（16 英支/2）合股线组成（企业可根据实际需求变换纱支范围和材质）

废边纱穿法：将废边纱逐一拉下分别穿入左右废边综丝内（要平行排列，不要穿绞），经过分纱瓷眼、停经片，穿入钢箍，穿箍方法一般为（1.1）、（2.2），4 入等。

废边纱注意事项：

（1）废边纱不能叉绞，保持通道顺畅。

（2）穿入综丝的废边纱尽量与钢箍垂直，在箍幅允许的条件下，废边纱距离边组织 2cm 左右。

6. 开关车注意事项

（1）开车时先开总电源，20 秒后开织机电动机，显示屏左下方显示综平 325° 后，倒一根纬纱，开车。

（2）关车时按停车按钮，待慢车停稳后关电动机，再关电源。

7. 停台的判断方法

巡回中发现停台，先看彩灯显示，确定停台原因，若为纬向停台，随时处理。若确定为经向停台，先查看控制面板上的图像显示，确定停台原因，再找出导致经向停台的部位进行处理。

三、剑杆织机的主要机构和作用

1. 剑杆织机的织造原理及特点

（1）剑杆织机的织造原理。经纱从织轴上退解下来，绕过后梁，穿过停经片后进入梭口形成区。在梭口形成区，每根经纱按工艺设计规定的顺序分别穿过综丝的综眼，并穿过钢箍的箍齿。当梭口形成后，往复移动的剑杆插入或夹持纬纱，将机器外侧固定筒子上的纬纱引入梭口。然后，钢箍将引入的纬纱打向织口，在织口处纬纱与经纱交织形成织物（图 16-1）。

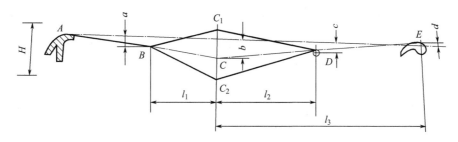

图 16-1 梭口形成区

A— 胸梁　B—织口　C—综眼　D—导棒　E—后梁　H—梭口高度　d—后梁高度

C_1、C_2—开口时经纱随同综框做上下运动时的最大位移

（2）剑杆织机的特点。剑杆织机属于无梭织机的一种，是使用剑杆剑头夹持纬纱，使纬纱处于受控状态，是一种积极式引纬方式。这种引纬方式能减少织物纬缩等疵点及在引纬过程中纬纱退捻现象。

①剑杆织机的运动规律。剑杆运动规律由传剑机构控制，能得到理想的运动规律。传剑头在夹取、引导及交接纬纱过程中所受张力较小，作用力较为缓和，达到降低纬纱断头率，提高产品质量和织机生产效率的目的。

②剑杆织机的剑头通用性。剑杆织机的剑头通用性很强，能适应各种不同线密度、不同原料、不同截面形状的纱线的引纬要求，也能应用于各种花式线的引纬和线密度大小差异较大的纱线交替间隔的引纬，后者能形成粗细条的织物外观效果。

③剑杆织机的纬纱选色功能。剑杆织机的纬纱选色功能强，能十分方便地进行 1~4 色任意选纬，最多可达 16 色。因此，剑杆引纬特别适用于多色纬织造，在装饰织物加工、毛织物加工和棉型色织物加工中得到广泛使用。

④双剑杆引纬及其他剑杆特点。双剑杆引纬分别由位于织机两侧的两根剑杆共同完成每次引纬，这样使剑杆织机的幅宽得以大幅增加，最大幅宽可达 460cm。

双层剑杆引纬适用于双重、双层织物的生产。织机采用双层梭口的开口方式，每次引纬同时引入上下各一根纬纱。利用双层剑杆引纬生产的绒织物（长毛绒、天鹅绒、棉绒及地毯等）手感、外观良好，织机产量高。

刚性剑杆引纬不接触经纱，对经纱不产生磨损，在产业用织物加工中，适用于玻璃纤维和一些高性能的特种工业用技术织物的加工。

叉入式剑杆引纬具有每次引入双纬的特点，特别适用于帆布和带织物的加工。

因此，剑杆织机与其他类型的无梭织机相比，具有产品适应性广、产品档次高、翻改品种快、质量好，织机机械性能与性价比适中等优点，故得到广泛的应用。

2. 剑杆织机的主要机构及作用原理

剑杆织机的主要机构包括开口机构、引纬机构、打纬机构、送经机构、卷取机构、织边机构、断经断纬自停机构、多色选纬机构、混纬机构、传动机构等。

（1）开口运动机构。剑杆织机的开口机构形式主要有凸轮式、多臂式、提花装置。运动原理和作用是通过这些机构部件与综框间的连接，按织物组织的要求做规律性的升降运动，使经纱产生上下两层纱口，即开口运动。

开口运动的主要部件包括：凸轮、多臂机、提花装置、连接杆、综框、回综弹簧等。

（2）引纬运动机构。开口机构形成梭口之后，以剑头将纬纱引入梭口的运动称为引纬运动。根据引纬装置的结构可分为刚性剑杆和挠性剑杆两种。这种引纬方法的特点是结构简单、动力消耗小、操作安全、生产率较高。

引纬机构的主要部件包括：储纬器、纬纱探测器、选纬器、剑带操纵轮、接纬剑、送纬剑等。

（3）打纬运动机构。剑杆织机打纬机构形式主要有两种：曲柄式和凸轮式。曲柄式一般采用四连杆、六连杆等曲柄打纬形式的较多。原理和作用都是将引入织口的纬纱推至织口处，使其前后纬纱相互密切排列形成织物。

打纬运动的主要部件：曲柄（曲轴）、连杆、筘座、摇轴、凸轮、钢筘等。

（4）送经运动机构。剑杆织机送经机构有两种：机械式和电子式。原理和作用是随着织物引离织口，从织轴相应的送出一定量的经纱，并使之保持均衡的张力，满足织造要求。

送经运动的主要部件包括：机械式送经机构有织轴齿轮、送经变速箱（蜗轮、蜗杆）、传送（动）轴、摩擦器（离合器）、差微调速器、张力弹簧、液压缓冲器、后梁、张力辊等；电子式控制送经机构有伺服电动机、调速器、张力感应器、微机调控编码系统等。

（5）卷取运动机构。剑杆织机的卷取机构有两种形式：机械式和电子控制式。原理和作用是把织物引离织口，并卷绕在布辊上，以保证织造生产连续进行。

卷取运动的主要部件包括：机械式卷取机构有卷取主轴与齿轮、卷取张力辊、布辊、变换牙轮、标准牙变速箱等；电子控制式卷取机构有定时皮带、微机调控编码系统等。

（6）织边机构。布边是织物的组成部分，其作用是防止边经松散脱落，增加织物边部对外力的抵抗能力，满足后道工序的要求。

根据原料种类、纱线粗细、织物组织的不同，布边有以下要求：

①平直、牢固、光洁、挺括，在打纬时不松散，印染整理时不破边。

②布边与布身的厚度和缩率差异应尽可能小。

③耗用经纬纱尽可能少。

剑杆织机的单向引纬导致纬纱在布边处不连续，形成毛边。为了锁住织物的布边，使纬纱切断后能与边经交织成牢固的布边，满足织造、后整理加工和销售的需要，故配置织边装置。剑杆织机常用的织边机构有纱罗边装置和折入边装置。

（7）断纬自停装置。断纬自停装置的作用是防止纬纱断头时在织物上形成织疵。当纬纱断头或用完而未补充时，使织机停止正常运转。

无梭织机上通常采用电气式断纬自停装置。电气式断纬自停装置有三种，即压电式、光电式及电阻式。其中，剑杆织机通常采用压电式电气断纬自停装置。

（8）断经自停装置。在织机运转中，当任何一根经纱断头时，使织机立即停车的装置称为断经自停装置，简称经停装置。经停装置的作用是防止织物上断经、经缩及跳花等疵点的产生，提高织物质量，同时可以减轻值车工的劳动强度，增强看台能力，提高织机的生产率。

无梭织机大多采用电气式断经自停装置，它是利用电气原理检测经纱是否断头，并由电子装置或微机控制来驱动执行机构，实施关车。

电气式断经自停装置有接触式和光电式两种。技术先进的电气式断经自停装置由计算机控制，可对经纱断头和经纱过度松弛执行十分及时、准确的停车动作。

停经架用于安放断经自停装置的停经片和检测部分的其他组件。一般的停经架上可以安放六列停经片，停经片的排列密度必须符合工艺设计的规定要求，排列过密不仅会磨损纱线，而且易造成经停失灵。为方便断经找头操作，织机上配备了断经分区指示信号灯，部分停经架上还装有找头手柄，摇动手柄便可看到断经下落的停经片位置。

（9）多色选纬、混纬机构。

①多色选纬机构。多色选纬机构的作用是织造不同纬纱构成的织物，使同幅织物中纬纱的颜色、粗细、捻向、结构乃至原料作有规则的变化，从而满足服装设计师对服装面料的外

观、色泽、风格等方面要求。

剑杆织机具有极强的纬纱选色功能，能十分方便地进行 1~4 色任意选纬，最多可达 16 色。

②混纬机构。在单色纬织物加工时，为提高织物产品质量，减少因纬纱粗细不匀而造成的纬档疵点，提高产品质量，通常从两只相同纱线的筒子中将纬纱交替地引入梭口与经纱交织，这种加工技术称为混纬。每个混纬周期中，两筒子交替引出纬纱的次数之比称为混纬比，常见有 1∶1 或 2∶2。选纬机构或专门的混纬机构可用于混纬。

（10）传动机构。剑杆织机的传动机构包括启动、制动装置以及从织机主轴到各运动机件之间的连接。有的织机上还设有慢车及倒车装置。织机的传动装置对于织机的运转性能及产品质量有着密切关系。

剑杆织机的传动方式可分为两大类：直接传动和间接传动。直接传动方式是由超启动力矩电动机通过皮带或齿轮直接传动织机主轴（再传动到其他机构）。这种方式是用电动机的开关来操纵织机的开和停。它没有离合器，但配有制动器。这种传动方式结构简单，但主制动负荷大。目前，绝大多数高性能剑杆织机均采用间接传动。

四、剑杆织机织造工序的主要工艺项目

1. 制订工艺参数的原则

（1）改善织物的力学性能。

（2）提高织物的外观效应，体现织物的风格特征。

（3）减少织疵，提高下机质量。

（4）减少纱线断头，提高生产效率；降低消耗。

（5）还要兼顾纱线性能（原料、特数、强力等）、织物结构（组织、密度等）、织机形式以及准备工序的半制品质量等因素。

2. 主要工艺项目及解释

（1）机上工艺项目。剑杆织机机上的主要工艺项目包括：开口时间、开口高度、上机张力、经位置线（后梁的高低及前后位置、停经架的高低及前后位置、综框高度）、纬密、筘幅、筘号、车速、入纬率等。

（2）产品工艺项目。产品工艺项目包括：织物总经根数、经纬纱特数（支数）、经纬向密度、织物紧度、幅宽、匹长、落布长度、地组织、边组织以及废边组织的穿综方法等。

（3）主要工艺项目的解释。

①开口时间。上下交替运动的综框平齐的瞬间称为开口时间，又称为综平时间。通常开口时间用综平时主轴转动的角度（刻度）来表示。

②开口高度。开口时经纱随综框做上下运动时的最大位移称为开口高度。

③上机张力。是指综平时经纱的静态张力。

④经位置线。是指平综时织口、综眼、停经架中导棒及后梁的四点连线。调节后梁高低位置、停经架的高低位置可以改变经位置线。

⑤后梁的高低及前后位置。后梁是经纱由织轴引出后的导向机件，用以改变经纱运动方向，保持经纱片在一定水平线上，配合梭口开闭，调节张力差异，与送经机构一起保持与调

节张力，其位置高低是决定经位置线的关键。

⑥停经架的高低及前后位置。是指经停架在织机上的安装位置，用尺寸或刻度表示。

⑦综框高度。是指综框在最低点或最高点或平综时综框上沿到综框导槽之间的距离。

⑧筘幅。经纱的穿筘幅度称为筘幅，筘幅根据纬向缩率确定。公制筘幅用厘米表示，英制筘幅用英寸表示。换算公式如下：

$$N = N_e \times 2.54$$

式中：N——公制筘幅，cm；

　　N_e——英制筘幅，英寸。

⑨筘号。是指钢筘单位长度内的筘齿数。它表示筘齿的稀密程度，有公制和英制两种表示方法。公制筘号用齿/10cm 表示，英制筘号用齿/2 英寸表示。

⑩车速。是表示织机每分钟打纬次数的数值。单位用 r/min 表示。

⑪入纬率。是指纬向纱线在每分钟内进入织物交织的长度，单位为 m/min。它是衡量剑杆织机生产能力的重要指标，由车速与筘幅共同决定。

$$L = VA$$

式中：L——入纬率，m/min；

　　V——车速，r/min；

　　A——筘幅，m。

⑫经纬向密度。沿织物宽度方向单位长度内的经纱根数称为经向密度。沿织物长度方向单位长度内的纬纱根数称纬向密度。织物密度有公制和英制两种表示方法。公制密度的表示方法为根/10cm；英制密度的表示方法为根/英寸。其换算公式如下：

$$P_j\,(P_w) = \frac{P_{je}\,(P_{we})}{2.54} \times 10$$

式中：$P_j\,(P_w)$——公制经（纬）密度，根/10cm；

　　$P_{je}\,(P_{we})$——英制经（纬）密度，根/英寸。

⑬织物紧度。表示包括纱线粗细因素在内的织物质地的紧密程度。织物紧度是指织物中纱线的投影面积与织物的全部面积之比。比值大，表示织物紧密；比值小，表示织物稀疏。织物的紧度又可分为经向紧度、纬向紧度和织物总紧度三种，不同特征的织物有不同的紧度。

⑭幅宽。是指织物横向（纬向）的宽窄，主要根据织物用途、加工设备的宽窄及印染加工幅度系数而确定。织物的幅宽用公制厘米或英制英寸表示。

⑮匹长。是根据织物的用途、厚度、重量、织机的卷装容量等因素而确定的，过长或过短会在使用过程中产生过多的零布而造成浪费。在织机卷装容量允许的情况下，应尽量采用大卷装。一般织物的匹长为 40 码（36.6m），并采用联匹形式。通常织物采用 2~3 联匹、3~4 联匹、4~6 联匹。

⑯落布长度。是指在界面设定中对不同织物品种规定的长度值，或以前道工序（浆纱）墨印为记号，织布工看到设定落布长度或墨印后应及时通知有关人员落布。

五、剑杆织机的机型及技术特征（表16-1）

表16-1　机型技术特征

机型	GAMMA	OPTIMAX/OPTIMAX-i
筘幅（cm）	190~380	230
纤维规格	5~330tex 25~4500dtex	5~330tex 25~4500dtex
最大转速（r/min）	580	650
最大入纬率（m/min）	1300	1495
开口装置	电子多臂，电子提花	电子多臂，电子提花
打纬装置	分离筘座，凸轮打纬	分离筘座，凸轮打纬
引纬装置	双侧空间四连杆机构，传动扇形齿轮，带动传剑轮引纬，挠性剑杆剑头为轻质合金材料	双侧空间四连杆机构，传动扇形齿轮，带动传剑轮引纬，挠性剑杆剑头为轻质合金材料
送经装置	ELD电子送经	ELD电子送经
卷取装置	ETU电子卷取	ETU电子卷取
选色装置	8色步进电动机电子选纬	8色步进电动机电子选纬
布边装置	线性电动机纱罗绞边（ELSY）	线性电动机纱罗绞边（ELSY）
润滑系统	强制性中央集中润滑	强制性中央集中润滑
经停装置	6列电控式	6列电控式
纬停装置	压电探纬器	压电探纬器
纬密（根/10cm）	78~445	78~445
织轴直径（mm）	805~1100	1000
卷布直径（mm）	580~600	580~600
监控系统	32位微处理机监控系统，检测和控制织机所有功能，采集和存储生产数据，电控箱配有液晶图像显示屏，功能键盘，配有记忆卡编程或软件升级，可与电脑系统双向通信	32位微处理机监控系统，检测和控制织机所有功能，采集和存储生产数据，电控箱配有液晶图像显示屏，功能键盘，配有记忆卡编程或软件升级，可与电脑系统双向通信
其他装置	SUMO电动机传动 PSO储纬自动切换装置	SUMO电动机传动 PSO储纬自动切换装置

第二节　剑杆织机织造工序的运转操作

一、岗位责任

掌握本工种操作技艺，熟悉原料、机械、工艺、产品质量标准等相关知识，严格执行操作法和有关规定，提高织机单产，降低原材料消耗，做到优质高产。

二、交接班工作

做好交接班工作是保证轮班工作正常进行的重要环节，也是加强预防检查、提高产品质量的一项重要措施。交接班工作既要发扬团结协作的精神，树立上一班为下一班服务的思想，又要认真严格分清责任，交班做到以交清为主，接班做到以检查预防为主。

1. 交班工作

（1）交清当班的生产情况，如品种翻改、机台运转情况、连续性疵点、半成品质量和班中存在的关键问题。

（2）要求各机台导布辊、卷布辊清洁无回丝，保持废边纱筒内清洁无杂物。

（3）整理好织轴。两根及以下的多头、叉头、倒断头，织布工下班前处理好，三根及以上的由帮接工交接处理。

（4）处理好空筒、坏筒，并把应更换的纬纱、绞边纱、废边纱更换好。

（5）处理好接班者所检查出的问题。

（6）交班前要将车开齐，交接班盖印时，停台不得超过看台面的20%（特殊情况例外），方可交班。

2. 接班工作

接班者应提前到岗（具体时间企业自定），做好清洁、检查等工作，为一个班的生产打好基础。

（1）接班前的重点机械清扫。

①清扫工具。（各企业自选）大毛刷、小毛刷、软布、海绵等。

②清扫原则。从上到下、从里到外、从右到左或从左到右，先扫后擦。

③清扫周期。织布工对所看管的机台每班清扫2~3遍，具体规定由各企业自定。

④清扫方法。轻扫、轻抹、不准扑打，防止花毛飞扬和沾污纱布。

⑤清扫顺序。从左到右绕机台一周（各企业可以根据机台排列情况自定）

⑥清扫项目。对于剑杆织机，清扫项目为：储纬器→张力器内花衣→纬纱检测感应器→选纬装置→左送纬剑传剑轮罩壳→显示屏→左边撑、边剪刀→横梁、综框→钢箱→布面盖板、开关（大卷装需加上看布台的两端）→右边撑、边剪刀→右接纬剑传剑轮罩壳→废边收集筒→多臂箱→电箱、指示灯→左墙板、左盘板→后踏脚板→右盘板、右墙板→筒子架（大卷装加上：大卷装左挡板、开档竖杆→内侧拦布辊→外侧卷布辊挡板→右开档竖杆→大卷装卷取控制电源箱）（可根据企业情况加以适当调整）

（2）接班前的机械检查。

①查储纬器张力毛圈有无花衣杂物。

②查储纬器、张力区各部位瓷眼是否脱落、损坏。

③查边撑是否松动，边撑刺环是否回转灵活，有无回丝缠绕。

④查绞边纱及废边纱张力是否正常。

⑤边剪作用是否正常。

⑥耳听机器有无异响。

（3）接班前的布面检查。织布工做完清洁要对自己所看管的机台全部细查布面一遍，按照织口→胸梁盖板→导布辊→卷布辊的顺序进行布面细查。

①结合显示屏，查看布面花型组织是否正确。

②查看布边毛须长短（0.3~0.8cm）。

③查看地组织、边组织、绞边纱及废边纱的穿法。

④查看布面有无连续性疵点。

（4）接班前的经纬纱检查。织布工对自己所看管的机台经纱要全面巡视一遍，理好多头、叉头、倒断头、剪清棉带、摘净停经片下花毛等；同时，查看纬纱标记，严防错支等。

三、清洁工作

做好清洁工作是提高产品质量，减少织疵的一个不可缺少的环节，必须严格执行清洁制度，有计划地把清洁工作合理地安排在一轮班每个巡回中均匀地做。

清洁工作应采取"五做""五定""四要"。

1. 五做

（1）勤做。清洁工作，要勤做轻做，防止花毛飞扬、沾污纱布。

（2）重点做。按清洁工作重点区域重点做的方法，停车将各部位彻底做好清洁。

（3）随时结合做。利用点滴时间随时做。在巡回中随时清洁张力片、纬纱通道、钢箔、探头等积花。

（4）分段做。把一项清洁工作分配在几个巡回中做，如综框、车面、导布轴等部位。

（5）双手做。要双手交叉使用工具进行清洁，如一手拿毛刷，一手拿抹布，边扫边擦，既节约时间，又清洁干净。

2. 五定

（1）定内容。根据各企业具体情况，制订值车工清洁项目。

（2）定次数。根据不同机型、不同要求、不同品种、不同环境条件，制订清洁进度。

（3）定工具。选定工具既不影响质量，又要使用灵活方便。

（4）定方法。轻扫、轻抹、不准扑打，防止花毛飞扬和沾污纱布。

（5）定顺序。掌握从上到下、从里到外、从右到左或从左到右、先扫后擦的原则。

3. 四要

（1）要求做清洁时，不能造成人为疵点和断头。

（2）要求清洁工具经常保持清洁，定位放置。

（3）要求注意节约，做到回丝、纱管不落地。

（4）要求各机台部位清洁无落花，纬纱通道畅通、无积花。

四、单项操作

单项操作是一项基本操作，在单项处理过程中，力求做到稳、快、好，即动作稳、速度快、质量好。这样，有利于织布工均衡掌握巡回时间，多开、开好停台，提高产品质量及布机效率。

1. 打结方法

打结有两种方法，即织布结和蚊子结（平结）。

2. 打结要领

打结要领是搭头稳、绕头快、塞头好、抽头紧、掐头爽。结头应牢而小，纱尾短。对于合成纤维丝常打一个半结；易脱结纱线可打两个半结，抽紧结头，防止脱结。

3. 织布结动作分解

（1）搭头。左手大拇指、食指捏住左纱头，右头大拇指、食指捏住右纱头，左手纱压在右手纱上，两纱交叉角度为70°~80°，两根纱头各露出0.5cm（图16-2、图16-3）。

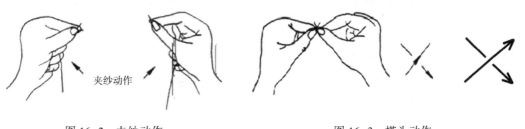

图16-2 夹纱动作　　　　　　　图16-3 搭头动作

（2）绕圈。右手纱往左手指甲上向外绕过两根纱头，左手同时往里绕，双手各自绕圈180左右（图16-4）。

图16-4 绕圈方法

（3）压纱头。双手完成绕圈后，右手拇指将左手纱头压入圈内，同时左手拇指头稍抬起，将右手纱头压住，同时，右手中指勾住纱线往后拉紧，完成打结（图16-5）。

图16-5 压纱头方法

（4）掐头。完成打结后，右手中指靠紧食指拉纱线，拇、食指稍向上，中指距左手食指约1cm，中指从食指甲滑下，掐断经纱，左手同时向下拉扣。

4. 蚊子结（平结）动作分解

蚊子结（平结）动作分解如图 16-6 所示。

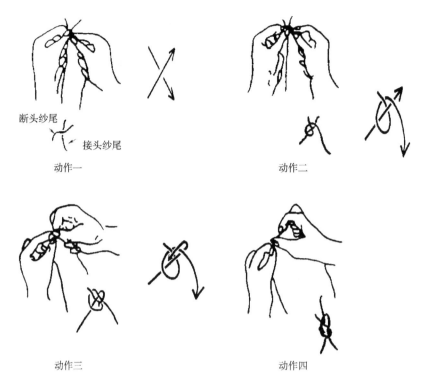

图 16-6　蚊子结打结动作分解

5. 机后断经对接方法

右手拿布端经纱，左手拿织轴经纱压在右手纱上面，右手纱尾在左手拇指上挽成圈状，右手食指勾布端经纱压在左手头端，然后右手拇指将左手纱头纳入圈后，右手食指勾住布端纱尾拉紧，随即左手拇、食指捏紧结头，右手中指将纱尾崩断，纱尾放入袋内。遇到两只以上结头时，要分散，不能集中一处。经纱对接要做到手势轻，对结稳，无脱结，纱尾符合标准，如图 16-7 所示。

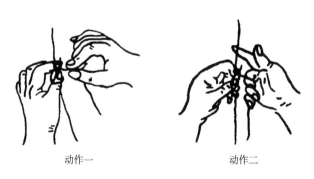

图 16-7　机后断经对接方法

6. 断经处理方法

处理断经的一般规律是综平、找头、掐纱尾、打结、穿综、穿筘、开车、剪纱尾等。

（1）机后断经处理方法。

①先到车后手摇手柄找头，某处有停经片晃动，感觉有下沉停经片即为断经处，找出断头，接头后穿过综丝、钢筘，按按钮开车。

②车后手摸停经片，手碰到下沉停经片即为断经处，找出断头，接头后穿过综丝、钢筘，按动按钮开车。

③断经纱头与布面相连，断经在综丝与停经杆之间，这时可抽接头纱与断经纱尾接好，用穿纱钩（专用）穿过停经片，与织轴上经纱对接好，转至车前开车。

几个停经片挤在一起或个别停经片有扭曲现象是绞头造成停台的原因，手拿纱剪把此处的绞头处理干净，转至车前开车。

（2）机前断经处理。

①找头方法。当在机前直接能判断断经位置时，可根据不同情况采用一步、二步、三步找头法处理。

一步找头法：断经在综前不与邻纱相绞，左手或右手可直接伸向综前找出断经纱尾，进行掐头打结。

二步找头法：断经在综前与邻纱相绞，先用左手或右手食指在织口前断经处，挑起右边或左边经纱，右手或左手插入筘后，分清绞乱的经纱，找出纱尾，进行掐头打结。

三步找头法：断经在综后与邻纱相绞，先用左手或右手在织口前断经处，挑起右边或左边经纱，右手或左手插入综前将纱分开，左手或右手向综后找出纱尾进行掐头打结。

②穿综、穿筘的方法。

穿综：左手拉住经纱，用中指、食指夹住综眼下端，大拇指顶住综眼上端，使综眼固定，右手拿穿综钩（专用）倾斜插入综眼，进行钩纱，左手向下移动，两手相互配合，避免钩空。

穿筘：左手拉住穿过综眼的经纱，用食指挑起左侧或右侧的经纱，使与断头在同一筘齿的经纱高于其他经纱，右手拿穿综钩（专用）轻贴在左侧或右侧抬高的经纱上面，沿着抬高的经纱插入同一筘眼，将断头经纱钩出。穿筘时动作要轻，不准滑筘，采用逼筘的方法。

7. 断经处理要求

（1）经、纬纱同时断头，应先处理经向，再处理纬向。

（2）开车后，查看织口有无其他疵点，织过2~3cm后将拖纱剪掉，收好回丝，放入袋内，集中放入废边纱筒内。

8. 断纬处理方法

（1）查看织口中是明线还是暗线，如暗线半幅断纬，需按点动按钮，将织口内活线抽出，如明线可直接将活线抽出，按黑色按钮进行平综，再关储纬器，然后用引纬钩把纬纱穿过储纬器瓷眼，张力盘、导纱盘瓷眼，将纬纱绕在引纬钩内进行引纬。

（2）开储纬器开关，将纬纱引入张力器、纬纱检测器、选纬器（从后向前穿张力器→纬纱检测器→选纬器）。

567

（3）将纬纱嵌入导纱钩，并嵌入边撑，使纬纱带有张力。两指按开关按钮开车。

（4）断纬在储纬器前，只需穿张力器、纬纱检测器、选纬器，按上述方法处理直至开车。

五、巡回工作

巡回工作是看管好机台、减少停台和疵点产生的有效方法。它的主要工作是检查布面、经纱、机械和处理停台四项工作，合理掌握巡回时间，执行巡回路线，做到巡回有规律，工作主动有计划，做好预防检查，防疵捉疵，实行不拆布，有效提高产量和质量。

1. 巡回路线

根据剑杆织机车速快、不拆布的原则，巡回路线常采用1:1、1:2两种，各企业可根据不同机型的排列、看台确定不同的巡回路线。以8台织机为例，各种不同的巡回路线如图15-6、图15-7所示。

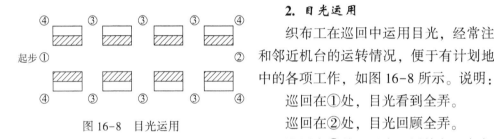

图 16-8　目光运用

2. 目光运用

织布工在巡回中运用目光，经常注意到前后和邻近机台的运转情况，便于有计划地安排巡回中的各项工作，如图16-8所示。说明：

巡回在①处，目光看到全弄。

巡回在②处，目光回顾全弄。

巡回在③处，目光运用前方四台车。

巡回在④处，目光看全部机台（即大目光）。

进弄看前面，出弄看后面，横弄看左右，转弯看整体，目光运用要灵活。

3. 处理停台的机动性

按照上述目光运用的方法，发现停台一定要掌握巡回时间，本着"先近后远，先易后难，先处理断纬后处理断经"的原则，离开原来巡回路线前往处理。处理后返回原路线，以地脚螺丝为界，继续巡回。

4. 巡回中的机动性

（1）巡回在机前时，处理停台的机动范围，一般按照巡回路线方向处理，靠近身后机台，以自己周围先后两台车为准。概括为：以自己所在位置的前、后各一组（2台）范围内的停台为准，进机台、出机台以地脚螺丝为准。如查完布面临走时，身后有停台，在不影响巡回时间的前提下可以进行处理。

（2）巡回在机后时，发现停台及时处理。

（3）巡回中的机械检查，每个巡回中查一台，每班对所看管的机台要全部检查一遍。

5. 布面检查

布面检查的主要目的是为了发现疵点和防止疵点的产生与扩大，并对疵点进行判断分析和处理。

（1）布面检查的范围。

①小卷装。第一段为前综到织口间的经纱，第二段为织口到胸梁盖板之间的布面，第三段为胸梁盖板下方布面到布卷。

②大卷装。第一段为前综到织口间的经纱，第二段为织口到胸梁盖板之间的布面，第三段为胸梁盖板下方布面到木棍，第四段为导布台布面。

（2）布面检查的方法。手放在胸梁盖板前第二段布面（不拿纱剪），采用弧形或平行两段目光看手后的查布面方法。具体操作方法见表16-2。

表 16-2　巡回检查布面

巡回路线	小卷装	大卷装
1∶2	进入车弄后，目光由近而远看左侧车第一段或右侧车布筒（根据机台排列情况），再由远而近看右侧车第一段，右手距边3~5cm处搭手，眼看手后平行检查第二段布面到对侧布边，手感、眼看布面疵点	进入车弄后，目光由近而远看导布台布面，再由远而近看第一段，右手距边3~5cm处搭手，看手后平行检查第二段布面到对侧布边，手感、眼看布面疵点
1∶1	进车档目光由近而远先看左或右车的布辊，再由左而右或由右而左（根据机台排列情况）看第一段布面，手距边3~5cm处搭手（布面在左侧用左手，布面在右侧用右手），眼看手后由近而远平行检查第二段布面到对侧布边，手感、眼看布面疵点	进车档目光由近而远先看导布台布面，再由左到右或由右而左（根据机台排列情况）看第一段布面，手距边3~5cm处搭手（布面在左侧用左手，布面在右侧用右手），眼看手后从右往左平行检查第二段布面到对侧布边，手感、眼看布面疵点

（3）布面检查的顺序。

采用1∶2的以右侧为主，目光看左侧，平行检查右侧第二段布面。

采用1∶1的可选用一顺式、交叉式，平行检查第二段布面，左手查左侧机台，右手查右侧机台。

（4）重点检查布面的方法。采用1∶1平行检查布面。

①小卷装。进车档目光由近而远，先看左或右车的整体布面情况，再由左而右或由右而左（根据机台排列情况）看第一段布面，手距边3~5cm处搭手（布面在左侧用左手，布面在右侧用右手），眼看手后从右往左或由左往右（根据机台排列情况）平行检查第二段布面到对侧布边，手感、眼看布面疵点。在手距布边3~5cm处平行下移从左往右查卷布辊到回布辊之间的布面，在手距布边3~5cm处从右往左平行检查木辊。

②大卷装。进车档运用目光由近而远先看导布台布面情况，再由左而右或由右而左（根据机台排列情况）看第一段布面，手距布边3~5cm处搭手（布面在左侧用左手，布面在右侧用右手），眼看手后从右往左或由左往右（根据机台排列情况）平行检查第二段布面到对侧布边，手感、眼看布面疵点。在手距布边3~5cm处从右往左或从左往右（根据机台排列情况）平行检查看布台上端布面。在手距布边3~5cm处从右往左或从左往右（根据机台排列）平行检查布辊。

③手势要求。采用一字型，五指并拢，手距布边3~5cm向前，直线移动检查。

④布面检查要求。低头弯腰，做到手到、眼到、心到，突出重点，根据不同品种的关键疵点重点检查，在突出重点的同时，不放过小疵点。掌握好巡回时间，均匀、合理、有计划地处理停台和疵点。

（5）重点检查布面应用的范围。

①接班检查布面时，采用重点检查布面的方法。

②正常工作中遇有上轴、结经、坏车、揩车、检修等他人动过的机台，采用重点检查布面的方法。

6. 经纱检查

经纱检查的目的是及时发现并清除经纱上的各种纱疵，处理多头、绞头、倒断头，预防和减少经向疵点造成的停台，提高织机效率和产品质量。

（1）经纱检查的范围。经纱检查的范围分三段：第一段为后片综到停经片间的经纱，第二段为停经片到后梁间的经纱，第三段为后梁到织轴间的经纱。

（2）经纱检查的方法。采用侧身，三看二刮或三看一刮，眼看手后检查经纱的方法。

①三看二刮。左脚起步进入经纱车弄时，在织轴中间偏左上踏脚板，先从左而右看综丝与经片之间的第一段经纱，再从右往左用剪刀尾端全幅直线拨动经片到后梁滚筒之间的经纱，眼睛跟随跳动的经纱查看有无经纱疵点，再从左往右全幅直线拨动后梁到织轴之间的经纱，眼随手后查看拨动的经纱有无经纱疵点。

②三看一刮。右脚起步进入车弄时由近而远先看织轴的第三段经纱，脚随目光前移，在织轴中间偏左上踏脚板，目光上至左侧绞边纱，在下移从左而右看综丝与经片之间的第一段经纱，再从右往左用剪刀尾端全幅直线拨动经片到后梁滚筒之间的经纱，眼随手后跳动的经纱查看有无经纱疵点。

③手势要求。用右手中、食指夹住剪刀中端，剪刀尾向外，大拇指压住剪刀头。

④目光要求。眼随手后，跟随跳动的经纱。

⑤经纱拨动要求。全幅直线拨动。

（3）车后纱疵、织轴疵点处理。

①纱疵处理。经纱检查时发现纱疵可采用摘、剪、剥、拈、换五种方法进行处理。

经纱上有花毛，回丝缠绕时用摘的方法处理。

经纱上有棉球、大接头、长尾纱、羽毛纱时用剪的方法处理。

经纱上有羽毛纱时用拈的方法处理。

经纱上有棉杂片、大肚纱时用剥的方法处理。

经纱上有粗经、带疙瘩的小辫纱、多股纱、油纱、色纱时用换的方法处理。

②织轴疵点处理。织轴上出现倒断头可采用挂、借的方法处理。

挂：在倒断头纱尾上接几根接头纱，绕上铁梳挂在经轴下面（适用于即将出来的倒断头）。

借：在不影响质量的情况下，可采用借边纱的方法，将倒断头通过导纱杆上的导纱卡，用直角引直，发现倒断头出来后，必须及时还原到原来位置。如遇多头同样通过导纱卡拐直角与导纱杆平行引入废边纱箱中。

7. 机械检查

（1）机械检查的目的。预防机械故障，避免织疵。

（2）机械检查的方法。主要为采用眼看、耳听、鼻闻、手感的方法；主动检查机械，分析原因，及时处理，做到预防为主；眼看地面有无机件或坏车信号，耳听机器运转中的异响，鼻闻有无异味，手感布面松紧、机器异常振动。

（3）机械检查的范围。

①接班工作时的机械检查。具体内容详见交接班工作。

②处理停台时的机械检查。断纬停台时查看张力片、储纬器、引纬路线、纬纱质量、储纬情况等。断经停台时同一部位有规律地断经，应检查钢箱、综丝、导钩、停经片有无起毛损坏。无故停台时应检查停经片、停经插杆是否到位，绞边纱、废边纱张力是否正常。连续断边时应检查边纱是否穿错，边纱开口是否清晰，钢箱是否磨损等；绞边纱断，应查绞边作用及张力。

（4）重点机械检查。在巡回操作过程中结合停台分析，主动检查机械，对机件落地和机械原因造成的疵点、不正常的异响要追踪到底，分析原因，掌握好机械性能。

巡回测定中，必须每个大巡回重点检查一台车（用大红花标出重点检查的机台）。剑杆织机重点检查部位有关检查内容及方法见表16-3。

表16-3 剑杆织机重点检查部位有关检查内容及方法

序号	机件名称	检查内容及要求	检查方法	设备状态
1	废边卷取装置	卷绕正常3圈及以上、不松动	眼看、手摸	开车检查
2	废边纱	废边纱无穿错、无叉绞	眼看	开车检查
3	绞边	无不绞、无绞边不良	眼看	开车检查
4	剪刀	毛须长度符合要求，剪刀无松动，作用正常	眼看、手摸	开车检查
5	边撑	支架无松动、边撑刺环无回丝缠绕，转动灵活	眼看、手摸	开车检查
6	绞边控制器	支架无松动	眼看、手摸	开车检查
7	综框夹板螺丝	机件无磨损、碰撞，综框不歪斜、抖动，螺丝无松动	眼看、手摸	开关车检查
8	钢箱	箱齿无松动、起刺、生锈、磨损等	眼看、手摸	关车检查
9	选纬器	选纬指无缺损、瓷眼无脱落、选纬罩子无松动	眼看、手摸	开车检查
10	纬纱感应器	瓷眼无损坏、张力调节装置完整	眼看	开车检查
11	储纬器	无瓷眼缺损、松脱，引纬正常，导纱孔无起刺或堵花毛，卷纬均匀无重叠	眼看	开车检查
12	纬纱张力器	固定良好，瓷眼无损坏，张力片作用良好	眼看	开车检查
13	筒子纱架	筒子纱架位置、导纱路线正常，张力片、张力夹无缺损	眼看	开车检查
14	绞边纱装置	无回丝缠绕、绞边纱线畅通，弹簧片瓷眼无脱落	眼看	开车检查
15	废边纱装置	无回丝缠绕、废边纱线畅通，弹簧片瓷眼无脱落	眼看	开车检查
16	织轴压脚	无螺丝松动、织轴跳动正常	眼看、手摸	开车检查
17	综丝、停经片	无破损、无豁口、无弯曲不良	眼看	开车检查
18	分纱板	分纱均匀，位置正确、无松动	眼看	开车检查

重点检查顺序：废边卷取装置→右废边纱→右绞边→右边撑、剪刀→右绞边控制器→综框夹板螺丝→钢箱→左绞边控制器→左废边纱→左绞边→左边撑、剪刀→选纬器、纬纱感应

器、储纬器→纬纱张力器→筒子纱架→右绞边线装置、右废边纱装置→织轴右压脚→综丝、停经片、分纱板→左绞边线装置、左废边纱装置→织轴左压脚

六、质量把关

质量把关是提高产品质量的重要方面，在一切操作中要贯彻"质量第一"的思想，积极预防人为织疵。在巡回中要合理运用目光，利用空隙时间进行防疵、捉疵。做好预防为主，查捉结合，保证产品质量。

1. 原纱质量要素控制

（1）原纱基本条件。

①粗节、棉结杂质要少，条干均匀，无竹节、粗细节纱疵。

②纱线捻度不均匀率要低，无弱捻纱和松纱。

③毛羽要少而短。

④选用无结纱，采用气捻接，气捻结头无两头毛，结头无松脱。

⑤原纱指标重点控制单强不匀率，条干不匀率及重量不匀率。

（2）经纱条件。经纱条件一般重点控制络筒工序的筒子十万米纱疵与气捻接强力，整经工序的万米百根断头（≤1%），浆纱工序的浆纱增强率、减损率、卷绕密度和浆轴好轴率指标。

（3）纬纱条件。筒子的强力不匀率应低，细节应少，捻度应均匀，纬纱断头脱结少，筒子卷绕松紧适中。

2. 半制品质量

半制品是指经向浆纱织轴、纬向筒子、边部绞边纱筒子、废边纱筒子或小经轴。

（1）织轴条件。提供给织造工序生产的织轴必须符合织轴质量标准（并头、绞头、倒断头、软浆、陷轴、油污渍等），达到卷绕平整、排列均匀。

（2）筒子条件。提供给织造工序生产的筒子必须符合筒子质量标准。筒子的外观质量，如筒子成形、色泽（黄白）、表面无磨损、无油污渍等；筒子的内在质量，如卷绕密度、结头捻接质量、小辫子、捻度、疵点等。

（3）绞边纱筒子条件。

①绞边纱必须从有利于张紧布边和适应边组织大张力交织两方面考虑选用。一般绞边纱的强力应高于地组织纱线，大多数选用合成纤维或长丝等原料的纱线。

②绞边筒子必须达到卷绕均匀、无松紧。

（4）废边纱筒子条件。

①废边纱的构成种类。一种是由浆轴直接提供废边纱，另一种是专用废边筒子架上的废边纱筒子提供。

②废边纱筒子或小经轴质量。大多采用粗于地组织的纱线，高紧度织物也可用股线，卷绕均匀，强力不匀率应低，注意成形质量，便于退绕。小经轴表面平整，纱线平行排列，张力均匀。

3. 人为疵点的预防

（1）防清洁工作疵点。应眼到、手到、心到。严格执行清洁操方法，严禁飞花附入织

口，造成织疵。

（2）防操作穿错疵点。织布工要严格按照品种工艺、组织要求进行穿综和穿筘，防止穿错疵点。班中要细查布面，发现穿错及时纠正。

（3）防织轴疵点。巡回中发现倒断头、叉头、绞头应及时处理，待倒断的纱头出来后，应顺经纱方向还原，防止双经疵点。

（4）防开车疵点。织布工处理完断经、断纬疵点开车时，应注意织口是否正常，不良纬纱是否抽出，保证一次开车成功，防止因重复开车造成的横档疵点。

（5）防油污疵点。织布工在接头时，注意双手保持清洁，油污手不得接头。

4. 突发性疵点的预防

预防突发性疵点，应严把"五关"。

（1）检修平车关。平车或检修机台后，开车时要注意质量变化，如云织、纬缩、稀密路、油渍、断头等。发现异常情况，立即关车并报告。

（2）工艺翻改关。按工艺要求，掌握好翻改后的品种的纬密齿轮、筒管颜色记号、纱支、花型等是否正确，防止错织。

（3）新品种上机关。新品种上机，应密切注意质量情况，细查布面，检查是否有纬缩、稀密路、缺纬、百脚、边撑疵、跳纱等疵点，同时找出最佳开车方法进行操作，提高产品质量。

（4）挂机、结经关。由于织机车速快，翻改品种频繁，结经、挂机次数较多，因此，织布工逢有结经、挂机时要细查布面，注意品种质量变化，发现问题及时处理。

（5）开冷车关。做好开车前的准备工作，注意开关车顺序，同时每台车开车时要手感边剪处布边，检查剪边情况，防止关车时由于边撑处张力加大，造成剪边疵布。

5. 机械疵点的预防

为了提高产品质量，织布工不仅要熟练掌握操作技术，同时还必须熟悉机械性能，做机器的主人。做到掌握"一个重点"，运用"三个结合"，以达到提高质量、降低机械故障的目的。

（1）一个重点。预防机械检查，掌握一个重点，应在加强巡回计划性的基础上，针对布面疵点进行重点把关。

（2）三个结合。结合巡回、结合操作、结合清洁，预防机械疵点。

七、操作注意事项

在操作过程中，织布工不但应有较高的质量意识、技术水平，还应严格执行各项操作规程，工作时思想集中，防止机械、质量等事故发生。

（1）断经后接头前，必须将综丝、停经片和经纱全部理顺到同一条直线上，保证结头开车后经纱排列整齐，不出现叉头、绞头。

（2）结头纱尾必须控制在0.5cm以内，若结得太大可用纱剪剪去长纱尾。

（3）经纱断在停经片后，用右手食指顺着经纱方向在后梁或经轴处找出断头进行对接，不允许左右拨动经纱横向找头，以免叉绞头。

（4）穿筘时，必须将同一筘齿内的经纱挑高，再用逼筘的方法穿入经纱，以防穿错。

（5）加强钢箱保护，穿箱时动作应轻，不准滑箱。

（6）处理完停台后，各种回丝要入袋或入筒。

（7）开车前，有两人或以上人员同时在机台前时必须互相呼应再开车。

（8）操作时思想集中，手眼一致，以免碰伤人员及设备。

（9）开车后要查看布面有无穿错或无开车痕，剪去布面拖纱，纱剪平行于钢箱，要离开织口 2cm。

（10）勿轻易使用紧急停车开关，以免产生稀密路等织疵。

八、主要疵点产生的原因及预防方法

剑杆织机主要疵点的产生原因及预防方法见表 16-4。

表 16-4　剑杆织机主要疵点产生的原因及预防方法

疵点名称	产生原因	预防方法
烂边、豁边	1. 右侧剑头夹持器磨灭 2. 废边平综时间太迟 3. 绞边综丝安装不良 4. 绞边装置失效 5. 绞边张力过紧或过松	加强巡回，及时通知有关人员校正
纬缩	1. 经纱表面不光滑，纱疵多 2. 纬纱定捻不良 3. 车间相对湿度过低 4. 织机开口时间太迟或闭口时间太早 5. 右剑头释放时间过早，或右剑头出梭口时间过早 6. 织机上机张力偏小，绞边经纱松弛，开口不清	1. 及时清除经纱纱疵 2. 及时更换纬纱 3. 及时联系调整温湿度 4. 加强巡回，及时通知有关人员校正
双缺纬（百脚）	1. 纬纱张力过小，造成右侧布边外多出一段纱尾。引接纬纱时，将纱尾带入织口，形成双纬 2. 纬纱张力过大，纬纱释放后，弹性恢复过大，则织物右侧布边会造成因纬纱短缺一段，而形成边双纬 3. 接纬剑纬纱夹持杆与右侧释放开夹器接触过小，或开夹器磨灭槽，如接纬剑夹持杆与右侧开夹器接触过大，产生短缺纬 4. 送纬剑与接纬剑一般在筘幅中央交接，如果剑带松动太大、两剑头交接尺寸不符合规格或左右剑头夹松、夹紧等，会导致引纬交接失败，出现 1/4 幅双纬（百脚） 5. 边剪不锋利，纬纱剪不断 6. 规律性双纬主要是送经机构及开口部件故障引起的。织疵的形态特点是每条双纬之间的间隙几乎一致	1. 检查纬纱张力，及时调整 2. 加强巡回，及时通知有关人员校正
边撑疵	1. 边撑盒位置过高或过低 2. 布面张力过大 3. 边撑刺辊使用不当，或新购入的边撑刺辊未及时加工，或刺尖虽锋利但呈弯钩形状 4. 边撑盒内刺辊被短回丝、落浆、落物等阻塞 5. 送经装置不良 6. 车间温湿度调节不当	1. 加强巡回，及时通知有关人员校正 2. 及时联系调整温湿度

第三节　剑杆织机织造工序的操作测定与技术标准

操作测定的目的是总结、分析、交流操作技术经验，推广先进技术，相互学习，取长补短，共同提高操作水平。操作测定的主要内容有巡回操作，断经处理，断纬处理，机下打结四项。

一、全项操作测定

1. 巡回操作测定

（1）巡回路线。执行1∶1测两个大巡回，执行1∶2测四个小巡回。

①巡回路线走错，每次扣1分。走错路线是指离开正常路线，布面走过一台车及以上（以是否进入第二台车地脚螺丝为界），由测定人员及时通知返回重走。

②目光运用。对工作法中目光运用范围不看者，每次扣0.1分，在测定全过程中，本项最多扣1分（有时虽用目光，但未发现存在的问题，仍按未用算）。

③机动处理。织布工按照先近后远、先易后难的原则机动处理停台。在有停台的情况下，每个小巡回必须开出规定的自然停台数（或为看台数的25%），每少开一台扣0.5分，不能只开纬停，不处理经停。每个小巡回的结束与否以有无走出最后一台车的地脚螺丝为准。未走出最后一台车的地脚螺丝，停台需开出，已走出则在下一个小巡回中开。最后一个巡回以有无到达起点位置为准。

在巡回不超时的前提下，开满规定停台数后，多开一个纬向停台加0.1分，多开一个单根断经停台加0.2分，多开一个双根断经、绞边纱及废边纱停台加0.3分。巡回中有应开停台未开出，作为不机动处理，每少开一台扣0.5分。人为关车处理露底小筒，作自然停台数。如果处理不当，造成关车，作为开车后停台，自己处理好不扣分。目光范围内的露底被动换筒，不及时处理，一次扣0.2分，筒脚过大一次扣0.1分。

④三根及三根以上的断头或绞头，两根及以上织轴上无冒头的倒断头，退四根及四根以上的纬纱及小坏布，可不处理。不在此范围内要处理开出，否则按不机动处理扣分。

（2）巡回时间。巡回时间以小巡回计时，巡回起止点以进入控制面板或地脚螺丝为准，走完到达起点为止，巡回时间每超过10秒扣0.1分，以秒为单位，秒后小数不计。一台车巡回时间见表16-5。

表16-5　一台车巡回时间表　　　　　　　　　　　　　单位：s

巡回方式	幅宽190cm	幅宽280cm	幅宽340cm
1∶1	50	60	65
1∶2	40	50	55
附加规定	不足30s进为30s，超过30s进为1min。看台10台以上，最多按10台计算。高密品种[指经密加纬密大于79根/cm（200根/英寸）]、提花、斜纹、缎纹另加1min，每项不重复加分；机械检查顺加1min		

2. 布面检查

（1）布面疵点评分按照 GB/T 5325—2009、GB/T 406—2018 执行或四分制标准执行或相关专业标准。问最新标准

（2）检查布面时要眼看手后，手眼一致。手眼不一致，有一台车扣 0.1 分，最多扣 1 分。

（3）发现 3 分及以上的疵点，在疵点处划标记或向测定人员指出，否则按漏疵扣 1 分。测定人员复查时，离织口 3cm 以内及离边撑 5cm 以内的疵点未划标记，不按漏疵扣分。

（4）剪边超长 0.3~0.8cm，绞边不绞，应及时关车，通知有关人员修复，否则按漏查疵点扣 0.5 分。

（5）发现布面粗经、油（锈）经、双经、穿错等，属连续性疵点必须及时处理，不处理按漏疵扣 1 分。

（6）由于经纱缠绕或绞头，造成布面疵点不够评 3 分的，也按织口疵点扣 0.5 分。

（7）在布面巡回检查中，每台车的布面不可漏查，漏查布面，每台扣 0.5 分（在测定时，第一个巡回所有机台布面必须全部检查，包括坏车停台在内）。

（8）测定人员复查布面必须和织布工隔开一台车的距离，（不能和织布工进入同一台车位）复查顺序和织布工一样，发现布面和织口有疵点必须关车再进行考核。鉴定后由测定人员将车开出。

3. 经纱检查

（1）采用三看两拨的方法进行，检查经纱要求手眼一致，不一致有一台车扣 0.1 分，最多扣 1 分。

（2）经纱检查时，每台车都不得漏查，漏查一台扣 1 分（在测定时，第一个巡回所有机台经纱必须全部检查，包括坏车在内）。

（3）第一段拨动经纱的位置在停经片与后梁之间，第二段拨动经纱的位置在后梁到织轴之间，经纱要求直线全幅拨动，位置不对经纱不翻动，有一台车扣 0.1 分，最多扣 1 分。

（4）检查经纱时，发现纱疵、回丝、深色油渍、锈渍等，必须摘除或关车处理，不处理有一处扣 0.5 分。处理纱疵造成的停台必须开出，否则有一台扣 0.5 分。经纱绞头 3 根及以上、小辫子不分长短有一处扣 0.5 分。

（5）巡回中发现多头 3 根以内的必须处理好（需要添综丝、经片的不用处理），记一个断经开台数。不处理按漏疵每个扣 0.5 分。

（6）测定人员必须按织布工检查经纱方法进行复查，只能和织布工隔开一台车，复查有疵点应先关车后考核。鉴定后由测定人员将车开出。

（7）在巡回中，废边纱掉筒外必须随时处理，否则按机械漏项每台扣 0.2 分。

4. 重点检查与考核

（1）巡回测定中，规定每个巡回重点检查一台车（按顺序），出弄后不可返回复查，少查一台扣 1 分，漏查一项扣 0.2 分，漏查机械故障一处扣 0.5 分，本项最多扣 2 分。

（2）测定人员在测定前用大红花标出重点检查的机台，按顺序进行检查。

（3）重点检查机台要仔细查布面，漏查不够评 3 分的连续性疵点均按漏疵扣 1 分，如

果不查布面加扣 0.5 分。

二、操作测定的质量基本要求及考核标准

1. 操作评分

（1）开车造成疵点，按照国家质量标准规定，凡达到评分起点程度的均扣 1 分。织布工当时处理后开车，未造成疵点不扣分。

（2）操作造成的断头，每根扣 0.2 分，本项一台最多扣 1 分。

（3）碰坏钢筘每次扣 3 分。

（4）综穿错每次扣 1 分，筘穿错每次扣 0.5 分。

（5）不剪或漏查布面拖纱，指长度在 1cm 及以上布面拖纱、3cm 以上的布边拖纱、5cm 以上的布边拖纱，断疵能用手拉出的则拉出，拉不出但测定人员拉出 1cm 以上，每根扣 0.5 分。

（6）打结不合格，每个扣 0.2 分。

（7）打结不掐纱尾，每次扣 0.2 分。

（8）回丝不入袋（指长在 5cm 及以上的回丝），每次扣 0.2 分。

（9）纬纱不在张力片，每次扣 0.2 分。

（10）操作不安全（指剪刀使用不当、车未停稳即用手触摸织口纱线、钩针划钢筘、在距离织口少于 2cm 处剪拖纱），有一次扣 0.5 分。

（11）停台不分析（指连续两次同部位的断经、断纬，无故停车不分析），每次扣 0.2 分。

（12）处理不露底的小筒，每次扣 0.1 分。

2. 单项操作测定

（1）断经测定。

①测定方法。在一台车上，测两个断经位置，时间加和计算，质量加和扣分。

②断经位置。

第一次：储纬器侧，布面位置离边撑 5~10cm，避开分纱板 5cm、地组织第三页综，断头在综丝与停经片中间自然下垂，在第一页综丝前将头掐断，拉出断头拖在布面。

第二次：废边纱侧，布面位置离边撑 5~10cm，避开分纱板 5cm、地组织第一页综，断头在综丝前自然落下，在织口处 2~4cm 掐断头，拉出断头拖在布面。

③处理方法。

第一次：站在车后引纬侧地脚螺丝处，采用揿片或摇杆找头法。顺序：找头→掐纱尾→接纱头→依次穿过综丝、钢筘，开车。

第二次：站在废边纱侧地脚螺丝处，采用二步找头法，纱尾可不掐。顺序：找头→接纱头→穿过钢筘，开车。

④测定起止点。

起点：起步掐表，开始计时。

止点：织布工做完最后一个动作举手停表，计时秒后保留两位小数。

⑤质量考核要求。

出车弄前不剪拖纱，每根扣 0.5 分。

处理停台造成断头每根扣 0.2 分，一次最多扣 1 分。

结头质量不合格每个扣 0.2 分。

结头前不掐纱尾每次扣 0.2 分（二步找头除外）。

开车后停台扣 0.2 分（指举手后停台）。

动作没做完扣 1 分（指织布工测定中操作失误中途停止）。只缺开车动作扣 0.2 分。

开车疵点、穿错等扣分标准同巡回扣分。

举错手扣 0.2 分（应举开车的那只手）。

松经以手感起楞为准，紧经以高出相邻停经片 0.5cm 为准（长度达到 1cm 及以上的考核）。

剪拖纱时，纱剪不能与钢筘垂直，否则按工具使用不当每次扣 0.2 分。剪拖纱布面纱尾需留 0.5~1cm 之间。处理断经时，接头纱不可抽出（只能打散）。

回丝不入袋（长度在 5cm 以及上）扣 0.2 分，此项不影响速度加分。

穿钩任何时候只允许放口袋，用时取出。

（2）断纬测定。

①测定方法。在一台车上，测两个断纬位置，时间加和计算，质量加和扣分。测两次，取成绩最好的一次。

②断纬位置。

第一次：储纬器正常，自然停台。

第二次：断头在筒子处，留纱头 20cm 左右下垂，综平位置。

③处理方法。

第一次：站在地脚螺丝处，手脚齐动，纬纱依次穿过引纬路线，纱尾压在边撑下开车。

第二次：站在储纬器前，双脚不超过地脚螺丝，纬纱依次穿过引纬路线，纱尾压在边撑下开车。

④测定起止点。

起点：起步掐表，开始计时。

止点：织布工做完最后一个动作举手停表，计时秒后保留两位小数。

⑤质量考核要求。

开车疵点达到评分起点，扣 1 分。

处理纬停，不抽纱、动作没做完，扣 1 分。

开车后停台每次扣 0.2 分（指举手后停台）。

回丝不入袋（长度在 5cm 及以上）每次扣 0.2 分，此项不影响速度加分。

举错手扣 0.2 分（应举开车的那只手）。

3. 时间标准及评分规定（表 16-6）

表 16-6　处理断经、断纬速度标准及评分规定

机型	断经时间标准（s）	断纬时间标准（s）
剑杆织机	48	40

续表

机型	断经时间标准（s）	断纬时间标准（s）
附加规定	1. 经纱在 60 英支及以上，每增加 10 英支，时间增加 2s 2. 高密［经纬相加大于 79 根/cm（200 根/英寸）为高密织物］、斜纹、缎纹、提花织物加 2s 3. 双手开车的设备加 2s 4. 化纤长丝经纱线密度在 11tex（100 旦）以下，加 2s；在 33tex（300 旦）及以上，减 2s	纬向弹力织物顺加 1s；纬纱在 60 英支及以上加 1s，纬纱在 30 英支及以下减 1s

注 时间在质量无扣分的情况下，比标准每块 1s 加 0.05 分，比标准每慢 1s 减 0.05 分。

4. 机下打结

（1）测定方法。测两次，每次 1min，取其中最好的一次作成绩。

起止点：起点搭头做好准备，手动起绕，开始卡表；止点由教练员示意，并同时停表。

检查时用拇、食指将纱线轻轻捋一下，脱结及不合格结均剔除不计。不合格结包括起圈结、并尾结、长短尾结（纱尾长短在 0.5cm 以内的结头为合格结）、无尾结（单根或双根没有纱尾的结头）。

打结用纱为织布工所看品种的纱线。

（2）结头类型为织布结、蚊子结（平结）。

（3）评分标准（表 16-7）。

表 16-7 机下打结评分标准

纱线类型	织布结（个/分）	蚊子结（平结）（个/分）
纯棉纱	24	18
纯棉线	22	16
化纤纱	20	16
化纤线	18	14
化纤长丝	11（一个半结）或 8（两个半结）	

注 超过指标每个加 0.05 分，比标准少一个扣 0.5 分；以上各单项速度如遇特殊品种、机型，各地区、企业自定。

5. 操作技术分级标准及测定表

（1）单项技术分级标准及操作技术测定（表 16-8、表 16-9）。

（2）全项技术分级标准及操作技术测定（表 16-10、表 16-11）。

表 16-8 单项技术分级标准

级别	优级	一级	二级	三级
分数	99	97	95	93

表 16-9　织布工单项操作技术测定表

班别:　　　　　　　　　　　品种:　　　　　　　　　　　　　　　　　　　　　　　　　　　　　　　　　年　月　日

项目	断经				断纬				打结					质量扣分	单项操作质量要求											单项得分与定级
	第一次	第二次	两次合计	加减分	第一次	第二次	两次合计	加减分	第一次	第二次	好结数	减分	加分		动作没做完	开车后停台	开车疵点	综框穿错	操作造成断头	打结不揩纱尾	结头质量不合格	不剪拖纱	举错手	回丝不入袋	工具使用方法不对	质量扣分合计
评分标准				±1s ∓0.5				±1s ∓0.5				少一个 -0.5	多一个 +0.05		次 1	次 0.2	次 1	台 0.5	根 0.2	次 0.2	处 0.2	根 0.5	次 0.2	次 0.2	次 0.2	
姓名														断经												
														断纬												
														断经												
														断纬												
														断经												
														断纬												
														断经												
														断纬												
														断经												
														断纬												
														断经												
														断纬												

表 16-10　全项技术分级标准

级别	优级	一级	二级	三级
分数	97	93	90	85

表16-11 织布工全项操作技术测定表

班别：　　　　姓名：　　　　品种：　　　　年 月 日

执行路线	单位	标准	1	2	3	4	单项	小计
巡回								
实测时间								
时间超过	10s	0.1						
路线走错	次	1						
目光未运用	次	0.1						
手眼不一致	台	0.1						
拨动经纱方法不对	台	0.1						
不全幅拨动	台	0.1						
巡回检查								
漏查织疵	处	1						
漏查纱疵	个	0.5						
比规定少查机械	台	1						
机械漏项	项	0.5						
漏查织口疵点	台	0.5						
漏查机械故障	项	0.2						
布面检查方法不对	台	0.5						
开车造成疵点	次	0.2						
综穿错	次	1						
筘穿错	次	0.5						
碰坏钢筘	台	3						
不剪或漏查布面拖纱	根	0.5						
停台不分析	台	0.2						
基本要求								
操作造成断头	根	0.2						
打结不捎纱尾	次	0.2						
打结不合格	个	0.2						
纬纱不在张力片内	次	0.2						
操作不安全	次	0.5						
回丝不入袋	次	0.2						
捉疵停台未开	台	0.5						
动作未做完	台	1						
开车后停台	台	0.2						
不机动处理停台	次	0.5						
被动换筒	次	0.2						
筒脚过大	次	0.1						
举错手	次	0.2						
工具使用方法不对	次	0.2						
漏查经纱	次	1						
漏查布面	次	1						

看台

巡回操作记录

巡回	经向开台	纬向开台	织口捉疵	经纱捉疵
1				
2				
3				
4				
小计				

项目	巡回扣分	巡回加分

单项成绩：断经处理　　断纬处理

操作得分：单项扣分　　单项加分　　单项得分　　全项得分　　定级

机下打结（个/分）：第一次：　　第二次：　　最好成绩：

评语：

被测人：

测定人：

计算方法：总分＝100分+各项加分−各项扣分

第四节　剑杆织机维修工作标准

一、维修保养工作任务

设备维修保养主要指对设备进行日常巡回点检、周期重点检修、揩检、润滑、坏车维修等项目的维修保养。通过维修保养以达到减少或消除设备故障、织物疵点，稳定和提高设备使用效率的目的，是保证和提高产品质量的一项重要因素。

1. 日常巡回点检

制订日常设备维修保养点检表，按点检标准以耳听、目视、手感、鼻闻来发现设备在运转中的异常状态，或结合织布工的反映，对设备进行检修，以达到设备完好状态。

2. 周期重点检修

一般设定为每月一次，对织机重点部位（引纬、打纬、开口、卷取、送经、传动）进行全面检修，纠正与产品质量关系密切的部件及影响设备正常运转的项目，保证设备完好状态。

3. 揩检

以清洁加油为主，揩擦全机的同时检修在揩擦时发现的异常问题以保证设备完好。

4. 润滑

为了使机器在正常润滑条件下运转，需进行定期的加油工作，以消除机件的不正常磨损。

5. 坏车维修

对设备运行过程中产生的机电故障或布面疵点进行维修，以恢复设备正常或消除布面疵点。

6. 剑杆织机维修保养关键部件（引纬系统）

各企业可根据各自设备特征设定周期对关键部件，如剑轮、剑带、剑头、导轨和绞边装置等进行检查和保养，以免造成轧梭或边百脚、纬缩、烂边等疵布。若引纬系统不良易造成引纬困难、效率低。

二、岗位职责

1. 上岗时查看交接班记录

上岗时先查看轮班及技工交接留言，对机台运转情况做到心中有数。查看大坏车情况，合理安排好大坏车修复工作。

2. 做到周期管理

制订设备维修保养计划表，依据预防为主的原则，按照计划表进行日常巡回点检和周期重点维修保养。

3. 做好质量检查工作

为了保证维修质量，各项设备维修工作必须按规定标准由专职人员进行质量检查，对查出的缺点，要分析原因，及时修复，并做好记录和总结。

4. 完善考核办法

考核设备完好率。符合"完好技术条件"允许限度及完好机台考核办法规定者，为完好设备。

$$设备完好率 = \frac{完好台数}{检查台数} \times 100\%$$

设备完好率应每月进行检查，每季度累计检查台数一般不少于全部设备的 25%～50%（具体由各企业根据情况自定）。

5. 安全防护

严格遵守设备安全操作规程，设备各安全防护罩、安全联锁装置等须保证完好。

三、技能要求

（1）设备维修保养人员要经过专业学习培训，使其具有一定的钳工技能基础（或电工操作证）和织机专业知识，考试合格后方可上岗操作。

（2）熟悉并掌握剑杆织机机械结构和传动原理、五大运动工作原理、油路控制原理、电气控制原理，并能根据原理判断和排除故障。

（3）熟悉织物各类常见疵点特征，并掌握常见布面疵点维修方法。

四、质量责任

（1）设备维修保养人员的质量责任主要是通过设备维修保养提高设备完好率、降低设备故障率，为保证和提高产品质量创造有利条件。

（2）设备维修保养人员要树立良好的质量意识，不断提升设备维护保养质量水平，减少和防止各类故障和布面各类疵点的产生。

（3）设备维修保养人员要树立良好的质量服务意识，做好对织机值车工维修服务，帮助解决值车工反馈的各类质量问题。

第五节　剑杆织机织布工岗位责任制度

一、接班工作

（1）织布工应提前到达工作岗位（也可根据本企业情况自定），详细检查所看管机台的布面、经纱、筒纱质量，综、筘穿错等，防止连续性疵点的产生。

（2）主动了解上一班的生产情况，包括织机运转情况、连续性疵点、品种翻改、半成品质量、前后供应等情况。

（3）交接班信号发出后，开始盖交接班印，并认真抄写产量。

二、交班工作

（1）主动交清当班的生产情况，包括织机运转情况、连续性疵点、品种翻改、半成品质量、前后供应等情况和班中存在的关键问题。

（2）交班前必须将织机开齐（特殊情况例外）方可交班，做到不留坏车、坏布等。

（3）对接班者提出的问题要及时纠正，做到使接班者满意。

（4）交接班信号发出后，交班者在接班者后盖交接班印，并要复核接班者产量抄写是否准确。

（5）交接班出现的疵点在交接班信号前由接班者提出，由交班者处理好后将印盖在织口处。

三、班中工作

（1）认真执行工作法，做到以预防疵点产生为主，均衡地掌握好巡回时间，处理各种停台要本着"先近后远、先易后难"的原则，尽可能在最短的时间内开好每台停台；把安全生产、产品质量放在第一位，达到优质高产的目的。

（2）认真执行清整洁制度，做到文明生产。

（3）严格遵守劳动纪律，做到不站车头，不擅离工作岗位，不私自拆修布。

（4）对检修、上轴、结经等他人动过的机台，要认真仔细检查布面、经纱、机械情况等，以防止疵点的延伸和扩大。

（5）重点布面检查的次数，每班不得少于四次，即接班前重点检查一次，接班后每隔两小时重点检查一次（特殊品种各企业根据情况可自定）。

（6）对换上的纬纱，要做到严格把关检查，防止出现错纱。

（7）落布工落布时要负责盖责任印，织布工核实机台号、品种标识是否正确等。